✳ 실감나게 배우는 제어공학

한수희, 이영삼, 권보규, 권오규, 권욱현 지음

한빛아카데미
Hanbit Academy, Inc.

실감나게 배우는 제어공학

초판발행 2013년 12월 31일
5쇄발행 2023년 3월 3일

지은이 한수희, 이영삼, 권보규, 권오규, 권욱현 / **펴낸이** 전태호
펴낸곳 한빛아카데미(주) / **주소** 서울시 서대문구 연희로2길 62 한빛아카데미(주) 2층
전화 02-336-7112 / **팩스** 02-336-7199
등록 2013년 1월 14일 제2017-000063호 / **ISBN** 978-89-98756-71-0 93560

책임편집 박현진 / **기획** 이원휘 / **편집** 고지연, 김희진 / **진행** 박현진
디자인 표지 여동일, 삽화 권승희 / **전산편집** 라미경 / **제작** 박성우, 김정우
영업 김태진, 김성삼, 이정훈, 임현기, 이성훈, 김주성 / **마케팅** 길진철, 김호철, 심지연

이 책에 대한 의견이나 오탈자 및 잘못된 내용에 대한 수정 정보는 아래 이메일로 알려주십시오.
잘못된 책은 구입하신 서점에서 교환해 드립니다. 책값은 뒤표지에 표시되어 있습니다.

홈페이지 www.hanbit.co.kr / **이메일** question@hanbit.co.kr

지금 하지 않으면 할 수 없는 일이 있습니다.
책으로 펴내고 싶은 아이디어나 원고를 메일(**writer@hanbit.co.kr**)로 보내주세요.
한빛아카데미(주)는 여러분의 소중한 경험과 지식을 기다리고 있습니다.

지은이 한수희 sooheehan@postech.ac.kr

서울대학교 전기공학부에서 학사, 석사, 박사학위를 2003년에 취득한 후, 미국 스탠퍼드 대학교에서 박사후 과정 및 서울대학교 기계항공공학부의 BK 교수로 근무하였다. 2009년부터 2014년 8월까지 건국대학교에서 근무하였으며, 2014년 9월부터 포항공과대학교에 부임하여 현재까지 재직 중이다. 제어공학, 로봇공학 등을 주로 강의하고 있다. 근래에는 에너지 시스템, 전기 자동차, 로봇 SW 분야에 많은 관심을 두고 있다.

지은이 이영삼 lys@inha.ac.kr

인하대학교 전기공학과에서 학사, 석사학위를 취득한 후, 서울대학교 전기공학부에서 박사 과정을 2003년에 마쳤다. 삼성전자 디지털 미디어 연구소에 근무하기도 했으며, 2004년부터 인하대학교에 부임하여 현재까지 재직 중이다. 제어시스템 설계, 디지털 시스템 등을 주로 강의하고 있다. 근래에는 재활 로봇 분야에 많은 관심을 두고 있다.

지은이 권보규 bkkwon@kangwon.ac.kr

인하대학교 전자공학과에서 학사를, 서울대학교 전기공학부에서 석사, 박사학위를 2008년에 취득한 후, 삼성중공업에서 근무하였다. 2010년부터 강원대학교에 부임하여 현재까지 재직 중이다. 제어공학, 로봇공학 등을 주로 강의하고 있다. 근래에는 필터링, 추정 분야에 많은 관심을 두고 있다.

지은이 권오규 okkwon@inha.ac.kr

서울대학교 전기공학과에서 학사, 석사, 박사학위를 1985년에 취득한 후, 1988년부터 인하대학교에 부임하여 현재까지 재직 중이다. 제어공학, 회로이론 등을 주로 강의하고 있다. 근래에는 시스템 식별, 추정 분야에 많은 관심을 두고 있다.

지은이 권욱현 whkwon@snu.ac.kr

서울대학교 전기공학과에서 학사, 석사를, 미국 브라운 대학교에서 박사 과정을 1975년에 마쳤다. 1977년부터 2008년까지 서울대학교에서 근무하였으며, 2010년부터는 대구경북과학기술원에서 석좌교수로 부임하여 현재까지 재직 중이다. 근래에 사이버 물리 시스템, 시간 지연 시스템, 이동 구간 제어 분야에 많은 관심을 두고 있다.

시스템 융·복합 기술의 근간이 되는 '제어공학'

최근에는 학문의 복합화, 융합화 추세에 따라 서로 다른 분야들이 톱니바퀴처럼 맞물려 돌아가고 있다. 이때 종합학문적인 성격이 강한 제어공학이 서로 다른 복잡한 시스템을 효율적으로 제어하는 데 아주 큰 역할을 한다.

제어공학의 가장 큰 목표는 회로이론, 동역학, 전자회로, 전자기학 등에 등장하는 다양한 시스템에 피드백을 사용하여 그 성능을 높이는 것이다. 제어공학에서는 막연하게 일컬어지던 시스템과 성능이라는 것이 수학적으로 표현되며, 시스템의 설계 과정도 다른 어떤 과목보다 수학에 많이 의존한다. 이 때문에 많은 학생들이 어려워하다가, 제어공학이라는 큰 숲은 보지 못하고, 미적분 계산만 반복하다 학기가 끝나는 경우가 많다.

이 책에는 강의 현장에서 학생들에게 제어공학을 직접 가르치면서 느낀 점이 많이 반영되어 있다. 몇 가지 특징을 언급하면 다음과 같다.

❶ 수학적인 내용에 대해 직관적으로 설명하려고 많이 노력했다.

앞에서 말했듯이 제어공학은 수학을 바탕으로 하기 때문에 수학이 약하면 잘할 수 없을 거라 생각하지만, 사실 수학은 기술의 방법이고, 더 중요한 것은 표현된 수학 이면에 담겨있는 물리적인 의미이다. 이 책에서는 그러한 물리적인 의미를 최대한 직관적으로 설명하려 노력했으며, 독자인 학생들에게도 수학 그 자체보다도 그 의미를 파악하면서 공부하길 권한다. 수학적인 정의도 그냥 암기하기보다는 왜 그런 정의가 필요한지, 그런 정의를 하면 어떻게 편리한지를 스스로 질문해보면서 공부하는 것이 바람직하다.

❷ 제어공학은 문제를 풀기보다는 문제를 만드는 학문이다.

우리에게 주어진 시스템의 특징을 이롭게 바꾸기 위해 어떻게 문제를 만들지를 고민하기 때문이다. 이 책에서는 이 과정에 주안점을 많이 두었다. 만들어진 문제의 해법은 선형대수학, 미분방정식, 공학수학, 확률 및 불규칙 변수론 등에서도 반복해서 자주 다루기 때문에, 이 책에서까지 깊이 다루지는 않았다. 하지만 수학적인 내용이 제어적인 관점에서 그 물리적인 의미가 잘 설명된다고 하면, 그런 부분은 자세히 설명하였다.

❸ 이 책을 저술함에 있어 최고의 참고 문헌은 학생들의 질문이었다.

좀 황당한 질문도 있었고, 당연한 질문이었는데 필자가 바로 답변하지 못했던 질문도 있었다. 익숙해진 나머지 필자에겐 항상 당연하고 자연스럽게 생각되었던 부분도 처음 접하는 학생들은 매우 어색하게 느낄 수 있다는 사실을 강의 때마다 느껴왔기에 이 책에는 그런 부분이 최대한 반영되도록 노력했다. 특히 매 장 뒷부분에 있는 연습문제 중에는 학생들의 질문이 바탕이 되어 만들어진 문제도 꽤 있다.

❹ **이 책에서는 시스템의 모델링 및 분석, 제어기 설계까지만 다룬다.**

제어기 구현 부분은 다루지 않았다. 어떻게 보면 구현이 가장 많은 시간과 노력이 소요되는 부분이다. 특히 이때 사용되는 하드웨어 및 소프트웨어에 대한 내용도 매우 복잡하기 때문에, 책의 한두 장을 할애하는 정도로는 부족하다. 구현에 대한 자료는 온라인을 통해 제공될 것이다.

→ http://www.hanbit.co.kr/src/4071

❺ **이 책의 부록에는 장별 부가내용이 정리되어 있다.**

부록에는 장별 본문에서 자세히 소개되지 않은 부분, 증명되지 않고 소개된 정리들, 수학적인 내용에 대한 물리적인 의미들이 담겨 있다. 관심 있는 독자들에게는 부록이 큰 흥미를 줄 수 있으리라 생각한다.

❻ **매 장이 끝날 때마다 두 종류의 문제들을 제공했다.**

하나는 각종 기사 시험에 대비할 수 있는 객관식 유형의 문제이고, 다른 하나는 본문에 대한 심도 있는 이해와 공학수학 등의 지식을 요구하는 수준 높은 주관식 문제이다.

모든 공부가 그렇듯이 제어공학도 개념의 이해가 가장 중요하다. 이 책에서도 가급적 쉬운 수학, 즉 고등학교나 대학교 1~2학년 수준의 수학을 이용하여 개념을 설명하려 했다. 개념을 완벽히 이해했다면, 이를 숙달시키는 과정도 꼭 필요함을 독자들이 인지했으면 한다. 관련 문제를 많이 풀어보면, 개념에 대한 이해도 높아지고, 응용력도 배양할 수 있을 것이다.

모아놓은 자료와 머릿속의 구상만 있으면 금방 쓸 줄 알았는데, 어언 3년의 세월을 몰두하며 집필해도 부족함을 느끼니, 책 한 권을 쓰는 것이 얼마나 힘이 드는가를 새삼 느낀다. 여전히 부족한 책이지만 이젠 출판하며, 미비한 점은 후판에 반영하기로 한다. 마지막으로 필자를 끝까지 믿고, 집필이 완성되기까지 기다려 준 한빛아카데미의 고지연 팀장님을 비롯한 많은 관계자 여러분께 깊은 감사의 뜻을 전한다.

2013년 12월
대표 지은이 한수희

무엇을 배우나?

이 책은 총 8개의 장으로 구성되었으며, 제어 분야의 입문 단계 학습에 필요한 주요 이론들을 다룬다. 기본 수학부터 시스템의 모델링 및 분석, 제어기 설계 순으로 설명하되, 단순히 수식을 나열하기보다는 물리적인 의미를 파악할 수 있도록 개념 이해에 중점을 두었다. 제어에 대한 개념을 잡기 위해서는 '1장 서론'을 반드시 읽고 넘어가기 바란다. 각 장의 주요 내용은 다음과 같다.

❶ **기본** (1장~2장)
• 제어 분야 입문자를 위한 서론
• 선형 상미분방정식의 풀이
• 라플라스 변환에 대한 정의, 성질 및 응용
• 전달함수를 이용한 시스템의 입출력 관계 표현
• 상태방정식을 이용한 시스템의 입출력 및 상태 관계 표현

❷ **모델링 및 분석** (3장~4장)
• 시스템의 모델링에 대한 몇 가지 예
• 전달함수, 상태방정식, 블록선도 사이의 관계
• 비선형 시스템의 선형화
• 제어 목표 : 안정성, (명령추종) 성능, 견실성
• Routh–Hurwitz 안정성 판별법

❸ **설계** (5장~8장)
• 과도응답과 정상상태 응답에 대한 성능지표
• 과도응답 개선을 위한 극점 배치 설계
• 정상상태 응답과 시스템 형과의 관계
• 근궤적 작성과 PID 제어기 설계
• 주파수 영역 해석 : 나이키스트 선도, 보데 선도, 니콜스 선도
• 주파수 영역 설계 : 앞섬 및 뒤짐 보상기
• 상태 공간 해석 : 상태 공간 모델의 안정성 판별
• 상태 공간 설계 : 상태 피드백 제어기, 상태 관측기

표준 스케줄 표(두 학기 강의)

1학기

주	해당 장	주제
1	1장	개념적 제어, 수리적 제어(1)
2	1장	수리적 제어(2)
3	1장	피드백 제어시스템의 실례(1)
4	1장	피드백 제어시스템의 실례(2), 제어시스템의 설계 과정
5	2장	미분방정식
6	2장	라플라스 변환
7	2장	전달함수, 상태방정식
8		**중간고사**
9	3장	시스템의 모델링(1)
10	3장	시스템의 모델링(2)
11	3장	임펄스 응답과 전달함수, 블록선도와 신호 흐름도
12	3장	상태방정식과 전달함수의 블록선도 표시
13	3장, 4장	비선형 시스템의 선형화, 제어 목표, 안정성
14	4장	Routh–Hurwitz 안정성 판별법
15	4장	피드백 시스템의 안정성과 성능
16		**기말고사**

강의 보조 자료

PPT 자료와 연습문제 해답

• 한빛아카데미에서는 교수/강사님들의 효율적인 강의 준비를 위해 온라인과 오프라인으로 강의 보조 자료를 제공합니다.

• 다음 사이트에서 회원으로 가입하신 교수/강사님께는 교수용 PPT 자료와 연습문제 해답 및 풀이를 제공합니다.

http://www.hanbit.co.kr

• 온라인에서 자료를 다운받으시려면 교수/강사 회원으로 가입한 후 인증을 거쳐야 합니다.

2학기

주	해당 장	주제
1	5장	시간 응답과 성능지표
2	5장	1차 및 2차 시스템의 과도응답
3	5장	과도응답 개선을 위한 극점 배치 설계
4	5장	정상상태 응답과 시스템 형
5	6장	근궤적의 기본 성질과 작성법, 근궤적을 이용한 P 제어기 설계
6	6장	정상상태 응답 개선을 위한 PI 제어기 설계, 과도응답 개선을 위한 PD 제어기 설계
7	6장	PID 제어기 설계
8		**중간고사**
9	7장	주파수 응답과 성능지표
10	7장	나이키스트 선도
11	7장	보데 선도, 니콜스 선도
12	7장	앞섬 및 뒤짐 보상기 설계
13	8장	상태 공간 모델의 시간 응답, 상태 공간 모델의 안정성
14	8장	상태 피드백 제어기 설계, 상태 관측기 설계
15	8장	최적 제어기와 최적 관측기 설계, 명령 추종기
16		**기말고사**

목차 Contents

Chapter 01 서론

Chapter 02 기본 수학

Chapter
03 모델링

Chapter
04 제어 목표

Chapter
05

시간 영역 해석 및 설계

Chapter
06

근궤적 및 PID 제어기 설계

CHAPTER
01

서론
Introduction

학습목표

- 제어와 관련된 용어를 정의하고, 그 개념을 이해한다.
- 간단한 시스템을 통하여 제어에 관한 개념을 보다 수리적으로 살펴본다.
- 여러 가지 형태의 제어시스템을 살펴보고, 피드백을 통한 이점을 확인한다.
- 제어 목표를 달성하기 위한 제어시스템의 설계 과정을 배운다.

개요

이 장에서는 제어공학에 대한 전반적인 소개와 더불어 관련 용어들을 개념 중심으로 설명한다. 특히 제어공학의 핵심 단어인 피드백feedback에 대해 중점적으로 다룬다. 우선 주변에서 흔히 경험하고 볼 수 있는 예를 통해 제어공학의 여러 전문 용어와 개념을 이해하기 쉽게 소개한다. 또한 공학수학과 회로이론 등에서 이미 배운 간단한 회로의 미분방정식을 통해 좀 더 확실하게 이론을 설명한다. 그리고 우리 주변 및 산업 현장에서 피드백을 유용하게 사용하는 사례들을 살펴본다. 또 제어시스템을 설계하는 일반적 과정인 플랜트의 모델링 및 분석, 설계, 구현 및 시험에 대하여 설명한다.

제어시스템

제어의 대상이 되는 플랜트plant에서는 의도적으로 가해지는 입력과 의도적이지 않은 외란에 의해 내부의 상태변수가 변하고, 상태변수의 일부인 출력이 관측된다. 제어란 사용자가 원하는 특성이 플랜트에 구현되도록 입력을 결정하는 방법이며, 사용자가 플랜트에 원하는 특성을 제어 목표control objective라 한다. 제어 목표는 흔히 입출력, 상태, 외란에 대한 시스템의 특징 등을 대상으로 설정된다. 출력은 보통 센서를 통해 측정되며, 출력 피드백과 기준 입력 간의 오차를 통해 플랜트의 입력이 결정된다. 이러한 플랜트와 제어기를 통합하여 제어시스템이라고 한다.

제어 목표

앞에서 언급했듯이 제어시스템에서 적당한 제어를 통해 얻고자 하는 시스템적인 특성을 제어 목표라 한다. 제어 목표 중 가장 중요한 것은 시스템 안정화로, 시스템의 상태 및 출력이 원하는 값으로 수렴하도록 하는 것이다. 더 나아가 이 원하는 값이 고정적이지 않고 시간에 따라 변하더라도, 시스템의 상태 및 출력이 이를 따라갈 수 있어야 하는데, 이를 명령추종 성능command following performance, tracking performance이라 한다. 시스템 안정화와 명령추종 성능을 얻기 위하여 시간 영역 또는 주파수 영역의 정량적인 지표가 활용된다. 모델 불확실성이 있을 때는 제어 목표에서 견실성[1]robustness을 고

---

1 불확실한 모델에서도 제어기가 잘 작동하는 성질이다.

려하기도 한다. 모델 불확실성이 있더라도 안정성이나 명령추종 성능을 유지할 수 있는 견실성은 제어공학에서 아주 중요한 요소이므로, 앞으로도 계속 다루어질 것이다.

피드백 제어

제어 입력을 결정하는 데 출력이 사용되는지의 여부에 따라 제어시스템을 개로$^{\text{open-loop}}$ 제어시스템과 폐로$^{\text{closed-loop}}$ 제어시스템으로 나눌 수 있다. 개로 제어시스템은 구조가 간단하고 비용도 저렴한 편이다. 그러나 시스템 특성 변화에 민감하게 동작하기 때문에, 시스템을 불확실성 없이 정확하게 파악하고 있을 때만 제어할 수 있으므로, 실제로는 잘 활용되지 않는다. 이에 반해 폐로 제어시스템은 출력 정보를 활용하기 때문에, 센서와 같은 하드웨어에 대한 추가 비용이 발생하고 구조도 복잡하지만, 모델 오차 및 외란에 의한 영향을 줄일 수 있다. 또한 복잡한 비선형 시스템에 폐로 제어를 이용한 경우, 입출력을 우리가 다루기 편한 선형에 가깝도록 변형할 수 있을 뿐만 아니라 제어 목표를 만족시키기도 매우 쉽다. 특히 폐로 제어에서는 출력이 입력을 결정할 때 활용되기 때문에, 폐로 제어를 피드백 제어$^{\text{feedback control}}$라고도 한다.

피드백 제어시스템의 실례

제어는 체계적인 학문으로 정립되기 이전부터 이미 우리 인간의 생활에 존재해 왔기 때문에 그 역사는 매우 깊다고 볼 수 있다. 또한 현실의 많은 시스템을 대상으로 하는 학문이기 때문에 적용 사례는 무궁무진하며, 우리 주변에서도 흔히 볼 수 있는 것들이 많다. 피드백이 활용된 예로 전자부품 및 회로, 통신 시스템, 전력 시스템 등의 물리적인 시스템과 생체 시스템, 경제 현상 등의 다양한 분야를 소개하고, 우리나라 최초의 자동화 시설로 알려진 자격루에 대해서도 알아본다.

제어시스템의 설계 과정

제어 목표를 달성하기 위한 제어시스템을 설계하는 과정에는 보통 수많은 시행착오가 발생한다. 설계 과정은 크게 ❶ 플랜트의 모델링 및 분석, ❷ 설계, ❸ 구현 및 시험의 세 부분으로 나뉘는데, 실제로는 최종 제어시스템이 설계될 때까지 이 과정들이 반복된다.

1.1 개념적 제어

1.1.1 제어공학이란?

제어의 기본 개념

"저 친구는 제어가 안 되는군"과 같이 제어라는 용어는 일상적인 대화에서도 흔히 사용되는 단어이다. 또한 고대 그리스(약 BC 270년경)의 한 문헌에 물시계의 유량 제어기법을 도입한 기록이 남아있을 정도로 제어의 역사는 오래되었다. 이후 19세기에 이르러 제어장치 설계를 위해 수학적 기법이 도입되면서 제어공학의 학문적 체계화가 이루어졌으며, 근대 산업화와 자동화에 크게 공헌하였다. 또한 제어공학은 현대 산업에서도 여러 분야의 기반 기술로 큰 역할을 수행하고 있다.

제어라는 개념을 쉽게 이해하기 위해 다음과 같은 상황을 생각해보자. [그림 1-1]과 같이 정해진 목표 지점으로 간다고 할 때, 목표 지점을 확인한 뒤 눈을 감고 걸어가는 경우와, 눈을 뜨고 목표 지점을 계속 보면서 걸어가는 경우를 생각해보자. 굳이 해보지 않아도 상식적으로 전자는 목표 지점을 벗어날 테고, 후자는 목표 지점에 정확하게 도착할 수 있을 것이다. 또 다른 예로 컵에 $100\,[\mathrm{ml}]$의 물을 따를 때, 눈을 감고 그냥 감으로 따르는 경우와 눈을 뜨고 보면서 따르는 경우도 생각해 볼 수 있다.

[그림 1-1] 눈을 뜨고 목표 지점에 가는 경우와 감고 가는 경우

눈을 뜨고 목표 지점을 보면서 걸어가는 경우를 좀 더 세분화해서 살펴보자. 우선 눈으로 목표 지점을 확인하고, 확인한 목표 지점을 향하여 이동하도록 걸음을 조절한다. 걸으면서 다시 눈으로 목표

지점을 확인한 후 목표 지점을 향하여 이동하도록 걸음을 재조절한다. 이런 과정을 반복하면 최종적으로 목표 지점에 도착한다. 원점 (0, 0)을 출발해 목표 지점 (0, 100)까지 이동하는 과정을 눈을 감은 경우와 뜬 경우에 대해 시뮬레이션해보면, [그림 1-2]와 같은 결과를 볼 수 있다. 눈을 감고 걸은 경우에는 목표 지점 (0, 100)에서 많이 벗어나는 현상을 볼 수 있다. 자세한 시뮬레이션 환경은 이 장의 [연습문제 1.18]을 참고하기 바란다.

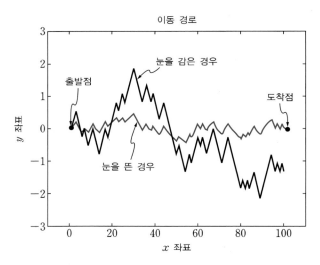

[그림 1-2] 눈을 뜬 경우와 감은 경우의 이동 경로

제어공학의 기본 용어

지금까지 설명한 상황에서 몇 가지 중요한 내용을 살펴보며, 제어공학에 사용되는 용어를 정리해보자.

[표 1-1] [그림 1-1]의 예와 제어공학에서 사용하는 용어의 비교

눈을 뜨고 목표 지점을 향해 걸어가는 행위 ([그림 1-1] 참고)	제어공학에서 사용하는 용어
몸을 이동시키는 다리	플랜트, 제어 대상 시스템
목표 지점	기준 입력, 기준 신호, 명령 입력, 명령 신호
목표 지점에 도착하는 것	제어 목표
눈	센서
눈에 들어온 시각적 정보	측정값
목표 지점에 도착하도록 걸음을 적절히 조절	제어
눈에 들어온 시각적 정보를 바탕으로 걸음을 재조정	폐로 제어, 폐루프 제어, 피드백 제어
목표 지점과 현재 위치의 차이를 고려하여 걸음을 조절하는 두뇌	제어기
두뇌와 다리	제어시스템

우리 주변에는 어떤 입력에 대해 반응하여 출력 신호를 내주는 장치들이 많은데, 이런 장치들을 시스템system이라고 한다. 특히 제어 대상이 되는 시스템을 플랜트plant 또는 제어 대상 시스템controlled system이라고 하며, 앞의 예에서 몸을 이동시키는 다리가 그에 해당한다. 플랜트는 입력, 상태, 출력 등으로 구성되는데, 입력은 다리 근육에 명령을 내리는 두뇌의 신경 신호에 해당하고, 출력은 실제 다리의 움직임에 해당한다.

플랜트의 상태는 제어에서 중요한 개념으로, 좀 더 자세히 알아볼 필요가 있다. 플랜트의 상태를 엄밀하게 정의하면 시스템 내부를 완전히 표현할 수 있는 최소의 정보를 의미하는데, 여기에서는 시스템 내부의 변수 정도로만 이해해도 충분하다. 보통 출력값은 입력값과 내부 상태값에 의해 좌우된다. 이는 한 시스템에서 입력값이 같아도 내부 상태값에 따라 출력이 달라질 수 있다는 뜻이다. 일반적으로 제어에서는 이러한 상태가 있는 시스템이 제어 대상 시스템이 된다. 상태에 대한 간단한 예로 [그림 1-3]과 같은 기본적인 래치Latch를 살펴보자. 입력 S와 R이 모두 0인 경우, 출력값은 이전 출력값으로 유지된다. 이는 출력이 현재 입력값뿐만 아니라 과거의 입력값에도 의존함을 의미한다. 따라서 여기에서는 과거의 입력값을 상태라고 볼 수 있다.

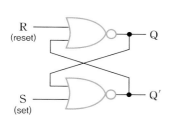

입력		출력
S	R	Q
0	0	변화 없음
0	1	0
1	0	1
1	1	사용 금지

[그림 1-3] 래치의 입출력 관계

연속형 신호로 표현되는 일반적인 물리적 시스템은 상태를 기반으로 하는 미분방정식 형태로 나타낼 수 있다. 현재 상태 x의 시간에 따른 변화($\dot{x}$)는 현재 상태 x와 입력 u에 의존하며, $\dot{x} = f(x, u)$와 같이 표시된다. 예를 들어 두뇌의 신경 신호 u와 실제 다리의 움직임과 관련된 정보 x를 나타낼 때도 $\dot{x} = f(x, u)$와 같이 표시할 수 있다. 즉 출력값이 입력값과 내부 상태에 의존한다는 의미이며, 이는 다음과 같이 이해해볼 수 있다. 두뇌에서 "지금 뒤로 돌아"라고 명령을 내려도, 현재 얼마나 빠른 속도로 이동하고 있는가에 따라 반응(출력)이 달라진다. 앞을 향해 천천히 진행하고 있었다면, 즉시 뒤로 돌 수 있을 것이다. 그러나 앞으로 매우 빠른 속도로 진행하고 있었다면, 관성에 의해 바로 방향을 바꿀 수 없으므로, 일정 시간 동안 속도를 줄인 후에야 방향을 바꿀 수 있을 것이다. 즉 뒤로 돌 때까지 시간 지연이 발생하는 것이다. 따라서 이 상황에서는 뒤로 돌라는 명령이 입력, 명령 당시의 속도가 상태라고 말할 수 있다. 이처럼 동일한 입력에 대해서도 내부 상태변수에 따라 출력이 달라질 수 있다.

적당한 입력을 가하여 얻고자 하는 시스템의 특성을 제어 목표라고 하는데, 목적지를 찾아가는 예제에서는 적절히 걸음을 조절하여 목표 지점에 도착하는 것이 이에 해당한다. 제어 목표는 안정성과 명령추종 성능으로 나뉘는데, 지금처럼 목표 지점이 고정된 경우에는 안정성을 고려하고, 움직이는 경우에는 명령추종 성능을 고려한다.

결론적으로 제어란 제어 목표를 달성할 수 있도록 플랜트의 입력을 적절히 조절하는 방법을 말한다. 목적지를 찾아가는 예제에서는 목표 지점에 도착하도록 두뇌가 적절한 입력으로 걸음을 제어하고 있다. 여기서 걸음을 조절하는 두뇌가 제어 동작을 수행하는데, 일반적으로 이런 역할을 하는 회로나 장치를 제어기^{controller}라고 한다. 또한 걷는 데 쓰인 다리와 이를 조절하는 두뇌, 즉 플랜트와 제어기를 통칭하여 제어시스템$^{control\ system}$이라 한다. 지금까지 정리한 제어 관련 용어들은 앞으로도 계속 사용되므로, 잘 이해하고 넘어가길 바란다.

피드백 제어

[그림 1-4]는 눈을 뜨고 목표 지점으로 가는 과정을 제어시스템의 관점에서 블록선도$^{block\ diagram}$으로 나타낸 것이다.

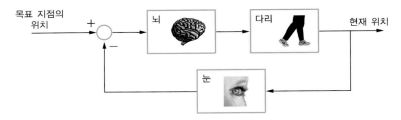

[그림 1-4] **눈을 뜨고 목표 지점에 가는 경우의 메커니즘**

제어를 수행하기 위해서는 출력 신호를 감지하는 센서가 필요한데, 여기서는 눈이 그 역할을 수행하고 있다. 그리고 출력 신호가 따라가야 하는 값, 즉 목표 지점의 위치를 알아야 한다. 이를 기준 입력$^{reference\ input}$이라고 하며, 명령 입력 또는 명령 신호라고도 한다. 제어기는 센서에 의한 측정 신호와 기준 입력 사이의 오차를 줄이면서, 플랜트의 출력이 기준 입력에 가까워지는 방향으로 시스템을 제어한다. 즉 눈으로 목표 지점까지의 거리와 방향을 확인하고, 두뇌에서는 현재 걸음과의 오차를 계산해서 목표 지점을 향해 걷도록 한다. [그림 1-4]에서는 현재 위치에 해당하는 출력이 눈에 해당하는 감지기(센서)를 거쳐 입력 신호로 사용되고 있다. 이처럼 플랜트와 제어기 및 감지기로 구성된 시스템을 폐로 제어시스템$^{closed\ loop\ system}$이라고 부른다. 특히 플랜트의 출력이 입력 신호로 다시 들어가서 제어에 사용되기 때문에 피드백 제어시스템이라고도 한다. 반대로 출력 신호를 사용하지 않는 시스템을 개로 제어시스템$^{open\ loop\ system}$이라고 한다. 앞서 언급했듯이 개로 제어는 대상 시스템을 정확하게 파악하고 있을 때에만 제대로 제어할 수 있기 때문에, 실제로는 잘 활용되지 않는다.

목적지를 찾아가는 예는 피드백을 사용하여 기준 입력과 출력 사이의 오차를 효과적으로 줄일 수 있음을 보여준다. 이 외에도 피드백은 모델링 오차와 외란 등에 의해 시스템에 불확실성이 생기더라도 시스템 성능을 만족스럽게 유지하는 역할을 한다. 실제 시스템을 모델링할 때에 쉽게 계산하기 위해 적용한 가정과 근사화 등에 의해 항상 오차가 발생하고, 예상치 못한 외란 등이 작용하기 때문에, 시스템 모델을 절대적으로 신뢰할 수는 없다. 따라서 대부분의 제어시스템에는 피드백이 필요하다. 이에 대해서는 1.2절에서 자세히 논의할 것이다. 피드백을 사용하면 불안정한 시스템도 안정화할 수 있다는 장점이 있으나, 제어시스템이 복잡해지고 비용이 증가하는 문제가 발생한다. 또한 과도한 피드백의 사용으로 야기될 수 있는 불안정성 문제도 고려해야 한다.

1.1.2 제어시스템 모델

지금까지 우리는 사람이 걸어가는 동작에서 눈과 다리가 어떤 역할을 하는지를 살펴보며 제어에 관한 일반적인 개념을 알아보았다. 지금부터는 전기, 기계 등에서 사용하는 좀 더 일반적인 형태의 제어시스템을 살펴보면서, 각각의 역할과 관련된 용어를 알아보기로 하자.

대부분의 물리적인 제어시스템은 [그림 1-5]와 같은 구성을 하고 있다. 필자에게는 여기서 사용된 용어들이 그다지 만족스럽지는 않으나, 오래 전부터 쓰였고, 전력 시스템 등 아날로그 제어기 형태를 사용하는 시스템에서는 이런 용어들이 여전히 통용되고 있기 때문에 이 책에서도 이 용어들을 소개하기로 한다.

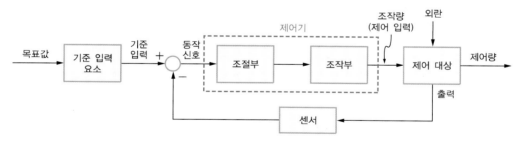

[그림 1-5] 일반적인 제어시스템의 구성도와 명칭들

■ 목표값 vs 기준 입력

목표값은 제어량이 도달해야 하는 값으로, 외부에서 주어지는 신호다. 기준 입력은 제어시스템을 동작시키는 기준으로, 목표값과 관계된 입력 신호이다. 목표값과 기준 입력이 동일할 수도 있지만, 구분해서 사용될 때도 있다. 예를 들어 목표값은 물리적인 양이 아니어도, 기준 입력은 전압과 같은 물리적인 양이 될 수 있다.

또한 [그림 1-6]과 같이 목표값에 해당하는 기준 입력을 생성해 주기도 한다. 목적지에 해당하는 것이 목표값이라면, 목적지까지 가는 경로를 기준 입력이라 할 수 있다. 목적지를 입력하면 바로 그곳까지의 경로를 안내해 주는 내비게이션 장치를 기준 입력 요소라 한다. 제어에서는 기준 입력부터 고려하므로 목표값과 기준 입력 요소를 잘 구분하지 않는다. 이 책에서도 주로 기준 입력부터 고려할 것이다.

철수 있는 곳으로 가야겠군

기준 입력

목표값 : 철수 있는 곳

[그림 1-6] **목표값과 기준 입력의 차이**

■ 동작 신호와 조작량

동작 신호 또는 오차 신호는 기준 입력과 피드백 신호와의 차이에 해당하는 신호로, 제어 동작을 일으킨다. 조절부는 기준 입력 신호와 센서의 측정 신호를 제어시스템이 읽을 수 있는 신호로 만들어 조작부에 보낸다. 조절부에서 나온 신호로는 실제 제어 대상을 움직일 수 없으므로, 조작부에서 그 신호에 해당하는 전력 또는 힘 등을 제어 대상에 공급하여 제어 대상을 동작시킨다. 이렇게 제어 대상에 직접 가해지는 입력을 조작량(제어 입력)이라 한다. 즉 조작량(제어 입력)은 제어기에서 제어 대상에 직접 인가되는 물리적인 양(토크, 전압 등)을 말한다. 한편 이러한 조절부와 조작부를 합쳐서 제어기라 부른다.

■ 출력 vs 제어량

제어 대상은 하나의 시스템으로 입력과 출력을 갖고 있다. 여기에서는 입력과 출력 외에 제어량이라는 또 다른 변수를 정의한다. 제어량은 제어 목표와 관계된 값으로, 이 값을 줄이거나 키움으로써 시스템을 제어하게 된다. 제어량은 측정할 수도, 그렇지 않을 수도 있다. 반면 출력은 제어를 위해 측정되는 값으로, 반드시 제어해야 할 대상은 아니다. 사실 많은 경우에 출력과 제어량이 일치하며 서로 구분할 필요가 없다. 이 책에서도 출력과 제어량을 동일하게 간주하여, 출력으로 통칭하기로 한다.

지금까지 설명한 [그림 1-5]와 같은 제어시스템은 오래전부터 사용되어 온 아날로그 제어기에 바탕을 둔 것이다. 현대적인 제어시스템은 보통 [그림 1-7]과 같이 구성되어 있다. [그림 1-5]와 비교해 보면, 조절부 역할을 컴퓨터가 하고, 조작부에 I/O 보드가 있어서 디지털 신호와 아날로그 신호의 변환을 담당한다. 또한 기준 입력 요소와 기준 입력 및 동작 신호의 생성 등도 모두 컴퓨터에서 소프트웨어적으로 쉽게 처리할 수 있다.

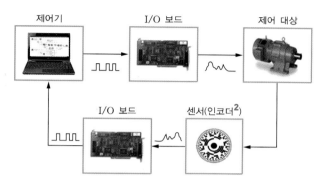

[그림 1-7] **현대적인 제어시스템의 구성도**

[그림 1-5]와 [그림 1-7]과 같은 복잡한 제어시스템은 시스템 분석 및 제어기 설계 시 어려움이 많기 때문에 보통 좀 더 단순화된 모델을 사용한다. 이와 같이 단순화된 모델이 [그림 1-8]의 제어시스템으로, 제어기를 설계할 때 흔히 사용된다. 이 책에서도 [그림 1-8]의 형태로 다양한 제어기를 설계하는 방법을 배울 것이다.

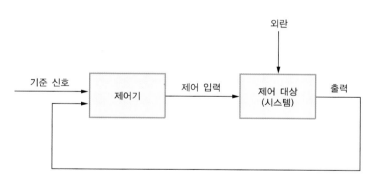

[그림 1-8] **단순화된 제어시스템**

---

2 자세한 내용은 '부록 A.1'을 참고하기 바란다.

지금까지 제어공학과 관련하여 여러 가지 개념과 용어들을 소개했다. 이 중 중요한 것 몇 가지를 간단히 정리해보자. 책마다 또는 분야마다 동일한 의미의 용어들이 조금씩 변형되어 다양하게 사용되고 있기 때문에, 독자들에게 혼동을 줄 가능성이 있다. 따라서 이 책에서는 여러 용어가 있는 경우 굵은 글씨체로 쓴 용어만 사용할 것이다.

[표 1-2] 흔히 등장하는 제어공학 관련 용어

용어	해설
시스템, 플랜트, 제어 대상 (시스템)	제어의 대상이 되는 장치(또는 시스템)이다.
제어 목표	적당한 입력을 가하여 얻고자 하는 시스템의 특성이다.
제어	제어 목표를 달성하도록 시스템의 입력을 적절히 조절하는 방법이다.
제어시스템	플랜트와 제어기를 통칭하는 용어이다.
상태	시스템 내부의 정보이다. '상태' 정보를 알면 시스템을 완벽하게 알 수 있으며, 보통 출력과 제어량은 상태의 일부 정보이다.
출력, 제어량	이 책에서 출력과 제어량은 동일한 의미이다. • 출력 : 측정, 꼭 제어할 양은 아니다. • 제어량 : 제어할 양, 꼭 측정할 필요는 없다.
기준 신호(입력), 명령 신호(입력)	출력(제어량)이 도달해야 하는 값이다.
센서, 감지기	출력 신호를 측정한다.
폐로 제어[*], 폐루프 제어, **피드백**(되먹임) 제어	센서에 의한 측정 신호와 기준 입력 사이를 항상 비교하여 그 오차를 줄이는 방향으로 시스템을 제어하는 동작이다.(성능 향상, 고비용, 오차 보정 가능)
개로 제어, 개루프 제어	출력을 활용하지 않는 제어이다. (설치 간단, 저비용, 오차 보정 불가능)

[*] 특히 폐로 제어는 개로 제어와 용어상 비교가 되기 때문에 주로 사용하지만, 피드백 자체가 강조될 경우에는 종종 피드백 제어라는 용어로 사용할 것이다.

1.2 수리적 제어

1.1절에서 다룬 개념적인 내용을 수학적인 표현으로 보다 엄밀하게 이해해보자. 보통 제어 개념을 설명하기 위해서는 전달함수라는 개념을 사용하지만, 여기에서는 이미 공학수학 등에서 배운 미분방정식을 사용하여 보다 직관적으로 접근해보자.

대학교 1 ~ 2학년 때, 공학수학이나 일반 물리에서 배웠을 법한 [그림 1-9]와 같은 간단한 저항–콘덴서 회로를 생각해보자.

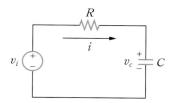

[그림 1-9] **간단한 저항–콘덴서 회로**

이 회로는 $v_i(t)$가 입력이고, 콘덴서에 걸리는 전압 $v_c(t)$가 출력인 간단한 시스템으로 볼 수 있다. 물론 콘덴서에 흐르는 전류에 관심을 두면, 그 전류를 출력으로 생각할 수도 있으나, 일단 여기에서는 $v_c(t)$를 출력이라고 생각하자. 키르히호프의 전압 법칙을 사용하면 다음과 같은 미분방정식으로 표현할 수 있다.

$$Ri(t) + \frac{1}{C}\int_0^t i(\tau)d\tau = v_i(t) \tag{1.1}$$

$i(t) = \dfrac{dq(t)}{dt}$ 인 관계식을 이용하여 전류를 콘덴서에 저장된 전하량으로 표시하면 다음과 같다.

$$R\frac{dq(t)}{dt} + \frac{1}{C}q(t) = v_i(t) \tag{1.2}$$

$q(t) = Cv_c(t)$를 사용하면, 다음과 같이 $v_i(t)$와 $v_c(t)$에 관한 미분방정식을 얻을 수 있다.

$$RC\frac{dv_c(t)}{dt} + v_c(t) = v_i(t) \tag{1.3}$$

식 (1.3)은 간단한 일차 미분방정식으로, 공학수학 시간에 미분방정식을 배울 때 처음에 배우게 되는 아주 기초적인 상미분방정식이다. 이 식은 $v_i(t)$가 0이면 제차 미분방정식homogeneous differential equation 이라 불리며, 0이 아닌 t, e^{-t}, $\sin(t)$와 같은 함수라면 비제차 미분방정식nonhomogeneous differential equation이라 불린다. 공학수학 시간에는 $v_i(t)$가 주어졌을 때 어떻게 해를 얻을 수 있는가에만 관심이 있었지만, 제어공학에서는 $v_c(t)$가 원하는 형태의 값이 되도록 $v_i(t)$를 정한다. 주어진 $v_i(t)$에 대해 미분방정식을 푸는 것만으로도 어려운데, $v_i(t)$까지 정해야 한다니 더 어렵겠다는 생각은 하지 않았으면 한다. 미분방정식의 성질들을 잘 파악하고 있으면, $v_i(t)$를 정하기도 그리 어려운 문제는 아니다. 2.1절에 미분방정식의 기본적인 성질들을 정리했으니 참고하기 바란다.

$v_i(t)$를 정하는 문제를 다루기 전에, 일반적인 $v_i(t)$에 대해 미분방정식 (1.3)을 풀어보자. 양변에 $\dfrac{1}{RC}e^{\frac{1}{RC}t}$를 곱하고 정리하면 다음과 같다.

$$e^{\frac{1}{RC}t}\frac{dv_c(t)}{dt} + \frac{1}{RC}e^{\frac{1}{RC}t}v_c(t) = \frac{d}{dt}\left[e^{\frac{1}{RC}t}v_c(t)\right] = \frac{1}{RC}e^{\frac{1}{RC}t}v_i(t) \tag{1.4}$$

이 식의 양변을 $[0,\ t]$ 구간에서 정적분하면 다음을 얻는다.

$$\left[e^{\frac{1}{RC}\tau}v_c(\tau)\right]_0^t = \int_0^t \frac{1}{RC}e^{\frac{1}{RC}\tau}v_i(\tau)\,d\tau \tag{1.5}$$

따라서 $v_i(t)$에 의존하는 $v_c(t)$의 해를 다음과 같이 구할 수 있다.

$$v_c(t) = e^{-\frac{1}{RC}t}v_c(0) + \frac{1}{RC}\int_0^t e^{-\frac{1}{RC}(t-\tau)}v_i(\tau)\,d\tau \tag{1.6}$$

미분방정식 (1.3)의 해인 식 (1.6)의 형태를 잠시 살펴보자. 출력 $v_c(t)$는 두 개의 항으로 이루어져 있는데, 첫 번째 항은 초깃값 $v_c(0)$에 의존하고, 두 번째 항은 입력 $v_i(t)$에 의존함을 알 수 있다. 첫 번째 항은 주어진 것이므로 어찌 할 도리가 없지만, 두 번째 항에서는 $v_i(t)$를 잘 설계하면 $v_c(t)$를 원하는 형태로 만들 수 있다. 즉 제어기를 잘 설계함으로써 설정된 제어 목표를 달성할 수 있다는 뜻이다.

1.2.1 개로 제어의 경우

우선 입력을 전혀 가하지 않은 경우, 즉 $v_i(\tau)=0$인 경우를 생각해보자. 이 경우에는 $v_i(\tau)$가 포함된 적분항이 사라지면서 다음과 같은 간단한 관계식이 얻어진다.

$$v_c(t) = e^{-\frac{1}{RC}t} v_c(0) \tag{1.7}$$

물리적으로 R과 C는 양수이므로, 시간이 흐르면서 출력 $v_c(t)$는 0으로 수렴함을 알 수 있다. 물리적으로 $v_i(t) = 0$인 경우는 콘덴서의 전하들이 모두 방전되었음을 뜻하므로, 상식적으로도 콘덴서 전압이 0이 될 것을 예측할 수 있다. 따라서 초기 전압 $v_c(0)$이 어떤 값이라도 시간이 지남에 따라 콘덴서 전압은 $0[\mathrm{V}]$로 수렴한다. 만약 전압 $0[\mathrm{V}]$가 애초의 제어 목표였다면, 이런 시스템은 제어 목표를 달성했다고 말할 수 있다.

이번에는 제어 목표를 달성하지 못하는 시스템을 생각해보자. [그림 1-9]에서의 저항이 음수라면 어떨까? 음의 저항인 경우, 전류-전압 곡선은 [그림 1-10]과 같다.

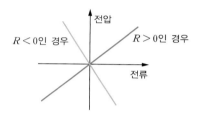

[그림 1-10] **부성저항의 전류-전압 곡선**

부성저항이라고도 불리는 음의 저항은 전력이 생성되는 경우를 개념적으로 표현한 것으로, 물리적으로 존재하는 저항은 아니다. 음의 저항은 저항에 입력되는 전력보다 출력되는 전력이 더 클 때 유용하게 사용되는데, 터널 다이오드 경우 일부 영역에서 이런 현상을 보이기도 한다. 부성저항은 이장의 [연습문제 1.19]에서 좀 더 자세히 다룰 것이다. 여기에서 중요한 점은 음의 저항을 사용할 경우, 식 (1.7)의 지수항의 지수부가 0보다 크게 된다는 점이다. 이처럼 음의 저항이면서 $v_c(0)$이 0이 아닐 경우, 시간이 흐르면 콘덴서 전압 $v_c(t)$가 무한대로 발산하게 된다. 즉 $v_i(t) = 0$으로 시스템에 입력을 가하지 않으면, 출력은 콘덴서에 걸린 초기 전압 $v_c(0)$에 의해 무한대로 발산한다는 의미이다.

이렇게 발산하는 모델은 일상적인 물리 시스템에서도 쉽게 찾아볼 수 있다. [그림 1-11]과 같이 물체가 자유 낙하할 때 중력에 의한 속도 $v(t)$는 다음과 같이 표현된다.

$$\frac{d}{dt}v(t) = g$$

여기서 g는 중력 가속도이다. 초기 속도 $v(0) = 0$이라 하고, 위의 미분방정식을 풀면 $v(t)$는 다음과 같다.

$$v(t) = gt$$

따라서 낙하 속도도 앞서 언급한 RC 회로처럼 지수함수 형태는 아니지만, 1차 다항식 형태로 발산함을 알 수 있다.

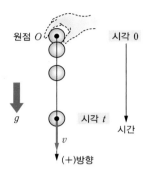

원점 O

시각 0

g

시각 t

시간

v

(+)방향

[그림 1-11] **자유 낙하 운동**

지금부터는 발산하는 RC 회로에 적절한 입력 $v_i(t)$를 가하여, 출력 $v_c(t)$를 0으로 수렴시키는 방법을 알아보자. 계산을 좀 더 간단히 하기 위해 $R = -1$, $C = 1$이라고 하고, 콘덴서에 걸린 전압의 초깃값을 $v_c(0) = 1$이라고 하자. 우선 식 (1.6)에서 다음을 얻는다.

$$v_c(t) = e^t - \int_0^t e^{(t-\tau)} v_i(\tau) d\tau \tag{1.8}$$

체계적인 방법은 아니지만, 발산을 피하기 위해서는 적어도 지수항의 지수부가 음수가 되어야 한다는 관점에서 직관적으로 입력 $v_i(t)$를 결정해보자. 먼저 $v_c(t)$를 0으로 보내기 위해서 $v_i(\tau) = e^{-\tau}$를 인가할 경우, 식 (1.8)로부터 $v_c(t)$를 다음과 같이 계산할 수 있다.

$$v_c(t) = e^t - \left[-\frac{1}{2} e^{t-2\tau} \right]_0^t = e^t - \left[-\frac{1}{2} e^{-t} + \frac{1}{2} e^t \right] \tag{1.9}$$

t가 무한대로 가면, $v_c(t)$가 e^t 항 때문에 발산함을 알 수 있다. 따라서 $v_i(t) = e^{-t}$라는 제어 입력은 제어 목표를 달성할 수 없다. 그렇다면 이번에는 e^t와 같이 발산하는 지수항을 제거하기 위해 $v_i(t) = 2e^{-t}$를 인가해보자. 이 경우 $v_c(t)$는 다음과 같이 계산된다.

$$v_c(t) = e^t + \left[e^{t-2\tau} \right]_0^t = e^t + \left[e^{-t} - e^t \right] = e^{-t} \tag{1.10}$$

우변에서도 볼 수 있듯이 지수항의 지수부가 음의 값을 가지기 때문에, t가 무한대로 가면 $v_c(t)$는 0으로 수렴함을 알 수 있다. 즉 아무런 입력을 가하지 않으면 무한대로 발산할 출력을 적당한 입력

$v_i(t) = 2e^{-t}$을 가해서 0으로 수렴하도록 한 것이다. 물론 입력 $v_i(t)$를 정할 때, $v_i(t)$가 발산하지 않고 한정적이며, 구현 가능한 값이 되도록 해야 한다. 즉 $v_i(t) = e^t$와 같은 함수를 입력으로 정해서는 안 된다.

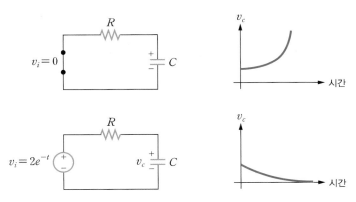

[그림 1-12] **음의 저항일 경우에 발산을 막는 제어**

[그림 1-12]에서 보듯이 저항–콘덴서 회로에서 저항이 음의 값일 때 아무런 입력을 가하지 않고 입력단을 단락시키면, $v_i(t) = 0$이 되면서 출력이 발산한다. 하지만 적절한 입력 $v_i(t) = 2e^{-t}$을 가하는 전압원을 사용하면, 출력은 점차 0으로 수렴한다. 이처럼 원하는 출력(여기에서는 0으로 수렴하는 것)을 얻을 수 있도록 입력을 잘 선택하는 일이 제어공학의 주된 관심사이다.

1.2.2 폐로 제어의 경우

지금까지는 $v_c(t)$를 출력으로만 간주했으며, 이 값을 $v_i(t)$를 정하는 데 활용하지는 않았다. 즉 개로 제어의 경우였다. 이제부터는 매 순간 출력값 $v_c(t)$를 측정하여 $v_i(t)$를 결정하는 데 사용한다고 가정해보자. 실제로 시스템에서는 센서를 사용하여 각종 전류나 전압 등의 물리량을 실시간으로 측정한다. 입력을 $v_i(t) = 2v_c(t)$와 같이 정하고, 앞에서 사용한 파라미터 $R = -1$, $C = 1$과 초깃값 $v_c(0) = 1$을 사용하면, 미분방정식 (1.3)은 다음과 같이 쓸 수 있다.

$$-\frac{dv_c(t)}{dt} + v_c(t) = 2v_c(t) \quad \Rightarrow \quad \frac{dv_c(t)}{dt} = -v_c(t) \tag{1.11}$$

정리해서 미분방정식의 해를 풀어보면 다음과 같다.

$$v_c(t) = e^{-t} \tag{1.12}$$

우변의 지수부가 음의 값을 가지므로, $v_i(t) = 2e^{-t}$의 경우처럼 t가 무한대로 가면서 $v_c(t)$는 0으로 수렴함을 알 수 있다. 이는 앞의 개로 제어 방식, 즉 $v_c(t)$를 사용하지 않고 $v_i(t)$를 시간 함수라고 생각하고 계산했을 때보다 훨씬 간단해 보인다.

1.2.3 개로/폐로 제어기 비교

이제 위에서 구한 두 가지 형태의 제어기 $v_i(t) = 2e^{-t}$와 $v_i(t) = 2v_c(t)$를 비교해보자. $v_i(t) = 2e^{-t}$를 입력으로 가했을 때 출력이 $v_c(t) = e^{-t}$이므로, 이를 $v_i(t) = 2v_c(t)$로 쓸 수 있다. 즉 $v_i(t) = 2e^{-t}$와 $v_i(t) = 2v_c(t)$는 수학적으로 같은 값을 나타내는 동일한 제어기가 된다. 그러나 구현상으로는 많은 차이가 있다. 입력 $v_i(t) = 2e^{-t}$는 출력 $v_c(t)$에 대한 정보를 전혀 사용하지 않는 개로 제어기에 해당하지만, $v_i(t) = 2v_c(t)$는 출력 $v_c(t)$에 대한 정보에 의존하므로 폐로 제어기에 해당한다[3]. 현장에서는 개로 제어기보다 $v_i(t) = 2v_c(t)$와 같은 폐로 제어기를 많이 사용하고 있다. [그림 1-13]은 앞의 예에서의 개로 및 폐로 제어기의 구조를 나타낸다.

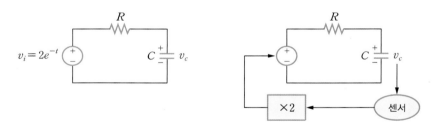

[그림 1-13] **개로 제어기와 폐로 제어기**

만약 시스템의 저항이나 콘덴서의 용량이 어떤 이유로든 바뀌게 되면, $v_i(t) = 2e^{-t}$와 같이 정해진 시간 함수를 그대로 입력으로 사용하는 개로 제어기는 좋은 제어 성능을 내기 어렵거나 발산할 수도 있다. 그러나 $v_i(t) = 2v_c(t)$와 같이 출력을 피드백하는 폐로 제어기를 사용하면, 시스템의 변화에 따라 출력이 함께 변하고, 이러한 출력의 변화는 다시 입력의 변화를 가져오게 되어 지속적인 제어가 가능해진다.

지금부터는 이러한 견실성의 관점에서 폐로 제어기와 개로 제어기를 비교해보자. 폐로 제어기가 개로 제어기에 비해 견실하다고 알려져 있는데, 다음 가정을 통해 이를 살펴보자. 우리가 다뤘던 저항-콘덴서 시스템에서 저항이 변하여 다음과 같이 시스템이 변형되었다고 하자.

---

3 1.1절에서 설명한 개념적인 제어에 빗대어 생각하면, $v_i(t) = 2e^{-t}$은 눈을 감고 목적지를 향해 가는 상황이고, $v_i(t) = 2v_c(t)$는 눈을 뜨고 목적지를 향해 가는 상황과 같다.

$$-\frac{dv_c(t)}{dt} + (1+\delta)v_c(t) = v_i(t) \tag{1.13}$$

물론 $\delta = 0$일 때에는 두 제어기 $v_i(t) = 2e^{-t}$와 $v_i(t) = 2v_c(t)$에 의해 $v_c(t)$가 0으로 수렴할 것이다. 하지만 δ가 0이 아닌, 예를 들어 0.0001이라면 어떻게 될까? 우선 식 (1.6)을 사용하여 미분방정식 (1.13)을 풀어보자.

$$v_c(t) = e^{(1+\delta)\,t} - \int_0^t e^{(1+\delta)(t-\tau)} v_i(\tau)\,d\tau \tag{1.14}$$

먼저 이 식에 개로 제어기 입력 $v_i(\tau) = 2e^{-\tau}$을 대입하여 살펴보면 다음과 같다.

$$v_c(t) = e^{(1+\delta)t} - \frac{2}{-2+\delta}\left[e^{(1+\delta)t-(2+\delta)\tau}\right]_0^t = e^t - \frac{2}{-2+\delta}\left[e^{-t} - e^{(1+\delta)t}\right] \tag{1.15}$$

0이 아닌 δ에 대해서는 $v_c(t)$가 0으로 수렴하지 않고 발산함을 알 수 있다. 따라서 개로 제어기인 $v_i(t) = 2e^{-t}$는 불확실성에 매우 민감함을 알 수 있다.

이번에는 폐로 제어기 $v_i(t) = 2v_c(t)$의 경우를 알아보자. 미분방정식 (1.13)에 $v_i(t) = 2v_c(t)$를 대입하면 다음과 같이 정리할 수 있다.

$$-\frac{dv_c(t)}{dt} + (1-\delta)v_c(t) = 2v_c(t) \quad \Rightarrow \quad \frac{dv_c(t)}{dt} = -(1-\delta)v_c(t) \tag{1.16}$$

따라서 다음과 같은 출력 $v_c(t)$를 얻는다.

$$v_c(t) = e^{-(1-\delta)t} v_c(0) \tag{1.17}$$

$\delta < -1$을 만족하면 $v_c(t)$가 0으로 수렴함을 알 수 있다. 따라서 폐로 제어기 $v_i(t) = 2v_c(t)$가 모델 불확실성에 대해 개로 제어기보다는 비교적 견실함을 알 수 있다.

요컨대 개로 제어기는 아주 작은 불확실성에도 출력이 발산하지만, 폐로 제어기는 어느 정도의 불확실성까지는 수렴을 보장하고 있다. 또 개로 제어기는 모델의 불확실성뿐만 아니라 시스템의 초깃값(앞의 예에서 $v_c(0) = 1$)을 정확히 알지 못하는 경우에도 발산할 수 있다. 반면 폐로 제어기는 같은 상황에서도 여전히 수렴을 보장한다. 실제로 개로 제어기에서 $v_i(t) = 2e^{-t}$와 같은 시간 함수를 아주 정확하게 생성한다는 것은 거의 불가능하다. 이 때문에 실제 제어시스템에서 폐로 제어기가 개로 제어기보다 훨씬 많이 활용된다.

위와 같이 피드백을 사용하는 폐로 제어기가 유용하게 쓰이는 몇 가지 실례를 다음 절에 소개하겠다.

1.3 피드백 제어시스템의 실례

제어를 통해서 시스템의 성능을 개선하려는 노력은 매우 오래전부터 시도되었으며, 그 결과 최근의 대부분 시스템에서는 우리가 인지하지 못할 정도로 피드백을 사용한 수많은 폐로 제어가 이용되고 있다. 또한 생물학, 경제학 등의 자연과학 및 사회과학 분야에서도 현상을 체계적으로 설명할 때 피드백 개념이 많이 사용되고 있다. 일상생활에서 쓰이는 인위적인 제어시스템과, 자연 또는 사회 현상에 원리적으로 내재되어 있는 피드백에 관하여 대표적인 몇 가지 예를 살펴보기로 한다.

- 증기기관의 제어시스템(1.3.1절)
- 전동기의 고성능 제어시스템(1.3.2절)
- 우리나라 최초의 자동화 시스템(1.3.3절)
- 서비스 로봇과 관측기 기반 제어시스템(1.3.4절)
- 햅틱 기술을 활용한 정보교환 시스템(1.3.5절)
- 전력 시스템의 주파수 제어시스템(1.3.6절)
- 통신에서의 전력 제어시스템(1.3.7절)
- 경제학 및 생태계의 피드백(1.3.8절)
- 양성 피드백(1.3.9절)
- 위상 고정 루프 전자회로(1.3.10절)

1.3.1 증기기관의 제어시스템

18세기 후반에 여러 근대 기술이 나타나면서, 효율적인 운영을 위한 제어기술 역시 주목받기 시작하였다. 특히 증기기관이 발달하면서 예측하지 못한 상황에서도 일정한 속도를 얻기 위한 제어시스템에 관한 연구가 활발하였다. 차량에 사람이 많이 탈 때처럼 부하가 커지면 증기기관의 회전 속도가 느려지고, 반대로 부하가 작아지면 회전 속도가 빨라지므로, 보일러 내의 압력과 수위를 적절히 유지하면서 증기 유량을 조절하여 회전 속도를 일정하게 유지시키는 자동제어장치가 큰 관심을 끌었다. 옛날 사람들이 이러한 제어기를 기계적으로 어떻게 구현했는지 살펴보자.

증기기관의 속도를 조절하는 장치가 [그림 1-14]에 나타나 있다. 고등학교 때 배웠던, 원심력이 회전 속도의 제곱에 비례한다는 공식을 상기해보자. 증기기관의 회전 속도가 올라가서 원심력이 증가하면, 추가 점선의 위치에서 실선의 위치로 움직이고, 지레를 통해 증기밸브를 닫아 증기의 유량을 줄인다는 사실을 쉽게 알 수 있다. 반대로 회전 속도가 내려가면 원심력이 작아지고, 중력에 의해 추가 내려가면서 증기밸브가 열려 증기 유량이 늘어날 것이다. 이 장치는 앞 절에서 배운 폐로 제어기를 기계적으로 구현한 것이다.

만약에 회전 속도를 일정하게 유지하기 위해 증기밸브를 고정시키는 개로 제어기를 사용한다면, 사람과 짐을 많이 실었을 때나 오르막길과 같은 예상치 못한 곳에서 차량의 속도가 변할 것이다. 예를 들어 가속 페달을 일정하게 밟고 있다면, 차에 사람이 더 많이 타거나 더 급한 오르막길에서는 속도가 줄어들어야 하는 것과 같은 이치이다.

항상 일정한 속도를 유지하는 제어시스템을 조속기라 하며, 현대의 모든 발전기에는 이 장치가 장착되어 있다. 일반 가정집으로 들어오는 $60\,[\mathrm{Hz}]$의 전원을 제어하기 위해서는 터빈의 속도가 일정하게 유지되어야 하므로, 발전소에서 자체적으로 조속기를 통해 이를 제어하고 있다.

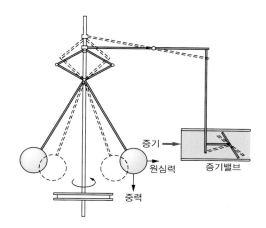

[그림 1-14] 증기기관의 속도 조절

증기기관을 움직이는 데 반드시 필요한 보일러도 피드백을 사용한 제어시스템으로 구성된다. 보일러는 순도가 높은 고온 고압의 증기를 증기 터빈으로 보내어 발전기를 돌린다. 보일러 내부의 압력이 높아질 경우, 보일러가 파열되거나 물이 넘치는 사고가 발생할 수 있으며, 이러한 사고를 예방하기 위해서는 보일러 안의 압력과 물의 수위를 잘 제어해야 한다. 이를 위해 보일러에 가해지는 열량, 보일러에 공급하는 물의 유량을 적절히 조절해야 한다. 따라서 보일러 시스템은 출력(보일러 내의 압력과 물의 수위)과 입력(보일러에 가한 열량과 공급하는 물의 유량)이 각각 두 개씩 있는 다중 입출력 시스템으로 볼 수 있다. 공급하는 물의 유량을 늘리면 보일러 안의 물이 온도가 내려가면서, 보일러 내의 증기 압력이 떨어진다. 원래 물의 유량은 수위를 위한 입력이지만, 그것이 수위만이 아닌 증기 압력에도 영향을 주게 되는 것이다.

한편 압력을 높이기 위해 연료 공급을 늘려서 화력을 강하게 하면, 증기가 많이 발생하면서 수위가 내려간다. 이처럼 단순해 보이는 보일러도 제어공학의 측면에서 보면 상호 간섭이 있는 다중입출력 시스템으로, 이를 제어하기는 그리 녹록치 않다.

[그림 1-15]에 보일러 내의 수위와 압력이 기계적인 폐로 제어에 의해 조절되는 원리가 그려져 있다. 우선 수위가 제어되는 원리부터 알아보자. 수위는 수면에 띄운 부유물이 센서 역할을 하여 F의 변위로부터 측정된다. 부유물은 봉 G의 한쪽 끝에 달려 있고, 반대편 끝에는 균형을 잡기 위한 추 H가 매달려 있다. 봉 G는 축 O에 지지되어 있다.

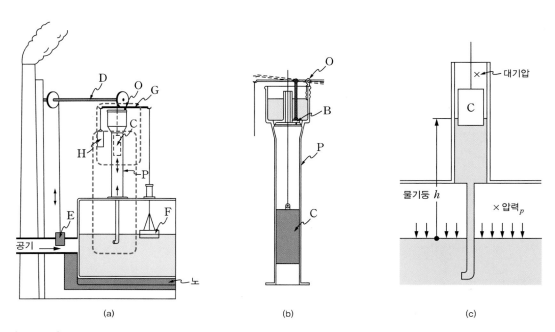

(a)　　　　　　　(b)　　　　　　　(c)

[그림 1-15] **보일러의 기계적인 폐로 제어시스템**

예를 들어 수위가 내려가면, 저울대 G는 축 O를 중심으로 [그림 1-15(b)]의 확대도에 있는 점선처럼 기울어진다. 그 결과 밸브 B가 열리면서 물이 파이프 P를 통해 보일러에 흘러들어가게 되고, 밸브가 닫힐 때까지 수위가 올라가게 된다. 보일러 내의 증기압 제어를 위한 압력 센서에도 부유물이 사용되고 있다. [그림 1-15(c)]와 같이 파이프 P 안에 또 하나의 부유물 C가 있는데, 파이프 P의 맨 끝이 보일러 수면 밑으로 들어가 보일러 내의 압력이 부유물 C에 전달된다. 파이프 위쪽은 대기에 노출되어 있기 때문에, 물기둥의 압력에 대기압을 더한 압력과 보일러 내의 증기압이 균형을 이룰 때까지 파이프 안에 물이 올라가므로, 부유물 C의 변위로부터 증기압을 측정할 수 있다. 부유물 C의 변위에 따라 축 D에 있는 풀리[4]pulley가 회전하고, D의 다른 한쪽 끝에 있는 또 다른 풀리도 회전하여, 보일러의 노[5]에 유입되는 공기량을 조절하는 댐퍼 E를 움직인다[6].

---

4 바퀴에 홈을 파고 이에 줄을 걸어 돌려 물건을 움직이는 장치이다.
5 연료를 직접 태우는 곳이다.
6 축 D의 양 끝에 있는 풀리는 반대 방향으로 회전함을 주의해야 한다.

한편 증기압이 내려가면, 파이프 P에서 끓는 물이 밀어 올리는 힘이 적어지므로 P의 물기둥이 내려가면서 부유물 C가 내려간다. 이에 따라 풀리가 회전하고 축 D를 거쳐 또 하나의 풀리가 회전하면서 댐퍼 E를 끌어 올린다. 그 결과 보일러의 노에 유입되는 공기량이 증가하면서 화력이 강해지게 된다. 따라서 증기압이 회복되어 물기둥도 올라가고 원래의 상태로 회복된다. 이상에서 설명한 수위와 압력의 제어시스템을 블록선도로 표시하면 [그림 1-16]과 같이 나타낼 수 있다.

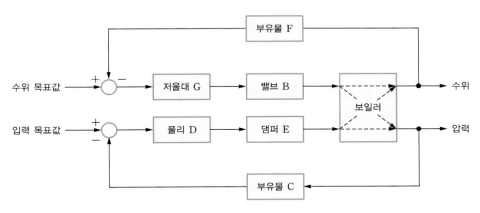

[그림 1-16] **보일러의 제어시스템**

보일러를 나타내는 블록 안에 있는 점선은 입력이 출력에 어떤 방식으로 영향을 주는지를 나타내고 있으며 대각선은 상호 간섭을 나타낸다. 실제로 수위 제어시스템이 작동해서 찬물이 들어가면, 보일러 내의 물 온도가 내려가서 압력도 낮아지게 된다. 또한 압력 제어시스템이 작동해서 화력이 변화하면, 보일러 내의 물 온도가 변화하고 열팽창에 의해 끓는 물의 부피가 변화하면서 수위도 달라진다.

앞에서 설명한, 화력을 제어하여 압력을 조절하는 방법은 반응 속도가 늦기 때문에, 갑작스럽게 압력이 증가하여 위험할 정도로 높아지면 즉시 대응하여 압력을 낮출 수가 없다. 즉시 조처를 하지 않으면 보일러가 파열될 수 있으므로, 보일러에는 압력이 어느 한계를 넘었을 때 자동으로 증기를 빼서 압력을 낮추는 제어시스템도 필요하다. 이런 제어시스템은 안전밸브라는 장치를 통하여 기계적으로 간단히 구성할 수 있다. 흔히 가정집 부엌의 압력밥솥에서도 안전밸브를 볼 수 있는데, 밥이 다 될 즈음 '칙' 하면서 안전밸브를 통하여 수증기가 밖으로 뿜어져 나오는 것을 볼 수 있다.

[그림 1-17]에 안전밸브의 원리가 나타나 있다. [그림 1-17(a)]를 보면, P로 들어오는 압력이 일정 기준치 이상이 되면 A로 빠져나가게 되어 있음을 알 수 있다. [그림 1-17(b)]에서는 안전밸브가 피드백을 형성하여 압력이 상한을 넘지 않도록 제어가 되는 원리를 블록선도로 표시했다. 블록선도는 시스템을 분석할 때 매우 유용한 도구이므로, 물리적인 현상을 블록선도로 나타내는 방식에 익숙해지는 것이 바람직하다.

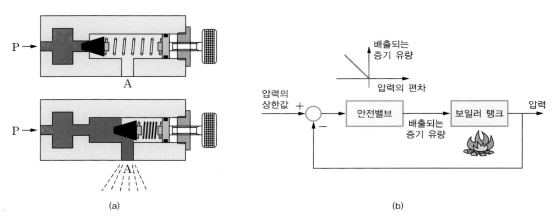

[그림 1-17] **안전밸브를 사용한 제어시스템**

이처럼 증기기관의 부하 변동에 따른 속도 제어를 위해서는 몇 가지의 제어시스템이 동시에 필요하다. 앞에서 기술한 바와 같이 보일러의 압력 제어와 수위 제어는 서로 밀접한 관계가 있으며, 실은 속도 제어와 수위 제어 및 압력 제어 사이에도 서로 관련이 있다. 예를 들면, 증기기관의 기계적인 부하가 증가하면 속도 제어시스템에 의해 증기량이 증가한다. 이렇게 증기량이 증가하면 보일러 내부의 증기압이 감소할 수 있기 때문에, 압력 제어시스템이 작동하여 증기압이 떨어지지 않도록 한다. [그림 1-18]은 증기기관의 전체적인 제어시스템을 블록선도로 표시한 것으로 제어시스템 사이의 상관관계를 쉽게 파악할 수 있다.

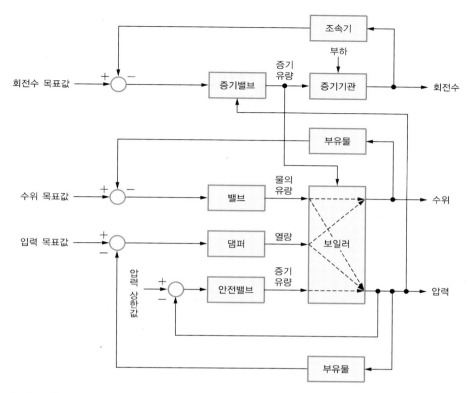

[그림 1-18] **증기기관의 전체적인 제어시스템**

1.3.2 전동기의 고성능 제어시스템

전동기는 전기 에너지를 기계적인 운동 에너지로 변환하는 장치로, 현대 사회에서 가장 중요한 기계적 원동력을 제공하고 있다. 특히 최근에는 [그림 1-19]와 같은 전기 자동차의 등장으로 그 역할이 더욱 커지고 있다. 최근 디젤, 가솔린 등의 내연기관을 환경친화적이고 제어가 용이한 전동기 구동 시스템으로 대치하려는 노력을 많이 하고 있는데, 이러한 시스템들을 안정적이고 효율적으로 운영하기 위해서는 전동기의 고성능 제어가 필수적이다. 전동기는 입력과 출력이 적절한 범위 내에 있어야 하고, 그 값들이 순간적으로 또는 평균적으로 제어되어야 한다.

[그림 1-19] **전기 자동차**

제어 대상이 되는 전기적 변수들로는 전력, 전압, 전류가 있으며, 기계적 변수들로는 토크, 속도, 위치, 가속도 등이 있다.

일반적인 전동기 구동 시스템에서 제어시스템의 구성은 [그림 1-20]과 같이 몇 개의 제어기들이 직렬로 연결되면서 각각 피드백을 이루는 형태이다. 이러한 제어기 구성은 내부 제어기가 외부 제어기에 비해 충분히 빠를 경우에 한하여, 각 제어기를 독립적으로 설계할 수 있다는 장점이 있다. 즉 각 내부 제어기의 상호 간섭에 의한 특성을 해석할 필요가 없으므로, 설계가 복잡해지는 것을 방지할 수 있다. 전동기 구동 시스템에 사용되는 제어기로는 전류 제어기, 속도 제어기, 위치 제어기 등이 있는데, 이 중 전류 제어기[7]가 가장 내부 루프loop에 위치하며, 가장 빠른 응답 속도를 가져야 한다. 이는 위치나 속도 제어가 요구되는 시스템에서도 궁극적으로는 모터의 토크가 제어되어야하기 때문이다.

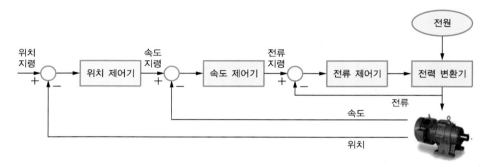

[그림 1-20] **전동기 제어시스템의 구성**

최근에는 [그림 1-19]와 같은 전기 자동차에 타이어 내장형In-wheel 모터를 장착하여, [그림 1-21]과 같이 약간 복잡한 제어시스템을 사용하기도 한다.

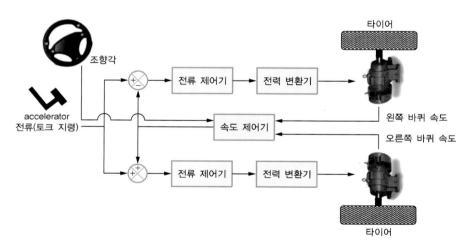

[그림 1-21] **전기 자동차의 제어시스템 구성**

---

7 토크 제어기라고도 부른다.

전동기는 전원에 따라 직류 전동기와 교류 전동기로 분류되나, 그 동작 원리는 비슷하다[8]. 자석에 의해, 또는 인위적으로 만들어진 자기장 속에 설치된 도체에 전류를 흘렸을 때, 전자기적인 힘이 발생하는 현상을 전자기 유도 현상이라 하는데, 이 현상을 응용한 것이 전동기다. 3장 모델링 과정에서 직류 및 교류 전동기에 대한 물리적 원리를 더 자세히 설명할 것이다.

직류 전동기는 정류자나 브러시가 장착되어 있기 때문에 고속 응용에 부적합하고, 정기적인 유지 보수가 필요하다. 또한 교류 전동기에 비해 구조가 복잡하고, 크기도 크며 값도 비싸다. 그러나 직류 전동기는 속도 제어가 쉽고, 그 제어 범위가 넓다는 장점이 있다. 기계적인 접촉에 의해 마모되는 정류자와 브러시를 없애고 전자적인 정류 기구를 설치한 BLDC$^{brushless\ DC}$ 모터는 값도 비싸고, 부가적인 전력 전자회로가 필요하다는 점에도 불구하고, 소음이 작고 출력이 높아 복사기 드럼, 자동문 구동 장치 등에 많이 쓰이고 있다.

다음으로 교류 전동기의 특성을 살펴보자. 교류 전동기의 주종을 이루는 유도 전동기는 직류 전동기에 비해 구조가 간단하여 내구성이 좋고 경제적이지만, 속도 제어가 어렵다는 단점이 있다. 그러나 최근에 다양한 제어 기법들이 개발되면서 이러한 단점이 보완되어 유도 전동기의 사용 범위가 점차 확대되고 있으며, 50[Hz] 또는 60[Hz]의 일정 전원에 의해 구동되는 정속도 전동기로도 활용되고 있다. 최근에는 전력 변환 장치에 의한 가변속 구동이 가능해져서 그 응용 분야가 더욱 넓어지고 있다. 또 다른 종류의 교류 전동기로 동기 전동기가 있는데, 회전자 손실이 없어 효율이 좋으며, 고출력 밀도를 가지고 있어 전동기 중량에 대한 토크 비가 크다. 이처럼 동기 전동기의 여러 성능이 유도 전동기나 직류 전동기보다 우수하기 때문에 순시토크 제어가 요구되는 고성능 서보용 전동기 제어 분야에서 그 사용이 증가하고 있다.

1.3.3 우리나라 최초의 자동화 시스템

요즘은 휴대폰에 GPS와 동기화된 전자시계가 내장되어, 항상 정확한 시간에 대한 정보를 얻는 것이 당연시되는 시대이다. 하지만 전자시계는커녕 미세한 기계 장치에 대한 기술조차 없어서 태엽시계마저 존재하지 않았던 시대에는 대충이라도 시간을 알기 위한 몇 가지 장치가 고안되었다. 그 중에서도 물의 흐름을 이용한 물시계가 흔하게 사용되었다. 여기에서는 이런 물시계에 사용된 폐로 제어시스템에 대해서 소개한다.

[그림 1-22]와 같은 간단한 물시계를 생각해보자.

---

8 직류 전동기와 교류 전동기는 사용하는 전원이 다를 뿐이다.

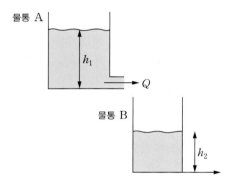

[그림 1-22] 간단한 물시계의 구조

[그림 1-22]에서 물통 A에 채워진 물이 밖으로 빠져나오면서 물통 B를 채운다. 물이 물통 A로부터 시간당 얼마나 빠져나오는지를 안다면 물통 B의 물높이로부터 시간을 가늠할 수 있을 것이다.

이제 고등학교 수준의 수학 지식을 사용하여 정량적인 계산을 해보자. 물통 A는 물높이가 $h_1\,[\mathrm{m}]$일 때, 단위 시간당 유출량 $Q\,[\mathrm{m^3/sec}]$이 $Q = 0.1\,h_1$와 같은 관계식을 만족하도록 제작되었다고 가정하자. 만약 물통 A의 밑면적이 $2\,[\mathrm{m^2}]$이라 하면 당연히 다음과 같은 관계식도 성립할 것이다.

$$\frac{d}{dt}(2h_1) = -Q \quad \Rightarrow \quad \frac{d}{dt}h_1 = -\frac{1}{20}h_1 \tag{1.18}$$

이때 초기에 존재한 유량 외에는 외부의 유입이 없다고 가정한다. 식 (1.18)은 간단한 미분방정식으로 초기 조건이 주어지면 시간에 따른 물 높이를 구할 수 있다. 따라서 초기 시간 $t = 0$에서 물통 A에 $2\,[\mathrm{m^3}]$의 물이 이미 있었다고 가정하면, 식 (1.18)의 해는 다음과 같이 표현된다.

$$h_1(t) = e^{-\frac{1}{20}t} \tag{1.19}$$

이제 물통 B에 대해 살펴보자. 물통 B의 밑면적이 $1\,[\mathrm{m^2}]$라고 하면, 시간에 따른 물통 B의 물높이 $h_2\,[\mathrm{m}]$는 다음을 만족한다.

$$\frac{dh_2}{dt} = Q = 0.1h_1 \tag{1.20}$$

식 (1.20)도 간단한 형태의 1차 미분방정식이고, 식 (1.19)로부터 $h_1(t)$를 구할 수 있으므로, 초기 조건이 주어지면 해를 구할 수 있다. 따라서 초기 시간 $t = 0$에서 물통 B에는 물이 전혀 없었다고 가정하면(즉 $h_2(0) = 0$), 미분방정식 (1.20)의 해는 다음과 같다.

$$h_2(t) = 2\left(1 - e^{-\frac{1}{20}t}\right) \tag{1.21}$$

물통 B의 물높이에 따른 시간을 알기 위해서는 식 (1.21)을 다음과 같이 변환하면 된다.

$$t = -20\,ln\left(1 - \frac{h_2(t)}{2}\right) \tag{1.22}$$

시간에 따른 물통 B의 높이는 [그림 1-23]과 같다.

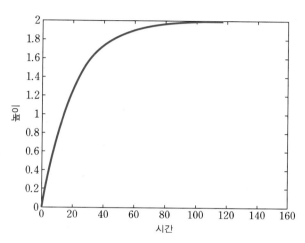

[그림 1-23] **물통 B의 시간에 따른 물 높이**

이번에는 연속적으로 시간을 재기 위해 물통 A의 물 높이가 $0.2\,[\text{m}]$가 될 때마다 사람이 $1\,[\text{m}]$까지 다시 물을 채운다면, 위의 그래프는 [그림 1-24]처럼 바뀔 것이다.

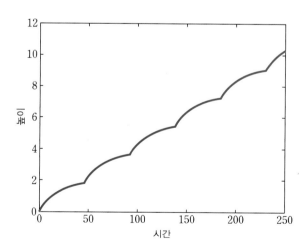

[그림 1-24] **물통 A를 채우면서 측정한 물통 B의 시간에 따른 물 높이**

만약 물통 A에 물을 더 자주 채워준다면 [그림 1-24]보다 더 선형에 가까운 물 높이-시간 관계식을 얻을 수 있을 것이다. 더 나아가 물통 A의 높이를 계속 $1[m]$ 근처로 유지시킬 수 있다면, 시간과 물통 B의 물 높이가 완벽히 선형 관계가 될 것이다. 이를 위해 투입될 사람의 노고를 피드백 기반의 자동 제어로 대체시킨 것이 [그림 1-25]의 자격루이다.

자격루는 조선 세종 때 장영실이 만든 물시계로, 시간 측정 외에도 정해진 시간에 종과 징, 북이 자동으로 울리도록 만들어졌다. [그림 1-26]을 보면서 그 원리를 살펴보자면, 맨 위에 있는 큰 물그릇(큰 파수호)에 넉넉히 물을 부어주면 그 물이 아래의 작은 그릇(작은 파수호)을 거쳐, 제일 아래쪽 길고 높은 물받이 통(수수호)으로 흘러 들어 간다. 작은 그릇의 수위를 일정하게 유지하기 위해, 수위가 일정 높이 이상이 되면 물 공급관의 출구를 막는 부유마개를 사용한다. 아주 간단한 방법이지만, 이것이 피드백 역할을 하여 사람이 일일이 수위를 일정하게 맞추어야 하는 수고를 던 것이다. 자격루는 이러한 피드백을 사용함으로써 일정한 물의 흐름을 만들어 시간을 정확히 예측할 수 있게끔 했을 뿐만 아니라, 정해진 시간에 인형이 징을 치는 자동화 시설을 갖추었다. 공학적 관점에서 보면, 자격루는 연속적인 물의 흐름(아날로그 신호)을 정해진 시간 간격에 따

[그림 1-25] **현재 남아 있는 자격루의 모습**

라 불연속 신호(디지털 신호)로 바꾼 우리나라 최초의 자동화 시스템이라 할 수 있을 것이다.

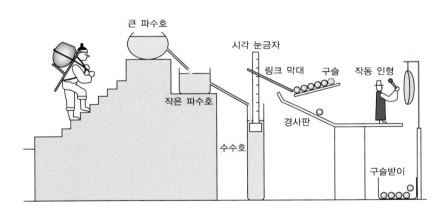

[그림 1-26] **자격루의 원리**

1.3.4 서비스 로봇과 관측기 기반 제어시스템

기존의 산업용 로봇은 각종 부품을 조립하는 공정이나 용접, 도장 ^painting 작업 등에 쓰이는 장치로서 단순 작업을 신속 정확하게 장시간 쉬지 않고 수행할 수 있으며, 극한 환경에서의 작업도 가능하다. 이런 산업용 로봇에서는 앞에서 언급했던 전동기의 위치 및 속도 제어 기술이 그 성능을 결정하는

핵심이 된다. 최근에는 정보통신을 기반으로 사람과 함께 동일한 공간에서 생활하면서 사람에게 즐거움과 서비스를 제공하는 서비스 로봇이 대두되고 있다. 개인용 서비스 로봇으로는 지능을 갖고 개인의 운동을 보조하는 인간 공존형 대인지원용 로봇, 홈 자동화를 지원하는 가정용 로봇, 고령자와 신체장애인 등을 위한 생활지원용 로봇 및 오락용 로봇 등이 있고, 공공용 서비스 로봇으로는 금융기관의 현금 수송이나 주택을 경비하는 감시용 로봇, 공공기관이나 박물관에서 방문객을 대상으로 안내를 담당하는 로봇 등이 있다. 현장에 투입되는 서비스 로봇으로는 의료 및 복지, 건설용, 군사용, 극한 환경용, 농업용, 탐사용 등 여러 형태의 로봇이 있다.

이런 서비스 로봇에는 이동을 위한 단순 모터 제어뿐만 아니라, 사람에게 서비스를 제공하기 위해 제어에 필요한 다양한 알고리즘이 수행되고 있다. 그 중에서 특히 로봇이 이동하면서 자신의 위치를 인식하고 지도를 작성하는 SLAM^{Simultaneous Localization And Mapping} 알고리즘이 최근의 서비스 로봇에서 많이 사용되고 있다. 이 SLAM 알고리즘은 이 책의 후반부에 배울 상태 공간 관측기와 관련이 깊다. 보통 피드백을 통해 시스템을 제어하기 위해서는 시스템 내부의 관측되지 않는 변수들을 알아야 하는데, 측정된 변수들로부터 관측되지 않는 변수들을 알아내는 일이 관측기의 임무다. 따라서 보통 관측기가 있는 경우, 전체적인 제어시스템은 [그림 1-27]과 같이 구성된다.

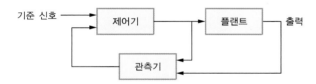

[그림 1-27] **관측기가 있는 제어시스템**

사실 SLAM을 정확히 설명하는 것은 이 책의 범위를 벗어나지만, 후에 로봇을 전공할 학생들을 위해 개략적인 목적과 원리만 소개하도록 한다.

위치 인식은 로봇에게 랜드마크^{land mark}들의 위치를 사전에 알려주었을 경우, 이를 기준으로 로봇이 자신의 위치를 추정하는 것이다. 즉 [그림 1-28]과 같이 널리 알려진 건물이나 인식 가능한 특징으로부터 자신의 위치를 추정한다. 반면 지도 작성은 로봇이 자신의 위치를 미리 알고 있을 경우, 이를 이용하여 관찰된 랜드마크들의 전역 위치를 추정하는 것이다. 로봇은 시간에 불변하는 특징들을 기준으로 삼아 지속적으로 자신의 위치를 확인해야 한다. 또한 로봇이 자신의 위치를 알아야 지도를 작성할 수 있다. 이와 같이 위치 인식과 지도 작성은 서로 의존하므로 두 과정이 동시에 진행되어야 한다. 이러한 작업을 수행하는 알고리즘이 바로 SLAM이다. 위치 인식과 지도 작성 중 하나만 해도 벅찬데, 동시에 두 가지를 모두 하려니 쉬운 알고리즘은 아니다. 대부분의 실시간 추정 알고리즘이 그러하듯이 SLAM도 예측과 보정 과정을 통해 실시간 데이터를 바탕으로 자신의 위치와 지도를 계속 갱신한다.

[그림 1-28] 관측된 정보를 통하여 자신의 위치를 파악하는 SLAM

이러한 SLAM 알고리즘은 개인용 로봇, 공공용 로봇, 건설용 로봇, 군사용 로봇 등에서 널리 쓰이고 있다. 한 예가 [그림 1-29]의 안내용 로봇이다. 이러한 로봇처럼 특정 지역에서만 작업하는 로봇은 미리 해당 지역의 지도를 입력 받아, 지도 작성은 하지 않고 위치 인식만 할 수도 있다. 산업용 로봇은 특정 분야에 맞추어 규격화되어 있지만, 서비스 로봇은 다양한 서비스를 제공해야 하는 만큼 SLAM도 매우 광범위하게 변형되어 폭넓게 적용되고 있다.

[그림 1-29] SLAM을 이용하는 백화점 안내용 로봇

1.3.5 햅틱 기술을 활용한 정보교환 시스템

최근 '햅틱폰'이라는 말이 많이 대중화되면서 '햅틱Haptic'이라는 말을 주변에서 흔히 들을 수 있다. 햅틱 기술의 사전적 의미는 피부가 물체 표면에 닿았을 때 느끼는 촉감이나, 관절과 근육의 움직임이 방해될 때 느껴지는 감각적인 힘을 통한 인간과 물리적 장치 간의 정보교환 시스템이다. 최근 사용자

인터페이스 기술의 진보로 햅틱 기술은 인간과 컴퓨터가 밀접한 환경에서 정보 인지와 표현을 위한 필수 통신 채널로 여겨지고 있다.

최근에는 휴대폰과 같은 소형 장치뿐만 아니라 원격 조종 로봇에도 햅틱 기술을 적용하려는 연구가 활발히 이루어지고 있다. 원격지의 로봇을 조작자가 조종하면서 작업을 수행하는 원격 조종 로봇은 원자력 발전 설비의 유지 보수, 군사적인 감시 및 전투, 국가 기간 및 사회 간접 자본 유지 보수, 에너지 및 자원 탐사, 노인 및 장애인 원격 보조 등 매우 다양한 분야에 이미 적용되어 있거나 적용 계획 중에 있다. 햅틱 기술과 원격 조종 로봇의 다양한 활용 예가 [그림 1-30]에 나와 있다.

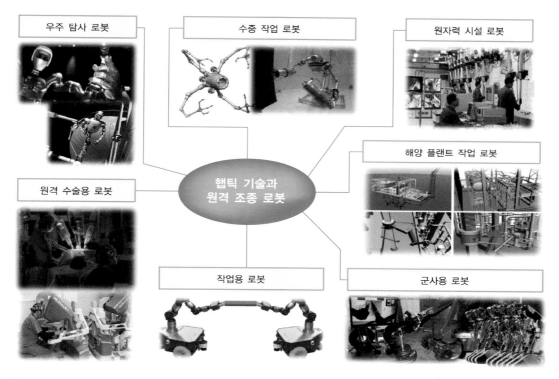

[그림 1-30] 햅틱 기술과 원격 조종 로봇의 활용

햅틱 기술을 사용한 원격 조종 로봇의 경우, 조작자가 원격지의 물리적인 현실감(영상, 음향, 힘, 마찰력 등)을 느끼면서 현장에 있는 로봇을 조종할 수 있는 인터페이스 기술이 매우 중요하다. 바로 여기서 피드백 제어가 큰 역할을 한다. 예를 들면, 조종 중인 로봇에 큰 부하가 걸렸는데도 이를 작업자가 느끼지 못하면 무리한 조작으로 로봇을 파손시켜 버릴 수도 있다. 양방향 제어로 그 반력을 작업자에게 피드백할 수 있다면 그러한 사고를 방지할 수 있을 것이다. [그림 1-31]은 햅틱 기술 구현을 위한 양방향 제어에 관한 블록선도를 나타낸다. 보통 제어를 하는 쪽을 마스터^{Master}, 제어를 당하는 쪽을 슬레이브^{Slave}라고 한다.

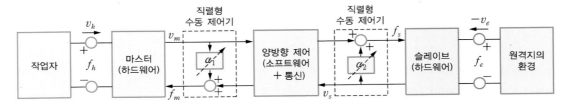

[그림 1-31] **원격 조종을 위한 양방향 제어**(v_x는 속도, f_x는 힘)

조작자와 로봇의 속도를 피드백 받아 [그림 1-31]에 나타나 있는 α_1과 α_2값을 적절히 제어하면(실제로는 댐핑 요소(제동 요소)를 적절히 주면), 조작자에서 로봇까지의 경로에 에너지가 생성되지 않도록 할 수 있다. 회로이론 시간에 배운 2 포트 시스템을 상기하면 쉽게 이해할 수 있을 것이다. 내부에서 에너지가 생성되면, 생성된 에너지가 로봇에 전달되어도 조작자는 그 에너지를 느끼지 못한다. 즉 내부에서 생성되는 에너지가 없어야 조작자의 명령에 의한 에너지만이 로봇에 전달될 수 있으므로, 로봇에 가해지는 힘을 조작자가 느끼면서 작업할 수 있다. 이러한 제어를 '수동적 제어passive control'라고 한다.

1.3.6 전력 시스템의 주파수 제어시스템

우리는 가정에서 $220\,[\text{V}]$ 전원을 사용하여 여러 가지 전기기구의 작동, 난방, 충전 등의 작업을 편리하게 하고 있다. 이러한 전원을 제공하는 전력 시스템은 발전, 송전, 배전, 관리 운용 설비가 유기적으로 결합된 하나의 거대한 시스템으로, 양질의 전기[9]를 공급하기 위해 반드시 피드백 제어가 필요하다. 이를 위해 주파수를 대상으로 하는 주파수 제어와, 전압 분포의 개선 유지 및 무효 전력의 합리적인 배분을 목표로 하는 전압 제어가 이용되고 있다.

여기에서는 주파수 제어를 간단히 소개하겠다. 우선 일정한 주파수의 전력 생산을 위해 사용하는, 조속기를 통한 피드백 제어 과정을 알아보자. 조속기는 1.3.1절에서 증기기관의 제어시스템을 소개하면서 언급한 바 있다. [그림 1-32]와 같이 발전기에도 부하(출력) 증가에 따른 회전수의 저하를 방지하기 위하여, 회전수의 저하가 관측되면 터빈의 입력 밸브를 열어서 물 또는 증기(입력)를 증가시키는 장치인 조속기를 설치하고 있다. 또한 전압 제어를 위해 발전기의 전자석 세기를 조절하는 여자 시스템이 있다.

---

9 양질의 전기란 일반적으로 주파수나 전압 등이 일정하게 규정된 값으로 유지되면서, 전력 공급에 있어서 충분한 신뢰도로 정전 없이 계속적으로 공급될 수 있는 전기를 말한다.

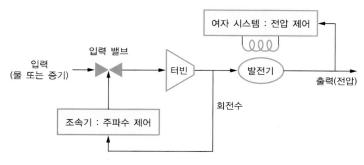

[그림 1-32] 조속기와 여자 시스템을 통한 출력의 피드백 제어

여기서 터빈의 회전수는 생산 전력의 주파수와 관계가 있는데, 발전기와 부하의 주파수 특성은 [그림 1-33(a)]와 같이 거의 선형적인 특징을 지니고 있다. 발전기의 주파수 특성을 나타내는 직선 G는 발전기의 물리적인 구조에서 기인하며, 그 기울기는 고정되어 있다. 이때 동작점을 변화시키면 직선을 위아래로 평행 이동시킬 수 있다. 발전기는 주파수가 높아지면 전력 생산량을 줄이고, 반대로 주파수가 낮아지면 전력 생산량을 증가시키도록 설계되어 있다. 부하의 주파수 특성을 나타내는 직선 L은 주파수가 증가하면 소비 전력도 증가하고, 반대로 주파수가 감소하면 소비 전력도 감소한다는 물리적인 의미를 담고 있다.

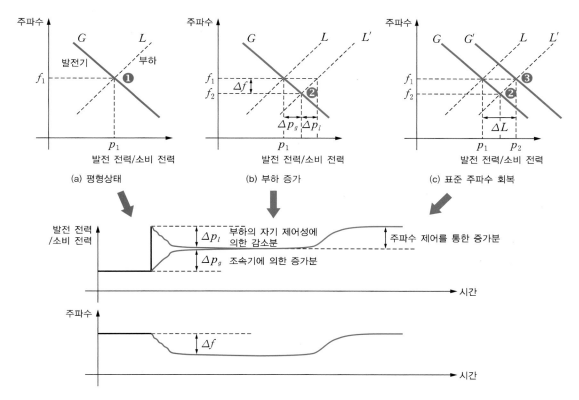

[그림 1-33] 전력 시스템의 주파수 제어 과정

정상적인 상태에서는 [그림 1-33(a)]와 같이 이 두 직선의 교차점에서 평형이 이루어지며, 이때의 주파수가 표준 주파수가 된다. 이 상태에서 부하가 ΔL만큼 증가하면, [그림 1-33(b)]와 같이 부하의 주파수 특성 직선이 L에서 L'으로 변화한다. 그로 인한 주파수의 저하에 의해 발전기는 특성 직선 G를 따라 출력을 증가시키게 되고, 부하는 직선 L'에 따라 소비 전력을 감소해서 교점 ❷에서 교차하며 안정하게 된다. 이 상태에서 표준 주파수까지 평형점을 회복하기 위해서는 터빈의 입력을 증가시킴으로써 출력을 증가시킬 필요가 있다. 따라서 [그림 1-33(c)]와 같이 증기기관에서 설명했던 조속기를 제어함으로써, 발전기 특성을 G에서 G'으로 평행 이동시켜 교점 ❸으로 표준 주파수를 회복한다.

이처럼 주파수 변동을 상시 감시하여 주파수가 규정값을 유지하도록 조속기 모터 또는 부하 제한용 모터를 이용하여 발전기의 출력을 자동으로 제어하는 방식을 자동 주파수 제어(AFC)^{Automatic Frequency Control}라고 한다.

1.3.7 통신에서의 전력 제어시스템

우리나라에서 세계 최초로 상용화에 성공했던 CDMA 시스템은 이동통신 교환기와 기지국, 단말기로 구성되어 있다. 단말기는 우리가 가지고 있는 휴대폰이라고 생각하면 되고, 기지국은 우리의 휴대폰과 이동통신 교환기를 연결하는 기능을 갖는 장치이며, 이동통신 교환기는 기지국들을 연결하고, 이들을 효율적으로 운영하는 기능을 하는 통제 장치이다. 다른 이동통신 방식과 달리 CDMA 방식은 같은 주파수 채널을 여러 가입자와 여러 개의 기지국이 동시에 함께 사용한다. 따라서 동시 통화자 및 기지국 간에 간섭이 발생할 수 있으므로, 이에 대한 적절한 제어가 이루어져야 시스템이 원활히 동작할 수 있다.

예를 들어 복잡한 파티에서 옆 사람에게 이야기할 때를 생각해보자. 상대방이 가까이 있다면 작게 이야기해도 되지만, 떨어져 있다면 알아들을 수 있을 정도의 큰 소리로 이야기해야 한다. 또 주변이 매우 떠들썩하다면(잡음이 많다면) 크게 이야기해야 상대방이 알아들을 수 있을 테고, 주변이 조용하면(잡음이 없으면) 작게 이야기해도 상대방이 알아들을 수 있을 것이다. 또한 사람이 많지 않아도 한두 사람이 매우 큰 소리로 이야기한다면, 대화에 방해가 될 것이다. 이처럼 주변 여건에 따라 주변 사람들에게 피해를 주지 않기 위해 상대방이 알아들을 수 있는 가장 작은 소리로 이야기하는 과정이 전력 제어라 할 수 있다.

전력 제어의 기본적인 목적은 크게 다음의 네 가지이다.

기지국 통화 용량의 최대화	가능한 한 많은 사람이 통화할 수 있도록 한다.
단말기 배터리 수명 연장	불필요한 전력 소모를 줄여 단말기를 오래 쓰도록 한다.
인접 기지국 통화 용량의 최대화	다른 기지국을 방해하지 않는다.
균일한 통화 품질 유지	많은 사람에게 균일한 통화 품질이 유지될 수 있도록 한다.

각 목적에 따른 전력 제어 방법은 다음과 같다.

- **기지국 통화 용량의 최대화 : 개로 전력 제어**
  통화 시작 시 단말기의 최초 출력을 최소화함으로써 통화 음량 및 품질에 미치는 영향을 최소화한다. 기지국으로부터의 수신 전력이 크면 단말기 출력을 작게, 수신 전력이 작으면 단말기 출력을 크게 함으로써 기지국에 도달하는 단말기의 출력을 최소화할 수 있다. 이 방식은 피드백 요소가 없는 개로 제어 방식이라 할 수 있다. 하지만 통화 중에는 계속 출력이 조정되어야 하며, 이는 바로 다음에 설명할 폐로 제어로 이루어진다.

- **단말기 배터리 수명 연장 : 폐로 전력 제어**
  기지국이 통화 중 단말기의 출력을 기지국이 수신 가능한 최소 전력이 되도록 함으로써, 기지국 역방향(단말기에서 기지국 방향) 통화 용량을 최대화하며, 단말기 배터리 수명을 연장한다. 위에 언급한 개로 전력 제어는 기본적으로 통신의 양방향에서 경로 손실이 같다는 가정에서 이루어지는 근사적인 제어방식이다. 하지만 수신한 신호의 세기만으로 기지국에 도달하는 수신 전력을 추정하는 것은 정확성이 매우 부족하다. 따라서 통화 중에는 기지국이 자신의 수신한 수신 세기가 너무 강한지 또는 약한지를 단말기에 알려줌으로써, 단말기는 즉각적으로 기지국에 도달하는 신호의 세기가 일정하도록 단말기 출력을 제어한다. 이 방식은 피드백 요소가 있기 때문에 폐로 제어 방식이라 할 수 있다.

- **인접 기지국 통화 용량의 최대화 : 순방향 전력 제어**
  각 순방향(기지국에서 단말기 방향) 통화 채널의 출력을 단말기의 위치에 따라 최소화하여 전체 기지국의 RF 출력을 최소화함으로써 기지국 내의 순방향 통화 용량을 최대화한다. 또한 인접 기지국으로 넘어가는 잡음의 양도 최소화하여 인접 기지국의 통화 용량을 증대시킨다. 예를 들면 멀리 있거나 전파 상태가 좋지 않은 단말기에 대해서는 더 큰 출력을 할당하고, 반대의 경우는 작은 출력을 할당하여 기지국의 한정된 출력을 효율적으로 활용하는 것이 순방향 전력 제어의 목적이다.

- **균일한 통화 품질 유지 : 역방향 과부하 제어**
  동시 통화자 수의 증가에 따른 역방향 링크의 급격한 품질 저하를 사전에 방지하는 기능이다. 잡음이 일정 레벨보다 더 높은 상태에서 새로운 단말기가 기지국에 통화를 요구하면, 기지국은 현재 통화 중인 단말기들의 통화 품질을 유지하기 위해 새로운 통화를 강제적으로 제한한다.

[그림 1-34] **통신에서의 전력 제어**

1.3.8 경제학 및 생태계의 피드백

이제까지 인공적으로 만들어진 제어시스템을 소개하였다. 지금부터는 인공적으로 만들어진 피드백 현상이 아니라, 현상에 내재되어 있는 자연적인 피드백을 소개한다.

음의 피드백

전통적인 경제학 이론에 의하면 경제학적 행동은 항상 음의 피드백(또는 음성 피드백)을 통해 예측 가능한 시장 균형에 접근해 간다고 한다. 이 음의 피드백은 그 자체가 경제를 안정시키는 역할을 한다. 큰 변화가 일어났을 때, 그 변화에 대한 역반응에 의해 변화의 효과가 어느 정도 상쇄되기 때문이다. 예를 들어 유가가 폭등하면, 정부는 에너지 절약 정책을 시행하고 석유회사는 더 많은 유전을 탐사할 것이다. 그 결과 유가가 다시 하락하리라고 예측할 수 있다.

또 다른 예로 수력 발전과 화력 발전 사이의 경쟁을 생각해보자. 수력 발전 쪽의 시장 점유율이 높아지면, 기술진이 댐을 새로 지을 장소를 선택할 때 점점 더 비용이 많이 드는 곳을 택할 수밖에 없다. 그 결과 화력 발전 쪽이 비용 면에서 더 유리해진다. 반면 화력 발전 쪽의 시장 점유율이 높아지면, 석탄 가격이 상승하거나, 비용이 많이 드는 대기 오염 조절 장치를 도입하라는 규제가 강화된다. 그 결과 이번에는 수력 발전 쪽으로 추가 기운다. 이런 식으로 두 기술은 각각의 가능성을 최대한 활용한 수준에서 시장 점유율을 차지하며, 이는 어느 정도 예측할 수 있다. 이처럼 앞의 두 예에서 봤듯이 음의 피드백에 의해 도달하는 시장 균형으로 가장 효율적인 자원 활용과 배분이 이루어질 수 있다.

한편 피드백은 생태계 자체의 균형을 위해서도 매우 필수적인 요소이다. 생태계 내의 피식자와 포식자의 개체수를 각각 N_1, N_2라 하면, 이들의 관계는 다음과 같은 미분방정식으로 표시할 수 있다.

$$\dot{N}_1 = rN_1 - \alpha N_1 N_2$$
$$\dot{N}_2 = -cN_2 + \beta N_1 N_2$$

(1.23)

이 관계는 [그림 1-35]와 같이 블록선도로 표시할 수 있으며, 이로부터 피드백 요소가 무엇인지 확인할 수 있다. 상식적으로 포식자가 늘어나면 피식자의 수가 줄어들어 먹이 환경이 나빠지게 된다. 따라서 자연스레 포식자의 수가 줄어들어 다시 피식자의 수가 늘어나게 된다. 이 과정들이 반복되면서 자연적인 균형이 이루어진다. [그림 1-35]에서 $\gamma = 2$, $\alpha = 0.1$, $c = 2$, $\beta = 0.1$인 경우에 대해 시뮬레이션한 결과를 [그림 1-36]에서 볼 수 있으며, 이를 통해 포식자와 피식자의 관계를 확인할 수 있다.

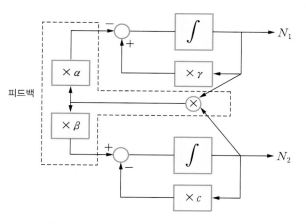

토끼 수 : N_1

호랑이 수 : N_2

[그림 1-35] **피식자와 포식자의 개체수 관계**

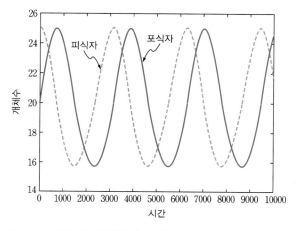

[그림 1-36] **피식자와 포식자의 개체수**

양의 피드백

양의 피드백(또는 양성 피드백)으로 설명될 수 있는 새로운 경제 현상들도 있다. 대표적인 사례는 첨단 기술을 활용하는 제조업이나 정보기술IT 산업 등의 지식 기반 분야에서 찾아볼 수 있다. 이 기술들은 디자인하고 제조하는 과정이 복잡하고, 연구 개발 및 생산 설비에 투자를 많이 해야 한다. 이러한 영역에서 음의 피드백이 아닌 양의 피드백이 나타나는 이유는, 일단 제품 판매가 시작된 다음부터는 추가적 생산비가 상대적으로 저렴하다는 특징이 있기 때문이다.

비디오카세트 레코더의 역사가 이러한 양의 피드백의 한 예다. VCR 시장은 서로 경쟁 상태에 있었던 두 개의 포맷, VHS 방식과 베타beta 방식으로 출발했고, 두 포맷은 가격 면에서는 거의 동일했다. VHS는 표준을 공개하여 여러 회사가 참여하였으나, 베타 방식은 독점을 고집하였다. 결국 베타 방식은 기술적 우위에도 시장에서 패배하였다. 또한 MS-DOS와 윈도는 디지털리서치사의 DR-DOS와 애플의 Mac OS보다 기술적으로 뒤떨어졌으나, 초기 시장 점유율에서의 우세를 바탕으로 결국 시장의 대부분을 점유하였다. 이처럼 시장은 양의 피드백과 더불어 초기 불안정성을 특징으로 한다. VCR 시장의 경우, 두 포맷 모두 비슷한 시기에 도입되어 비슷한 시장 점유율로 시작했지만, 외부적 환경의 변화나 운, 또는 각 회사가 취한 여러 조치로 시장 점유율이 약간 '출렁'이게 되었다. 이때 발생한 초기 시장 점유율상의 작은 우위가 양의 피드백으로 증폭되어 결국 시장 전체를 VHS 포맷 쪽으로 기울게 한 것이다.

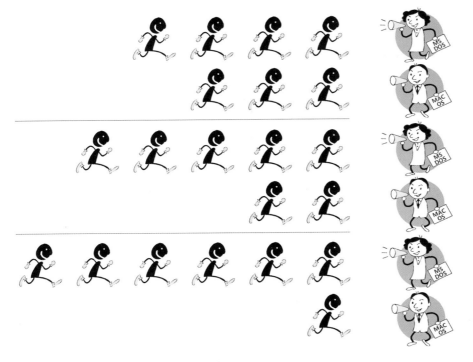

[그림 1-37] **양의 피드백에 의한 시장 점유율 상승**

1.3.9 양성 피드백

위에서 언급한 양성 피드백(양의 피드백)에 대해 좀 더 자세히 살펴보자. 입력 신호에 출력 신호가 더해질 때 이를 양성 피드백이라 한다. 따라서 양성 피드백은 출력 신호를 증가시키는 역할을 하므로, 시스템의 출력을 지속적으로 증가시키고 발산시킨다. 흔히 쓰이는 악순환이라는 말도 일종의 양성 피드백의 부산물일 것이다. 또는 선생님이 학생을 야단쳤을 때, 학생은 선생님이 싫어져서 선생님 말씀을 더 안 듣게 되고, 그 때문에 선생님은 더 많이 학생을 야단치게 되는 경우처럼 계속 문제가 커지는 상황도 양성 피드백이라 할 수 있다.

이처럼 양성 피드백이 부정적으로만 작용하는 것은 아니다. 선생님이 학생을 칭찬하면, 학생은 더 많은 칭찬을 받기 위해 노력하게 되고, 이로 인해 선생님은 학생을 더 칭찬하는 긍정적인 양성 피드백의 예도 있다. [그림 1-38]과 같이 대학에서 시행하는 인력양성사업에서 피교육자와 산업체 등에서 많은 피드백을 받아 더 좋은 결과를 얻는 경우도 바람직한 양성 피드백의 예다.

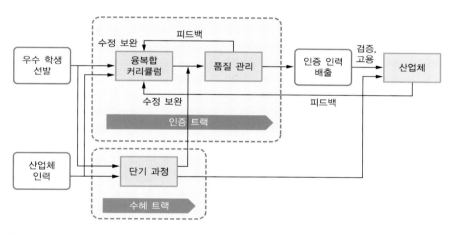

[그림 1-38] **대학에서의 인력양성사업 수행 체계**

또 사회학에서 미래에 관한 개인의 기대가 그 미래에 영향을 주는 경향성을 지칭하는 '자기 이행적 예언'이라는 말이 있는데, 이 또한 양성 피드백의 대표적인 사례라 할 수 있다. 예컨대 어떤 사람을 믿을 수 없다고 생각하면, 우리는 그 사람을 상대할 때 우리 자신을 충분히 드러내지 않는다. 이런 태도는 그 사람에게 영향을 미치고, 그를 믿지 않는 것 같은 우리의 태도에 그 역시 자신을 드러내기를 꺼리게 된다. 그러면 또 우리는 그걸 보고 "역시 이 사람은 음흉하고 믿을 수 없는 사람이구나!"라는 확신을 하게 된다는 것이다.

물리적인 양성 피드백 예를 들어보자. 주변에서 흔히 볼 수 있는 확성기는 마이크에 입력되는 음성 신호를 증폭기에서 크게 증폭시켜서 스피커로 내보내는 장치이다. 만약 스피커에서 나온 소리가 다시 마이크로 들어가서 증폭기를 통해 더욱 크게 증폭되면, 스피커로 출력되면서 '삑' 하는 소리가 나는 경우가 있다. 이처럼 양성 피드백이 '삑' 하는 스피커와 '자기 이행적 예언'처럼 부정적으로 발생하는 경우도 있지만, 회로 설계와 같은 실제 물리적 시스템에서는 유용하게 사용된다. 양성 피드백으로 진동이나 히스테리시스[10]와 같은 비선형적인 현상을 발생시키고, 이를 동기나 스위치 역할로 쓰기도 한다.

생물체 내에서도 항상성을 유지하기 위해 다양한 양성 피드백이 구성되어 있다. 이 양성 피드백은 여러 가지 스위치 현상과 히스테리시스, 양안정성 등과 같은 긍정적인 효과를 구현하기도 하지만, 쇼크 현상 같은 부정적인 결과를 초래하기도 한다.

1.3.10 위상 고정 루프 전자회로

전자회로 소자로 증폭기가 등장하면서부터 피드백 방식이 활용됐는데, 그 대표적인 예가 위상 고정 루프Phase-Locked Loop이다. 위상 고정 루프란 입력 신호의 위상과 출력 신호의 위상차를 없애거나 일정하게 유지하면서 출력 신호의 주파수가 입력 신호의 주파수를 따라가도록 제어하는 피드백 회로 시스템을 말한다. 위상 고정 루프 시스템은 디지털 분야는 물론 아날로그 전자회로 시스템에서도 광범위하게 사용되고 있다.

먼저 위상 고정 루프의 핵심 소자인 전압 조정 발진기(VCO)Voltage Controlled Oscillator를 알아보자. VCO는 특정 주파수의 신호를 생성하기 위해 사용하는데, 이 소자의 출력 주파수는 주변 상황에서 많은 영향을 받는다. 특히 회로 및 주변 장비의 상태나 온도 및 날씨 등의 영향에 의해 출력 주파수가 미세하게 변하게 된다. 바로 이 미세한 변화를 적절한 제어를 통해 보정해야 한다.

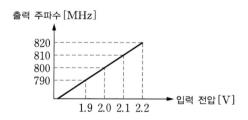

입력 전압	출력 주파수
1.9[V]	790[MHz]
2[V]	800[MHz]
2.1[V]	810[MHz]
2.2[V]	820[MHz]

[그림 1-39] VCO의 입출력 관계

10 외부적인 요인에 의한 어떤 물체의 성질 변화가 변화의 원인이 제거되었음에도 불구하고, 본래의 상태로 되돌아가지 않은 이력 현상이다.

[그림 1-39]는 VCO가 정상적인 상태일 때의 입력 전압과 출력 주파수의 관계를 나타내고 있다. 예를 들면 800[MHz]의 신호를 얻기 위해서는 2[V]의 전압을 입력으로 가하면 된다. 그런데 온도의 변화로 2[V] 입력을 가했는데 810[MHz]가 나온다면 어떻게 해야 할까? 0.1[V] 올릴 때마다 출력 주파수가 10[MHz]씩 올라가므로, 아예 입력 전압을 0.1[V] 낮추어 입력하면 주파수가 10[MHz] 낮게 출력될 것이다. 즉 1.9[V]를 입력하여, 10[MHz] 높게 출력되는 현상을 보정하고 800[MHz]가 나오게 하는 것이다. 이러한 방식은 앞에서 언급했던 전형적인 개로 제어 방식으로, 피드백 없이 입력값을 조절함으로써 원하는 출력값이 나오도록 하고 있다. 사실 이는 효율적인 방법은 아니다.

이제 피드백을 사용하여 VCO를 폐로 제어기로 제어해 보도록 하자.

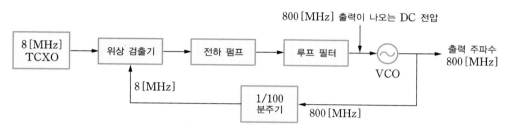

[그림 1-40] VCO를 사용한 폐로 제어기

우선 [그림 1-40]의 폐로 제어기의 구성 요소들을 살펴보자. 기준 신호로서 맨 앞단에 있는 TCXO Temperature Compensated X-tal Oscillator는 온도 변화에 대해 매우 안정적인 저주파수 신호를 생성한다. 이 주파수가 보통 낮기 때문에 피드백을 사용하여 더 높은 주파수를 생성한다. 위상 검출기(P/D)Phase Detector는 두 신호가 얼마나 주파수/위상차가 있는지를 알아낸다. 두 개의 주파수 입력 신호가 완전히 동일한 주파수로 들어오고 있다면 아무런 출력이 없지만, 어느 한쪽 신호의 주파수가 변하면(결국 위상이 변함) 위상 검출기는 그 차이에 해당하는 특정한 펄스를 생성할 것이다. 일반적인 제어에서도 이런 방식으로 기준 신호와 출력 신호의 차이를 계산한다. 전하 펌프와 루프 필터는 위상 검출기에서 나오는 펄스를 전압으로 바꾸어 VCO에 공급한다. 여기에서 필터링하는 저주파 필터는 루프 동작 중에 발생하는 각종 잡음을 걸러내는 역할과 함께, 추후에 배우게 될 PI 또는 PID 제어기의 역할도 함께 하고 있다. 분주기Divider는 VCO의 출력 주파수를 적절한 비율로 나누어 위상 검출기에서 기준 신호와 비교하도록 한다. 이 비율을 변화시키면 출력 주파수를 바꿀 수 있다.

이와 같은 PLLPhase Locked Loop 회로 외에도 각종 전자회로에서 피드백을 많이 사용하고 있다. 전자회로 과목을 수강한 학생들은 알겠지만, 일반 전자회로 교재에서는 한 장chapter이 피드백만 따로 다루고 있다. 전자회로 시간에 흔히 볼 수 있었던 [그림 1-41]의 전압 증폭기도 피드백을 통해 입구 저항과 출구 저항을 알맞게 바꾼다. 입구 저항과 출구 저항은 각각 입구와 출구 쪽에서 본 저항으로,

부하와 입력원의 영향을 배제하고 측정한다.

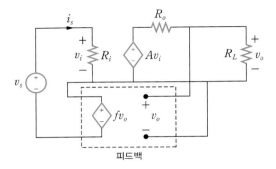

[그림 1-41] **피드백을 사용한 전압 증폭기**

우선 입구 저항을 구해보자. 부하의 영향을 없애기 위해 [그림 1-41]에서 R_L이 제거되고 출력단이 단락되어 있다고 가정하자. 입구 쪽에 전압 v_{test}를 인가하였을 때 흐르는 전류를 i_{test}라고 한다면, v_{test}와 i_{test}는 다음과 같은 관계를 가진다.

$$v_{test} = i_{test} R_i + fv_o = i_{test} R_i + fAv_i = i_{test} R_i + f \frac{A}{1+fA} v_{test} \tag{1.24}$$

여기서 A는 피드백이 없는 순수한 전압 증폭기의 증폭비를 의미하고, f는 피드백단의 전압 증폭비를 의미한다. 따라서 신호원에서 이 피드백 증폭기를 들여다 볼 때의 입구 저항은

$$R_{if} = \frac{v_{test}}{i_{test}} = (1+Af)R_i \tag{1.25}$$

로, 본래 증폭단 A만 있을 때의 값보다 $1+Af$배만큼 늘어났다.

출구 저항은 어떻게 변할까? 출구 저항이란 문자 그대로 회로를 출구 쪽에서 보았을 때의 등가 저항이므로, 입력 신호의 영향을 없애고 구해야 한다. [그림 1-41]에서와 같이 v_s를 0으로 만들고(즉 단락시킴), 출구 쪽에서 v_{test}를 가하여 이때 흐르는 전류 i_{test}를 관찰한다. 이때 출구 쪽에 키르히호프 전압 법칙을 적용시키면 다음과 같다.

$$v_{test} = R_o i_{test} + Av_i = R_o i_{test} + A(-v_{test}f) \tag{1.26}$$

따라서 출구 저항은 다음과 같이 구할 수 있다.

$$R_{of} = \frac{v_{test}}{i_{test}} = \frac{R_o}{1+Af} \tag{1.27}$$

즉 본래의 값의 $\dfrac{1}{(1+Af)}$ 배가 되면서 크게 줄어든다.

요컨대 피드백을 통해 입구 저항은 본래 값의 $1+Af$ 배로 늘어나고, 출구 저항은 본래 값의 $\dfrac{1}{(1+Af)}$ 배로 줄어든다. 증폭기에서 입구 저항이 증가하면, 힘이 약한 신호원으로부터도 전압을 잘 전달받을 수 있다. 또 출력 저항이 감소하면, 전류를 많이 요구하는 부하에도 출력 전압을 충실히 전달할 수 있다. 따라서 피드백을 통해 본래의 이득은 다소 줄어들지만($A \to \dfrac{A}{(1+Af)}$), 그 대신 입구 저항을 늘리고 출구 저항을 낮춤으로써 전압 증폭기를 좀 더 바람직한 방향으로 개선한 것이다.

1.4 제어시스템의 설계 과정

일반적인 제어시스템의 설계 과정을 단계별로 설명하면 다음과 같다.

플랜트의 모델링 및 분석	❶	시스템 특성 파악	제어하고자 하는 대상 시스템에 대해 먼저 상세히 검토한다. 즉 시스템의 성질을 분석하여 특성을 파악하고, 그 시스템을 제어하기 위한 입력 및 출력에 해당하는 변수를 결정한다. 입력과 출력을 결정할 때에는 그것을 각각 구현할 수 있는 장치, 즉 제어기와 구동기 및 감지기를 함께 고려해야 한다.
	❷	모델 유도	대상 시스템에 대해 알아낸 특성을 근거로 이를 잘 나타낼 수 있는 수학적 모델을 결정한 다음, 이 모델을 해석하고 성질들을 규명한다. 이렇게 구한 모델이 실제 대상 시스템을 표현하기에 적합한지를 검토하고, 만일 적합하지 않으면 모델을 다시 구한다.

↓

설계	❸	문제 설정	제어 목표를 정하고 이 목표에 맞추어 성능 명세를 결정함으로써 제어 문제를 설정한다.
	❹	제어기 설계	어떠한 제어 기법을 사용할 것인지를 결정하고, 결정한 제어 기법의 설계 절차에 따라 제어 목표를 달성할 수 있도록 제어기의 계수들을 조정하고 제어 알고리즘을 설계한다.
	❺	성능 분석 모의실험	설계된 제어 알고리즘을 대상 시스템 모델에 적용하는 모의실험을 통해 성능을 분석한다. 성능 해석 결과가 만족스럽지 못하면 ④단계 과정으로 되돌아가 제어기를 다시 설계한다.

↓

구현 및 시험	❻	제어기 구현	모의실험을 통한 성능 분석 결과가 만족스러우면, 필요한 하드웨어 및 소프트웨어를 선정하여 제어기를 구현한다.
	❼	적용 시험	구현한 제어기를 실제 시스템에 연결하여 성능을 시험한다. 결과가 만족스럽지 못하면 앞의 ❻, ❹ 또는 ❷단계 과정으로 되돌아가 그 이후의 과정을 반복한다.

이상과 같이 여러 단계를 거쳐 하나의 제어시스템이 구성되는데, 이 단계를 좀 더 단순화하면, 단계 ❶과 ❷는 제어시스템의 **플랜트의 모델링 및 분석**, 단계 ❸~❺는 제어시스템의 **설계**, 그리고 단계 ❻과 ❼은 **구현 및 시험** 과정으로 요약할 수 있다.

각 과정의 마지막 단계에서는 그 과정의 결과가 만족스러운가를 검토하여 만족스러우면 다음 과정으로 넘어가지만, 그렇지 않으면 그 과정을 반복하거나 앞의 과정으로 되돌아가야 한다. 특히 설계 과정에서 설계된 제어기를 실제 시스템에 적용하기에 앞서 그 성능을 모의실험으로 검토해 보아야 한다. 이 과정이 제대로 이루어지지 않으면, 뒤따르는 제어기 구현 과정에서 제어 성능이 목표한 만큼 나오지 않기 때문에 제어기를 다시 설계해야 한다. 그만큼 시행착오를 더하게 되고 개발 비용이 늘어나게 되는 것이다. 이러한 시행착오를 줄이려면 설계 및 모의실험 과정에서 가능한 한 실제 시스템의 환경과 특성에 가까운 조건에서 다양하게 모의실험을 수행하여 제어 성능을 검토해야 한다.

01. 주요 용어

제어공학에서 주로 사용하는 다음 용어들은 꼭 기억하자.

시스템	제어의 대상이 되는 장치이다.
제어 목표	적당한 입력을 가하여 얻고자 하는 시스템의 특성이다.
제어	제어 목표를 달성하도록 시스템의 입력을 적절히 조절하는 방법이다.
상태	시스템을 완벽하게 묘사할 수 있는 시스템 내부의 정보이다.
폐로 제어	센서에 의한 측정 신호와 기준 입력 신호 사이를 항상 비교하여, 그 오차를 줄이는 방향으로 시스템을 제어하는 동작이다.
개로 제어	출력을 활용하지 않는 제어로, 시스템의 모델에 완전히 의존한다.

02. 개로 제어시스템 vs 폐로 제어시스템

개로 제어시스템	구조가 간단하고 비용도 저렴할 수 있지만, 시스템 특성 변화에 민감하게 동작할 수 있으므로, 시스템을 불확실성 없이 정확하게 파악하고 있을 때만 제어할 수 있다. 따라서 실제로는 잘 활용되지 않는다.
폐로 제어시스템	출력을 활용하기 때문에 구조가 복잡하고, 제작 시 추가 비용이 들 수 있다. 그럼에도 불구하고 모델 오차 및 외란에 의한 영향을 줄일 수 있고, 비선형 시스템도 선형에 가깝도록 다룰 수 있을 뿐만 아니라, 제어 목표를 만족시키는 데도 매우 용이하다.

03. 피드백

폐로 제어의 기본 개념인 '피드백'은 실생활에 매우 밀접하게 응용되고 있다. 피드백이 활용된 예로는 나노 시스템, 전자부품 및 회로, 통신 시스템, 전력 시스템 등의 다양한 물리적인 시스템을 들 수 있다. 또한 생체 시스템이나 경제 현상 등도 피드백을 사용하여 쉽게 설명할 수 있는 부분들이 많다.

04. 제어시스템의 설계 과정

제어시스템을 설계하는 과정은 플랜트의 모델링 및 분석, 설계, 구현 및 시험 등으로 크게 세 부분으로 나누어지며, 실제로는 최종 제어시스템이 설계될 때까지 이 과정들이 반복된다.

1.1 개로 시스템과 비교하여 피드백 시스템의 특징으로 맞는 것은?

① 구조가 간단하고 설치비가 저렴하다.
② 비선형성에 영향을 많이 받는다.
③ 시스템의 특성 변화에 따라 민감하게 동작한다.
④ 이득을 키우면 발진을 일으키고 불안정한 상태가 될 수 있다.

1.2 다음 중 명령추종 제어에 속하지 않는 것은?

① 움직이는 적기를 따라가도록 미사일을 제어하는 것
② 방 안의 온도가 일정하게 유지되도록 제어하는 것
③ 계획된 궤적을 따라 움직이도록 로봇의 팔을 제어하는 것
④ 주어진 길에서 벗어나지 않도록 무인 자동차를 제어하는 것

1.3 제어 목표가 될 수 없는 것은?

① 안정성 획득 및 개선   ② 명령추종 성능 향상
③ 감지기의 성능 향상   ④ 잡음 영향 축소

1.4 자동차의 현가장치에 대한 제어 목표로 적당하지 않은 것은?

① 댐퍼 및 스프링의 소재 개선
② 불규칙한 노면에서 기인하는 진동 감소
③ 차축이 받은 충격이 차체에 직접 전달되는 현상 방지
④ 승차감과 안정성 향상

1.5 다음 중 상태변수를 갖고 있지 않은 시스템은?

	시스템	입력	출력
①	축전기	전류	전압
②	저항	전압	전류
③	인덕터	전압	전류
④	질량이 m인 물건	힘	속도

1.6 아래 그림은 증기기관에서 (A)를(을) (B)(으)로 변환하고, 그 힘을 이용하여 밸브를 조작하는 시스템이다. 이 시스템은 (C)가(이) 일정하게 유지되도록 제어하고 있다. (A), (B), (C)에 적당한 단어는 무엇인가?

	(A)	(B)	(C)
①	회전 속도	원심력	차량의 속도
②	중력	원심력	차량의 출력
③	회전 속도	마찰력	차량의 속도
④	중력	마찰력	차량의 출력

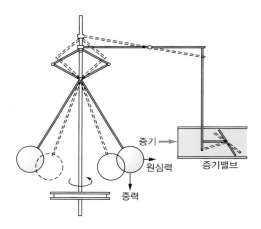

1.7 다음의 회로에서 $v_i(t) = -4v_c(t)$일 때, v_c가 $0.1\,[\mathrm{V}]$가 될 때까지의 시간을 구하라. $v_i(t) = -2v_c(t)$인 경우와 비교할 때, 어느 경우가 0으로 더 빨리 수렴하는가? 왜 그런지 계산으로 설명하라.

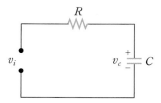

(단 $R = 1\,[\Omega]$, $C = 1\,[\mu\mathrm{F}]$이고, 축전기의 초기 전압($v_c(0)$)은 $1\,[\mathrm{V}]$이다.)

1.8 다음과 같은 시스템에서 입출력 관계는 대략 어떻게 되겠는가? (시스템의 동역학적인 성질에 의한 과도응답은 고려하지 않고, 정상상태 입출력 관계만 고려한다.)

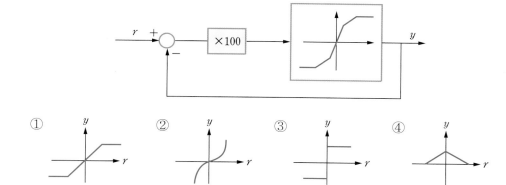

1.9 비행체 유도 제어시스템 그림에서 빈 블록에 들어갈 용어로 적당한 것은?

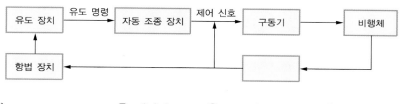

① 센서   ② 제어기   ③ 증폭기   ④ 발전기

1.10 PLL에서 제어기의 역할을 하는 부분은?

① 저역 필터(루프 필터)   ② VCO   ③ 위상 검출기   ④ 오실레이터

1.11 다음과 같은 미분방정식의 해가 $A(s)e^{st}$와 같은 형태로 주어질 $A(s)$는?

$$\frac{d^2x(t)}{dt^2} + 5\frac{dx(t)}{dt} + 6x(t) = e^{st}$$

① $\dfrac{1}{s^2+5s+6}$ ② $\dfrac{1}{s^2}$ ③ $e^{-2s}+e^{-3s}$ ④ s^2+5s+6

1.12 다음과 같은 미분방정식을 생각해보자.

$$\frac{d^2x(t)}{dt^2} + 5\frac{dx(t)}{dt} + 6x(t) = u(t), \quad x(0) = 1, \quad \frac{dx}{dt}(0) = 1$$

입력 $u(t)$가 $\sin(wt)$라고 할 때 다음과 같은 값을 계산하라.

$$\lim_{t \to \infty} \int_t^{t+\frac{2\pi}{w}} x(\tau)u(\tau)d\tau$$

1.13 입력 v_i와 출력 v_c를 갖는 다음과 같은 시스템을 생각해보자.

$$-\frac{dv_c(t)}{dt} + v_c(t) = v_i(t)$$

v_c가 0으로 수렴하도록 입력 v_i를 정하라. 또 불확실성이 다음과 같을 때,

$$-\frac{dv_c(t)}{dt} + (1+\delta)v_c(t) = v_i(t), \quad -2 \le \delta \le 2$$

v_c가 여전히 0으로 수렴하도록 입력 v_i를 정하라.

1.14 다음과 같은 미분방정식을 생각해보자.

$$\frac{d^2x(t)}{dt^2} - 3\frac{dx(t)}{dt} + 2x = u(t)$$

이 미분방정식의 해가 $x(t) = e^{-2t} + e^{-3t}$이 되도록 $u(t)$를 구하라. 단 $u(t)$는 $x(t)$와 그 도함수에 대한 함수로 표현하라.

1.15 심화 다음과 같은 미분방정식의 해가 수렴하는지 또는 발산하는지 확인하라.

$$\frac{d^2x(t)}{dt^2} + 2\frac{dx(t)}{dt} - 3x(t) = 0, \quad x(0) = 5, \quad \frac{dx}{dt}(0) = 1$$

만약에 발산한다면 다음과 같이 적당한 입력(또는 외력) $u(t)$를 가하여 수렴하도록 하라.

$$\frac{d^2x(t)}{dt^2} + 2\frac{dx(t)}{dt} - 3x(t) = u(t)$$

단, $x(t)$는 시간 t에서 안다고 가정하며, 입력 $u(t)$가 $x(t)$의 함수가 되도록 설계한다. (미분방정식에 익숙지 않다면, 2장 2.1절을 학습한 후 풀어 본다.)

1.16 심화 다음과 같은 간단한 저항-콘덴서 회로 시스템($RC=1$인 경우)을 생각해보자.

$$\frac{dv_c(t)}{dt} + v_c(t) = v_i(t), \quad v_c(0) = 1$$

입력 $v_i(t)$는 출력 $v_c(t)$를 사용하여 $v_i(t) = Kv_c(t)$와 같은 피드백 형태라고 할 때, $K < 1$이라는 가정 하에 다음의 가격함수를 K에 대하여 표시하라.

$$\int_0^\infty \left[(v_i(\tau))^2 + (v_c(\tau))^2 \right] d\tau$$

그리고 가격함수를 최소로 하는 K를 구하라.

힌트 $a+b \geq 2\sqrt{ab}\,(a>0,\ b>0)$를 사용하면 편리하게 계산할 수 있다.

1.17 심화 [연습문제 1.16]의 무한 구간 가격함수 대신 다음과 같은 유한 구간 가격함수를 생각해보자.

$$\int_0^T \left[(v_i(\tau))^2 + (v_c(\tau))^2 \right] d\tau$$

$-\dot{s} = -2s - s^2 + 1$, $s(T) = 0$을 만족하는 s에 관한 미분방정식과 함께 아래의 관계를 사용하여,

$$\int_0^T \frac{d}{d\tau}\left[(v_c(\tau))^2 s(\tau) \right] d\tau = (v_c(T))^2 s(T) - (v_c(0))^2 s(0) = -s(0)$$

다음과 같은 식이 성립함을 증명하라.

$$\int_0^T \left[(v_i(\tau))^2 + (v_c(\tau))^2 \right] d\tau = \int_0^T \left(s(\tau) v_c(\tau) + v_i(\tau) \right)^2 d\tau + s(0)$$

위 식에 의하면 $v_i(\tau)$를 어떻게 선정할 때 가격함수를 최소로 할 수 있는가? s에 대한 미분방정식을 직접 풀어라. 또 T를 ∞로 놓으면 어느 값으로 수렴하는가? [연습문제 1.16]의 K와 비교하여라.

1.18 심화 확률 및 불규칙 변수 강의를 들은 학생만 풀어보기 바란다.

1.1절에서 설명했던, 목표 지점에 눈을 감고 가는 경우와 눈을 뜨고 가는 경우를 각각 컴퓨터 시뮬레이션을 통해 직접 확인하라. 만약 중간에 방해물이 있는 경우는 어떻게 시뮬레이션할 것인가?

힌트 확률 변수를 적절히 쓴다.

1.19 심화 1.2절에서 전역적인 부성저항을 배웠다. 부성저항의 특성이 다음과 같이 두 개의 터널 다이오드를 사용한 회로에서 국소적으로 나타난다고 하자.

$$i = h(v) = -v + \frac{1}{3}v^3$$

1.2절과 동일한 저항–축전기 시스템에서 저항을 아래와 같은 국소적인 부성저항으로 대체했을 때 출력 전압(축전기의 전압 v_c)의 수렴 여부를 분석하라. (1.2절에서와 같이 $v_c(0) = 1$, $C = 1$이라고 가정한다.)

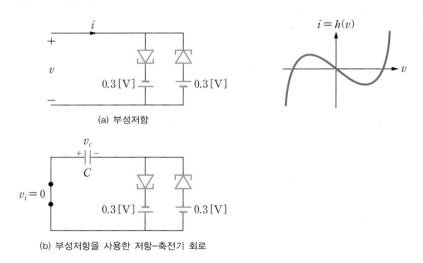

(a) 부성저항

(b) 부성저항을 사용한 저항–축전기 회로

1.20 심화 고등학교 때 배운 점화식을 사용하는 이산형 시스템을 생각해보자.

$a_{n+1} = 2a_n - a_n^3 \ (a_1 = 2)$은 발산하는가? $a_{n+1} = 2a_n - a_n^3 + u_n$이 발산하지 않도록 u_n을 a_n의 함수로 표현하라.

1.21 심화 자동차가 위치 x_0에 정지해 있다. 이 자동차의 최대 속도는 $v_{\max}$이고, 가능한 가속도 a의 범위는 $-N \leq a \leq M(N, M > 0)$이다. 이 자동차가 가장 짧은 시간에 위치 $x_1(x_1 > x_0)$까지 간다고 할 때, 자동차의 속도 v를 시간에 대한 함수로 나타내라. 매 순간의 위치에 대한 정보를 알 수 있다고 할 때(즉 피드백을 받는다고 할 때), 구해진 시간에 대한 함수($v(t)$)를 위치 x에 대한 함수($v(x(t))$, 피드백 형태)로 나타내고, $x - v$ 그래프를 도시하라.

1.22 심화 1.3.3절의 예제에서는 물통 A의 물이 $0.2 [\mathrm{m}]$ 남았을 때 다시 $1 [\mathrm{m}]$로 채웠다. 이 문제에서는 물통 A의 물이 $d [\mathrm{m}]$ 남았을 때 다시 $1 [\mathrm{m}]$로 채운다고 하고 물을 채워주는 주기를 다시 구하라. d를 1로 수렴시키면 어떻게 되는가? 이 경우에 대한 물리적인 의미를 설명하라.

1.23 심화 다음과 같은 미분방정식을 생각해보자.

$$\dot{x}_1 = \frac{1}{2}\left[-h(x_1) + x_2\right]$$
$$\dot{x}_2 = \frac{1}{2}\left[-x_1 - \frac{10}{3}x_2 + u\right]$$

$h(x)$는 다음 그림과 같이 주어진다.

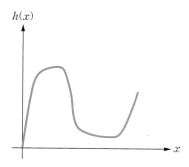

$\dot{x}_1 = 0$, $\dot{x}_2 = 0$이 되는 평형점을 계산하면 다음과 같다.

$$0 = -h(x_1) + x_2$$
$$0 = -x_1 - \frac{10}{3}x_2 + u$$

아래 그림 (a)와 같이 3개의 평형점 a, b, c가 존재할 때, 점 a, b, c의 안정성과 불안정성을 논하라. 그림 (b)를 보고 스위칭 현상에 대해서도 논하라.

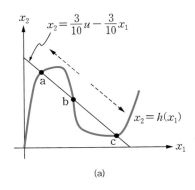

(a)

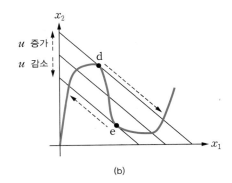

(b)

CHAPTER

02

기본 수학
Basic Mathematics

▎학습목표

- 미분방정식의 해에 대한 물리적인 의미를 파악하고 해법에 숙달한다.
- 라플라스 변환과 그 성질을 이해하고, 응용에 능숙해지도록 한다.
- 라플라스 변환을 사용하여 물리적인 시스템에 대한 전달함수를 구한다.
- 주어진 물리적 시스템의 상태를 정의하고, 상태방정식을 세우는 방법을 배운다.

▎목차

개요

이 장에서는 제어시스템을 해석하고 설계하는 데 필수적인 수학적 내용을 복습한다. 수학에 대한 기초 지식이 취약하다 하더라도, 이 장의 수학적 내용만 잘 숙지한다면 앞으로 전개될 내용을 이해하기에 불편하지는 않으리라 생각한다. 공식만 외우는 방식을 지양하고, 결과가 나오기까지의 동기와 과정을 유심히 잘 살피기 바란다.

이 장에서는 미분방정식, 라플라스 변환, 전달함수, 상태방정식을 중점적으로 다룬다. 이와 관련된 대부분의 수학적 내용은 다른 과목에서 이미 배웠다하더라도, 제어시스템에서의 활용이라는 입장에서, 즉 입출력 요소를 지니는 시스템의 관점에서 이러한 수학적 기술들을 이해하길 바란다.

미분방정식

미분방정식은 입출력이 있는 다양한 분야의 시스템을 모델링할 때 아주 유용하게 사용되는 수학적 도구이다. 여러 미분방정식과 그 해법은 예전에 공학수학이나 회로이론, 동역학 등의 수업을 들은 학생이라면 익숙한 내용이겠지만, 제어공학적인 관점에서 한 번 더 복습할 것이다.

이 장에서는 앞으로 이 책에서 주로 다루게 될 상수계수의 상미분방정식을 배울 것이다. 우선 주어진 초깃값에 대해 외부 입력이 없는, 즉 오른쪽 항이 0인 다음과 같은 제차 미분방정식

$$\frac{d^2 x(t)}{dt^2} - 2\frac{dx(t)}{dt} - 3x(t) = 0$$

을 다루고, 그 풀이 방법과 특성을 배운다.

다른 과목에서는 미분방정식의 해를 구하는 것만이 목적이었지만, 제어공학에서는 이에 더하여 해의 특징에도 관심이 많다. 해가 수렴하는지 또는 발산하는지, 수렴한다면 얼마나 빠른 속도로 수렴하는지 등을 검토하고, 그 해의 특성을 조절하는 것이 제어공학에서 하는 일이다. 제어공학에서는 해가 발산하면 수렴하도록 하고, 또 수렴하면 더 빨리 수렴하게 하는 등과 같은 조작을 하는데, 이는 외부 입력을 통해 이루어진다. 외부 입력에 의한 시스템 반응은 다음과 같은 비제차 미분방정식으로 표현된다.

$$\frac{d^2x(t)}{dt^2} - 2\frac{dx(t)}{dt} - 3x(t) = u(t) \tag{2.1}$$

보통 공학수학에서는 $u(t)$가 t, e^{-t}, $\sin(t)$와 같이 주어질 때, 이 미분방정식의 해를 구하는 방법을 배웠지만, 제어공학에서는 원하는 형태의 $x(t)$를 얻기 위해 $u(t)$를 조절하는 방법을 배울 것이다.

라플라스 변환

라플라스 변환은 프랑스의 수학자 라플라스[Pierre Simon Laplace, 1749~1827]에 의해 기초가 마련되고, 영국의 물리학자, 전기공학자인 헤비사이드[Oliver Heaviside, 1850~1925]에 의해 실용화된 기법이다. 라플라스 변환은 미분이 아주 간편한 지수함수 e^{st}(s는 상수)를 바탕으로 한다. 일반적으로 함수에 미분을 취하면 원래 함수와 전혀 다른 형태의 함수가 생성된다. 그러나 지수함수는 다음과 같이 미분해도 함수 형태가 변하지 않고, 단지 상수배가 된다.

$$\frac{d\,e^{st}}{dt} = s\,e^{st}$$

어떤 함수를 이런 지수함수로 표현할 수 있다면, 비록 무수히 많은 수의 지수함수가 동원되더라도, 미분 계산을 매우 효율적으로 할 수 있을 것이다. 이 점이 바로 라플라스 변환의 장점이다. 만약 임의의 함수 $f(t)$를 e^{st} 형태의 함수(예를 들면 $e^{(-2+j)t}$, $e^{(-2-j)t}$ 등)들의 1차 결합(F_i는 해당 계수)으로 다음과 같이 표시할 수 있다면

$$f(t) = \sum_{i=1}^{n} F_i e^{s_i t} \tag{2.2}$$

미분은 다음과 같이 나타낼 수 있다.

$$\frac{df(t)}{dt} = \sum_{i=1}^{n} s_i\, F_i e^{s_i t} \tag{2.3}$$

이와 같이 지수함수 e^{st}로 표현된 함수를 미분 연산할 때의 편리함이 [그림 2-1]에 개념적으로 나타나 있다. 이러한 연산과 관련하여 '부록 A.2'를 참고하기 바란다.

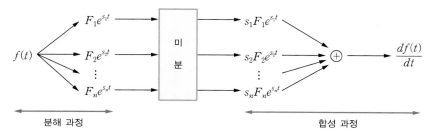

[그림 2-1] **지수함수 e^{st}을 사용한 미분 연산**

이처럼 시간에 대한 함수 $f(t)$를 식 (2.2)와 같이 표현하면 미분 연산이 매우 편리해진다. 만약 식 (2.2)에서 계수 F_i를 알 수 있다면, 미분은 계수 F_i에 s_i를 단순하게 붙인 형태의 함수가 되기 때문이다. 그러나 시간 함수 $f(t)$가 식 (2.2)와 같이 표시되는 경우는 극히 드물다. 일반적인 시간 함수 $f(t)$를 고려하면, 식 (2.2)에서 이산적으로 s_1, s_2, $\cdots$로 존재하던 s가 복소평면상을 연속적으로 움직이는 변수가 되면서, 이산적으로 표시되던 계수 F_i도 s의 함수로 변하고, 합의 연산도 적분으로 바뀐다. 따라서 최종적으로 함수 $f(t)$는 다음과 같이 나타낼 수 있다.

$$f(t) = \int F(s)e^{st}ds \tag{2.4}$$

식 (2.2)와 식 (2.4)를 비교하면, $f(t)$가 이산 형태에서 연속 형태로 바뀌었음을 알 수 있을 것이다.

이제 관건은 식 (2.2)의 F_i에 대응하는 식 (2.4)의 $F(s)$를 어떻게 구할 것인가이다. 이 부분에서는 이 책의 범위를 넘는 함수의 직교성과 같은 수학적 내용이 수반되므로, 이에 대한 상세한 내용은 다른 책을 참고하길 바라며, 여기에서는 결론만 이야기하도록 한다. 우선 $F(s)$를 쉽게 찾기 위해 식 (2.4)에서 다음과 같이 적분 구간을 정하고, 적당한 상수배만큼 스케일링하여 $f(t)$를 표현한다.

$$f(t) = \frac{1}{2\pi j} \int_{c-j\infty}^{c+j\infty} F(s)e^{st}ds \tag{2.5}$$

놀라운 점은 임의의 시간 함수 $f(t)$를, 복소평면의 허수축에 있는 모든 s 각각에 대응하는 e^{st} 함수들로 표현할 수 있다는 사실이다. 식 (2.5) 우변의 상수 $\frac{1}{2\pi j}$은 나중에 $F(s)$를 좀 더 간단히 표현하기 위한 것이다. 적분 구간에 있는 상수 c에 대해서는 본문에서 설명하기로 한다.

앞서 말했듯이 $F(s)$는 임의의 시간 함수를 e^{st} 함수를 사용하여 나타낼 때 앞에 붙은 계수라고 생각할 수 있다. 이 $F(s)$에 시간 함수 자체보다 유용한 정보가 더 많이 담겨 있음을 본문에서 알 수 있을 것이다. 임의의 함수 $f(t)$가 식 (2.5)처럼 표현될 때, e^{st} 앞에 붙는 계수 $F(s)$는 다음과 같이 쉽게 구할 수 있다.

$$F(s) = \int_0^\infty f(t)e^{-st}dt \qquad (2.6)$$

이 $F(s)$를 $f(t)$의 라플라스 변환이라고 한다. 식 (2.6)과 같이 $F(s)$를 쉽게 구할 수 있는 이유는 식 (2.5)에서 미리 적분 구간을 적절하게 잡았고, 스케일링도 적절하게 했기 때문이다. 이에 대한 상세한 설명은 다른 책을 참고하도록 하자.

본문에서 라플라스 변환에 대해 자세하게 다루긴 하지만, 라플라스 변환의 물리적인 의미와 이 변환의 유용성에 대해서는 여기서 이해해보자. 라플라스 변환은 미분 연산을 아주 효율적으로 수행할 수 있게 하며, 수식적 표현을 아주 단순화하는 효과가 있다. 식 (2.3)과 같이 $\frac{d}{dt}$ 라는 시간에 대한 미분 연산자가 지수함수 e^{st} 들로 구성된 함수에 가해졌을 때 그 효과는 계수 역할을 하는 $F(s)$에 단지 상수 s가 붙는 모습으로 나타나므로, 다중 미분 $\frac{d^n}{dt^n}$ 의 경우에도 s^n만 붙이면 된다. 따라서 라플라스 변환을 이용하면, 상미분방정식의 양변을 지수함수 e^{st} 들로 구성된 함수로 표현했을 때의 계수로 변환하여 나타낼 수 있다. 또 고등학교 때 항등식에서 배운 계수 비교를 사용하여 양변의 계수들을 같다고 하면 s에 관한 다항식으로 이루어진 대수방정식을 얻을 수 있다. 라플라스 변환에 의해 얻어진 대수방정식으로부터 덧셈, 뺄셈, 곱셈, 나눗셈의 사칙연산을 통해 미분방정식의 해를 쉽게 구할 수 있다.

이 장에서는 라플라스 변환의 여러 성질과 중요한 공식들을 소개하여, 앞으로 계속 나올 라플라스 변환에 대해 어려움이 없도록 하는 데 주안점을 둔다.

전달함수

전달함수는 시스템에서 입력과 출력을 분리하여 시스템 고유의 성질만을 반영하는 함수이다. 좀 더 정확하게 말하면, 전달함수는 입력과 출력이 섞여 있는 시스템을 라플라스 변환하여 입력과 출력을 따로 분리했을 때, 출력을 입력으로 나눈 함수이다. 이때 가장 중요한 점은 식 (2.1)과 같은 미분방정식에서 출력 $x(t)$를 분리한다는 것이다. 물론 식 (2.1)을 다음과 같이

$$\left[\frac{d^2}{dt^2} - 2\frac{d}{dt} - 3 \right] x(t) = u(t) \qquad (2.7)$$

로 표시할 수는 있겠으나, 이러한 방식은 사칙연산 등이 적용되기 힘든, 수학적으로 다루기 어려운 표현이다. 간단한 예로 식 (2.7)로부터

$$\frac{x(t)}{u(t)} = \frac{1}{\dfrac{d^2}{dt^2} - 2\dfrac{d}{dt} - 3}$$ (2.8)

와 같은 계산은 가능하지 않다.

그러나 라플라스 변환을 이용하면, 미분 연산을 간단한 대수적 연산으로 바꾸어 입력을 분리할 수 있으며, 입력 대비 출력을 아주 깔끔하게 표현할 수 있다. 예를 들면 식 (2.1)과 같은 미분방정식을 다음과 같이 쓸 수 있다.

$$(s^2 - 2s - 3)X(s) = U(s) \quad \Rightarrow \quad \frac{1}{s^2 - 2s - 3} = \frac{X(s)}{U(s)}$$

여기에서 $U(s)$와 $X(s)$는 각각 $u(t)$와 $x(t)$의 라플라스 변환이며, 입력 $u(t)$에 대한 출력 $x(t)$의 전달함수는 $\dfrac{1}{(s^2 - 2s - 3)}$ 이다. 이처럼 전달함수를 사용하면, 시스템의 특성을 파악하기도 쉽고, 시스템 간의 연결 분석도 쉽다.

상태방정식

상태방정식은 입력과 출력 외의 시스템 내부에 대한 상태변수를 정의하여, 전달함수 방식보다 더욱 자세히 시스템을 묘사하는 방식이다. 상태는 시스템을 완벽히 묘사하는 데 필요한 최소한의 정보로 정의되지만, 여기에서는 시스템 관련 정보라고만 이해해도 무난하다. 즉 시스템 관련 정보와 입출력 관계를 담고 있는 것이 상태방정식이라고 보면 된다.

상태는 보통 벡터 변수로 표시된다. 이와 관련된 스칼라 미분방정식들을 행렬 기반의 일차 상미분방정식 형태인 상태방정식으로 표현하면, 행렬이론을 활용하여 많은 결과를 깔끔하게 얻어낼 수 있다. 상태방정식과 전달함수 간에 상호변환도 가능한데, 이 부분에 대해서는 3장에서 다룰 것이다. 상태방정식은 수치해석 및 MIMO^Multi-Input Multi-Output(다중 입력 다중 출력)에서 아주 유용한 도구이기 때문에 활용에 익숙해질 필요가 있다.

Section

2.1 미분방정식

2.1.1 수열의 점화식

수학 수업에서는 쉬운 문제부터 시작하여 어려운 문제로 진행하면서 해결 방법을 배운다. 보통 어려운 문제는 여러 가지 방법을 사용하여 쉬운 문제 형태로 바꾸어 푼다. 한 예로 고등학교 수학 시간 때 배운 다음과 같은 점화식을 생각해보자.

$$a_{n+1} = 2a_n, \quad a_1 = 2 \tag{2.9}$$

이 간단한 점화식의 일반해는 등비수열의 개념을 아는 학생이라면 바로 $a_n = 2^n$ 임을 알 수 있을 것이다. 식 (2.9)와 같은 점화식을 배운 다음에 등장하는 점화식은 다음과 같은 것이다.

$$a_{n+1} = 2a_n + 1, \quad a_1 = 1 \tag{2.10}$$

식 (2.10)의 점화식은 어떻게 풀까? 일단 식 (2.9)의 형태로 바꾸어 보도록 하자. 다음과 같은 간단한 변형으로 식 (2.10)을 식 (2.9)의 형태로 바꿀 수 있다.

$$a_{n+1} + 1 = 2(a_n + 1) \tag{2.11}$$

$(a_n + 1)$을 하나의 항으로 보고 풀면, $a_n = 2^n - 1$임을 쉽게 알 수 있다. 식 (2.10)보다 좀 더 복잡한 점화식이 다음과 같은 형태이다.

$$a_{n+2} - 3a_{n+1} + 2a_n = 0, \quad a_2 = 3, \quad a_1 = 1 \tag{2.12}$$

식 (2.12)는 어떻게 풀까? 식 (2.10)을 식 (2.9)의 형태로 바꾸었듯이, 식 (2.12)를 식 (2.10)이나 식 (2.9)의 형태로 바꾸면 된다. 식 (2.12)를 아래와 같이 바꾸고,

$$a_{n+2} - a_{n+1} = 2(a_{n+1} - a_n) \tag{2.13}$$

$(a_{n+1} - a_n)$을 하나의 항으로 보면, 식 (2.13)을 식 (2.9)의 형태로 볼 수 있다. 이처럼 수학의 묘미는 복잡해 보이는 문제를 단순한 문제로 변환하여 해법을 얻는 데 있다.

이러한 해법을 일반화하여 공식처럼 편리하게 사용해보자. 예를 들어 식 (2.12)와 같은 점화식의

일반적인 형태로 다음을 생각해보자.

$$pa_{n+2} + qa_{n+1} + ra_n = 0, \quad a_2 = \alpha, \quad a_1 = \beta \tag{2.14}$$

복잡한 과정과 계산을 통하여 이 식을 식 (2.9)의 형태로 바꾸고 그 해를 구해보면, 일반해는 $px^2 + qx + r = 0$의 서로 다른 두 근 r_1과 r_2에 대해

$$a_n = c_1 r_1^{n-1} + c_2 r_2^{n-1} \tag{2.15}$$

이고, 중근 $r_1 = r_2$에 대해서는 다음과 같음을 알 수 있다.

$$a_n = (c_1 n + c_2) r_1^{n-1} \tag{2.16}$$

상수 c_1과 c_2는 초항 $a_2 = \alpha$, $a_1 = \beta$에 의해 결정된다. 식 (2.12)의 점화식에 위 결과를 적용해보자. 일반항은 $a_n = c_1 2^{n-1} + c_2 1^{n-1}$이다. $a_2 = 3$, $a_1 = 1$이므로 $c_1 = 2$, $c_2 = -1$이 된다. 이처럼 복잡한 과정을 거치지 않고도 빨리 해를 구할 수 있다.

지금까지 고등학교 때 배운 수열의 점화식을 복습하며, 복잡한 문제를 단순화하는 방법과 일반화 해법을 사용하여 빨리 해를 찾아내는 방법을 알아보았다. 이와 유사한 해법들이 앞으로 논의할 미분방정식에서도 나타난다.

2.1.2 간단한 미분방정식

미분방정식을 본격적으로 다루기 전에 고등학교에서 갓 미적분을 배운 사람도 알만한 아주 쉬운 문제를 하나 생각해보자.

$$\frac{dx(t)}{dt} = 1 \tag{2.17}$$

식 (2.17)에서 t에 관한 함수 $x(t)$는 미분하면 상수 1이 된다. 양변을 적분하면, 좀 더 정확히 표현하여 부정적분하면, 함수 $x(t)$는 $t + c$(여기서 c는 상수)임을 쉽게 알 수 있다. 상수 c가 정해지지 않는 한, 함수 $x(t)$는 유일하지 않으며, $t + 1$, $t + 2$, $\cdots$ 등 무수히 많은 $x(t)$가 존재할 수 있다. 따라서 유일한 $x(t)$를 얻으려면 상수 c가 결정되어야 한다. 이를 위해 보통 특정한 t에서의 함숫값이 주어지는데, 처음 시작점을 고려하는 경우가 많다. t가 시간을 나타내는 변수라면, 시작점은 시작시간, 즉 초기 시간이 될 것이다. 만약 $x(0) = 1$이라고 주어진다면, $x(0) = 0 + c = 1$이므로 $c = 1$임을 쉽게 알 수 있다.

식 (2.17)은 $x(t)$의 변화율만 표시할 뿐 $x(t)$ 자체 값에 대한 정보가 없기 때문에, 최소한 한 점에서의 함숫값이 주어져야 함수를 유일하게 결정할 수 있다. 이 개념은 매우 상식적인 내용이지만, 시스템의 상태라는 개념과 연결되는 중요한 내용이므로 무심코 넘겨서는 안 된다.

이번에도 역시 어렵지 않은, 두 번 미분한 다음과 같은 식을 생각해보자.

$$\frac{d^2 x(t)}{dt^2} = 1 \tag{2.18}$$

식 (2.17)과 비교하면 두 번 미분했다는 차이 밖에 없으므로 풀이 과정은 동일하다. 양변을 두 번 적분하면 $x(t)$는 간단히 $\frac{t^2}{2} + c_1 t + c_2$(여기서 c_1, c_2는 상수)임을 알 수 있다. 식 (2.17)의 해에는 하나의 상수 c만 있었는데, 이번에는 두 개의 상수 c_1, c_2가 나타난다. 유일한 $x(t)$를 얻으려면 두 개의 상수 c_1, c_2가 결정되어야하므로 두 가지 조건이 필요하다. 이 두 조건은 서로 다른 두 점 t_1, t_2에서의 $x(t_1)$과 $x(t_2)$ 값으로 주어질 수도 있고, 하나의 점에서 $x(t_1)$과 $\frac{d}{dt}x(t)\Big|_{t=t_1}$ 값으로 주어질 수도 있다. 만약 $x(0) = 1$과 $\frac{d}{dt}x(t)\Big|_{t=0} = 1$이 주어진다면, $x(t) = \frac{t^2}{2} + t + 1$이 된다.

1차 미분방정식

지금까지 가장 기초적인 미적분을 살펴보며 적분함으로써 미분 기호를 소거하고, 적당한 경계조건(초깃값 등)으로 적분 상숫값을 찾아 원래의 함수를 구하는 과정을 알아보았다. 이전 절에서 점화식의 일반항을 구할 때 쉬운 형태로 바꾸어 풀었듯이, 대학교에서 배우는 복잡한 미분방정식도 결국은 아주 쉬운 식 (2.17)과 식 (2.18)의 형태로 바꾸어 푸는 것일 뿐, 고등학교 수학과 근본적인 차이가 없으므로 전혀 어렵게 생각할 필요가 없다.

다음과 같은 간단한 미분방정식을 생각해보자.

$$\frac{dx(t)}{dt} + x(t) = 1 \tag{2.19}$$

원래의 함수 $x(t)$와 그 함수의 도함수가 같이 섞여 있는 형태인데, 식 (2.17) 또는 식 (2.18)의 경우와 같이 쉽게 풀릴 것 같지는 않다. 하지만 고등학교 때도 배우는 다음과 같은 기초적인 결과를 사용하면,

$$\frac{d(f(t)g(t))}{dt} = \frac{df(t)}{dt}g(t) + f(t)\frac{dg(t)}{dt}$$

$$\frac{de^{at}}{dt} = ae^{at} \tag{2.20}$$

식 (2.19)를 식 (2.17)의 형태로 고칠 수 있다. 식 (2.19)의 양변에 e^t을 곱하고 식 (2.20)을 사용하면, 다음과 같이 쓸 수 있다.

$$e^t \frac{dx(t)}{dt} + e^t x(t) = \frac{d\left[e^t x(t)\right]}{dt} = e^t$$

이제 식 (2.17)처럼 좌변이 하나의 항으로 줄었으므로, 양변을 적분하면 $x(t)$를 얻을 수 있다.

$$\int_0^t \frac{d\left[e^\tau x(\tau)\right]}{d\tau} \, d\tau = e^t x(t) - x(0) = \int_0^t e^\tau d\tau \tag{2.21}$$

적분 변수를 구분하기 위해 적분 안의 변수를 t에서 τ로 바꾸었음을 유의하자. $x(t)$에 대해서 풀어 정리하면 다음과 같다.

$$x(t) = e^{-t} x(0) + e^{-t} \int_0^t e^\tau d\tau = e^{-t} x(0) + 1 - e^{-t} \tag{2.22}$$

이때 $x(0)$가 주어지면 $x(t)$가 유일하게 결정된다. 만약에 $x(0) = 1$이면 $x(t) = 1$로 상수함수가 됨을 알 수 있으며, 이는 미분방정식 (2.19)를 만족한다.

요컨대 식 (2.19)와 같은 미분방정식을 해결하는 핵심 아이디어는 구하고자 하는 함수가 포함된 항을 하나로 만드는 것이다. 식 (2.19)에서는 좌변에 원래의 함수 $x(t)$와 미분된 함수 $\frac{dx(t)}{dt}$의 두 항이 있었으나, 식 (2.21)에서는 원래의 함수를 포함하는 항이 $\frac{d\left[e^t x(t)\right]}{dt}$만 있다. 이 아이디어는 이차 미분방정식에도 그대로 적용된다.

2차 미분방정식

다음과 같은 이차 미분방정식을 생각해보자.

$$\frac{d^2 x(t)}{dt^2} + a \frac{dx(t)}{dt} + b x(t) = 0 \tag{2.23}$$

이때 a와 b는 실수로 주어진다. 식 (2.19)의 경우에는 지수함수 e^t를 양변에 곱하여 항을 간단하게 만들 수 있었지만, 식 (2.23)의 경우는 해법이 쉽게 눈에 들어오지 않는다. 식 (2.19)를 풀 때 맨 먼저 한 일이 식 (2.19)를 쉽게 풀 수 있는 식 (2.17)의 형태로 변환하는 것이었다는 사실을 상기하며, 식 (2.23)의 형태를 다음과 같이 고쳐보자.

$$\frac{d^2 x(t)}{dt^2} - \alpha \frac{dx(t)}{dt} - \beta \left[\frac{dx(t)}{dt} - \alpha x(t) \right] = 0 \tag{2.24}$$

여기에서 α와 β는 다음의 2차 방정식의 두 근이다.

$$m^2 + am + b = 0 \tag{2.25}$$

근 α와 β가 해를 구하는 데 아주 중요한 역할을 하기 때문에, 식 (2.25)와 같은 방정식을 특성방정식이라 부른다. $y(t) = \dfrac{dx(t)}{dt} - \alpha x(t)$로 놓으면, 식 (2.24)를 다음과 같이 정리할 수 있다.

$$\frac{dy(t)}{dt} - \beta y(t) = 0 \tag{2.26}$$

이 방정식은 식 (2.19)와 동일한 형태로, 식 (2.19)의 해법과 같은 방식으로 양변에 $e^{-\beta t}$를 곱하여 $y(t)$를 구하면, $y(t) = e^{\beta t} y(0)$이다. $y(t) = \dfrac{dx(t)}{dt} - \alpha x(t)$이므로 식 (2.19)의 형태를 한 번 더 풀어주게 되면 다음과 같이 정리할 수 있다.

$$e^{-\alpha t} y(t) = e^{-\alpha t} \left[\frac{dx(t)}{dt} - \alpha x(t) \right] = \frac{d \left[e^{-\alpha t} x(t) \right]}{dt} \tag{2.27}$$

이 식의 양변을 적분하고 $x(t)$에 대해서 풀면 다음과 같다.

$$
\begin{aligned}
x(t) &= e^{\alpha t} x(0) + \int_0^t e^{\alpha(t-\tau)} y(\tau) d\tau \\
&= e^{\alpha t} x(0) + \int_0^t e^{\alpha(t-\tau)} e^{\beta \tau} y(0) d\tau \\
&= e^{\alpha t} x(0) + \frac{e^{\alpha t}}{-\alpha + \beta} y(0) \left(e^{(-\alpha+\beta)t} - 1 \right)
\end{aligned}
\tag{2.28}
$$

이때 초깃값 $x(0)$와 $y(0)$가 주어지면 $x(t)$를 유일하게 결정할 수 있다. $y(0)$는 $x(0)$와 $\dfrac{d}{dt}x(0)$의 값에서 구할 수 있다. 주어진 초깃값으로 식 (2.28)을 계산하면, 최종적으로 $x(t)$는 다음과 같이 간단히 나타낼 수 있다.

$$x(t) = c_1 e^{\alpha t} + c_2 e^{\beta t} \tag{2.29}$$

여기서 중요한 점은 $x(t)$가 특성방정식 (2.25)의 두 해 α와 β를 지수로 가지는 지수함수로 표현된다는 것이다. c_1과 c_2는 초깃값으로 결정된다. 만약 c_1과 c_2가 0이 아니고, α와 β 둘 중 하나라도 양수라면, $x(t)$는 발산할 것이다. 또한 α와 β가 모두 음수라면 $x(t)$는 0으로 수렴할 것이다. 즉 해 $x(t)$의 수렴성은 특성방정식 (2.25)의 근을 조사하면 알 수 있다. 이 점은 정말 유용한 정보로, 앞으로도 계속 언급될 것이다.

좀 더 나아가 식 (2.28)에서 α와 β에 대한 특수한 두 가지 경우를 살펴보자. 우선 α와 β가 같은 경우를 생각해보자. 식 (2.28)을 보면 분모에 $(-\alpha + \beta)$가 들어 있으나, 다음과 같은 관계식

$$\lim_{\alpha \to \beta} \frac{e^{(-\alpha+\beta)t} - 1}{-\alpha + \beta} = t \tag{2.30}$$

을 상기하면, α와 β가 같은 경우 식 (2.28)은 다음과 같이 쓸 수 있다.

$$x(t) = e^{\alpha t}x(0) + te^{\alpha t}y(0) \tag{2.31}$$

새로운 $te^{\alpha t}$ 함수가 나타남을 주목하자. 따라서 최종적인 $x(t)$는 다음과 같은 형태를 보인다.

$$x(t) = c_1 e^{\alpha t} + c_2 te^{\alpha t} \tag{2.32}$$

여기서 α가 음수라면 $x(t)$가 수렴하지만, 양수이면 $x(t)$가 발산함을 쉽게 확인할 수 있다.

이번에는 α와 β가 실수가 아니라 켤레복소수인 경우를 생각해보자. $\alpha = m_1 + jm_2$, $\beta = m_1 - jm_2$ 이면 식 (2.29)는 다음과 같이 쓸 수 있다.

$$x(t) = c_1 e^{\alpha t} + c_2 e^{\beta t} = c_1 e^{(m_1+jm_2)t} + c_2 e^{(m_1-jm_2)t} \tag{2.33}$$

복소함수 대신에 실함수를 사용하기 위해 다음과 같이 오일러 공식[1]을 사용하자.

$$e^{j\theta} = \cos\theta + j\sin\theta \tag{2.34}$$

이를 이용하면 식 (2.33)은 다음과 같다.

$$x(t) = e^{m_1 t}\left[(c_1 + c_2)\cos m_2 t + j(c_1 - c_2)\sin m_2 t \right] \tag{2.35}$$

$c_1 + c_2$, $j(c_1 - c_2)$를 각각 $\bar{c}_1$, $\bar{c}_2$로 두면, 다음과 같이 정리할 수 있다.

$$x(t) = e^{m_1 t}\left[\bar{c}_1 \cos m_2 t + \bar{c}_2 \sin m_2 t \right] \tag{2.36}$$

$x(t)$는 단조함수 $e^{m_1 t}$와 주기함수 $\cos m_2 t$, $\sin m_2 t$로 구성되며, 특히 특성방정식 (2.25)의 근 α와 β의 실수 부분인 m_1의 부호에 따라 $x(t)$가 수렴하거나 발산한다. 따라서 해의 수렴성은 특성방정식의 해의 실수 부분을 보면 쉽게 판단할 수 있다. 이는 앞으로도 계속 중요하게 다루어지는 내용이므로 꼭 기억하길 바란다.

---

1 '부록 A.7'을 참고하기 바란다.

2.1.3 미분방정식의 전략적 해법

식 (2.17) 형태의 일차 미분방정식은 풀기도 쉽고, 그 해도 단순한 형태였지만, 식 (2.23) 형태의 이차 미분방정식은 해법이 꽤 복잡함을 알 수 있다. 그러나 식 (2.25)와 같은 미분방정식의 특성방정식을 이용하여 식 (2.29)나 식 (2.32)처럼 해의 일반 형태를 찾아내고, 초깃값으로부터 미정계수 c_1 과 c_2를 정하면 그다지 어렵지 않게 해를 얻을 수 있다. 그렇다면 삼차, 사차 미분방정식의 해법은 어떨까? 결론부터 말하자면, 고차 미분방정식도 이차 미분방정식과 비슷하게 특성방정식으로부터 해의 형태를 아주 쉽게 구할 수 있다.

앞에서 살펴봤듯이 이차 미분방정식의 해 $x(t)$는 특성방정식 (2.25)의 근의 형태에 따라 $e^{\alpha t}$, $e^{\beta t}$, $te^{\beta t}$, $e^{m_1 t}\cos m_2 t$, $e^{m_1 t}\sin m_2 t$ 등으로 표현되며, 각 항의 계수들은 초깃값 $x(0)$와 $y(0)$에 의해 결정된다. 이 사실을 미리 알고 있다면, 복잡하게 계산할 필요 없이 다음과 같은 순서로 미분방정식을 풀 수 있다.

❶ 다음의 특성방정식을 푼다.

$$m^2 + am + b = 0$$

❷ 특성방정식의 근에 따라 다음과 같이 일반해를 구한다.

[표 2-1] 근의 종류에 따른 일반해의 형태

근의 종류	일반해
서로 다른 두 실근 α, β	$x(t) = c_1 e^{\alpha t} + c_2 e^{\beta t}$
중근 α	$x(t) = e^{\alpha t}(c_1 + c_2 t)$
복소수 근 $m_1 \pm j m_2$	$x(t) = e^{m_1 t}(c_1 \cos m_2 t + c_2 \sin m_2 t)$

❸ 주어진 경계값(초깃값 등)을 사용하여 일반해의 상수 c_1과 c_2를 구한다.

다행스럽게도 이 과정은 이차 미분방정식에만 적용되는 게 아니라, 일반적인 n차 상미분 방정식에도 그대로 적용된다. 일반적으로 n차 미분방정식

$$a_n \frac{d^n x}{dt^n} + a_{n-1} \frac{d^{n-1} x}{dt^{n-1}} + \cdots + a_0 x = 0 \tag{2.37}$$

을 풀려면, n차의 특성방정식

$$a_n m^n + a_{n-1} m^{n-1} + \cdots a_1 m + a_0 = 0 \tag{2.38}$$

을 풀어야 한다. 식 (2.38)의 모든 근이 서로 다른 실근 α_1, α_2, $\cdots$, α_n 이면 식 (2.37)의 일반해는

$$x(t) = c_1 e^{\alpha_1 t} + c_2 e^{\alpha_2 t} + \cdots + c_n e^{\alpha_n t} \tag{2.39}$$

이다. 만약에 특성방정식에서 α_1이 k 중근이라면, 다음과 같은 항이 포함되어야 한다.

$$c_1 e^{\alpha_1 t} + c_2 t e^{\alpha_1 t} + \cdots + c_k t^{k-1} e^{\alpha_1 t} \tag{2.40}$$

$(m_1 + j m_2)$가 실계수를 갖는 특성방정식의 k 중근이라면, 켤레복소수 $(m_1 - j m_2)$도 또한 k 중근이다. 이에 대응하는 미분방정식의 일반해에는 다음의 항들이 포함되어야 한다.

$$\begin{aligned}
&c_1 e^{m_1 t} \sin m_2 t + c_2 t e^{m_1 t} \sin m_2 t + \cdots + c_k t^{k-1} e^{m_1 t} \sin m_2 t \\
&+ d_1 e^{m_1 t} \cos m_2 t + d_2 t e^{m_1 t} \cos m_2 t + \cdots + d_k t^{k-1} e^{m_1 t} \cos m_2 t
\end{aligned} \tag{2.41}$$

여기에서 c_i와 d_i는 상수이다.

2.1.4 비제차 미분방정식

앞에서 봤듯이 특성방정식의 해를 바탕으로 미분방정식의 해를 쉽게 구할 수 있으며, 또한 해의 수렴 및 발산 여부도 쉽게 확인할 수 있다. 후에 살펴보겠지만, 해의 수렴성은 시스템의 안정성과 깊은 관련이 있다. 만약 해가 0으로 수렴하지 않는다면, 적당한 외부의 입력을 가하여 수렴하도록 해야 한다. 이런 외부 입력을 찾아내는 것이 제어공학의 역할이다. 외부 입력이 있는 상황은 제차 미분방정식의 우변에 0이 아닌 어떤 함수가 있는 방정식, 즉 비제차 상미분방정식으로 표현할 수 있다.

2차 비제차 미분방정식

식 (2.23)의 우변에 0이 아닌 어떤 함수가 있는 방정식, 즉 다음과 같은 2차 비제차 상미분방정식을 생각해보자.

$$\frac{d^2 x(t)}{dt^2} + a \frac{dx(t)}{dt} + b x(t) = u(t) \tag{2.42}$$

식 (2.42)와 같은 비제차 상미분방정식은 외부의 입력 $u(t)$로 시스템의 반응을 결정하는 모델로 볼 수 있으므로, 공학적으로 매우 중요한 의미를 지닌다. [그림 2-2]와 같이 외부 전원에 의해 동작하는 전기회로나 힘에 의해 동작하는 기계 시스템에서 식 (2.42)와 같은 미분방정식을 볼 수 있다.

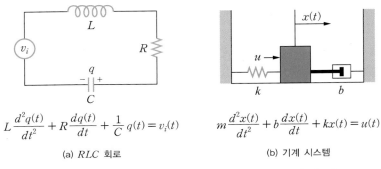

$$L\frac{d^2q(t)}{dt^2} + R\frac{dq(t)}{dt} + \frac{1}{C}q(t) = v_i(t) \qquad m\frac{d^2x(t)}{dt^2} + b\frac{dx(t)}{dt} + kx(t) = u(t)$$

(a) RLC 회로   (b) 기계 시스템

[그림 2-2] 미분방정식 (2.42)와 같은 형태로 표현되는 전기회로 및 기계 시스템

이제 주어진 $u(t)$에 대해서 어떻게 식 (2.42)를 풀 수 있는지를 알아보자. 우선 식 (2.42)는 식 (2.26)과 같은 형태로 변환할 수 있고, $u(t)$가 아래와 같이 더해지면,

$$\frac{dy(t)}{dt} - \beta\, y(t) = u(t) \tag{2.43}$$

$y(t)$를 다음과 같이 쓸 수 있다.

$$y(t) = e^{\beta t}y(0) + \int_0^t e^{\beta(t-\tau)}u(\tau)d\tau \tag{2.44}$$

이 $y(t)$를 사용하여 $y(t) = \dfrac{dx(t)}{dt} - \alpha x(t)$를 풀면,

$$\begin{aligned}
x(t) &= e^{\alpha t}x(0) + \int_0^t e^{\alpha(t-\tau)}y(\tau)d\tau \\
&= e^{\alpha t}x(0) + \int_0^t e^{\alpha(t-\tau)}\left[e^{\beta\tau}y(0) + \int_0^\tau e^{\beta(\tau-\gamma)}u(\gamma)d\gamma\right]d\tau
\end{aligned} \tag{2.45}$$

이다. 식 (2.45)를 보면 다음과 같이 $x(t)$는 초깃값 $x(0)$와 $\dot{x}(0)(y(0)$에 포함)에 의해 결정되는 부분과 $u(\cdot)$의 영향을 받는 부분으로 나누어짐을 알 수 있다.

$$x(t) = \underbrace{e^{\alpha t}x(0) + e^{\alpha t}\int_0^t e^{(-\alpha+\beta)\tau}d\tau\, y(0)}_{\text{초깃값의 영향을 받는 항}} + \underbrace{\int_0^t\int_0^\tau e^{\alpha(t-\tau)}e^{\beta(\tau-\gamma)}u(\gamma)d\gamma d\tau}_{u(t)\text{의 영향을 받는 항}} \tag{2.46}$$

초깃값의 영향을 받는 항은 제차 미분방정식의 해인 식 (2.28)과 동일함을 확인할 수 있다. $u(t)$의 영향을 받는 항은 주어진 $u(t)$로부터 계산해야 한다. 예를 들어 $u(t) = t^2$이라 하면, 다음과 같이 계산할 수 있다.

$$\int_0^t e^{\alpha(t-\tau)} \left[\int_0^\tau e^{\beta(\tau-\gamma)} u(\gamma)\, d\gamma \right] d\tau = \int_0^t e^{\alpha(t-\tau)} \left[\int_0^\tau e^{\beta(\tau-\gamma)} \gamma^2\, d\gamma \right] d\tau \tag{2.47}$$

$$= d_1 e^{\alpha t} + d_2 e^{\beta t} + d_3 t^2 + d_4 t + d_5$$

여기서 d_1, d_2, d_3, d_4, d_5는 계산된 상수이다. $u(t)$의 영향을 받는 해의 형태를 보면, 초깃값의 영향을 받는 해에도 들어있던 $e^{\alpha t}$과 $e^{\beta t}$ 항과 γ에 대한 다항식 $(d_3 t^2 + d_4 t + d_5)$이 포함되어 있다. 일반적으로 $u(t) = t^n$일 때, 실제 계산은 복잡하겠지만, 해에 n차의 다항식이 포함될 것으로 추정할 수 있다.

이번에는 $u(\gamma) = e^{k\gamma}$(k는 상수)로 식 (2.46)의 $u(\gamma)$의 영향을 받는 항을 계산하면 다음과 같다.

$$\int_0^t e^{\alpha(t-\tau)} \left[\int_0^\tau e^{\beta(\tau-\gamma)} e^{k\gamma}\, d\gamma \right] d\tau = \int_0^t e^{\alpha(t-\tau)} \left[\int_0^\tau e^{\beta(\tau-\gamma)} e^{k\gamma}\, d\gamma \right] d\tau$$

$$= \frac{1}{(-\beta+k)(-\alpha+k)}(e^{kt} - e^{\alpha t}) + \frac{1}{(-\beta+k)(-\alpha+\beta)}(e^{\beta t} - e^{\alpha t}) \tag{2.48}$$

$u(\gamma) = \gamma^2$의 경우와 같이 식 (2.48)의 해에도 초깃값의 영향을 받는 해에 들어있던 $e^{\alpha t}$과 $e^{\beta t}$가 포함되어 있고, $u(\gamma)$와 같은 e^{kt}를 포함하는 항도 보인다. 여기서 두 가지 특수한 경우에 대해 좀 더 자세히 살펴보자. 첫 번째로 $\alpha = \beta$인 경우, 식 (2.48)의 두 번째 항은 다음과 같이 극한으로 계산될 수 있다.

$$\lim_{\beta \to \alpha} \frac{1}{(-\beta+k)(-\alpha+\beta)}(e^{\beta t} - e^{\alpha t}) = \frac{1}{k-\alpha} t e^{\alpha t} \tag{2.49}$$

두 번째로 $\alpha = \beta = k$인 경우, 식 (2.48)은 다음과 같이 계산된다.

$$\lim_{k \to \alpha} \left[\frac{1}{(k-\alpha)^2}(e^{kt} - e^{\alpha t}) - \frac{1}{k-\alpha} t e^{\alpha t} \right] = \frac{t^2}{2} e^{\alpha t} \tag{2.50}$$

정리하자면, $u(t) = e^{kt}$의 영향을 받는 해는 지수함수의 지수 α, β, k에 따라 다음과 같은 형태가 나올 수 있다.

$$c_1 e^{\alpha t} + c_2 e^{\beta t} + c_3 e^{kt}$$

$$c_1' e^{\alpha t} + c_2' t e^{kt} \tag{2.51}$$

$$c_1'' e^{\alpha t} + c_2'' t^2 e^{\alpha t}$$

여기서 c_1, c_2, c_3, c_1', c_2', c_1'', c_2''는 상수이며, 미정계수법을 사용하면 쉽게 결정할 수 있다. 이런 식으로 $u(\gamma)$의 영향을 받는 부분은 $u(\gamma)$ 함수로부터 그 형태를 알아낼 수 있다. 이러한 특징을 파악하여 일반적인 n차 비제차 미분방정식의 효과적인 해법을 생각해보자.

n차 비제차 미분방정식

비제차 미분방정식의 일반해는 제차 미분방정식의 해 $x_h(t)$와 외부 입력에 의한 비제차 미분방정식의 특수해 $x_p(t)$로 구성되어 있다. 결론적으로 비제차 미분방정식을 푼다는 것은 제차해와 특수해를 찾음을 의미한다. 특수해는 비제차항의 영향을 받는 해 중에서 제차 미분방정식의 해를 제외한 항들을 의미한다. 예를 들면 식 (2.47)에서 특수해는 $(d_3 t^2 + d_4 t + d_5)$이며, 식 (2.51)에서는 각각 $c_3 e^{kt}$, $c_2' t e^{kt}$, $c_2'' t^2 e^{\alpha t}$가 된다. d_3, d_4, d_5, c_3, c_4, c_5 등과 같은 미정계수는 미분방정식에 직접 대입하고 계수 비교를 통해 구할 수 있다.

다음은 비제차항에 따른 특수해의 형태를 표로 정리한 것이다.

[표 2-2] **비제차항에 따른 특수해의 형태**

$u(t)$	특수해
e^{at}	$c_1 e^{at}$ (특성다항식 k 중근과 겹치면 $c_1 t^k e^{at}$)
t^n	$c_1 t^n + c_2 t^{n-1} + \cdots + c_n t + c_{n+1}$
$\cos(at)$, $\sin(at)$	$c_1 \cos(at) + c_2 \sin(at)$

위 표에 있는 $u(t)$가 서로 곱해진 형태의 경우, 특수해는 각 특수해가 곱해진 형태를 사용하면 된다. 예를 들면 $t^2 \sin at$의 특수해 형태는 다음과 같다.

$$\{c_1 t^2 + c_2 t + c_3\} \times \{c_1 \cos(at) + c_2 \sin(at)\}$$
$$= \{c_1 t^2 \cos at + c_2 t \cos at + c_3 \cos at + c_4 t^2 \sin at + c_5 t \sin at + c_6 \sin at\}$$

식 (2.47)에서 $u(t) = t^2$ 대신 $u(t) = t^2 \sin(at)$를 넣어서 직접 계산해보면 쉽게 이해할 수 있을 것이다.

정리하자면, 비제차항 $u(t)$가 지수함수, 다항식, 삼각함수의 곱이나 합으로 주어진 경우에는 다음과 같이 특수해를 빠르게 구할 수 있다.

❶ 비제차항 $u(t)$의 형태로부터 구한 생성 집합에서 가능한 모든 1차 결합을 해로 가정한다.
❷ 비제차항에 지수함수 $e^{\alpha t}$가 포함되어 있고, 그 지수함수가 제차해에 이미 포함되어 있으면 $t e^{\alpha t}$를, n-중근으로 포함되어 있으면 $t^n e^{\alpha t}$를 가정한다.
❸ 비제차항 $u(t)$의 항이 많으면, 각각의 항에 대해 ❶과 ❷를 적용한다.

위에서 언급한 설명이 복잡해 보이겠지만, 몇 가지 예를 통해 이 해법이 매우 기계적이고 쉬움을 확인해보자.

예제 2-1

$$\frac{d^3x(t)}{dt^3} - 3\frac{d^2x(t)}{dt^2} + 3\frac{dx(t)}{dt} - x = e^t - t + 16 \text{의 해를 구하라.}$$

풀이

먼저 우변의 $e^t - t + 16$이 없는 제차 미분방정식의 해를 구하기 위해 특성다항식 $m^3 - 3m^2 + 3m - 1 = 0$을 풀면 $m = 1$의 삼중근을 구할 수 있다. 즉 이 문제의 제차 미분방정식의 해는 다음과 같이 쓸 수 있다.

$$x_h(t) = c_1 e^t + c_2 t e^t + c_3 t^2 e^t$$

e^t 항이 제차 미분방정식의 해에 삼중근으로 포함되어 있으므로, 특수해는 다음과 같다.

$$x_p(t) = c_4 t^3 e^t + c_5 t + c_6$$

다음과 같이 $x_p(t)$를 한 번, 두 번, 세 번 미분하여

$$\dot{x}_p(t) = 3c_4 t^2 e^t + c_4 t^3 e^t + c_5$$

$$\ddot{x}_p(t) = 6c_4 t e^t + 6c_4 t^2 e^t + c_4 t^3 e^t$$

$$\dddot{x}_p(t) = c_4 t^3 e^t + 9c_4 t^2 e^t + 18c_4 t e^t + 6c_4 e^t$$

미분방정식에 대입하면 $c_4 = \frac{1}{6}$, $c_5 = 1$, $c_6 = -13$임을 쉽게 알 수 있다. 따라서 최종적인 해는 다음과 같다.

$$x(t) = x_h(t) + x_p(t) = c_1 e^t + c_2 t e^t + c_3 t^2 e^t + \frac{1}{6} t^3 e^t + t - 13$$

예제 2-2

$$\frac{d^2x}{dt^2} + x = t^2 + e^{3t} \text{의 해를 구하라.}$$

풀이

제차 미분방정식 $\ddot{x} + x = 0$의 해를 구하기 위해 특성다항식 $m^2 + 1 = 0$을 풀면, $m = \pm i$이므로 $x_h = c_1 \cos(t) + c_2 \sin(t)$이다. 외부 입력 $t^2 + e^{3t}$에 의한 특수해는 다음과 같다.

$$x_p(t) = (c_3 t^2 + c_4 t + c_5) + (c_6 e^{3t})$$

다음과 같은 $x_p(\cdot)$의 일계 도함수와 이계 도함수를 사용하여,

$$\dot{x}_p(t) = 2c_3 t + c_4 + 3c_6 e^{3t}$$

$$\ddot{x}_p(t) = 2c_3 + 9c_6 e^{3t}$$

이를 $\ddot{x} + x = t^2 + e^{3t}$에 대입하면, 다음과 같다.

$$2c_3 + (c_3 t^2 + c_4 t + c_5) + 10c_6 e^{3t} = t^2 + e^{3t}$$

위 식이 t에 상관없이 항상 성립하기 위해서는 다음을 만족해야 한다.

$$c_3 = 1, \quad c_4 = 0, \quad 2c_3 + c_5 = 0, \quad 10c_6 = 1$$

따라서 특수해는

$$x_p(t) = t^2 - 2 + \frac{1}{10} e^{3t}$$

임을 알 수 있다. 따라서 구하고자 하는 최종적인 해는 다음과 같다.

$$x(t) = c_1 \cos(t) + c_2 \sin(t) + t^2 - 2 + \frac{1}{10} e^{3t}$$

지수함수 e^{3t} 때문에 어떤 초깃값에 대해서도 해가 항상 발산함을 알 수 있다.

예제 2-3

$\dfrac{d^2}{dt^2} x - x = t\sin(t)$의 해를 구하라.

풀이

제차 미분방정식 $\ddot{x} - x = 0$의 특성방정식 $m^2 - 1 = (m-1)(m+1) = 0$은 서로 다른 실근을 가지므로 $x_h = c_1 e^t + c_2 e^{-t}$이다. 그리고 비제차항 $t\sin(t)$에 의한 특수해 형태는 다음과 같다.

$$x_p(t) = c_3 t\cos(t) + c_4 t\sin(t) + c_5 \cos(t) + c_6 \sin(t)$$

다음과 같은 $x_p(t)$의 일계 도함수와 이계 도함수를 사용하자.

$$\dot{x}_p(t) = c_4 t\cos(t) - c_3 t\sin(t) + (c_3 + c_6)\cos(t) + (c_4 - c_5)\sin(t)$$

$$\ddot{x}_p(t) = -c_3 t\cos(t) - c_4 t\sin(t) + (2c_4 - c_5)\cos(t) - (2c_3 + c_6)\sin(t)$$

미분방정식 $\ddot{x} - x = t\sin(t)$에 이 도함수들을 대입하면, 다음과 같다.

$$-2c_3 t\cos(t) - 2c_4 t\sin(t) + (2c_4 - 2c_5)\cos(t) - (2c_3 + 2c_6)\sin(t) = t\sin(t)$$

양변의 계수 비교를 통하여 $c_3 = c_6 = 0$, $c_4 = c_5 = -\frac{1}{2}$을 얻고, 최종 일반해는 다음과 같다.

$$x(t) = c_1 e^t + c_2 e^{-t} - \frac{1}{2}(t\sin(t) + \cos(t))$$

이 해도 [예제 2-2]의 경우처럼 발산함을 알 수 있다.

지금까지 설명하면서 미분 기호로 $\frac{d}{dt}$와 $\dot{}$를 혼용하였는데, 이 기호들의 시초는 각각 라이프니츠와 뉴턴이다. 특히 뉴턴이 쓴 기호 $\dot{}$는 단일 변수를 다루는 함수에서 표기를 매우 간단하게 만들어주기 때문에 속도나 가속도 표기에 흔히 쓰인다. 이 책에서도 주로 단일 변수(시간 변수)를 다루므로, 라이프니츠 방식보다는 뉴턴 방식을 사용할 것이다.

2.2 라플라스 변환

시간 함수 $f(t)$를 지수함수 e^{st}들의 선형 조합 형태로 표시하고, 그 해당 계수 $F(s)$, 즉 라플라스 변환 Laplace transformation을 사용하여 계산하면, 미분 또는 시스템 표현 등이 매우 용이하다. 이 절에서는 라플라스 변환이 시스템 표현에 어떻게 유용한 지를 설명하기로 한다.

다음과 같은 간단한 비제차 미분방정식을 생각해보자.

$$\frac{df(t)}{dt} + f(t) = e^{st} \tag{2.52}$$

여기서 s는 주어진 상수이다. 미분방정식의 전략적 해법(2.1.3절)에 의하면 제차 일반해는 $f_h(t) = c_1 e^{-t}$(c_1은 상수)이고, 비제차항 e^{st}에 의한 특수해는 $c_2 e^{st}$(c_2는 상수, $s \neq 1$이라고 가정)이다. 특수해를 방정식 (2.52)에 대입하면 $c_2 = \dfrac{1}{(s+1)}$임을 알 수 있으며, 최종적인 $f(t)$는 다음과 같다.

$$f(t) = c_1 e^{-t} + \frac{1}{s+1} e^{st} \tag{2.53}$$

입력 e^{st}와 상관없는 방정식 고유의 응답인 e^{-t}항을 제외하면, $f(t)$에 입력 e^{st}의 형태를 그대로 유지하면서 이득만이 변한 항이 포함되어 있음을 유의하라. 입력 e^{st}는 우리가 다루는 상미분방정식의 해를 단순하게 만들어준다. 특히 e^{st}항의 계수가 s에 대해서만 의존하기 때문에, 계수에 해당하는 s에 대한 함수(여기에서는 $\dfrac{1}{(s+1)}$)만 알고 있으면, 입력 e^{st}에 대한 해를 바로 알 수 있다. 예를 들어 $e^{s_1 t} + e^{s_2 t} + e^{s_3 t}$의 입력이 주어진다면, 선형적인 성질 때문에 해는 바로 다음과 같이 나타낼 수 있다.

$$f(t) = c_1 e^{-t} + \frac{1}{s_1+1} e^{s_1 t} + \frac{1}{s_2+1} e^{s_2 t} + \frac{1}{s_3+1} e^{s_3 t} = c_1 e^{-t} + \sum_{i=1}^{3} \frac{1}{s_i+1} e^{s_i t} \tag{2.54}$$

이 계수 역할을 하는 $\dfrac{1}{(s+1)}$과 같은 함수를 쉽게 구할 수 있도록 도와주는 도구가 라플라스 변환이다.

2.2.1 라플라스 변환의 정의

라플라스 변환은 위와 같이 선형 상미분방정식의 해(또는 시스템의 출력)를 쉽게 구할 때나, 다음 절에서 설명할 시스템의 전달함수를 구하는 데에 쓰인다. 이 방법을 쓰면 미분방정식이 대수방정식으로 바뀌어 쉽게 풀릴 뿐만 아니라, 시스템의 특성을 분수함수rational function 형태의 전달함수로 나타낼 수 있어서 수학적으로 처리하기가 쉬워지기 때문에, 제어시스템의 해석과 설계에 라플라스 변환이 많이 쓰인다. 이 장에서는 라플라스 변환을 수학적으로 엄밀하게 다루기보다는 이 변환의 활용에 주안점을 두고, 이 변환의 몇 가지 기본 성질들만을 정리한 뒤에 이 성질들의 활용법을 예시할 것이다.

> **정의 2-1**
>
> 임의의 시간 함수 $f(t)$에 대한 라플라스 변환함수는 다음과 같이 정의된다.
>
> $$F(s) = \mathcal{L}\{f(t)\} = \int_0^\infty f(t)e^{-st}dt \qquad (2.55)$$
>
> 여기서 s는 복소변수, $\mathcal{L}$는 라플라스 변환, $F(s)$는 라플라스 변환함수를 나타낸다. 이때 시간 함수 $f(t)$는 시점 $t=0$ 이후에만 정의되는 조각연속함수piecewise continuous function로서, $t<0$에 서는 항상 $f(t)=0$으로 약속한다.

위의 정의에서 조각연속함수란 불연속점의 수가 유한한 함수를 뜻하며, 모든 연속함수들은 여기에 속한다. 식 (2.55)에서 시간 함수 $f(t)$에 대한 라플라스 변환은 커널Kernel 함수 e^{-st}의 지수에 있는 두 변수 s와 t 중에서 시간 t에 대한 정적분으로 정의되며, 그 결과 변환함수는 s에 대한 함수가 되기 때문에 $F(s)$로 표기한다. 함수 $f(t)$가 정의되는 구간은 t-영역, 그리고 $F(s)$가 정의되는 구간은 s-영역이라고 구별하기로 한다. 다시 말하면, 라플라스 변환은 시간 함수 $f(t)$를, s를 독립변수로 하는 다른 함수 공간으로 매핑mapping한다. 이러한 변환은 흔히 다음과 같이 표기한다.

$$F(s) = \mathcal{L}\{f(t)\}, \quad f(t) \xrightarrow{\mathcal{L}} F(s)$$

함수 $f(t)$는 $F(s)$의 역변환으로 생각하여 다음과 같이 표기할 수 있다.

$$f(t) = \mathcal{L}^{-1}\{F(s)\}, \quad F(s) \xrightarrow{\mathcal{L}^{-1}} f(t)$$

일반적으로 시간 함수 $f(t)$가 다음 조건들을 만족하면, $f(t)$의 라플라스 변환이 존재한다.

- 조건 1 : 임의의 구간에서 부분 연속이다.
- 조건 2 : $t \to 0$일 때 $\beta < 1$인 임의의 수에 대해 $t^\beta |f(t)|$가 유한하다.
- 조건 3 : $t \to \infty$일 때 $\beta > 0$인 임의의 수에 대해 $e^{-\beta t}|f(t)|$가 유한하다.

$\frac{1}{t}$, e^{t^2}항을 포함하는 특수한 함수는 각각 위의 조건 2와 조건 3에 위배되어 라플라스 변환이 존재하지 않는다. 그러나 우리가 알고 있는 대부분의 물리적인 함수들은 보통 위의 세 가지 조건을 다 만족하며, 각각에 대응하는 라플라스 변환이 존재한다.

앞으로 자주 쓰게 될 몇 가지 대표적인 시간 함수들에 대한 라플라스 변환함수들을 식 (2.55)의 정의에 따라 구해보기로 한다.

예제 2-4

$f(t) = 1$의 라플라스 변환함수를 구하라.

풀이

라플라스 변환의 정의 (2.55)를 적용하면 다음과 같다.

$$F(s) = \mathcal{L}\{f(t)\} = \int_0^\infty f(t)\,e^{-st}dt = \int_0^\infty e^{-st}dt$$
$$= \left[-\frac{1}{s}e^{-st} \right]_0^\infty = -\frac{1}{s}\left[e^{-\infty} - e^0 \right] = \frac{1}{s}$$

(2.56)

[예제 2-4]에서 다룬 함수를 단위 계단함수라 한다. 이 함수는 아주 간단한 함수이지만, 시점 $t = 0$에서 시스템에 일정한 크기의 기준 입력이 걸리는 경우에 활용되며, 제어시스템의 성능을 평가하는 데 자주 사용된다. 단위 계단함수는 특히 다음과 같이 정의되어 두루 쓰인다.

$$u_s(t) = \begin{cases} 0, & t < 0 \\ 1, & t \geq 0 \end{cases}$$

앞으로 이 책에서는 이 함수를 매번 정의하지 않고 이 정의대로 사용할 것이다.

예제 2-5

$f(t) = e^{-at}$의 라플라스 변환을 구하라. 여기서 a는 상수이다.

풀이

라플라스 변환의 정의 (2.55)를 $f(t)$에 적용하면 다음의 결과를 얻을 수 있다.

$$F(s) = \mathcal{L}\{f(t)\} = \int_0^\infty f(t)e^{-st}dt = \int_0^\infty e^{-at}e^{-st}dt$$

$$= \int_0^\infty e^{-(s+a)t}dt = \left[-\frac{1}{s+a}e^{-(s+a)t}\right]_0^\infty = \frac{1}{s+a} \qquad (2.57)$$

[예제 2-4]와 [예제 2-5]와 같이 라플라스 변환의 정의 (2.55)를 이용하여 라플라스 변환을 직접 계산하여 구할 수도 있지만, 라플라스 변환의 성질을 잘 활용하면 복잡한 계산을 피하면서 매우 쉽게 변환할 수 있다. 이를 위해 다음 절에서는 라플라스 변환의 유용한 성질들을 소개한다.

2.2.2 라플라스 변환의 성질

식 (2.55)로 정의된 라플라스 변환은 지수함수 e^{-st} 를 커널로 하는 선형적인 적분 연산이기 때문에 여기서 기인하는 유용한 성질들이 많이 있다. 이 절에서 다루는 식들에서 $f(t)$, $g(t)$는 $t \geqq 0$에서 정의되는 시간 함수들이고 각각에 대응하는 라플라스 변환함수들은 $F(s)$, $G(s)$로 나타낸다.

■ 선형성과 시간 척도의 변경

라플라스 변환은 적분으로 정의되므로 적분의 성질인 선형성을 지니며, 시간 척도를 변경할 수 있다.

$$\mathcal{L}\{c_1 f(t) \pm c_2 g(t)\} = c_1 F(s) \pm c_2 G(s)$$

$$\mathcal{L}\left\{f\left(\frac{t}{\alpha}\right)\right\} = \alpha F(\alpha s) \qquad (2.58)$$

여기서 c_1과 c_2는 임의의 상수들이며, α는 임의의 양의 상수이다.

■ 미분

시간 함수의 미분에 대한 라플라스 변환함수는 다음과 같다.

$$\mathcal{L}\left\{\frac{d}{dt}f(t)\right\} = sF(s) - f(0) \qquad (2.59)$$

위의 성질은 라플라스 변환의 정의와 부분적분법을 이용하면 쉽게 유도할 수 있다.

$$\int_0^\infty \left\{\frac{d}{dt}f(t)\right\}e^{-st}dt = \left[f(t)e^{-st}\right]_0^\infty - \int_0^\infty f(t)\frac{d}{dt}e^{-st}dt$$

$$= -f(0) - \int_0^\infty f(t)(-s)e^{-st}dt \qquad (2.60)$$

$$= sF(s) - f(0)$$

이 성질은 시간 영역에서의 미분 연산이 라플라스 변환 영역에서는 s를 곱하고 초깃값을 빼는 대수 연산으로 바뀜을 뜻한다. 만일 초기 조건이 0, 즉 $f(0) = 0$이면 식 (2.60)을 다음과 같이 더 간단하게 표시할 수 있다.

$$\mathcal{L}\left\{\frac{d}{dt}f(t)\right\} = sF(s) \tag{2.61}$$

이 경우에는 시간 영역에서의 시간 함수에 대한 미분 연산이 라플라스 변환 영역에서는 변환함수에 s를 곱하는 간단한 대수 연산으로 바뀌게 된다. 이러한 결과는 라플라스 변환함수가 임의의 함수를 e^{st}들로 표시할 때 e^{st} 앞에 붙는 계수라는 점을 상기한다면, 당연하다고 생각될 것이다. 이처럼 수학에서도 너무 수학적인 표현에만 얽매이지 않고, 직관적인 의미를 파악하는 게 필요하다.

위와 유사한 과정을 통해 시간 함수의 2차 미분함수에 대한 라플라스 변환함수도 구할 수 있다.

$$\begin{aligned}
\mathcal{L}\left\{\frac{d^2}{dt^2}f(t)\right\} &= \mathcal{L}\left\{\frac{d}{dt}f'(t)\right\} \\
&= s\mathcal{L}\{f'(t)\} - f'(0) \\
&= s[sF(s) - f(0)] - f'(0)
\end{aligned} \tag{2.62}$$

여기서 $f(0)$, $f'(0)$는 각각 시점 $t = 0$에서 함수 $f(t)$와 일차 미분함수 $f'(t)$의 초깃값이다. 따라서 최종적으로 다음과 같이 정리할 수 있다.

$$\mathcal{L}\left\{\frac{d^2}{dt^2}f(t)\right\} = s^2F(s) - sf(0) - f'(0) \tag{2.63}$$

여기서도 초깃값이 $f(0) = f'(0) = 0$이면 다음과 같이 더욱 깔끔하게 나타낼 수 있다.

$$\mathcal{L}\left\{\frac{d^2}{dt^2}f(t)\right\} = s^2F(s) \tag{2.64}$$

일반적인 n차 미분함수에 대해서도 비슷한 과정으로 다음과 같은 결과를 구할 수 있다.

$$\mathcal{L}\left\{\frac{d^n}{dt^n}f(t)\right\} = s^nF(s) - \sum_{k=1}^{n} s^{n-k}f^{(k-1)}(0) \tag{2.65}$$

여기서 $f^k(0)$는 $f(t)$의 k차 미분함수의 초깃값이다.

도함수에 대한 라플라스 변환의 성질을 다시 한 번 요약하면, 시간 영역에서의 미분 연산이 라플라스 변환 영역에서는 s를 곱하고 초깃값 부분을 빼는 간단한 연산으로 바뀐다는 것이다. 이러한 성질은 라플라스 변환의 큰 장점으로서, 이 성질을 이용하면 복잡한 미분방정식을 간단한 대수 연산으로 풀 수 있기 때문에, 제어시스템이나 회로이론뿐 아니라 대부분의 공학 분야에서 라플라스 변환이 매우 유용하게 활용되고 있다.

■ 적분

시간 함수의 적분에 대한 라플라스 변환함수는 다음과 같다.

$$\mathcal{L}\left\{\int_0^t f(\tau)d\tau\right\} = \frac{1}{s}F(s) \tag{2.66}$$

이 성질은 미분에 대한 라플라스 변환 공식 (2.59)를 사용하면 쉽게 유도할 수 있다.

$$F(s) = \mathcal{L}\{f(t)\} = \mathcal{L}\left\{\frac{d}{dt}\int_0^t f(\tau)d\tau\right\} = s\mathcal{L}\left\{\int_0^t f(\tau)d\tau\right\} - \int_0^t f(\tau)d\tau\Big|_{t=0}$$
$$= s\mathcal{L}\left\{\int_0^t f(\tau)d\tau\right\} \tag{2.67}$$

식 (2.59)와 식 (2.66)을 비교해 보면 라플라스 변환의 흥미로운 성질을 발견할 수 있다. 시간 영역에서 미분과 적분이 서로 역관계의 연산인데, 이에 대한 라플라스 변환도 각각 s를 곱하고 나누는 연산으로 서로 역의 연산 관계를 보인다는 것이다. 시간 영역에서의 역관계는 미분과 적분 같은 고등 수학이 동원된 반면, 라플라스 변환 영역에서의 역관계는 대수적인 곱셈이나 나눗셈이어서 훨씬 계산이 쉽다. 이러한 역연산의 성질은 지수함수 e^{st}를 t에 대해서 미분하고 적분했을 때의 결과를 생각하면 쉽게 이해될 것이다.

■ 합성곱

두 개의 시간 함수의 합성곱에 대한 라플라스 변환함수는 각 시간 함수의 라플라스 변환함수의 곱과 같다.

$$\mathcal{L}\left\{\int_0^t f(t-\tau)g(\tau)d\tau\right\} = F(s)G(s) \tag{2.68}$$

식 (2.55)로 주어지는 라플라스 변환의 정의를 그대로 사용하면 다음과 같다.

$$\mathcal{L}\left\{\int_0^t f(t-\tau)g(\tau)d\tau\right\} = \int_0^\infty \int_0^t f(t-\tau)g(\tau)d\tau e^{-st}dt$$
$$= \int_0^\infty \int_\tau^\infty f(t-\tau)e^{-st}dt\ g(\tau)d\tau$$
$$= \int_0^\infty \int_0^\infty f(\rho)e^{-s(\tau+\rho)}d\rho\, g(\tau)d\tau$$

$$= \int_0^\infty f(\rho)e^{-s\rho}d\rho \int_0^\infty g(\tau)e^{-s\tau}d\tau$$

$$= F(s)G(s)$$

여기서 세 번째 등식은 $t < 0$일 때 $f(t) = 0$임을 이용하였다.

식 (2.68)의 좌변에 나오는 적분을 합성곱이라고 부른다. 이 합성곱은 선형 시스템의 입력 신호와 출력 신호 사이의 전달 특성을 나타낼 때 아주 유용하게 사용되는 표현으로, 비교적 복잡한 연산이 필요한 경우가 많다. 이러한 합성곱이 라플라스 변환에 의해 s-영역에서는 두 함수의 간단한 곱 연산으로 바뀌게 된다. 이 성질은 라플라스 변환의 주요 장점 중 하나로, 이러한 장점 때문에 제어시스템 해석 및 설계뿐만 아니라 신호 처리, 회로망, 전력 계통, 통신, 유도 제어 등의 다양한 공학 분야에서 라플라스 변환이 편리하게 활용되고 있다.

■ 지수 가중

지수함수가 곱해진 형태의 시간 함수에 대한 라플라스 변환함수는 s-영역에서 평행 이동한 함수가 된다.

$$\mathcal{L}\{e^{at}f(t)\} = F(s-a) \tag{2.69}$$

라플라스 변환의 정의 (2.55)를 적용하여 다음과 같이 쉽게 증명할 수 있다.

$$\mathcal{L}\{e^{at}f(t)\} = \int_0^\infty e^{at}f(t)e^{-st}dt = \int_0^\infty f(t)e^{-(s-a)t}dt = F(s-a)$$

■ 시간 지연

시간 지연이 있는 시간 함수에 대한 라플라스 변환함수는 s-영역에서 지수 가중 함수가 곱해진 형태로 바뀐다.

$$\mathcal{L}\{f(t-d)\} = e^{-ds}F(s) \tag{2.70}$$

라플라스 변환의 정의 (2.55)를 적용하여 다음과 같이 쉽게 증명할 수 있다.

$$\mathcal{L}\{f(t-d)\} = \int_0^\infty f(t-d)e^{-st}dt = \int_d^\infty f(t-d)e^{-st}dt$$

$$= \int_0^\infty f(t)e^{-s(t+d)}dt = e^{-ds}F(s)$$

이때 식 (2.70)의 d는 항상 양수라고 가정한다. 음의 d는 현실에서 물리적인 의미를 가지기 힘들기 때문이다. 식 (2.70)은 시간 지연이 있는 함수를 라플라스 변환할 때 매우 유용하게 사용되는데,

그 활용에는 주의할 점이 있다. 여기에서의 시간 지연이라는 용어는 정확히 표현하면 $f(t)$의 시간 지연이 아니라 $f(t)u_s(t)$의 시간 지연을 의미한다는 점이다. 즉 식 (2.70)은 [표 2–3]에서 두 번째 그래프를 의미하는 것으로, 세 번째 그래프와 혼동해서는 안 된다. 이런 혼동을 피하기 위해서는 함수를 표시할 때 항상 $u_s(t)$를 사용하여 $f(t)u_s(t)$와 같이 표시해야하겠지만, 귀찮다는 이유로 $f(t)$라고 쓰는 경우가 많다. 표기의 용이성을 위해 엄밀성을 희생시킨 것이다. 이와 관련하여 이 장의 [연습문제 2.22]를 풀어보기 바란다.

[표 2-3] 시간 지연 함수의 라플라스 변환

그래프	라플라스 변환에 관여하는 시간 함수	라플라스 변환
라플라스 변환에 관여하지 않는 부분 / 라플라스 변환에 관여하는 부분	$f(t)u_s(t)$	$F(s)$
d	$f(t-d)u_s(t-d)$	$e^{-ds}F(s)$
d	$f(t-d)u_s(t)$	$\int_0^d f(t-d)e^{-st}dt + e^{-ds}F(s)$

■ s-영역에서의 미분

t^n을 곱한 시간 함수에 대한 라플라스 변환함수는 s-영역에서 n번 미분하고 적당한 부호 변화를 한 것과 같다.

$$\mathcal{L}\left\{t^n f(t)\right\} = (-1)^n \frac{d^n}{ds^n}F(s)$$

(2.71)

여기서 n은 자연수이다.

위의 성질은 라플라스 변환의 정의와 귀납법을 이용하여 유도할 수 있다. 우선 $n=1$일 때 다음이 성립한다.

$$\frac{d}{ds}\pounds\{f(t)\} = \frac{d}{ds}\int_0^\infty f(t)e^{-st}dt$$

$$= \int_0^\infty \frac{\partial}{\partial s}f(t)e^{-st}dt = \int_0^\infty [-tf(t)]e^{-st}dt$$

$n = k(k \geq 2$인 자연수)일 경우에 다음이 성립한다고 가정하자.

$$\pounds\{t^kf(t)\} = (-1)^k\frac{d^k}{ds^k}F(s)$$

이 식을 사용하여 $n = k+1$일 때에도 이 관계가 성립함을 보일 수 있다.

$$\frac{d^{k+1}}{ds^{k+1}}\pounds\{f\} = \frac{d}{ds}\frac{d^k}{ds^k}\pounds\{f\} = \frac{d}{ds}\int_0^\infty (-1)^k t^k f(t)e^{-st}dt$$

$$= \int_0^\infty (-1)^k t^k f(t)\frac{\partial}{\partial s}e^{-st}dt$$

$$= \int_0^\infty [(-1)^{k+1}t^{k+1}f(t)]e^{-st}dt$$

따라서 귀납법에 의해 식 (2.71)은 모든 자연수 n에 대해 성립한다.

식 (2.71)로 표현되는 라플라스 변환의 복소 미분에 대한 성질은, s-영역에서의 s에 대한 미분 연산이 시간 영역에서 시간 변수 t를 곱하는 연산으로 바뀐다는 것이다. 이 성질은 식 (2.65)로 표시되는 미분함수에 대한 라플라스 변환과 대응한다. 식 (2.65)에서는 시간 영역에서의 미분 연산이 s-영역에서 변수 s를 곱하는 연산으로 바뀌었기 때문이다. 단 주의할 점은 식 (2.65)에서는 초깃값 항들이 추가되었고, 식 (2.71)에서는 부호 인수가 곱해졌다는 것이다.

■ 초깃값 정리

시간 함수 $f(t)$의 초깃값과 변환함수 $F(s)$는 다음과 같은 관계를 갖는다.

$$f(0^+) = \lim_{s\to\infty} sF(s) \tag{2.72}$$

여기서 $f(0^+) = \lim_{t\to 0^+} f(t)$이다.

식 (2.59)의 증명 과정을 활용하면 다음과 같은 관계를 얻을 수 있다.

$$\int_{0^+}^\infty \frac{d}{dt}f(t)e^{-st}dt = sF(s) - f(0^+)$$

구간 $0^+ \leq t \leq \infty$ 에서 $s \to \infty$ 이면 $e^{-st} \to 0$ 이므로, 다음 식이 되어 식 (2.72)가 성립한다.

$$\lim_{s \to \infty} \left[sF(s) - f(0^+) \right] = \lim_{s \to \infty} sF(s) - f(0^+) = 0$$

함수 $f(t)$와 그 일차 미분함수의 라플라스 변환이 가능하고, $\lim_{s \to \infty} sF(s)$가 존재할 때, 식 (2.72)는 항상 성립한다. 그러나 유의할 점은 초깃값으로 $f(0)$ 대신에 0보다 약간 큰 시간에서의 $f(0^+)$를 사용해야 한다는 것이다. 이는 $s \to \infty$ 일 때 $e^{-st} \to 0$을 만족해야하기 때문이다[2]. 연속함수에서는 항상 $f(0) = f(0^+)$ 이므로 구분할 필요가 없지만, 불연속함수에서는 $f(0) \neq f(0^+)$인 경우가 있기 때문에 주의해야 한다. 한편 이 성질은 수렴하지 않는 사인함수와 같은 경우에도 성립한다. 이 성질은 시간 함수의 초깃값과 라플라스 변환함수와의 관계를 나타내주는 이론이기 때문에 흔히 초깃값 정리라고 부른다. 이에 대응하는 성질로 최종값 정리가 있는데, 다음에 이어서 살펴보자.

■ 최종값 정리

시간 함수 $f(t)$의 최종값 $\lim_{t \to \infty} f(t)$가 존재할 때, 이 최종값과 변환함수 $F(s)$는 다음과 같은 관계를 만족한다.

$$\lim_{t \to \infty} f(t) = \lim_{s \to 0} sF(s) \tag{2.73}$$

$f(t)$의 일차 도함수에 대한 라플라스 변환에서 s를 0으로 접근시키면 다음과 같다.

$$\lim_{s \to 0} \int_0^\infty \frac{d}{dt} f(t) e^{-st} dt = \lim_{s \to 0} \left[sF(s) - f(0) \right]$$

$\lim_{s \to 0} e^{-st} = 1$ 이므로 다음을 얻는다.

$$\lim_{s \to 0} \int_0^\infty \frac{d}{dt} f(t) e^{-st} dt = \lim_{s \to 0} \int_0^\infty \frac{d}{dt} f(t) dt = f(\infty) - f(0)$$

따라서 식 (2.73)과 같은 결과를 얻는다.

이 성질은 극한값 $\lim_{t \to \infty} f(t)$가 존재하고, $f(t)$ 자신과 $f(t)$의 일계 도함수의 라플라스 변환이 가능할 때 성립한다. 예를 들면 $f(t)$가 삼각함수인 경우에는 함숫값이 계속 진동하여 극한값이 존재하지 않으므로, 앞의 초깃값 정리와는 달리 최종값 정리는 성립하지 않는다. 최종값 정리는 $f(t)$의 정상 상태 거동과 $s = 0$ 부근에서의 $sF(s)$의 거동과의 관계를 나타내는 것으로, 나중에 안정성을 분석할 때 매우 유용하게 사용된다.

---

[2] 사실 $t = 0$이면 $e^{-st} \to 1$, $t = 0^-$ 이면 $e^{-st} \to \infty$ 이다.

식 (2.66)에 최종값 정리 (2.73)을 적용하면 다음과 같은 관계식을 얻을 수 있다. 단, 시간 영역에서 무한 적분이 존재해야 한다는 가정이 필요하다.

$$\int_0^\infty f(t)dt = \lim_{s \to 0} F(s)$$

초깃값 정리나 최종값 정리를 이용하면 라플라스 변환식을 역변환하여 시간 함수를 구하지 않고도 시스템의 거동을 예측할 수 있으므로, 해를 검토하기에 편리하다.

지금까지 살펴본 라플라스 변환의 성질들을 요약하면 [표 2-4]와 같다.

[표 2-4] 라플라스 변환의 성질

성질	관련 식
선형성과 시간 척도의 변경	$\mathcal{L}\{c_1 f(t) \pm c_2 g(t)\} = c_1 F(s) \pm c_2 G(s)$ $\mathcal{L}\left\{f\left(\dfrac{t}{\alpha}\right)\right\} = \alpha F(\alpha s)$
미분	$\mathcal{L}\left\{\dfrac{d}{dt}f(t)\right\} = sF(s) - f(0)$
미분	$\mathcal{L}\left\{\dfrac{d^n}{dt^n}f(t)\right\} = s^n F(s) - \displaystyle\sum_{k=1}^{n} s^{n-k} f^{(k-1)}(0)$
적분	$\mathcal{L}\left\{\displaystyle\int_0^t f(\tau)d\tau\right\} = \dfrac{1}{s}F(s)$
합성곱	$\mathcal{L}\left\{\displaystyle\int_0^t f(t-\tau)g(\tau)d\tau\right\} = F(s)G(s)$
지수 가중	$\mathcal{L}\{e^{at}f(t)\} = F(s-a)$
시간 지연	$\mathcal{L}\{f(t-d)\} = e^{-ds}F(s) \quad (d \geq 0)$
s-영역에서의 미분	$\mathcal{L}\{tf(t)\} = -\dfrac{d}{ds}F(s)$
s-영역에서의 미분	$\mathcal{L}\{t^n f(t)\} = (-1)^n \dfrac{d^n}{ds^n}F(s) \quad (n = 1,\ 2,\ 3,\ \cdots)$
초깃값 정리	$f(0^+) = \lim_{s \to \infty} sF(s)$
최종값 정리	$\lim_{t \to \infty} f(t) = \lim_{s \to 0} sF(s)$

[표 2-4]의 결과에서 서로 짝을 이루는 관계를 따로 [표 2-5]에 정리했다. 이렇게 짝을 이루는 쌍을 수학적 용어로 쌍대라고 한다 [3].

---

[3] 다양한 쌍대 관계들이 있지만, 여기에서는 우리에게 유용한 세 가지 정도만 소개한다.

[표 2-5] 쌍대 관계의 라플라스 변환 비교

관련 연산	쌍대 관계	
지연	$\mathcal{L}\left\{e^{at}f(t)\right\} = F(s-a)$	$\mathcal{L}\left\{f(t-d)\right\} = e^{-ds}F(s) \quad (d \geq 0)$
미분	$\mathcal{L}\left\{tf(t)\right\} = -\dfrac{d}{ds}F(s)$	$\mathcal{L}\left\{\dfrac{d}{dt}f(t)\right\} = sF(s) - f(0)$
적분	$\mathcal{L}\left\{\dfrac{f(t)}{t}\right\} = \displaystyle\int_{s}^{\infty} F(\alpha)d\alpha$	$\mathcal{L}\left\{\displaystyle\int_{0}^{t} f(\tau)d\tau\right\} = \dfrac{1}{s}F(s)$

2.2.3 라플라스 변환의 예

이 절에서는 라플라스 변환의 정의와 성질들을 이용하여, 공학에서 자주 사용하는 대표적인 시간 함수들의 라플라스 변환을 구해보기로 한다.

예제 2-6

다음 함수의 라플라스 변환을 구하라.

$$u_{\Delta}(t) = \begin{cases} 0, & t < 0 \\ \dfrac{1}{\Delta}t, & 0 \leq t \leq \Delta \\ 1, & t > \Delta \end{cases}, \qquad \delta_{\Delta}(t) = \begin{cases} 0, & t < 0 \\ \dfrac{1}{\Delta}, & 0 \leq t \leq \Delta \\ 0, & t > \Delta \end{cases}$$

풀이

라플라스 변환의 정의를 사용하면, 다음과 같다.

$$\int_{0}^{\infty} u_{\Delta}(t)e^{-st}dt = \int_{0}^{\Delta} \frac{1}{\Delta}te^{-st}dt + \int_{\Delta}^{\infty} e^{-st}dt = \frac{1}{\Delta s^2}(1 - e^{-s\Delta})$$

$\delta_{\Delta}(t)$의 라플라스 변환은 다음과 같이 계산된다.

$$\int_{0}^{\infty} \delta_{\Delta}(t)e^{-st}dt = \frac{1}{\Delta s}(1 - e^{-s\Delta})$$

미분이 불가능한 곳을 제외하면, $\delta_{\Delta}(t)$와 $u_{\Delta}(t)$는 아래와 같은 관계가 있음을 확인할 수 있다.

$$\frac{du_{\Delta}(t)}{dt} = \delta_{\Delta}(t)$$

따라서 $u_{\Delta}(t)$의 라플라스 변환을 구하고 변환의 미분 성질을 사용하면, $\delta_{\Delta}(t)$의 라플라스 변환도 쉽게 구할 수 있다.

[예제 2-6]의 결과에서 Δ를 한없이 0에 가깝게 하면 다음과 같다.

$$\lim_{\Delta \to 0} \mathcal{L}\left[u_\Delta(t) \right] = \lim_{\Delta \to 0} \frac{1}{\Delta s^2}(1 - e^{-s\Delta}) = \frac{1}{s}, \quad \lim_{\Delta \to 0} \mathcal{L}\left[\delta_\Delta(t) \right] = \lim_{\Delta \to 0} \frac{1}{\Delta s}(1 - e^{-s\Delta}) = 1$$

즉 Δ를 한없이 0에 가깝게 하면 $u_\Delta(t)$는 [예제 2-1]에서 다룬 단위 계단함수 $u_s(t)$가 되고, $\delta_\Delta(t)$는 $t = 0$ 근처에서 무한대의 값을 갖는 함수가 됨을 알 수 있다. $\delta_\Delta(t)$는 보통 $\delta(t)$로 표기하여 단위 계단함수 $u_s(t)$의 미분으로 생각할 수 있다.

극한을 취하면 상식적으로 미분이 불가능함에도 이런 결과가 나오니 당황스러울 수 있으나, $\delta(t)$는 수학적으로 더욱 엄밀하게 정의되며, 물리 및 시스템 공학 전반에서 매우 유용하게 사용되는 함수이므로 꼭 익혀두기 바란다. 이 책의 범위를 벗어나는 더 깊은 이론적 내용은 다루지 않겠으나, 활용면으로는 이 함수들이 앞으로도 많이 언급될 될 것이다. 특히 이 장에서는 이 함수들을 이용하여 조각함수들을 하나의 함수로 표현하고, 시간 지연과 같은 성질을 사용하여 라플라스 변환을 쉽게 하는 방법들을 예시할 것이다.

예를 들어 [그림 2-3]에 나타난 다음과 같은 함수가 있을 때,

$$f(t) = \begin{cases} f_1(t), & 0 \le t < t_1 \\ f_2(t), & t_1 \le t < t_2 \\ f_3(t), & t_2 \le t \end{cases}$$

단위 계단함수 $u_s(t)$를 사용하여 아래와 같이 하나의 식으로 나타낼 수 있다.

$$f(t) = f_1(t)(u_s(t) - u_s(t-t_1)) + f_2(t)(u_s(t-t_1) - u_s(t-t_2)) + f_3(t)u_s(t-t_2)$$

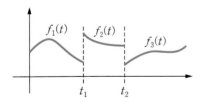

[그림 2-3] **조각함수의 한 예**

예제 2-7

삼각함수 $\sin \omega t$, $\cos \omega t$의 라플라스 변환함수를 구하라.

풀이

오일러 공식 $e^{j\omega t} = \cos \omega t + j\sin \omega t$를 상기하고, 다음과 같이 $e^{j\omega t}$에 대하여 라플라스 변환을 한다.

$$\mathcal{L}\left(e^{j\omega t}\right) = \frac{1}{s - j\omega} = \frac{s}{s^2 + \omega^2} + j\frac{a}{s^2 + \omega^2}$$

실수부와 허수부를 비교하면,

$$\mathcal{L}\left\{\cos \omega t\right\} = \frac{s}{s^2 + \omega^2}, \quad \mathcal{L}\left\{\sin \omega t\right\} = \frac{\omega}{s^2 + \omega^2}$$

임을 쉽게 알 수 있다. 다른 방법으로는 $\sin \omega t$와 $\cos \omega t$를 다음과 같이 표시하여

$$\sin \omega t = \frac{1}{2j}\left(e^{j\omega t} - e^{-j\omega t}\right), \quad \cos \omega t = \frac{1}{2}\left(e^{j\omega t} + e^{-j\omega t}\right)$$

[예제 2-5]의 결과와 식 (2.58)을 이용하면, $\sin \omega t$와 $\cos \omega t$의 라플라스 변환함수는 다음과 같다.

$$\mathcal{L}\left\{\sin \omega t\right\} = \mathcal{L}\left\{\frac{1}{2j}\left(e^{j\omega t} - e^{-j\omega t}\right)\right\} = \frac{1}{2j}\left[\frac{1}{s - j\omega} - \frac{1}{s + j\omega}\right] = \frac{\omega}{s^2 + \omega^2}$$

$$\mathcal{L}\left\{\cos \omega t\right\} = \mathcal{L}\left\{\frac{1}{2}\left(e^{j\omega t} + e^{-j\omega t}\right)\right\} = \frac{1}{2}\left[\frac{1}{s - j\omega} + \frac{1}{s + j\omega}\right] = \frac{s}{s^2 + \omega^2}$$

한편 $\mathcal{L}\left\{\sin \omega t\right\}$를 구했다면, $\mathcal{L}\left\{\cos \omega t\right\}$의 라플라스 변환은 다음과 같은 미분 성질에 의해서 좀 더 쉽게 구할 수도 있다.

$$\mathcal{L}\left\{\cos \omega t\right\} = \frac{1}{\omega}\mathcal{L}\left\{\frac{d}{dt}\sin \omega t\right\} = \frac{1}{\omega}\left(s\mathcal{L}\left\{\sin \omega t\right\} - \sin \omega t\big|_{t=0}\right)$$

예제 2-8

t^n (n은 양의 정수)의 라플라스 변환을 구하라.

풀이

식 (2.71)에서 $f(t) = 1$인 상수함수를 고려하면, 다음과 같이 쉽게 라플라스 변환을 구할 수 있다.

$$\mathcal{L}\left\{t^n \times 1\right\} = (-1)^n \frac{d^n}{ds^n}\mathcal{L}\left\{1\right\} = (-1)^n \frac{d^n}{ds^n}\frac{1}{s} = \frac{n!}{s^{n+1}}$$

여기서 $n = 0$, $n = 1$, $n = 2$ 경우를 각각 계단함수, 경사함수, 이차 함수라고 하며, 제어시스템의 추종 성능을 평가하는 데 많이 쓴다. 따라서 $\mathcal{L}(1) = \frac{1}{s}$, $\mathcal{L}(t) = \frac{1}{s^2}$, $\mathcal{L}(t^2) = \frac{2}{s^3}$라는 점을 꼭 기억해두어야 한다. 또 1, t, t^2 앞에는 단위 계단함수 $u_s(t)$가 생략되어 있다는 사실도 꼭 기억하자.

예제 2-9

지수 가중 삼각함수 $e^{-at}\cos\omega t$의 라플라스 변환함수를 구하라.

풀이

이 함수는 함수 $\cos\omega t$에 지수함수 e^{-at}을 곱한 형태로 볼 수 있다. 따라서 지수 가중 함수에 대한 라플라스 변환의 성질인 식 (2.69)로부터 다음과 같이 라플라스 변환함수를 구할 수 있다.

$$F(s) = \mathcal{L}\left\{e^{-at}g(t)\right\} = G(s+a) = \frac{s+a}{(s+a)^2+\omega^2}$$

예제 2-10

주기가 T인 주기함수 $f(t)$의 라플라스 변환을 구하라.

풀이

단위 계단함수 $u_s(t)=1$, $t>0$을 사용하여 주기함수 $f(t)$를 다음과 같이 표시할 수 있다.

$$f(t) = f(t+T) = u_s(T-t)f(t) + u_s(t-T)f(t)$$

이를 이용하면, 다음과 같이 전개할 수 있다.

$$\mathcal{L}\left\{f(t)\right\} = \mathcal{L}\left\{u_s(t)f(t)\right\} = \mathcal{L}\left\{u_s(T-t)f(t) + u_s(t-T)f(t)\right\}$$

$$= \int_0^T e^{-st}f(t)dt + e^{-sT}\mathcal{L}\left\{u_s(t)f(t+T)\right\}$$

$$= \int_0^T e^{-st}f(t)dt + e^{-sT}\mathcal{L}\left\{u_s(t)f(t)\right\}$$

이를 정리하면, 다음과 같다.

$$\mathcal{L}\left\{f(t)\right\} = \frac{1}{1-e^{-sT}}\int_0^T e^{-st}f(t)dt$$

지금까지 예제에서 다룬 함수들을 비롯하여 자주 다루게 될 기본적인 함수들의 라플라스 변환함수들을 정리하여 [표 2-6]에 나타내었다. 앞으로 라플라스 변환과 역변환 함수를 구할 때, 이 표를 편리하게 활용할 수 있을 것이다.

[표 2-6] 라플라스 변환 및 역변환

시간 함수 $f(t)$, $t \geq 0$	라플라스 변환 $F(s)$	시간 함수 $f(t)$, $t \geq 0$	라플라스 변환 $F(s)$
t^n $(n = 0, 1, 2, 3, \cdots)$	$\dfrac{n!}{s^{n+1}}$	$\dfrac{t}{2\omega}\sin\omega t$	$\dfrac{s}{(s^2+\omega^2)^2}$
$t^n e^{-at}$ $(n = 0, 1, 2, 3, \cdots)$	$\dfrac{n!}{(s+a)^{n+1}}$	$\dfrac{1}{2\omega^2}(\sin\omega t - \omega t\cos\omega t)$	$\dfrac{\omega}{(s^2+\omega^2)^2}$
$\cos\omega t$	$\dfrac{s}{s^2+\omega^2}$	$e^{-at}\cos\omega t$	$\dfrac{s+a}{(s+a)^2+\omega^2}$
$\sin\omega t$	$\dfrac{\omega}{s^2+\omega^2}$	$e^{-at}\sin\omega t$	$\dfrac{\omega}{(s+a)^2+\omega^2}$

이 책에서는 라플라스 변환이 주로 미분방정식 및 전달함수와 연관되어 사용되고 있지만, 라플라스 변환 자체가 수학적 계산을 매우 용이하게 하는 경우도 있다. 예를 들면 $\int_0^\pi e^{-st}\sin t\, dt$와 같은 적분 계산은 $\sin t\,[u_s(t) - u_s(t-\pi)]$의 라플라스 변환을 구하여 다음과 같이 쉽게 계산할 수도 있다.

$$\mathcal{L}\{u_s(t)\sin(t) + u_s(t-\pi)\sin(t-\pi)\} = \mathcal{L}\{u_s(t)\sin(t)\} + e^{-\pi s}\mathcal{L}\{u_s(t)\sin(t)\}$$

$$= \frac{1}{s^2+1}(1 + e^{-\pi s})$$

2.2.4 라플라스 역변환

라플라스 역변환은 앞 절에서 다룬 라플라스 변환의 역연산으로, 라플라스 변환함수 $F(s)$로부터 시간 함수 $f(t)$를 구하는 과정을 말한다.

정의 2-2

임의의 라플라스 변환함수 $F(s)$에 대한 라플라스 역변환은 다음과 같이 정의된다.

$$f(t) = \mathcal{L}^{-1}\{F(s)\} = \frac{1}{2\pi j}\int_{c-j\infty}^{c+j\infty} F(s)e^{st}ds \qquad (2.74)$$

여기서 $\mathcal{L}^{-1}\{\cdot\}$는 라플라스 역변환을 나타내며, j는 허수 단위, c는 상수이다. 복소평면에서 $F(s)$의 모든 극점들이 c보다 작은 실수 부분을 갖도록 c를 선택한다.

라플라스 역변환은 복소 적분으로 정의되기 때문에 직접 계산할 때 복소함수 적분법을 써야 한다. 그런데 복소함수 적분은 대부분 계산하기가 어렵고 복잡하다. 그러나 라플라스 변환과 역변환 쌍은 서로 1:1 대응을 이루므로, [표 2-6]에 나오는 변환쌍을 이용하고 라플라스 변환의 성질들을 활용하면 복소함수 적분 과정을 거치지 않고서도 비교적 쉽게 역변환 함수를 구할 수 있다.

[표 2-6]에서는 자주 쓰이는 몇 가지 기본적인 함수들만 다루고 있기 때문에, 이 표에 없는 일반 함수들의 역변환을 구하기 위해서는 그 함수들을 기본형으로 변형 및 분해하는 과정이 필요하다. 그런데 [표 2-6]에 나오는 변환함수들은 분모 부분이 일차나 이차 인수들로 이루어진 분수함수의 형태를 갖고 있다. 따라서 기본형에 속하지 않는 어떤 변환함수의 라플라스 역변환을 구하기 위해서는, 주어진 변환함수를 일차나 이차 인수의 분모를 갖는 부분분수들의 합으로 분해해야 한다. 이러한 분해 과정을 부분분수 전개라고 한다. 이 전개법에 대해 정리해 보고, 예를 통해 이를 라플라스 역변환에 활용하는 방법을 살펴보기로 한다.

부분분수 전개

우선 부분분수 전개 이론을 정리해보자. 이 이론에서 다루는 변환함수들은 다음과 같은 형태를 갖는 분수함수들이다.

$$F(s) = \frac{N(s)}{D(s)}$$

여기서 $N(s)$, $D(s)$는 각각 s에 관한 m, n차 다항식이며, $n > m$이라고 가정한다. $D(s)$가 다음과 같은 항을 갖는 경우에 대하여 각각의 부분분수 전개를 알아본다.

- $s + p_1$, 1차 인수
- $(s+a)^2 + \omega^2$, 2차 인수
- $(s+p_1)^q$, 1차 인수의 거듭제곱
- $((s+a)^2 + \omega^2)^q$, 2차 인수의 거듭제곱

■ 1차 인수 부분분수 전개

정리 2-1

분수함수 $F(s)$의 분모가 다음과 같이 서로 다른 실계수 p_1, p_2, p_3, $\cdots$가 포함된 1차 인수들로 인수분해될 때,

$$F(s) = \frac{N(s)}{D(s)} = \frac{N(s)}{(s+p_1)(s+p_2)\cdots(s+p_n)}, \quad p_i \neq p_j \qquad (2.75)$$

이 함수를 부분분수로 전개하면 다음과 같다.

$$F(s) = \frac{N(s)}{D(s)} = \frac{a_1}{s+p_1} + \frac{a_2}{s+p_2} + \cdots + \frac{a_n}{s+p_n} \tag{2.76}$$

$$a_i = \left[(s+p_i)F(s) \right]_{s=-p_i}, \quad i = 1, 2, \cdots, n \tag{2.77}$$

서로 다른 실계수 p_1, p_2, p_3, $\cdots$의 경우, 식 (2.75)가 식 (2.76)의 형태로 분해될 수 있다는 것은 수학적 귀납법을 통해서 증명할 수 있다. 자세한 증명은 연습문제로 독자에게 맡긴다. 여기에서는 식 (2.77)만 증명하도록 하자.

식 (2.75)의 양변에 $s+p_i$를 곱하면 다음과 같이 전개된다.

$$(s+p_i)F(s) = (s+p_i)\frac{a_1}{s+p_1} + (s+p_i)\frac{a_2}{s+p_2} + \cdots + a_i + \cdots + (s+p_i)\frac{a_n}{s+p_n}$$

이 식의 양변에 $s = -p_i$를 대입하면 우변에서 a_i만 남고 다른 항들은 모두 0이 되므로 식 (2.77)의 결과를 얻게 된다.

분수함수 $F(s)$의 분모 다항식이 서로 다른 실계수가 포함된 1차 인수들로 인수분해될 경우, [정리 2-1]을 활용하면 $F(s)$의 라플라스 역변환을 쉽게 계산할 수 있다. 식 (2.76) 우변의 각 항이 앞에서 다루었던 지수함수에 대응하는 변환함수들이기 때문이다. 따라서 다음과 같은 역변환이 성립한다.

$$\mathcal{L}^{-1}\left\{ \frac{a_i}{s+p_i} \right\} = a_i e^{-p_i t}$$

따라서 라플라스 변환의 선형성의 원리(식 (2.58))로부터 $F(s)$의 역변환 $f(t)$는 다음과 같이 나타낼 수 있다.

$$f(t) = \mathcal{L}^{-1}\{F(s)\} = \sum_{i=1}^{n} a_i e^{-p_i t}$$

예제 2-11

다음의 라플라스 변환함수 $F(s)$의 역변환 $f(t)$를 구하라.

$$F(s) = \frac{2s^2 + s - 4}{(s-1)(s+1)(s+2)}$$

풀이

$F(s)$를 부분분수로 전개하면 다음과 같다.

$$F(s) = \frac{a_1}{s-1} + \frac{a_2}{s+1} + \frac{a_3}{s+2}$$

여기서 a_1, a_2, a_3는 식 (2.77)로부터 간단히 계산할 수 있다.

$$a_1 = \left[(s-1)F(s) \right]_{s=1} = \left[\frac{2s^2+s-4}{(s+1)(s+2)} \right]_{s=1} = -\frac{1}{6}$$

$$a_2 = \left[(s+1)F(s) \right]_{s=-1} = \left[\frac{2s^2+s-4}{(s-1)(s+2)} \right]_{s=-1} = \frac{3}{2}$$

$$a_3 = \left[(s+2)F(s) \right]_{s=-2} = \left[\frac{2s^2+s-4}{(s-1)(s+1)} \right]_{s=-2} = \frac{2}{3}$$

따라서 $f(t)$는 다음과 같다.

$$f(t) = \mathcal{L}^{-1}\{F(s)\} = \mathcal{L}^{-1}\left\{ -\frac{1}{6}\frac{1}{s-1} + \frac{3}{2}\frac{1}{s+1} + \frac{2}{3}\frac{1}{s+2} \right\}$$

$$= -\frac{1}{6}e^t + \frac{3}{2}e^{-t} + \frac{2}{3}e^{-2t}$$

이번에는 $F(s)$의 분모에 실계수 인수가 아닌 복소 인수가 들어있는 경우를 생각해보자. 다시 말하면 $(s+\alpha)^2 + \omega^2$과 같은 2차 인수가 있는 경우를 말하는데, 굳이 복소수 계수를 갖은 1차 인수, $(s+\alpha+j\omega)$와 $(s+\alpha-j\omega)$로 분해하지 않고, 실계수 2차 인수로 처리하는 방법을 알아보자.

■ 2차 인수 부분분수 전개

정리 2-2

다음과 같이 분수함수 $F(s)$의 분모 다항식의 인수 중에 2차 인수 $(s+\alpha)^2 + \omega^2$이 있을 때,

$$F(s) = \frac{N(s)}{D(s)} = \frac{N(s)}{(s+p_1)(s+p_2)\cdots[(s+\alpha)^2+\omega^2]\cdots(s+p_{n-2})}, \quad p_i \neq p_j \quad (2.78)$$

이 함수를 부분분수로 전개하면 다음과 같다.

$$F(s) = \frac{N(s)}{D(s)}$$

$$= \frac{a_1}{s+p_1} + \frac{a_2}{s+p_2} + \cdots + \frac{a_{n-2}}{s+p_{n-2}} + \frac{c_1\omega}{(s+\alpha)^2+\omega^2} + \frac{c_2(s+\alpha)}{(s+\alpha)^2+\omega^2} \quad (2.79)$$

여기서 c_1, c_2는 다음과 같다.

$$c_1 = \frac{1}{2\omega}(F_r + F_r^*) = \frac{1}{\omega}Re\{F_r\}$$

$$c_2 = \frac{1}{j2\omega}(F_r - F_r^*) = \frac{1}{\omega}Im\{F_r\} \qquad (2.80)$$

$$F_r = \{[(s+\alpha)^2 + \omega^2]F(s)\}_{s=-\alpha+j\omega}$$

여기서 Re, Im는 각각 실수부와 허수부를, 윗첨자 *는 켤레 복소수를 나타낸다. $F(s)$의 1차 인수들의 계수 $a_i(i=1, 2, \cdots, n-2)$들은 식 (2.77)과 같다.

식 (2.78)은 다음과 같이 분해될 수 있다.

$$F(s) = \frac{\overline{N}(s)}{(s+p_1)(s+p_2)\cdots(s+p_{n-2})} + \frac{d_1 s + d_2}{(s+\alpha)^2 + \omega^2}$$

여기서 $\overline{N}(s)$의 차수는 $m-2$보다 작다. 자세한 증명은 연습문제로 독자에게 맡긴다. 여기에서는 식 (2.80)만 증명하도록 하자. 위 식의 $d_1 s + d_2$는 식 (2.79)처럼 $c_1\omega + c_2(s+\alpha)$ 형태로 바꿀 수 있다. 식 (2.79)의 양변에 $(s+\alpha)^2 + \omega^2$을 곱하고 $s=-\alpha+j\omega$를 대입하면, 다음과 같은 관계식을 얻을 수 있다.

$$F_r = c_1\omega + j\omega c_2$$

$$F_r^* = c_1\omega - j\omega c_2$$

이 식을 정리하면 식 (2.80)을 도출할 수 있다.

$F(s)$가 식 (2.79)와 같이 부분분수로 분해되면 2차 인수 부분의 라플라스 역변환은 [표 2-6]을 참조하여 다음과 같이 쉽게 처리할 수 있다.

$$\mathcal{L}^{-1}\left\{\frac{c_1\omega}{(s+\alpha)^2 + \omega^2} + \frac{c_2(s+\alpha)}{(s+\alpha)^2 + \omega^2}\right\} = e^{-\alpha t}(c_1\sin\omega t + c_2\cos\omega t)$$

$F(s)$의 나머지 실계수 1차 인수들은 [정리 2-1]에서와 같이 역변환하면 지수함수 형태, 즉 $a_1 e^{-p_1 t} + a_2 e^{-p_2 t} + \cdots + a_{n-2} e^{-p_{n-2} t}$로 쉽게 구할 수 있다.

다음 라플라스 변환함수 $F(s)$의 역변환 $f(t)$를 구하라.

$$F(s) = \frac{1}{(s-1)(s^2+2s+2)}$$

풀이

$F(s)$의 분모의 2차 인수를 표준형으로 바꾸면 $s^2+2s+2 = (s+1)^2+1$ 이므로 $F(s)$의 부분분수 전개식은 다음과 같다.

$$F(s) = \frac{a}{s-1} + \frac{c_1 \cdot 1}{(s+1)^2+1} + \frac{c_2(s+1)}{(s+1)^2+1}$$

여기서 계수들은 다음과 같이 계산할 수 있다.

$$a = \left[(s-1)F(s)\right]_{s=1} = \frac{1}{5}$$

$$F_r = \left\{\left[(s+1)^2+1\right]F(s)\right\}_{s=-1+j} = \frac{-2-j}{10}$$

$$c_1 = \frac{1}{1}Re\{F_r\} = -\frac{2}{5}$$

$$c_2 = \frac{1}{1}Im\{F_r\} = -\frac{1}{5}$$

따라서 시간 함수 $f(t)$는 다음과 같다.

$$f(t) = \pounds^{-1}\{F(s)\} = \frac{1}{5}e^t - \frac{1}{5}e^{-t}(2\sin t + \cos t)$$

이번에는 $F(s)$에 다중 인수가 포함된 경우를 생각해보자. 이 경우에는 1차 인수 전개가 불가능하기 때문에 [정리 2-1]을 적용할 수가 없으며, 다중 인수 부분을 처리할 수 있는 다른 방법이 필요하다.

■ 1차 인수의 거듭제곱에 대한 부분분수 전개

정리 2-3

다음과 같이 분수함수 $F(s)$의 분모 다항식의 인수 가운데 i번째 인수가 q-제곱 인수인 다음의 분수함수를 고려하자.

$$F(s) = \frac{N(s)}{D(s)} = \frac{N(s)}{(s+p_1)(s+p_2)\cdots(s+p_i)^q\cdots(s+p_{n-q})}, \quad p_i \neq p_j \qquad (2.81)$$

이 함수를 부분분수로 전개하면 다음과 같다.

$$F(s) = \frac{N(s)}{D(s)} \tag{2.82}$$

$$= \frac{a_1}{s+p_1} + \frac{a_2}{s+p_2} + \cdots + \frac{a_{n-q}}{s+p_{n-q}} + \frac{b_1}{(s+p_i)^q} + \frac{b_2}{(s+p_i)^{q-1}} + \cdots + \frac{b_q}{s+p_i}$$

여기서 q차 인수와 관련된 계수 b_k, $k=1,\, 2,\, \cdots,\, q$는 다음과 같다.

$$b_k = \frac{1}{(k-1)!} \left[\frac{d^{k-1}}{ds^{k-1}} (s+p_i)^q F(s) \right]_{s\,=\,-p_i}, \quad k=1,\, 2,\, \cdots,\, q \tag{2.83}$$

그리고 1차 인수들의 계수 a_j, $j \neq i$들은 식 (2.77)과 같다.

$F(s)$의 분모인 $N(s)$는 다음과 같이 표현될 수 있다.

$$N(s) = (d_1 (s+p_i)^{q-1} + d_2 (s+p_i)^{q-2} + \cdots + d_q)(s+p_1) \cdots (s+p_{n-q})$$

자세한 증명은 연습문제로 독자에게 맡긴다. 위와 같은 인수분해에 의해 식 (2.82)와 같은 부분분수 전개가 가능하다. 여기에서는 식 (2.83)만 증명하도록 하자. 식 (2.82)의 양변에 $(s+p_i)^q$을 곱하면 다음과 같은 관계식을 얻을 수 있다.

$$(s+p_i)^q F(s) = (s+p_i)^q \left[\frac{a_1}{s+p_1} + \frac{a_2}{s+p_2} + \cdots + \frac{a_{(n-q)}}{s+p_{(n-q)}} \right]$$
$$+ b_1 + \cdots + b_k (s+p_i)^{k-1} + \cdots + b_M (s+p_i)^{M-1}$$

이 식의 양변을 $(k-1)$번$(k=1,\, 2,\, \cdots,\, M)$ 미분하고 $s=-p_i$를 대입하면, 우변에서 $(k-2)$차 이하의 항들은 미분 과정을 통해 없어지고, k차 이상의 항들은 $s=-p_j$ 대입 과정을 통해 없어지기 때문에 $(k-1)!b_k$만 남게 되므로, 식 (2.83)을 도출할 수 있다.

1차 인수의 거듭제곱에 대한 부분분수 전개식 (2.82)에서 다중 인수에 대한 라플라스 역변환은 식 (2.71)을 이용하면 다음과 같이 구할 수 있다.

$$\mathcal{L}^{-1} \left\{ \frac{1}{(s+p_i)^k} \right\} = \mathcal{L}^{-1} \left\{ \frac{-1}{k-1} \frac{d}{ds} \frac{1}{(s+p_i)^{k-1}} \right\}$$
$$= \mathcal{L}^{-1} \left\{ \frac{(-1)^{k-1}}{(k-1)!} \frac{d^{k-1}}{ds^{k-1}} \frac{1}{s+p_i} \right\}$$
$$= \frac{1}{(k-1)!} t^{k-1} e^{-p_i t}$$

따라서 1차 인수의 거듭제곱을 포함하는 전개식 (2.82)에서도 라플라스 역변환을 쉽게 구할 수 있다.

예제 2-13

다음 라플라스 변환함수 $F(s)$의 역변환 $f(t)$를 구하라.

$$F(s) = \frac{1}{(s-1)(s+1)^3}$$

풀이

$F(s)$의 부분분수 전개식은 다음과 같다.

$$F(s) = \frac{a}{s-1} + \frac{b_1}{(s+1)^3} + \frac{b_2}{(s+1)^2} + \frac{b_3}{s+1}$$

여기서 계수들은 다음과 같이 계산된다.

$$a = \left[(s-1)F(s) \right]_{s=1} = \left[\frac{1}{(s+1)^3} \right]_{s=1} = \frac{1}{8}$$

$$b_1 = \left[(s+1)^3 F(s) \right]_{s=-1} = \left[\frac{1}{s-1} \right]_{s=-1} = -\frac{1}{2}$$

$$b_2 = \left[\frac{d}{ds}(s+1)^3 F(s) \right]_{s=-1} = \left[\frac{-1}{(s-1)^2} \right]_{s=-1} = -\frac{1}{4}$$

$$b_3 = \left[\frac{1}{2}\frac{d^2}{ds^2}(s+1)^3 F(s) \right]_{s=-1} = \left[\frac{1}{(s-1)^3} \right]_{s=-1} = -\frac{1}{8}$$

따라서 역변환함수 $f(t)$는 다음과 같이 구할 수 있다.

$$f(t) = \mathcal{L}^{-1}\{F(s)\} = \frac{1}{8}e^t - \frac{1}{4}t^2 e^{-t} - \frac{1}{4}te^{-t} - \frac{1}{8}e^{-t}$$

마지막으로 분수함수 $F(s)$의 분모 다항식에 2차 인수의 거듭제곱이 있는 경우의 라플라스 역변환을 알아보자.

■ **2차 인수의 거듭제곱에 대한 부분분수 전개**

정리 2-4

다음과 같이 분수함수 $F(s)$의 분모 다항식에 이차 이중 인수가 있을 때,

$$F(s) = \frac{N(s)}{D(s)} = \frac{N(s)}{(s+p_1)(s+p_2)\cdots \left[(s+\alpha)^2 + \beta^2 \right]^2 \cdots (s+p_{n-2})}, \quad p_i \neq p_j \quad (2.84)$$

이 함수를 부분분수로 전개하면 다음과 같다.

$$F(s) = \frac{N(s)}{D(s)}$$

$$= \frac{a_1}{s + p_1} + \frac{a_2}{s + p_2} + \cdots + \frac{a_{n-2}}{s + p_{n-2}} + \frac{As + B}{[(s-\alpha)^2 + \beta^2]^2} + \frac{Ps + Q}{(s-\alpha)^2 + \beta^2} \quad (2.85)$$

여기서 A, B, P, Q는 다음과 같다.

$$A = Im\,R_a/\beta$$
$$\alpha A + B = Re\,R_a$$
$$P = (A - Re\,S_a)/2\beta^2 \quad (2.86)$$
$$\alpha P + Q = Im\,S_a/2\beta$$

R_a와 S_a는 다음과 같이 정의된다.

$$R_a = \lim_{s \to a} R(s), \quad a = \alpha + j\beta$$

$$S_a = \lim_{s \to a} \frac{dR(s)}{ds} \quad (2.87)$$

$$R(s) = \frac{[(s-\alpha)^2 + \beta^2]^2 F(s)}{G(s)}$$

$F(s)$의 1차 인수들의 계수 a_i, $i = 1, 2, \cdots, n-2$들은 식 (2.77)과 같다. 식 (2.85) 유도는 이 장의 연습문제로 남긴다. $F(s)$가 식 (2.85)처럼 부분분수로 분해되면, 2차 인수 부분의 라플라스 역변환은 [표 2-6]을 참조하여 다음과 같이 쉽게 구할 수 있다.

$$e^{\alpha t}\left[\frac{A}{2\beta} t\sin(\beta t) + \frac{\alpha A + B}{2\beta^3}(\sin(\beta t) - \beta t\cos(\beta t)) \right]$$
$$+ e^{\alpha t}\left[P\cos(\beta t) + \frac{\alpha P + Q}{\beta}\sin(\beta t) \right] \quad (2.88)$$

$F(s)$의 나머지 실계수 1차 인수들은 [정리 2-1]에서와 같이 역변환하면 지수함수 형태, 즉 $a_1 e^{-p_1 t} + a_2 e^{-p_2 t} + \cdots + a_{n-2} e^{-p_{n-2} t}$로 쉽게 구할 수 있다.

다음 미분방정식에 대한 해 $y(t)$를 라플라스 변환으로 나타내라.

$$m\ddot{y} + ky = K_0\sin(pt), \quad y(0) = 0, \quad \dot{y}(0) = 0$$

여기서 $w_0^2 = \dfrac{k}{m} = p^2$이라고 하자. $y(t)$의 라플라스 변환함수를 구한 후, 이를 역변환하여 시간 함수 $y(t)$를 구하라.

풀이

미분방정식을 라플라스 변환하면 아래와 같이 $Y(s)$를 구할 수 있다.

$$Y(s) = \frac{K\omega_0}{(s^2 + \omega_0^2)^2} \tag{2.89}$$

여기서 $K = \dfrac{K_0}{m}$이다. 식 (2.87)의 R_a와 S_a를 다음과 같이 계산할 수 있다.

$$R(s) = K\omega_0, \quad R_a = K\omega_0, \quad S_a = 0$$

따라서 식 (2.89)를 역변환하면 $y(t)$는 다음과 같다.

$$y(t) = \mathcal{L}^{-1}\{Y(s)\} = \frac{K}{2\omega_0^2}(\sin\omega_0 t - \omega_0 t\cos\omega_0 t)$$

2.2.5 선형 상미분방정식의 해법

이 절에서는 앞에서 소개된 라플라스 변환의 성질을 이용하여 선형 상미분방정식의 해를 구하는 방법을 알아보기로 한다. 선형 상미분방정식이란 다음과 같이 어떤 시간 함수와 그 시간 함수의 도함수들로 이루어진, 상수 계수를 갖는 방정식을 말한다.

$$a_n\frac{d^n x(t)}{dt^n} + a_{n-1}\frac{d^{n-1}x(t)}{dt^{n-1}} + \cdots a_0 x(t) = u(t) \tag{2.90}$$

여기서 계수 $a_0, a_1, \cdots, a_n$ 들은 상수이며, $u(t)$는 입력 함수이다. 미분방정식에서 최고차 도함수의 차수를 미분방정식의 차수로 하는데, 이 정의에 따르면 식 (2.90)의 차수는 n차이다. 선형 상미분방정식은 여러 시스템에서 시스템의 특성을 시간 함수로 묘사할 때 나타나는데, 대표적인 예로는 RLC 전기회로와 스프링-질량-댐퍼의 기계 시스템을 들 수 있다.

위의 미분방정식의 양변을 라플라스 변환하면, 선형성에 의해 다음과 같은 식을 얻을 수 있다.

$$a_n \mathcal{L} \left\{ \frac{d^n x(t)}{dt^n} \right\} + a_{n-1} \mathcal{L} \left\{ \frac{d^{n-1} x(t)}{dt^{n-1}} \right\} + \cdots a_0 \mathcal{L} \left\{ x(t) \right\} = \mathcal{L} \left\{ u(t) \right\} \tag{2.91}$$

라플라스 변환의 미분 성질을 이용하면, 다음과 같다.

$$a_n \left\{ s^n X(s) - s^{n-1} x(0) - \cdots - x^{(n-1)}(0) \right\}$$
$$+ a_{n-1} \left\{ s^{n-1} X(s) - s^{n-2} x(0) - \cdots - x^{(n-2)}(0) \right\} + \cdots a_0 X(s) = U(s) \tag{2.92}$$

여기서 $X(s) = \mathcal{L} \left\{ x(t) \right\}$, $U(s) = \mathcal{L} \left\{ u(t) \right\}$이다. 식 (2.92)를 $X(s)$에 대하여 풀고 라플라스 역변환을 하면, 다음과 같이 $x(t)$를 구할 수 있다.

$$x(t) = \mathcal{L}^{-1} \{ X(s) \} \tag{2.93}$$

만약 초깃값이 모두 0이라면 식 (2.92)에서 $X(s)$가 매우 단순해지면서, 다음과 같이 쓸 수 있다.

$$x(t) = \mathcal{L}^{-1} \left\{ \frac{U(s)}{a_n s^n + a_{n-1} s^{n-1} + \cdots + a_0} \right\} \tag{2.94}$$

입력 $u(t)$가 주어지면 $U(s)$를 계산할 수 있고, 앞에서 배운 부분분수 전개 등의 방법을 사용하면 라플라스 역변환을 통해 $x(t)$를 구할 수 있다.

지금까지 살펴본 라플라스 변환을 이용한 선형 상미분방정식의 해법을 요약하면, [그림 2-4]와 같다.

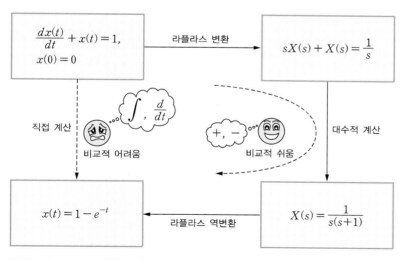

[그림 2-4] **라플라스 변환을 이용한 선형 상미분방정식의 해법**

이 해법은 다음과 같이 세 단계로 이루어진다.

> ❶ 라플라스 변환 : 주어진 선형 상미분방정식에 라플라스 변환을 적용한다.
> ❷ 대수 연산 : 대수 연산을 통해 해의 변환함수를 구한다.
> ❸ 라플라스 역변환 : 라플라스 역변환을 통하여 최종적인 미분방정식의 해를 구한다.

이 과정에서 ❶과 ❸의 라플라스 변환 및 역변환 과정은 라플라스 변환의 성질과 변환표를 이용하여 어렵지 않게 수행할 수 있으며, ❷의 과정은 앞의 예제들에서 볼 수 있듯이 변환함수들 사이의 덧셈・뺄셈, 곱셈・나눗셈 등의 대수 연산에 의해 이뤄지는 단순한 과정이다. 따라서 라플라스 변환을 써서 미분방정식을 풀면, 대부분의 경우 직접 계산하는 방식에 비해 훨씬 더 쉽게 해를 구할 수 있다.

예제 2-15

라플라스 변환을 이용하여 다음의 비제차 상미분방정식의 해를 구하라.

$$\frac{d^2 x(t)}{dt^2} - 6\frac{dx(t)}{dt} + 9x(t) = t^2 e^{3t}, \quad x(0) = 2, \quad \frac{dx(0)}{dt} = 6$$

풀이

초기 조건을 사용하여 라플라스 변환을 하면 다음과 같이 쓸 수 있다.

$$s^2 X(s) - sx(0) - \dot{x}(0) - 6[sX(s) - x(0)] + 9X(s) = \frac{2}{(s-3)^2}$$

이를 $X(s)$에 대하여 정리하면, 다음과 같다.

$$X(s) = \frac{2}{s-3} + \frac{2}{(s-3)^4}$$

이를 역변환하면 다음과 같이 해를 구할 수 있다.

$$x(t) = \mathcal{L}^{-1}\{X(s)\} = 2e^{3t} + \frac{1}{3}t^3 e^{3t}$$

예제 2-16

라플라스 변환을 사용하여 다음의 비제차 상미분방정식의 해를 구하라.

$$\frac{d^2 x(t)}{dt^2} + 16x(t) = u(t), \quad x(t) = 0, \quad \frac{dx(0)}{dt} = 1$$

$$u(t) = \begin{cases} \cos(4t), & 0 \le t \le \pi \\ 0, & t \ge \pi \end{cases}$$

풀이

우선 cos 함수의 주기성을 이용하여 $u(t)$를 다음과 같이 하나의 식으로 표현한다.

$$u(t) = \cos 4t - \cos(4t)\, u_s(t-\pi)$$
$$= \cos 4t - \cos(4(t-\pi))\, u_s(t-\pi)$$

주어진 미분방정식의 양변을 다음과 같이 라플라스 변환하고,

$$s^2 X(s) - s x(0) - \frac{dx(0)}{dt} + 16 X(s) = \frac{s}{s^2+16} - \frac{s}{s^2+16} e^{-\pi s}$$

이를 $X(s)$에 대하여 정리하면 다음과 같다.

$$X(s) = \frac{1}{s^2+16} + \frac{s}{(s^2+16)^2} - \frac{s}{(s^2+16)^2} e^{-\pi s}$$

다음과 같이 역변환을 하면,

$$x(t) = \frac{1}{4} \mathcal{L}^{-1} \left\{ \frac{4}{s^2+16} \right\} + \frac{1}{8} \mathcal{L}^{-1} \left\{ \frac{8s}{(s^2+16)^2} \right\} - \frac{1}{8} \mathcal{L}^{-1} \left\{ \frac{8s}{(s^2+16)^2} e^{-\pi s} \right\}$$

최종적으로 다음과 같은 시간 함수 $x(t)$를 얻을 수 있다.

$$x(t) = \frac{1}{4} \sin(4t) + \frac{1}{8} t \sin(4t) - \frac{1}{8}(t-\pi) \sin(4(t-\pi)) u_s(t-\pi)$$

또는 다음과 같이 해를 좀 더 간단히 표기할 수도 있다.

$$x(t) = \begin{cases} \dfrac{1}{4} \sin(4t) + \dfrac{1}{8} t \sin(4t), & 0 \le t \le \pi \\[3mm] \dfrac{2+\pi}{8} \sin(4t), & t \ge \pi \end{cases}$$

[예제 2-16]의 $u(t)$는 유한 시간($0 \le t < \pi$)동안에만 시스템에 작용한 후 사라지는 외부 입력으로 해석할 수 있다. 해를 살펴보면, π 이후에 외부 입력이 사라지면서 비제차항이 없는 제차 미분방정식의 해 형태로 바뀜을 확인할 수 있다. 제어에서는 출력(여기에서는 해)에 미치는 입력의 영향에 관심이 많으므로, 앞으로 이런 식의 분석을 자주 접하게 될 것이다.

2.3 전달함수

시스템의 입력 신호와 출력 신호 사이의 전달 특성은 시간 영역에서의 미분방정식으로 표시된다. 입력 신호와 출력 신호가 섞여 있을 때, 이 두 신호를 분리하여 오로지 시스템에만 의존하는 함수를 만들 수 있다면 매우 유용할 것이다. 그 함수에 시스템의 고유한 성질들이 모두 녹아들어 있어서, 이 함수만 분석하면 시스템의 특징을 명확히 알 수 있을 것이기 때문이다. 라플라스 변환을 사용하면, 이런 역할을 하는 부분을 쉽게 찾을 수 있다.

전달함수는 계수가 상수인 미분방정식의 입력과 출력 신호에 라플라스 변환을 취하여 입출력 신호를 분리했을 때, 입력과 출력의 라플라스 변환함수의 비로 표시되는 분수함수를 일컫는다. 전달함수는 선형 상계수 미분방정식으로 나타낼 수 있는 선형 시불변 시스템에만 적용할 수 있으며, 초기 상태는 모두 0인 상태에서 입력 신호가 출력 신호에 전달되는 특성을 나타낸다.

식 (2.90)의 상미분방정식으로 표현되는 시스템의 전달함수는 초기 상태를 모두 0으로 놓을 때 다음과 같다.

$$G(s) = \frac{X(s)}{U(s)} = \frac{1}{a_n s^n + a_{n-1} s^{n-1} + \cdots + a_0} \tag{2.95}$$

여기서 $a_n \neq 0$인 경우, n을 이 시스템의 차수order라고 부른다. 위 식과 같이 전달함수는 입출력 변환함수들 사이의 비로 정의되기 때문에 일반적으로 분수함수의 형태를 갖는다. 그리고 이 전달함수의 분모 다항식 계수들은 시간 영역의 대응식인 미분방정식 (2.90)의 계수들과 서로 일치한다. 미분방정식의 계수들이 특성방정식을 생성해 매우 중요한 역할을 하듯이, 전달함수의 분모 다항식 계수들도 역시 시스템의 특성에서 매우 중요한 역할을 담당하리라는 점을 짐작할 수 있다. 이 부분에 대해서는 추후에 다시 자세히 설명할 것이다.

예제 2-17

'부록 A.1'에 소개된 리졸버의 각도 측정기는 아래와 같은 구조를 가지고 있다. 입력이 실제 각 θ 이고, 출력은 측정된 각 $\hat{\theta}$ 인 경우, 전달함수를 구하라.

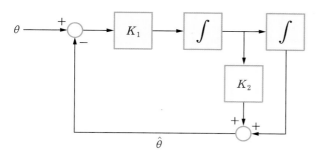

[그림 2-5] **리졸버 각도 측정 시스템**

풀이

[그림 2-5]에서 $\theta - \hat{\theta}$ 를 시작으로 시계방향으로 돌면서 계산하면 다음과 같은 적분방정식을 얻을 수 있다.

$$\hat{\theta}(t) = K_2 \int_0^t K_1 \big(\theta(\tau) - \hat{\theta}(\tau)\big)\, d\tau + \int_0^t \int_0^\tau K_1 \big(\theta(r) - \hat{\theta}(r)\big)\, dr\, d\tau$$

양변을 라플라스 변환하면 다음과 같다.

$$\hat{\Theta}(s) = \frac{K_2 K_1}{s}(\Theta(s) - \hat{\Theta}(s)) + \frac{K_1}{s} \mathcal{L}\left(\int_0^t (\theta(r) - \hat{\theta}(r))\, dr\right)$$

$$= \frac{K_2 K_1}{s}(\Theta(s) - \hat{\Theta}(s)) + \frac{K_1}{s^2}(\Theta(s) - \hat{\Theta}(s))$$

항들을 정리하고 $\dfrac{\hat{\Theta}(s)}{\Theta(s)}$ 을 구하면 아래와 같다.

$$\frac{\hat{\Theta}(s)}{\Theta(s)} = \frac{K_1(1 + K_2 s)}{s^2 + K_1 K_2 s + K_1}$$

[예제 2-17]에서는 시간 영역에서의 식을 구한 다음, 라플라스 변환하여 전달함수를 구했다. 더 쉬운 방법으로 적분기를 $\dfrac{1}{s}$ 로 대체하여 시간 영역의 식을 구하지 않고 바로 전달함수를 구할 수도 있다.

[그림 2-6]과 같이 연산 증폭기를 사용한 회로에 대한 전달함수를 구하라.

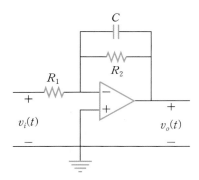

[그림 2-6] **연산 증폭기를 사용한 회로**

풀이

연산기 내부로 전류의 유입이 없고, 연산기−단자는 접지되어 있으므로,

$$\frac{v_i}{R_1} = -C\frac{d(v_o)}{dt} - \frac{v_o}{R_2}$$

이다. 양변을 라플라스 변환하면 다음과 같다.

$$\frac{V_i(s)}{R_1} = -Cs\,V_o(s) - \frac{V_o(s)}{R_2}$$

이 식을 정리하면 다음과 같이 전달함수를 구할 수 있다.

$$\frac{V_o(s)}{V_i(s)} = \frac{R_2}{R_1}\frac{1}{R_2Cs+1}$$

시스템의 특성과 입출력 신호가 뒤섞여 있는 미분방정식에서 입출력 요소만 따로 분리해내는 일은 쉽지 않다. 그렇기 때문에 라플라스 변환 후 입출력 신호를 분리해내고, 오로지 시스템의 특성만 담고 있는 전달함수를 구했다. 그렇다면 이 전달함수에 대응하는 시간 영역의 함수도 존재할까? 그 함수에도 입출력 신호와 관련 없는 시스템의 특성만이 담겨 있을 것이다. 앞에서 정의한 전달함수의 개념으로부터 이런 함수를 유도해보자.

우선 전달함수($G(s)$)와 입출력 신호의 라플라스 변환함수(입력 $U(s)$, 출력 $Y(s)$)를 다음과 같이 다시 써보자.

$$Y(s) = G(s)U(s)$$

우변에 전달함수 $G(s)$와 입력 변환함수 $U(s)$의 곱이 나타나있는데, 이 관계를 시간 영역에서 표현하면 다음과 같은 중합적분 형태로 나타낼 수 있다.

$$y(t) = \mathcal{L}^{-1}\{Y(s)\} = \mathcal{L}^{-1}\{G(s)U(s)\}$$
$$= \int_0^t g(t-\tau)u(\tau)d\tau \qquad (2.96)$$

여기서 $g(t) = \mathcal{L}^{-1}\{G(s)\}$로, 전달함수의 역변환 함수이다. 입력 변환함수와 전달함수를 알면 출력 변환함수를 알 수 있듯이, 시간 영역에서 입력 함수와 $g(t)$를 알면 시간 영역에서의 출력함수를 바로 알 수 있다. 따라서 이 시간 영역의 함수 $g(t)$에 입출력 신호와 무관한, 시간 영역에서의 시스템 특징이 담겨 있다고 볼 수 있다. 한편 함수 $g(t)$는 임펄스 $\delta(t)$가 입력될 때의 시스템 응답으로도 볼 수 있으므로, 임펄스 응답함수라고도 부른다.

시간 영역에서의 미분방정식이나 임펄스 응답함수를 다룰 때에는 미적분 계산을 포함하는 비교적 복잡한 계산이 요구되는 반면, 전달함수의 경우 대수적 계산만으로 계산이 가능하고, 그로부터 시스템의 특성도 쉽게 알 수 있으므로 실제로 많이 사용된다. 지금부터는 전달함수와 시스템 특성 사이의 관계에 대해 살펴보기로 한다.

2.3.1 극점과 영점

전달함수 $G(s)$는 복소수 s에 대한 함수로, 다음과 같은 분수함수 형태를 갖는 복소함수이다.

$$G(s) = \frac{N(s)}{D(s)} \qquad (2.97)$$

여기서 $N(s)$와 $D(s)$는 s에 관한 다항식이다. 전에 라플라스 역변환에서 부분분수 전개를 통해 $D(s)$를 인수분해하고, 각 항이 부분분수의 분모로 표현되던 과정을 기억할 것이다. 일차 또는 이차의 부분분수는 시간 영역에서 지수함수로 표현되는데, 각 지수들은 부분분수의 분모를 0으로 하는 값에서 발생했다. 따라서 $D(s) = 0$이 되는 값들이 시스템 반응에서 매우 중요한 역할을 하며, $D(s) = 0$을 만족하는 s 값을 극점이라 한다. 특히 $D(s) = 0$을 특성방정식이라 한다. 특성방정식은 상미분방정식을 풀 때도 등장했는데, 결과적으로는 이 절에서의 특성방정식과 같다. 한편 $N(s) = 0$을 만족하는 s 값들을 영점이라고 하며, 이런 점 또한 시스템의 반응에 영향을 미친다.

영점과 극점을 물리적인 측면에서 이해하기 위해 [그림 2-7]과 같은 입출력을 생각해보자. 지수함수 $e^{s_1 t}$를 전달함수 $G(s)$인 시스템에 인가했을 때, 입력 $e^{s_1 t}$에 대응하는 출력은 $G(s_1)e^{s_1 t}$이다. 즉 이득은 $G(s_1)$이다. 이때 s_1이 영점인 경우 $G(s_1) = 0$이므로, 입력이 출력에 전혀 반영되지 않는다. 반대로 s_1이 극점인 경우는 $G(s_1) = \infty$이므로, 출력이 무한대의 값이 나오게 된다. 흔히 공진 현상이라고 불리는 상황이 이에 해당한다. 왜 용어가 영점과 극점이 되었는지 이해할 수 있을 것이다.

$$e^{s_1 t} \longrightarrow \boxed{G(s)} \longrightarrow G(s_1)e^{s_1 t}$$

[그림 2-7] **이득 관점에서의 전달함수**

예제 2-19

다음과 같은 전달함수로 표시되는 시스템의 극점 및 영점을 구하라.

$$G(s) = \frac{(s+5)(s+10)}{s(s+1)(s+3)(s+13)^2}$$

풀이

극점은 $s = 0$, -1, -3, -13이고 영점은 $s = -5$, -10이다.

전달함수의 극점과 영점은 대상 시스템의 고유한 특성을 나타내는 중요한 지표가 되므로, 이러한 점들과 시스템의 특성은 어떤 관계를 갖는지 앞으로 정리하기로 한다.

2.3.2 극점이 시스템에 미치는 영향

극점은 시스템의 특성에서 아주 중요한 역할을 한다. 정상상태와 과도상태 모두에서 극점의 위치에 따라 시스템 출력 신호가 크게 달라지는데, 이를 다음과 같은 복소 극점을 갖는 2차 시스템에서 확인해보기로 하자.

$$G(s) = \frac{a^2 + \omega^2}{(s-a)^2 + \omega^2}, \quad a, \ \omega : \text{실수} \tag{2.98}$$

극점은 $s = a \pm j\omega$ 이고, 단위 계단 입력에 의한 출력 변환함수는 다음과 같다.

$$Y(s) = G(s)R(s) = \frac{a^2 + \omega^2}{s[(s-a)^2 + \omega^2]} = \frac{c_0}{s} + \frac{c_1}{(s-a)^2 + \omega^2} + \frac{c_2(s-a)}{(s-a)^2 + \omega^2} \tag{2.99}$$

여기서 부분분수 계수들은 다음과 같이 구할 수 있다.

$$\begin{aligned}
c_0 &= [s\,Y(s)]_{s=0} = 1 \\
F_r &= \{[(s-a)^2 + \omega^2]\,Y(s)\}_{s=a+j\omega} = \frac{a^2 + \omega^2}{a + j\omega} = a - j\omega \\
c_1 &= Re\{F_r\} = a \\
c_2 &= \frac{1}{\omega}Im\{F_r\} = -1
\end{aligned} \tag{2.100}$$

라플라스 역변환하여 출력 신호 $y(t)$를 구하면 다음과 같다.

$$y(t) = \mathcal{L}^{-1}\{Y(s)\} = 1 + e^{at}\left(\frac{a}{\omega}\sin\omega t - \cos\omega t\right), \quad t \geq 0 \qquad (2.101)$$

여기서 극점 $s = a \pm j\omega$의 두 파라미터 a와 ω에 따라 출력 신호가 어떻게 변하는지를 쉽게 확인할 수 있다. 일단 출력 신호의 수렴과 발산은 a에 의해 좌우된다. $a > 0$이면 출력이 발산하고, $a < 0$이면 수렴하기 때문이다. 복소평면에서 이야기하자면, 극점이 좌반평면에 있으면 시스템의 출력이 수렴하고, 우반평면에 있으면 발산한다. 따라서 4장에서 다루겠지만, 전자의 경우는 시스템이 안정하다고 말하고, 후자의 경우는 불안정하다고 말한다. 극점이 좌(우)반평면에 있으면서 허수축으로부터 멀수록 출력 신호의 수렴(발산) 속도가 빨라진다. 한편 극점의 허수 부분 ω는 출력 신호의 진동 성분과 관계가 있다. ω가 클수록, 즉 극점이 실수축으로부터 멀수록 진동 주파수는 높아진다.

[그림 2-8]과 [그림 2-9]는 이 관계를 개략적으로, 또 정성적으로 보여주고 있다. 극점과 시스템의 시간 응답 특성 간의 관계에 대한 구체적이고 정량적인 분석은 5장에서 다룰 것이다.

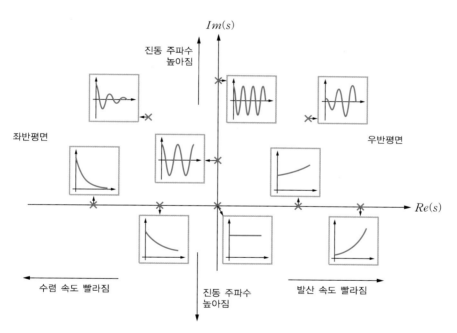

[그림 2-8] 극점 위치에 따른 시스템 출력 반응의 차이

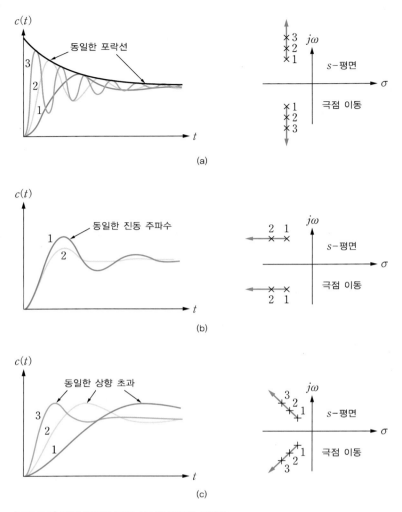

[그림 2-9] **극점 위치에 따른 시스템 반응의 경향성**

2.3.3 영점이 시스템에 미치는 영향

극점은 시스템의 안정성을 결정하며, 과도상태와 정상상태의 출력에 큰 영향을 미친다. 영점은 극점 만큼은 아니어도, 시스템 출력에 적잖은 영향을 준다. 이를 예제를 통해 살펴보도록 하자. 다음과 같이 영점이 없는 전달함수 $H_1(s)$와 한 개의 영점을 갖고 있는 전달함수 $H_2(s)$를 생각해보자.

$$H_1(s) = \frac{2}{(s+1)(s+2)}, \quad H_2(s) = \frac{2(s+1.1)}{1.1(s+1)(s+2)} \tag{2.102}$$

이때 비교를 위하여 두 전달함수의 DC 이득값이 같도록 하였다. 두 전달함수를 각각 부분분수 전개하면 다음과 같다.

$$H_1(s) = \frac{2}{s+1} - \frac{2}{s+2}$$

$$H_2(s) = \frac{0.18}{s+1} + \frac{1.64}{s+2}$$

(2.103)

전달함수 $H_2(s)$의 경우 $\frac{1}{(s+1)}$ 항의 계수가 현격히 줄어들었음을 볼 수 있다. 영점 $s = -1.1$이 극점 $s = -1$의 영향을 상쇄하고 있기 때문이다. 앞 절의 부분분수 전개에서 나왔던 다음과 같은 공식

$$a_i = \left[(s+p_i)H_2(s)\right]_{s=-p_i}, \quad i = 1, 2$$

(2.104)

에서도 이러한 사실을 확인할 수 있다. p_i가 영점 근처에 있으면, $H_2(s)$의 분자 부분이 작아지면서 a_i값도 작은 값을 가지므로, 시스템 출력에서 $(s+p_i)$항의 영향력이 미미해진다.

영점이 시스템에 미치는 영향을 좀 더 자세히 살펴보기 위해 다음과 같은 단위 DC 이득을 가지는 이차 시스템을 생각해보자.

$$G(s) = -\frac{2}{z} \frac{s-z}{(s+1)(s+2)}$$

(2.105)

이 시스템의 영점 $s = z$의 위치, 즉 영점의 크기와 부호에 따라 이 시스템의 단위 계단 응답이 어떻게 달라지는지를 살펴보자. 우선 단위 계단 응답을 구하기 위해 기준 입력을 $R(s) = \frac{1}{s}$로 하면, 출력 신호의 변환함수는 다음과 같이 구할 수 있다.

$$Y(s) = G(s)R(s) = -\frac{2}{z} \frac{s-z}{s(s+1)(s+2)} = \frac{1}{s} - \frac{2(1+1/z)}{s+1} + \frac{1+2/z}{s+2}$$

(2.106)

이를 라플라스 역변환하여 출력 신호 $y(t)$를 구하면 다음과 같다.

$$y(t) = \mathcal{L}^{-1}\{Y(s)\} = 1 - 2\left(1 + \frac{1}{z}\right)e^{-t} + \left(1 + \frac{2}{z}\right)e^{-2t}, \quad t \geq 0$$

(2.107)

이 식의 우변에서 볼 수 있듯이, 극점과 관련된 e^{-t}와 e^{-2t}의 계수, 또는 가중치가 영점에 의존하고 있다. $t \to \infty$인 정상상태에서는 e^{-t}와 e^{-2t}의 지수함수들이 영으로 수렴하여 사라지므로 영점들이 출력에 영향을 주지 않는다. 그러나 과도상태에서는 영점의 부호와 크기에 따라 출력이 크게 달라질 줄 수 있다. 영점 z의 부호와 크기에 따라 식 (2.107)의 출력 신호 $y(t)$가 어떻게 변화하는지를 그려보면 [그림 2-10]과 같다.

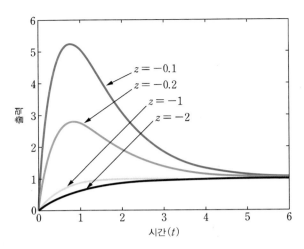

[그림 2-10] $z<0$인 경우, 즉 좌반평면에 있는 영점의 상향 초과

이 그림에서 볼 수 있듯이, 만약 영점이 좌반평면에 있으면서($z<0$) 좌반평면 극점 가운데 허수축으로부터 가장 멀리 있는 극점보다도 더 멀리 허수축과 떨어져 있을 경우, 즉 이 예제에서 $Re(z)\ll-2$인 경우에는, 과도상태에서의 출력에 영점의 영향이 거의 나타나지 않는다. 이 경우에 응답은 극점만 있는 시스템, 즉 $G(s)=\dfrac{2}{(s+1)(s+2)}$의 응답과 거의 같아진다. 극단적으로 $z\rightarrow-\infty$이면, $G(s)$는 $G(s)=\dfrac{2}{(s+1)(s+2)}$와 일치하게 된다.

한편 영점이 허수축에 가까이 놓이게 되면 어떻게 될까? 좀 더 정량적으로 알아보기 위해 출력 신호 $y(t)$를 미분해보자.

$$\frac{dy(t)}{dt}=2\Big(1+\frac{1}{z}\Big)e^{-t}-2\Big(1+\frac{2}{z}\Big)e^{-2t},\quad t\geq0$$

$z<-2$이면, 다음과 같다.

$$\frac{dy(t)}{dt}\geq2\Big(\Big(1+\frac{1}{z}\Big)-\Big(1+\frac{2}{z}\Big)\Big)e^{-t}=\frac{-2}{z\,e^{-t}}>0$$

$-2<z<-1$이면, 다음과 같다.

$$\frac{dy(t)}{dt}\geq2\Big(\Big(1+\frac{1}{z}\Big)-\Big(1+\frac{2}{z}\Big)\Big)=\frac{-2}{z}>0$$

따라서 $z<-1$이면 $\dfrac{dy(t)}{dt}\geq0$이므로, 출력 함수가 증가함수임을 알 수 있다. 즉 시스템의 출력

이 기준 입력 1을 넘어가는 초과 현상이 일어나지 않음을 의미한다. 출력이 단조롭게 증가하며 기준 입력 1에 수렴함을 알 수 있다. $-1 < z < 0$에서 미분의 극댓값이 발생하는데, $t = \ln \dfrac{z+2}{z+1}$ 에서 최대 출력 신호값 $1 - \dfrac{(z+1)^2}{z(z+2)}$ 이 나타난다. 분자에 z가 있기 때문에 영점이 허수축에 가까워질수록 상향 초과[4]가 더 심해짐을 알 수 있다.

$z > 0$인 경우, 즉 영점이 우반평면에 있는 경우에는 입력이 걸린 직후의 과도상태에서 출력이 기준 입력과 반대 방향으로 지나치는 현상이 나타난다. $-1 < z < 0$ 경우와는 반대로 극솟값이 발생하고, $t = \ln \dfrac{z+2}{z+1}$ 에서 최소 출력 신호값 $1 - \dfrac{(z+1)^2}{z(z+2)}$ 이 나타난다. 이러한 현상을 하향 초과라고 부른다. 하향 초과 현상은 우반평면에 영점이 있는 한 항상 나타나며, 상향 초과와 같이 그 크기는 영점이 허수축에 가까워질수록 더 커진다. 이 경우 영점 z의 부호와 크기에 따라 식 (2.107)의 출력 신호 $y(t)$가 어떻게 변화하는지를 그려보면 [그림 2-11]과 같다.

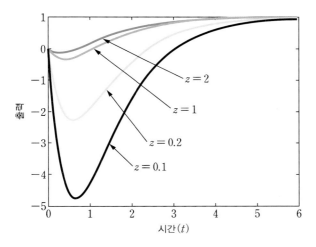

[그림 2-11] $z > 0$인 경우, 즉 우반평면에 있는 영점의 하향 초과

영점과 시스템 특성 사이의 관계를 정리하면, 허수축으로부터 멀리 떨어진 영점은 시스템 출력에 거의 영향을 주지 않지만(즉 상향 또는 하향 초과와 같은 현상이 없지만), 허수축에 가까운 영점은 좌반평면에 있으면 상향 초과, 우반평면에 있으면 하향 초과를 발생시킨다. [그림 2-12]는 영점 위치에 따른 상향 초과의 크기를 그래프로 도시하였다.

---

4 출력이 기준 입력값을 초과하는 현상이다.

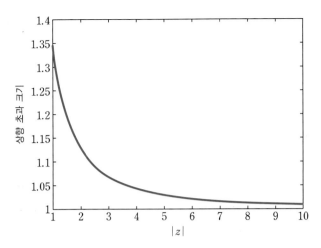

[그림 2-12] 영점 위치에 따른 상향 초과의 크기

우반평면에서 허수축 가까이에 있는 영점에 의한 하향 초과 현상은 일반적으로 제어하기가 어렵다. 이러한 우반평면 영점을 갖는 시스템을 비최소 위상 시스템이라 부르며, 제어 분야에서 많은 연구가 이루어지고 있다.

2.4 상태방정식

상태란 시스템을 완벽히 묘사할 수 있는 최소의 정보량으로 정의된다. [그림 2-13]과 같은 적분기 시스템에 입력을 가한다고 할 때, 이 시스템에서 입력에 대한 정보만 알면 출력을 알 수 있을까? 예를 들어 $\sin(t)$라는 입력을 가한다면, 출력은 어떻게 될까? $-\cos(t)$라 생각할 수 있겠지만, 부정적분할 때 꼭 붙여야 하는 적분 상수 c를 생각하면, 출력이 특정한 값으로 정해질 수 없다는 사실을 금방 알 수 있을 것이다. 따라서 주어진 입력에 대해 출력이 유일하게 결정되기 위해서는 부가적인 정보가 필요하다.

입력 ⟶ $\int$ ⟶ 출력

[그림 2-13] **입출력을 갖춘 적분기**

부가적인 정보로 현재 시간 t에서의 출력값을 $x(t)$라 한다면, t 이후의 τ 시각의 출력값은 다음과 같이 유일하게 결정된다.

$$y(\tau) = \int_t^\tau u(r)dr + x(t) \tag{2.108}$$

이 부가적인 정보를 상태라 부른다. 현재 시각의 출력값을 상태로 보면, 이후 시간의 출력값은 이 상태값과 입력으로 유일하게 결정된다.

한편 [그림 2-13]과 같은 구조의 실제적인 물리 시스템으로는 에너지 저장 소자인 커패시터와 인덕터가 있다.

$$L\frac{di_L}{dt} = v_L \quad \Rightarrow \quad i_L = \frac{1}{L}\int v_L\, dt$$

$$C\frac{dv_C}{dt} = i_C \quad \Rightarrow \quad v_C = \frac{1}{C}\int i_C\, dt \tag{2.109}$$

이 두 구조에서 인덕터 양단의 전압과 커패시터에 흐르는 전류가 각각 입력이 되고, 인덕터에 흐르는 전류와 커패시터의 양단에 걸리는 전압이 각각 출력이 된다. 이때 인덕터의 현재 흐르는 전류 및 커패시터의 양단의 현재 전압이 각 구조의 상태가 될 것이다. 이 상태값을 알면 이후의 입력에 대한 출력값을 정확하게 예측할 수 있다.

몇 가지 예제를 살펴보면서, 실제로 어떻게 상태방정식이 만들어지는지 알아보자.

예제 **2-20**

[그림 2-14]에 있는 회로에서 입력을 전압원 $v(t)$, 출력을 저항에 흐르는 전류 $i_R(t)$라고 할 때, 상태방
정식을 세워라.

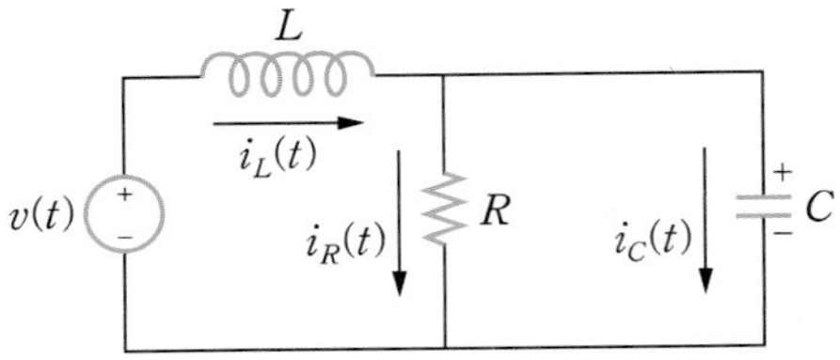

[그림 2-14] **입력 $v(t)$, 출력 $i_R(t)$로 구성된 회로시스템**

풀이

우선 에너지 저장 장치인 인덕터와 커패시터의 전류와 전압을 상태로 정하고, 상태방정식을 세워보도록
하자. 각 저장 장치에서 성립하는 식은 다음과 같다.

$$L\frac{di_L}{dt} = v_L, \quad C\frac{dv_C}{dt} = i_C$$

키르히호프의 법칙을 사용하여 다음과 같이 쓸 수 있다.

$$C\frac{dv_C}{dt} = i_C = -\frac{1}{R}v_C + i_L$$

$$L\frac{di_L}{dt} = v_L = -v_C + v$$

출력이 저항에 흐르는 전류 i_R이라는 것을 상기하고, 행렬과 벡터를 사용하여 상태방정식을 나타내면 다음
과 같다.

$$\begin{bmatrix} \dot{v}_C \\ \dot{i}_L \end{bmatrix} = \begin{bmatrix} -1/(RC) & 1/C \\ -1/L & 0 \end{bmatrix} \begin{bmatrix} v_C \\ i_L \end{bmatrix} + \begin{bmatrix} 0 \\ 1/L \end{bmatrix} v(t)$$

$$i_R = \begin{bmatrix} 1/R & 0 \end{bmatrix} \begin{bmatrix} v_C \\ i_L \end{bmatrix}$$

예제 **2-21**

[그림 2-15]에 있는 회로에서 입력을 전압원 $i(t)$, 출력을 v_{R_2}와 i_{R_2}라고 할 때, 상태방정식을 세워라.

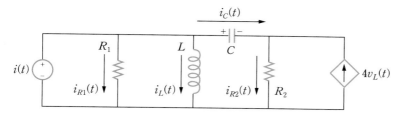

[그림 2-15] 입력 $i(t)$, 출력 v_{R_2}와 i_{R_2}로 구성된 회로 시스템

풀이

우선 [예제 2-20]과 같이 에너지 저장 장치인 인덕터와 커패시터의 전류(i_L)와 전압(v_C)을 상태로 정하고 상태방정식을 세워보자. 각 저장 장치에서 성립하는 식은 다음과 같다.

$$L\frac{di_L}{dt} = v_L, \quad C\frac{dv_C}{dt} = i_C$$

키르히호프의 법칙에 의하여 다음의 관계식을 얻는다.

$$v_L = v_C + (i_C + 4v_L)R_2$$
$$i_C = i(t) - \frac{v_L}{R_1} - i_L$$

(2.110)

식 (2.110)에서 v_L과 i_C는 상태변수인 i_L과 v_C, 그리고 입력 $i(t)$로 표시됨을 알 수 있다. 따라서 다음과 같이 행렬과 벡터를 사용하여 나타낼 수 있다.

$$\begin{bmatrix} i_L \\ v_C \end{bmatrix} = \begin{bmatrix} -1/R_1 & -1 \\ 1-4R_2 & -R_2 \end{bmatrix}\begin{bmatrix} v_L \\ i_C \end{bmatrix} + \begin{bmatrix} 1 \\ 0 \end{bmatrix}i(t)$$

위 식들을 사용하여 다음과 같은 상태방정식을 얻을 수 있다.

$$\begin{bmatrix} \dot{i}_L \\ \dot{v}_C \end{bmatrix} = \begin{bmatrix} 1/L & 0 \\ 0 & 1/C \end{bmatrix}\begin{bmatrix} v_L \\ i_C \end{bmatrix}$$
$$= \begin{bmatrix} 1/L & 0 \\ 0 & 1/C \end{bmatrix}\begin{bmatrix} -1/R_1 & -1 \\ 1-4R_2 & -R_2 \end{bmatrix}^{-1}\left(\begin{bmatrix} i_L \\ v_C \end{bmatrix} - \begin{bmatrix} 1 \\ 0 \end{bmatrix}i(t)\right)$$

출력 신호도 다음과 같이 상태변수로 표현할 수 있다.

$$\begin{bmatrix} v_{R_2} \\ i_{R_2} \end{bmatrix} = \begin{bmatrix} -v_C + v_L \\ i_C + 4v_L \end{bmatrix}$$
$$= \begin{bmatrix} 0 & -1 \\ 0 & 0 \end{bmatrix}\begin{bmatrix} i_L \\ v_C \end{bmatrix} + \begin{bmatrix} 1 & 0 \\ 4 & 1 \end{bmatrix}\begin{bmatrix} v_L \\ i_C \end{bmatrix}$$
$$= \begin{bmatrix} 0 & -1 \\ 0 & 0 \end{bmatrix}\begin{bmatrix} i_L \\ v_C \end{bmatrix} + \begin{bmatrix} 1 & 0 \\ 4 & 1 \end{bmatrix}\begin{bmatrix} -1/R_1 & -1 \\ 1-4R_2 & -R_2 \end{bmatrix}^{-1}\left(\begin{bmatrix} i_L \\ v_C \end{bmatrix} - \begin{bmatrix} 1 \\ 0 \end{bmatrix}i(t)\right)$$

[그림 2–16]과 같이 기차처럼 연결된 간단한 차량 모델에 대한 역학적 관계식을 구하고 상태를 정의한 다음, 상태방정식을 세워라.

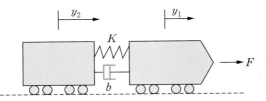

[그림 2–16] **연결된 차량 시스템**

풀이

[그림 2–16]과 같이 두 대의 차량이 서로 연결되어 있으며, 연결부를 스프링과 댐퍼로 모델링하였다. 오른쪽의 차량에는 엔진이 탑재되어 힘이 작용하며, 나머지 차량은 오른쪽 차량을 뒤따라가게 되어있다. 우리에게 관심 있는 출력은 오른쪽 차량의 위치와 속도라고 하자.

정상상태 위치로부터 힘을 받는 첫 번째 차량의 위치를 y_1, 두 번째 차량의 위치를 y_2라고 하면, 뉴턴의 제2법칙에 의해 이 시스템에 대한 다음과 같은 관계식을 얻을 수 있다.

$$m_1 \ddot{y}_1 = F - k(y_1 - y_2) - b(\dot{y}_1 - \dot{y}_2)$$
$$m_2 \ddot{y}_2 = k(y_1 - y_2) + b(\dot{y}_1 - \dot{y}_2)$$

두 대 차량의 위치와 속도 $x_1 = y_1$, $x_2 = \dot{y}_1$, $x_3 = y_2$, $x_4 = \dot{y}_2$를 상태변수로 하면, 위의 식으로부터 다음과 같이 정리할 수 있다.

$$\dot{x}_1 = x_2$$
$$\dot{x}_2 = -\frac{k}{m_1}x_1 - \frac{b}{m_1}x_2 + \frac{k}{m_1}x_3 + \frac{b}{m_1}x_4 + \frac{F}{m_1}$$
$$\dot{x}_3 = x_4$$
$$\dot{x}_4 = \frac{k}{m_1}x_1 + \frac{b}{m_1}x_2 - \frac{k}{m_1}x_3 - \frac{b}{m_1}x_4$$

이제 상태벡터 $x = \begin{bmatrix} x_1 & x_2 & x_3 & x_4 \end{bmatrix}^T$를 사용하면, 다음과 같은 상태방정식을 만들 수 있다.

$$\dot{x} = \begin{bmatrix} 0 & 1 & 0 & 0 \\ -\dfrac{k}{m_1} & -\dfrac{b}{m_1} & \dfrac{k}{m_1} & \dfrac{b}{m_1} \\ 0 & 0 & 0 & 1 \\ \dfrac{k}{m_1} & \dfrac{b}{m_1} & -\dfrac{k}{m_1} & -\dfrac{b}{m_1} \end{bmatrix} x + \begin{bmatrix} 0 \\ \dfrac{1}{m_1} \\ 0 \\ 0 \end{bmatrix} F$$

$$y = \begin{bmatrix} 1 & 0 & 0 & 0 \\ 0 & 1 & 0 & 0 \end{bmatrix} x$$

01. 미분방정식의 전략적 해법

미분방정식의 해는 특성방정식으로부터 기계적으로 쉽게 구할 수 있다. 특성방정식이 다음과 같이 주어졌을 때,

$$s^2 + as + b = 0$$

이 이차 방정식의 근의 종류에 따라 미분방정식의 일반해는 다음과 같이 결정된다.

근의 종류	일반해
서로 다른 두 실근 α, β	$x(t) = c_1 e^{\alpha t} + c_2 e^{\beta t}$
중근 α	$x(t) = e^{\alpha t}(c_1 + c_2 t)$
복소수 근 $m_1 \pm j m_2$	$x(t) = e^{m_1 t}(c_1 \cos m_2 t + c_2 \sin m_2 t)$

위의 결과는 일반적인 n차 상미분방정식으로 확장할 수 있다.

02. 라플라스 변환의 정의와 성질

• 라플라스 변환의 정의

$$F(s) = \mathcal{L}\{f(t)\} = \int_0^\infty f(t)e^{-st}dt$$

• 라플라스 변환의 성질

성질	관련 식
선형성과 시간 척도의 변경	$\mathcal{L}\{c_1 f(t) \pm c_2 g(t)\} = c_1 F(s) \pm c_2 G(s)$
	$\mathcal{L}\left\{f(\frac{t}{\alpha})\right\} = \alpha F(\alpha s)$
미분	$\mathcal{L}\left\{\dfrac{d}{dt}f(t)\right\} = sF(s) - f(0)$
	$\mathcal{L}\left\{\dfrac{d^n}{dt^n}f(t)\right\} = s^n F(s) - \displaystyle\sum_{k=1}^{n} s^{n-k} f^{(k-1)}(0)$
적분	$\mathcal{L}\left\{\displaystyle\int_0^t f(\tau)d\tau\right\} = \dfrac{1}{s}F(s)$
합성곱	$\mathcal{L}\left\{\displaystyle\int_0^t f(t-\tau)g(\tau)d\tau\right\} = F(s)G(s)$
지수 가중	$\mathcal{L}\{e^{at}f(t)\} = F(s-a)$
시간 지연	$\mathcal{L}\{f(t-d)\} = e^{-ds}F(s) \quad (d \geq 0)$

s-영역에서의 미분	$\mathcal{L}\{tf(t)\} = -\dfrac{d}{ds}F(s)$
	$\mathcal{L}\{t^n f(t)\} = (-1)^n \dfrac{d^n}{ds^n}F(s) \quad (n=1,2,3,\cdots)$
초깃값 정리	$f(0^+) = \lim\limits_{s\to\infty} sF(s)$
최종값 정리	$\lim\limits_{t\to\infty} f(t) = \lim\limits_{s\to 0} sF(s)$

- 쌍대 관계의 라플라스 변환 비교

관련 연산	쌍대 관계	
지연	$\mathcal{L}\{e^{at}f(t)\} = F(s-a)$	$\mathcal{L}\{f(t-d)\} = e^{-ds}F(s) \quad (d\geq 0)$
미분	$\mathcal{L}\{tf(t)\} = -\dfrac{d}{ds}F(s)$	$\mathcal{L}\left\{\dfrac{d}{dt}f(t)\right\} = sF(s) - f(0)$
적분	$\mathcal{L}\left\{\dfrac{f(t)}{t}\right\} = \displaystyle\int_s^\infty F(\alpha)d\alpha$	$\mathcal{L}\left\{\displaystyle\int_0^t f(\tau)d\tau\right\} = \dfrac{1}{s}F(s)$

03. 전달함수

시스템의 전달함수는 초기 상태를 모두 0으로 놓았을 때, 입출력 라플라스 변환함수의 비이다. 즉 입력의 라플라스 변환을 $U(s)$, 출력의 라플라스 변환을 $Y(s)$라고 하면, 전달함수는 $G(s) = \dfrac{Y(s)}{U(s)}$로 정의된다. 전달함수 $G(s)$는 다음과 같이 임펄스 반응 함수의 라플라스 변환과 동일하다.

$$y(t) = \mathcal{L}^{-1}\{Y(s)\} = \mathcal{L}^{-1}\{G(s)U(s)\}$$
$$= \int_0^t g(t-\tau)u(\tau)d\tau$$

전달함수에서 분모를 0으로 만드는 수를 극점, 분자를 0으로 만드는 수를 영점이라 부르며, 영점과 극점은 시스템의 특성에 큰 영향을 미친다.

04. 상태방정식

상태란 시스템을 완벽히 묘사할 수 있는 최소의 정보량으로 정의된다. 이 상태를 벡터로 표시하고, 동력학적인 정보를 일차 상미분 벡터 방정식으로 표현한 것을 상태방정식이라 한다. 이 상태방정식을 통해 시스템의 특징을 더욱 잘 파악할 수 있고, 그럼으로써 더욱 정교한 제어를 할 수 있다. 하지만 상태 정보를 바탕으로 시스템을 정확하게 모델링한다는 것이 쉽지 않기 때문에 입출력에 바탕을 둔 전달함수보다는 덜 사용되는 편이다.

2.1 다음의 미분방정식을 풀어라.

(a) $\ddot{x}(t) + 5\dot{x}(t) + 4x(t) = 0$, $x(0) = 1$, $\dot{x}(0) = 0$

(b) $\ddot{x}(t) - 6\dot{x}(t) + 9x(t) = t$, $x(0) = 0$, $\dot{x}(0) = 1$

(c) $\ddot{x}(t) - 4\dot{x}(t) + 4x(t) = t^3 e^{2t}$, $x(0) = 0$, $\dot{x}(0) = 0$

(d) $\ddot{x}(t) - \dot{x}(t) = e^t \cos(t)$, $x(0) = 0$, $\dot{x}(0) = 0$

(e) $x^{(4)}(t) - x(t) = 0$, $x(0) = 1$, $\dot{x}(0) = 0$, $\ddot{x}(0) = -1$, $x^{(3)}(0) = 0$

(f) $\ddot{x}(t) + x(t) = f(t)$, $f(t) = \begin{cases} 0 & 0 \le t < \pi \\ 1 & \pi \le t < 2\pi, \ x(0) = 0, \ \dot{x}(0) = 1 \\ 0 & t \ge 2\pi \end{cases}$

2.2 다음과 같은 미분방정식을 생각해보자.

$$\frac{d^2 x(t)}{dt^2} + 2\lambda \frac{dx(t)}{dt} + \omega^2 x(t) = F_0 \sin \gamma t$$

이 미분방정식의 해는 $\omega > \lambda > 0$인 경우, 다음과 같이 나타낼 수 있다.

$$x(t) = A e^{-\lambda t} \sin(\sqrt{\omega^2 - \lambda^2}\, t + \phi) + \frac{F_0}{\sqrt{(\omega^2 - \gamma^2)^2 + 4\lambda^2 \gamma^2}} \sin(\gamma t + \theta)$$

(i)와 (ii)는 초깃값에 의존하고, (iii)는 다음과 같다.

$$\sin(\text{iii}) = \frac{-2\lambda\gamma}{\sqrt{(\omega^2 - \gamma^2)^2 + 4\lambda^2\gamma^2}}, \quad \cos(\text{iii}) = \frac{\omega^2 - \gamma^2}{\sqrt{(\omega^2 - \gamma^2)^2 + 4\lambda^2\gamma^2}}$$

시간이 한참 흐르면, 즉 t가 무한대로 가면 미분방정식의 해는 아래와 같이 근사화된다.

$$x(t) = \frac{F_0}{\sqrt{(\omega^2 - \gamma^2)^2 + 4\lambda^2\gamma^2}} \sin(\gamma t + \theta)$$

t가 무한대로 갈 때, 최대 진폭은 $\gamma = $ (iv)에서 나타난다.

여기서 위 괄호들 안에 들어갈 내용을 알맞게 묶은 것은?

	①	②	③	④
i	A	A	θ	ϕ
ii	θ	ϕ	ϕ	A
iii	ϕ	θ	A	θ
iv	$\sqrt{\omega^2-2\lambda^2}$	$\sqrt{\omega^2-2\lambda^2}$	$\sqrt{\omega^2-\lambda^2}$	$\sqrt{\omega^2-\lambda^2}$

2.3 다음과 같은 미분방정식

$$\frac{dx(t)}{dt}=3x(t),\quad x(0)=100$$

에서 $x(t)$가 200이 될 때까지 걸리는 시간은?

① $\dfrac{1}{3}\ln 2$ ② $3\ln 2$ ③ $2\ln 3$ ④ $\dfrac{1}{2}\ln 3$

2.4 암세포의 성장은 다음과 같은 미분방정식을 따른다고 한다.

$$\frac{dx(t)}{dt}=\lambda e^{-\alpha t}x(t)$$

여기에서 $x(t)$는 암세포의 양이고, λ와 α는 적당한 양의 상수이다. 시간이 한참 흐른 후, 즉 t가 무한대로 감에 따라 암세포의 양은 초기 양 $x(0)$의 몇 배로 증가하는가?

① $e^{\frac{\lambda}{\alpha}}$ ② $e^{\frac{\alpha}{\lambda}}$ ③ λ ④ α

2.5 다음의 시간 함수들을 라플라스 변환하라.

(a) $\mathcal{L}\left\{t^3 e^{-2t}\right\}$ (b) $\mathcal{L}\left\{e^{-t}\sin^2 t\right\}$

(c) $\mathcal{L}\left\{tu_s(t-2)\right\}$ (d) $\mathcal{L}\left\{(\cos 2t)u_s(t-\pi)\right\}$

(e) $f(t)=\begin{cases} t & 0\le t<2 \\ 0 & t\ge 2 \end{cases}$

2.6 다음의 라플라스 변환에 대하여 역변환을 하여라.

(a) $\mathcal{L}^{-1}\left\{\dfrac{s}{(s+1)^2}\right\}$ (b) $\mathcal{L}^{-1}\left\{\dfrac{2s-1}{s^2(s+1)^3}\right\}$

(c) $\mathcal{L}^{-1}\left\{\dfrac{e^{-\pi s}}{s^2+1}\right\}$ (d) $\mathcal{L}^{-1}\left\{\dfrac{e^{-s}}{s(s+1)}\right\}$

(e) $\mathcal{L}^{-1}\left\{\dfrac{s}{(s^2+1)^2}\right\}$ (f) $\mathcal{L}^{-1}\left\{\dfrac{2s+4}{(s-2)(s^2+4s+3)}\right\}$

(g) $\mathcal{L}^{-1}\left\{\dfrac{1}{s^2(s^2+4)}\right\}$

2.7 그림과 같은 회로에서 $t=0$의 시각에 스위치 S를 닫을 때, 전류 $i(t)$의 라플라스 변환은? (단 커패시터의 초기 전압은 $1[V]$이고, 전압원은 일정한 DC 전압 V를 인가한다.)

① $\dfrac{VC}{RCs+1}$ ② $\dfrac{(V-1)C}{Rs+1}$

③ $\dfrac{(V-1)C}{RCs+1}$ ④ $\dfrac{VC}{Rs+1}$

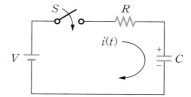

2.8 시간 함수들 사이의 합성곱에 대한 라플라스 변환의 성질을 사용하여 다음과 같은 적분방정식을 풀어라.

$$x(t) = e^{-t} + \int_0^t x(\tau)\sin(t-\tau)\,d\tau$$

2.9 라플라스 변환 계산에 대한 내용으로 옳은 것은?

① $\mathcal{L}\left\{\dfrac{d}{dt}\cos\omega t\right\} = s \cdot \dfrac{s}{s^2+\omega^2} = \dfrac{s^2}{s^2+\omega^2}$

② $\mathcal{L}\{\sin t\cos t\} = \dfrac{1}{s^2+4}$

③ $f(0^-) = \lim_{s\to\infty} sF(s)$

④ $F(s) = \dfrac{3s+10}{s^3+2s^2+5s}$에 대응하는 시간 영역 함수의 최종값은 1이다.

2.10 그림의 시간 함수를 단위 계단함수를 사용하여 다음과 같이 나타낼 때 빈 칸에 알맞은 것은?

$$x(t) = (A)u_s(t) + (B)u_s(t-2) + (C)(t-2)u_s(t-2)$$

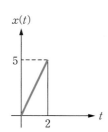

	①	②	③	④
A	$\frac{5}{2}t$	$\frac{5}{2}$	$\frac{5}{2}$	$\frac{5}{2}t$
B	$-\frac{5}{2}$	-5	$-\frac{5}{2}$	-5
C	-5	-5	$-\frac{5}{2}$	$-\frac{5}{2}$

$x(t)$를 위와 같은 단위 계단함수로 표현한 후, 라플라스 변환하라.

2.11 그림에서 출력 전압이 $v_0 = -2te^{-t} + e^{-t}$로 나올 때, 입력 전압으로 옳은 것은?
(커패시터의 초기 전압은 $1[V]$이다.)

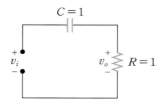

① $v_i(t) = e^{-t}$ ② $v_i(t) = -2e^{-t}$

③ $v_i(t) = 2e^{-t}$ ④ $v_i = -e^{-t}$

2.12 함수 $f(t)$는 주기가 2π인 주기함수로

$$f(t) = \begin{cases} \sin(t) & (0 \leq t \leq \pi) \\ 0 & (\pi \leq t \leq 2\pi) \end{cases}$$

로 주어질 때 $f(t)$의 라플라스 변환을 구하라.

2.13 다음과 같은 증폭 회로에서 입력 v_{in}과 출력 v_{out}에 대한 전달함수를 구하라.

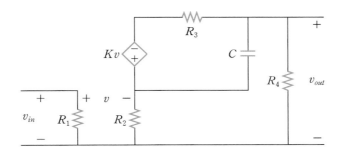

2.14 다음과 같은 회로에서 입력 v_{in}과 출력 v_{out}에 대한 전달함수를 구하면 다음과 같다.

$$\frac{V_{out}(s)}{V_{in}(s)} = \frac{(s+a_1)(s+b_2)}{(s+b_1)(s+a_2)}$$

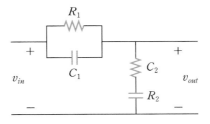

상수 a_1, a_2, b_1, b_2에 대한 다음의 관계식 중 항상 성립하는 것의 개수는?

$$a_1 + b_2 = \frac{1}{R_1 C_1} + \frac{1}{R_2 C_2}, \quad b_1 a_2 = a_1 b_2, \quad b_1 + a_2 = a_1 + b_2$$

① 1   ② 2   ③ 3   ④ 0

2.15 다음 그림 (a)와 (b)의 전달함수를 구하라.

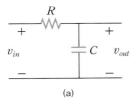

(a)

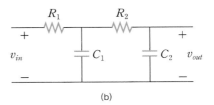

(b)

회로 (b)는 회로 (a)와 같은 회로가 직렬로 연결되어 있기 때문에, 첫 번째 단의 출력이 두 번째 단에 입력으로 작용한다. 회로 (b)의 전달함수를 구할 때, 회로 (a)에서 구한 전달함수를 활용하여 각 단의 전달함수를 서로 곱하기만 하면 되는가? 그렇지 않다면 그 이유는 무엇이고, 그렇게 되도록 하려면 어떻게 해야 하는가?

2.16 한 시스템의 상태변수를 알면, 그 시스템의 모든 정보를 완벽히 안다고 할 수 있다. 이런 상태변수는 벡터로 표현되기도 하지만, 함수로 표현될 수도 있다. 예를 들어 양자 시스템에서 전자는 파동함수로 표현되는데, 이 함수를 알면 그 전자의 모든 정보(운동량, 에너지, 위치 등)를 알 수 있다. 즉 파동함수가 전자의 모든 상태 정보를 담고 있다고 말할 수 있다. 이 파동함수는 다음과 같은 슈뢰딩거 방정식이라는 편미분방정식을 만족한다.

$$i\hbar \frac{\partial \psi(x,\ t)}{\partial t} = -\frac{\hbar^2}{2m}\frac{\partial^2 \psi(x,\ t)}{\partial x^2} + V(x)\psi(x,\ t)$$

이때 $i = \sqrt{-1}$, $\hbar = 1.0546 \times 10^{-34} J \cdot s$ 이고, m 은 전자의 질량이다. 주변에 퍼텐셜 $V(x)$ 가 가해진다고 가정한다. $\psi(x,\ t)$ 를 시간 함수와 위치 함수의 곱으로 나타낼 수 있다고 가정하고, 위의 슈뢰딩거 방정식으로부터 두 개의 상미분방정식을 얻어라.

2.17 SOC란 배터리에서 가용한 전하 잔량을 배터리 용량(만충 상태에서 만방 상태까지 일정한 전류로 방전했을 때의 방전 전하의 총량)과의 비율로 나타낸 값으로 다음과 같은 식으로 표현된다.

$$SOC = SOC_o - \frac{\text{사용한 전하량}\left(\int i\,dt\right)}{\text{배터리 용량}(C_n)}$$

배터리는 다음 그림과 같이 내부의 저항 성분과 커패시터 성분을 고려하여 나타낼 수 있다. SOC와 커패시터에 걸리는 전압 V 를 상태변수로 상태방정식을 세워라.
(SOC_o 는 초기 SOC 를 의미한다.)

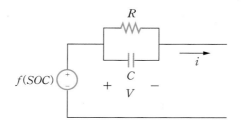

2.18 다음과 같이 위치 x, 시간 t로 표현된 편미분방정식과 초깃값으로 이루어진 시스템을 생각해보자.

$$\frac{\partial \omega}{\partial x} + x \frac{\partial \omega}{\partial t} = 0, \quad \omega(x, 0) = 0$$

위치 $x = 0$에서 입력 $f(t)$를 가할 경우, 즉 $\omega(0, t) = f(t)$일 경우, 특정 위치 x에서의 전달함수 $\dfrac{W(x, s)}{F(s)}$를 구하라. (단, $W(x, s) = \mathcal{L}[\omega(x, t)]$, $F(s) = \mathcal{L}[f(t)]$ 이다.)

2.19 다음과 같이 입력에 시간 지연이 발생하는 시스템의 전달함수($\dfrac{Y(s)}{U(s)}$)를 구하라. 입력은 $u(\cdot)$, 출력은 $y(\cdot)$이다. 단, $u(t) = 0$, $t < 0$이다.

$$\ddot{y}(t) + 3\dot{y}(t) + 5y(t) = u(t - 2)$$

2.20 심화 다음과 같은 표준 이차 상미분방정식

$$\ddot{x}(t) + 2\xi \omega_n \dot{x}(t) + \omega_n^2 x(t) = u(t), \quad x(0) = x_0, \quad \dot{x}(0) = v_0$$

의 해를 다음과 같이 나타낼 수 있음을 라플라스 변환을 사용하여 증명하라.

$$x(t) = x_i(t) + \int_0^t u(\tau)g(t - \tau)\,d\tau$$

여기서 $x_i(t)$와 $g(\cdot)$는 다음과 같이 주어진다.

ξ	$x_i(t)$	$g(\cdot)$
$\xi < 1$	$e^{-\xi \omega_n t}\left\{x_0 \cos \omega t + \dfrac{v_0 + x_0 \xi \omega_n}{\omega} \sin \omega t\right\}$	$\dfrac{1}{\omega}e^{-\xi \omega_n t} \sin \omega t$
$\xi = 1$	$e^{-\omega_n t}\left\{x_0 + (v_0 + x_0 \omega_n)t\right\}$	$te^{-\omega_n t}$
$\xi > 1$	$e^{-\xi \omega_n t}\left\{x_0 \cosh \omega t + \dfrac{v_0 + x_0 \xi \omega_n}{\omega} \sinh \omega t\right\}$	$\dfrac{1}{\omega}e^{-\xi \omega_n t} \sinh \omega t$

* $\cosh x = \dfrac{(e^x + e^{-x})}{2}$, $\sinh x = \dfrac{(e^x - e^{-x})}{2}$, $\omega = \omega_n \sqrt{|1 - \xi^2|}$

또한 주어진 이차 상미분방정식에 대한 상태로 $X(t) = \begin{bmatrix} x(t), \dot{x}(t) \end{bmatrix}$를 선정하고, 이 상태에 대한 상태방정식을 세워라.

2.21 [심화] $f(t) = \sin(\omega(t - \phi))$의 라플라스 변환을 아래와 같이 두 가지 방법으로 구했다.

① $\mathcal{L}[\sin(\omega(t-\phi))] = e^{-s\phi}\mathcal{L}[\sin(\omega t)] = e^{-s\phi}\dfrac{\omega}{s^2 + \omega^2}$

② $\mathcal{L}[\sin(\omega(t-\phi))] = \mathcal{L}[\sin(\omega t)\cos(\omega\phi) - \cos(\omega t)\sin(\omega\phi)]$

$$= \dfrac{\omega\cos(\omega\phi) - s\sin(\omega\phi)}{s^2 + \omega^2}$$

두 방법의 결과가 다른 이유는 무엇인가?

2.22 [심화] 미분에 대하여 다음과 같은 라플라스 변환의 성질을 본문에서 유도했다.

$$\mathcal{L}\left\{\frac{d}{dt}f(t)\right\} = sF(s) - f(0) \tag{a}$$

어떤 학생이 라플라스 역변환을 사용하여 다음과 같이 계산하고

$$\begin{aligned}
\frac{df(t)}{dt} &= \frac{1}{2\pi j}\frac{d}{dt}\int_{c-j\infty}^{c+j\infty}F(s)e^{st}ds \\
&= \frac{1}{2\pi j}\int_{c-j\infty}^{c+j\infty}F(s)\frac{d}{dt}e^{st}ds \\
&= \frac{1}{2\pi j}\int_{c-j\infty}^{c+j\infty}F(s)se^{st}ds
\end{aligned} \tag{b}$$

아래와 같은 결과를 얻었다.

$$\mathcal{L}\left\{\frac{d}{dt}f(t)\right\} = sF(s)$$

즉 본문에서 유도한 결과와 비교하여 초깃값과 관련된 항이 나타나지 않았다. 이유를 설명하라. 또한 라플라스 역변환을 사용하여 (a)와 같은 결과를 얻기 위해, (b)의 유도 과정을 수정하라.

2.23 [심화] 본문에서 배운 공식

$$\mathcal{L}\{tf(t)\} = -\frac{d}{ds}F(s)$$

의 쌍대^{dual}가 되는 다음 공식을 증명하라.

$$\mathcal{L}\left\{\frac{f(t)}{t}\right\} = \int_s^\infty F(\alpha)d\alpha$$

위의 두 공식을 사용하여 아래의 역변환을 구하라.

(a) $\mathcal{L}^{-1}\left\{\tan^{-1}\frac{1}{s}\right\}$ (b) $\mathcal{L}^{-1}\left\{\ln\frac{s-3}{s+1}\right\}$ (c) $\mathcal{L}^{-1}\left\{\frac{\pi}{2}-\tan^{-1}\frac{s}{2}\right\}$

2.24 심화 본문에서 배운 라플라스 변환과 그 성질들에 숙달하기 위해 라플라스 변환을 응용하는 아래의 문제들을 풀어라.

(a) $\mathcal{L}(\sin(t)) = \dfrac{1}{s^2+1}$ 을 사용하여 $\displaystyle\int_0^\infty \frac{\sin(t)}{t}dt$ 를 계산하라.

(b) 합성곱에 대한 라플라스 변환을 사용하여 $\displaystyle\int_0^1 t^a(1-t)^b dt$ 를 계산하라.

(c) $\mathcal{L}(\sin(t)) = \dfrac{1}{s^2+1}$ 임을 상기하고, $\dfrac{1}{s^2+1}$ 을 급수로 표현하여 $\sin(t)$ 함수에 대한 테일러 전개를 구하라.

2.25 심화 다음과 같은 라플라스 변환 $F_k(s)$를 생각해보자.

$$F_k(s) = \frac{1}{((s-\alpha)^2+\beta^2)^k}$$

여기에서 α와 β는 주어진 상수이다. $F_k(s)$를 역변환한 시간 함수를 $f_k(t)$라 하면, 다음과 같은 관계식을 얻을 수 있다.

$$\mathcal{L}\left[tf_k(t)\right] = -\frac{d}{ds}F_k(t) = k\frac{2(s-\alpha)}{((s-\alpha)^2+\beta^2)^{k+1}}$$

위 식을 사용하여 $tf_k(t) = 2k\dfrac{d}{dt}f_{k+1}(t) - 2\alpha k f_{k+1}(t)$이 성립함을 증명하라. 또 이를 사용하여, 다음 식의 라플라스 역변환을 구하라.

$$\frac{s+1}{((s-\alpha)^2+\beta^2)^2}$$

2.26 심화 다음 그림은 무정전 전원 공급 장치(UPS)^Uninterruptible power supply의 회로를 간략하게 나타낸 것이다. 스위칭에 의해서 발생하는 전압을 u 라 하고, 부하에 흐르는 전류를 I_o 라 하자. 상태변수를 축전기에 걸리는 전압 V_0 와 인덕터에 흐르는 전류 I_L 로 정하고, 입력을 u 와 I_o 라 할 때, 상태방정식을 구하라.

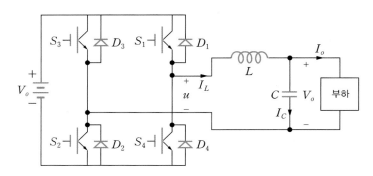

참고 I_o 와 같은 입력은 조절 가능하지 않은 변수로, 외부에서 예상치 못하게 들어오며 보통 외란이라고 부른다.

2.27 심화 다음 그림과 같이 질량 m_1 인 카트 위에 두 개의 스프링으로 질량 m_2, m_3 인 물체가 연결되어 있다. 카트에 작용하는 힘 $F(t)$ 를 입력으로 보고, 두 개의 물체 속도를 출력으로 하는 전달함수를 각각 구하라.
(단 물체와 카트 사이의 마찰력은 무시한다.)

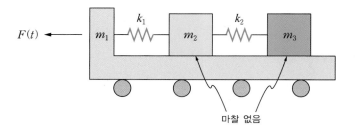

마찰 없음

2.28 심화 다음 그림과 같이 랙^{rack}과 피니온^{pinion}으로 구성된 시스템을 생각하자. 피니온의 중심 위치는 고정되어 있고, 피니온에 감긴 실에 작용하는 힘 $F(t)$를 입력으로 보고, 랙의 속도를 출력으로 할 때의 전달함수를 구하라.

(랙의 질량은 m_1이고, 피니온은 균질한 실린더 모양으로 질량이 m_2이다. 힘 $F(t)$는 수평으로 가해져 피니온을 회전시키는 데만 기여한다. 모든 마찰력은 무시한다.)

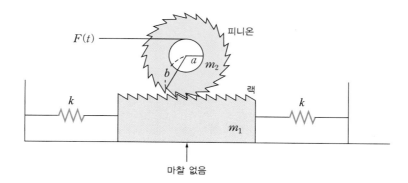

2.29 심화 [정리 2-1]~[정리 2-4]의 증명 과정에서 전달함수의 분해 과정은 생략하였다. 이 과정을 수학적 귀납법을 사용하여 증명하라.

모델링
Modelling

| 학습목표

- 제어 대상이 되는 시스템을 분석하여 적절한 가정과 물리 법칙에 근거한 수학적 모델식을 얻는다.
- 시간 영역에서 임펄스 응답과 전달함수 간의 관계를 파악한다.
- 여러 부 시스템이 연결된 블록선도로부터 전체 시스템의 입출력 관계를 유도한다.
- 수식으로 주어진 상태방정식과 전달함수를 시각적으로 이해하기 쉽게 블록선도로 나타낸다.
- 비선형 시스템을 선형화하여 제어기 설계가 용이한 선형 시스템을 얻는다.

개요

이 장에서는 1.4절에서 제어시스템의 설계 과정의 첫 단계로 언급되었던 제어 대상 시스템(플랜트)에 대한 이해와 수학적 모델 유도를 다룬다. 제어 대상 시스템의 수학적 모델을 얻기 위하여 여러 가지 변수들을 정의하고, 그 변수들 간의 관계식을 얻어 2장에서 배운 전달함수 또는 상태방정식 형태로 표현한다. 이러한 과정은 이미 2장에서 간단한 예제를 통해 살펴보았다. 여기에서는 좀 더 복잡한 시스템을 대상으로 모델링 과정과 표현 방법을 중점적으로 소개한다. 또 모델링된 시스템을 대상으로, 4장에서 배울 제어기의 안정성에 관한 내용을 간단히 언급할 것이다.

시스템과 모델

시스템에는 여러 종류가 있다. 대표적인 구분으로 시불변 시스템과 시변 시스템, 선형 시스템과 비선형 시스템, 연속형 시스템과 이산형 시스템 등이 있다. 이 책에서는 주로 시불변 시스템과 선형 시스템 및 연속형 시스템을 다룬다. 따라서 시스템의 성질이 시간에 따라 변하지 않고, 입출력 관계에 선형성이 보장되며, 연속적인 시간에서 정의되는 시스템을 주로 다룰 것이다.

모델이란 시스템의 특성을 수학적으로 표현한 것으로, 특히 전기 및 기계 분야의 선형 시불변 연속 시스템에 물리 법칙을 적용하여 그에 대한 수학적인 모델식을 유도할 것이다. 사실 이 책을 읽는 독자들은 여러 전공 과정에서 이미 많은 수학적 모델식을 유도해봤으리라 생각한다. 여기에서는 제어공학적 관점으로 대상 시스템의 입출력을 명확히 파악하고, 그러한 정보가 전달함수와 상태방정식과 같은 정규적인 모델로 어떻게 변환되는지를 주의 깊게 관찰하길 바란다. 또한 수학적 모델식으로부터 도출된 정보를 바탕으로 시스템의 여러 가지 성질들을 검토해보고, 이를 물리적인 의미와 연결 지어보는 것도 큰 도움이 될 것이다.

임펄스 응답

임펄스 응답을 소개하고, 선형성에 근거하여 전달함수와의 관계식을 유도해 볼 것이다. 시간 영역에서의 임펄스 응답을 통해 전달함수의 물리적인 의미를 직관적으로 명확히 파악할 수 있다. 시간 영역에서 임펄스 응답함수와 입력의 합성곱^{Convolution integral}으로 복잡하게 표현되던 출력이 s-영역에서는 단순한 곱으로 표시됨을 보면, 전달함수가 얼마나 유용한 개념인지 알 수 있을 것이다.

블록선도

기술이 점점 고도화되고 복잡해짐에 따라 대부분의 시스템은 계층적 구조로 되어있다. 많은 부 시스템들이 모여서 하나의 시스템이 되고, 또 그런 시스템들이 모여 더 복잡한 시스템이 되는 계층적 구조를 가시적으로 잘 표현할 수 있는 방식이 블록선도이다. 블록선도는 시스템 설계를 용이하게 할 뿐만 아니라, 컴퓨터 연산에 적합하여 매우 쓸모가 있다. 여기에서는 부 시스템들이 서로 연결된 블록선도에서 전체적인 입출력 관계식을 유도하는 방법을 배운다. 2장에서 배운 전달함수의 개념은 이런 블록선도에 아주 적합한 표현 방식으로, 블록선도 변형과 몇 가지 공식 등을 통해 전체적인 전달함수를 쉽게 구하는 방법을 배울 것이다.

한편 입출력 관계가 상태방정식과 전달함수로 기술될 때, 블록선도로 이를 가시적으로 나타내는 방법도 알아야 한다. 이러한 방식은 시뮬레이션 계산 또는 하드웨어 구현에도 유용하지만, 시스템을 보다 직관적으로 이해하는 데 큰 도움이 된다. 또 상태방정식을 총 네 가지의 블록선도로 표현하는 방법을 배우고, 블록선도와 전달함수 표현과의 관계도 알아볼 것이다.

선형화

비선형 시스템을 더욱 쉽게 해석하고 그에 맞는 제어기를 설계하기 위해, 동작점 근방에서 비선형 시스템을 선형 시스템으로 근사화하는 방법을 배울 것이다. 이를 통해 비선형 시스템에도 이 책에서 배운 선형 시스템에 대한 해석 및 제어 기법들을 적용할 수 있게 된다. 물론 비선형 시스템 자체로 시스템을 해석하고, 제어기를 설계하는 방법들이 많이 알려졌으나, 그러한 내용들은 이 책의 범위를 벗어나기 때문에 다루지 않는다.

3.1 시스템의 모델링

제어 대상이 되는 시스템을 모델링하는 첫 단계로 시스템의 동작을 우선 분석하여 그 원리를 이해하고, 내부 특성을 나타내는 상태변수와 입출력을 정의해야 한다. 그 다음 물리 법칙과 경험에 의한 법칙을 동원하여 시스템을 수학적으로 표현 및 정량화하고, 각 변수 간의 관계식을 얻어야 한다. 이를 모델링 과정이라 한다. 정확한 모델을 찾아내는 일이 향후 제어기 설계에 아주 중요한 영향을 미치므로, 모델이 실제와 최대한 흡사해야 한다. 그러나 정확성을 위해 너무 복잡한 모델을 고려하면 제어기 설계가 어려워지기 때문에, 모델의 단순성과 복잡성 간에 어느 정도 절충이 필요하다. 실제와 비교했을 때 허용된 오차 내에서 작동하고, 컴퓨터 연산 등에 적합하며, 시스템 분석 및 제어기 설계가 용이한 모델이면 충분하다.

우리 주변에는 수많은 제어시스템들이 있다. 전동기를 사용하는 엘리베이터, 발전용 보일러, 건물 내의 온도 조절 및 공조 시스템, 자동차 주행 시스템, 미사일, 비행기, 인공위성, 통신 시스템 등등, 오래된 시스템에서부터 최첨단 시스템에 이르기까지 각종 시스템에 제어기가 설치되어 작동하고 있다. 이러한 시스템에 대한 모델은 대부분 제조사가 보유한다. 각 제조사는 보안상 자사 모델의 외부 유출을 금지하며, 필요한 모델이 없을 경우에는 많은 돈을 들여 외국 업체에 모델링을 요청하기도 한다. 제조사 입장에서는 좋은 모델을 보유하는 것이 큰 경쟁력이 된다. 한편 정밀한 동작을 하는 고가 제품의 사양서에는 관련된 물리적 파라미터 값들과 특성 및 오차 정보까지 제품에 대한 각종 정보가 매우 자세하고 정확하게 담겨 있으므로, 제어공학자가 모델링을 할 때 큰 도움이 된다.

모델링 과정은 해당 시스템에 대한 깊은 지식을 바탕으로 이루어진다. 이 책에서는 공과 대학 2학년 학생이라면 무난히 이해할 수 있는 수학과 물리 지식을 기반으로 모델링이 가능한 몇 가지 시스템을 선택하여 기술하였다. 현장에서 접할 실제 시스템은 훨씬 복잡하고, 그 모델링도 쉽지 않겠지만, 이 책에서의 모델링 과정을 충분히 익힌다면, 복잡한 시스템의 모델링도 잘 해낼 수 있으리라 믿는다.

이 절에서 소개되는 시스템은 다음과 같다.

- 동적 시스템(3.1.1절)
- 직류 및 교류 전동기(3.1.2절)
- 전력 시스템(3.1.3절)
- 확산과 파동(3.1.4절)
- 진자 시스템(3.1.5절)
- 마스터-슬레이브 시스템(3.1.6절)

3.1.1 동적 시스템

복잡한 동적 시스템을 해석하기 위해서는 기본 단위가 되는 간단한 소자부터 그 물리적인 특성과 정의된 물리량을 정확히 이해할 필요가 있다. 우선 직관적으로 쉽게 이해할 수 있는 기계 시스템을 살펴본 다음, 이와 유사한 전기 시스템을 설명하기로 한다.

[표 3-1]에서 직선 운동 시스템의 물리량을 보면, 고등학교 물리 시간에 이미 배웠던 내용들이다. 추상적으로 표현된 운동량과 운동 에너지, 위치 에너지의 정의가 약간 낯설게 느껴지겠지만, 조금 계산해보면 예전에 배운 mv, $\frac{1}{2}mv^2$, mgh 등과 일치함을 금방 알 수 있을 것이다. 회전 운동을 살펴보면, 직선 운동에서의 변위 x가 0과 2π 사이 값을 갖는 각도 θ로 바뀌었고, 힘 대신 힘과 회전 중심으로부터 거리의 곱($r \times F$)으로 정의되는 토크가 사용된다. 회전 운동과 직선 운동은 [표 3-1]과 같이 서로 매우 유사하게 표현됨을 알 수 있다. 직선 운동의 출력은 다음과 같이 적절하게 변형하면 토크와 각속도의 곱으로도 표현할 수 있다.

$$P = Fv = \frac{F}{r}rv = \tau\omega$$

전기 시스템의 경우, 직선 운동의 힘을 전압으로, 변위를 전하로 바꾸어 생각하면, 두 시스템이 서로 잘 대응됨을 볼 수 있다. 이런 관점은 나름의 의미가 있다. 전압의 근원은 전기장이며, 전기장은 단위 전하에 작용하는 힘으로 정의되기 때문이다. 또한 전류는 시간당 흐르는 전하의 흐름으로 정의되므로, 전류와 전하를 각각 속도와 변위에 대응시키는 것이 매우 합당할 수 있다.

[표 3-1] 동적 시스템의 기본적인 물리량

직선 운동 시스템		회전 운동 시스템		전기 시스템	
힘	F	토크	τ	전압	e
속도	v	각속도	ω	전류	i
운동량	$p = \int F\,dt$	각운동량	$L = \int \tau dt$	쇄교자속	$\lambda = \int e\,dt$
변위	x	각변위	θ	전하량	q
출력	$P = Fv$		$P = \tau\omega$	전력	$P = ei$
운동 에너지	$E(p) = \int v\,dp$		$E(L) = \int \omega dL$	자계 에너지	$E(\lambda) = \int i\,d\lambda$
위치 에너지	$E(x) = \int F\,dx$		$E(\theta) = \int \tau d\theta$	전계 에너지	$E(q) = \int e\,dq$

[표 3-1]에서 정의된 물리량과 관련하여, 주변에서 흔히 쓰이는 기본적인 기계 및 전기 수동 소자

3가지를 소개한다. 수동 소자란 내부에서 에너지를 생성하지 않고, 공급받은 에너지만큼만 소비하거나 저장하는 소자를 말한다.

용량성 소자

기계 시스템에서 용량성 소자란 힘이 변위의 함수, 즉 $F = \phi(x)$로 표현되는 소자를 말한다. 따라서 소자의 변위가 변하면 그에 따라 힘이 변한다. 금방 생각나는 용량성 소자의 예로 스프링을 들 수 있다. 스프링을 잡아당기거나 압축하면 변형되고, 변형된 길이에 따라 작용하는 힘도 변화한다. 즉 힘이 스프링의 변형된 길이, 바로 변위의 함수가 되는 것이다. 이러한 용량성 소자는 위치 에너지를 저장하는 요소로 사용될 수 있으며, 저장된 위치 에너지는 다음과 같이 나타낼 수 있다.

$$E = \int F(x)dx = \int \phi(x)dx$$

이때 출력은 $P = Fv = \phi(x)\dot{x}$이다.

전기 시스템에서 용량성 소자의 경우, [표 3-1]의 대응 관계에서 $F \rightarrow e$, $x \rightarrow q$이므로, 전압 e가 전하량 q의 함수가 됨을 알 수 있는데, 이런 특성을 가진 소자로 커패시터가 있다. 보통 커패시터의 경우, 선형적으로 $e = \dfrac{q}{C}$(C는 용량 상수)의 관계를 만족하기 때문에, 커패시터의 에너지 E는 다음과 같이 나타낼 수 있다.

$$E = \int e(q)dq = \int \frac{q}{C}dq = \frac{q^2}{2C}$$

용량성 소자로, 앞에서 언급된 직선형 스프링이나 비틀림 스프링과 같은 기계 시스템과 커패시터와 같은 전기 시스템이 [표 3-2]에 정리되어 있다.

[표 3-2] **용량성 소자**

명칭	물리적인 구조	물리 법칙
스프링		$F = -K(x_1 - x_2)$
비틀림 스프링		$\tau = -K(\theta_1 - \theta_2)$
커패시터		$v_2 - v_1 = \dfrac{1}{C}q$

$x_2 - x_1$: 변위차, $\theta_2 - \theta_1$: 각도차, $v_2 - v_1$: 전위차

유도성 소자

기계 시스템에서 유도성 소자란 속도가 운동량의 함수, 즉 $v = \psi(p)$의 형태로 표현되는 소자를 말한다. 간단한 예로 $p = mv$라는 운동량 공식을 생각해보자. $v = \dfrac{p}{m}$이므로, 질량을 일종의 유도성 소자로 볼 수 있다. 이와 같은 유도성 소자는 운동 에너지를 저장하는 요소로 활용될 수 있으며, 저장된 운동 에너지는 다음과 같이 표시된다.

$$T = \int \psi(p)dp$$

전력 저장장치로 사용되는 플라이휠^{flywheel}이라는 장치도 큰 유도성 소자(휠)를 이용하여 운동 에너지 형태로 전력을 저장한다. 전기 시스템에서 유도성 소자의 경우, [표 3-1]의 물리량 간의 대응 관계로부터 $v \to i$, $p \to \lambda$이므로, 전류 i가 쇄교자속 λ의 함수 형태가 됨을 알 수 있는데 이런 특성을 가진 소자로는 인덕터가 있다. 보통 선형적으로 $i = \dfrac{\lambda}{L}$(L은 인덕턴스)의 관계가 성립되기 때문에, 인덕터의 에너지는 다음과 같이 나타낼 수 있다.

$$T = \int i(\lambda)d\lambda = \int \frac{\lambda}{L}d\lambda = \frac{\lambda^2}{2L}$$

유도성 소자로, 앞에서 설명된 질량, 회전 관성과 같은 기계 시스템과 인덕터와 같은 전기 시스템이 [표 3-3]에 정리되어 있다.

[표 3-3] **유도성 소자**

명칭	물리적인 구조	물리 법칙
질량	$F \longrightarrow \boxed{M}$ $\quad v$	$F = M\dfrac{dv}{dt}$
회전 관성	$\tau \quad \omega \quad J$	$\tau = J\dfrac{d\omega}{dt}$
인덕턴스	$+ \quad v \quad - \quad L \quad i$	$v = L\dfrac{di}{dt}$

저항성 소자

기계 시스템에서 저항성 소자는 힘이 속도의 함수, 즉 $F = \gamma(v)$의 형태로 표현되는 소자를 말한다. 저항성 소자는 에너지를 발산한다. 또 용량성 소자나 유도성 소자와 달리, 저항성 소자는 에너지를 저장할 수 없다. 기계 시스템에서 이러한 저항성 소자로 댐퍼를 들 수 있다. 한편 전기 시스템에서 저항성 소자의 경우, [표 3-1]의 물리량 간의 대응 관계로부터 $F \to e$, $v \to i$이므로, 전압 e가 전류

i의 함수 형태가 됨을 알 수 있다. 이런 특성을 가진 소자로는 저항이 있다. 일반적으로 $e = iR$ (R은 저항)의 관계가 성립하며, 이를 옴의 법칙이라 부른다.

이미 언급했듯이 저항은 에너지를 저장할 수 없다. [표 3-1]를 보면 전기 시스템에서 에너지를 발생하기 위해서는 쇄교자속이 있거나, 전하가 분포되어 있어야 하는데, 저항에서는 그렇지 못하다. 저항성 소자로, 직선형 댐퍼나 회전형 댐퍼와 같은 기계 시스템과 전기 저항과 같은 전기 시스템이 [표 3-4]에 정리되어 있다.

[표 3-4] **저항성 소자**

명칭	물리적인 구조	물리 법칙
직선형 댐퍼	$F \longrightarrow \overset{v_2}{\circ} \quad \overset{b}{\square} \quad \overset{v_1}{\circ}$	$F = b(v_2 - v_1)$
회전형 댐퍼	$T \longrightarrow \overset{\omega_2}{\circ} \quad \overset{f}{\square} \quad \overset{\omega_1}{\circ}$	$\tau = f(\omega_2 - \omega_1)$
전기 저항	$\overset{v_2}{\circ} \quad \overset{R}{\wedge\!\wedge\!\wedge} \quad \overset{v_1}{\circ} \atop i$	$i = \dfrac{1}{R}(v_2 - v_1)$

$v_2 - v_1$: 속도차 또는 전위차, $\omega_2 - \omega_1$: 각속도차

이제까지 기본적인 기계 및 전기 시스템에 대한 물리량과 기본적인 수동 소자들에 대해서 상호 간의 유사성을 바탕으로 알아보았다. 이런 지식을 기반으로 다음의 기계 시스템과 전기 시스템에 관한 간단한 모델을 유도해보자.

예제 3-1

[그림 3-1]에 나타난 질량-스프링-댐퍼 기계 시스템과 RLC 전기회로에 대한 모델식을 구하라. (단 질량-스프링-댐퍼 기계 시스템에서 m은 질량, k는 스프링 상수, b는 댐퍼의 감쇠 계수, F는 외부에서 가해지는 입력 힘, x는 평형상태로부터의 변위를 나타낸다. 전기 시스템의 경우, R은 저항, L은 유도용량, C는 정전용량, $i(t)$는 전류, $v(t)$는 입력 전압, $v_o(t)$는 출력 전압을 나타낸다.)

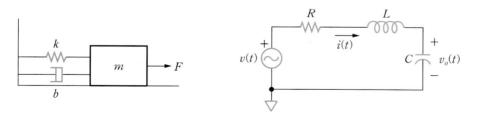

[그림 3-1] **질량-스프링-댐퍼 기계 시스템과 RLC 전기회로**

풀이

기계 시스템의 경우, 뉴턴의 제2법칙을 적용하여 다음과 같은 힘의 관계식을 유도한다.

$$\sum F = ma \quad \Rightarrow \quad -kx - b\dot{x} + F = m\ddot{x}$$

이 식을 정리하여 다음과 같은 운동방정식을 구한다.

$$m\ddot{x} + b\dot{x} + kx = F \tag{3.1}$$

전기 시스템의 경우 키르히호프의 전압 법칙을 적용하면 다음과 같다.

$$v_L + v_R + v_C = v \quad \Rightarrow \quad L\frac{d}{dt}i(t) + R\,i(t) + \frac{1}{C}q(t) = v(t)$$

$i(t) = \dfrac{dq(t)}{dt}$ 를 이용하여 위 식을 다시 표현하면 다음과 같다.

$$L\frac{d^2}{dt^2}q(t) + R\frac{d}{dt}q(t) + \frac{1}{C}q(t) = v(t) \tag{3.2}$$

식 (3.1)과 식 (3.2)를 비교하면 [표 3-1]과 같이 기계 시스템과 전기 시스템의 물리량 유사성을 확인할 수 있다. 만약 식 (3.2)를 문제에서 요구한 바대로 출력 전압 $v_o(t)$로 표현하고 싶다면, $q(t) = Cv_o(t)$를 사용하여 다음과 같이 쓸 수 있다.

$$LC\frac{d^2}{dt^2}v_o(t) + RC\frac{d}{dt}v_o(t) + v_o(t) = v(t) \tag{3.3}$$

미분방정식 (3.3)으로부터 2장에서 배운 시스템의 전달함수를 구해보면 다음과 같다.

$$G(s) = \frac{V_o(s)}{V(s)} = \frac{\dfrac{1}{LC}}{s^2 + \dfrac{R}{L}s + \dfrac{1}{LC}}$$

이 모델은 전형적인 2차 시스템으로, 앞으로 대표적인 2차 시스템의 예로 자주 쓰이게 될 것이다.

[예제 3-1]과 같이 기계 시스템과 전기 시스템이 따로 존재할 경우도 있지만, 실제 주변의 시스템은 기계 장치와 전기 장치가 복합적으로 구성된 시스템이 대부분이다. 다음 예제는 전기 시스템과 기계 시스템이 결합하여 동작할 때 어떻게 모델링할 수 있는지 보여주고 있다.

[그림 3-2]와 같이 극판이 움직이는 커패시터를 생각해보자.

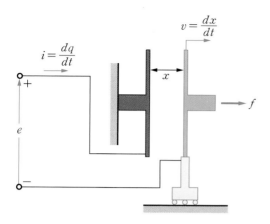

[그림 3-2] **극판이 움직이는 커패시터**

양 극판 간 거리는 x이며, 외부에서 힘 f가 극판에 작용하고 있다. 양 극판 사이의 전압 e와 전하량 q가 다음과 같이 표현될 때, 모델식을 구하라.

$$q = C(x)e$$

움직이는 극판과 그 밑의 카트의 총 무게는 m이며, 마찰력은 무시한다.

풀이

우선 양 극판에 있는 전하에 의해 생기는 힘 f_o를 계산해보자. 에너지 보존 법칙을 사용하면 다음과 같은 관계식을 얻는다.

$$f_o dx + dW_e(x, q) = 0 \tag{3.4}$$

즉 발생한 힘 f_o에 의해서 한 일 $f_o dx$만큼 내부 에너지는 감소한다. 식 (3.4)로부터 다음과 같은 관계식을 얻어낼 수 있다.

$$\frac{\partial W_e}{\partial x} = -f_o \tag{3.5}$$

식 (3.5)는 전기 에너지와 기계적인 힘의 관계를 나타낸 식으로, 이 시스템의 동작이 전기와 기계가 복합적으로 작용하는 물리적인 현상임을 말해주고 있다.

이제 전기 에너지를 구해서 양 극판 사이에 작용하는 힘을 알아보자. 커패시터에 저장되는 내부 에너지는 앞서 용량성 소자 부분에서 배웠듯이 다음과 같이 쓸 수 있다.

$$W_e(x, q) = \frac{q^2}{2C(x)} \tag{3.6}$$

이 에너지를 변위 x에 대해서 미분하면 다음과 같은 관계식을 얻는다.

$$f_o = -\frac{\partial W_e}{\partial x} = -\frac{q^2}{2}\frac{d}{dx}\left[C^{-1}(x)\right] = \frac{q^2}{2C^2(x)}\frac{dC(x)}{dx} \qquad (3.7)$$

이때 평행판 커패시터로 가정하면, 식 (3.7)에서 f_o는 위치 x에 관계없이 $\frac{q^2}{(2\epsilon_0 S)}$임을 알 수 있다. S는 극판의 넓이를 의미한다. 최종적으로 카트의 모델식을 다음과 같이 쓸 수 있다.

$$m\frac{d^2x}{dt^2} = f - f_o$$

평행판 커패시터로 가정하고, 입력을 $f - f_o$(당기는 알짜힘), 출력을 x라 하면, 해당 전달함수는 $\frac{1}{(ms^2)}$로 쓸 수 있다. 만약 평행판 커패시터가 아닌 임의의 형태의 커패시터라면, 식 (3.7)에서 f_o가 x에 대해 비선형 함수로 나타날 수 있으며, 그 결과 전달함수를 구하기 어려울 수도 있다. 이럴 경우에는 비선형 시스템의 선형화 과정을 거치면(3.5절), 선형 미분방정식을 얻어서 전달함수를 구할 수 있다.

[예제 3-2]와 같이 전기 시스템과 기계 시스템이 결합된 시스템으로 가장 대표적인 전동기를 다음 절에 소개한다.

3.1.2 직류 및 교류 전동기

고등학교 물리 시간 때 간단하게 동작 원리를 배웠던 전동기에 대한 모델링을 해보자. 전동기는 전기 에너지를 기계 에너지로 변환하는 에너지 변환기기이다. 전동기는 비교적 정확한 모델링이 가능하므로, 제어에서는 아주 중요한 대상이다. 여기에서는 입출력을 갖는 제어시스템이라는 관점에서 전동기에 대한 중요한 아이디어를 소개할 것이다. 그리고 전동기의 토크 발생 원리를 이해하고, 전기적인 물리량과 기계적인 물리량이 결합된 수학적 모델식을 세울 것이다. 그 다음은 전동기들의 토크와 속도를 제어하는 방법에 대해서 설명할 것이다. 전동기에 대한 더 자세한 내용은 다른 심화 전공 과정에서 배울 수 있으므로 우선 전동기 중에서 개념적으로 가장 단순한 직류 전동기에 대해 알아보자.

직류 전동기

속도 제어가 쉽고, 속도 제어 범위도 넓은 직류 전동기는 자속을 생성하는 영구자석과 전류가 흐르는 회전자의 전기자 권선(여기서는 설명을 위해 단일 루프 권선을 고려한다.)으로 구성되어 있다. 보통 전동기에서 회전하는 부분을 회전자, 고정된 부분을 고정자라고 부른다. 전류가 흐르는 회전자는 영구자석에 의해서 발생하는 자속과 상호작용하여 회전력을 발생시킨다. 또 직류 전원으로부터 전기자 권선에 교류 전원을 흘려주기 위한 브러시와 정류자가 있다. 이 브러시와 정류자에 의해 직류 전동기는 연속적인 회전력을 얻게 된다.

■ 동작 원리

[그림 3-3(a)]는 직류 전동기의 구성과 동작 원리를 보여주고 있다. 단일 루프 권선이 고정된 축 주위를 회전하고, 영구자석이 자계를 공급한다. 단일 루프 권선은 강자성체 철심의 슬롯 속에 삽입되어 있고, [그림 3-3(c)]와 같이 고정자 사이에 일정 간격의 공극이 형성되어 있다. 이 공극은 중심 방향을 향하는 일정한 세기의 자속밀도를 생성하는데, 이는 유도기전력을 구할 때 유용한 물리적인 구조이다.

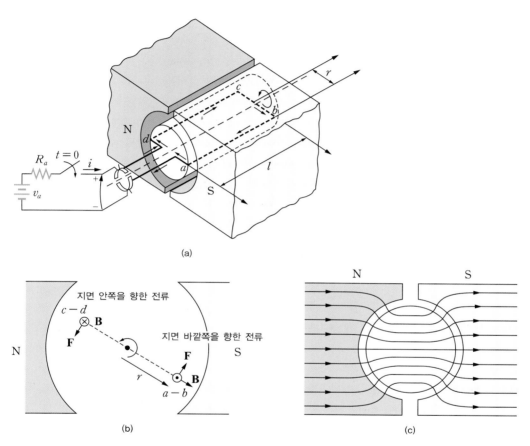

(a)

(b)

(c)

[그림 3-3] **직류 전동기의 개념도와 공극에서의 자속밀도**

직류 전동기 시스템은 [그림 3-4]와 같은 등가회로로 나타낼 수 있다. 모든 변수가 독립적인 듯이 보이지만, 사실은 외부의 기계적 시스템과 연동되어 있으며, 기계적인 물리량(각속도, 부하 토크, 마찰계수, 관성 모멘트 등)과 깊은 관련이 되어 있다. 특히 전기자 권선의 전류 i_a는 전동기의 토크를 발생시키는 원천이며, 발생된 토크는 전동기의 속도를 변화시킨다. 전동기의 속도는 유도기전력과 관계가 있으므로 결국 다시 전기자에 흐르는 전류에 영향을 미치게 된다.

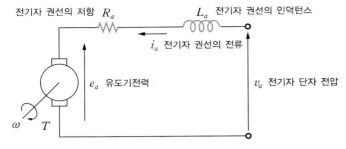

[그림 3-4] **직류 전동기의 모델(영향 관계 :** $i_a \rightarrow T \rightarrow \omega \rightarrow e_a \rightarrow i_a$**)**

이제 직류 전동기에 대하여 물리 법칙에 근거한 수학적 모델식을 구하고, 입출력을 가지는 시스템의 관점에서 모델식을 전달함수나 상태방정식으로 표현해보자.

■ **모델링**

전체적인 직류 전동기 시스템은 루프 권선에 해당하는 전기자 회로, 유도기전력, 회전력(토크), 외부와 연결된 기계 시스템의 4개의 식으로 모델링할 수 있다.

❶ 전기자 회로

전기자 회로에 인가되는 전압 v_a는 권선 저항과 인덕턴스 전압 강하 및 유도 전압의 합으로 다음과 같이 표현될 수 있다.

$$v_a = R_a i_a + L_a \frac{di_a}{dt} + e_a \tag{3.8}$$

여기서 i_a는 전기자 권선의 전류, R_a는 전기자 권선의 저항, L_a는 전기자 권선의 인덕턴스, e_a는 유도기전력이다.

모델링을 위해 먼저 식 (3.8)의 우변에 있는 유도기전력 e_a를 구해보자. 자속밀도가 B이고, 길이가 l인 도선이 속도 v로 움직인다면, 유도기전력 e는 다음과 같다.

$$e = (v \times B) \cdot l \tag{3.9}$$

이 식은 고등학교 때 배웠던 패러데이 법칙($e = -\frac{d\phi}{dt}$)에서 유도되는 다음 식과 동일하다.

$$e = -\frac{d\phi}{dt} = -\frac{BdA}{dt} = -\frac{Bldx}{dt} = Blv$$

식 (3.9)는 단지 위 식에 방향이라는 개념을 넣기 위해서 외적과 내적으로 표현했을 뿐이다. 고교 수준에서는 유도기전력의 절댓값만 구하고, 방향은 플레밍의 오른손 법칙을 써서 알아냈는데, 이를 통합하여 표현한 게 식 (3.9)이다. 이러한 내용이 [표 3-5]에 정리되어 있다.

[표 3-5] 유도기전력의 방향

물리적인 현상	플레밍의 오른손 법칙	수학적 표현
		$$e = -\frac{d\phi}{dt}$$ $$= -\frac{d(x \times \boldsymbol{B}) \cdot l}{dt}$$ $$= (\boldsymbol{v} \times \boldsymbol{B}) \cdot l$$

❷ 유도기전력

지금부터는 식 (3.9)를 활용하여 직류 전동기에서 발생하는 유도기전력을 구해보자. [그림 3-3(a)]의 전동기가 시계 반대 방향으로 회전한다고 하자. 선분 ab와 cd에서만 기전력이 발생하고, 선분 bc와 da에서는 $\boldsymbol{v} \times \boldsymbol{B}$ 성분과 l 성분이 직교하기 때문에 기전력이 발생하지 않는다. 선분 ab와 cd의 경우, 회전자의 접선 속도 $\boldsymbol{v}$와 자속밀도 $\boldsymbol{B}$는 수직이고, $\boldsymbol{v} \times \boldsymbol{B}$와 l은 같은 방향이므로, 최종적인 기전력은 다음과 같이 간단하게 쓸 수 있다.

$$e_a = 2Bl\boldsymbol{v} \tag{3.10}$$

이렇게 간단하게 표현될 수 있는 까닭은 이 전동기의 구조가 [그림 3-3(c)]의 구조이므로, 자속의 방향이 항상 권선의 속도 방향과 수직이며, 자속밀도 또한 어디에서나 일정하기 때문이다. [그림 3-3(a)]에서 유도기전력의 방향을 꼭 확인하기 바란다.

회전자인 권선 루프 모서리의 접선 속도 v는 루프의 회전 반지름 r과 루프의 각속도 ω를 사용하여 $v = r\omega$로 나타낼 수 있다. 또한 공극에서의 자속밀도가 $\boldsymbol{B}$이므로, $\pi r l B$는 루프를 통과하는 총 자속 ϕ라고 쓸 수 있다. 따라서 최종적인 유도기전력은 다음과 같다.

$$e_a = \frac{2}{\pi}\phi\omega \tag{3.11}$$

위 식은 유도기전력 상수 K_E를 사용하면 다음과 같이 쓸 수 있다.

$$e_a = K_E\omega$$

즉 유도기전력은 전동기의 회전 속도에 비례함을 알 수 있다.

한편 전동기의 회전 속도가 올라가면 큰 유도기전력이 발생하고, 동일한 전압에 전기자에 흘러 들어가는 전류가 줄어들어 토크도 줄어든다. 만약 회전자에 영구자석이 아니라 자속을 제어할 수 있는 전자석을 사용한다면, 자속 ϕ가 포함되어 있는 K_E를 작게 하여 유도기전력을 감소시키고 전류를 증가시킴으로써, 전류 약화로 인한 토크 감소 효과를 완화시킬 수 있을 것이다. 이런 제어를 약계자 제어라 하며, 이는 나중에 좀 더 자세히 알아볼 것이다.

일반적으로 자속밀도 $\boldsymbol{B}$가 존재하는 공간에 놓인 전류 i가 흐르는 도선은 다음과 같은 힘 $\boldsymbol{F}$를 받는다.

$$\boldsymbol{F} = i(\boldsymbol{l} \times \boldsymbol{B}) \tag{3.12}$$

여기서 $\boldsymbol{l}$은 자속밀도 $\boldsymbol{B}$의 영향을 받는 권선의 길이로, 그 방향은 전류의 방향을 따르는 벡터이다. 식 (3.12)의 벡터 연산은 [표 3-6]의 플레밍의 왼손 법칙과 일치한다.

[표 3-6] **전기가 흐르는 도체가 받는 힘**

물리적인 현상	플레밍의 왼손 법칙	수학적 표현
		$F = i(\boldsymbol{l} \times \boldsymbol{B})$

❸ 회전력(토크)

직류 전동기에 전기자 전압 V_a를 인가하여 전기자 권선에 전류 i_a가 흐를 경우, 발생할 회전력을 식 (3.12)를 사용하여 구해보자. [그림 3-3(a)]의 선분 bc와 ad는 위치에 따라서 힘이 작용할 수 있지만, 회전력에는 기여하지 못한다. 선분 ab와 cd에서만 회전에 기여하는 토크가 발생하는데, 운 좋게도 두 선분에서 서로 같은 방향의 토크가 발생하기 때문에 루프의 총 유도 토크는 다음과 같이 쓸 수 있다.

$$\tau = 2rF = 2ri_a lB$$

공극에서의 자속밀도가 $\boldsymbol{B}$이고, πrlB를 총 자속 ϕ라고 쓸 수 있으므로, 다음과 같이 정리할 수 있다.

$$\tau = \frac{2}{\pi}\phi i_a \tag{3.13}$$

보통 토크 상수 K_T를 사용하여, 위 식을 다음과 같이 쓴다.

$$\tau = K_T i_a \qquad (3.14)$$

즉 발생 토크는 전기자에 흐르는 전류에 비례함을 알 수 있다. 이 관계식은 전기적인 물리량이 기계적인 물리량으로 바뀌는 모습을 보여주고 있다. 또한 K_T가 앞에서 정의했던 역기전력 상수 K_E와 같다는 사실도 매우 흥미롭다.

❹ 기계 시스템

마지막으로 발생 토크에 의해 직류 전동기의 속도가 어떻게 결정되는지 알아보자. 축으로 연결된 기계적 부하 시스템을 구동하는 직류 전동기의 속도 ω는 다음 식을 따른다.

$$\tau = J\frac{d\omega}{dt} + B\omega + \tau_L \qquad (3.15)$$

여기서 ω는 회전자의 회전 각속도, τ_L은 부하 토크, J는 전체 시스템의 관성 모멘트이며, B는 마찰계수이다.

지금까지 구한 직류 전동기 시스템의 모델식 4개를 [표 3-7]에 정리했다.

[표 3-7] **직류 전동기 시스템의 모델식**

구분	수학적 표현
전기자 회로	$v_a = R_a i_a + L_a \dfrac{di_a}{dt} + e_a$
유도기전력	$e_a = K_E \omega$
회전력	$\tau = K_T i_a$
기계 시스템	$\tau = J\dfrac{d\omega}{dt} + B\omega + \tau_L$

■ **전달함수와 상태방정식**

[표 3-7]에 정리된 직류 전동기 시스템의 모델식을 기반으로, 전기자에 가하는 전압을 입력으로, 전동기에서 발생하는 속도를 출력으로 보고 2장에서 배운 전달함수를 구해보자. 전기자 회로의 전압 방정식과 기계 시스템의 방정식을 라플라스 변환하고 유도기전력과 회전력의 관계식을 대입하면 다음과 같다.

$$
\begin{aligned}
V_a(s) &= (R_a + sL_a)I_a(s) + E_a(s) \\
&= (R_a + sL_a)I_a(s) + K_E W(s)
\end{aligned}
\qquad (3.16)
$$

$$T(s) = (Js + B)W(s) = K_T I_a(s)$$

여기서는 [표 3-7]의 기계 시스템 모델에서 $\tau_L = 0$, 즉 부하가 없다고 가정하였다. 식 (3.16)을 정리해서 전달함수를 구하면 다음과 같다.

$$\frac{W(s)}{V_a(s)} = \frac{\dfrac{K_T}{JL_a}}{s^2 + \left(\dfrac{R_a}{L_a} + \dfrac{B}{J}\right)s + \left(\dfrac{R_a B}{L_a J} + \dfrac{K_E K_T}{JL_a}\right)} \tag{3.17}$$

전달함수 식 (3.17)을 분석하면 직류 전동기에 전기자 전압을 인가할 경우, 속도가 동역학적으로 어떻게 반응할 것인지를 알 수 있다. 나중에 이에 대해 다시 자세히 다룰 것이다.

이번에는 2장에서 배운 상태방정식으로 이 모델을 표현해보자. 입력을 전기자 전압 v_a, 출력을 $\omega = \dot{\theta}$로 잡고, 상태를 $x_1 = \theta$, $x_2 = \dot{\theta}$, $x_3 = i_a$로 정하면, 다음과 같이 나타낼 수 있다.

$$\begin{bmatrix} \dot{x_1} \\ \dot{x_2} \\ \dot{x_3} \end{bmatrix} = \begin{bmatrix} 0 & 1 & 0 \\ 0 & -\dfrac{B}{J} & \dfrac{K_T}{J} \\ 0 & -\dfrac{K_E}{L_a} & -\dfrac{R_a}{L_a} \end{bmatrix} \begin{bmatrix} x_1 \\ x_2 \\ x_3 \end{bmatrix} + \begin{bmatrix} 0 \\ 0 \\ \dfrac{1}{L_a} \end{bmatrix} v_a$$

$$y = \begin{bmatrix} 0 & 1 & 0 \end{bmatrix} \begin{bmatrix} x_1 \\ x_2 \\ x_3 \end{bmatrix} \tag{3.18}$$

■ **직류 전동기의 제어**

지금까지는 직류 전동기의 입력으로 전기자의 전압만 고려하였다. 이러한 제어 방식을 전기자 전압 제어 방법이라 한다. 한편 영구자석이 아니라 전자석을 사용하여, 전자석에 흐르는 전류(보통 계자 전류라고 함)도 입력으로 본다면, 전류에 따라 자속을 변화시키면서 큰 속도 영역에서도 제어할 수 있다. 바로 자속 제어 방법이다. 지금부터는 직류 전동기의 이러한 두 가지 제어 방법을 살펴보고, 각 방식이 어떻게 전동기의 속도를 제어하는지를 알아보자.

우선 전류, 속도, 토크 등이 더 이상 변동되지 않고 일정한 값을 갖는 안정된 경우, 즉 정상상태인 경우에 대해 생각해보자. [표 3-7]의 미분방정식에서 미분값을 0으로 놓으면, 다음과 같은 식을 얻을 수 있다.

$$\omega = \frac{v_a}{K\phi} - \frac{R_a}{(K\phi)^2}\tau_L \tag{3.19}$$

여기서 $K\phi = K_E = K_T$이고, 마찰계수 B는 0으로 가정한다. 식 (3.19)를 보면 전동기의 회전 속도가 전기자 전압과 계자 자속에 의존함을 알 수 있다. 따라서 전기자 전압과 계자 자속을 제어함으로써 원하는 속도를 얻을 수 있을 것이다. 물론 자속 제어를 위해서는 [그림 3-3(b)]의 영구자석 대신 전자석을 사용해야 한다.

❶ 전기자 전압 제어

전기자 전압 제어는 계자 자속 ϕ를 일정하게 유지한 상태, 즉 유도기전력 상수와 토크 상수가 일정한 상태에서 전기자 전압 v_a를 제어함으로써 원하는 속도를 얻어내는 방식이다. [그림 3-5]와 같이 전기자 전압 v_a로 속도를 선형적으로 제어할 수 있다. 또한 전기자 전압 제어의 경우, 회전 속도와 관계없이 전기자 정격 전류에 해당하는 정격 토크를 일정하게 얻을 수 있는데, 이렇게 제어 가능한 영역을 일정 토크 영역이라고 한다. 이러한 일정 토크 영역이 [그림 3-6]에 표시되어 있다. 전기자 전압 제어는 정격 전압 이내에서 가능하며, 정격 속도 이하의 운전 영역에서 속도를 제어하는 데 사용된다.

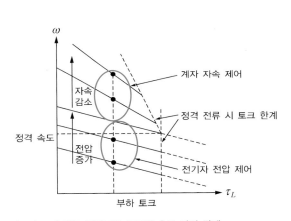

[그림 3-5] 직류 전동기의 토크와 속도 간의 관계

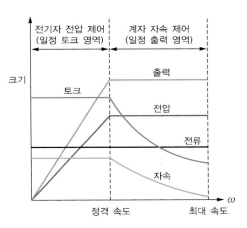

[그림 3-6] 직류 전동기의 두 가지 운전 영역 : 일정 토크 영역과 일정 출력 영역

❷ 계자 자속 제어

계자 자속 제어의 경우, 전기자 전압이 정격에 도달하면, 회전 속도 증가에 따라 계자 자속을 줄임으로써, 회전 속도가 증가하더라도 전기자 전류를 일정하게 유지시킨다. 다만 계자 자속 제어인 경우, 정격 전류 시 토크 한계는 자속을 줄일수록 작아진다. 이를 수식으로 살펴보면 더 쉽게 이해할 수 있다. 식 (3.11)을 보면, 유도기전력은 전동기의 회전 속도와 계자 자속의 곱으로 표현된다. 따라서 회전 속도가 증가할 때 계자 자속을 줄여 전체적으로 유도기전력을 일정하게 유지하면, 식 (3.8)로부터 알 수 있듯이 전기자 전류를 일정하게 만들 수 있다. 이렇듯 전압과 전류가 일정하게 제어되어 출력 $v_a i_a$도 일정하게 유지되는 영역을 일정 출력 영역이라고 한다. 정격 전압과 정격 전류에 도달해도 전압과 전류를 일정하게 유지하면서 자속으로 속도를 제어할 수 있다는 말이다. 자속 제어 방식과 전기자 전압 제어 방식의 특징이 [그림 3-5]와 [그림 3-6]에 함께 나타나 있다.

❸ 토크 제어

지금까지 정상상태에서의 속도 제어를 알아보았는데, 계자 자속과 전기자 전류를 직접적으로 제어함으로써 토크 제어도 가능하다. 왜냐하면 식 (3.12)에서 알 수 있듯이 토크가 계자 자속과 전기자 전류의 곱에 비례하기 때문이다. [그림 3-7]과 같이 계자 전류 i_f와 전기자 전류 i_a로 토크를 제어할 수 있다. 일반적으로 전기자 전류 i_a를 사용한 제어에 비해 계자 전류 i_f를 사용한 제어의 응답 속도가 느리다.

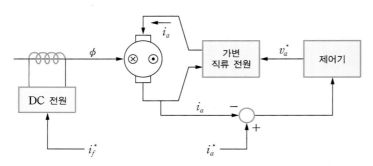

[그림 3-7] **직류 전동기의 토크 제어 시스템**

교류 전동기

직류 전동기는 회전 속도 및 토크 제어의 용이성 덕분에 널리 사용되었으나, 기계적인 정류를 위해 부착된 브러시와 정류자의 마모로 인해 정기적인 유지 보수가 필요하다. 이 때문에 현재는 산업용에서 교류 전동기의 사용이 보편화되는 추세다. 이번에는 교류 전동기의 동작 원리와 모델링에 대해 살펴보자.

교류 전동기는 고정자 3상 권선에 교류 전류를 흘려 생성된 회전 자계와 회전자 전자석과의 상호작용으로 발생한 토크에 의해 회전한다. 교류 전동기는 전자석으로 회전자를 작동시키는 방법에 따라 동기 전동기와 유도 전동기로 나뉜다. 동기 전동기에서는 회전자 전자석을 직류 전원으로 만들거나 영구자석을 사용한다. 유도 전동기에서는 회전자 전자석이 교류전원으로 만들어지는데, 별도의 독립된 교류 전원을 사용하지 않고 고정자로부터 유도된 전원을 사용한다.

■ 동작 원리

교류 전동기의 동작 원리를 이해하기 위해, 우선 [그림 3-8]과 같이 일정한 자계 내에 단순한 권선 루프가 있는 기기를 검토해보자.

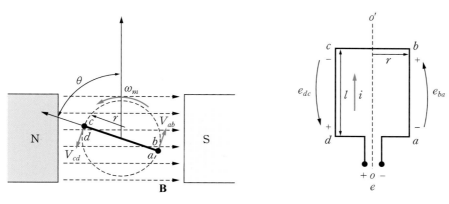

[그림 3-8] **간단한 교류 전동기의 동작 원리**

❶ 발생 토크

[그림 3-8]은 일정하게 균일한 자속을 만드는 자석과 이 자계 내에서 회전하는 권선 루프를 보여준다. 권선이 자계 내에 회전할 때 발생하는 토크는 직류 전동기 경우와 거의 동일하나, 자속이 루프 평면에 수직이 아니라는 차이 때문에 다음과 같이 나타낼 수 있다.

$$\tau = 2rilB\sin\theta \tag{3.20}$$

즉 토크는 루프 면이 자속과 평행할 때 최댓값이 되고, 자속과 수직일 때 0이 된다. 루프 권선에 i라는 전류가 흐르면, 권선이 이루는 면에 수직으로 발생하는 자속밀도 $\boldsymbol{B}_{loop}$의 크기는 다음과 같이 나타낼 수 있다.

$$B_{loop} = Gi \tag{3.21}$$

여기서 G는 루프의 형태와 관련되는 비례 상수이다. 식 (3.21)을 사용해서 식 (3.20)을 다시 쓰면,

$$\tau = \frac{2rl}{G}B_{loop}B\sin\theta$$
$$= kB_{loop}B\sin\theta$$

이다. 여기서 $k = \dfrac{2rl}{G}$ 이고, 기기의 구조에 의존하는 값이다. 외적을 사용하여 좀 더 수학적으로 표현하면 다음과 같다.

$$\tau = k\boldsymbol{B}_{loop} \times \boldsymbol{B}_s \tag{3.22}$$

❷ 회전 자계

식 (3.22)를 보면, 두 자계의 방향이 서로 일치하려는 작용에 의해 토크가 발생한다는 사실을 알 수 있다. 만약 한 자계는 고정자에서, 다른 자계는 회전자에서 만들어진다면, 회전자의 자계가 고정자의 자계와 일치하는 방향으로 토크가 발생할 것이다. 고정자의 자계가 회전한다면, 회전자

에서 고정자 자계를 따라가기 위해 토크가 계속 발생될 것이다. 바로 이러한 동작 원리가 교류 전동기의 핵심 아이디어이다. 지금부터 고정자에서 어떻게 회전 자계를 만들어내는지 알아보자.

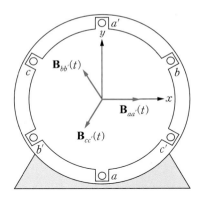

[그림 3-9] 회전 자계의 생성 원리

[그림 3-9]와 같이 60도 간격으로 떨어진 6개의 슬롯에 3개의 코일(aa', bb', cc')이 감겨 있고, 각 선에 3상의 전류가 흐르면, 다음과 같이 120도 위상 차이가 나는 자속밀도에 위치적으로 발생한 120도 만큼의 위상 차이가 더해져서 최종 자속밀도 $B_{net}(t)$를 생성한다.

$$B_{net}(t) = B_{aa'}(t) + B_{bb'}(t) + B_{cc'}(t)$$
$$= B_M \sin \omega t \angle 0° + B_M \sin(\omega t - 120°) \angle 120° + B_M \sin(\omega t - 240°) \angle 240°$$

여기서 B_M은 최대 자속밀도이다. 이 식을 수평, 수직 방향의 단위벡터 $\hat{x}$와 $\hat{y}$를 사용해서 나타내면 다음과 같이 쓸 수 있다.

$$\boldsymbol{B}_{net}(t) = B_M \sin \omega t \hat{\boldsymbol{x}}$$
$$- 0.5 B_M \sin(\omega t - 120°) \hat{\boldsymbol{x}} + \frac{\sqrt{3}}{2} B_M \sin(\omega t - 120°) \hat{\boldsymbol{y}}$$
$$- 0.5 B_M \sin(\omega t - 240°) \hat{\boldsymbol{x}} - \frac{\sqrt{3}}{2} B_M \sin(\omega t - 240°) \hat{\boldsymbol{y}}$$

고등학교 때 배운 삼각함수 합의 공식을 사용하면, 다음과 같이 정리할 수 있다.

$$\boldsymbol{B}_{net}(t) = (1.5 B_M \sin \omega t) \hat{\boldsymbol{x}} - (1.5 B_M \cos \omega t) \hat{\boldsymbol{y}} \tag{3.23}$$

즉 이 구조는 크기가 $1.5B_M$이고 각속도 ω로 반시계 방향으로 회전하는 회전 자계임을 알 수 있다. 고정자 안의 회전 자계는 N극과 S극으로 나타낼 수 있는데, 이 자극은 공급되는 전류의 주기마다 고정자 주위를 1회전함을 알 수 있다. 이런 식으로 고정자의 3상 전류가 균일한 회전

자계를 발생시킬 수 있다.

한편 어떤 방법으로든 회전자에서도 자계를 발생시킬 수 있다고 하자. 그러면 기기에는 두 가지 자계가 발생하고, 식 (3.22)에 의해 회전자 자계가 고정자 자계와 일치하려 하면서 토크가 발생하게 된다. 고정자 자계가 회전하면, 회전자 자계는 고정자 자계를 끊임없이 따라가려 할 것이다. 또한 식 (3.22)에 의하면, 두 자계 사이의 각이 수직에 가까울수록 회전자의 토크는 커질 것이다.

이제 회전자에서 자계를 발생시키는 방법을 알아보자. 교류 전동기는 회전자에 자계를 발생시키는 방법에 따라 동기 전동기와 유기 전동기로 나뉜다. [그림 3-10(a)]와 같이 회전자로 직류 전원 기반의 전자석 또는 영구자석을 사용하는 동기 전동기는 정상상태에서 회전자의 자계, 또는 회전자 자체가 일정한 각도를 유지하면서 고정자 자계를 따라가도록 되어 있다. [그림 3-10(b)]의 유도 전동기는 유도 작용으로 발생한 교류 전원에 의해 회전자의 자계를 형성한다. 동기 전동기의 경우에는 기계적인 속도가 회전 자계의 속도와 일치하지만, 유도 전동기의 경우에는 회전자의 속도가 회전 자계의 속도보다 느리다. 그렇지 않으면 유도기전력이 발생하지 않기 때문이다.

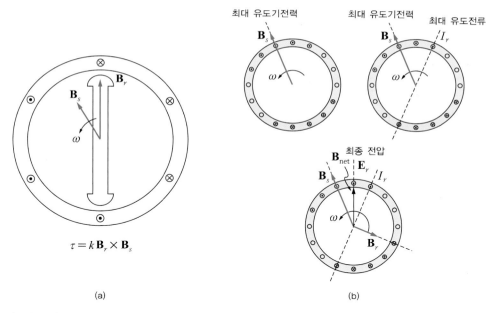

[그림 3-10] 동기 전동기와 유도 전동기의 회전 원리

지금까지 교류 전동기의 물리적인 동작 원리를 알아보았다. 이런 원리들을 수학적으로 표현하여 속도 및 토크 제어를 위한 모델식을 구해보자.

■ 모델링

교류 전동기에서의 기계적 토크 및 속도를 계산하기 위해서는 고정자와 회전자에 흐르는 전류와 외부 전압과의 관계식을 알아야 한다. 고정자와 회전자의 두 권선을 갖는 교류 전동기에서 두 권선 간 자속의 쇄교 정도를 나타내는 상호 인덕턴스는 회전자 속도 함수로, 시변 함수이다. [그림 3-11]과 같이 고정자 권선은 정지해 있지만, 회전자 권선은 회전자와 함께 움직인다.

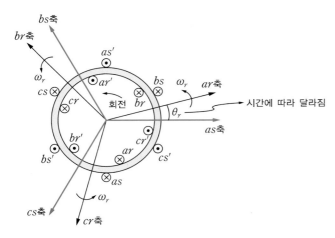

[그림 3-11] **고정자 권선과 회전자 권선 사이의 각**

그러므로 전동기가 정지한 경우를 제외하면, 두 권선 간의 상대 위치 θ는 시간에 따라 달라진다. 따라서 두 권선에 흐르는 전류가 일정하다고 하더라도, 두 권선에 쇄교되는 자속의 양은 시간에 따라 변하고, 이를 나타내는 상호 인덕턴스 역시 시간에 따라 변동하게 된다. 이러한 인덕턴스의 시변 특성으로 인하여, 교류 전동기의 전기적 모델을 나타내는 전압 방정식은 전동기가 정지한 경우를 제외하고는 다음과 같이 시변계수를 갖는 미분방정식으로 표현된다.

$$v_{abcs} = R_s i_{abcs} + \frac{d\lambda_{abcs}}{dt}$$

$$v_{abcr} = R_r i_{abcr} + \frac{d\lambda_{abcr}}{dt}$$

(3.24)

$$\begin{bmatrix} \lambda_{abcs} \\ \lambda_{abcr} \end{bmatrix} = \begin{bmatrix} L_s & L_{sr} \\ (L_{sr})^T & L_r \end{bmatrix} \begin{bmatrix} i_{abcs} \\ i_{abcr} \end{bmatrix}$$

(3.25)

여기서 고정자 및 회전자의 전압, 전류, 자속을 $v_{abcs} = \begin{bmatrix} v_{as} & v_{bs} & v_{cs} \end{bmatrix}^T$, $i_{abcs} = \begin{bmatrix} i_{as} & i_{bs} & i_{cs} \end{bmatrix}^T$, $v_{abcr} = \begin{bmatrix} v_{ar} & v_{br} & v_{cr} \end{bmatrix}^T$, $i_{abcr} = \begin{bmatrix} i_{ar} & i_{br} & i_{cr} \end{bmatrix}^T$, $\lambda_{abcs} = \begin{bmatrix} \lambda_{as} & \lambda_{bs} & \lambda_{cs} \end{bmatrix}^T$, $\lambda_{abcr} = \begin{bmatrix} \lambda_{ar} & \lambda_{br} & \lambda_{cr} \end{bmatrix}^T$ 로 표시했고, 고정자 저항과 회전자 저항은 다음과 같다.

$$R_s = \begin{bmatrix} R_s & 0 & 0 \\ 0 & R_s & 0 \\ 0 & 0 & R_s \end{bmatrix}, \quad R_r = \begin{bmatrix} R_r & 0 & 0 \\ 0 & R_r & 0 \\ 0 & 0 & R_r \end{bmatrix}$$

쇄교자속 식을 전압 방정식에 대입하면, 다음과 같이 인덕턴스와 전류의 행렬식으로 전압을 나타낼 수 있다.

$$\begin{bmatrix} v_{abcs} \\ v_{abcr} \end{bmatrix} = \begin{bmatrix} R_s + \dfrac{d}{dt} L_s & \dfrac{d}{dt} L_{sr} \\ \dfrac{d}{dt} (L_{sr})^T & R_r + \dfrac{d}{dt} L_r \end{bmatrix} \begin{bmatrix} i_{abcs} \\ i_{abcr} \end{bmatrix} \tag{3.26}$$

교류 전동기의 모델식 (3.26)이 보기에는 매우 간단해 보이지만, 인덕턴스가 회전에 따라 변하기 때문에 해석과 제어는 쉽지 않다. 따라서 좌표 변환을 통해 회전과 상관없이 일정한 인덕턴스를 갖는 시불변 미분방정식으로 전환하는 게 좋다. 또 3상 전류에 의해 만들어지는 자계가 2차원 공간에 분포하므로, 3상으로 표현되는 교류 전동기의 물리량(전류, 자속 등)을 [그림 3-12]에서 보듯이 d축 과 q축의 두 축으로 이루어진 직교 좌표계의 값으로 변환하여 다루는 게 편리하다. 한 축을 자속과 같은 물리량의 방향과 동기화시키면, 시변 인덕턴스 대신 시불변 인덕턴스를 사용할 수 있다. 교류 전동기의 경우, [그림 3-13]과 같이 보통 d축을 자속과 일치시키고, q축을 토크를 발생시키는 전류 의 축으로 사용하면, 앞에서 직류 전동기에서 사용했던 제어 방법을 그대로 사용할 수 있다.

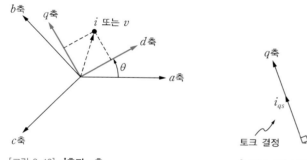

[그림 3-12] d축과 q축

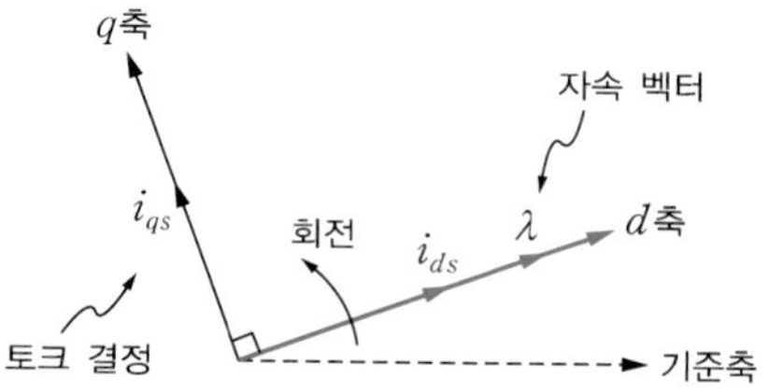

[그림 3-13] 교류 전동기 제어 시, 자속 벡터와 일치시킨 d축

모델식 (3.24)~(3.25)로부터 임의의 각속도 ω로 회전하는 유도 전동기와 동기 전동기의 전압 모델 방정식과 쇄교자속 모델 방정식을 구하여, [표 3-8]에 정리하였다.

[표 3-8] 유도 전동기와 동기 전동기의 d축과 q축의 모델식

구분	전압 모델 방정식	쇄교자속 모델 방정식
유도 전동기	$v_{ds} = R_s i_{ds} + \dfrac{d\lambda_{ds}}{dt} - \omega\lambda_{qs}$ $v_{qs} = R_s i_{qs} + \dfrac{d\lambda_{qs}}{dt} + \omega\lambda_{ds}$ $v_{dr} = R_r i_{dr} + \dfrac{d\lambda_{dr}}{dt} - (\omega-\omega_r)\lambda_{ds}$ $v_{qr} = R_r i_{qr} + \dfrac{d\lambda_{qr}}{dt} + (\omega-\omega_r)\lambda_{dr}$	$\lambda_{ds} = L_s i_{ds} + L_m \lambda_{dr}$ $\lambda_{qs} = L_s i_{qs} + L_m \lambda_{qr}$ $\lambda_{dr} = L_r i_{dr} + L_m i_{ds}$ $\lambda_{qr} = L_r i_{qr} + L_m i_{qs}$
동기 전동기	$v_{ds} = R_s i_{ds} + \dfrac{d\lambda_{ds}}{dt} - \omega\lambda_{qs}$ $v_{qs} = R_s i_{qs} + \dfrac{d\lambda_{qs}}{dt} + \omega\lambda_{ds}$	$\lambda_{ds} = L_{ds} i_{ds} + \phi_f$ $\lambda_{qs} = L_{qs} i_{qs}$

[표 3-8]에서 밑에 첨자로 쓰인 s, r은 각각 고정자^{stator}와 회전자^{rotator}를 의미한다. 동기 전동기 식에서 ϕ_f는 영구자석의 자속 중에 고정자 권선에 쇄교하는 자속을 말한다.

교류 전동기의 경우, d축과 q축의 모델을 바탕으로 [그림 3-14]와 같은 토크 제어 시스템을 구성할 수 있다. 그 형태가 [그림 3-7]의 직류 전동기의 경우와 흡사하다는 것을 알 수 있을 것이다. d축 전류는 자속 성분의 전류로, 직류 전동기의 i_f와 유사한 역할을 한다. 한편 q축 전류로 토크의 크기를 독립적으로 제어할 수 있다. 토크 제어 시, 자속의 크기는 토크 크기와 상관없이 일정하게 정격값으로 주어진다. d축 전류와 q축 전류의 기준값은 좌표 변환을 통하여 실제 고정자 권선에 흘려주어야 하는 3상 전류값의 기준값으로 변환되어 제어기에 인가된다.

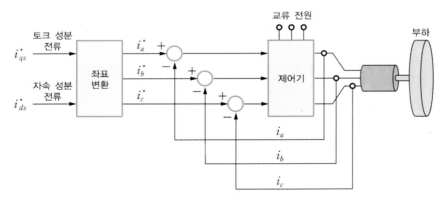

[그림 3-14] 교류 전동기 제어 시스템

3.1.3 전력 시스템

이번에는 전기공학에서 전동기와 더불어 큰 학문적 분야를 이루는 전력 시스템에 대한 간단한 모델링을 다루어보자. 전력 시스템은 원하는 전기를 얻기 위해 수많은 제어기가 결합되어있는 대규모 제어시스템이다. 따라서 전력 시스템은 적절하게 모델링된 시스템을 통하여 제어기 설계와 성능 평가가 이루어져야 하며, 또한 모델링을 통하여 시스템의 안정성을 검토할 수 있어야 한다. 안정성에 관한 이야기는 4장에서 자세하게 다룰 것이다.

이 절에서는 전력 시스템에 연결된 발전기가 어떤 원인으로 가속 또는 감속되었을 때, 이를 정상적인 상태로 회복시키려는 힘이 작용하는지, 즉 안정성이 보장되는지를 모델링을 통해 확인해볼 것이다. 또한 발전 과정에서 전압 변동과 주파수 변동에 관한 모델링을 통하여 무효 전력 제어와 유효 전력 제어에 대해 알아볼 것이다.

안정성 판별을 위한 모델링

[그림 3-15]와 같이 발전기는 스팀이나 바람과 같은 기계적인 입력을 받아 터빈과 연결된 발전기의 회전자를 회전시켜서 전력을 생산한다. 이때 회전자에 대한 기계적인 입력과 생성되는 전기적인 출력 간에 정확한 평형이 이루어질 수는 없다.

[그림 3-15] 기계 에너지를 전기 에너지로 변환시키는 발전기

기계 에너지 P_m

전기 에너지 P_e

■ 스윙 방정식

기계적인 입력과 전기적인 출력 간의 차이는 회전자의 가속력 또는 감속력으로 나타나고, 이를 다음과 같이 나타낼 수 있다.

$$J\frac{d^2\theta}{dt^2} = T_m - T_e \tag{3.27}$$

여기서 J는 전체 시스템의 관성 모멘트, T_m은 원동기에서 공급되는 기계적 토크, T_e는 발전기에서 출력되는 전기적인 토크다. 정상상태에서는 $T_m = T_e$가 되므로, 회전자는 일정한 속도로 회전하게 된다. 발전기의 회전자 위치를 θ라고 하면, 회전자에 동기화된 속도 ω_s와 위상각 δ를 사용하여 다음과 같이 쓸 수 있다.

$$\theta = \omega_s t + \delta \tag{3.28}$$

회전자의 가속도는 다음과 같으며,

$$\frac{d^2\theta}{dt^2} = \frac{d^2\delta}{dt^2} \tag{3.29}$$

이를 사용하여 식 (3.27)을 다음과 같이 표현할 수 있다.

$$J\frac{d^2\delta}{dt^2} = T_m - T_e \tag{3.30}$$

양변에 회전자 속도 w를 곱하면,

$$Jw\frac{d^2\delta}{dt^2} = T_m w - T_e w = P_m - P_e$$

이다. w는 동기화된 속도 w_s와 그렇게 큰 차이가 없기 때문에 $Jw \simeq Jw_s$라고 할 수 있다. 여기서 $M = Jw_s$인 상수를 정의하면 다음과 같다.

$$M\frac{d^2\delta}{dt^2} = P_m - P_e \tag{3.31}$$

M은 동기화된 상태에서의 각운동량을 의미하며, P_m과 P_e는 각각 기계적인 출력과 전기적 출력을 말한다. 이때 전기적 출력 P_e는 송전 전력을 의미한다. 송전 전력은 전원에서 부하로 실제 전달되고 소비되는 유효 전력을 의미한다. [그림 3-16]과 같이 위상각 δ를 사용하여 송전 선로의 송전단 전압을 $v_s\angle\delta$, 수전단 전압을 $v_r\angle 0$라 하고, 선로의 유도용량을 X라 하면 송전 전력은 다음과 같다.

$$P_e = \frac{v_s v_r}{X}\sin\delta \tag{3.32}$$

따라서 큰 전기적 출력을 내려면 $\sin\delta$가 크도록 위상각이 조절되어야 한다.

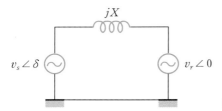

[그림 3-16] **간단한 송전 선로 모델**

식 (3.32)를 식 (3.31)에 대입하면 다음과 같은 식을 얻을 수 있다.

$$M\frac{d^2\delta}{dt^2} = P_m - \frac{v_s v_r}{X}\sin\delta \tag{3.33}$$

이 식을 스윙 방정식이라 부른다. 스윙 방정식은 전력 시스템의 안정성을 알아보는 데 매우 유용하게 사용된다.

■ 스윙 방정식을 사용한 안정성 판별

스윙 방정식을 사용하여 간단하게 안정성을 판단하고 해석하는 방법을 알아보자. 안정성은 4장에서 자세히 알아보겠지만, 여기에서는 관심 변수의 발산 여부 정도로만 알아두면 된다. 스윙 방정식은 $\sin$항을 포함하는 비선형 방정식으로, 해 δ가 발산하는지 아닌지를 알아보려면 좀 더 높은 수준의 수학이 필요하다. 그런 분석은 이 책의 범위를 넘어서기 때문에 여기서는 모델식 (3.33)에 대한 간단한 그래프 해석을 통해 안정성을 알아볼 것이다. 정량적인 방법은 아니지만, 개념 이해에는 꽤 유용한 방법이라고 생각한다.

식 (3.33)에서 알 수 있듯이 항상 $P_m X = v_s v_r \sin\delta$을 만족하는 δ에서 평형점이 발생한다. 이때 [그림 3-17]과 같이 위상각 δ_0에서 평형을 이루다가, 갑자기 기계적인 입력이 P_{mo}에서 P_{m1}으로 증가했다고 하자. 처음 P_{mo}와 P_{m1}의 차이는 회전자를 가속시키는 동력원이 되어 δ를 증가시킨다. 그러다가 b에 도달하여 δ가 δ_1보다 커지기 시작하면, P_e가 P_m보다 크기 때문에 회전자는 감속하게 된다. 따라서 동작점이 b에서 c로, 그 다음 b로, 다시 a로 돌아오는 동작을 계속 반복하면서, 위상각은 새로운 평형점 δ_1 주변에서 계속 진동하게 된다. 즉 발산하지 않고, 평형점 근방에서만 안정적으로 움직이게 된다.

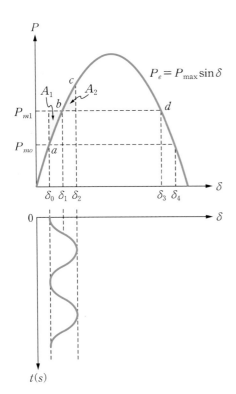

[그림 3-17] **평형점 근방에서의 안정성과 불안정성**

만약 위상각 δ_4에서 균형을 이루었다고 하자. 갑자기 기계적인 입력이 P_{mo}에서 P_{m1}으로 증가하면 기계적 운동 에너지도 증가되어 새로운 균형점 δ_3에서 멀어지는 방향으로 움직인다. 따라서 δ_0에서 균형을 이룬 것과는 달리 위상각은 발산하게 된다.

좀 더 정량적인 분석을 위해 식 (3.33)을 약간 바꾸어 표현해보자. 식 (3.33) 양변에 $\dfrac{2\,d\delta}{dt}$를 곱하면 다음과 같이 나타낼 수 있다.

$$M2\,\frac{d\delta}{dt}\,\frac{d^2\delta}{dt^2}=2\left(P_m-\frac{v_s v_r}{X}\sin\delta\right)\frac{d\delta}{dt}$$
$$M\,\frac{d}{dt}\left[\frac{d\delta}{dt}\right]^2=2\left(P_m-\frac{v_s v_r}{X}\sin\delta\right)\frac{d\delta}{dt}$$

(3.34)

식 (3.34)를 적분하면 다음과 같이 쓸 수 있다.

$$\left[\frac{d\delta}{dt}\right]^2=\int \frac{2}{M}\left(P_m-\frac{v_s v_r}{X}\sin\delta\right)d\delta$$

(3.35)

식 (3.35)가 의미하는 것은 적분값이 항상 0보다 커야한다는 점이다. 따라서 [그림 3-17]과 같이 한없이 δ가 커지지 않고(한없이 δ가 커지면 식 (3.35)의 적분값이 음이 된다.) $\dfrac{d\delta}{dt}=0$이 되는 점(다시 균형점으로 돌아오기 시작하는 점)이 존재하여 δ가 발산하는 현상을 막는다.

[그림 3-18]의 그래프에서 색이 칠해진 영역 A_1과 A_2의 넓이를 비교해보자. δ가 δ_0에서 δ_1까지 변화할 때 회전자가 가속되면서 운동 에너지를 얻고, δ가 δ_1에서 δ_2까지 변화할 때 회전자가 감속되면서 운동 에너지를 잃는다. [그림 3-18]과 같이, A_1과 같은 넓이의 A_2가 존재한다면 δ는 발산하지 않고 진동할 것이다. [그림 3-18]과 같은 그래프를 사용하면 최대 허용 가능한 P_m의 증가도 결정할 수 있다.

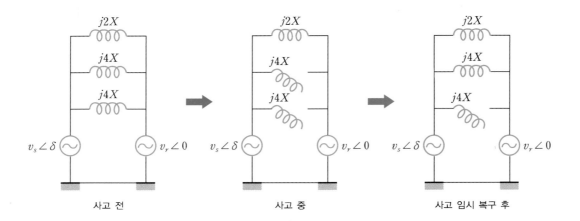

사고 전   사고 중   사고 임시 복구 후

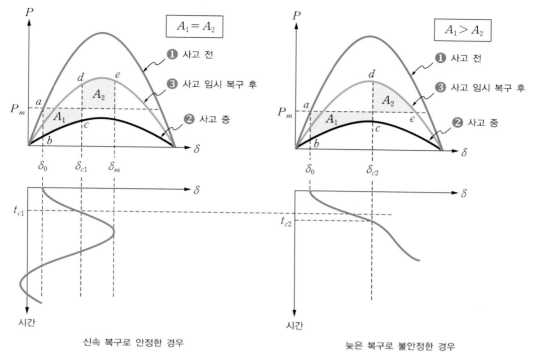

[그림 3-18] **안정성 해석을 위한 그래픽 사용 방법**

전력 시스템에서 사고가 일어났을 때 얼마나 빠른 시간에 사고를 처리하는가에 따라 위상각 δ가 발산할 수도 있고(불안정), 범위 내에서 진동할 수도 있는데(안정), 이는 [그림 3-18]의 그래프로 쉽게 이해할 수 있다.

초기에 시스템이 $P_e = P_m$ 과 $\delta = \delta_0$ 의 상태에서 동작하고 있었다고 하자. 정상인 경우에는 세 개의 병렬 선로가 있고, 총 유도용량은 X라고 한다. 이 중 유도용량 $4X$인 두 개의 선로가 개방되었다고 하면, P_e 에 대한 그래프가 변하고, 동작점이 갑자기 a에서 b로 변한다. P_m 이 P_e보다 크기 때문에 균형점을 찾아 δ가 계속 증가한다. c에 도달할 때 사고가 임시 복구되어 유도용량 $4X$인 한 개의 선로가 다시 연결된다면, 동작점은 갑자기 d로 이동하게 된다. 이때는 P_e 가 P_m 보다 더 크기 때문에 회전자의 감속이 일어난다. 회전자 속도가 동기 속도보다 더 크기 때문에 δ는 가속되는 동안 얻어진 운동 에너지가 전기 에너지로 소비될 때까지 연속적으로 증가한다. 동작점은 d에서 $A_2 = A_1$ 이 될 때까지 이동하여 e에 다다른다. 지점 e에서 속도는 동기 속도 w_s와 같고, δ는 최댓값 δ_m 이 된다.

한편 사고 제거가 지연될 경우에는 P_m 쪽의 A_2는 A_1보다 작다. 동작점이 e에 도달해도, 가속 기간 동안 얻은 운동 에너지가 아직 완전하게 소비되지 않는다. 결과적으로 속도는 여전히 동기 속도 w_s 보다 크고 δ는 계속해서 증가한다. e를 넘은 지점에서 P_e는 P_m보다 작고 회전자는 다시 가속되기 시작한다. 결국 회전자 속도와 위상각은 계속해서 증가하게 된다.

전압과 주파수 제어를 위한 모델링

지금까지는 스윙 방정식 (3.33)을 바탕으로 안정성을 판단하고 해석을 해보았다. 지금부터는 스윙 방정식 (3.33)을 동기 발전기 모델과 연결하여 전압과 주파수 제어에 유용한 모델식을 구해 볼 것이다. 식 (3.30)을 현실적인 동역학적 요소를 가미하여 다음과 같이 수정하자.

$$\frac{d\,\Delta\omega}{dt} = \frac{1}{J}(T_m - T_e - K_d\,\Delta\omega)$$

$$\frac{d\delta}{dt} = \Delta\omega \tag{3.36}$$

여기서 $\Delta\omega$는 속도에서의 변동분에 대한 값이고, K_d는 댐핑 요소이다. 식 (3.30)에서는 $T_m - T_e$와 $\Delta\omega$ 사이의 전달함수가 $\frac{1}{(Js)}$이지만, 식 (3.36)과 같이 댐핑 요소를 생각하면 $\frac{1}{(Js + K_d)}$이 된다. 지금부터는 [그림 3-19]의 동기 발전기 구조에서 전압과 주파수 제어에 유용한 모델을 구해보자. d축과 q축에 관한 정의는 교류 전동기의 경우와 동일하다. d축은 자속의 방향과 일치하고, q축은 d축에서 양의 방향으로 90도 방향이다.

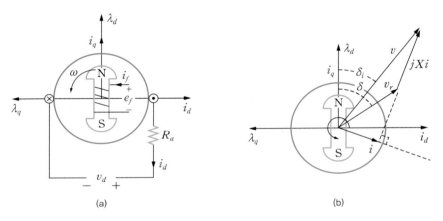

[그림 3-19] **동기 발전기의 해석을 위한 $d-q$축 모델**

고정자의 $d-q$축 쇄교자속 λ_d, λ_q와 회전자의 쇄교자속 λ_f는 [그림 3-19]를 바탕으로 다음과 같이 쉽게 유도될 수 있다.

$$\lambda_d = -L_l i_d + L_{ads}(-i_d + i_f) = -L_l i_d + \lambda_{ad}$$

$$\lambda_q = -L_l i_q + L_{aqs}(-i_q) = -L_l i_q + \lambda_{aq} \tag{3.37}$$

$$\lambda_f = L_{ads}(-i_d + i_f) + L_f i_f = \lambda_{ad} + L_f i_f$$

여기서 L_l은 누설 인덕턴스이고, L_{ads}와 L_{aqs}는 상호 인덕턴스이다. i_f는 자석의 세기를 조절할 수 있는 계자 전류이고, e_f는 해당 전압이다. [그림 3-19]에서 고정자는 발전기 모델(전력 생산을 양으로 간주한다.)을 채택하고 있는데, 렌츠의 법칙에 따라 음의 인덕턴스를 사용함을 주의한다. 고정자와 다르게 회전자는 부하 모델(전력 소모를 양으로 간주한다.)을 사용한다. [그림 3-19]에서 그림의 간결성을 위해 i_q의 흐름 방향과 v_q는 표시하지 않았다. 식 (3.37)의 세 번째 식에서 계자 전류 i_f를 구하면 다음과 같다.

$$i_f = \frac{\lambda_f - \lambda_{ad}}{L_f} \tag{3.38}$$

이 관계식을 이용하면, d축의 상호 쇄교자속은 다음과 같이 나타낼 수 있다.

$$
\begin{aligned}
\lambda_{ad} &= -L_{ads}i_d + L_{ads}i_f \\
&= -L_{ads}i_d + \frac{L_{ads}}{L_f}(\lambda_f - \lambda_{ad}) \\
&= L_{ads}^* \left(-i_d + \frac{\lambda_f}{L_f} \right)
\end{aligned}
\tag{3.39}
$$

여기서 $L_{ads}^* = \dfrac{1}{(1/L_{ads} + 1/L_f)}$ 이다. 속도의 변화량을 무시하고 식 (3.37)을 사용하면, 고정자의 전압 방정식은 다음과 같다.

$$
\begin{aligned}
v_d &= \frac{d\lambda_d}{dt} - R_a i_d - \lambda_q \omega \\
&\approx -R_a i_d + (L_l i_q - \lambda_{aq})\omega
\end{aligned}
\tag{3.40}
$$

$$
\begin{aligned}
v_q &= \frac{d\lambda_q}{dt} - R_a i_q + \lambda_d \omega \\
&\approx -R_a i_q - (L_l i_d - \lambda_{ad})\omega
\end{aligned}
\tag{3.41}
$$

이 전압 방정식은 [표 3-8]의 동기 전동기 $d-q$축 모델과 비교하여, 전류의 부호만 반대일 뿐 나머지 부분은 동일하다. 식 (3.40)~(3.41)의 v_d와 v_q는 [그림 3-16]과 같이 수신 전압 v_r과 관계되어 있다. 그 관계식을 알아보기 위해 다음과 같이 정의하면,

$$
\begin{aligned}
v &= v_d + jv_q \\
v_r &= v_{rd} + jv_{rq} \\
i &= i_d + ji_q
\end{aligned}
\tag{3.42}
$$

아래와 같은 관계식을 얻는다.

$$
\begin{aligned}
v &= v_r + jXi \\
v_d + jv_q &= (v_{rd} + jv_{rq}) + jX(i_d + ji_q)
\end{aligned}
\tag{3.43}
$$

d축과 q축으로 나누어 계산하면 다음과 같다.

$$
\begin{aligned}
v_d &= -Xi_q + v_{rd} \\
v_q &= Xi_d + v_{rq}
\end{aligned}
\tag{3.44}
$$

식 (3.40)~(3.41)과 식 (3.44)에서 v_d와 v_q를 소거하고, λ_{ad}와 λ_{aq}의 전류 관계식 (3.37)과 (3.39)를 사용하면 다음을 얻을 수 있다.

$$
i_d = \frac{(X + L_{aqs} + L_l)\left[\lambda_f\left(\dfrac{L_{ads}}{L_{ads} + L_f}\right) - v_{rq}\cos\delta\right] - R_a v_{rd}\sin\delta}{R_a^2 + (X + L_{aqs} + L_l)(X + L_{ads}^* + L_l)}
\tag{3.45}
$$

$$
i_q = \frac{R_a\left[\lambda_f\left(\dfrac{L_{ads}}{L_{ads} + L_f}\right) - v_{rq}\cos\delta\right] + (X + L_{ads} + L_l)v_{rd}\sin\delta}{R_a^2 + (X + L_{aqs} + L_l)(X + L_{ads}^* + L_l)}
$$

식 (3.45)와 같은 복잡한 비선형 관계식을 동작점 부근에서의 단순한 선형식으로 나타내 보자.

$$
\begin{aligned}
\Delta i_d &= c_1\Delta\delta + c_2\Delta\lambda_f \\
\Delta i_q &= c_3\Delta\delta + c_4\Delta\lambda_f
\end{aligned}
\tag{3.46}
$$

여기서 c_1, c_2, c_3, c_4는 동작점 부근에서 구한 적당한 선형 계수이다. 식 (3.37)의 쇄교자속 λ_{ad}와 λ_{aq}의 선형화는 다음과 같이 이루어진다.

$$
\Delta\lambda_{ad} = L_{ads}^*\left(-\Delta i_d + \frac{\Delta\lambda_f}{L_f}\right) = \left(\frac{1}{L_f} - c_2\right)L_{ads}^*\,\Delta\lambda_f - c_1 L_{ads}^*\,\Delta\delta
\tag{3.47}
$$

$$
\Delta\lambda_{aq} = -L_{aqs}\,\Delta i_q = -c_4 L_{aqs}\,\Delta\lambda_f - c_3 L_{aqs}\,\Delta\delta
\tag{3.48}
$$

식 (3.38)의 계자 전류는 식 (3.39)를 사용하여 다음과 같이 선형화할 수 있다.

$$
\begin{aligned}
\Delta i_f &= \frac{\Delta\lambda_f - \Delta\lambda_{ad}}{L_f} \\
&= \frac{1}{L_f}\left(1 - \frac{L_{ads}^*}{L_f} + c_2 L_{ads}^*\right)\Delta\lambda_f + \frac{1}{L_f}c_1 L_{ads}^*\,\Delta\delta
\end{aligned}
\tag{3.49}
$$

발생하는 전자기적 반작용 토크는 다음과 같다.

$$
T_e = \lambda_d i_q - \lambda_q i_d = \lambda_{ad} i_q - \lambda_{aq} i_d
\tag{3.50}
$$

반작용 토크의 방향은 발전기 회전자의 방향과 반대이다[1]. 또한 토크 식 (3.50)을 선형화하면 다음과 같다.

$$\Delta T_e = \lambda_{ad0}\Delta i_q + i_q\Delta\lambda_{ad} - \lambda_{aq0}\Delta i_d - i_d\Delta\lambda_{aq} \tag{3.51}$$

위에서 구한 Δi_q, Δi_d, $\Delta\lambda_{ad}$, $\Delta\lambda_{aq}$를 식 (3.51)에 대입하면, 다음과 같이 ΔT_e를 $\Delta\delta$와 λ_f에 대한 선형화된 식으로 나타낼 수 있다.

$$\Delta T_e = K_1\Delta\delta + K_2\Delta\lambda_f \tag{3.52}$$

여기서 K_1, K_2는 선형화를 통해 얻은 적당한 상수이다. 계자 전류 공급원에 대해서는 다음과 같은 식을 만족한다.

$$e_f = \frac{d\lambda_f}{dt} + R_f i_f \tag{3.53}$$

지금까지 유도한 식 (3.36), (3.51), (3.52), (3.53)을 근거로 다음과 같은 상태방정식을 세울 수 있다.

$$\begin{bmatrix} \Delta\dot{\omega} \\ \Delta\dot{\delta} \\ \Delta\dot{\lambda_f} \end{bmatrix} = \begin{bmatrix} A_{11} & A_{12} & A_{13} \\ A_{21} & 0 & 0 \\ 0 & A_{32} & A_{33} \end{bmatrix} \begin{bmatrix} \Delta\omega \\ \Delta\delta \\ \Delta\lambda_f \end{bmatrix} + \begin{bmatrix} B_{11} & 0 \\ 0 & 0 \\ 0 & B_{32} \end{bmatrix} \begin{bmatrix} \Delta T_m \\ \Delta e_f \end{bmatrix} \tag{3.54}$$

여기서 A_{ij}는 위의 식들로부터 계산되는 항이다. 계산해보면 실제 시스템에서 A_{13}와 A_{32}가 크지 않음을 알 수 있다. 따라서 ΔT_m으로 $\Delta\omega_r$, $\Delta\delta$를 거의 독립적으로 제어하고, Δe_f로 $\Delta\lambda_f$를 거의 독립적으로 제어할 수 있음을 알 수 있다. $\Delta\lambda_f$는 사실 고정자 전압 v의 변동과 관련이 깊다. 이를 알아보기 위해 고정자의 d-q축 전압 $v = v_d + jv_q$를 균형점 $v_0 = v_{d0} + jv_{q0}$ 부근에서 다음과 같은 미소 식으로 표현한다.

$$(v_0 + \Delta v) = (v_{d0} + \Delta v_d)^2 + (v_{q0} + \Delta v_q)^2$$

$$v_0\Delta v = v_{d0}\Delta v_d + v_{q0}\Delta v_q$$

$$\Delta v = \frac{v_{d0}}{v_0}\Delta v_d + \frac{v_{q0}}{v_0}\Delta v_q$$

식 (3.40)~(3.41)에 있는 식을 다음과 같이 미소량으로 표현하고, 이 식을 위의 식에 대입한다.

$$\Delta v_d = -R_a\Delta i_a + (L_l\Delta i_q - \Delta\lambda_{aq})\omega$$

$$\Delta v_q = -R_a\Delta i_q - (L_l\Delta i_d + \Delta\lambda_{ad})\omega$$

최종적으로 Δv를 $\Delta\delta$와 $\Delta\lambda_f$에 대해 선형적인 식으로 다음과 같이 쓸 수 있다.

$$\Delta v = K_5\Delta\delta + K_6\Delta\lambda_f \tag{3.55}$$

---

1 플레밍의 왼손 법칙을 사용하여 확인해보라.

Chapter 03 ▶ 모델링 **181**

K_5는 K_6에 비해 미미한 값을 가지기 때문에, $\Delta\lambda_f$를 통해 거의 선형적으로 전압 변동 Δv를 일으킬 수 있다. 식 (3.54)와 식 (3.55)에서 볼 수 있듯이 ΔT_m을 사용하여 주파수 제어가 가능하고, Δe_f를 사용하여 전압 제어가 가능하다. 따라서 주파수 제어와 전압 제어가 거의 독립적으로 이루어질 수 있음을 알 수 있다.

3.1.4 확산과 파동

이 절에서는 입출력에 기반을 둔 시스템이라는 관점에서 확산방정식과 파동방정식에 대한 수학적인 모델을 소개한다.

확산방정식

우선 열전도 시스템을 모델로 하여 확산방정식을 유도해보자. [그림 3–20]과 같이 길이가 L인 원형 막대의 단면적을 A라 하고, 막대의 길이 방향을 x축으로 정의하자. 각 x 지점에서 시간 t일 때의 온도를 $T(x,\ t)$라 표시한다.

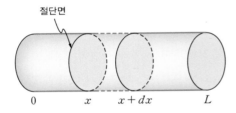

[그림 3–20] **확산방정식을 위한 모델**

온도 $T(x,\ t)$가 만족하는 미분방정식을 유도하기 위하여, 열전도의 두 가지 실험법칙을 소개한다.

❶ 질량 m인 물체에서 열량 Q는 다음과 같다. 단 T는 온도, c는 비열이다.

$$Q = cmT \tag{3.56}$$

❷ [그림 3–20]에서 단면을 지나는 시간당 열 흐름 $\dfrac{dQ}{dt}$는 단면의 넓이 A와, 온도 분포의 x에 관한 편미분함수에 비례한다.

$$\frac{dQ}{dt} = -KA\frac{\partial T}{\partial x} \tag{3.57}$$

여기서 K는 비례 상수이다. 식 (3.57)은 위치에 따른 온도의 차이가 심할 때 열 흐름이 활발함을 의미한다. 열은 온도가 낮은 방향으로 흐르기 때문에, 식 (3.57)의 음의 부호는 $\frac{dQ}{dt}$가 $\frac{\partial T}{\partial x} < 0$(열이 우측으로 전달된다.)에 대해 양이고, $\frac{\partial T}{\partial x} > 0$(열이 좌측으로 전달된다.)에 대해서 음이 되도록 하기 위해 추가되었다. 또 간단한 수식 표현을 위해 다음과 같은 표시를 사용한다.

$$\frac{dQ}{dt} = Q_t, \quad \frac{\partial T}{\partial x} = T_x, \quad \frac{\partial T}{\partial t} = T_t$$

[그림 3-20]에 표시된 x와 $x + \Delta x$ 사이의 질량은 밀도 ρ를 사용하여 $\rho(A\Delta x)$로 표시할 수 있으므로, x와 $x + \Delta x$ 사이의 열량은 식 (3.56)에 의해

$$Q = c\rho A \Delta x\, T \tag{3.58}$$

이다. x와 $x + \Delta x$ 사이의 총 열 흐름 Q_t는 들어오는 열 흐름에서 나가는 열 흐름의 차이로 생각할 수 있기 때문에 $-KAT_x(x,\, t) - (-KA\, T_x(x + \Delta x,\, t))$와 같이 쓸 수 있다. 따라서 식 (3.58)의 양변을 시간에 대해 미분하면 다음과 같이 쓸 수 있다.

$$c\rho A \Delta x\, T_t = Q_t = KA\left[\, T_x(x + \Delta x,\, t) - T_x(x,\, t)\,\right] \tag{3.59}$$

정리하면 다음과 같다.

$$\frac{K}{c\rho} \frac{T_x(x + \Delta x,\, t) - T_x(x,\, t)}{\Delta x} = T_t \tag{3.60}$$

이때 $\Delta x \to 0$의 극한을 취하면 다음과 같이 정리할 수 있다.

$$\frac{K}{c\rho} T_{xx} = k T_{xx} = T_t \tag{3.61}$$

여기서 $k = \dfrac{K}{c\rho}$이며, 이를 열확산률이라 부른다.

이미 공학수학과 같은 과목에서 식 (3.61)과 같은 방정식의 해법을 배웠으리라 생각한다. 여기에서는 입출력 변수에 대해서 식 (3.61)을 어떻게 표현할 것인지에 대해 살펴볼 것이다. 좀 더 구체적으로 확산방정식 모델 (3.61)에서 $k = 1$이고, $0 \le x \le 1$인 구간을 고려하자. 초기 온도는 0이고, $x = 0$에서의 온도도 0으로 고정되어 있다고 가정하자. $x = 1$에서 시간 $t > 0$일 때의 온도가 시간에 따라 변하는 함수 $u(t)$로 주어진다고 할 때, 특정 위치 x에서의 온도를 관측하려고 한다. 이때 입력 $u(t)$로부터 출력 $T(x,\, t)$로의 전달함수를 구해보자.

우선 변수 t에 관한 온도 함수 $T(x, t)$의 라플라스 변환 $\boldsymbol{T}(x, s)$는 다음과 같다.

$$\mathcal{L}\{T(x, t)\} = \int_0^\infty e^{-st} T(x, t) dt = \boldsymbol{T}(x, s) \tag{3.62}$$

$x = 0$과 $x = 1$에서의 경계조건으로부터 다음과 같은 식을 얻을 수 있다.

$$\boldsymbol{T}(0, s) = 0, \quad \boldsymbol{T}(1, s) = U(s) \tag{3.63}$$

또한 식 (3.61)의 우변에 있는 $T_t(x, t)$의 라플라스 변환은

$$\begin{aligned} \mathcal{L}\left\{\frac{\partial}{\partial t} T(x, t)\right\} &= s\,\mathcal{L}\{T(x, t)\} - T(x, 0) \\ &= s\,\boldsymbol{T}(x, s) - T(x, 0) \end{aligned} \tag{3.64}$$

와 같다. 초기 온도가 0이라고 했으므로, $T(x, 0) = 0$이다. 이를 사용하여 식 (3.61)의 양변을 라플라스 변환하면 다음과 같다.

$$\begin{aligned} \mathcal{L}\left\{\frac{\partial^2 T}{\partial x^2}\right\} &= \mathcal{L}\left\{\frac{\partial T}{\partial t}\right\} \\ \frac{d^2 \boldsymbol{T}}{dx^2} &= s\,\boldsymbol{T} \end{aligned} \tag{3.65}$$

이차 상미분방정식 (3.65)의 일반해는

$$\boldsymbol{T}(x, s) = c_1 e^{\sqrt{s}\,x} + c_2 e^{-\sqrt{s}\,x} \tag{3.66}$$

이며, 경계조건인 식 (3.63)을 만족하기 위해서는 다음이 성립해야 한다.

$$\begin{aligned} \boldsymbol{T}(0, s) &= c_1 + c_2 = 0 \\ \boldsymbol{T}(1, s) &= c_1 e^{\sqrt{s}} + c_2 e^{-\sqrt{s}} = U(s) \end{aligned} \tag{3.67}$$

$c_1 = U(s)/(e^{\sqrt{s}} - e^{-\sqrt{s}})$, $c_2 = -U(s)/(e^{\sqrt{s}} - e^{-\sqrt{s}})$이므로, 정리하면 다음과 같다.

$$\boldsymbol{T}(x, s) = \frac{\sinh(\sqrt{s}\,x)}{\sinh(\sqrt{s})} U(s) \tag{3.68}$$

따라서 우리가 구하고자 하는 최종적인 전달함수는 다음과 같다.

$$G(s) = \frac{\boldsymbol{T}(x, s)}{U(s)} = \frac{\sinh(\sqrt{s}\,x)}{\sinh(\sqrt{s})} \tag{3.69}$$

[그림 3-21(b)]에 블록선도로 입출력과 전달함수가 표현되어 있다.

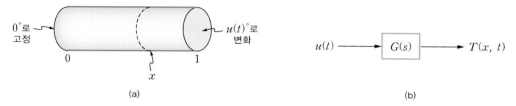

[그림 3-21] 열전달 시스템에서의 전달함수 표현

파동방정식

이번에는 파동방정식을 유도해보자. 파동방정식은 기타나 북과 같이 주변에서 흔히 보이는 시스템에서부터 눈에 보이지 않는 양자역학 분야까지 그 응용 분야가 매우 넓다. 직관적인 설명을 위해 기타 줄과 같은 현을 생각해보자. x축에 두 점, 예컨대 $x=0$과 $x=L$ 사이에 길이 L인 현이 팽팽하게 설치되어 있다. 다음 그림과 같이 현의 각 점은 x축에 대해 수직인 방향으로 운동한다고 가정하고, $t>0$일 때 x축에서부터 측정된 수직 변위를 $Y(x,\,t)$로 정의한다.

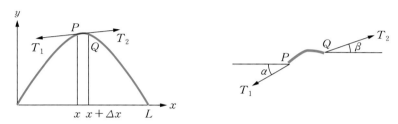

[그림 3-22] 진동하는 현의 미소 구간에서의 운동

미소 구간 $[x,\,x+\Delta x]$의 현에 작용하는 장력을 T_1, T_2라 할 때, 수평 성분은 서로 같아야 하므로 다음이 성립한다.

$$T_1\cos\alpha = T_2\cos\beta = T \tag{3.70}$$

α와 β는 거의 0에 가깝고, T는 줄의 양 끝이 당겨주는 힘(장력)과 거의 같은 값으로 모든 지점에서 동일하다고 가정한다. 수직 성분의 힘은 $[x,\,x+\Delta x]$ 상의 질량 $\rho\Delta s \approx \rho\Delta x$에 대해 뉴턴의 제2법칙을 적용하면 다음과 같다.

$$T_2\sin\beta - T_1\sin\alpha = \rho\Delta x\frac{\partial^2 Y}{\partial t^2} \tag{3.71}$$

식 (3.71)의 양변을 T로 나누면 다음과 같은 식을 얻을 수 있다.

$$\frac{T_2\sin\beta}{T_2\cos\beta} - \frac{T_1\sin\alpha}{T_1\cos\alpha} = \frac{\rho\Delta x}{T}\frac{\partial^2 Y}{\partial t^2}$$

$$\tan\beta - \tan\alpha = \frac{\rho\Delta x}{T}\frac{\partial^2 Y}{\partial t^2}$$

$\tan\beta$와 $\tan\alpha$는 x와 $x+\Delta x$에서의 기울기를 의미하므로

$$\left(\frac{\partial Y}{\partial x}\right)_{x+\Delta x} - \left(\frac{\partial Y}{\partial x}\right)_x = \frac{\rho\Delta x}{T}\frac{\partial^2 Y}{\partial t^2}$$

이고, Δx로 양변을 나누면 다음과 같다.

$$\frac{1}{\Delta x}\left[\left(\frac{\partial Y}{\partial x}\right)_{x+\Delta x} - \left(\frac{\partial Y}{\partial x}\right)_x\right] = \frac{\rho}{T}\frac{\partial^2 Y}{\partial t^2}$$

$\Delta x \to 0$의 극한을 취하면, 최종적인 파동방정식을 다음과 같이 얻을 수 있다.

$$\frac{\partial^2 Y}{\partial x^2} = \frac{1}{c^2}\frac{\partial^2 Y}{\partial t^2} \tag{3.72}$$

여기서 $c = \sqrt{T/\rho}$ 이다.

이제 식 (3.72)의 파동방정식의 입출력 관계를 알아보자. $x = 0$에서 시간에 따라 현의 높이를 $f(t)$로 움직인다고 하면, 특정 위치 x에서의 시간에 따른 높이 $Y(x,\,t)$는 어떻게 될 것인가? 이를 구하기 위해 입력 $f(t)$와 출력 $Y(x,\,t)$에 대한 전달함수를 구해보자.

우선 초기 조건으로 $Y(0,\,t) = f(t)$이고, 초기 위치와 초기 속도는 $Y(x,\,0) = 0$, $Y_t(x,\,0) = 0$으로 주어진다. x에서의 시간 변수 t에 관한 높이 함수 $Y(x,\,t)$의 라플라스 변환 $\boldsymbol{Y}(x,\,s)$를 다음과 같이 정의하자.

$$\mathcal{L}\{Y(x,\,t)\} = \int_0^\infty e^{-st}Y(x,\,t)dt = \boldsymbol{Y}(x,\,s)$$

$x = 0$과 $x = \infty$에서 경계조건으로 다음과 같은 식을 얻을 수 있다.

$$\boldsymbol{Y}(0,\,s) = F(s), \quad \boldsymbol{Y}(\infty,\,s) = 0 \tag{3.73}$$

여기서 $F(s) = \mathcal{L}\{f(s)\}$이고, 현의 길이 L이 충분히 길다고 생각하여 $\boldsymbol{Y}(\infty,\,s) = 0$이라고 설정한다. 한편 식 (3.72)의 우변에 있는 식의 라플라스 변환은 다음과 같다.

$$\mathcal{L}\left\{\frac{\partial^2}{\partial t^2}Y(x,\,t)\right\} = s^2\,Y(x,\,s) - s\,Y(x,\,0) - \left.\frac{\partial Y}{\partial t}\right|_{t=0}$$

초기 위치와 초기 속도가 모두 0이므로, 식 (3.72)의 양변을 라플라스 변환하면,

$$\mathcal{L}\left\{\frac{\partial^2 Y}{\partial x^2}\right\} = \mathcal{L}\,\frac{1}{c^2}\left\{\frac{\partial^2 Y}{\partial t^2}\right\}$$

$$\frac{d^2 \boldsymbol{Y}}{dx^2} = \frac{s^2}{c^2}\boldsymbol{Y} \tag{3.74}$$

이다. 따라서 식 (3.74)의 일반해는 다음과 같다.

$$\boldsymbol{Y}(x,\ s) = c_1 e^{\frac{s}{c}x} + c_2 e^{-\frac{s}{c}x} \tag{3.75}$$

이때 경계조건인 식 (3.73)을 만족하기 위해서는 $c_1 = 0$, $c_2 = F(s)$가 되어야 하므로

$$\boldsymbol{Y}(x,\ s) = e^{-\frac{s}{c}x} F(s) \tag{3.76}$$

이다. 특히 라플라스 변환한 식 (3.75)가 수렴하기 위해서는 s가 양수여야 하므로, $c_1 = 0$으로 정했다. 따라서 우리가 구하고자 하는 최종적인 전달함수는 다음과 같다.

$$G(s) = \frac{\boldsymbol{Y}(x,\ s)}{F(s)} = e^{-\frac{s}{c}x} \tag{3.77}$$

식 (3.77)의 전달함수는 비록 유리함수 형태는 아니지만, 입력으로부터 출력을 매우 쉽게 구할 수 있는 형태이다. [그림 3-23(a)]와 같이 입력 함수에 위치 x와 비례하는 만큼의 시간 지연만 하면 출력이 얻어진다. 한편 [그림 3-23(b)]에 블록선도로 입출력과 전달함수가 표현되어 있다. 전자기파의 경우 지수 $\frac{s}{c}$는 복소수 $\alpha + j\beta$와 같이 표시되기도 하는데, α는 감쇠상수, β는 위상상수로 정현파의 입력을 감쇠하고, 위상을 변화시킨다. 전기/전자공학을 전공하는 독자는 전자기학에서 관련 내용을 배웠으리라 생각한다.

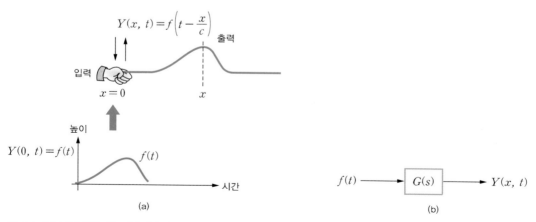

[그림 3-23] **파동 전달 시스템에서의 전달함수 표현**

3.1.5 진자 시스템

진자 시스템은 [그림 3-24]와 같이 미사일이나 로켓 발사, 2족 로봇 제어, 크레인 시스템 제어 등을 위해 고안된 간단한 모델로 제어공학에서 자주 사용된다. 특히 주변에서 가끔 볼 수 있는 세그웨이[2] Segway라는 육상 교통수단도 진자 시스템을 응용하여 넘어지지 않도록 제어한 것이다. 진자 시스템은 불안정한 시스템이기 때문에, 제어 알고리즘을 구현할 때 주의해야 할 사항들이 여럿 발생하는데, 이러한 부분이 학습 동기를 부여할 수 있어서 제어 수업에서도 많이 다뤄지고 있다. 또 3.5절에서 배울 선형화 과정을 통해 진자 시스템에 대한, 비교적 제어하기 쉬운 선형 모델도 얻을 수 있어서 제어공학 입문 과정에 적합하다. 가장 단순한 직선형 진자 시스템 외에도 매우 다양한 형태의 진자 시스템이 개발되었고, 더 나아가 연구 목적으로 더욱 도전적인 제어 문제들이 등장하고 있다. 여기에서는 직선형, 회전형, 이단 진자 시스템의 모델링에 관하여 알아보겠다.

 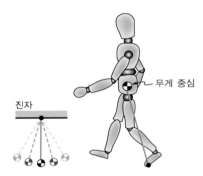 

[그림 3-24] **진자 시스템으로 모델링되는 시스템들**

직선형 진자 시스템

DC 모터에 연결된 바퀴가 회전하면서 지면을 밀고 그로부터 추진력이 발생하는 카트 기반의 도립진자 시스템을 생각해보자. 시스템 전체 모습과 관련 변수들이 [그림 3-25]에 나타나 있다.

관련된 물리 변수는 다음과 같다.

M : 카트의 질량

m : 진자의 질량

θ : 진자와 지면에 대한 법선이 이루는 각

x : 초기 위치에서 현재 카트의 중심점까지의 변위

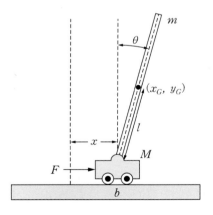

[그림 3-25] **도립진자 시스템과 관련 변수들**

---

2 [그림 3-24]의 맨 오른쪽 참고

l : 진자의 무게 중심에서 회전축까지의 거리

F : 카트에 가해지는 힘

b : 카트와 지면과의 마찰계수

진자 막대의 무게 중심의 좌표는 다음과 같이 표현될 수 있다.

$$x_G = x + l\sin\theta$$
$$y_G = l\cos\theta \tag{3.78}$$

무게 중심은 이론적으로 또는 실험적으로 구할 수 있으며, 그에 따라 l도 쉽게 결정된다. x_G와 y_G의 시간에 대한 일차 미분과 이차 미분은 다음과 같이 쓸 수 있다.

$$\dot{x}_G = \dot{x} + l(\cos\theta)\dot{\theta}$$
$$\dot{y}_G = -l(\sin\theta)\dot{\theta}$$
$$\ddot{x}_G = \ddot{x} - l(\sin\theta)\dot{\theta}^2 + l(\cos\theta)\ddot{\theta} \tag{3.79}$$
$$\ddot{y}_G = -l(\cos\theta)\dot{\theta}^2 - l(\sin\theta)\ddot{\theta}$$

지금부터는 [그림 3-25]와 같은 진자 시스템에서 발생하는 모든 역학적인 힘을 분석해보자. [그림 3-26]은 카트와 진자 막대의 자유 물체도를 나타내고 있다.

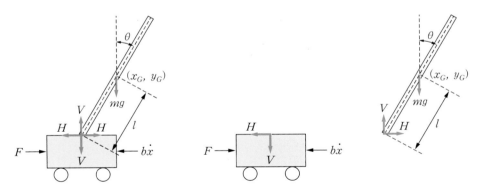

[그림 3-26] **도립진자 시스템에 대한 자유 물체도**

진자가 카트에 연결된 부분에서 발생하는 힘은 시스템 내부의 힘, 즉 내력이므로 모두 합산하면 0이 된다. 카트와 진자 막대를 분리하여 각각 자유 물체도를 그려보면, 카트에서 고려해야 할 힘은 외부에서 가한 힘 F, 마찰력 $b\dot{x}$, 수평 방향 힘 H, 수직 방향 힘 V이다. 이 중에서 수직 방향 힘은 지면에서 발생하는 반작용 힘에 의해 상쇄되므로, 카트에서는 수평 방향의 힘만 고려하면 된다. 따라서 카트의 수평 운동은 다음과 같은 식으로 표현할 수 있다.

$$M\ddot{x} = F - (H + b\dot{x}) \tag{3.80}$$

진자 막대에 전달되는 힘은 진자 막대의 수평 및 수직 운동과 회전 운동을 발생시킨다. 진자 막대의 무게 중심의 수평 운동은 다음과 같다.

$$H = m\ddot{x}_G = m\ddot{x} - ml(\sin\theta)\dot{\theta}^2 + ml(\cos\theta)\ddot{\theta} \tag{3.81}$$

진자 막대의 무게 중심의 수직 운동은 다음과 같다.

$$V - mg = m\ddot{y}_G = -ml(\cos\theta)\dot{\theta}^2 - ml(\sin\theta)\ddot{\theta} \tag{3.82}$$

또 힘 V와 H에 의해 발생하는, 무게 중심에 대한 진자 막대의 회전 운동은 다음과 같다.

$$I\ddot{\theta} = Vl\sin\theta - Hl\cos\theta \tag{3.83}$$

여기서 I는 무게 중심에 대한 진자 막대의 관성 모멘트이다. 식 (3.81)과 식 (3.82)를 식 (3.83)에 대입하여 정리하면 최종적으로 다음과 같은 식을 얻을 수 있다.

$$(I + ml^2)\ddot{\theta} + ml(\cos\theta)\ddot{x} = mgl\sin\theta \tag{3.84}$$

$H = m\ddot{x}_G$를 식 (3.80)에 대입하여 정리하면,

$$M\ddot{x} + b\dot{x} + m\ddot{x}_G = F \tag{3.85}$$

이고, 여기에 다시 식 (3.79)의 $\ddot{x}_G$를 대입하면 다음과 같다.

$$(M + m)\ddot{x} + ml(\cos\theta)\ddot{\theta} = -b\dot{x} + ml(\sin\theta)\dot{\theta}^2 + F \tag{3.86}$$

따라서 식 (3.84)와 식 (3.86)으로부터 다음 식을 얻을 수 있다.

$$\begin{bmatrix} ml\cos\theta & I + ml^2 \\ M + m & ml\cos\theta \end{bmatrix} \begin{bmatrix} \ddot{x} \\ \ddot{\theta} \end{bmatrix} = \begin{bmatrix} mgl\sin\theta \\ -b\dot{x} + ml(\sin\theta)\dot{\theta}^2 + F \end{bmatrix} \tag{3.87}$$

이때 $F = 0$, 즉 가해지는 힘 F가 없고, 시간에 따른 변화도 없어서 $\dot{x} = 0$, $\dot{\theta} = 0$일 때, 식 (3.87)을 만족하는 θ가 두 개 있다. 이를 균형점이라고 부르는데, 나중에 선형화를 배울 때 좀 더 자세히 언급할 것이다. 이 진자 시스템에는 $\theta = 0$과 $\theta = \pi$의 2개의 균형점이 존재하는데, $\theta = \pi$는 안정한 균형점인 반면, $\theta = 0$은 불안정한 균형점에 해당한다. 상식적으로 당연한 결과다. $\theta = \pi$이면 아래쪽으로 늘어진 상태이므로 진동하면서 서서히 멈춰 설 것이다. 한편 $\theta = 0$이면 진자가 수직으로 서있는 상태이므로, 금방 옆으로 쓰러지면서 아래쪽으로 떨어질 것이다. 이런 안정성에 대해서도 추후에 더 자세히 다룰 것이다.

$\theta = 0$인 경우에 다음과 같이 근사화해보자.

$$\sin\theta \approx \theta, \quad \cos\theta \approx 1, \quad \theta\dot{\theta}^2 \approx 0 \tag{3.88}$$

이를 적용하면 다음과 같은 최종적인 선형식을 얻을 수 있다.

$$\begin{bmatrix} ml & I+ml^2 \\ M+m & ml \end{bmatrix} \begin{bmatrix} \ddot{x} \\ \ddot{\theta} \end{bmatrix} = \begin{bmatrix} mgl\theta \\ -b\dot{x}+F \end{bmatrix} \tag{3.89}$$

$x_1 = x$, $x_2 = \theta$, $x_3 = \dot{x}$, $x_4 = \dot{\theta}$와 같이 상태변수를 정하고, F를 입력 변수, x_1과 x_2를 출력 변수라 하면, 다음과 같은 상태방정식을 얻을 수 있다.

$$\begin{bmatrix} \dot{x}_1 \\ \dot{x}_2 \\ \dot{x}_3 \\ \dot{x}_4 \end{bmatrix} = \begin{bmatrix} 0 & 0 & 1 & 0 \\ 0 & 0 & 0 & 1 \\ 0 & A_{32} & A_{33} & 0 \\ 0 & A_{42} & A_{43} & 0 \end{bmatrix} \begin{bmatrix} x_1 \\ x_2 \\ x_3 \\ x_4 \end{bmatrix} + \begin{bmatrix} 0 \\ 0 \\ B_3 \\ B_4 \end{bmatrix} F$$

$$y = \begin{bmatrix} 1 & 0 & 0 & 0 \\ 0 & 1 & 0 & 0 \end{bmatrix} \begin{bmatrix} x_1 \\ x_2 \\ x_3 \\ x_4 \end{bmatrix} \tag{3.90}$$

여기서 A_{32}, A_{33}, A_{42}, A_{43}, B_3, B_4는 다음과 같이 주어진다.

$$A_{32} = \frac{m^2l^2g}{(ml)^2 - (M+m)(I+ml^2)}, \quad A_{33} = \frac{b(I+ml^2)}{(ml)^2 - (M+m)(I+ml^2)}$$

$$A_{42} = \frac{-(M+m)mgl}{(ml)^2 - (M+m)(I+ml^2)}, \quad A_{43} = \frac{-mlb}{(ml)^2 - (M+m)(I+ml^2)} \tag{3.91}$$

$$B_3 = \frac{-(I+ml^2)}{(ml)^2 - (M+m)(I+ml^2)}, \quad B_4 = \frac{ml}{(ml)^2 - (M+m)(I+ml^2)}$$

이번에는 전달함수를 구해보자. 선형화된 식 (3.89)의 양변을 라플라스 변환하면 다음과 같다.

$$\begin{bmatrix} ml & I+ml^2 \\ M+m & ml \end{bmatrix} \begin{bmatrix} s^2 X(s) \\ s^2 \Theta(s) \end{bmatrix} = \begin{bmatrix} mgl\Theta(s) \\ -bsX(s) + \boldsymbol{F}(s) \end{bmatrix} \tag{3.92}$$

여기서 $X(s)$, $\Theta(s)$는 각각 x와 θ의 라플라스 변환이다. $X(s)$와 $\Theta(s)$에 대하여 정리하고, 두 전달함수 $\dfrac{X(s)}{\boldsymbol{F}(s)}$와 $\dfrac{\Theta(s)}{\boldsymbol{F}(s)}$를 구하면 다음과 같다.

$$\begin{bmatrix} \dfrac{X(s)}{F(s)} \\[2mm] \dfrac{\Theta(s)}{F(s)} \end{bmatrix} = \begin{bmatrix} mls^2 & (I+ml^2)s^2 - mgl \\ (M+m)s^2 + bs & mls^2 \end{bmatrix}^{-1} \begin{bmatrix} 0 \\ 1 \end{bmatrix} \tag{3.93}$$

지금까지는 입력을 기계적인 힘으로만 생각했는데, 실제 제어에서는 힘을 전기적인 에너지원으로부터 공급받아야 한다. 따라서 모터에 인가되는 전압과 힘 사이의 관계를 모델링하여 반영해야 한다. 우리는 이미 3.1.2절에서 DC 모터에 인가되는 전압과 그로 인해 발생하는 토크 사이의 관계식을 살펴본 바 있다. 모터에 의해 발생하는 토크는 $T_m = Ki$와 같이 계자 권선에 흐르는 전류 i에 비례한다. 여기서 K는 토크 상수이며 앞에서 설명하였듯이 이 값은 유도기전력 상수와 같다. 기어비가 K_g인 기어 박스를 사용할 경우 최종 토크는 다음과 같이 표시될 수 있다.

$$T = K_g T_m = K_g K i \tag{3.94}$$

기어 박스에 연결된 바퀴의 반경을 r이라고 하면, 모터가 바퀴를 통해 지면을 미는 힘 F는 다음과 같다.

$$F = \frac{T}{r} = \frac{K_g T_m}{r} = \frac{K_g K\, i}{r} \tag{3.95}$$

위에서 입력 변수로 사용한 기계적인 힘 F와 전기적인 변수 i와의 관계는 식 (3.95)와 같으므로, 이 전류와 외부에서 전기자에 가하는 전압과의 관계를 밝히면 최종적으로 힘 F와 전압 v의 관계식을 구할 수 있을 것이다. 3.1.2절의 DC 모터에서 전기자에 흐르는 전류 i와 전압 v 사이의 관계식은 다음과 같았다.

$$i R + K\omega_m = v \tag{3.96}$$

여기서 ω_m은 모터의 각속도이고, 인덕턴스 성분은 무시했다. 전류에 대해서 정리하면,

$$i = \frac{v - K\omega}{R} \tag{3.97}$$

이다. 기어비가 K_g인 기어 박스를 거친 후의 각속도를 ω라고 하면 다음이 성립한다.

$$\omega = \frac{\omega_m}{K_g} \tag{3.98}$$

각속도 ω는 카트의 변위 x로 표현할 수 있다. ω와 카트의 이동 속도는 다음과 같은 관계가 성립한다.

$$r\omega = \dot{x} \quad \Rightarrow \quad \omega = \frac{\dot{x}}{r} \quad \Rightarrow \quad \omega_m = K_g \frac{\dot{x}}{r} \tag{3.99}$$

이를 식 (3.97)에 대입하면,

$$i = \frac{v - KK_g \dfrac{\dot{x}}{r}}{R} \tag{3.100}$$

이고, 식 (3.100)을 식 (3.95)에 대입하면, 모터에 의해 카트에 전달되는 힘 F는 다음과 같이 나타낼 수 있다.

$$F = \frac{KK_g}{R_m r}v - \frac{K^2 K_g^2}{R_m}\frac{\dot{x}}{r^2} \tag{3.101}$$

지금까지 앞에서 배운 기계 및 전기 법칙을 사용하여 직선형 진자 시스템에 대한 모델링을 해보았다. 앞으로 나올 회전형과 이단 진자 시스템은 좀 더 복잡한 계산과 고급 수학[3]을 요하기 때문에 수학적인 모델만 소개하기로 한다.

회전형 진자 시스템

직선형 진자 시스템은 진자 막대를 직선으로 운동하게 하는 반면, 회전형 진자 시스템은 회전 운동을 통하여 진자 막대에 힘을 가한다. 회전형 진자 시스템의 전체 모습은 [그림 3-27]과 같다.

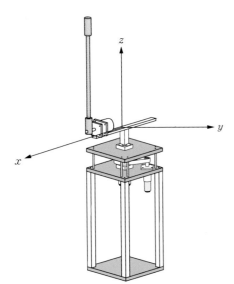

[그림 3-27] **회전형 진자 시스템**

관련된 물리 변수는 다음과 같다.

I_p^o : 진자 막대의 무게 중심에 대한 관성 모멘트

I_p : 진자 막대의 회전축에 대한 관성 모멘트 ($= I_p^o + ml^2$)

---

3 라그랑주 방정식을 사용한다. '부록 A.3'을 참고하기 바란다.

$$I_b^o \quad : \text{회전팔의 회전 중심에 대한 관성 모멘트}$$

$$I_b \quad : = I_b^o + mr^2$$

$$I_m \quad : \text{모터 자체에 대한 관성 모멘트}$$

$$B_m \quad : \text{모터 자체의 마찰계수}$$

$$R_m \quad : \text{모터의 전기자 저항}$$

$$K \quad : \text{모터의 토크 상수 또는 유도기전력 상수}$$

$$m \quad : \text{진자의 질량}$$

$$l \quad : \text{진자의 무게 중심까지의 거리}$$

$$r \quad : \text{회전팔의 길이}$$

[그림 3-28]은 회전형 진자 시스템을 위에서 보았을 때와 정면에서 보았을 때의 모습과 변수들을 나타내고 있다.

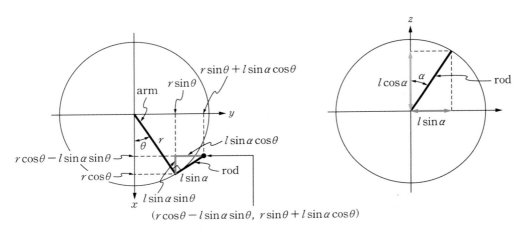

[그림 3-28] 회전형 진자 시스템을 윗면과 정면에서 바라본 모습

물리적인 역학 법칙을 사용하면, 정의한 변수들을 바탕으로 다음과 같은 모델식을 얻을 수 있다.

$$\begin{bmatrix} mrl\cos\alpha & I_p \\ (I_m + I_b + I_p\sin^2\alpha) & mrl\cos\alpha \end{bmatrix} \begin{bmatrix} \ddot{\theta} \\ \ddot{\alpha} \end{bmatrix} = \begin{bmatrix} I_p\sin\alpha\cos\alpha\,\dot{\theta}^2 + mgl\sin\alpha \\ -I_p\sin 2\alpha\,\dot{\alpha}\dot{\theta} + mrl\sin\alpha\,\dot{\alpha}^2 - \overline{B_m}\,\dot{\theta} + \dfrac{K_m}{R_m}V \end{bmatrix}$$

$$(3.102)$$

여기서 $\overline{B_m} = B_m + \dfrac{K^2}{R_m}$ 으로 주어진다.

모델식 (3.102)를 보면 α에 대해서는 비선형이지만, θ에 대해서는 선형식임을 알 수 있다. α에 대해서도 선형식이 되도록 하기 위해 다음과 같이 가정한다.

$$\sin\alpha \approx \alpha, \quad \cos\alpha \approx 1, \quad \alpha\dot{\alpha} \approx 0 \tag{3.103}$$

이러한 근사화를 통해 모델식 (3.102)를 다음과 같이 간단한 선형식으로 정리할 수 있다.

$$\begin{bmatrix} mrl & I_p \\ (I_m + I_b) & mrl \end{bmatrix} \begin{bmatrix} \ddot{\theta} \\ \ddot{\alpha} \end{bmatrix} = \begin{bmatrix} mgl\,\alpha \\ \dfrac{K_m}{R_m}v - \overline{B_m}\,\dot{\theta} \end{bmatrix} \tag{3.104}$$

식 (3.104)를 사용하여 상태방정식과 전달함수를 구해보자. $x_1 = \theta$, $x_2 = \alpha$, $x_3 = \dot{\theta}$, $x_4 = \dot{\alpha}$로 상태변수를 정하고, 전압 v를 입력 변수, x_1과 x_2를 출력 변수라 하면, 다음과 같은 상태방정식을 얻을 수 있다.

$$\begin{bmatrix} \dot{\theta} \\ \dot{\alpha} \\ \ddot{\theta} \\ \ddot{\alpha} \end{bmatrix} = \begin{bmatrix} 0 & 0 & 1 & 0 \\ 0 & 0 & 0 & 1 \\ 0 & \Omega_{32} & \Omega_{33} & 0 \\ 0 & \Omega_{42} & \Omega_{43} & 0 \end{bmatrix} \begin{bmatrix} x_1 \\ x_2 \\ x_3 \\ x_4 \end{bmatrix} + \begin{bmatrix} 0 \\ 0 \\ \Psi_3 \\ \Psi_4 \end{bmatrix} v$$

$$y = \begin{bmatrix} 1 & 0 & 0 & 0 \\ 0 & 1 & 0 & 0 \end{bmatrix} \begin{bmatrix} x_1 \\ x_2 \\ x_3 \\ x_4 \end{bmatrix} \tag{3.105}$$

여기서 Ω_{32}, Ω_{33}, Ω_{42}, Ω_{43}, Ψ_3, Ψ_4의 구체적인 형태는 이 장의 연습문제로 남기기로 한다.

회전형 진자 시스템은 입력이 하나, 출력은 두 개인 시스템으로 두 개의 전달함수를 생각할 수 있다. 즉 전압 v에서 θ로의 전달함수와 전압 v에서 α로의 전달함수이다. 이 두 전달함수를 구하기 위해 선형화된 식 (3.105)의 양변을 라플라스 변환하면 다음과 같다.

$$\begin{bmatrix} mrl & I_p \\ (I_m + I_b) & mrl \end{bmatrix} \begin{bmatrix} s^2\Theta(s) \\ s^2 A(s) \end{bmatrix} = \begin{bmatrix} mgl\,A(s) \\ \dfrac{K_m}{R_m}v - \overline{B_m}s\,\Theta(s) \end{bmatrix} \tag{3.106}$$

여기서 $\Theta(s)$, $A(s)$는 각각 θ와 α의 라플라스 변환이다. $\Theta(s)$, $A(s)$에 대하여 정리하고, 두 전달함수 $\dfrac{\Theta(s)}{V(s)}$와 $\dfrac{A(s)}{V(s)}$를 구하면 다음과 같다.

$$\begin{bmatrix} \dfrac{\Theta(s)}{V(s)} \\ \dfrac{A(s)}{V(s)} \end{bmatrix} = \begin{bmatrix} mrls^2 & I_p s^2 - mgl \\ (I_m + I_b)s^2 + \overline{B_m}s & mrls^2 \end{bmatrix}^{-1} \begin{bmatrix} 0 \\ \dfrac{K_m}{R_m} \end{bmatrix} \tag{3.107}$$

이단 진자 시스템

마지막으로 좀 복잡하지만 그래서 더 흥미진진한 이단 진자 시스템을 살펴보도록 하자. 이단 진자 시스템의 전체 모습은 [그림 3-29]와 같다.

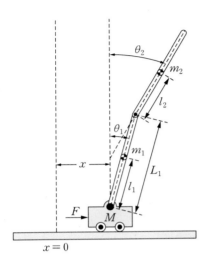

[그림 3-29] **이단 진자 시스템**

관련된 물리 변수는 다음과 같다.

M : 카트의 질량

m_1 : 진자 막대 1의 질량

m_2 : 진자 막대 2의 질량

θ_1 : 진자 막대 1과 지면에 대한 법선이 이루는 각

θ_2 : 진자 막대 2와 지면에 대한 법선이 이루는 각

x : 중심점으로부터의 카트 변위

F : 카트에 가해지는 힘

b : 카트와 트랙면과의 마찰계수

l_1 : 진자 막대 1의 무게 중심에서 회전축까지의 거리

L_1 : 진자 막대 1의 길이

l_2 : 진자 막대 2의 무게 중심에서 회전축까지의 거리

유도를 간결하게 하기 위해 다음과 같이 변수를 정의하자.

$$h_1 = M + m_1 + m_2$$
$$h_2 = m_1 l_1 + m_2 L_1$$

$$h_3 = m_2 l_2$$

$$h_4 = I_1 + m_1 l_1^2 + m_2 L_1^2$$

$$h_5 = m_2 L_1 l_2$$

$$h_6 = g(m_1 l_1 + m_2 L_1)$$

$$h_7 = I_2 + m_2 l_2^2$$

$$h_8 = g m_2 l_2$$

이단 진자 시스템에 대한 모델을 구할 때 힘 기반의 벡터 연산을 통한 계산은 너무 복잡하기 때문에, 에너지 기반의 라그랑주 방정식[4]을 이용한다. 상태변수를 $x_1 = x$, $x_2 = \theta_1$, $x_3 = \theta_2$, $x_4 = \dot{x}$, $x_5 = \dot{\theta}_1$, $x_6 = \dot{\theta}_2$와 같이 정하면 다음과 같은 상태방정식을 얻을 수 있다.

$$\begin{bmatrix} \dot{x}_1 \\ \dot{x}_2 \\ \dot{x}_3 \\ \dot{x}_4 \\ \dot{x}_5 \\ \dot{x}_6 \end{bmatrix} = \begin{bmatrix} x_4 \\ x_5 \\ x_6 \\ p_1 q_1 + p_2 q_2 + p_3 q_3 + p_1 F \\ p_2 q_1 + p_4 q_2 + p_5 q_3 + p_2 F \\ p_3 q_1 + p_5 q_2 + p_6 q_3 + p_3 F \end{bmatrix} \tag{3.108}$$

아래와 같이 정의된 변수 D를 사용하면

$$D = h_1 h_4 h_7 + 2 h_2 h_3 h_5 \cos\theta_1 \cos\theta_2 \cos(\theta_2 - \theta_1) - h_3^2 h_4 \cos^2\theta_2$$
$$- h_1 h_5^2 \cos^2(\theta_2 - \theta_1) - h_2^2 h_7 \cos^2\theta_1$$

p_1, p_2, p_3, p_4, p_5, p_6은 위에서 정의한 h_1에서 h_6까지의 변수를 사용하여 다음과 같이 정의되며,

$$p_1 = \left[h_4 h_7 - h_5^2 \cos^2(\theta_2 - \theta_1) \right] / D$$

$$p_2 = \left[h_3 h_5 \cos\theta_2 \cos(\theta_2 - \theta_1) - h_2 h_7 \cos\theta_1 \right] / D$$

$$p_3 = \left[h_2 h_5 \cos\theta_1 \cos(\theta_2 - \theta_1) - h_3 h_4 \cos\theta_2 \right] / D$$

$$p_4 = \left[h_1 h_7 - h^3 \cos^2\theta_2 \right] / D$$

$$p_5 = \left[h_2 h_3 \cos\theta_1 \cos\theta_2 - h_1 h_5 \cos(\theta_2 - \theta_1) \right] / D$$

$$p_6 = \left[h_1 h_4 - h^2 \cos^2\theta_1 \right] / D$$

q_1, q_2, q_3는 다음과 같이 주어진다.

$$q_1 = h_2 \sin\theta_1 \dot{\theta}_1^2 + h_3 \sin\theta_2 \dot{\theta}_2^2$$

---

4 '부록 A.3'을 참고하기 바란다.

$$q_2 = h_5 \sin(\theta_2 - \theta_1)\dot{\theta_2}^2 + h_6 \sin\theta_1 - b\dot{x}$$

$$q_3 = -h_5 \sin(\theta_2 - \theta_1)\dot{\theta_1}^2 + h_8 \sin\theta_2$$

적절한 힘과 토크를 사용하여 모델식 (3.108)을 이용하면, [그림 3-30]과 같이 골프에서의 스윙 동작을 실제와 유사하게 시뮬레이션해 볼 수 있다. 진자 막대 1과 진자 막대 2 사이에 적절한 토크를 가하고 적절한 힘 F를 주면, 소위 골프에서의 손목 코킹[5], 각 풀기와 중심 이동을 잘 흉내낼 수 있다.

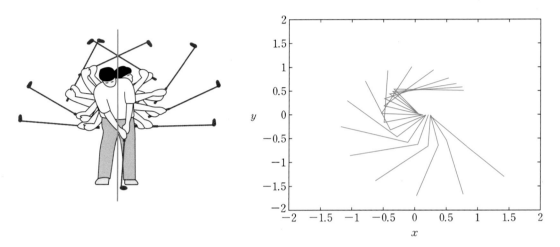

[그림 3-30] **골프 스윙과 이단 진자 시스템**

3.1.6 마스터-슬레이브 시스템

최근 IT 기술의 발달로 작업 환경이 열악한 곳에서의 기기 조작을 무선으로 하는 경향이 늘고 있다. 그러나 사람이 직접 손으로 느끼면서 조작하는 경우에 비해 작업의 섬세성은 떨어질 수밖에 없다. 한 예로 원격 조종 로봇이 있는데, 로봇이 느끼는 힘을 원격지의 조작자에게 피드백할 수 없다면, 무리한 조작으로 로봇을 파손시킬지도 모른다.

보통 조작하는 사람이 있는 쪽을 마스터, 조작 대상 물체가 있는 쪽을 슬레이브라고 말하는데, 조작하는 사람이 마스터를 통하여 슬레이브를 직접 조작하는 것처럼 느끼게 하기 위하여 쌍방 제어라는 방식을 사용한다. 이 절에서는 이와 같은 마스터-슬레이브 시스템 모델에 대해 알아본다.

---

5 백스윙할 때 손목관절을 구부리는 동작이다.

우선 [그림 3-31]과 같은 마스터-슬레이브 시스템을 생각해보자. 간단한 모델을 얻기 위하여 수평 방향의 자유도 하나만 고려한다.

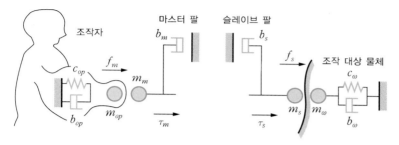

[그림 3-31] **마스터-슬레이브 시스템**

마스터 팔과 슬레이브 팔에 대한 모델은 다음과 같이 나타낼 수 있다.

$$\tau_m + f_m = m_m \ddot{x}_m + b_m \dot{x}_m$$
$$\tau_s - f_s = m_s \ddot{x}_s + b_s \dot{x}_s$$

$$(3.109)$$

여기에서 x_m과 x_s는 마스터 팔과 슬레이브 팔의 변위를 말하며, m_m, b_m과 m_s, b_s는 각각 마스터와 슬레이브 팔의 질량과 댐핑 계수를 나타낸다. f_m은 조작자가 마스터 팔에 가하는 힘이고, f_s는 슬레이브가 조작 대상 물체에 가하는 힘이다. 마스터 팔과 슬레이브 팔의 구동력은 τ_m과 τ_s로 표시된다.

슬레이브 팔과 직접 맞닿은 물체의 동역학 모델식은 다음과 같이 주어진다.

$$f_s = m_\omega \ddot{x}_s + b_\omega \dot{x}_s + c_\omega x_s \qquad (3.110)$$

여기에서 m_ω, b_ω, c_ω는 물체의 질량, 댐핑 계수, 마찰계수에 해당한다. 슬레이브 팔과 물체의 접촉은 강체로 연결되어 있다고 가정한다. 조작자도 다음과 같이 유사한 수식으로 모델링할 수 있다.

$$\tau_{op} - f_m = m_{op} \ddot{x}_m + b_{op} \dot{x}_m + c_{op} x_m \qquad (3.111)$$

여기에서 m_{op}, b_{op}, c_{op}는 조작자의 질량, 댐핑 계수, 마찰계수에 해당하고, τ_{op}는 조작자의 근육에서 발생하는 힘을 의미한다. 슬레이브 쪽과 같이 마스터의 팔과 조작자의 팔은 강체로 연결되어 있다고 가정한다. 마스터 팔과 슬레이브 팔의 구동기는 마스터와 슬레이브의 변위와 힘에 대하여 다음과 같은 관계가 있다.

$$\tau_m = \left[K_{mpm}^{(p)} + K_{mpm}^{(i)} \frac{d}{dt} + K_{mpm}^{(d)} \frac{d^2}{dt^2} \quad K_{mfm} \right] \begin{bmatrix} x_m \\ f_m \end{bmatrix}$$
$$- \left[K_{mps}^{(p)} + K_{mps}^{(i)} \frac{d}{dt} + K_{mps}^{(d)} \frac{d^2}{dt^2} \quad K_{mfs} \right] \begin{bmatrix} x_s \\ f_s \end{bmatrix}$$

$$(3.112)$$

$$\tau_s = \left[K_{spm}^{(p)} + K_{spm}^{(i)} \frac{d}{dt} + K_{spm}^{(d)} \frac{d^2}{dt^2} \quad K_{sfm} \right] \begin{bmatrix} x_m \\ f_m \end{bmatrix}$$

$$- \left[K_{sps}^{(p)} + K_{sps}^{(i)} \frac{d}{dt} + K_{sps}^{(d)} \frac{d^2}{dt^2} \quad K_{sfs} \right] \begin{bmatrix} x_s \\ f_s \end{bmatrix}$$

이는 추후에 배울 PID 제어기 형태로, 제어 목표를 달성하기 위하여 계수 $K_{XXX}^{(X)}$ 들을 적절하게 정해야 할 것이다.

지금까지 기계적인 물리량으로 시스템을 모델링하였는데, 3.1.1절에 배운 전기 물리량과 기계 물리량의 대응관계를 바탕으로 다음과 같이 전기 물리량으로 나타내보자.

$$\begin{aligned} \dot{x}_m &\longleftrightarrow I_m \\ \dot{x}_s &\longleftrightarrow I_s \\ \tau_{op} &\longleftrightarrow V_{op} \\ f_m &\longleftrightarrow V_m \\ f_s &\longleftrightarrow V_s \end{aligned} \tag{3.113}$$

힘과 속도를 전압과 전류로 대응하여 미분방정식 (3.109)~(3.112)을 라플라스 변환하면 다음과 같다.

$$\begin{aligned} T_m + V_m &= (m_m s + b_m) I_m = Z_m I_m \\ T_s - V_s &= (m_s s + b_s) I_s = Z_s I_s \end{aligned} \tag{3.114}$$

$$T_m = \left[K_{mpm}^{(d)} s + K_{mpm}^{(p)} + K_{mpm}^{(d)} \frac{1}{s} \quad K_{mfm} \right] \begin{bmatrix} I_m \\ V_m \end{bmatrix}$$

$$- \left[K_{mps}^{(d)} s + K_{mps}^{(p)} + K_{mps}^{(d)} \frac{1}{s} \quad K_{mfs} \right] \begin{bmatrix} I_s \\ V_s \end{bmatrix} \tag{3.115}$$

$$= \left[P_m \quad Q_m \right] \begin{bmatrix} I_m \\ V_m \end{bmatrix} - \left[R_m \quad S_m \right] \begin{bmatrix} I_s \\ V_s \end{bmatrix}$$

$$T_s = \left[K_{spm}^{(d)} s + K_{spm}^{(p)} + K_{spm}^{(d)} \frac{1}{s} \quad K_{sfm} \right] \begin{bmatrix} I_m \\ V_m \end{bmatrix}$$

$$- \left[K_{sps}^{(d)} s + K_{sps}^{(p)} + K_{sps}^{(d)} \frac{1}{s} \quad K_{sfs} \right] \begin{bmatrix} I_s \\ V_s \end{bmatrix} \tag{3.116}$$

$$= \left[P_s \quad Q_s \right] \begin{bmatrix} I_m \\ V_m \end{bmatrix} - \left[R_s \quad S_s \right] \begin{bmatrix} I_s \\ V_s \end{bmatrix}$$

여기서 T_m 과 T_s 는 τ_m 과 τ_s 의 라플라스 변환이다. 식 (3.114)~(3.116)에서 T_m 과 T_s 를 소거하면, 다음과 같은 방정식을 얻을 수 있다.

$$\begin{bmatrix} Z_m - P_m & -R_m \\ -P_s & -(Z_s + R_s) \end{bmatrix} \begin{bmatrix} I_m \\ -I_s \end{bmatrix} = \begin{bmatrix} 1 + Q_m & -S_m \\ Q_s & -(1 + S_s) \end{bmatrix} \begin{bmatrix} V_m \\ V_s \end{bmatrix} \tag{3.117}$$

따라서 최종적으로 다음과 같이 정리할 수 있다.

$$\begin{bmatrix} V_m \\ V_s \end{bmatrix} = \begin{bmatrix} z_{11} & z_{12} \\ z_{21} & z_{22} \end{bmatrix} \begin{bmatrix} I_m \\ I_s \end{bmatrix} \tag{3.118}$$

이때 전달함수 z_{ij}는 다음과 같이 구할 수 있다.

$$\begin{aligned}
z_{11} &= \frac{(1 + S_s)(Z_m - P_m) + S_m P_s}{(1 + S_s)(1 + Q_m) - S_m Q_s} = \frac{N_{11}}{D_z} \\[2mm]
z_{12} &= \frac{-(1 + S_s)R_m + S_m(Z_s + R_s)}{(1 + S_s)(1 + Q_m) - S_m Q_s} = \frac{N_{12}}{D_z} \\[2mm]
z_{21} &= \frac{(1 + Q_m)P_s + S_m(Z_s + R_s)}{(1 + S_s)(1 + Q_m) - S_m Q_s} = \frac{N_{21}}{D_z} \\[2mm]
z_{21} &= \frac{(1 + Q_m)P_s + S_m(Z_s + R_s)}{(1 + S_s)(1 + Q_m) - S_m Q_s} = \frac{N_{21}}{D_z}
\end{aligned} \tag{3.119}$$

조작자의 힘 τ_{op}에서 마스터 팔의 변위 $x_m \left(\dfrac{I_m}{s} \right)$, 슬레이브 팔의 변위 $x_s \left(\dfrac{I_s}{s} \right)$, 마스터 쪽의 힘 $f_m(V_m)$, 슬레이브 쪽의 힘 $f_s(V_s)$에 대한 전달함수를 각각 $G_{mp}(s)$, $G_{sp}(s)$, $G_{mf}(s)$, $G_{sf}(s)$라 하면, 네 개의 전달함수는 각각 다음과 같다.

$$\begin{aligned}
G_{mp}(s) &= \frac{s\left[N_{22} + D_Z Z_L \right]}{s^2\left[D_Y + N_{11} Z_L + N_{22} Z_G + D_Z Z_L Z_G \right]} \\[2mm]
G_{sp}(s) &= \frac{s N_{21}}{s^2\left[D_Y + N_{11} Z_L + N_{22} Z_G + D_Z Z_L Z_G \right]} \\[2mm]
G_{mf}(s) &= \frac{s^2\left[D_Y + N_{11} Z_L \right]}{s^2\left[D_Y + N_{11} Z_L + N_{22} Z_G + D_Z Z_L Z_G \right]} \\[2mm]
G_{sf}(s) &= \frac{s^2 N_{22} Z_L}{s^2\left[D_Y + N_{11} Z_L + N_{22} Z_G + D_Z Z_L Z_G \right]}
\end{aligned} \tag{3.120}$$

여기서 $Z_L = \dfrac{m_\omega s + b_\omega + c_\omega}{s}$, $Z_G = \dfrac{m_{op} s + b_{op} + c_{op}}{s}$ 이다. 특히 Z_L은 슬레이브와 상호작용하고 있는 물체의 임피던스를 의미한다. 몇 가지 특별한 경우를 살펴보자. $Z_L = 0$인 경우, 즉 슬레이브 팔과 상호작용하는 물체가 없어 슬레이브 팔이 자유롭게 움직이고 있을 때에는

$$G_{mp}(s) - G_{sp}(s) = \frac{s[N_{22} - N_{21}]}{s^2[D_Y + N_{22}Z_G]}$$

$$G_{mf}(s) - G_{sf}(s) = \frac{s^2[D_Y]}{s^2[D_Y + N_{22}Z_G]}$$

(3.121)

이다. $Z_L = \infty$ 인 경우, 즉 슬레이브가 아주 무거운 물체와 상호작용하여 슬레이브 팔이 강체 환경에 구속되어 있는 경우는 다음과 같다.

$$G_{mp}(s) - G_{sp}(s) = \frac{D_Z}{s[N_{11} + D_Z Z_G]}$$

$$G_{mf}(s) - G_{sf}(s) = \frac{s[N_{11} - N_{21}]}{s[N_{11} + D_Z Z_G]}$$

(3.122)

양방향 제어기 모델을 나타내는 식 (3.112)는 식 (3.121)과 식 (3.122)에 있는 전달함수를 사용하여 주어진 기준을 만족하도록 설계된다. 한 예로 다음과 같은 가격함수가 최소가 되도록 하면 바람직할 것이다.

$$J_p = \int_0^{w_{\max}} \left| G_{mp}(j\omega) - G_{sp}(j\omega) \right| \left| \frac{1}{1 + j\omega T} \right| d\omega$$

$$J_f = \int_0^{w_{\max}} \left| G_{mf}(j\omega) - G_{sf}(j\omega) \right| \left| \frac{1}{1 + j\omega T} \right| d\omega$$

여기서 $w_{\max}$ 는 조작자의 작업 주파수 대역 최댓값을 의미한다. 적분 후반부의 가중치 함수는 저주파 대역에 큰 가중치를 두기 위해 곱해진다.

3.2 임펄스 응답과 전달함수

'부록 A.2'에는 선형 시스템의 성질을 활용하기 위해 신호를 분해하고 합성하는 방법이 소개되어 있다. 이 방법을 이용하면 복잡한 계산과 분석을 쉽게 수행할 수 있다. 특히 상미분방정식에서 입력이 e^{st} 형태인 경우, 해를 매우 쉽게 구할 수 있기 때문에, 입력을 e^{st} 형태의 지수함수들에 대한 선형 조합으로 나타내는 것이 중요했다. 이 점이 바로 라플라스 변환이 나오게 된 배경이다.

신호를 분해하는 데, e^{st} 형태의 함수를 사용하는 것보다 더 쉬운 방법이 있다. [그림 3-32]와 같이 칼로 무 자르듯이 시간별로 함수를 자르고, 각 함수들에 대한 응답을 구해 합산하는 것이다.

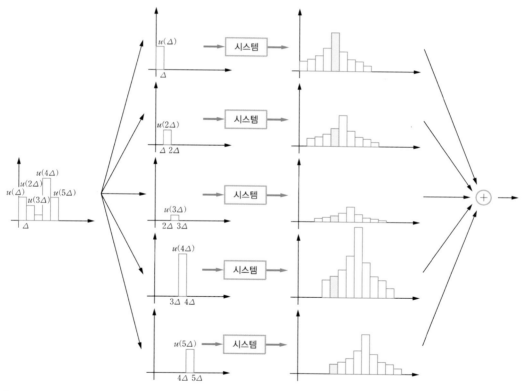

[그림 3-32] **신호의 시간별 분해**

이런 식으로 시간별로 함수를 자를 때 중요한 역할을 하는 함수가 있다. 바로 임펄스 함수이다. 엄밀히 정의해서 설명하려면 상당히 고급의 함수 이론을 알아야 하지만, 여기에서는 공학적인 응용에 초점을 맞추어 정성적으로 설명하겠다. 임펄스를 입력으로 인가하면, 출력으로 임펄스 응답함수라는 함수가 나온다. 입력을 시간별로 임펄스 함수로 자르고, 각각에 대한 임펄스 응답함수로 응답을 구한 다음, 나중에 이를 모두 합산하는 방식으로 출력을 쉽게 구할 수 있다. 우선 시간별로 입력 신호를 다음과 같이 분해하여보자.

$$u(t) = \sum_{i=1}^{N} u(i\Delta)\delta(t - i\Delta)\Delta \tag{3.123}$$

여기에서 $N\Delta = t$ 이고, 임펄스 $\delta(t)$ 는 다음과 같이 정의된다.

$$\delta(t) = \begin{cases} 0, & t < 0 \\ \dfrac{1}{\Delta}, & 0 \leq t \leq \Delta \\ 0, & t > \Delta \end{cases} \tag{3.124}$$

식 (3.123)은 $u(t)$ 를 시간 Δ 마다 샘플링한 신호로, 샘플/홀드 sample and hold 함수[6] 라고 생각하면 될 것이다. $\delta(t)$ 에 대한 출력은 임펄스 응답함수 $h(t)$ 이다. 만약 시스템의 성질이 시간에 대해 불변이 라고 한다면, 시간 지연이 $i\Delta$ 만큼 있는 $\delta(t - i\Delta)$ 에 대한 출력은 $h(t - i\Delta)$ 가 된다. 따라서 식 (3.124)와 같은 입력을 가하면 출력은 다음과 같이 쓸 수 있다.

$$y(t) = \sum_{i=1}^{N} u(i\Delta)h(t - i\Delta)\Delta \tag{3.125}$$

$N \to \infty$ 혹은 $\Delta \to 0$ 이면 식 (3.125)는 아래와 같은 적분 형태로 쓸 수 있다.

$$y(t) = \int_{0}^{t} u(\tau)h(t - \tau)d\tau$$
$$= \int_{0}^{t} u(t - \tau)h(\tau)d\tau \tag{3.126}$$

이는 2장에서 라플라스 변환을 배울 때 접했던 합성곱 형태로, 이러한 식에 대한 라플라스 변환은 매우 쉬웠다. 식 (3.126)의 양변을 라플라스 변환하면 다음과 같다.

$$Y(s) = H(s)U(s)$$
$$\frac{Y(s)}{U(s)} = H(s) \tag{3.127}$$

여기서 $Y(s)$, $U(s)$, $H(s)$ 는 각각 $y(t)$, $u(t)$, $h(t)$ 에 대한 라플라스 변환이다. 따라서 임펄스 응답함수 $h(t)$ 의 라플라스 변환 $H(s)$ 가 곧 입력 $U(s)$ 로부터 출력 $Y(s)$ 로의 전달함수가 됨을 알 수 있다.

---

6 일정한 시간 간격으로 샘플을 얻고 다음 샘플이 얻어질 때까지 샘플 값을 유지하는 함수이다.

그렇다면 다음과 같은 상태방정식에서 전달함수와 임펄스 응답함수를 구해보자.

$$\dot{x} = Ax + Bu$$
$$y = Cx$$

(3.128)

식 (3.128)의 양변을 라플라스 변환하고 정리하면, 다음과 같은 식을 얻을 수 있다.

$$Y(s) = C(sI - A)^{-1}BU(s)$$
$$\frac{Y(s)}{U(s)} = C(sI - A)^{-1}B$$

(3.129)

따라서 입력 $U(s)$로부터 출력 $Y(s)$로의 전달함수 $H(s)$는 다음과 같다.

$$H(s) = C(sI - A)^{-1}B$$

(3.130)

한편 상태방정식 (3.128)을 시간에 대해 풀어보면, 상태 $x(t)$와 출력 $y(t)$는 다음과 같다.

$$x(t) = e^{At}x(0) + \int_0^t e^{A(t-\tau)}Bu(\tau)d\tau$$
$$y(t) = Ce^{At}x(0) + C\int_0^t e^{A(t-\tau)}Bu(\tau)d\tau$$

(3.131)

전달함수와 임펄스 응답함수를 고려할 때 초기 조건은 0이라고 가정하기 때문에, 임펄스 응답함수는 다음과 같다.

$$h(t) = Ce^{At}B$$

(3.132)

이 임펄스 응답함수의 라플라스 변환은 식 (3.130)의 $H(s) = C(sI - A)^{-1}B$와 일치할 것이다.

e^{At}는 모델식 (3.128)의 상태 천이 행렬이라고도 부르며, 보통 $\varPhi(t)$라고 표시한다. 상태 천이 행렬은 선형 시스템 해석에서 매우 중요한 역할을 한다. 입력이 영, 즉 $u(\cdot) = 0$이면, 현재 상태는 상태 천이 행렬을 사용하여 다음과 같이 나타낼 수 있다.

$$x(t) = \varPhi(t)x(0) = e^{At}x(0)$$

위 식을 보면 왜 상태 천이 행렬이라고 이름 붙여졌는지 이해할 수 있을 것이다. e^{At}를 계산하는 방법은 여러 가지가 있는데, 앞에서 배운 대로 다음과 같은 관계식을 이용하고,

$$\mathcal{L}\left[e^{At}\right] = (sI - A)^{-1}$$

라플라스 역변환을 취하면 e^{At}를 구할 수 있다.

다음과 같은 상태방정식에서 상태 천이 행렬과 상태 $x(t)$를 구하라.

$$\dot{x}(t) = \begin{bmatrix} 0 & 1 \\ -8 & -6 \end{bmatrix} x(t) + \begin{bmatrix} 0 \\ 3 \end{bmatrix} u(t)$$

여기서 초깃값은 0이며, 입력은 단위 계단함수라 하자.

풀이

우선 $(sI - A)^{-1}$에 해당하는 라플라스 변환을 구해보자.

$$(sI - A)^{-1} = \begin{bmatrix} s & -1 \\ 8 & s+6 \end{bmatrix}^{-1} = \frac{\begin{bmatrix} s+6 & 1 \\ -8 & s \end{bmatrix}}{s^2 + 6s + 8}$$

$$= \begin{bmatrix} \dfrac{s+6}{s^2 + 6s + 8} & \dfrac{1}{s^2 + 6s + 8} \\ \dfrac{-8}{s^2 + 6s + 8} & \dfrac{s}{s^2 + 6s + 8} \end{bmatrix}$$

이를 부분분수로 분해하면 다음과 같다.

$$(sI - A)^{-1} \mid = \begin{bmatrix} \left(\dfrac{2}{s+2} - \dfrac{1}{s+4} \right) & \dfrac{1}{2}\left(\dfrac{1}{s+2} - \dfrac{1}{s+4} \right) \\ \left(\dfrac{-4}{s+2} + \dfrac{4}{s+4} \right) & \left(\dfrac{-1}{s+2} + \dfrac{2}{s+4} \right) \end{bmatrix}$$

라플라스 역변환을 취하면 다음과 같이 상태 천이 행렬의 시간 함수를 구할 수 있다.

$$e^{\begin{bmatrix} 0 & 1 \\ -8 & -6 \end{bmatrix} t} = \mathcal{L}^{-1}\left[\left(sI - \begin{bmatrix} 0 & 1 \\ -8 & -6 \end{bmatrix} \right)^{-1} \right]$$

$$= \begin{bmatrix} (2e^{-2t} - e^{-4t}) & \dfrac{1}{2}(e^{-2t} - e^{-4t}) \\ 4(-e^{-2t} + e^{-4t}) & (-e^{-2t} + 2e^{-4t}) \end{bmatrix}$$

식 (3.131)에 의해 상태 $x(t)$는 다음과 같다.

$$x(t) = \int_0^t e^{\begin{bmatrix} 0 & 1 \\ -8 & -6 \end{bmatrix} (t-\tau)} \begin{bmatrix} 0 \\ 3 \end{bmatrix} d\tau = \begin{bmatrix} \dfrac{3}{8} - \dfrac{3}{4}e^{-2t} + \dfrac{3}{8}e^{-4t} \\ \dfrac{3}{2}e^{-2t} - \dfrac{3}{2}e^{-4t} \end{bmatrix}$$

3.3 블록선도와 신호 흐름도

3.3.1 블록선도

일반적으로 최근의 시스템들은 설계 및 유지 보수의 용이성을 위해 계층적으로 구성된다. 전체 시스템은 몇 개의 부 시스템으로 구성되어 있고, 각 부 시스템의 내부는 다시 여러 시스템으로 구성되어 있다. 예를 들면, 자동차는 크게 보아 섀시, 엔진, 전장, 동력 전달장치 등으로 구성되어 있고, 다시 엔진은 여러 부품으로 이루어진다. 이와 같은 시스템을 모델링할 경우, 전체의 시스템을 한꺼번에 모델링하는 것보다는 입출력이 정의된 작은 부 시스템을 모델링하고, 이 부 시스템의 모델들을 사용하여 전체 시스템을 표현하는 것이 바람직하다.

이러한 모델링 방법에 사용되는 것이 블록선도이다. 블록선도는 전체 시스템을 여러 부 시스템들로 나누어 표현하는 방법으로, [그림 3-33]과 같이 입력 신호를 처리하여 출력 신호를 내놓는 블록, 신호의 흐름을 표시하는 선, 신호들이 더해지는 **합산점** summing point, 신호가 나누어지는 **분기점** branch point 등의 기본 구성 요소를 가진다.

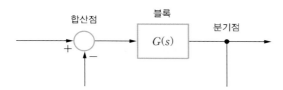

[그림 3-33] **블록선도의 기본 구성 요소**

블록들은 대개의 경우 부 시스템의 전달함수를 표시하며, 입력에 대한 프로세싱을 수행한다. 합산점에서 더하는 신호는 + 부호, 빼는 신호는 − 부호를 신호선 옆에 표시한다. 블록은 보통 입력과 출력을 갖추고 있지만, 그렇지 않을 수도 있다. 즉 입력만 있는 블록, 출력만 있는 블록, 입력과 출력이 모두 없는 블록도 있으며, 입력과 출력이 두 개 이상인 경우도 있다.

[그림 3-34]에서는 두 개의 블록 $G_1(s)$, $G_2(s)$가 연결되어 시스템을 구성하는 세 가지 기본적인 경우를 보여주고 있다. [그림 3-34(a)]의 직렬연결 시스템의 경우, 전체 전달함수는 $G_s(s) = G_1(s)G_2(s)$로 구해지고, [그림 3-34(b)]의 병렬연결 시스템의 경우에는 $G_p(s) = G_1(s) + G_2(s)$로 구해진다. [그림 3-34(c)]의 피드백 시스템에서는 다음의 관계식들로부터

$$U_1(s) = R(s) - Y_2(s)$$
$$Y_2(s) = G_2(s)Y_1(s) \qquad (3.133)$$
$$Y_1(s) = G_1(s)U_1(s)$$

다음과 같은 폐로 전달함수를 구할 수 있다.

$$G_c(s) = \frac{G_1(s)}{1 + G_1(s)G_2(s)} \qquad (3.134)$$

$G_2(s)$가 분모에 들어가서 $G_c(s)$의 극점 등에 큰 영향을 미치므로, 다른 연결 방식에 비해 시스템에 미치는 영향이 크다. 따라서 제어공학에서는 식 (3.134)와 같은 형태로부터 시스템 성능 개선에 크게 기여할 수 있는 제어기를 설계한다. 이 관계식은 앞으로도 계속 나오는 식이므로 꼭 기억하도록 하자.

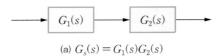

(a) $G_s(s) = G_1(s)G_2(s)$

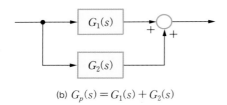

(b) $G_p(s) = G_1(s) + G_2(s)$

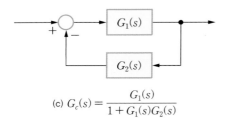

(c) $G_c(s) = \dfrac{G_1(s)}{1 + G_1(s)G_2(s)}$

[그림 3-34] **기본적인 세 가지 블록 연결법**

일반적인 블록선도는 적당한 변형을 통하여 직렬, 병렬, 피드백 블록 등의 결합으로 분해하여 나타낼 수 있으며, 이러한 분해 과정을 통하여 전달함수도 쉽게 구할 수 있다. [표 3-9]는 많이 사용되는 몇 가지 변형 방법을 정리한 것으로, 복잡한 블록선도의 전달함수를 구할 때 사용하면 매우 편리하다.

[표 3-9] 블록선도 변형 방법

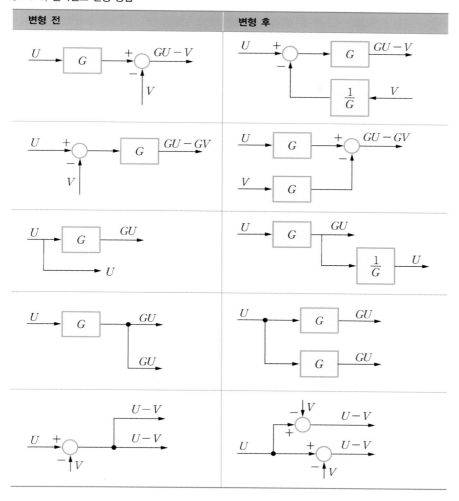

변형 전	변형 후

예제 **3-4**

블록선도 변형 방법을 써서 [그림 3-35]의 전달함수 $G(s) = \dfrac{Y(s)}{R(s)}$ 를 구하라.

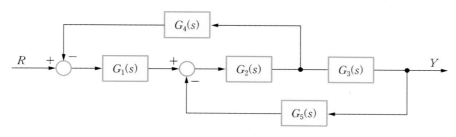

[그림 3-35] [예제 3-4]의 블록선도

풀이

[그림 3-35]의 블록선도는 [표 3-9]를 이용하여 [그림 3-36]과 같이 변형할 수 있다. 우선 [표 3-9]의 세 번째 방법을 사용하여 $G_4(s)$의 입력을 $G_3(s)$의 출력에서 가져온다. 물론 변형할 때 $\dfrac{1}{G_3(s)}$의 새로운 블록이 필요하다. 다음으로 직렬연결된 $G_4(s)$와 $\dfrac{1}{G_3(s)}$, 그리고 $G_2(s)$와 $G_3(s)$를 합친다. 그 다음 피드백 연결된 $G_2(s)G_3(s)$와 $G_5(s)$를 합친다. 다시 직렬연결하고 피드백 공식을 사용하면 최종적인 전달함수를 얻을 수 있다. 따라서 최종적인 전달함수는 다음과 같다.

$$G(s) = \frac{G_1 G_2 G_3}{1 + G_1 G_2 G_4 + G_2 G_3 G_5} \tag{3.135}$$

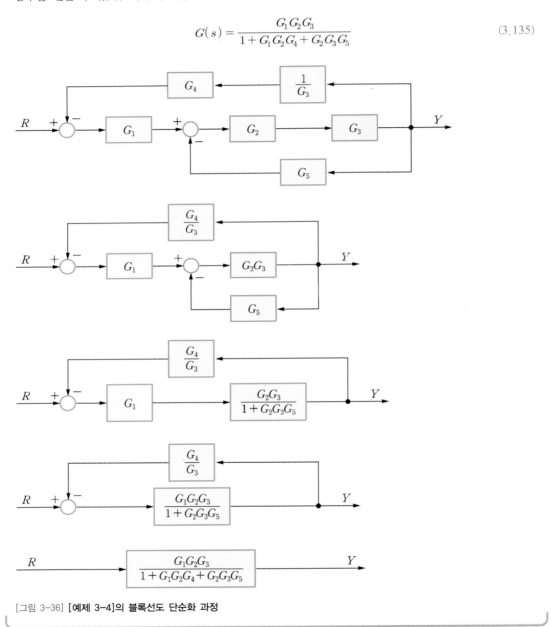

[그림 3-36] [예제 3-4]의 블록선도 단순화 과정

이 절에서 익힌 블록선도는 시스템의 구조를 개념적으로, 또 효과적으로 분명하게 나타낼 수 있는 시각적인 표현법이다. 따라서 복잡한 시스템도 이 선도를 써서 표시하면 그 구조를 쉽게 파악할 수 있다. 최근에는 이 선도를 써서 부 시스템들을 표현한 다음, 이를 서로 연결하여 모의실험을 수행할 수 있는 컴퓨터 꾸러미들이 제공되고 있어서, 제어시스템 해석 및 설계에 매우 효과적으로 사용되고 있다.

3.3.2 신호 흐름도

앞에서 다룬 블록선도를 좀 더 단순하게 나타내는 방법으로 신호 흐름도가 있다. 블록선도의 블록과 선이 신호 흐름도에서는 각각 선과 노드로 대체되어, 신호의 흐름이 훨씬 시각적으로 표현되고, 분석 면에서도 유용하다. 신호 흐름도는 대수방정식으로 표현되는 선형 시스템을 시각적인 그래프로 나타내기 위해 메이슨$^{S.\ J.\ Mason}$에 의해 처음 제안되었으며, 연립 대수방정식을 구성하는 변수들 간의 입출력 관계를 그림으로 나타내는 방법이다.

N개의 대수방정식으로 표현되는 다음과 같은 선형 시스템을 생각해보자.

$$y_j = \sum_{k=1}^{N} a_{kj} y_k, \quad j = 1,\ 2,\ \cdots,\ N \tag{3.136}$$

여기서 a_{kj}는 상수나 선형 연산자(예 : $\int$, $\dfrac{d}{dt}$), 더 나아가 전달함수(예 : $\dfrac{1}{s+1}$)까지도 가능하다. 좀 더 정성적으로 수식을 설명하면 다음과 같이 나타낼 수 있다.

$$j \text{번째 효과} = \sum_{k=1}^{N} (k \text{에서 } j \text{로의 이득}) \times k \text{번째 원인} \tag{3.137}$$

신호 흐름도를 구성할 때 변수를 나타내기 위해 노드가 사용되는데, 각각의 노드에 대한 신호의 유입은 가지^{branch}라고 불리는 선에 의해 결정된다. 각각의 가지에는 이득과 방향이 있다. 신호는 가지를 통해서만 전달되며, 방향은 가지에 화살표로 표시된다. 일반적으로 식 (3.136)과 같은 식이 주어지면, 신호 흐름도를 통하여 각각의 변수가 그 변수 또는 다른 변수들로부터 어떻게 계산되는지 시각적으로 표현할 수 있다. 예를 들어 선형 시스템이 다음과 같은 간단한 대수방정식으로 표현된다고 하자.

$$y_2 = a_{12} y_1 \tag{3.138}$$

여기서 y_1은 입력, y_2는 출력, 그리고 a_{12}는 두 변수 간의 이득을 나타낸다. 식 (3.138)을 블록선도와 신호 흐름도로 나타내면 [그림 3-37]과 같다. 여기서 입력 노드 y_1으로부터 출력 노드 y_2로 향하는 가지는 y_2의 y_1에 대한 종속 관계를 나타낸다. 앞에서 언급했듯이 블록선도의 블록과 선이 신호 흐름도에서는 각각 선과 노드로 대체되어 있음을 볼 수 있다.

[그림 3-37] $y_2 = a_{12}\,y_1$ 의 블록선도와 신호 흐름도

주요 성질

신호 흐름도의 중요한 성질들을 다음과 같이 요약할 수 있다.

- 신호 흐름도는 변수들 간의 관계가 선형적인 선형 시스템에만 적용된다.
- 신호 흐름도로 나타내기 위한 식은 반드시 대수적이어야 한다.
- 노드는 변수를 나타내기 위해 사용된다.
  보통 입력 변수는 왼쪽에, 출력 변수는 오른쪽에 배치한다.
- 신호는 가지를 통해 전달되며, 전달 방향은 가지의 화살표 방향과 같다.
- y_k 노드에서 y_j 노드로 향하는 가지는 y_j의 y_k에 대한 종속성을 나타낸다.
- y_k와 y_j를 연결하는 가지를 따라 이동하는 신호 y_k는 그 가지가 갖는 이득 a_{kj}가 곱해져 y_j로 $a_{kj}y_k$의 신호가 전달된다.

신호 흐름도에서는 앞서 살펴본 가지와 노드라는 용어 외에도 다음과 같은 용어들이 많이 사용된다.

- 입력 노드(소스) : 밖으로 나가는 방향의 가지만을 가지는 마디이다.
- 출력 노드(싱크) : 안으로 들어오는 방향의 가지만을 가지는 마디이다.
- 경로path : 같은 방향으로 진행하는 가지의 연속적인 모임이다.
- 순경로forward path : 입력 마디에서 시작하며, 어떤 노드도 한 번씩만 거치고 출력 마디에서 끝나는 경로이다.
- 루프loop : 같은 마디에서 시작하고 끝나며, 어떤 마디도 한 번씩만 거치는 경로이다.
- 경로 이득path gain : 경로를 이동하며 거치게 되는 가지의 이득을 모두 곱한 값이다.
- 순경로 이득 : 순경로의 경로 이득이다.
- 루프 이득 : 루프의 경로 이득이다.

신호 흐름도의 성질에 근거하여, 다음과 같이 대수 관계를 정리할 수 있다.

❶ 노드에 대응하는 값은 해당 노드로 들어오는 모든 신호의 합과 같다. [그림 3-38]과 같은 신호 흐름도의 경우,

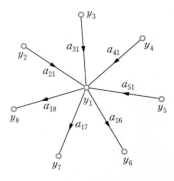

[그림 3-38] **주변의 여러 노드와 연결된 노드** y_1

y_1의 값은 연결된 모든 가지들을 통해 전달되는 신호들의 합과 같다.

$$y_i = \sum_{j=1}^{n} a_{ji} y_j \tag{3.139}$$

❷ 2개의 노드를 연결하는 같은 방향의 평행한 가지들은 각각의 가지 이득을 합한 값을 이득으로 가지는 단일 가지로 대체할 수 있다. 이에 대한 예가 [그림 3-39]에 나와 있다.

[그림 3-39] **병렬연결된 노드**

❸ [그림 3-40]에서 보는 바와 같이 같은 방향을 갖는 가지들의 직렬연결은 각각의 가지 이득의 곱을 이득으로 갖는 단일 가지로 대체시킬 수 있다.

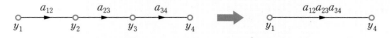

[그림 3-40] **직렬연결된 노드**

❹ [그림 3-41]과 같이 노드 y_j에 루프가 있는 경우 다음과 같이 표현할 수 있다.

$$y_j = \sum_{\substack{i=1 \\ i \neq j}}^{n} a_{ij} y_i + a_{jj} y_j$$

$$y_j = \sum_{\substack{i=1 \\ i \neq j}}^{n} \frac{a_{ij}}{1 - a_{jj}} y_i$$

(3.140)

식 (3.140)에 의하면 노드에 루프가 있는 경우, 루프를 제거하는 대신 들어오는 모든 신호에 대하여 이득을 $(1 - a_{ii})$로 나누어 주면 된다.

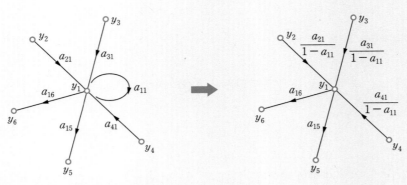

[그림 3-41] **자기 루프를 제거한 경우**

[그림 3-42]는 위에서 배운 여러 가지 신호 흐름도의 성질을 사용하여 신호 흐름도를 변형한 것이다. 흥미가 있는 독자들은 스스로 확인해보기 바란다.

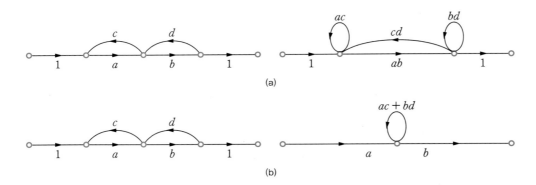

(a)

(b)

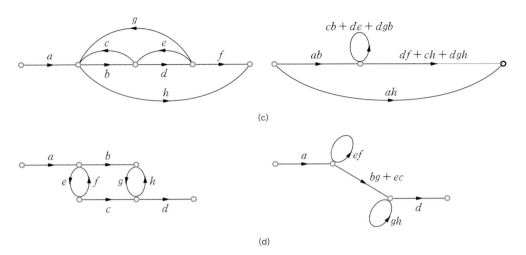

(c)

(d)

[그림 3-42] 몇 가지 신호 흐름도의 변형 예들

신호 흐름도를 바탕으로 입력 노드를 행, 출력 노드를 열로 하여 각 선에 지정되는 전달함수를 원소로 하는 행렬을 생각해보자. 한 예로 노드 3개를 갖는 [그림 3-43]과 같은 신호 흐름도의 경우,

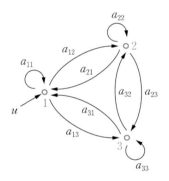

[그림 3-43] 노드 3개에 대한 신호 흐름도

다음과 같은 행렬 T를 만들 수 있다.

$$T = \begin{bmatrix} a_{11} & a_{12} & a_{13} \\ a_{21} & a_{22} & a_{23} \\ a_{31} & a_{32} & a_{33} \end{bmatrix} \tag{3.141}$$

각 노드에 해당하는 값을 $y = \begin{bmatrix} y_1 & y_2 & y_3 \end{bmatrix}$ 이라 하고, 첫 번째 노드로 들어오는 입력 신호를 u 라고 하면 다음과 같은 관계식이 만들어진다.

$$y = yT + \begin{bmatrix} u & 0 & 0 \end{bmatrix} \tag{3.142}$$

따라서 $y = [\,u \ \ 0 \ \ 0\,](I - T)^{-1}$이다. 따라서 노드 2를 출력으로 하여 그 출력값을 구하려면, $(I-T)^{-1}$의 2행 1열의 값을 알아내기만 하면 된다. 공학수학 시간에 배운 3×3 행렬에 대한 역행렬식을 상기하며 2행 1열의 값을 계산해보면 다음과 같다.

$$
\begin{aligned}
(I-T)^{-1}\big|_{2행1열} &= \begin{bmatrix} 1-a_{11} & -a_{12} & -a_{13} \\ -a_{21} & 1-a_{22} & -a_{23} \\ -a_{31} & -a_{32} & 1-a_{33} \end{bmatrix}^{-1}\Bigg|_{2행1열} \\
&= \frac{1}{\Delta}(a_{12}(1-a_{33}) + a_{32}a_{13})
\end{aligned}
\tag{3.143}
$$

여기서 Δ는 다음과 같다.

$$
\Delta = (1-a_{11})(1-a_{22})(1-a_{33}) + a_{12}a_{23}a_{31} + a_{12}a_{23}a_{31} - a_{12}a_{23}a_{31} - a_{12}a_{23}a_{31} - a_{12}a_{23}a_{31}
$$

이 Δ를 정리하면 다음과 같이 쓸 수 있다.

$$
\begin{aligned}
\Delta = 1 &- (a_{11} + a_{22} + a_{33} + a_{12}a_{21} + a_{13}a_{31} + a_{32}a_{23} + a_{12}a_{23}a_{31} + a_{31}a_{23}a_{12}) \\
&+ (a_{11}a_{22} + a_{22}a_{33} + a_{11}a_{33} + a_{12}a_{21}a_{33} + a_{13}a_{31}a_{22} + a_{23}a_{32}a_{11}) \\
&- a_{11}a_{22}a_{33}
\end{aligned}
$$

위에서 구한 Δ의 복잡한 구조에서 규칙성을 찾으면, 시스템의 입출력 관계식을 체계적으로 쉽게 파악할 수 있을 것이다. 신호 흐름도를 바탕으로 메이슨은 입출력 관계식을 계산하는 일반적인 이득 공식을 제시하였는데, 이 공식을 이용하면 입출력 관계식을 어렵지 않게 구할 수 있다. 이 메이슨 공식을 살펴보자.

메이슨 공식

N개의 순경로와 L개의 루프를 가지는 신호 흐름도가 주어졌을 때, 메이슨 공식을 이용하면 한 노드에서 다른 노드까지의 이득을 쉽게 계산할 수 있다. 메이슨 공식을 소개하기 위해 필요한 몇 가지 변수를 먼저 알아보자.

서로 만나지 않는 $r(1 \le r \le L)$개의 루프 조합 중 m번째 조합의 이득 곱을 L_{mr}이라고 하면, Δ는 다음과 같이 정의된다.

$$
\Delta = 1 - \sum_i L_{i1} + \sum_j L_{j2} - \sum_k L_{k3} + \cdots
\tag{3.144}
$$

또한 신호 흐름에서 k번째 순경로와 만나지 않는 부분에서 얻은 Δ를 Δ_k라 하면, 입력 마디 y_i로부터 출력 마디 y_o 사이의 이득은 다음과 같다.

$$M = \frac{y_o}{y_i} = \sum_{k=1}^{N} \frac{M_k \Delta_k}{\Delta} \tag{3.145}$$

여기서 M, M_k는 각각 y_i에서 y_o로의 이득, y_i에서 y_o로의 k번째 순경로의 이득을 의미한다. 식 (3.145)를 메이슨의 이득 공식이라 부르는데, 처음 보기에는 사용하기 어려워 보인다. 그렇지만 Δ와 Δ_k는 신호 흐름도에서 루프의 수가 원래 많으면서 서로 접하지 않는 루프의 수도 많은 경우를 제외하면, 대부분의 경우에서 간단하게 구할 수 있다.

예제 3-5

[그림 3-44]의 신호 흐름도에서 전달 이득 $\dfrac{y_7}{y_1}$과 $\dfrac{y_2}{y_1}$를 구하라.

풀이

y_1에서부터 y_7로 2개의 순경로가 존재하고 순경로 이득은 다음과 같다.

$$\begin{aligned} M_1 &= G_1 G_2 G_3 G_4, && \text{순경로} : \ y_1 \to y_2 \to y_3 \to y_4 \to y_5 \to y_6 \to y_7 \\ M_2 &= G_1 G_5, && \text{순경로} : \ y_1 \to y_2 \to y_3 \to y_6 \to y_7 \end{aligned} \tag{3.146}$$

[그림 3-44]에는 4개의 루프가 존재하며 루프 이득은 다음과 같다.

$$L_{11} = -G_1 H_1, \quad L_{21} = -G_3 H_2, \quad L_{31} = -G_1 G_2 G_3 H_3, \quad L_{41} = -H_4 \tag{3.147}$$

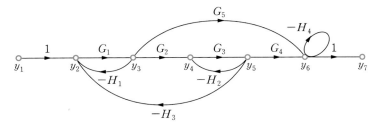

[그림 3-44] [예제 3-5]의 신호 흐름도

서로 만나지 않는 두 쌍의 루프는 다음과 같이 네 개가 존재한다.

$$\begin{aligned} y_2 \to y_3 \to y_2, && y_4 \to y_5 \to y_4 \\ y_2 \to y_3 \to y_2, && y_6 \to y_6 \\ y_4 \to y_5 \to y_4, && y_6 \to y_6 \\ y_2 \to y_3 \to y_4 \to y_5 \to y_2, && y_6 \to y_6 \end{aligned}$$

따라서 서로 만나지 않는 두 쌍의 루프 이득 곱의 합은 다음과 같다.

$$L_{12} + L_{22} + L_{32} + L_{42} = G_1 H_1 G_3 H_2 + G_1 H_1 H_4 + G_3 H_2 H_4 + G_1 G_2 G_3 H_3 H_4 \tag{3.148}$$

그리고 서로 만나지 않는 세 쌍의 루프 이득 곱의 합은 다음과 같다.

$$L_{13} = -G_1 H_1 G_3 H_2 H_4 \tag{3.149}$$

모든 루프는 경로 M_1과 만나므로 $\Delta_1 = 1$이고, 루프 $y_4 \to y_5 \to y_4$는 순경로 M_2와 만나지 않으므로 $\Delta_2 = 1 + G_3 H_2$이다. 이 식들을 식 (3.144)에 대입하면 다음 결과를 얻을 수 있다.

$$\begin{aligned}
\Delta &= 1 - (L_{11} + L_{21} + L_{31} + L_{41}) + (L_{12} + L_{22} + L_{32} + L_{42}) - L_{13} \\
&= 1 + (G_1 H_1 + G_3 H_2 + G_1 G_2 G_3 H_3 + H_4) \\
&\quad + (G_1 H_1 G_3 H_2 + G_1 H_1 H_4 + G_3 H_2 H_4 + G_1 G_2 G_3 H_3 H_4) + G_1 H_1 G_3 H_2 H_4
\end{aligned} \tag{3.150}$$

$$\frac{y_7}{y_1} = \frac{M_1 \Delta_1 + M_2 \Delta_2}{\Delta} = \frac{1}{\Delta} \left[G_1 G_2 G_3 G_4 + G_1 G_5 (1 + G_3 H_2) \right] \tag{3.151}$$

위와 같은 방법으로 y_2를 출력으로 정할 경우 다음과 같은 이득 관계를 얻는다.

$$\frac{y_2}{y_1} = \frac{1 + G_3 H_2 + H_4 + G_3 H_2 H_4}{\Delta} \tag{3.152}$$

예제 3-6

[그림 3-35]의 블록선도를 신호 흐름도로 표현하고 메이슨 공식을 사용하여 전체 시스템의 전달함수를 구하라.

풀이

[그림 3-35]의 블록선도를 신호 흐름도로 표현하면 [그림 3-45]와 같다. 입력 R에서 출력 Y까지의 순경로는 하나뿐이고 이득은 $G_1 G_2 G_3$이다. 루프는 총 2개이고, 이득은 각각 $-G_1 G_2 G_4$, $-G_2 G_3 G_5$이다. 두 개의 루프가 서로 만나고 있기 때문에 계산은 간단하다.

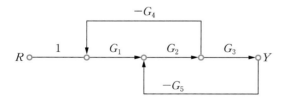

[그림 3-45] [그림 3-35]의 블록선도에 해당하는 신호 흐름도

따라서 최종적인 전달함수는 다음과 같다.

$$\frac{Y}{R} = \frac{G_1 G_2 G_3}{1 + G_1 G_2 G_4 + G_2 G_3 G_5} \tag{3.153}$$

블록선도 방식으로 푼 결과와 이 결과가 같음을 알 수 있다.

[그림 3-46]과 같은 회로를 신호 흐름도로 표현하고 v_1을 입력, v_3를 출력으로 하는 전달함수를 구하라.

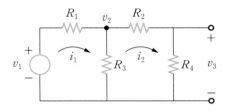

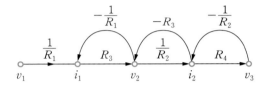

[그림 3-46] [예제 3-7]의 신호 흐름도

풀이

입력 v_1에서 출력 v_2까지의 순경로는 하나뿐이고 이득은 $\dfrac{R_3 R_4}{R_1 R_2}$이다. 루프는 총 3개이고, 이득은 각각 $-\dfrac{R_3}{R_1}$, $-\dfrac{R_3}{R_2}$, $-\dfrac{R_4}{R_2}$이다. 서로 만나지 않는 루프는 루프 1과 루프 3이다. 따라서 $\varDelta$는 다음과 같다.

$$\varDelta = 1 + \frac{R_3}{R_1} + \frac{R_3}{R_2} + \frac{R_4}{R_2} + \frac{R_3 R_4}{R_1 R_2} \tag{3.154}$$

모든 루프가 순경로와 만나기 때문에 전달함수는 다음과 같다.

$$\frac{v_3}{v_1} = \frac{R_3 R_4}{R_1 R_2 + R_1 R_3 + R_1 R_4 + R_2 R_3 + R_3 R_4} \tag{3.155}$$

[그림 3-46]과 같은 회로에서 전달함수를 쉽게 얻기 위해 R_2와 R_4가 연결된 선을 개방하고 v_2를 계산한 다음, 계산된 v_2에서 R_2와 R_4가 직렬연결된 선에서 분압된다고 보고 다시 v_3를 계산하려는 독자가 있을지 모르겠다. 즉 $\dfrac{v_2}{v_1}$와 $\dfrac{v_3}{v_2}$를 따로 구해 $\dfrac{v_3}{v_1} = \dfrac{v_2}{v_1} \times \dfrac{v_3}{v_2}$와 같이 구하겠다는 것인데 최종식 (3.155)와는 틀린 결과이다. 관련 문제를 2장 [연습문제 2.15]에 남겼으니 참고하기 바란다.

3.4 상태방정식과 전달함수의 블록선도 표시

지금까지는 블록선도로 표현된 시스템으로부터 전달함수를 구하는 데 초점을 두고 공부를 했다. 이제는 주어진 전달함수를 역으로 블록을 사용하여 표시하는 방법을 알아보자. 이러한 방법은 하드웨어를 구현하거나 시스템의 특성을 좀 더 파악하는 데 매우 중요한 과정이다. 전달함수나 상태방정식을 블록으로 구성하는 방법은 여러 가지가 있으나, 여기에서는 표준적인 네 가지 방법을 소개한다.

- 제어기 표준형controller canonical form
- 관측기 표준형observer canonical form
- 가관측성 표준형observability canonical form
- 가제어성 표준형controllability canonical form

네 가지 방법은 각각 고유의 명칭이 있는데, 이 명칭의 의미는 상태방정식을 다루는 8장에서 더 자세히 설명할 것이다. 이제 아래의 전달함수에 대해서

$$G(s) = \frac{Y(s)}{U(s)} = \frac{b_1 s^2 + b_2 s + b_3}{s^3 + a_1 s^2 + a_2 s + a_3} \tag{3.156}$$

네 가지 방법으로 표시해보자.

제어기 표준형

식 (3.156)으로부터 다음과 같은 3차 상미분방정식을 얻을 수 있다.

$$y^{(3)} + a_1 \ddot{y} + a_2 \dot{y} + a_3 y = b_3 u + b_2 \dot{u} + b_1 \ddot{u} \tag{3.157}$$

초깃값들이 모두 0이라는 가정 하에 중간 변수 ξ를 도입하면, 다음과 같이 쓸 수 있다.

$$\xi^{(3)} + a_1 \ddot{\xi} + a_2 \dot{\xi} + a_3 \xi = u$$
$$y = b_3 \xi + b_2 \dot{\xi} + b_1 \ddot{\xi} \tag{3.158}$$

ξ을 시스템 $\xi^{(3)} + a_1 \ddot{\xi} + a_2 \dot{\xi} + a_3 \xi = u$에서 입력 u에 대한 출력으로 본다면, $\dot{u}$에 대한 출력은 $\dot{\xi}$, $\ddot{u}$에 대한 출력은 $\ddot{\xi}$이 된다. 따라서 최종 출력 y는 식 (3.157)에서와 같이 $b_3 u$, $b_2 \dot{u}$, $b_1 \ddot{u}$에 대한 출력의 합으로 볼 수 있다.

식 (3.158)의 두 방정식을 그대로 블록으로 표현하면 [그림 3-47]과 같다. 그림에서 세 개의 적분기와 세 개의 피드백 이득으로 ξ를 계산한 후, 미분기로 y를 계산함을 볼 수 있다.

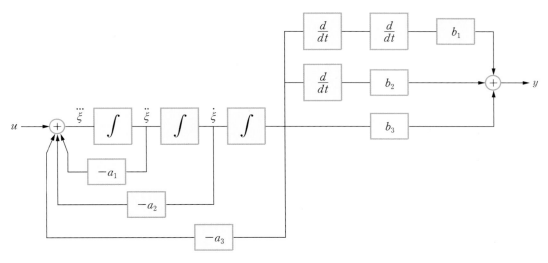

[그림 3-47] 식 (3.158)을 그대로 표현한 블록선도

그런데 시스템 구현에서 적분기는 잡음을 줄여주는 필터 역할을 하지만, 미분기는 잡음을 증폭시키기 때문에 사용을 자제해야 한다. 따라서 미분기를 기존의 적분기로 대체하는 게 좋다. [그림 3-48]을 보면, 미분기의 입력 신호가 적분기 뒤쪽으로 가면서 사라짐을 알 수 있다.

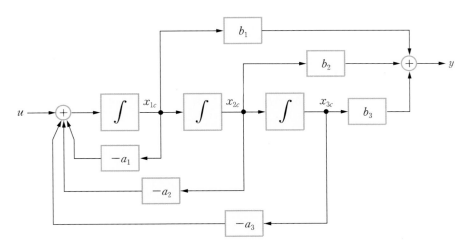

[그림 3-48] 제어기 표준형의 블록선도

제어기 표준형에서 상태방정식을 생각해보자. 우선 상태 x_{1c}, x_{2c}, x_{3c}를 차례로 $\ddot{\xi}$, $\dot{\xi}$, ξ로 선정하면 다음과 같은 식을 얻을 수 있다.

$$\dot{x}_{1c} = -a_1 x_{1c} - a_2 x_{2c} - a_3 x_{3c} + u$$

$$\dot{x}_{2c} = x_{1c}$$

$$\dot{x}_{3c} = x_{2c} \tag{3.159}$$

$$y = b_1 x_{1c} + b_2 x_{2c} + b_3 x_{3c}$$

행렬과 벡터를 사용하여 다음과 같이 쓸 수 있다.

$$\dot{x}_c = A x_c + b_c u, \quad y = c_c x_c \tag{3.160}$$

여기서 A, b_c, x_c, c_c는 다음과 같다.

$$A_c = \begin{bmatrix} -a_1 & -a_2 & -a_3 \\ 1 & 0 & 0 \\ 0 & 1 & 0 \end{bmatrix}, \quad b_c = \begin{bmatrix} 1 \\ 0 \\ 0 \end{bmatrix}, \quad x_c = \begin{bmatrix} x_{1c} \\ x_{2c} \\ x_{3c} \end{bmatrix}, \quad c_c = \begin{bmatrix} b_1 & b_2 & b_3 \end{bmatrix} \tag{3.161}$$

$a(s)$, $b(s)$, $\xi(s)$를 다음과 같이 정의하면,

$$a(s) = s^3 + a_1 s^2 + a_2 s + a_3$$

$$b(s) = b_1 s^2 + b_2 s + b_3 \tag{3.162}$$

$$\xi(s) = a^{-1}(s) U(s)$$

식 (3.158)을 다음과 같이 쓸 수 있다.

$$Y(s) = b(s) a^{-1}(s) U(s) = b(s) \xi(s) \tag{3.163}$$

제어기 표준형은 식 (3.163)과 같이 $a^{-1}(s)U(s)$를 먼저 계산한 후 $b(s)$를 곱하는 과정을 거친다. 다음에 소개할 방법은 반대로 $Y(s) = a^{-1}(s)b(s)U(s)$의 $b(s)U(s)$를 먼저 계산하고, $a^{-1}(s)$를 곱한다.

가관측성 표준형

제어기 표준형과 달리 가관측성 표준형은 [그림 3–49]와 같이 미분기들이 앞에 붙어 있다. $b(s)U(s)$를 먼저 계산하기 때문이다. 제어기 표준형처럼 미분기를 제거해야 하는데, 이번 경우에는 그리 쉽지 않다.

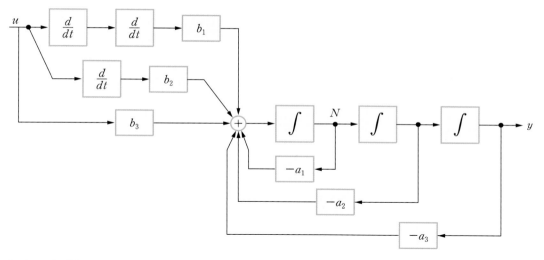

[그림 3-49] **변형 1**

[그림 3-50]과 같이 미분기를 통한 신호를 적분기 앞으로 이동시킴으로써 쉽게 미분기가 사라지는 듯하나, 최종적인 [그림 3-51]을 보면, 다음과 같은 계수가 등장한다.

$$\beta_1 = b_1$$
$$\beta_2 = b_2 - a_1 b_1 \qquad\qquad (3.164)$$
$$\beta_3 = b_3 - a_2 b_1 - a_1 (b_2 - a_1 b_1)$$

복잡하고 어려워 보일 수 있으나, 좀 살펴보면 금방 이해할 수 있다.

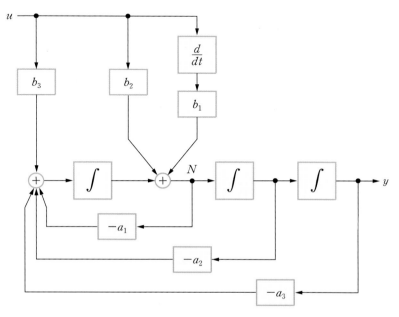

[그림 3-50] **변형 2**

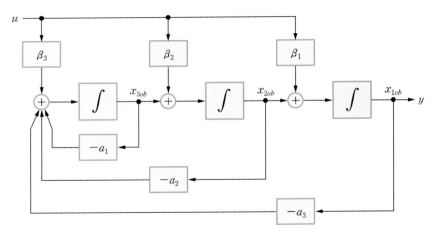

[그림 3-51] **가관측성 표준형**

[그림 3-50]에서 보면 입력에서 들어오는 두 신호선(블록 b_1, b_2를 통과하는 선)을 N 지점의 오른쪽으로 이동시킬 때 고려해야 할 사항이 있다. 바로 N 지점의 밑으로 나가는 신호에 대한 보상을 해야 한다는 것이다. 따라서 b_3, b_2는 $b_3 - a_1 b_2$, $b_2 - a_1 b_1$로 바뀌어야 한다. 이런 과정을 한 번 더 거치면 최종적으로 식 (3.164)와 같은 β_1, β_2, β_3가 얻어진다. 따라서 식 (3.164)를 정리하면 다음과 같은 식을 얻을 수 있다.

$$\begin{bmatrix} \beta_1 \\ \beta_2 \\ \beta_3 \end{bmatrix} = \begin{bmatrix} 1 & 0 & 0 \\ a_1 & 1 & 0 \\ a_2 & a_1 & 1 \end{bmatrix}^{-1} \begin{bmatrix} b_1 \\ b_2 \\ b_3 \end{bmatrix} \tag{3.165}$$

가관측성 표준형인 경우는 [그림 3-51]의 상태를 기반으로 다음과 같은 상태방정식으로 표현할 수 있다.

$$\dot{x}_{ob} = A_{ob} x_{ob} + b_{ob} u, \quad y = c_{ob} x_{ob} \tag{3.166}$$

여기서 A_{ob}, b_{ob}, x_{ob}, c_{ob}는 다음과 같다.

$$A_{ob} = \begin{bmatrix} 0 & 1 & 0 \\ 0 & 0 & 1 \\ -a_3 & -a_2 & -a_1 \end{bmatrix}, \quad b_{ob} = \begin{bmatrix} \beta_1 \\ \beta_2 \\ \beta_3 \end{bmatrix} = \begin{bmatrix} 1 & 0 & 0 \\ a_1 & 1 & 0 \\ a_2 & a_1 & 1 \end{bmatrix}^{-1} \begin{bmatrix} b_1 \\ b_2 \\ b_3 \end{bmatrix}$$

$$x_{ob} = \begin{bmatrix} x_{1ob} \\ x_{2ob} \\ x_{3ob} \end{bmatrix}, \quad\quad c_{ob} = \begin{bmatrix} 1 & 0 & 0 \end{bmatrix} \tag{3.167}$$

관측기 표준형

제어기 표준형에 사용했던 식 (3.158)을 다음과 같이 써보자.

$$\xi = s^{-3}u - a_1 s^{-1}\xi - a_2 s^{-2}\xi - a_3 s^{-3}\xi \qquad (3.168)$$

여기서 $\frac{1}{s^k}$은 라플라스 변환에서 배웠듯이 k번 적분하라는 의미이다. 따라서 입력 u로부터 ξ를 계산하기 위해 [그림 3-52]와 같은 블록선도를 생각할 수 있다. 식 (3.156)의 분자에 해당하는 $b_1 s^2 + b_2 s + b_3$를 구현하기 위해서는 [그림 3-53]과 같이 입력단에 미분기를 사용하면 된다. 각 노드에서 빠져나가는 신호가 없기 때문에 적분기 앞으로 선을 옮기면서 미분기를 제거하면, 최종적으로 [그림 3-53]과 같은 블록을 얻을 수 있다. 이를 살펴보면, 제어기 표준형과 같이 관측기 표준형에서도 모든 이득들이 전달함수의 계수들로 구성됨을 알 수 있다.

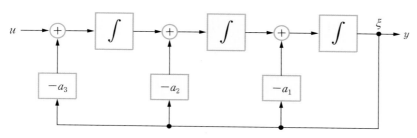

[그림 3-52] ξ를 계산하는 블록선도

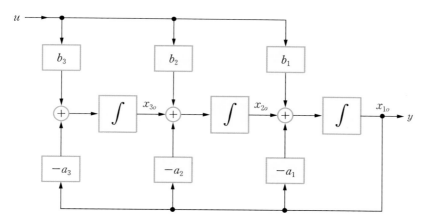

[그림 3-53] 관측기 표준형

관측기 표준형에서 상태방정식을 생각해보자. [그림 3-53]의 상태를 기반으로 다음과 같은 상태방정식을 세울 수 있다.

$$\dot{x}_o = A x_o + b_o u, \quad y = c_o x_o \qquad (3.169)$$

여기서 A_o, b_o, x_o, c_o는 다음과 같다.

$$A_o = \begin{bmatrix} -a_1 & 1 & 0 \\ -a_2 & 0 & 1 \\ -a_3 & 0 & 0 \end{bmatrix}, \quad b_o = \begin{bmatrix} b_1 \\ b_2 \\ b_3 \end{bmatrix}, \quad x_o = \begin{bmatrix} x_{1o} \\ x_{2o} \\ x_{3o} \end{bmatrix}, \quad c_o = \begin{bmatrix} 1 & 0 & 0 \end{bmatrix} \tag{3.170}$$

여기서 제어기 표준형과 관측기 표준형은 다음과 같은 관계에 있음을 알 수 있다.

$$A_o = A_c^{\ T}, \quad b_o = c_c^{\ T}, \quad c_o = b_c^{\ T} \tag{3.171}$$

가제어성 표준형

가제어성 표준형은 관측기 표준형과 같이 $\dfrac{1}{a(s)U(s)}$을 먼저 구현하고, 출력을 상태변수들의 적절한 선형 조합으로 나타낸다. 가제어성 표준형에서 상태방정식은 [그림 3-54]의 상태를 기반으로,

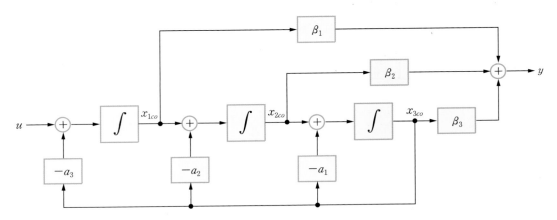

[그림 3-54] **가제어성 표준형**

다음과 같이 표현된다.

$$\dot{x}_{co} = A_{co}x_{co} + b_{co}u, \quad y = c_{co}x_{co} \tag{3.172}$$

여기서 A_{co}, b_{co}, x_{co}, c_{co}는 다음과 같다.

$$A_{co} = \begin{bmatrix} 0 & 0 & -a_3 \\ 1 & 0 & -a_2 \\ 0 & 1 & -a_1 \end{bmatrix}, \quad b_{co} = \begin{bmatrix} 1 \\ 0 \\ 0 \end{bmatrix}, \quad x_{co} = \begin{bmatrix} x_{1co} \\ x_{2co} \\ x_{3co} \end{bmatrix}$$

$$c_{co} = \begin{bmatrix} \beta_1 & \beta_2 & \beta_3 \end{bmatrix} = \begin{bmatrix} b_1 & b_2 & b_3 \end{bmatrix} \begin{bmatrix} 1 & 0 & 0 \\ a_1 & 1 & 0 \\ a_2 & a_1 & 1 \end{bmatrix}^{-1} \tag{3.173}$$

여기서 가관측성 표준형과 가제어성 표준형은 다음과 같은 관계에 있음을 알 수 있다.

$$A_{ob} = A_{co}^T, \quad b_{ob} = c_{co}^T, \quad c_{ob} = b_{co}^T \tag{3.174}$$

지금까지 소개한 네 가지 표준형을 정리해보자. 제어기 표준형과 가제어성 표준형에서는 입력이 피드백 형태로 모든 상태에 영향을 미치기 때문에, 모든 상태변수를 제어할 수 있다. 이러한 제어 가능에 대해서는 8장에서 더 자세히 다룰 것이다. 한편 출력은 적분기 출력, 즉 상태변수들에 대한 선형적 결합으로 나타낼 수 있다. 선형적 결합으로 상태변수들 사이에 상쇄가 일어나면, 시스템이 관측 불능이 될 수도 있다. 이러한 관측 불능에 대해서도 8장에서 더 자세히 다룰 것이다. 위와 비슷한 내용을 관측기 표준형과 가관측성 표준형에 적용할 수 있다. 단 입력과 출력의 역할이 바뀌기만 하면 된다.

한편 제어기 표준형과 관측기 표준형에서는 모든 블록의 파라미터들이 전달함수의 계수들로 표시되는 데 비해, 가제어성 표준형과 가관측기 표준형에서의 블록 파라미터 중에는 가제어성과 가관측성과 관련된 값들(β_1, β_2, β_3)이 나온다. 또한 $\dfrac{1}{a(s)}$ 을 구현하는 방법 면에서는 제어기 표준형과 가관측성 표준형이 비슷하고, 관측기 표준형과 가제어성 표준형이 비슷하다.

위에서 소개한 네 가지 방법 외에도 다음과 같은 경우들이 있다.

• **병렬 구조로 구현하는 경우**

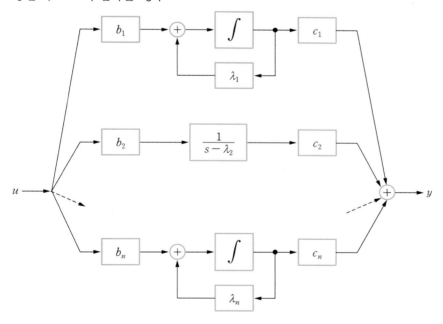

[그림 3-55] **병렬 구조로 구현**

$$\sum_{i=1}^{n} \frac{b_i c_i}{s - \lambda_i} \tag{3.175}$$

- 중복되는 극점이 있는 경우

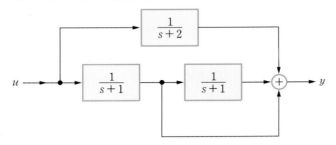

[그림 3-56] 중복되는 극점이 있는 경우

$$\frac{1}{(s+1)^2} + \frac{1}{s+1} + \frac{1}{s+2} \tag{3.176}$$

- 복소 극점이 있는 경우

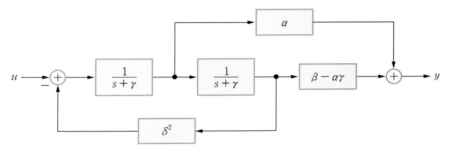

[그림 3-57] 복소 극점이 있는 경우

$$\frac{\alpha s + \beta}{(s+\gamma)^2 + \delta^2} \tag{3.177}$$

3.5 비선형 시스템의 선형화

'부록 A.2'에는 선형 시스템의 신호를 분해하고 합성하는 방법이 소개되어 있다. 입력이 $u_1(t)$, $u_2(t)$일 때의 출력을 각각 $y_1(t)$, $y_2(t)$라고 한다면, 입력이 $u_1(t) + u_2(t)$일 때의 출력은 $y_1(t) + y_2(t)$가 된다는 선형 시스템의 성질을 이용하면, 계산을 매우 효율적으로 수행할 수 있다. 사실 이러한 선형성을 이용하면, 계산뿐만 아니라 분석이나 제어도 매우 쉽게 처리할 수 있다. 하지만 불행하게도 세상의 대부분 시스템은 이런 선형성을 갖지 않는다. 대부분의 시스템 출력에는 한계가 있기 때문에, 어느 정도 이상의 입력에는 선형성이 보장되지 않는다. 간단하게 예로 스프링을 생각해보면, 탄성 한계 이상으로 너무 늘린 스프링은 $F = kx$의 선형적인 관계식을 더 이상 따르지 않는다.

이처럼 비선형 시스템이 선형 시스템보다 훨씬 일반적이고 현실적이다. 그러나 비선형 시스템에 대한 내용은 너무 어려워서, 이 책의 수준을 넘어가는 고급 수학이 동원되어야 한다. 실제 산업 현장에서는 비선형 시스템에 대한 비선형 제어기를 직접 설계하기보다는 선형 시스템으로 변환 또는 근사화를 한 다음, 선형 모델을 바탕으로 선형 제어기를 설계한다.

우선 비선형 시스템을 선형 시스템으로 변환하는 방법을 소개한다. 다음과 같은 비선형 상태방정식이 주어졌다고 하자.

$$\begin{aligned} \dot{x}_1 &= x_2 \\ \dot{x}_2 &= -a\left[\sin(x_1 + \delta) - \sin(\delta)\right] - bx_2 + cu \end{aligned} \tag{3.178}$$

모델식에 $\sin(\,\cdot\,)$와 같이 비선형 함수가 있는 것을 볼 수 있다. 이 비선형 함수를 제거하기 위해 다음과 같은 입력을 생각해보자.

$$u = \frac{a}{c}\left[\sin(x_1 + \delta) - \sin(\delta)\right] + \frac{v}{c} \tag{3.179}$$

여기에서 v는 새로운 입력이라고 생각하면 된다. 식 (3.179)의 u를 식 (3.178)의 비선형 상태방정식에 대입하면, 다음과 같은 선형 방정식을 얻을 수 있다.

$$\begin{aligned} \dot{x}_1 &= x_2 \\ \dot{x}_2 &= -bx_2 + v \end{aligned} \tag{3.180}$$

이를 행렬과 벡터를 사용하여 나타내면 다음과 같다.

$$\dot{x} = \begin{bmatrix} 0 & 1 \\ 0 & -b \end{bmatrix} x + \begin{bmatrix} 0 \\ 1 \end{bmatrix} v \tag{3.181}$$

식 (3.181)을 기반으로 제어 입력 v를 설계하면, 식 (3.179)에 의해 자동으로 u가 계산된다. 이와 같은 방법을 피드백 선형화라 하며, 이에 대한 많은 연구들이 이루어져 왔다. 관심 있는 독자는 '부록 B'의 참고 문헌 [20]을 참고하기 바란다.

그러나 위와 같이 비선형 시스템을 정확하게 선형 시스템으로 변환하는 일이 쉽지 않다면, 근사화 방법을 써야한다. 다음과 같은 비선형 시스템이 있다고 하자.

$$\begin{aligned} \dot{x}(t) &= f(x(t),\ u(t)) \\ y(t) &= g(x(t),\ u(t)) \end{aligned} \tag{3.182}$$

여기서 x, u, y는 각각 상태, 입력, 출력 변수를 나타내며, $f(x, u)$와 $g(x, u)$는 테일러급수가 가능한, 충분히 매끄러운 벡터 함수라고 가정하자. 만약 식 (3.182)의 $f(\cdot,\ \cdot)$와 $g(\cdot,\ \cdot)$에서 $f(x_0, u_0) = 0$과 $y_0 = g(x_0, u_0)$를 만족하는 $(x_0,\ u_0,\ y_0)$가 존재하면, 이 점에서는 $\dot{x}(t) = 0$이 되어 값이 변하지 않고 계속 유지될 것이다. 이 점을 **평형점**equilibrium point, 또는 **동작점**operating point이라고 부른다. 이 동작점 부근에서의 근사화를 통하여 선형화된 식을 얻을 수 있다.

동작점 부근에서 입력 u가 δu만큼 미세하게 변화하면, 상태 x와 출력 y도 그러한 변화에 대응하여 δx와 δy만큼 미세하게 변화한다. 따라서 식 (3.182)를 동작점 $(x_0,\ u_0,\ y_0)$ 부근에서 다음과 같이 테일러급수로 일차항까지 전개할 수 있다.

$$\begin{aligned} \frac{d}{dt}\left[x_0 + \delta x(t) \right] &= f(x_0 + \delta x,\ u_0 + \delta u) \\ &\approx f(x_0,\ u_0) + \left. \frac{\partial}{\partial x} f(x, u) \right|_{x = x_0, u = u_0} \delta x(t) + \left. \frac{\partial}{\partial u} f(x, u) \right|_{x = x_0, u = u_0} \delta u(t) \end{aligned} \tag{3.183}$$

출력 방정식 $y(t) = g(x(t),\ u(t))$도 테일러급수 전개로 다음과 같이 근사화할 수 있다.

$$y_0 + \delta y(t) \approx g(x_0,\ u_0) + \left. \frac{\partial}{\partial x} g(x, u) \right|_{x = x_0, u = u_0} \delta x(t) + \left. \frac{\partial}{\partial u} g(x, u) \right|_{x = x_0, u = u_0} \delta u(t) \tag{3.184}$$

식 (3.183)과 식 (3.184)를 정리하면 다음과 같이 선형화된 상태방정식을 얻을 수 있다.

$$\begin{aligned} \dot{\delta x}(t) &\approx A_0 \delta x(t) + B_0 \delta u(t) \\ \delta y(t) &\approx C_0 \delta x(t) + D_0 \delta u(t) \end{aligned} \tag{3.185}$$

여기서 $\delta u = u - u_0$, $\delta x = x - x_0$, $\delta y = y - y_0$이고, 계수 행렬은 다음과 같이 정의된다.

$$A_0 = \frac{\partial}{\partial x} f(x,\, u)\bigg|_{x=x_0,\, u=u_0}, \quad B_0 = \frac{\partial}{\partial u} f(x,\, u)\bigg|_{x=x_0,\, u=u_0}$$

$$C_0 = \frac{\partial}{\partial x} g(x,\, u)\bigg|_{x=x_0,\, u=u_0}, \quad D_0 = \frac{\partial}{\partial u} g(x,\, u)\bigg|_{x=x_0,\, u=u_0} \tag{3.186}$$

식 (3.186)의 선형 모델에서 주의해야 할 점은 이 모델이 동작점 부근에서만 유효하다는 것이다. 만일 동작점에서 너무 벗어나면 실제 시스템과 모델식 (3.186)의 오차가 커진다. 따라서 여러 동작점에서 제어기를 설계해서, 상황에 따라 가장 가까이 있는 동작점의 제어기를 선택해야 할 것이다. 선형화된 모델에 바탕을 둔 제어기와, 이를 실제 시스템에 적용한 경우가 [그림 3-58]에 나타나 있다. 실제로 적용할 때, 평형점 또는 동작점에서의 값들을 보상해야함을 잊어서는 안 된다.

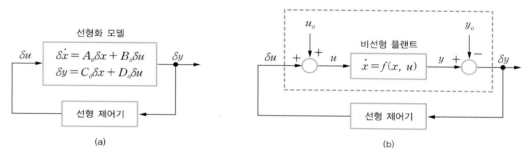

[그림 3-58] **비선형 시스템의 선형화**
(a) 등가 선형화 시스템　(b) 비선형 플랜트와 동작점

예제 3-8

[그림 3-59]와 같은 자기 부상 시스템을 생각해보자. 코일에 흐르는 전류에 의해 전자기 현상으로 쇠공이 공중에 부양한다. 공의 위치가 광학적인 센서에 의해 측정되고, 전류를 적당히 제어함으로써 쇠공이 공중에 지속적으로 떠있게 된다. 질량 m인 쇠공의 운동은 다음과 같은 방정식으로 모델링할 수 있다.

$$m\ddot{y} = -k\dot{y} + mg + F(y,\, i) \tag{3.187}$$

여기서 y, k, g, $F(y,\, i)$는 기준(코일 바로 밑을 $y=0$으로 정한다.)으로부터 측정된 공의 위치, 마찰계수, 중력 가속도, 전류 i에 의해 발생한 전자석 힘을 각각 나타낸다. 공의 위치에 따른 전자석의 인덕턴스는 다음과 같이 모델링된다.

$$L(y) = L_1 + \frac{L_0}{1+y/a} \tag{3.188}$$

전자석에 저장되는 에너지는 $\dfrac{1}{2L(y)i^2}$이므로 힘 $F(y,\, i)$는 다음과 같이 쓸 수 있다.

$$F(y,\ i) = \frac{\partial E}{\partial y} = -\frac{L_0 i^2}{2a(1+y/a)^2} \tag{3.189}$$

전압원 v와 발생하는 전류 사이에는 다음과 같은 관계식이 성립한다.

$$v = \dot{\phi} + Ri \tag{3.190}$$

여기서 R은 회로의 저항 성분이고, $\phi = L(y)i$는 쇄교자속이다. 앞의 여러 관계식에서 $x_1 = y$, $x_2 = \dot{y}$, $x_3 = i$와 같이 상태변수를 정하면 다음과 같은 상태방정식을 얻을 수 있다.

$$\dot{x_1} = x_2$$
$$\dot{x_2} = g - \frac{k}{m}x_2 - \frac{L_0 a x_3^2}{2m(a+x_1)^2} \tag{3.191}$$
$$\dot{x_3} = \frac{1}{L(x_1)}\left[-Rx_3 + \frac{L_0 a x_2 x_3}{(a+x_1)^2} + u\right]$$

이때 비선형 상태방정식 (3.191)을 변환과 근사화를 통하여 선형 방정식으로 표현하라.

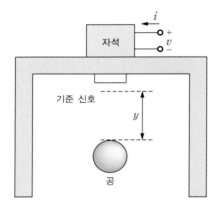

[그림 3-59] **자기 부상 시스템**

풀이

우선 간단한 변환을 통하여 상태방정식 (3.191)을 부분적으로 선형적으로 만들어보자. 새로운 입력 $\bar{u}$를 사용하여 $u = Rx_3 - \frac{L_0 a x_2 x_3}{(a+x_1)^2} + L(x_1)\bar{u}$와 같이 나타내면 다음과 같이 쓸 수 있다.

$$\dot{x_1} = x_2$$
$$\dot{x_2} = g - \frac{k}{m}x_2 - \frac{L_0 a x_3^2}{2m(a+x_1)^2} \tag{3.192}$$
$$\dot{x_3} = \bar{u}$$

동작점 $x_1 = y_0$, $x_2 = 0$, $x_3 = i_0$에서 선형화를 하고, 입력을 $\bar{u}$ 라고 하면, 다음과 같은 선형 상태방정식을 얻을 수 있다.

$$\begin{bmatrix} \dot{\delta x_1} \\ \dot{\delta x_2} \\ \dot{\delta x_3} \end{bmatrix} = \begin{bmatrix} 0 & 1 & 0 \\ \dfrac{L_0 a i_0^2}{m(a+y_0)^3} & -\dfrac{k}{m} & -\dfrac{L_0 a i_0}{m(a+y_0)^2} \\ 0 & 0 & 0 \end{bmatrix} \begin{bmatrix} \delta x_1 \\ \delta x_2 \\ \delta x_3 \end{bmatrix} + \begin{bmatrix} 0 \\ 0 \\ 1 \end{bmatrix} \bar{u} \qquad (3.193)$$

동작점은 평형점이므로 y_0와 i_0는 식 (3.192)에 의해 $g = \dfrac{L_0 a i_0^2}{2m(a+y_0)^2}$ 을 만족한다.

01. 선형 시스템을 이루는 3가지 수동 소자

선형 시스템은 다음 표와 같이 3가지 수동 소자, 즉 용량성 소자, 유도성 소자, 저항성 소자를 바탕으로 모델링된다.

대상 물리량	기계 시스템		전기 시스템		위상 차이
	힘(f), 속도(v)		전압(e), 전류(i)		
용량성 소자	스프링	$f = k \int v \, d\tau$	축전기	$e = \dfrac{1}{C} \int i \, d\tau$	전압(힘)이 전류(속도) 보다 $\dfrac{\pi}{2}$ 느리다.
유도성 소자	질량	$f = m \dfrac{dv}{dt}$	인덕터	$e = L \dfrac{di}{dt}$	전압(힘)이 전류(속도) 보다 $\dfrac{\pi}{2}$ 빠르다.
저항성 소자	댐퍼	$f = kv$	저항	$e = Ri$	전압(힘)과 전류(속도) 의 위상이 같다.

* 위상 비교 시 복원력의 음수(위상차 π)는 고려하지 않았다.

02. 임펄스 응답과 전달함수

전달함수는 입출력 변수에 대한 라플라스 변환의 비이다. 다음과 같은 상태방정식

$$\dot{x} = Ax + Bu$$
$$y = Cx$$

의 전달함수는 $G(s) = C(sI - A)^{-1}B$이다. 전달함수를 역변환하여 시간 함수로 나타내면 임펄스 응답함수 $g(\tau) = Ce^{A(t-\tau)}B$가 되며, 다음과 같이 표시할 수 있다.

$$y(t) = \mathcal{L}^{-1}[Y(s)] = \mathcal{L}^{-1}[G(s)U(s)]$$
$$= \int_0^t g(t-\tau)u(\tau)d\tau = \int_0^t g(\tau)u(t-\tau)d\tau$$
$$= \int_0^t Ce^{A(t-\tau)}Bu(\tau)d\tau = \int_0^t Ce^{A\tau}Bu(t-\tau)d\tau$$

03. 단일 피드백 시스템

단일 피드백 시스템은 다음과 같은 블록선도와 전달함수로 표시된다.

블록선도	전달함수
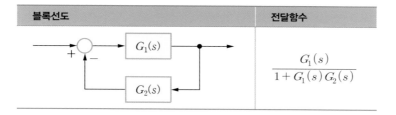	$\dfrac{G_1(s)}{1+G_1(s)\,G_2(s)}$

04. 여러 피드백이 존재하는 복잡한 시스템

여러 개의 피드백이 존재하는 복잡한 시스템은 신호 흐름도를 사용하면 편리하게 나타낼 수 있으며, 전체 전달함수를 구하기 위해서는 메이슨 공식을 사용하면 효과적이다.

신호 흐름도	전달함수(메이슨 공식)
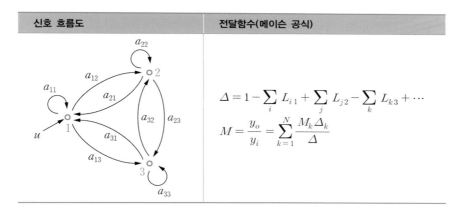	$\Delta = 1 - \sum_i L_{i\,1} + \sum_j L_{j2} - \sum_k L_{k3} + \cdots$ $M = \dfrac{y_o}{y_i} = \sum_{k=1}^{N} \dfrac{M_k \Delta_k}{\Delta}$

05. 전달함수의 블록선도 및 상태방정식 표현

다음과 같은 전달함수가 주어질 때, 이 전달함수를 제어기 표준형과 관측기 표준형으로, 또 각각에 대한 블록선도와 상태방정식으로 나타낼 수 있다.

$$G(s) = \frac{Y(s)}{U(s)} = \frac{b_1 s^2 + b_2 s + b_3}{s^3 + a_1 s^2 + a_2 s + a_3}$$

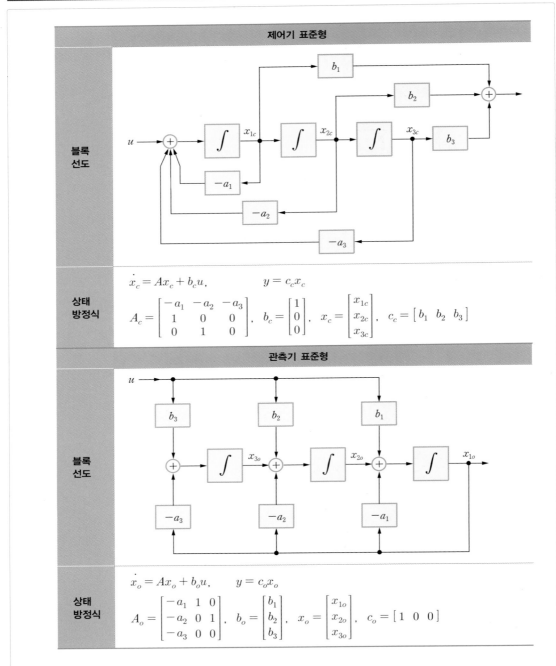

제어기 표준형	
블록 선도	(블록선도)
상태 방정식	$\dot{x_c} = Ax_c + b_c u, \qquad y = c_c x_c$ $A_c = \begin{bmatrix} -a_1 & -a_2 & -a_3 \\ 1 & 0 & 0 \\ 0 & 1 & 0 \end{bmatrix}, \ b_c = \begin{bmatrix} 1 \\ 0 \\ 0 \end{bmatrix}, \ x_c = \begin{bmatrix} x_{1c} \\ x_{2c} \\ x_{3c} \end{bmatrix}, \ c_c = \begin{bmatrix} b_1 & b_2 & b_3 \end{bmatrix}$
관측기 표준형	
블록 선도	(블록선도)
상태 방정식	$\dot{x_o} = Ax_o + b_o u, \qquad y = c_o x_o$ $A_o = \begin{bmatrix} -a_1 & 1 & 0 \\ -a_2 & 0 & 1 \\ -a_3 & 0 & 0 \end{bmatrix}, \ b_o = \begin{bmatrix} b_1 \\ b_2 \\ b_3 \end{bmatrix}, \ x_o = \begin{bmatrix} x_{1o} \\ x_{2o} \\ x_{3o} \end{bmatrix}, \ c_o = \begin{bmatrix} 1 & 0 & 0 \end{bmatrix}$

이외에 가관측성 표준형과 가제어성 표준형도 있다.

06. 비선형 시스템의 선형화

복잡한 비선형 시스템도 동작점$(x_0,\ u_0)$ 부근에서는 선형 모델로 근사화될 수 있다. 다음과 같은 비선형 시스템

$$\dot{x}(t) = f(x(t),\ u(t))$$
$$y(t) = g(x(t),\ u(t))$$

은 다음과 같이 선형 시스템으로 근사화된다.

$$\delta\dot{x}(t) \approx A_0\,\delta x(t) + B_0\,\delta u(t)$$
$$\delta y(t) \approx C_0\,\delta x(t) + D_0\,\delta u(t)$$

여기서 $\delta u = u - u_0$, $\delta x = x - x_0$, $\delta y = y - y_0$이고, 계수 행렬은 다음과 같이 구해진다.

$$A_0 = \left.\frac{\partial}{\partial x}f(x,\ u)\right|_{x=x_0,\,u=u_0},\quad B_0 = \left.\frac{\partial}{\partial u}f(x,\ u)\right|_{x=x_0,\,u=u_0}$$

$$C_0 = \left.\frac{\partial}{\partial x}g(x,\ u)\right|_{x=x_0,\,u=u_0},\quad D_0 = \left.\frac{\partial}{\partial u}g(x,\ u)\right|_{x=x_0,\,u=u_0}$$

3.1 스프링, 댐퍼, 질량에 대한 기계적 임피던스를 $Z(s) = \dfrac{F(s)}{V(s)}$ 와 같이 정의한다면, 다음 중 맞는 것은?

($V(s)$: 속도에 대한 라플라스 변환, $F(s)$: 가한 힘에 대한 라플라스 변환,

k : 스프링 상수, b : 댐퍼 마찰계수, m : 질량)

① 스프링 : $\dfrac{k}{s}$,   댐퍼 : b,   질량 : ms

② 스프링 : k,   댐퍼 : b,   질량 : m

③ 스프링 : k,   댐퍼 : bs,   질량 : ms^2

④ 스프링 : $\dfrac{k}{s^2}$,   댐퍼 : $\dfrac{b}{s}$,   질량 : m

3.2 축전기, 저항, 인덕터에 대한 전달함수 $G(s) = \dfrac{V(s)}{Q(s)}$ 를 알맞게 연결한 것은?

($V(s)$: 전압에 대한 라플라스 변환, $Q(s)$: 전하량에 대한 라플라스 변환,

C : 용량 상수, R : 저항, L : 유도상수)

① 축전기 : $\dfrac{1}{C}$,   저항 : Rs,   인덕터 : Ls^2

② 축전기 : $\dfrac{1}{Cs}$,   저항 : R,   인덕터 : Ls

③ 축전기 : $\dfrac{1}{C}$,   저항 : R,   인덕터 : L

④ 축전기 : $\dfrac{s}{C}$,   저항 : R,   인덕터 : $\dfrac{L}{s}$

3.3 다음 그림과 같이 수레 위에 질량 m인 물체가 움직이고 있다. 입력은 수레의 변위 $u(t)$이고, 출력은 수레 위에 있는 물체의 변위 $y(t)$라고 하자.

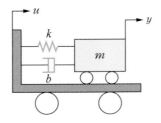

(a) 전달함수 $G(s)$를 구하라.

(b) 상태변수를 다음과 같이 정의할 때, 상태방정식을 구하라.

$$X_1(s) = s\,Q(s), \quad X_2(s) = Q(s)$$

여기서 $G(s) = \dfrac{N(s)}{D(s)}$ 라고 할 때, $Q(s)$는 다음과 같이 정의된다.

$$Q(s) = \frac{Y(s)}{N(s)} = \frac{U(s)}{D(s)}$$

(c) 상태변수를 다음과 같이 정의할 때, 상태방정식을 구하라.

$$X_1(s) = \frac{1}{s}\left[\,b\,U(s) - b\,Y(s) + X_2(s)\,\right]$$

$$X_2(s) = \frac{1}{s}\left[\,k\,U(s) - k\,Y(s)\,\right]$$

(d) 상태변수를 $x = \begin{bmatrix} y & \dot{y} \end{bmatrix}^T$라 할 때, 상태방정식을 구하라.

3.4 다음 그림의 왼쪽 블록선도를 오른쪽 피드백 형태로 표현할 때 A와 B에 적당한 것은?

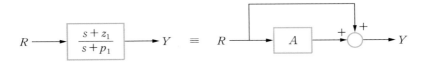

① A : $\dfrac{1}{s}$, B : p ② A : s, B : $-p$

③ A : $\dfrac{1}{s}$, B : $-p$ ④ A : s, B : p

3.5 다음 그림의 왼쪽 블록선도를 오른쪽처럼 표현할 때 A에 적당한 것은?

① $\dfrac{z_1 - p_1}{s + p_1}$ ② $\dfrac{z_1 + p_1}{s + p_1}$ ③ $\dfrac{z_1 + p_1}{s - p_1}$ ④ $\dfrac{z_1 - p_1}{s - p_1}$

3.6 다음 그림의 왼쪽 블록선도를 오른쪽처럼 표현할 때 A 에 적당한 것은?

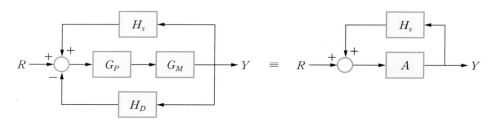

① $\dfrac{G_P G_M}{1 + G_P G_M H_D}$

② $\dfrac{-G_P G_M}{1 + G_P G_M H_D}$

③ $\dfrac{G_P G_M}{1 - G_P G_M H_D}$

④ $\dfrac{G_P G_M H_D}{1 + G_P G_M}$

3.7 다음 그림에서 (a) 블록선도를 (b) 블록선도로 바꿀 때, 빈칸에 들어갈 전달함수를 구하라.

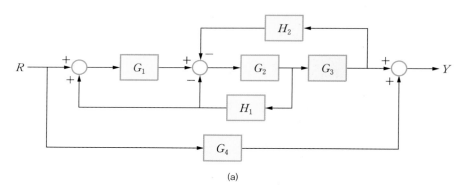

(a)

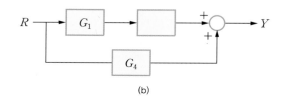

(b)

3.8 다음 그림에서 입력 R, U_1, U_2에 대한 출력 Y로의 전달함수를 각각 구하라.

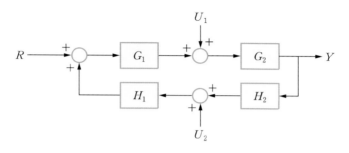

3.9 다음과 같은 전달함수

$$G(s) = \frac{3s^2 + 2s + 1}{s^3 + 4s^2 + 3s + 2}$$

을 다음 그림과 같이 블록선도로 나타낼 때, 빈칸에 알맞은 것은?

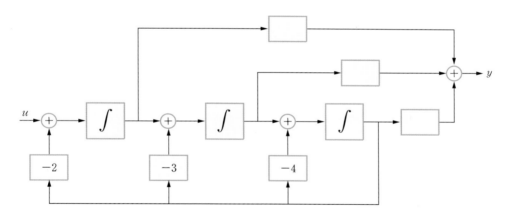

3.10 다음과 같은 비선형 상태방정식으로 표시되는 시스템의 평형점을 모두 구하고, 각 평형점에서 선형화 모델을 구하라.

$$\dot{x}(t) = -x^2(t) - u^2(t) + 1$$
$$y(t) = x(t)u(t)$$

3.11 다음과 같은 미분 및 적분방정식으로 기술된 모델식에서 입력 $r(\cdot)$에 대한 출력 $y(\cdot)$로의 전달함수를 구하고 상태방정식으로 표현하라.

(a) $\dfrac{d^2y(t)}{dt^2} + 3\dfrac{dy(t)}{dt} + 2y(t) = r(t) + \dfrac{dr(t)}{dt}$

(b) $\dfrac{d^3y(t)}{dt^3} + 10\dfrac{d^2y(t)}{dt^2} + 6\dfrac{dy(t)}{dt} + y(t) + 7\displaystyle\int_0^t y(\tau)d\tau = \dfrac{dr(t)}{dt} + 3r(t)$

(c) $\dfrac{dy(t)}{dt} + y(t) = r(t-T)$

3.12 시스템에 계단 입력을 가할 때 출력 $y(t)$가 다음과 같다고 하자. 각각에 대해 전달함수를 구하라.

(a) $y(t) = 1 - \dfrac{7}{3}e^{-t} + \dfrac{3}{2}e^{-2t} - \dfrac{1}{6}e^{-4t}$

(b) $y(t) = 8t - 4e^{-4t} - 2e^{-5t}$

3.13 다음 그림과 같은 시스템에서 입력으로 $F(t) = F_o e^{-t}$을 가할 경우, 시스템의 출력 $\theta(t)$를 계산하라. 입력 $F(t)$에서 출력 $\theta(t)$로의 전달함수도 구하라. (막대의 질량은 m이다.)

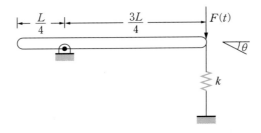

3.14 다음의 질량-스프링-댐퍼 시스템에 대한 상태방정식을 구하라.

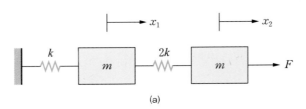

(a)

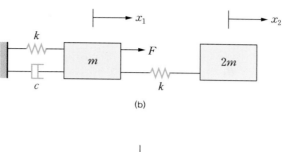

(b)

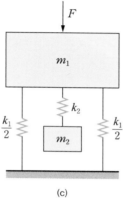

(c)

3.15 복소 임피던스 Z_1, Z_2, Z_3, Z_4를 갖는 다음의 회로에서 입력 전압 v_i에 대한 출력 전압 v_o로의 전달함수를 구하라.

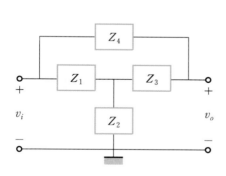

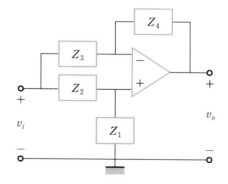

3.16 다음의 전기회로에 대한 적당한 상태를 정하고, 상태방정식을 구하라.
（단, 입력은 v_i, 출력은 v_o 이다.）

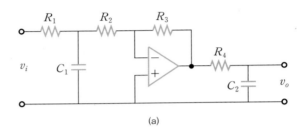

(a)

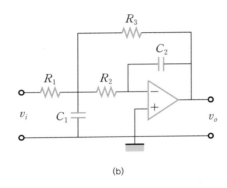

(b)

3.17 다음의 신호 흐름도에서 전달함수 $T(s) = \dfrac{Y(s)}{R(s)}$ 를 구하라.

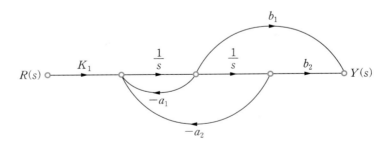

3.18 다음의 신호 흐름도에서 전달함수 $T(s) = \dfrac{Y(s)}{R(s)}$ 를 구하라.

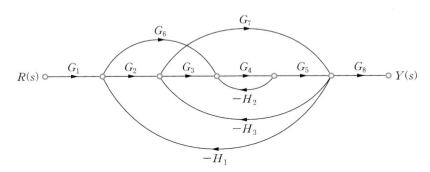

3.19 다음 그림과 같은 선형 직류기를 생각해보자. 일정하고 균일한 자계(자속밀도 B)가 지면 속으로 향하고 외부의 힘 f_{ext}를 가할 때, 도체 막대의 이동 속도($v = \dot{x}$), 유도기전력(e_{ind}), 전류(i)를 시간에 대한 그래프로 개략적으로 표시하라. 또한 $V_B = 0$일 때 전달함수 $V(s)/F_{ext}(s)$를 구하라. (단, 움직이는 도체 막대의 질량은 m이고, 마찰력은 무시한다.)

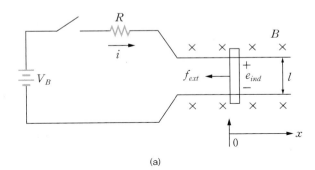

(a)

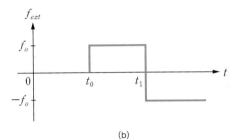

(b)

3.20 다음 그림 (a)와 같은 회로를 피드백 블록선도로 그림 (b)처럼 나타내려고 한다. 각 선의 물리적인 의미와 블록 A와 B의 기능을 설명하라.

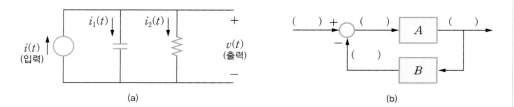

(a)   (b)

3.21 다음 그림 (a)는 유도 전동기의 원리를 간단하게 설명하기 위한 개념도이다. 외부의 자석이 시계 반대 방향으로 일정한 속도로 회전한다고 할 때, 회전자가 따라서 움직이는 원리를 그림 (b)와 같이 피드백 형식으로 표현하였다. 빈칸에 알맞은 말은?

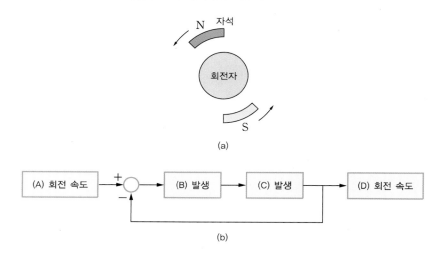

(a)

(b)

	(A)	(B)	(C)	(D)
①	자석	유도기전력	전류	회전자
②	자석	전류	유도기전력	회전자
③	회전자	유도기전력	전류	자석
④	회전자	전류	유도기전력	자석

참고 이 피드백 구조를 통해 정상상태에서 회전자의 속도가 자석의 속도보다 항상 느림을 알 수 있다.

3.22 본문에서 직류 전동기를 4개의 식([표 3-7] 참고)으로 모델링하였다. 이 4개의 식을 다음 그림과 같이 블록선도로 표현한다고 할 때, 빈 칸에 들어갈 적당한 전달함수를 구하라.

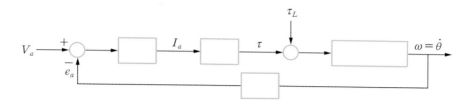

3.23 심화 다음 그림과 같은 기계 시스템을 생각해보자. 외부 힘이 없을 때 평형점으로부터의 위치를 $x_1(t)$, $x_2(t)$라고 하면, 입력 $p(t)$에 대한 위치 $x_1(t)$, $x_2(t)$를 기술하는 운동방정식을 구하라.

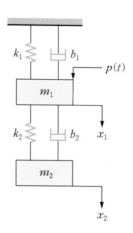

3.24 심화 오른쪽 그림은 지진으로 지반의 위치가 변하는지를 감지하는 장치이다. x는 $y = 0$일 때 정상상태에서 벗어난 거리를 나타낸다. 지진 등에 의해 지면으로부터 영향을 받는 y를 입력으로, x와의 차이, 즉 $z = x - y$를 출력으로 간주했을 경우, 전달함수를 구하라.

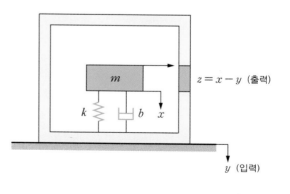

3.25 심화 다음과 같이 전달함수를 전개했을 때,

$$\frac{N(s)}{D(s)} = \sum_{i=1}^{\infty} h_i s^{-i}$$

가관측성 표준형(또는 가제어성 표준형)으로 구한 β_i가 다음을 만족함을 보여라.

$$\beta_i = h_i$$

3.26 심화 다음과 같은 간단한 진자 시스템을 생각해보자. 질량이 거의 없는 현이 고정된 실린더 위를 감으면서 진자운동을 할 때 θ와 $\dot{\theta}$를 상태변수로 하는 상태방정식을 세워라. (단, 실린더의 반지름은 R이고, 현이 아래로 수직으로 늘어질 때 길이는 l이다. 현의 끝에는 질량 m인 추가 달려있다.)

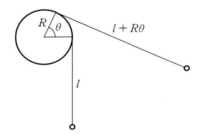

구한 비선형 방정식을 $\theta = 0$, $\dot{\theta} = 0$ 근처에서 선형화하여 선형 방정식을 구하라.

3.27 심화 다음 그림 (a)와 같은 전압원과 전류원이 있는 회로를 생각해보자. 비선형 저항 R_1과 R_2는 다음과 같은 특성을 갖는다.

$$\text{저항 } 1 : i_1 = f_1(v_1) = v_1^5$$
$$\text{저항 } 2 : v_2 = f_2(i_2)$$

여기서 함수 $f_2(\cdot)$은 그림 (b)와 같다. 그림에 표시된 상태변수 x_1, x_2, x_3를 사용하여 상태방정식을 구하라. $1[\mathrm{V}]$ 전압원과 $32[\mathrm{A}]$ 전류원을 사용할 때 평형점을 구하고, 이 평형점 부근에서 선형화하여 선형 방정식을 구하라.

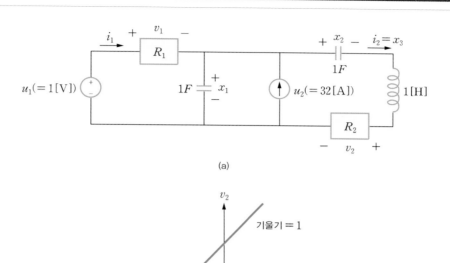

(a)

(b)

3.28 심화 다음 그림과 같은 시스템을 생각해보자. 코일에 전류가 흐르지 않으면, 질량이 m 인 물체는 x_0 의 위치에 멈추어 있다. x 는 x_0 를 기준으로 본 물체의 위치를 말한다. 댐핑은 선형적으로 속도에 비례한다고 하자(즉 $c\dot{x}$). 또 전자식 인덕터의 인덕턴스는 다음과 같다.

$$L(x) = \frac{L_0}{1 + \dfrac{x_0 + x}{h}}$$

이때 물체의 위치 x 와 전류 i 에 대한 동역학 모델식이 다음과 같음을 보여라.

$$m\ddot{x} + c\dot{x} + kx + \frac{L_0 i^2}{2h\left(1 + \dfrac{x_0 + x}{h}\right)^2} = 0$$

$$\frac{L_0}{1 + \dfrac{x_0 + x}{h}}\dot{i} + Ri - \frac{L_0}{h\left(1 + \dfrac{x_0 + x}{h}\right)^2}\dot{x}i = E(t)$$

또한 $E(t) = E_0 = \sqrt{\dfrac{k\,x_0\,h}{L_0}}\left(1 + \dfrac{x_0}{2h}\right)R$로 주어질 때, 평형점을 구하고 평형점 부근에서 선형화하여 선형 방정식을 구하라.

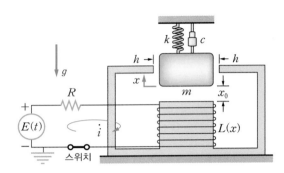

3.29 심화 다음 그림과 같은 시스템을 생각해보자. 판이 움직일 수 있는 커패시터의 전기용량은 다음과 같이 주어진다.

$$C(x) = \frac{C_0}{d_0 - x}$$

외부의 힘 $F(t)$와 전압 $E(t)$에 대한 동역학 모델식을 유도하라.

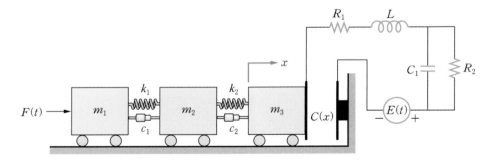

3.30 심화 다음 그림과 같이 두 개의 입력과 두 개의 출력이 있는 시스템은 총 4개의 전달함수, 즉 $G_{11}(s)$, $G_{12}(s)$, $G_{21}(s)$, $G_{22}(s)$를 가질 수 있다. 여기서 $G_{ij}(s)$는 입력 R_i에서 출력 C_j로의 전달함수를 의미한다. 예를 들면 $G_{12}(s)$는 입력 R_1에서 출력 C_2로의 전달함수인데, 이때 입력 R_2는 0으로 생각한다. 4개의 전달함수를 각각 구하라.

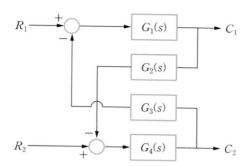

3.31 [심화] [예제 3-2]에서 전기 시스템과 기계 시스템이 결합된 시스템을 모델링할 때, 전기 에너지로부터 기계적인 물리량인 힘을 유도하는 과정을 다루었다. 전압(e)이 일정한 시스템에서 내부의 전기 에너지가 변위 x와 함께 $W_e(x,\ e)$로 표현될 때, 자연적으로 발생하는 힘 f가 다음과 같음을 일과 에너지 원리로 설명하라.

$$f = \frac{\partial W_e(x,\ e)}{\partial x}$$

또한 [예제 3-2]에서 구한 힘과 부호가 반대인 이유는 무엇인지 설명하라.

3.32 [심화] 다음 그림과 같이 자속밀도 B가 회전축에 평행하게 존재하고, 회전축이 토크 τ로 회전할 때 유기되는 전압을 V_o라고 할 때, 토크 τ에서 유기 전압 V_o로의 전달함수를 구하라. 원판의 관성 모멘트는 J, 반지름은 r이고 회전축의 비틀림은 없다고 가정하자.

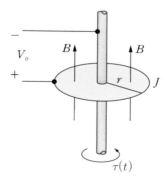

3.33 심화 다음과 같은 파라미터로 구성된 전송 선로를 생각해보자.

$$R : \text{단위 길이당 저항}$$
$$L : \text{단위 길이당 유도용량}$$
$$G : \text{단위 길이당 정전용량}$$
$$C : \text{단위 길이당 전기용량}$$

이 전송 선로의 미소 길이 dz 구간에 대한 모델링은 다음 그림과 같이 할 수 있다. 키르히호프의 법칙을 사용하여 양단의 전압과 전류 사이의 방정식을 유도하고, $\Delta z \to 0$으로 극한을 취함으로써 관련 미분방정식을 구하라. 그리고 각 구간에 대해서 전압과 전류가 다음과 같이 표현된다고 할 때,

$$v(z, t) = Re\left[V(z)e^{j\omega t}\right]$$
$$i(z, t) = Re\left[I(z)e^{j\omega t}\right]$$

$V(z)$와 $I(z)$에 관한 미분방정식을 구하고, $V(z)$와 $I(z)$를 상태로 하는 상태방정식을 구하라. 상태방정식을 세울 때는 시간 변수 대신에 공간 변수 z를 사용하라. 이 상태방정식으로부터 $V(z)$와 $I(z)$를 구하고, 감쇠 또는 진동 현상을 확인하라.

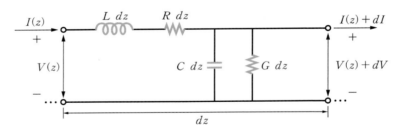

3.34 심화 본문에서 확산방정식에 대한 전달함수를 구하였다. 이 전달함수에 라플라스 역변환을 하여 임펄스 응답함수를 구하라.

힌트 $\dfrac{1}{1-e^{-2\sqrt{s}}} = \displaystyle\sum_{n=0}^{\infty} e^{-2n\sqrt{s}}$ 식을 이용하면 편리하다.

3.35 심화 에너지 기반의 라그랑주 역학(부록 A.3 참고)을 사용하여, 회전형 진자 시스템과 이단 진자 시스템의 모델을 유도하라.

CHAPTER 04

제어 목표
Control Objective

개요

3장에서는 물리적인 시스템에 대한 모델링 과정을 소개하고, 이를 전달함수와 상태방정식으로 표현하는 방법에 대해 학습하였다. 즉 입출력을 갖춘 수학적 모델을 얻는 데 집중했었다. 이 장에서는 주어진 수학적 모델을 바탕으로 입출력에 대한 동특성[1]과 관련된 개념들을 소개한다. 이 개념들에 대한 구체적이고 수학적인 내용들은 다음의 여러 장에 걸쳐 시간 영역과 주파수 영역으로 나누어 자세하게 다룰 것이다.

1장에서 제어란 사용자가 원하는 특성이 플랜트에 구현되도록 입력을 결정하는 방법이며, 제어 목표는 사용자가 플랜트에 원하는 특성을 의미한다고 설명했다. 이 장에서는 제어시스템 설계 시 가장 일반적으로 시스템이 갖추어야 할 특성으로 여겨지는 안정성과 (명령추종) 성능을 집중적으로 소개한다. 안정성과 성능은 제어공학의 존재 이유라 할 만큼 아주 중요하고 핵심적인 내용임에도 불구하고, 대부분의 제어공학 책에서는 부분적으로만 이 내용들을 다루고 있다. 그래서 이 책에서는 내용상 약간 어려운 부분이 있을지라도, 안정성과 성능에 대해서 전체적으로 정리할 기회를 마련하기 위해 이 장을 준비했다.

안정성과 성능을 설명하기 위해 [그림 4-1]과 같이 바다에서 수영하는 경우를 생각해보자. 깃발이 있는 곳까지 수영해서 도달하기 위해서는, 수영하는 중에도 깃발을 주시하면서 팔과 다리를 잘 조절, 즉 제어해야 한다. 제어의 관점에서 깃발을 주시하면서 수영한다는 것은 깃발 방향으로 잘 가고 있는지에 대한 피드백 신호를 받아 우리 몸의 팔과 다리를 잘 제어함을 의미한다. 현재 위치에 상관없이 항상 특정 위치에 있는 깃발까지 수영해서 가는 경우처럼, 물리적인 시스템이 항상 우리가 원하는 특성 또는 상태에 도달할 수 있다면, 그 시스템은 안정성을 갖추었다고 말한다. 한편 깃발이 시간에 따라 움직이는데, 그 깃발을 계속 잘 따라갈 수 있다면 이러한 특성은 (명령추종) 성능에 해당한다. 물론 성능은 안정성이 확보된 상태에서 의미가 있으며, 성능은 안정성을 포함하는 폭넓은 개념으로 볼 수도 있다. 이런 안정성과 성능을 확보하기 위해 제어시스템에서는 피드백 제어를 사용한다. 이 장에서는 피드백 제어의 효율적인 설계에 대해 원론적으로 접근해보고, 실제 설계하는 방법에 대해서는 다음 장부터 자세히 다루도록 한다.

---

1 부품, 회로, 장치 등의 동작에서, 입력의 변화가 출력에 영향을 미치는 경우의 동작 특성을 말한다. 참고로 입력이 변하지 않는 경우의 정상상태 출력 특성을 정특성이라고 한다.

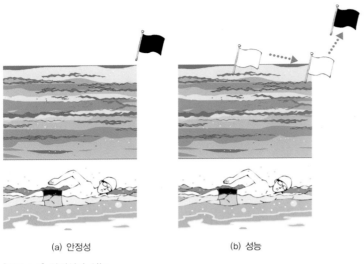

(a) 안정성   (b) 성능

[그림 4-1] **안정성과 성능**

이번에는 [그림 4-2]와 같이 수영하는 도중 예상치 못하게 다리에 쥐가 나는 경우를 생각해보자. 이 경우에도 위에서 소개한 안정성과 성능을 이야기할 수 있다. 정상적인 몸 상태를 수학적인 모델로 표현한다면, 쥐가 난 상황은 그 모델의 불확실성으로 생각할 수 있다. 이렇게 모델 불확실성을 고려한 안정성과 성능을 특히 견실 안정성과 견실 성능이라고 한다. 쥐가 난 상태에서도 고정된 위치의 깃발이나 움직이는 깃발을 향해 수영해 가려면 훨씬 노련한 수영 실력이 요구된다. 따라서 견실 안정성과 견실 성능을 얻기 위해서는 매우 좋은 제어기가 필요할 것이다.

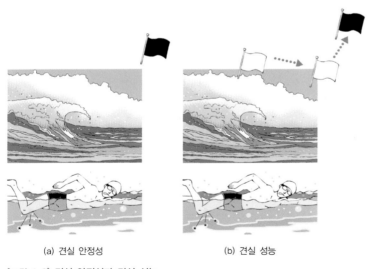

(a) 견실 안정성   (b) 견실 성능

[그림 4-2] **견실 안정성과 견실 성능**

위에서 언급한 안정성, 성능, 견실 안정성, 견실 성능 중에서 가장 기본적이고 중요한 제어 목표는

안정성이다. 일단 안정성을 획득해야 다른 제어 목표도 고려할 수 있기 때문이다. 이 장에서는 안정성에 대한 정의를 소개하고, 전달함수 및 상태방정식으로 표현된 모델식에서 안정성을 판별하는 방법을 배운다. 또 성능을 정량화하기 위한 성능지표를 시간 영역과 주파수 영역으로 나누어 간단히 정리한다. 이 장에서 다룰 내용을 요약하면 다음과 같다.

제어 목표 : 안정성과 성능

주어진 시스템에 적절한 제어기를 사용하여 얻고자 하는 시스템 특성을 제어 목표라 한다. 가장 일반적인 제어 목표에는 안정성과 (명령추종) 성능이 있다. 모델 불확실성에 대해서는 견실 안정성과 견실 성능과 같은 제어 목표를 고려한다.

수학적인 안정성 조건

이 책에서는 입출력의 관계가 선형적이고 시간에 대해 시스템이 변하지 않는 선형 시불변 시스템에 대한 안정성을 다룬다. 사실 시스템의 안정성을 정의하기 위해서는 상당한 수학적 실력이 필요하다. 대학교를 막 입학해서 수강했던 미적분학 시간에, 왜 배우는지도 모르면서 배웠던 $\varepsilon - \delta$ 표현을 사용하여야만 안정성을 엄밀하게 정의할 수 있다. 시변 및 비선형 시스템까지 고려하면, 여러 종류의 안정성을 따로 구분해야 하는 등 엄밀한 수학적 정의가 필요하다. 그러나 이 책에서는 선형 시불변 시스템만을 다루기 때문에 복잡하고 어려운 수학적인 내용이 없이도 안정성에 대한 정의를 매우 쉽게 내릴 수 있다. 선형 시불변 시스템에 대해서는 어떤 상태로 시작했든 상관없이 후에 원하는 상태로 수렴하기만 하면, 주어진 시스템이 안정하다고 말할 수 있다. 원하는 상태는 주로 좌표상 0으로 설정되기 때문에, 어떤 초기 상태에도 이후에 0으로 수렴하면 시스템이 안정하다고 말할 수 있다. 한편 비선형이거나 시변 시스템의 경우에는 0으로 수렴하면서 다양한 현상이 발생되기 때문에 보다 정교한 안정성의 정의가 필요하게 된다.

선형 시불변 시스템의 안정성 조건

선형 시불변 시스템, 즉 전달함수로 표현이 가능한 시스템의 경우에는 안정성의 판별이 매우 쉽다. 모든 극점이 복소평면상의 좌반평면에 있으면, 그 시스템은 안정하다. 만일 어느 한 극점이라도 허수축 또는 우반평면에 있으면, 시스템의 내부 상태나 출력이 발산할 수 있다. 즉 불안정한 것이다.

이런 시스템은 시스템의 초기 상태에 따라 출력이 발산하지 않을 수도 있으나, 초기 상태 중 하나라도 발산하는 경우가 가능하다면 그 시스템은 불안정하다고 판단된다.

안정성을 쉽게 판단할 수 있는 Routh-Hurwitz 안정성 판별법

안정성을 판별하기 위해 특성방정식을 직접 풀어 시스템의 모든 극점을 확인하는 일은 다항식의 차수가 높아질수록 매우 부담스러워진다. 따라서 고차 다항식에도 쉽게 적용할 수 있는 Routh-Hurwitz 안정성 판별법을 소개한다. 이 판별법을 사용하면, 간단한 연산으로 작성된 Routh Table을 통해 안정성 여부뿐만 아니라 특성다항식의 근 중 허수축 또는 우반평면에 있는 근의 개수까지도 알 수 있다. 또 안정성을 보장하는 피드백 이득의 범위도 쉽게 구할 수 있다. 신기할 만큼 유용한 이 판별법에 대해 궁금해하는 학생들이 있을 수 있어, '부록 A.4'에 유도 과정을 구성하였으니 참고하기 바란다.

피드백 제어를 통한 안정성과 성능의 향상

피드백 제어를 통해 시스템의 안정성과 성능을 향상시킬 수 있다. 제어기를 통해 극점의 위치 또는 시스템 행렬의 고웃값을 변경함으로써, 안정성 확보뿐만 아니라 입출력 반응을 향상시킬 수 있다. 또 시스템의 주파수 응답을 조절하여 모델 불확실성과 더불어 외란과 잡음에도 강인한 (명령추종) 성능을 달성할 수 있다.

4.1 기본 제어 목표 : 안정성과 성능

만약 우리가 어떤 시스템을 제어해야 한하면, 먼저 주어진 시스템에 대하여 입출력을 정의하고 정량적인 해석을 한 후에 시스템으로부터 어떤 특성을 원하는지를 결정해야 한다. 여기서 적절한 제어기를 구성하여 최종적으로 시스템에서 얻고자 하는 특성이 바로 제어 목표이다. 제어시스템을 설계할 때에는 이 제어 목표가 가장 먼저 명확하게 설정되어야 한다. 주어진 시스템의 종류에 따라 제어 목표는 각 특성에 맞게 다양하게 설정될 수 있다. 다양한 제어 목표 중에서도 대부분 시스템에서 기본으로 채택되는 제어 목표로 다음과 같은 안정성과 성능이 있다.

- **안정성**

  제어시스템의 입출력뿐만 아니라 내부 상태도 발산하지 않고 유한한 값을 가지며 안정해야 한다. 이러한 안정성은 제어 목표 가운데 최우선적인 목표이다. 우리가 다루는 선형 시불변 시스템의 경우, 유한한 입력에 항상 유한한 내부 상태와 출력이 보장되면 안정성이 보장된다.

- **(명령추종) 성능**

  기준 입력이 시간에 따라 변하는 경우나, 외란과 잡음이 영향을 미치는 경우에도 시스템의 출력이 기준 입력을 잘 추종해야 한다. (명령추종) 성능을 줄여서 보통 성능이라고도 말한다.

안정성은 주어진 시스템에 대해 안정한지 불안정한지 명확히 판별할 수 있는 데 반해, 성능은 정성적이고 주관적인 개념이다. 따라서 실제 제어시스템 설계에 이런 정성적인 성능을 반영하기 위해서는, 정량적 지표를 이용하여 수학적으로 표현 가능한 구체적인 목표를 설정해야 한다. 다시 말하면, 성능은 출력이 기준 입력을 잘 추종해야 함을 의미한다고 했는데, 이 "잘 추종한다."는 추상적인 표현을 정량적인 지표로 나타내야 한다는 것이다. 이 지표는 시간 영역과 주파수 영역에서의 입력 및 출력에 대한 특성들을 이용하여 표시된다. 예를 들면, 시간 영역의 성능지표로 상승 시간, 정상상태 오차, 정착 시간 등이 있으며, 주파수 영역의 성능지표로 대역폭, 이득 여유, 위상 여유 등이 있다. 이 장에서는 이런 지표들에 대해 간략하게 정의 및 설명만 하고, 자세하고 구체적인 계산은 5장과 7장에서 다룰 것이다.

성능과 관련된 제어 목표는 보통 성능지표를 사용하여 정량적으로 주어진다. 예를 들면 시간 영역에서는 '최대 초과 5% 이하, 상승 시간 0.9초 이내, 정착 시간 4초 이내', 주파수 영역에서는 '위상 여유 45도에서 ±3도 오차 허용, 주파수 100[rad/sec] 이상 고주파 잡음은 출력에서 100배 이상 감쇠' 등으로 나타난다. 물론 성능지표가 시간 영역과 주파수 영역에서 동시에 주어질 수도 있다.

제어기를 실제 하드웨어 또는 소프트웨어로 구현할 때, 제어기가 실시간으로 잘 동작할 수 있도록 여러 가지를 고려해야 한다. 한정된 시간 안에 제어기의 계산이 끝날 수 있도록 계산량을 조절해야 하고, 주어진 메모리의 한계, 하드웨어 접근 및 통신 시간에 의한 시간 지연 등에도 잘 동작할 수 있는 제어기를 설계해야 한다. 따라서 다음과 같은 제어 목표를 생각할 수 있다.

• 구현 가능성
제어기를 소프트웨어 및 하드웨어로 구현하기 쉬워야 한다. 실제 적용할 때 필요 계산 시간이 적절하여 실시간 처리가 가능해야 한다. 샘플링 및 데이터 전송 속도 등에 의한 시간 지연에도 잘 작동해야 한다.

이론적으로 또는 시뮬레이션으로는 잘 동작하는 제어기라도 구현 가능성 측면에서 실용적이지 못한 경우도 많이 있다. 따라서 제어기를 설계할 당시부터 구현 가능성이라는 제어 목표를 반드시 설정해야 한다. 또한 최근 컴퓨터에 의한 디지털 제어가 보편화 되었지만, 제어 대상인 대부분의 물리적인 시스템은 여전히 아날로그 방식이기 때문에 중간에 인터페이스가 필요하다. 이러한 인터페이스에 의해 생기는 여러 수치적인 오차와 시간 지연도 제어기 설계 시 꼭 고려해야 한다.

이 장의 개요에서 쥐가 난 상태로 수영하는 상황을 언급했는데, 정상적인 몸 상태와 쥐가 난 몸 상태는 분명히 차이가 있을 것이다. 따라서 정상 상태를 모델로 구성했다면, 이 모델은 쥐가 난 상태와 다를 수밖에 없다. 이와 같이 실제 물리적인 시스템에 대해 우리가 아무리 정확하게 모델을 구했다 하더라도, 실제 시스템은 여러 가지 원인으로 인해 우리가 구한 모델과는 항상 오차가 존재하게 마련이다. 따라서 실제 시스템은 기본 특성을 나타내는 기본 모델nominal model과, 이 모델에 표현되지 않은 모델 불확실성model uncertainty으로 분리하여 생각할 수 있다. 가장 흔하게 쓰이는 불확실성의 표기로는 [그림 4-3]과 같이 덧셈형과 곱셈형이 있다.

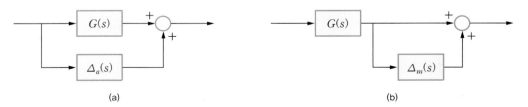

[그림 4-3] **불확실성의 덧셈형 및 곱셈형 표기**

덧셈형과 곱셈형은 각각 다음과 같이 나타낼 수 있다.

$$G_{\Delta_a}(s) = G(s) + \Delta_a(s)$$
$$G_{\Delta_m}(s) = G(s)(1 + \Delta_m(s))$$

(4.1)

여기서 $\Delta_a(s)$와 $\Delta_m(s)$은 덧셈형 및 곱셈형 표기로 불확실성을 나타낸 것이다. 덧셈형 표기와 곱셈형 표기 모두, 기본 모델의 수식은 알고 있으며, 불확실성에 대해서는 크기의 한계만 안다고 간주한다.

이와 같은 모델 불확실성이 있더라도 안정성이나 성능이 유지되는 성질을 견실성^{robustness}이라 하는데, 제어 목표는 이러한 견실성을 고려했는지에 따라 다음과 같이 구분할 수 있다.

❶ 안정성
  불확실성이 없는 기본 모델에서 제어기를 사용할 때, 시스템이 안정해야 한다.
❷ 성능
  불확실성이 없는 기본 모델에서 제어기를 사용할 때, 외란, 잡음, 시변 기준 신호에 대하여 출력과 기준 입력 사이의 추종 오차가 작아야 한다.
❸ 견실 안정성
  기본 모델에 주어진 범위 내의 불확실성이 존재하더라도 안정성이 성립해야 한다.
❹ 견실 성능
  기본 모델에 주어진 범위 내의 불확실성이 존재하더라도 성능을 만족해야 한다.

네 가지 제어 목표 중에서 안정성 유지가 가장 필수적이면서 중요하고, 성능과 견실 안정성은 그다음이다. 최근에는 시스템이 복잡해지면서 점점 더 신뢰성 있는 제어기를 요구하다 보니 견실 안정성이 중요한 연구 분야가 되고 있다. 이 책에서는 주로 단입출력(SISO)$^{Single\ Input\ Single\ Output}$ 선형 시불변 시스템에 대하여 안정성, 성능, 견실 안정성의 제어 목표를 달성하는 제어기 설계 문제를 다룰 것이다.

4.2 주요 제어 목표 : 안정성

제어 목표에서 가장 중요하다고 언급됐던 안정성에 대해 좀 더 구체적으로 알아보자. 안정성이란 시스템에 유한한 입력 또는 외란이 가해졌을 때, 시스템의 출력도 발산하지 않고 유한한 범위 안에 한정되는 성질을 말한다. 이 책에서는 선형 시불변 시스템의 안정성을 다룰 것이다. 정상상태에서 시스템은 상태와 출력이 일정하게 유지되는 평형상태에 있다. 안정한 선형 시불변 시스템에서는 어떠한 초기 조건에 대해서도 상태와 출력이 결국 이러한 평형상태로 수렴한다. 만약 초기 조건 중 하나라도 그에 대한 상태와 출력이 일부 발산한다면, 그 시스템은 불안정한 것이다. 안정성은 제어시스템이 지녀야 할 가장 기본적인 성질이다. 또한 안정성이 이루어지면 성능과 관련한 제어 목표도 어느 정도 달성되기 때문에, 제어기는 먼저 시스템의 안정성을 확보하도록 설계되어야 한다.

일반적인 시스템의 안정성을 입증하는 것은 매우 어려운 일이다. 하지만 우리가 다루는 선형 시불변 시스템의 경우에는 전달함수를 통해 해당 시스템의 안정성을 쉽게 판별할 수 있다. 이 절에서는 먼저 안정성의 정의를 살펴보고, 안정성과 전달함수의 극점과의 관계를 정리하며, 안정성을 판별하는 효율적인 방법을 소개한다.

4.2.1 안정성이란?

어떤 시스템이 유한한 크기의 입력이나 외란에 대해서 내부 상태 및 출력 또한 항상 유한한 크기의 응답을 내면, 그 시스템은 안정 stable하다고 말하며, 이와 같이 모든 유한한 입력에 대해 유한한 상태 및 출력을 갖는 시스템의 성질을 안정성 stability이라고 부른다. 입출력 신호만을 다루는 전달함수에서는 내부 상태를 확인할 필요가 없고 출력의 발산 여부만 고려하면 되지만, 상태변수를 포함하는 상태방정식에서는 내부 상태의 유한성을 반드시 확인해야 한다. 안정성은 모든 시스템이 갖춰야 할 기본적인 성질이므로, 제어기 설계 시 가장 먼저 안정화를 고려해야 한다.

시스템이 불안정하면, 이론상 출력이 발산하게 되어 물리량들이 급증할 수 있다. 사실 현장에서는 여러 가지 안전장치를 통해 그런 일이 발생하지 않도록 한다. 하지만 제어를 잘못하여 시스템이 불안정해지면, 경제적으로나 효율적인 측면에서 바람직하지 않으므로, 적당한 제어를 통하여 시스템의 안정화를 달성해야 한다.

시스템의 입력 및 출력과 관련하여 다음과 같은 유한 입출력 안정성을 정의할 수 있다.

[정의 4-1]의 유한 입출력 안정성에서 유의할 점은 유한한 크기의 모든 입력에 대해 출력의 크기 또한 유한해야 한다는 것이다. 만일 출력을 발산시키는 유한 입력이 하나라도 있으면, 그 시스템은 불안정하다고 한다. 유한 입출력 안정성은 여러 가지 안정성 중에서 하나일 뿐이나, 이 책에서 다루는 선형 시불변 시스템의 경우에는 유한 입출력 안정성만으로 충분하고, 이 안정성만을 다루기 때문에 간략히 줄여서 그냥 안정성이라 부르기로 하겠다.

4.2.2 전달함수에서의 안정성 판별

전달함수가 $G(s)$인 어떤 시스템에서 입력의 라플라스 변환함수를 $U(s)$라 하면, 출력의 라플라스 변환함수는 $Y(s) = G(s)U(s)$로 표시된다. 이를 시간 영역에서 나타내면 다음과 같은 합성곱으로 나타낼 수 있다.

$$y(t) = \int_0^\infty g(\tau)u(t-\tau)d\tau \tag{4.2}$$

여기서 $g(t)$는 전달함수 $G(s)$의 라플라스 역변환인 임펄스 응답함수이다. 임펄스 응답함수는 시스템의 입출력 특성을 대변하며, 이 함수를 이용하여 안정성을 판별할 수 있다. 시스템이 안정하기 위해서 임펄스 응답함수 $g(t)$가 만족해야하는 조건은 다음과 같이 정리할 수 있다.

정리 4-1
임펄스 응답이 $g(t)$인 시스템이 안정하기 위한 필요충분조건은 다음과 같다.

$$\int_0^\infty |g(\tau)|d\tau < \infty \tag{4.3}$$

증명

($\leftarrow$) 입력이 $|u(t)| \leq M$(M은 유한한 양의 상수)으로 유한하다면, 식 (4.2)로부터 출력의 상한은 다음과 같이 나타낼 수 있다.

$$|y(t)| = \left| \int_0^\infty g(\tau) u(t-\tau) d\tau \right|$$

$$\leq \int_0^\infty |g(\tau)| |u(t-\tau)| d\tau \leq M \int_0^\infty |g(\tau)| d\tau \tag{4.4}$$

즉 조건인 식 (4.3)이 성립하면 유한한 크기의 입력에 대해 항상 유한한 크기의 출력을 얻을 수 있다.

($\rightarrow$) 다른 방법으로 대우 명제가 성립함을 보임으로써 증명할 수 있다. 다음과 같이 조건인 식 (4.3)이 성립하지 않는다고 가정하면,

$$\int_0^\infty |g(\tau)| d\tau = \infty \tag{4.5}$$

이 가정으로부터 어떤 유한 입력에 대해 출력이 발산함을 보이면 된다. 식 (4.2)에서 다음과 같은 유한한 $u(\cdot)$을 고려하면,

$$u(t-\tau) = \begin{cases} 1, & g(\tau) \geq 0 \\ -1, & g(\tau) < 0 \end{cases} \tag{4.6}$$

출력 $y(t)$는 다음과 같이 발산하게 된다.

$$y(t) = \int_0^\infty |g(\tau)| d\tau = \infty \tag{4.7}$$

유한한 크기의 입력 (4.6)에 의해 시스템의 출력이 발산하므로 불안정하다고 할 수 있다. 즉 식 (4.3)이 성립하지 않으면 시스템은 불안정하다. 최종적으로 대우 명제가 성립함을 알 수 있다. ■

[정리 4-1]은 식 (4.3)에서 임펄스 응답함수를 사용하여 안정성 조건을 제시하고 있다. 그런데 이 정리를 써서 안정성을 판별하려면, 임펄스 응답함수의 절댓값에 대한 적분을 수행해야 하므로 계산이 쉽지 않다. 적분이 잘 되지 않을 경우에는 적분 기호를 그대로 둔 채 수렴성 여부를 따져야 하므로, 그렇게 만만한 문제가 아니다. 따라서 미적분 등의 고급 계산을 사용할 필요 없이, 대수적인 계산으로 안정성을 판별할 수 있는 방법을 알아보자.

전달함수 $G(s)$는 임펄스 응답함수 $g(t)$의 라플라스 변환이다. 그런데 전달함수는 분수 함수로 표현되며, 2장에서 살펴보았듯이 극점 인수를 분모로 하는 부분분수의 합으로도 표시할 수 있다. 극점 인수들은 1차, 2차 및 다중 인수들로 분해되므로, 전달함수는 일반적으로 다음과 같이 부분분수들의 합의 형태로 나타낼 수 있다.

$$G(s) = \sum_{i=1}^{N_1} \left\{ \sum_{k=1}^{M_{1i}} \frac{b_{ik}}{(s-p_i)^k} \right\} + \sum_{i=1}^{N_2} \left\{ \sum_{k=1}^{M_{2i}} \frac{c_{ik}(s-\sigma_i) + d_{ik}\omega_i}{((s-\sigma_i)^2 + \omega_i^2)^k} \right\} \tag{4.8}$$

여기에서 p_i는 1차 극점, σ_i, ω_i는 2차 극점의 실수부와 허수부, N_1과 N_2는 각각 서로 다른 1차 극점과 2차 극점의 개수를 나타내며, i번째 1차 극점 p_i와 2차 극점 $\sigma_i \pm j\omega_i$은 각각 M_{1i}중, M_{2i}중 극점이다. 이 식에 라플라스 역변환을 적용하면 임펄스 응답 $g(t)$의 일반형은 다음과 같이 나타낼 수 있다.

$$
\begin{aligned}
g(t) &= \mathcal{L}^{-1}\{G(s)\} \\
&= \sum_{i=1}^{N_1}\left\{\sum_{k=1}^{M_{1i}}\frac{b_{ik}}{(k-1)!}t^{k-1}e^{p_it}\right\} + \sum_{i=1}^{N_2}\left\{\sum_{k=1}^{M_{2i}}t^{k-1}e^{\sigma_it}(f_{ik}\cos\omega_it + g_{ik}\sin\omega_it)\right\}
\end{aligned}
\tag{4.9}
$$

여기서 f_{ik}와 g_{ik}는 일반적으로 c_{ik}와 d_{ik}하고는 다른 상수이다. 식 (4.9)로부터 임펄스 응답 $g(t)$는 지수함수 항과 지수 가중 삼각함수 및 다항 함수 항들로 이루어짐을 알 수 있다. 식 (4.9)에서 지수항의 지수들 p_i, σ_i 가운데 어느 하나라도 0보다 크면, 그 항은 시간이 지남에 따라 발산하면서 식 (4.3)의 안정성 조건을 만족시키지 못하므로, 시스템은 불안정하게 된다. 물론 발산하는 지수항의 계수가 어떤 초기 조건에서 0이라고 한다면 발산하지 않을 수도 있다. 하지만 다른 초기 조건에 의해서 발산하는 경우가 발생하기 때문에 이런 시스템은 불안정하다고 한다. 따라서 모든 i에 대하여 $p_i < 0$, $\sigma_i < 0$이면, 즉 모든 극점이 좌반평면에 있으면, 진동이 있더라도 시간이 지나면서 임펄스 응답이 0으로 수렴하여 시스템은 안정하게 된다. 따라서 전달함수의 극점을 이용하면 다음과 같이 유한 입출력 안정성의 조건을 아주 깔끔하게 표현할 수 있다.

정리 4-2

전달함수가 $G(s)$인 어떤 시스템이 유한 입출력 안정하기 위한 필요충분조건은 전달함수의 극점들이 모두 s평면의 좌반평면에 있는 것이다.

[정리 4-2]에서 제시하는 안정성 영역은 허수축을 제외한다. 만일 허수축에 극점이 있는 경우에는 임펄스 응답에 상수항이나 삼각함수 항이 나타나면서 안정성 조건인 식 (4.3)이 성립하지 않기 때문에 시스템은 불안정하다. 지금까지 다룬 안정성 조건에 관한 사항들을 다음의 몇 가지 예제를 통해서 확인해보자.

예제 4-1

다음과 같은 전달함수로 표현되는 시스템의 안정성을 판별하라.

$$
G(s) = \frac{s+2}{(s+1)^2(s^2+s+2)}
$$

이 시스템의 극점은 $s = -1$(다중 극점), $s = \dfrac{-1}{2} \pm \dfrac{j\sqrt{7}}{2}$ 로, 모두 좌반평면에 있다. 그러므로 [정리 4-2]에 의해 시스템은 안정하다. 실제로 이중 극점 인수 $(s+1)^2$ 에 대응하는 임펄스 응답을 구해보면 te^{-t} 인데, 이 항은 시간이 지남에 따라 0으로 수렴하여 안정한 반응을 나타낸다.

예제 4-2

다음과 같은 전달함수로 표시되는 시스템의 안정성을 판별하라. 만약 시스템이 불안정한 경우에는 출력을 발산시키는 입력과 수렴시키는 입력을 각각 하나씩 구하라.

$$G(s) = \frac{s+1}{(s+3)(s-2)}$$

풀이

먼저 이 시스템의 안정성을 판별해보자. 주어진 전달함수의 극점 중에서 $s=2$는 좌반평면에 있지 않으므로 [정리 4-2]에 의해 시스템은 불안정하다. 출력을 발산시키는 입력의 예는 쉽게 찾을 수 있는데, 입력 e^{-t}을 가하면 출력은 다음과 같다.

$$\mathcal{L}^{-1}\left[\frac{s+1}{(s+3)(s-2)}\frac{1}{s+1}\right] = \mathcal{L}^{-1}\left[\frac{1}{(s+3)(s-2)}\right] = \frac{1}{5}\left(\frac{1}{s-2}-\frac{1}{s+3}\right) = \frac{1}{5}e^{2t} - \frac{1}{5}e^{-3t}$$

즉 우변 첫 번째 항의 e^{2t}에 의해 출력이 발산함을 알 수 있다.

다음으로 출력을 수렴시키는 입력을 구해보자. $s=2$의 극점이 시스템을 불안정하게 하므로, 만약 이를 제거할 수만 있다면 출력이 유한해질 수 있다. 출력에 대한 라플라스 변환은 전달함수와 입력의 라플라스 변환 함수의 곱으로 나타나므로 분자에 $(s-2)$ 항을 가지는 입력이라면 출력이 유한해 질 수 있다. 따라서 입력의 라플라스 변환이 $\dfrac{(s-2)}{\{(s+2)(s+1)\}}$ 라면 출력은 다음과 같이 수렴하게 된다.

$$\mathcal{L}^{-1}\left\{\frac{s+1}{(s+3)(s-2)}\frac{(s-2)}{(s+2)(s+1)}\right\} = \mathcal{L}^{-1}\left\{\frac{1}{(s+3)(s+2)}\right\}$$

$$= \mathcal{L}^{-1}\left\{\left(\frac{1}{s+2}-\frac{1}{s+3}\right)\right\} = e^{-2t} - e^{-3t}$$

입력에 대한 라플라스 변환 $\dfrac{(s-2)}{\{(s+2)(s+1)\}}$ 를 역변환하면 다음과 같은 유한한 크기의 입력에 대한 시간 함수를 얻을 수 있다.

$$\mathcal{L}^{-1}\left\{\frac{(s-2)}{(s+2)(s+1)}\right\} = \mathcal{L}^{-1}\left\{\frac{4}{s+2}-\frac{3}{s+1}\right\} = 4e^{-2t} - 3e^{-t}$$

예제 4-3

다음과 같이 이중 적분기로 표시되는 시스템의 안정성을 판별하라.

$$G(s) = \frac{Y(s)}{U(s)} = \frac{1}{s^2}$$

만일 시스템이 불안정하다면 출력을 발산시키는 유한한 크기의 입력과 발산시키지 않는 유한한 크기의 입력 $u(t)$를 각각 구하라.

풀이

이 시스템의 극점은 $s = 0$(이중근)으로 원점에 있으므로, [정리 4-2]에 따라 시스템은 불안정하다. 이 시스템의 출력을 발산시키는 유한한 입력의 한 예로 단위 계단 신호 $u_s(t)$를 들 수 있다. $u(t) = u_s(t)$에 대한 라플라스 변환 함수는 $U(s) = \frac{1}{s}$이므로 $Y(s) = G(s)U(s) = \frac{1}{s^3}$이 된다. 따라서 시간 영역에서의 출력은 $y(t) = \mathcal{L}^{-1}\{Y(s)\} = \frac{t^2}{2}$, $t \geq 0$가 되어, 시간이 흐름에 따라 무한대로 발산하게 된다.

출력을 발산시키지 않는 입력으로는 $\cos(t)$ 같은 신호가 있다. $\cos(t)$ 신호가 입력되면, 출력은 두 번 적분기를 통과한 신호이므로 $1 - \cos(t)$가 될 것이다. 또는 다음과 같이 계산할 수도 있다.

$$\mathcal{L}^{-1}\{Y(s)\} = \mathcal{L}^{-1}\{G(s)U(s)\} = \mathcal{L}^{-1}\left\{\frac{1}{s^2}\frac{s}{s^2+1}\right\}$$

$$= \mathcal{L}^{-1}\left\{\frac{1}{s} - \frac{s}{s^2+1}\right\} = 1 - \cos t$$

출력 신호 $1 - \cos(t)$는 크기가 발산되지 않는 유한한 신호이다.

예제 4-4

다음과 같은 전달함수로 표시되는 시스템의 안정성을 판별하라. 만약 불안정하다면 출력을 발산시키는 유한한 크기의 입력 $u(t)$를 구하라.

$$G(s) = \frac{Y(s)}{U(s)} = \frac{s}{(s^2 + \omega_n^2)^2}$$

풀이

이 시스템은 $s = \pm j\omega_n$에서 이중 극점을 가지며, 이 극점들이 허수축에 있으므로 [정리 4-2]에 의해 시스템은 불안정하다. 이 시스템의 출력을 발산시키는 입력으로는 극점 주파수 ω_n를 갖는 정현파를 예로 들 수 있다. 즉 입력이 $u(t) = \sin\omega_n t$일 때, $U(s) = \frac{\omega_n}{s^2 + \omega_n^2}$이므로 $Y(s) = G(s)U(s) = \frac{\omega_n s}{(s^2 + \omega_n^2)^3}$가 되어 출력은 다음과 같다.

$$y(t) = \mathcal{L}^{-1}\{Y(s)\} = \frac{\omega_n}{4}\mathcal{L}^{-1}\left\{-\frac{d}{ds}\frac{1}{(s^2+\omega_n^2)^2}\right\}$$

$$= \frac{1}{4}t\,\mathcal{L}^{-1}\left\{\frac{\omega_n}{(s^2+\omega_n^2)^2}\right\} \tag{4.10}$$

$$= \frac{t}{8\omega_n^2}\left(\sin\omega_n t - \omega_n t\cos\omega_n t\right)$$

식 (4.10)의 최종 식에서, 분자에 있는 t항에 의해 시간이 지남에 따라 출력이 무한대로 발산함을 알 수 있다. 식 (4.10)의 마지막 계산은 [예제 2-14]를 참조하기 바란다.

4.2.3 상태방정식에서의 안정성 판별

지금까지는 입출력 값을 바탕으로 하는 전달함수에서의 안정성을 논의하였는데, 이제는 상태방정식에 대한 안정성을 살펴보자. 2장에서 소개한 상태방정식의 경우에는 입출력 값 외에 내부의 상태변수도 고려 대상이므로, 안정성을 따질 때 내부 상태변수도 유한한 크기의 입력에 대해 유한한 크기의 값을 갖는지 확인해야 한다. 유한한 크기의 입력에 출력뿐만 아니라 상태변수도 유한한 크기의 값을 갖는 안정성을 특히 내부 안정성이라 부른다. 선형 시스템의 경우 출력은 상태 일부에 대한 선형 결합이므로, 내부 안정성이 보장되면 유한 입출력 안정성은 당연히 보장된다. 그러나 유한 입출력 안정하다고 해서 내부 안정성이 보장된다고는 말할 수 없다. 내부적으로 발산하는 상태변수가 있어도 출력으로 반영되지 않아서, 출력은 유한한 값일 수도 있기 때문이다. 한 예로 다음과 같은 두 개의 상태변수 x_1과 x_2를 가지는 간단한 상태방정식을 생각해보자.

$$\dot{x}_1 = -x_1 + u$$
$$\dot{x}_2 = -x_1 + x_2 \tag{4.11}$$

이 시스템에서 상태변수 x_1이 출력 y로 나타난다고 하면, 입력 u에서 출력 y까지의 전달함수는 다음과 같이 표현할 수 있다.

$$\frac{Y(s)}{U(s)} = \frac{1}{s+1} \tag{4.12}$$

이 시스템은 극점이 $s = -1$로 좌반평면에 있으므로, 입력 u와 출력 y만 고려하면 시스템은 유한 입출력 안정하다고 말할 수 있다. 하지만 식 (4.11)의 두 번째 식 $\dot{x}_2 = -x_1 + x_2$에서 x_2가 발산할 수 있다(한 예로 u가 상수인 경우를 생각해보라). 즉 시스템이 내부 안정하지는 않은 것이다.

이렇게 시스템을 전달함수로 표현하면 시스템의 유한 입출력 안정성만을 살펴볼 수 있지만, 상태방정식으로 표현하면 내부 안정성까지 판별할 수 있다. 하지만 상태방정식은 전달함수보다 시스템에 대한 정보를 보다 구체적으로 알아야하기 때문에, 복잡한 시스템에서는 상태방정식을 유도하기가 쉽지 않다. 앞으로 혼동이 없는 한, 안정성을 이야기할 때에는 전달함수에서는 유한 입출력 안정성을, 상태방정식에서는 내부 안정성을 의미하는 것으로 하자.

상태방정식에서 내부 안정성을 어떻게 판단할까? 구체적인 유도 과정은 8장에서 자세히 다루겠지만, 여기서는 결과만 소개하기로 하자. 다음과 같은 상태방정식

$$\dot{x} = Ax + Bu$$
$$y = Cx$$

이 내부 안정화되는 조건은 행렬 A의 모든 고윳값이 음의 실수부를 가져야 한다는 것이다. 다시 말하면, 입력이 가해지지 않을 때, 즉 $u = 0$일 때, 어떤 초기 상태에서도 $\dot{x} = Ax$에 의해 x가 0으로 수렴하면, 시스템은 내부 안정하다. 각 상태변수는 A의 고윳값을 지수로 가지는 지수함수(혹은 시간 변수에 대한 다항식이 곱해질 수 있음)의 선형 조합으로 나타나기 때문에, 어떤 초깃값에도 0으로 수렴하기 위해서는 A의 모든 고윳값의 실수부가 음이어야 한다. 위에서 언급한 상태방정식의 경우, A가 다음과 같이 표시되고,

$$A = \begin{bmatrix} -1 & 0 \\ -1 & 1 \end{bmatrix}$$

행렬 A의 고윳값이 -1, 1이므로 내부 안정하지 않음을 알 수 있다.

내부 안정성을 판별하는 또 다른 방법으로, 선형 시스템뿐만 아니라 비선형 시스템까지 활용 가능한 일반적인 방법이 있다. 그것은 리아푸노프^{Lyapunov} 함수라는 것을 도입하여 안정성을 보이는 방법으로, 1892년 러시아의 수학자이자 물리학자인 리아푸노프에 의해 제시되었다. 이 방법은 매우 이론적이고 광범위한 수학적 내용을 담고 있어 이 책에서 다루기는 곤란하므로, 간단하게 아이디어만 소개하겠다.

[그림 4-4]와 같이 어떤 상태변수[2]의 함수 $V(x)$가 $x = 0$(원점)에서 0이고, 원점에서 멀리 떨어질수록 커져 마치 밥그릇 모양을 가지는 함수가 된다고 하자. 이 함수는 또한 시간에 따라 움직이는 상태변수에 의해 계속적으로 감소한다. 이런 함수 $V(x)$가 존재한다면 시스템은 내부 안정하다고 말할 수 있다. 정성적으로 설명하자면, 상태변수들이 밥그릇 모양의 함수 $V(x)$의 표면을 죽 타고 내려가면서 결국 원점으로 향하기 때문에, 내부 안정성이 보장됨을 쉽게 알 수 있다. 여기서 표면을 따라 내려가면서 원점을 향하는 이유는 시간에 따라 움직이는 상태변수에 의해 계속적으로 함수

---

2 이 그림에서는 상태변수로 x_1, x_2를 고려한다.

$V(x)$ 값이 감소한다고 했기 때문이다. 이 부분에 대해서는 엄밀한 수학적 표현이 필요하지만, 이 책에서는 직관적인 설명만으로 만족하도록 하자. 여기서 언급한 $V(x)$를 리아푸노프 함수라 하는데, 안정성 판별에 매우 유용한 도구이다. 예를 들어 다음과 같은 시스템을 생각해보자.

$$\dot{x}_1 = -x_1 + x_2$$
$$\dot{x}_2 = -x_1 - x_2$$

(4.13)

$V(x_1, x_2) = x_1^2 + x_2^2$과 같이 밥그릇 모양의 리아푸노프 함수를 선택하면, $\dot{V}$는 다음과 같다.

$$\dot{V} = 2x_1\dot{x}_1 + 2x_2\dot{x}_2$$
$$= 2x_1(-x_1 + x_2) + 2x_2(-x_2 - x_1) = -2x_1^2 - 2x_2^2 < 0$$

(4.14)

즉 $V(x)$는 감소함수가 되어, 어떤 초깃값에 대해서도 상태가 항상 0으로 수렴한다. 물론 식 (4.13)의 시스템 행렬에 대한 고윳값을 계산해도 안정성을 보일 수 있다. 계산해 보면 시스템 행렬의 고윳값은 $-1 \pm i$로, 실수부가 음이 되어 시스템이 내부 안정함을 알 수 있다.

리아푸노프 함수가 내부 안정성을 보여주는 간편한 방법이긴 하지만, 리아푸노프 함수를 찾아내는 일반적인 방법이 선형 시불변 시스템에만 국한되어 있기 때문에, 비선형 시스템의 경우에는 직관에 의존하여 이 함수를 찾을 수밖에 없다. 선형 시불변 시스템에 대한 리아푸노프 함수는 8장에서 다시 다루기로 한다.

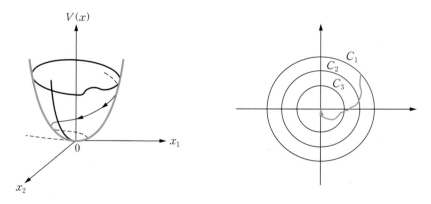

[그림 4-4] **리아푸노프 함수의 예**$(0 < C_3 < C_2 < C_1)$

4.3 Routh−Hurwitz 안정성 판별법

이 절에서는 전달함수의 '유한 입출력 안정성' 판별에 대한 보다 쉬운 방법을 소개한다. 앞 절에서 선형 시불변 시스템이 안정하기 위한 필요충분조건은 특성방정식의 근들이 모두 복소평면의 좌반평면에 있어야 한다고 하였다. 따라서 오름차순이나 내림차순으로 전개된 특성방정식의 경우, 인수분해를 통해 근을 직접 구하고 근들의 위치를 파악하여 안정성을 판별해야 한다. 그러나 낮은 차수의 특성다항식을 제외하고는, 방정식을 직접 풀어 모든 근을 확인하는 일은 다항식의 차수가 높아질수록 매우 부담스러워진다. 따라서 고차 다항식에서도 계산기에 의존하지 않고 쉽게 적용할 수 있는 Routh−Hurwitz 안정성 판별법을 소개한다.

Routh−Hurwitz 안정성 판별법은 간단한 연산만으로 작성된 Routh Table을 사용하여, 안정성 여부 뿐 아니라 특성다항식의 근 중 허수축 또는 우반평면에 있는 근들의 개수까지도 알아낼 수 있다. 또 안정성을 보장하는 피드백 이득들의 범위도 쉽게 구할 수 있다. 매우 놀랍고 신기한 방법인 만큼, 판별법의 유도 과정까지 알고 싶은 독자는 '부록 A.4'를 참고하기 바란다.

지금부터 다음과 같은 n차 특성방정식에서 모든 근이 복소평면의 좌반평면에 있을 필요충분조건을 알아보기로 한다.

$$D(s) = a_0 s^n + a_1 s^{n-1} + a_2 s^{n-2} + \cdots + a_{n-1} s + a_n = 0 \tag{4.15}$$

$D(s)$로부터 다음과 같은 다항식도 정의하자.

$$D_0(s) = a_0 s^n + a_2 s^{n-2} + a_4 s^{n-4} \cdots$$
$$D_1(s) = a_1 s^{n-1} + a_3 s^{n-3} + a_5 s^{n-5} \cdots$$

$D_0(s)$와 $D_1(s)$는 식 (4.15)의 다항식 $D(s)$를 짝수 혹은 홀수 차수의 항만으로 표현한 것이다. 특성방정식 $D(s)$에 해당하는 Routh Table을 다음과 같이 작성한다.

s^n	$a_0^{(0)}$	$a_1^{(0)}$	$a_2^{(0)}$	$\cdots$	$a_{n'-1}^{(0)}$	$a_n^{(0)}$
s^{n-1}	$a_0^{(1)}$	$a_1^{(1)}$	$a_2^{(1)}$	$\cdots$	$a_{n'-1}^{(1)}$	
s^{n-2}	$a_0^{(2)}$	$a_1^{(2)}$	$a_2^{(2)}$	$\cdots$	$a_{n'-1}^{(2)}$	
s^{n-3}	$a_0^{(3)}$	$a_1^{(3)}$	$a_2^{(3)}$	$\cdots$	$a_{n'-1}^{(3)}$	
$\vdots$	$\vdots$	$\vdots$	$\vdots$	$\vdots$		
s^2	$a_0^{(n-2)}$	$a_1^{(n-3)}$				
s^1	$a_0^{(n-1)}$					

$$\text{(4.16)}$$

Routh Table의 첫 번째 행과 두 번째 행은 $D_0(s)$와 $D_1(s)$의 계수에 의해 작성된다. 즉 $a_0 = a_0^{(0)}$, $a_2 = a_1^{(0)}$, $a_4 = a_2^{(0)}$, $a_1 = a_0^{(1)}$, $a_3 = a_1^{(1)}$, $a_5 = a_2^{(1)}$이다. 그 다음 행, 즉 여기서 계수 $a_i^{(2)}$ $(i = 0,\ 1,\ 2,\ \cdots,\ n-1)$는 $a_i^{(0)}$과 $a_i^{(1)}$ 계수들로부터 다음과 같이 계산된 값이다.

$$
\begin{aligned}
a_0^{(2)} &= -\frac{\begin{vmatrix} a_0^{(0)} & a_1^{(0)} \\ a_0^{(1)} & a_1^{(1)} \end{vmatrix}}{a_0^{(1)}} = \frac{a_1^{(0)} a_0^{(1)} - a_0^{(0)} a_1^{(1)}}{a_0^{(1)}} \\[2mm]
a_1^{(2)} &= -\frac{\begin{vmatrix} a_0^{(0)} & a_2^{(0)} \\ a_0^{(1)} & a_2^{(1)} \end{vmatrix}}{a_0^{(1)}} = \frac{a_2^{(0)} a_0^{(1)} - a_0^{(0)} a_2^{(1)}}{a_0^{(1)}} \\[2mm]
a_2^{(2)} &= \cdots
\end{aligned}
\tag{4.17}
$$

$a_i^{(2)}$의 계산은 $i = \left[\dfrac{n}{2}\right] + 1$까지 실행하면 된다. $a_i^{(3)} (i = 1,\ 2,\ \cdots,\ n-2)$은 $a_i^{(1)}$와 $a_i^{(2)}$ 계수로부터 구하며 다음과 같이 $a_i^{(0)}$과 $a_i^{(1)}$로부터 $a_i^{(2)}$를 구할 때와 똑같은 방법으로 계산한다.

$$
\begin{aligned}
a_0^{(3)} &= -\frac{\begin{vmatrix} a_0^{(1)} & a_1^{(1)} \\ a_0^{(2)} & a_1^{(2)} \end{vmatrix}}{a_0^{(2)}} = \frac{a_1^{(1)} a_0^{(2)} - a_0^{(1)} a_1^{(2)}}{a_0^{(2)}} \\[2mm]
a_1^{(3)} &= -\frac{\begin{vmatrix} a_0^{(1)} & a_2^{(1)} \\ a_0^{(2)} & a_2^{(2)} \end{vmatrix}}{a_0^{(2)}} = \frac{a_2^{(1)} a_0^{(2)} - a_0^{(1)} a_2^{(2)}}{a_0^{(2)}} \\[2mm]
a_2^{(3)} &= \cdots
\end{aligned}
\tag{4.18}
$$

이러한 과정을 n번째 행이 완성될 때까지 계속한다. 이 배열을 만들 때 계산을 쉽게 하려고 한 행 전체에 양수를 곱하거나 나누는 것도 가능하다.

위에서 작성한 Routh Table에서 첫 번째 열의 계수에 나타나는 부호 변환의 횟수와, 특성방정식의 양의 실수부를 갖는 근의 개수가 서로 동일하다는 것이 Routh-Hurwitz 안정성 판별법이다. 여기서 첫 번째 열에 있는 항들의 정확한 값은 필요 없고, 단지 부호만이 필요하다는 점을 주목하자. 이처럼 Routh-Hurwitz 안정성 판별법을 쓰면, 인수분해를 할 필요 없이 간단한 대수적 연산만으로 불안정한 극점의 개수를 찾을 수 있다.

이제 Routh Table과 관련된 예제를 통하여 시스템의 안정성 여부와 불안정한 극점의 개수까지 파악해보도록 하자.

예제 4-5

다음의 특성방정식에서 불안정한 극점의 개수를 구하라.

$$2s^3 + 4s^2 + 4s + 12 = 0$$

풀이

주어진 특성방정식에 대한 Routh Table은 다음과 같다.

s^3	2	4
s^2	1	3
s^1	-1	0
s^0	3	

이 표의 첫 번째 열을 보면 부호 변화가 두 번 나타난다. 이는 특성방정식의 근 가운데 두 개가 우반평면에 존재함을 뜻한다. 따라서 이 특성방정식에는 불안정 극점이 두 개 있음을 알 수 있다.

이번에는 Routh Table을 작성하면서 발생할 수 있는 특수한 경우를 생각해보자. 항상 행의 첫 번째 원소가 다음 행 생성 시에 나누는 수가 되는데, 만약 그 원소가 0이라면 어떻게 될까? 이럴 때에는 일단 0을 0 근처의 상수 $\varepsilon \neq 0$으로 대체시키고 Routh Table을 계속 작성한다. 모두 작성 후에 나중에 $\varepsilon \rightarrow 0$하면서 부호 변화의 횟수를 확인한다.

예제 4-6

다음의 특성방정식에서 모든 극점이 좌반평면에 있는지 확인하라.

$$s^5 + 3s^4 + 2s^3 + 6s^2 + 6s + 9 = 0$$

풀이

주어진 특성방정식에 대한 Routh Table은 다음과 같다.

s^5	1	2	6	
s^4	3	6	9	
s^3	0	3	0	
s^3	ε	3	0	0 대신 ε 삽입
s^2	$\dfrac{2\varepsilon-3}{\varepsilon}$	3	0	
s^1	$3-\dfrac{3\varepsilon^2}{2\varepsilon-3}$	0	0	
s^0	3	0	0	

우선 ε이 양이라고 하면, s^2 행의 첫 번째 열만이 음수로, 부호 변화가 두 번 나타난다. 반대로 ε이 음이라고 하면, s^3 행의 첫 번째 열만이 음수로, 부호 변화가 역시 두 번 나타난다. 즉 특성방정식의 근 가운데 두 개가 우반평면에 존재함을 뜻한다.

[예제 4-6]과 같은 경우, 테이블의 첫 번째 열에 0이 오는 것을 방지하기 위해 변수 $z=\dfrac{1}{s}$을 도입하여, z에 대한 다항식에 Routh–Hurwitz 안정성 판별법을 적용할 수도 있다. [예제 4-6]에 $z=\dfrac{1}{s}$을 대입하고 Routh Table을 작성하면 다음과 같다.

s^5	9	6	3
s^4	6	2	1
s^3	3	3/2	0
s^2	-1	1	0
s^1	9/2	0	0
s^0	1	0	0

위의 Routh Table에서 보듯이, 첫 번째 열에 0이 나타나지 않음을 알 수 있다.

[예제 4-6]에서는 ε이 0에 가까운 양수이거나 음수이거나 상관없이 두 번의 부호 변화가 발생하였기 때문에 두 개의 극점이 우반평면에 존재한다고 판단할 수 있었는데, 만약 그렇지 않은 경우라면 어떨까? 다음 [예제 4-7]에서 이 문제에 대해 다루어보자.

다음의 특성방정식에서 모든 극점이 좌반평면에 있는지 확인하라.

$$s^3 + 2s^2 + s + 2 = 0$$

풀이

주어진 특성방정식에 대한 Routh Table은 다음과 같다.

s^3	1	1	
s^2	2	2	
s^1	0	0	
s^1	ε		0 대신 ε 삽입
s^0	2		

ε이 양인 경우에는 Routh Table의 첫 번째 열에서 부호 변화가 발생하지 않으나, ε이 음인 경우에는 Routh Table의 첫 번째 열에서 부호 변화가 두 번 발생한다. 이런 경우에는 한 쌍의 허수 근이 있음을 알 수 있다. 사실 주어진 특성방정식은 $s = \pm j$의 두 근을 가진다. 이 두 근 이외의 나머지 한 근은 좌반평면에 있다.

이번에는 어떤 행의 모든 원소가 0인 특수한 경우를 생각해보자. 만약 i번째 행의 모든 계수들이 0이면, 이전 행의 계수들로부터 다음과 같은 보조 방정식을 얻는다.

$$a(s) = \beta_1 s^{i+1} + \beta_2 s^{i-1} + \beta_2 s^{i-3} + \cdots$$

그 다음 i번째 행의 계수들을 보조 방정식의 미분으로 대체하여 Routh Table을 작성한다.

보조 방정식에 대해 좀 더 설명하자면, 이 방정식은 다항식으로 구성되며 항상 짝수 차수를 가진다. 만약 차수가 $2n$차라면, 보조 방정식은 n쌍의 크기가 같고 부호가 서로 다른 (원점에 대해 대칭인) 근을 가진다. 보조 방정식의 다항식은 특성방정식의 한 인수이며, Routh Table에서 보조 방정식이 나타나는 행부터 마지막 행까지의 첫 번째 열에서 부호 변화가 생기는 횟수는 보조 방정식의 불안정한 극점 개수와 동일하다.

Routh Table의 윗부분, 즉 첫 번째 행부터 보조 방정식이 나타나는 행까지의 첫 번째 열에서 부호 변화가 생기는 횟수는 다음과 같이 나머지 다항식으로 구성된 방정식의 불안정한 극점 개수와 동일하다.

$$\left(\frac{\text{특성 방정식의 다항식}}{\text{보조 방정식의 다항식}} \right)$$

보조 방정식은 짝수차 다항식으로 이루어져 좌반평면에 있는 극점의 개수와 우반평면에 있는 극점의 개수가 동일하기 때문에, 이를 고려하여 허수축에 있는 근들의 개수도 알아낼 수 있다.

예제 4-8

다음의 특성방정식에서 우반평면 또는 허수축에 극점이 있는지 확인하라.

$$s^5 + 5s^4 + 11s^3 + 23s^2 + 28s + 12 = 0$$

풀이

주어진 특성방정식에 대한 Routh Table은 다음과 같다.

s^5	1	11	28	
s^4	5	23	12	
s^3	6.4	25.6	0	
s^2	3	12	0	
s^1	0	0		$a_1(s) = 3s^2 + 12$
s^1	6	0		$\dfrac{da_1(s)}{ds} = 6s$
s^0	12			

이 표의 s^5행부터 s^2행까지의 첫째 열을 보면, 부호 변화가 발생하지 않음을 알 수 있다. 또한 s^2행부터 s^0행에서도 부호 변화가 발생하지 않는다. 따라서 보조다항식 $3s^2 + 12$는 우반평면에 극점을 갖지 않으므로, 좌반평면에도 극점이 존재하지 않는다(원점에 대칭인 해를 가져야 하므로). 물론 직접 계산해 보면, $s = \pm 2j$로 극점이 허수축에만 존재함을 알 수 있다. 또한 s^5행부터 s^2행까지의 첫 번째 열에서 부호 변화가 발생하지 않기 때문에, 다음과 같이 나머지 다항식에서 불안정한 극점이 존재하지 않음을 알 수 있다.

$$\frac{s^5 + 5s^4 + 11s^3 + 23s^2 + 28s + 12}{(3s^2 + 12)}$$

확인을 위해 특성방정식의 실제 근을 구해보면, -3, $\pm 2j$, -1, -1이다.

4.4 피드백 시스템의 안정성과 성능

4.4.1 단위 피드백 시스템의 제어 목표

제어에서 가장 중요한 목표는 안정성이다. 그러므로 앞 절에서 주어진 시스템의 입출력 관계를 파악하여 안정성을 판단하는 방법을 배웠다. 전달함수로 주어진 모델인 경우에는 극점으로, 상태방정식으로 표현된 모델인 경우에는 시스템 행렬의 고윳값으로 간단하게 시스템의 안정성을 판단할 수 있었다.

이제 한 걸음 더 나아가 보자. 만약 시스템이 안정하지 못하다면, 어떻게 해야 할까? 불안정한 시스템의 경우에는 출력 변수를 측정하여 입력단에 피드백함으로써, 기준 입력과 출력의 차인 추종 오차를 사용하는 피드백 제어를 통해 먼저 시스템을 안정화해야 한다. [그림 4-5]와 같은 단위 피드백 시스템에서 기준 신호 r로부터 출력 y까지의 전달함수 $T(s)$는 다음과 같이 쓸 수 있다.

$$T(s) = \frac{C(s)G(s)}{1 + C(s)G(s)} \tag{4.19}$$

$T(s)$의 극점은 $1 + C(s)G(s)$의 영점에 해당하기 때문에, $C(s)$를 적절히 선택함으로써 시스템이 안정화되도록 폐로 전달함수 $T(s)$의 극점을 변경할 수 있다. $G(s)$의 극점 중에 좌반평면에 위치하지 않은 극점이 있다면, 폐로 시스템의 극점들이 모두 좌반평면에 위치하도록 $C(s)$를 선택해야 할 것이다. 일반적으로 안정성을 위한 최적화 기반의 $C(s)$를 구하는 일은 고급 수학을 요구하기도 하고, 구해야 하는 파라미터가 많아서 설계하기도 쉽지 않다. 따라서 보통 다음과 같은 간단한 형태의 $C(s)$를 생각한다.

❶ $C(s) = K_p$

❷ $C(s) = K_p + K_d s + K_i \frac{1}{s}$

❸ $C(s) = K \frac{Ts+1}{\alpha Ts + 1}$

여기서 K_p, K_d, K_i, K, T, α는 설계 파라미터들이다. ❶과 ❷의 제어기 형태는 6장에서 다루고, ❸과 같은 제어기 형태는 7장에서 다룰 것이다. 이런 형태의 제어기를 사용하여 폐로 시스템의 극점들이 모두 좌반평면에 위치하도록 할 수 있다면, 시스템의 안정성을 확보할 수 있을 것이다.

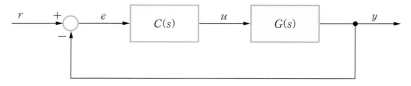

[그림 4-5] **단위 피드백 시스템**

그렇다면 상태방정식으로 주어진 불안정한 모델의 경우에는 어떻게 안정화를 이룰 수 있을까? [그림 4-6]과 같이 상태방정식으로 표현된 모델에서 상태를 피드백하여 시스템 행렬의 고윳값 실수부를 음으로 만들면 된다. 즉 $u = Kx$ (K는 제어기 이득) 형태로 함으로써,

$$\dot{x} = Ax + Bu = Ax + BKx = (A + BK)x \qquad (4.20)$$

시스템 행렬을 A에서 $A + BK$로 변경하여 고윳값 실수부가 모두 음이 되도록 한다.

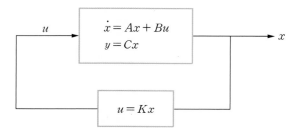

[그림 4-6] **상태 피드백 시스템**

물론 [그림 4-6]과 같은 제어시스템은 추종 오차를 사용하는 단위 피드백 시스템은 아니다. 상태를 피드백했기 때문에 상태 피드백 제어라고 부른다. 이러한 제어 방식은 7장에서 자세히 다루도록 하겠다.

이처럼 시스템의 안정화를 고려한 후에는 (명령추종) 성능을 달성하기 위해 피드백 제어를 다시 한 번 살펴보아야 한다. 안정성은 극점과 시스템 행렬의 고윳값 등을 사용하여 수학적으로 잘 정의되는 개념이나, 성능은 매우 모호한 표현이다. 따라서 성능에 대해서도 정량적으로 말할 수 있는 지표가 있어야 한다. 예를 들면 서울 시장 후보자가 그냥 서울시 공기를 맑게 하겠다고 하는 것은 너무 모호하고 주관적인 말이다. 하지만 구체적으로 먼지 입자량 얼마 이하, CO_2량 얼마 이하 등으로 만들겠다고 한다면, 모호하지 않고, 나중에라도 객관적인 평가가 가능하게 된다. 이와 같이 제어 목표의 성능을 구체적으로 표현하기 위해 성능지표라는 개념을 시간 영역과 주파수 영역에서 정의해서 사용하고 있다. 자세한 내용은 각각 5장과 7장에서 설명하고, 여기에서는 개념만 소개하도록 한다.

4.4.2 시간 응답과 시간 영역에서의 성능지표

시간 응답

시스템을 해석하고 설계하기 위해서는 성능을 비교하는 기준이 있어야 한다. 보통 특정 형태의 입력을 인가하고, 해당 시스템의 출력을 주어진 기준에 의해 정량적으로 비교한다. 입력으로 많이 사용하는 신호로는 계단함수, 경사함수, 사인파 함수 등이 있다. 시간 응답은 계단함수와 경사함수 같은 입력 신호를 사용하여, 시스템의 출력을 시간 영역에서 나타낸 것으로, 성능 비교를 위한 기준으로 많이 활용되고 있다. 한편 주파수 응답은 사인파 함수를 입력 신호로 사용하여, 시스템의 출력을 주파수 영역에서 나타낸 것으로, 시간 응답에서 쉽지 않은 성능을 표현하거나 비교할 수 있어, 널리 활용되고 있다.

시간 응답에 사용되는 입력 신호로는 앞에 언급한 계단함수, 경사함수 외에 임펄스 함수, 가속도 함수 등도 있는데, 여기에서는 성능지표에서 주로 활용하는 계단함수와 경사함수에 해당하는 시간 응답에 대해서만 알아보기로 한다. 먼저 시간 응답에서 흔히 쓰이는 몇 가지 용어를 소개한다.

> 계단함수와 경사함수 입력 신호에 대한 시간 응답을 각각 계단 응답, 경사 응답이라고 한다. 시간 응답 중에 초기 시간부터 값이 변하는 과정에 있는 응답을 과도응답^{transient response}이라 하고, 시간이 충분히 지나 일정한 값이나 상태가 유지되는 응답을 정상상태 응답^{steady state response}이라고 한다.

계단 응답과 시간 영역에서의 성능지표

[그림 4-5]와 같은 단위 피드백 시스템에서 단위 계단함수를 입력 신호로 사용할 경우, 계단 응답은 다음과 같다.

$$y(t) = \mathcal{L}^{-1}\{T(s)R(s)\} = \mathcal{L}^{-1}\left\{\frac{T(s)}{s}\right\} \qquad (4.21)$$

단, 시스템의 초기 입력과 출력은 모두 0이라고 가정한다. $T(s)$가 1차나 2차의 간단한 전달함수일 경우에는 식 (4.21)로부터 계단 응답을 쉽게 계산할 수 있다. 계단 입력은 실제 시스템에서 기준 입력으로 많이 사용되고 있고, 갑작스런 외란 또는 고장 신호 등도 묘사할 수 있기 때문에, 시간 영역에서의 성능지표로 많이 쓰이고 있다. 계단 응답의 전형적인 파형은 [그림 4-7]과 같다.

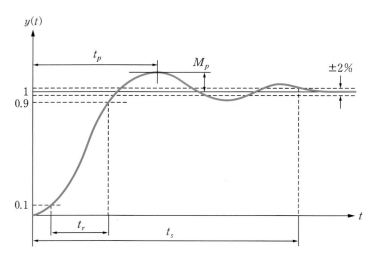

[그림 4-7] 계단 응답의 파형과 시간 영역에서의 성능지표

시간 영역 응답에 대한 정량적인 성능지표로 다음과 같은 용어들을 정의하여 사용하고 있다.

- **상승 시간** Rise time t_r

  출력이 정상상태 값의 10%에서 90%로, 또는 5%에서 95%로, 또는 0%에서 100%까지 상승하는 데 걸리는 시간이다. 부족 감쇠 시스템의 경우에는 0%에서 100%, 과감쇠 시스템의 경우에는 10%에서 90% 범위를 주로 사용한다. 부족 감쇠와 과감쇠는 5장에서 설명한다.

- **피크 시간** Peak time t_p

  출력이 최댓값[3]에 도달하는 시간이다.

- **최대 초과** Maximum overshoot M_p

  과도상태에서 출력의 최댓값이 정상상태의 최종값을 초과할 때, 초과 정도를 나타내는 지표이다. 최종값의 크기가 Y_s일 때, 초과는 $M_p = y(t_p) - Y_s$로 정의하며, 다음과 같이 백분율로 나타내기도 한다.

$$M_p[\%] = \frac{y(t_p) - Y_s}{Y_s} \times 100\%$$ (4.22)

- **정착 시간** Settling time t_s

  출력 변화 성분이 정상상태 값의 2% 또는 5% 범위 안에 들기 시작하는 시점이다.

---

3 보통 오버슈트(overshoot)의 첫 번째 봉우리에 해당한다.

- **정상상태 값 Y_s**

    정착 시간 이후에 출력의 평균값 또는 최종값이다.

- **정상상태 오차** Steady-state error E_s

    기준 입력과 출력 정상상태 값의 오차 $R - Y_s$ 이다. 시간이 흐름에 따라 정상상태 오차가 0으로 수렴하는 것이 바람직하다.

[그림 4-7]은 위와 같이 정의한 시간 영역 성능지표를 함께 나타내고 있다. 이 성능지표 가운데 상승 시간, 초과, 피크 시간 등은 **과도상태 특성**이라고 부르며, 정착 시간, 정상상태 값, 정상상태 오차 등은 **정상상태 특성**이라고 부른다. 이 지표들은 대상 시스템의 특성을 해석할 때 특성 지표로 쓰이며, 제어시스템 설계 시에는 성능 기준 표시에 쓰이기도 한다. 주어진 시스템에 대해서 위의 성능지표들을 모두 적용할 필요는 없다. 피크 시간과 최대 초과는 과감쇠 시스템[4]에서는 적용되지 않는다. 한편 성능지표 간에 상충하는 경우도 발생한다. 예를 들면 최대 초과와 상승 시간은 동시에 작게 할 수는 없다. 그 이유는 둘 중 하나가 작아지면 다른 하나는 커지기 때문이다.

대상 시스템이 1차나 2차의 전달함수로 표시되는 표준형인 경우, 앞에서 정의한 시간 영역 성능지표와 전달함수의 극점이나 시상수time constant와의 관계를 나타내는 공식을 식 (4.8)로부터 유도할 수 있으며, 자세한 내용은 5장에서 다룰 것이다. 계단 응답은 수학적인 모델로부터 수식적으로 유도될 뿐만 아니라, 실제 물리적인 시스템에서 직접 출력을 측정함으로써도 얻을 수 있다.

경사 응답과 시간 영역에서의 성능지표

단위 경사 신호unit ramp signal, 즉 $r(t) = t$를 입력 신호로 사용한 경우의 출력을 경사 응답ramp response 이라고 한다. 계단 응답은 변하지 않는 고정된 입력에 대한 출력인데 반해, 경사 응답은 제어시스템의 기준 신호가 시간에 따라 점진적으로 또는 일정한 비율로 변하는 경우에 시스템의 성능을 잘 반영하기 때문에 성능지표로 많이 활용되고 있다. 단위 경사 신호의 라플라스 변환은 $\frac{1}{s^2}$이므로, 전달함수가 $G(s)$인 시스템의 경사 응답은 다음과 같이 표현할 수 있다.

$$y(t) = \mathcal{L}^{-1}\{T(s)R(s)\} = \mathcal{L}^{-1}\left\{\frac{T(s)}{s^2}\right\} \tag{4.23}$$

보통 경사 응답은 [그림 4-8]과 같이 나타난다. 계단 응답에서는 과도상태 특성과 정상상태 특성이 모두 나타나는 데 비해, 경사 응답의 경우에는 주로 정상상태 특성을 나타내는 성능지표인 정상상태 오차를 많이 사용한다. 정상상태 오차는 [그림 4-8]과 같이 정상상태에서 기준 입력인 경사 입력과

---

4 0에서 1까지 단조 증가하는 형태, 낙타봉과 같은 피크 현상이 발생하지 않는다. 자세한 내용은 5장에서 설명한다.

출력 신호와의 차이를 의미한다. 대상 시스템이 전달함수로 표시될 경우, 이러한 오차는 간단한 공식으로 구할 수 있는데, 이에 대해서는 5장에서 다룰 것이다. 계단 응답과 마찬가지로, 경사 응답도 수학적인 모델로부터 수식적으로 유도될 수 있을 뿐 아니라, 실제 물리적인 시스템에서 직접 출력을 측정함으로써 얻을 수 있다.

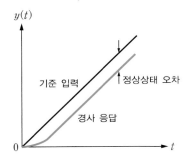

[그림 4-8] **기준 입력과 경사 응답**

이 절에서 다룬 계단 응답과 경사 응답 외에 임펄스 응답과 포물선 응답도 중요한 성능지표로 활용할 수 있다. 특히 임펄스 응답은 앞에서 배웠듯이 전달함수의 역 라플라스 변환으로, 안정성과 밀접한 관련이 있다. 포물선 응답은 기준 신호가 가속 또는 감속될 경우에 시스템의 성능을 잘 반영하는 성능지표로 활용되고 있다. 5장에서는 전달함수와 계단 응답, 경사 응답, 포물선 응답 간의 관계를 정량적으로 알아볼 것이다.

4.4.3 주파수 응답과 주파수 영역에서의 성능지표

주파수 응답

시간 응답에서는 특정 입력에 대한 출력이 시간에 따라 변하는 양상에 관심이 있었다면, 주파수 응답에서는 사인파 입력에 대한 출력이 주파수에 따라 변하는 양상에 관심이 있다. 즉 관심 있는 범위에 속하는 주파수를 가진 사인파를 입력했을 때, 각 주파수의 입력 신호들이 어떻게 변화되어 출력으로 나타나는지를 주파수 응답을 통해 알 수 있다. 임의의 입력 신호는 푸리에 급수Fourier series, 또는 푸리에 변환Fourier transform을 통하여 여러 주파수의 정현파들로 분해될 수 있다. 이렇게 분해된 정현파들과 시스템의 주파수 응답 정보를 통해 출력을 매우 쉽게 구할 수 있을 뿐 아니라, 주파수 응답에는 안정성을 포함하여 시스템과 관련된 많은 정보가 포함되어 있다. 주파수 응답에 대한 여러 가지 해석과 설계에 대해서는 7장에서 자세히 다루겠지만, 여기에서는 제어 목표와 관련된 몇 가지 개념과 용어들을 정리하기로 하자.

주파수 영역에서의 성능지표

우선 주파수 응답[5]에 대해 간단히 설명해보자. 주파수 응답을 이해하기 위해, 안정한 전달함수 $G(s)$를 가지는 시스템에 $A\cos\omega t + B\sin\omega t$($A$와 B는 주어진 상수)와 같은 입력을 가할 때, 어떤 출력이 나오는지 살펴보자. 먼저 입력 $A\cos\omega t + B\sin\omega t$를 다음과 같이 크기와 위상으로 표현할 수 있다.

$$A\cos\omega t + B\sin\omega t = \sqrt{A^2+B^2}\cos(\omega t - \theta) \tag{4.24}$$

여기서 θ는 다음과 같이 정의된다.

$$\sin(\theta) = \frac{B}{\sqrt{A^2+B^2}} \,,\; \cos(\theta) = \frac{A}{\sqrt{A^2+B^2}}$$

이 θ를 사용하여, $A+jB$를 다음과 같이 표현할 수도 있다.

$$\begin{aligned}A+jB &= \sqrt{A^2+B^2}\left[\frac{A}{\sqrt{A^2+B^2}} + j\frac{B}{\sqrt{A^2+B^2}}\right]\\ &= \sqrt{A^2+B^2}\,[\cos\theta + j\sin\theta]\end{aligned} \tag{4.25}$$

한편 입력 $A\cos\omega t + B\sin\omega t$에 대한 라플라스 변환을 구하고, 이를 시스템의 전달함수에 곱하면 출력에 대한 라플라스 변환을 얻을 수 있다. 따라서 출력에 대한 라플라스 변환은 다음과 같다.

$$Y(s) = \frac{As+B\omega}{(s^2+\omega^2)}G(s) \tag{4.26}$$

이를 부분분수 형태로 표시하면 다음과 같다.

$$\begin{aligned}Y(s) &= \frac{As+B\omega}{(s+j\omega)(s-j\omega)}G(s)\\ &= \frac{K_1}{s+j\omega} + \frac{K_2}{s-j\omega} + [\,G(s)\text{에서 나오는 항들}\,]\end{aligned} \tag{4.27}$$

여기서 K_1과 K_2는 다음과 같이 구할 수 있다.

$$\begin{aligned}K_1 &= \frac{As+B\omega}{s-j\omega}G(s)\big|_{s\to -j\omega} = \frac{-Aj\omega+B\omega}{-2j\omega}G(-j\omega) = \frac{1}{2}(A+jB)G(-j\omega)\\ K_2 &= \frac{As+B\omega}{s+j\omega}G(s)\big|_{s\to j\omega} = \frac{Aj\omega+B\omega}{2j\omega}G(j\omega) = \frac{1}{2}(A-jB)G(j\omega)\end{aligned} \tag{4.28}$$

---

5 주파수 응답은 제어공학 외에 회로이론, 동역학 등 여러 전공과목에서도 다루는 내용이라 이미 숙지하고 있는 독자들도 있을 터이니, 가볍게 한 번 읽어보는 정도면 충분할 것 같다.

[$G(s)$에서 나오는 항들]이라고 쓰여 있는 부분은 다음과 같다.

$$\sum_{i=1}^{N_1}\left\{\sum_{k=1}^{M_{1i}}\frac{b_k}{(s-p_i)^k}\right\}+\sum_{i=1}^{N_2}\left\{\sum_{k=1}^{M_{2i}}\frac{c_{ik}(s-\sigma_i)+d_{ik}\omega_i}{((s-\sigma_i)^2+\omega_i^2)^k}\right\} \tag{4.29}$$

여기서 p_i는 1차 극점, σ_i와 ω_i는 2차 극점의 실수부와 허수부이고, N_1과 N_2는 각각 서로 다른 1차 극점과 2차 극점의 개수를 나타내며, i번째 1차 극점 p_i와 2차 극점 $\sigma_i\pm j\omega_i$은 각각 M_{1i}중, M_{2i}중 극점이다. 라플라스 변환한 식 (4.29)를 역변환하면 $e^{p_i t}$, $e^{\sigma_i t}$를 포함하는 항이 나타나는데, 전달함수가 안정하다고 했으므로 $p_i<0$, $\sigma_i<0$이다. 따라서 시간이 한참 흐른 후, 즉 정상상태인 경우, 이 항들은 모두 0으로 수렴하게 된다.

최종적으로 정상상태의 출력에 대한 라플라스 변환 $Y_{ss}(s)$는 다음과 같다.

$$Y_{ss}(s)=\frac{K_1}{s+j\omega}+\frac{K_2}{s-j\omega} \tag{4.30}$$

라플라스 역변환하면 정상상태에서의 시간 영역 출력 $y_{ss}(t)$를 다음과 같이 구할 수 있다.

$$\begin{aligned}
y_{ss}(t)&=K_1 e^{-j\omega t}+K_2 e^{j\omega t}\\
&=\frac{1}{2}\sqrt{A^2+B^2}\,e^{j\theta}G(-j\omega)e^{-j\omega t}+\frac{1}{2}\sqrt{A^2+B^2}\,e^{-j\theta}G(j\omega)e^{j\omega t}\\
&=\sqrt{A^2+B^2}\,\frac{e^{-j\omega t+j\theta}G(-j\omega)+e^{j\omega t-j\theta}G(j\omega)}{2}\\
&=\sqrt{A^2+B^2}\,Re\left[e^{j\omega t-j\theta}G(j\omega)\right]
\end{aligned} \tag{4.31}$$

$G(j\omega)$의 크기와 위상을 사용하면, 출력을 다음과 같이 실수만 사용하여 표현할 수 있다.

$$y_{ss}(t)=\sqrt{A^2+B^2}\,|G(j\omega)|\cos\left(\omega t-\theta+\angle G(j\omega)\right) \tag{4.32}$$

정리하면, 전달함수가 $G(s)$인 안정한 선형 시스템에 정현파를 입력하면, 정상상태에서의 출력도 같은 주파수의 정현파가 되고, 크기와 위상 차이는 전달함수 $G(s)$에서 s 대신에 $j\omega$를 대입한 $G(j\omega)$에 의해 결정된다. 출력의 진폭은 $G(j\omega)$의 크기만큼 증폭되고, 위상은 $G(j\omega)$의 위상만큼 더해진다. 즉 주파수 응답에서는 전달함수 $G(s)$를 $s=j\omega$에서 계산한 $G(j\omega)$의 절댓값과 위상이 중요하다. [그림 4-9]에서 주파수 ω에서의 주파수 응답을 볼 수 있다.

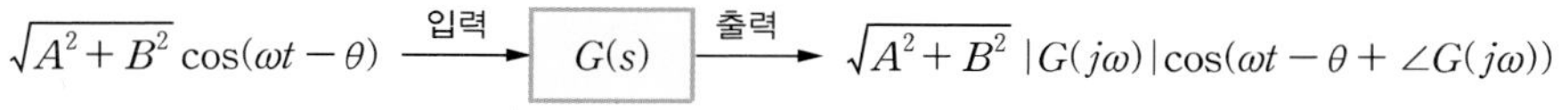

$$\sqrt{A^2+B^2}\cos(\omega t-\theta)\xrightarrow{\text{입력}}\boxed{G(s)}\xrightarrow{\text{출력}}\sqrt{A^2+B^2}\,|G(j\omega)|\cos(\omega t-\theta+\angle G(j\omega))$$

[그림 4-9] **전달함수 $G(s)$의 주파수 응답**

실감나게 배우는 제어공학

지금까지 주어진 대상 시스템 $G(s)$에 대한 주파수 응답을 알아보았는데, 이번에는 [그림 4-10]과 같은 피드백 시스템에서 다음과 같은 폐로 전달함수 $T(s)$에 대한 주파수 응답을 살펴보자.

$$T(s) = \frac{C(s)G(s)}{1 + C(s)G(s)} \tag{4.33}$$

이 폐로 시스템의 주파수 응답은 $T(j\omega)$에 의해 결정되고, 주파수에 따른 $T(j\omega)$의 절댓값 크기 변화를 바탕으로 몇 가지 성능지표들이 정의된다.

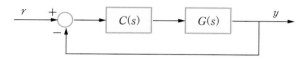

[그림 4-10] 제어기 $C(s)$와 플랜트 $G(s)$가 연결된 폐로 전달함수

[그림 4-11]은 $T(j\omega)$의 절댓값 크기를 주파수에 대해 그린, 전형적인 주파수 응답 곡선이다.

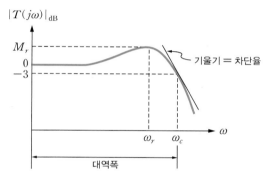

[그림 4-11] 주파수 응답 곡선과 성능지표

다음으로 주파수 영역에서 흔히 쓰이는 성능지표를 소개한다.

- **차단 주파수** Cutoff frequency ω_c
  폐로 주파수 응답의 크기가 주파수 0일 때의 크기보다 3[dB] 작아지는(또는 $\frac{1}{\sqrt{2}} = 0.707$배 만큼 작아지는) 주파수이다. 에너지 관점에서 보면, 차단 주파수는 출력 에너지가 주파수 0일 때의 출력 에너지의 반이 되는 주파수를 말한다. 폐로 시스템은 차단 주파수보다 큰 정현파 입력에 대해서는 출력을 (특정 이득값 이하로) 차단한다.

- **주파수 대역폭** Bandwidth
  폐로 주파수 응답의 크기가 -3[dB] 이하로 떨어지지 않는 주파수 범위 $0 \le \omega \le \omega_c$를 말한다. 대역폭은 시스템의 응답 속도와 밀접한 관계를 갖고 있어서, 대역폭이 넓을수록 응답 속도가 빠르다. 대역폭은 대략적으로 시간 영역에서의 시상수와 역수 관계에 있기 때문에, 시간 영역에서 계단 응답의 상승 시간을 반으로 줄이기 위해서는 대역폭을 약 2배 증가시켜야 한다. 그러나 큰 대역폭은 고주파 잡음까지 통과시키므로 주의해야 한다.

- **공진 최댓값** Resonant peak M_r

    폐로 시스템의 주파수 응답 크기 중 최댓값으로 정의된다. 큰 공진 최댓값은 시간 영역에서 오버슈트를 키울 수 있다. 보통 시간 영역에서의 만족스러운 과도응답을 위해서는 $1.0 < M_r < 1.4(0\,[\text{dB}] < M_r < 3\,[\text{dB}])$를 추천한다.

- **공진 주파수** Resonant frequency ω_r

    주파수 응답에서 공진 최댓값이 일어나는 주파수이다.

- **대역 이득** Band-pass gain 또는 **DC 이득**

    폐로 주파수 응답에서 주파수가 0일 때의 크기이다. 단위 계단 입력을 가할 경우, 정상상태 출력값을 의미한다. 정상상태 오차를 0으로 만들기 위해서는 DC 이득이 $1(0\,[\text{dB}])$이어야 한다.

- **차단률** Cutoff rate

    차단 주파수 부근에서의 로그 크기 곡선의 기울기를 말한다. 가파른 기울기의 차단률 특성을 갖는 폐로 시스템의 주파수 응답 곡선은 고주파 잡음 제거에는 유리하지만, 큰 공진 최댓값을 동반하게 되어 시스템의 안정도 여유(다음에 설명)를 작게 할 수 있다.

지금까지는 모델 불확실성을 고려하지 않은 주파수 영역에서의 성능지표들을 알아보았다.

모델 불확실성을 고려한 주파수 영역에서의 성능지표

주파수 영역에서는 시간 영역에서 다루기 어려운 모델 불확실성을 쉽게 다룰 수 있는 장점이 있다. 이번에는 이 모델 불확실성을 고려한 안정성, 즉 견실 안정성과 관련한 성능지표들을 알아보자. 여기서 약간의 혼동이 있을 수 있는데, 성능지표는 좁은 의미로는 명령추종 성능지표를 의미하나 넓은 의미로는 그 외의 지표도 종종 성능지표라 부른다.

[그림 4-12]와 같은 간단한 모델 불확실성 모델에서 단순 이득과 단순 위상의 변화만으로 안정성이 깨지는 경우를 살펴보자.

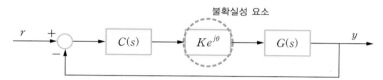

[그림 4-12] **간단한 불확실성 요소가 포함된 폐로 시스템**

폐로 시스템의 주파수 응답은 다음과 같다.

$$T(j\omega) = \frac{C(j\omega)Ke^{\theta}G(j\omega)}{1 + C(j\omega)Ke^{\theta}G(j\omega)} \qquad (4.34)$$

폐로 시스템의 안정성을 보장하기 위해서는 $|T(j\omega)|$가 모든 주파수에서 발산하지 않고 유한한 값을 가져야 한다. 따라서 분모 $1 + C(j\omega)Ke^{\theta}G(j\omega)$가 어떤 주파수에 대해서도 0이 되어서는 안 된다. $1 + C(j\omega)Ke^{\theta}G(j\omega)$가 0이 되지 않은 k와 θ의 범위를 다음의 두 가지 경우에 대해서 생각해보자.

❶ $K = 1$일 때 안정성을 보장하는 최대 가능한 θ
❷ $\theta = 0$일 때 안정성을 보장하는 최대 가능한 K

❶의 경우는 이득에 대해서는 불확실성이 없고, 위상에만 불확실성이 있는 경우이다. [그림 4-13]에서 볼 수 있듯이 $G(j\omega)C(j\omega)$의 위상을 위 아래로 θ만큼 이동시킬 경우, 문제가 발생하는 주파수가 시작되는 때는 $|G(j\omega_{gc})C(j\omega_{gc})| = 1$인 주파수 ω_{gc}에서 위상이 $180°$가 될 때이다. 바로 이때 $1 + C(j\omega)Ke^{\theta}G(j\omega) = 0$이 되어 시스템이 불안정하게 된다. 이렇게 이동시킨 위상을 **위상 여유**(PM)$^{\text{Phase Margin}}$라고 부르며, $|G(j\omega_{gc})C(j\omega_{gc})| = 1$인 주파수 ω_{gc}를 이득 교차 주파수라고 부른다.

❷의 경우는 위상에 대해서는 불확실성이 없고, 이득에만 불확실성이 있는 경우이다. [그림 4-13]에서 볼 수 있듯이 $|G(j\omega)C(j\omega)|$의 크기를 위 아래로 이동시킬 경우, 문제가 발생하는 주파수가 시작되는 때는 $\angle G(j\omega_{pc})C(j\omega_{pc}) = 180°$인 주파수 ω_{pc}에서 크기가 1이 될 때이다. 바로 이때

$1 + C(j\omega)Ke^{\theta}G(j\omega) = 0$이 되어 시스템이 불안정하게 된다. 이렇게 증가시킨 이득을 **이득 여유** (GM)[Gain Margin]라고 부르며, $\angle G(j\omega_{pc})C(j\omega_{pc}) = 180°$인 주파수 ω_{pc}를 위상 교차 주파수라고 부른다.

이와 같이 안정성을 보장하는 모델 오차의 범위, 또는 이득과 위상의 최대 허용 범위를 각각 이득 여유와 위상 여유로 표시하며, 이를 견실 안정성에 대한 성능지표로 활용한다. 이득 여유와 위상 여유를 합쳐서 안정도 여유[Stability margin]라고도 부른다.

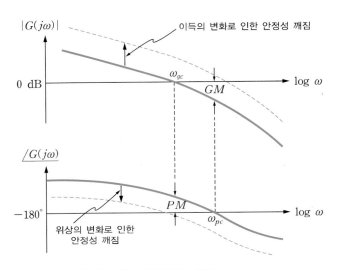

[그림 4-13] **주파수 응답에서 불안정해지는 경우**

안정도 여유와 관련한 성능지표는 7장에서 구체적인 시스템을 예로 들어 정량적으로 계산해볼 것이다. 지금까지 주어진 개로 시스템에 대해서는 입력과 출력, 폐로 시스템에 대해서는 기준 신호와 출력 사이의 주파수 응답과 관련된 성능지표들을 살펴보았다.

피드백 시스템의 주파수 응답

이번에는 제어기와 연결하여 단위 피드백을 구성하고, 외란이나 잡음 등의 원치 않는 신호와 모델 오차를 고려한 주파수 응답을 알아본다. 특히 피드백의 주파수 응답에 대한 효과를 분석하여, 이를 제어기 설계 시 주요 지침으로 활용할 것이다. 본론으로 들어가기 전에 앞으로 다루게 될 모델 불확실성과 외란, 잡음에 대해서 잠깐 알아보자.

제어 대상이 되는 플랜트에는 항상 모델 불확실성이 존재한다. 실제 시스템을 완벽히 모델링하는 것은 불가능하거니와, 제어기 설계에 적합한 복잡도를 가지는 모델을 얻기 위해 가정과 근사화를 하다 보면, 불가피하게 모델 불확실성이 발생하게 된다. 일반적으로 시스템의 주파수 응답 중에 저주파 대역보다는 고주파 대역에서 모델 불확실성이 두드러진다. 제어시스템 대부분의 동작이 저주파 대역에서 이루어지므로, 모델링 과정에서도 저주파 대역에서의 모델 정확도에 더 치중하다 보니, 고주파 영역에서의 모델 불확실성이 커지는 경향이 있다.

불확실성으로 모델 오차 외에 외란과 잡음이 있을 수 있다. 외란이란 시스템의 외부에서 입력이나 출력에 나쁜 영향을 미치는 예상치 못한 신호를 가리킨다. 그리고 잡음이란 제어를 위해 출력을 측정할 때 생기는 측정 잡음을 말한다. 측정 잡음은 진폭은 크지 않아도 주파수 성분은 높은 특성을 갖고 있으며, 대부분의 시스템에 항상 존재한다고 본다. 시스템의 주파수 응답 관점에서 보면, 외란은 주로 저주파 영역에서, 잡음은 고주파 영역에서 시스템에 많은 영향을 미친다.

정리하면, 다음과 같이 제어 목표 관점에서 피드백 시스템을 살펴볼 수 있다.

- 모델 오차
  실제 시스템이 모델과 어떤 범위 안에서 오차가 있더라도 안정성이 확보되어야 한다.
- 외란 제거
  시스템 외부로부터 외란이 들어오더라도, 출력에 미치는 영향이 미리 차단되거나 빨리 제거되어 (명령추종) 성능이 만족되어야 한다.
- 잡음 축소
  측정 잡음이 있어도 출력에 미치는 영향이 억제되고, (명령추종) 성능이 만족되어야 한다.

첫 번째는 견실 안정성, 두 번째와 세 번째는 (명령추종) 성능에 해당된다고 볼 수 있다.

기준 신호, 외란, 잡음 등을 고려한 [그림 4-14]와 같은 표준적인 단위 피드백 시스템을 생각해보자. 일단 모델 불확실성은 없다고 가정한다.

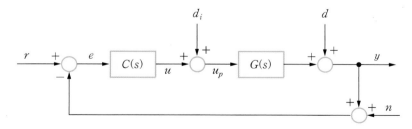

[그림 4-14] **단위 피드백 제어시스템의 일반적인 구조**

여기서 $G(s)$와 $C(s)$는 각각 플랜트 모델과 제어기의 전달함수이며, $R(s)$, $E(s)$, $U(s)$, $Y(s)$는 각각 기준 입력 r, 추종 오차 e, 제어 입력 u, 출력 y의 라플라스 변환함수들이다. 우리가 원하는 것은 기본적으로 기준 신호에 대해서는 추종 오차($e = r - y$)를 작게 유지하고, 외란 w와 측정 잡음 n에 대해서는 출력 y가 영향을 덜 받도록 하는 것이다. 이렇게 하기 위해 어떻게 피드백 제어 설계를 해야 할 것인지 알아보자.

모든 신호에 대해 라플라스 변환을 사용할 것이기 때문에 각 신호를 대문자로 표시한다. 출력 $Y(s)$는 다음과 같이 쓸 수 있다.

$$Y(s) = D(s) + G(s)C(s)(R(s) - Y(s) - N(s)) + G(s)D_i(s)$$

$$(1 + G(s)C(s))Y(s) = D(s) + G(s)C(s)(R(s) - N(s)) + G(s)D_i(s)$$

$Y(s)$에 대해서 정리하면 다음과 같다.

$$Y(s) = \frac{D(s)}{1 + G(s)C(s)} + \frac{G(s)C(s)}{1 + G(s)C(s)}(R(s) - N(s)) + \frac{G(s)D_i(s)}{1 + G(s)C(s)}$$

이 $Y(s)$를 이용하여, 추종 오차 $E(s) = R(s) - Y(s)$를 다음과 같이 표현할 수 있다.

$$E(s) = R(s) - Y(s)$$

$$= R(s) - \left[\frac{D(s)}{1 + G(s)C(s)} + \frac{G(s)C(s)}{1 + G(s)C(s)}(R(s) - N(s)) + \frac{1}{1 + G(s)C(s)}G(s)D_i(s) \right]$$

$$= \frac{1}{1 + G(s)C(s)}(R(s) - D(s)) + \frac{G(s)C(s)}{1 + G(s)C(s)}N(s) - \frac{1}{1 + G(s)C(s)}G(s)D_i(s)$$

편의를 위해 두 개의 함수를 정의하자. 하나는 다음과 같은 감도 함수[6]로

$$S(s) = \frac{1}{1 + G(s)C(s)} \tag{4.35}$$

r에서 e로의 전달함수, 또는 $-d$에서 e로의 전달함수로 볼 수 있다. 또 다른 하나는 다음과 같은 상보감도 함수[7]라는 것으로,

$$T(s) = \frac{G(s)C(s)}{1 + G(s)C(s)} \tag{4.36}$$

r에서 y로의 전달함수, 또는 n에서 e로의 전달함수로 볼 수 있다. 위에서 정의한 감도 함수와 상보 감도 함수가 다음과 같은 관계식을 만족함은 쉽게 확인해 볼 수 있을 것이다.

$$S(s) + T(s) = 1 \tag{4.37}$$

---

[6] 시스템이 외란에 얼마나 민감한가를 나타내는 함수로, 작을수록 좋다.
[7] 1에서 감도 함수를 뺀 함수로, 시스템이 외란에 얼마나 둔감한가를 나타내며 1에 가까울수록 좋다.

외란과 잡음이 없다면, 감도 함수와 상보감도 함수를 사용하여 출력과 추종 오차를 다음과 같이 간결하게 표현할 수 있다.

$$Y(s) = \frac{G(s)C(s)}{1 + G(s)C(s)} R(s) = T(s)R(s)$$

$$E(s) = \frac{1}{1 + G(s)C(s)} R(s) = S(s)R(s)$$

(4.38)

식 (4.38)을 보면, 시스템을 안정화하면서 출력 $Y(s)$가 기준 입력 $R(s)$와 최대한 같아지도록 하기 위해서는 $T(s) = 1$, $S(s) = 0$으로 설정하면 될 듯이 보인다. $S(s) = 0$이 아니더라도 $S(s)$가 0에 가깝게, 또는 $G(s)C(s)$가 큰 값을 갖도록 하면 된다. 하지만 외란, 잡음, 모델 불확실성을 고려하면, 좀 더 생각해야 할 문제들이 남아 있다. 이 문제들에 대해서는 잠시 후에 살펴볼 것이다.

한편 감도 함수와 상보감도 함수 외에 흔히 쓰이는 전달함수로 루프 전달함수와 되돌림차 전달함수return difference transfer function가 있으며, 각각 $G(s)C(s)$, $1 + G(s)C(s)$로 정의된다. 제어시스템 설계 시 루프 전달함수는 성능기준 표시로 많이 활용되고, 되돌림차 전달함수는 시스템의 견실성을 따지는 데 중요한 정보를 제공한다.

이제 폐로 전달함수 또는 상보감도 함수 $T(s)$의 안정성에 대하여 살펴보자. 앞서 전달함수의 안정성은 모든 극점이 좌반평면에 위치하면 보장된다고 하였다. 즉 다음 식을 만족하는 폐로 전달함수 $T(s)$의 극점이 모두 좌반평면에 있어야 시스템이 안정화된다.

$$1 + G(s)C(s) = 0$$

(4.39)

대상 시스템의 전달함수 $G(s)$가 이미 안정화되었다 하더라도, 몇 개의 극점들이 우반평면에 가까이 있어 안정성이 불안한 경우에는, 제어기 전달함수 $C(s)$를 적절히 조절하여 폐로 극점이 좌반평면의 원하는 위치에 오도록 설계하면 안정성을 더 확실하게 확보할 수 있다. 안정성 확보는 제어기 설계에서 최우선적인 목표이므로, 피드백 제어기를 쓰면 피드백의 안정성 개선 효과에 의해 이러한 목표를 달성할 수 있다.

위 내용을 바탕으로 감도 함수와 상보감도 함수를 사용하여, 다음과 같은 주파수 응답 표현으로 중요한 네 가지 식을 얻을 수 있다.

$$Y(j\omega) = T(j\omega)(R(j\omega) - N(j\omega)) + S(j\omega)G(j\omega)D_i(j\omega) + S(j\omega)D(j\omega)$$

$$R(j\omega) - Y(j\omega) = S(j\omega)(R(j\omega) - D(j\omega)) + T(j\omega)N(j\omega) - S(j\omega)G(j\omega)D_i(j\omega)$$

$$U(j\omega) = C(j\omega)S(j\omega)(R(j\omega) - N(j\omega)) - C(j\omega)S(j\omega)D(j\omega) - T(j\omega)D_i(j\omega)$$

$$U_p(j\omega) = C(j\omega)S(j\omega)(R(j\omega) - N(j\omega)) - C(j\omega)S(j\omega)D(j\omega) + S(j\omega)D_i(j\omega)$$

(4.40)

이 네 가지 식은 앞으로 제어 목표를 달성하기 위해 제어기를 설계하는 데 많이 활용될 것이다. 예를 들면 식 (4.40)의 첫 번째 식은 감도 함수의 절댓값을 작게 함으로써, 출력단의 외란 $D(j\omega)$의 영향을 줄일 수 있음을 의미한다. 이와 비슷하게 네 번째 식은 감도 함수의 절댓값을 작게 함으로써 입력단의 외란 $D_i(j\omega)$의 영향을 줄일 수 있음을 의미한다. 여기서 감도 함수의 절댓값은 각 주파수에서, 즉 $s = j\omega$에서 계산된 값이다. 외란은 주로 저주파 신호로 구성되어 있기 때문에, 감도 함수는 저주파 영역에서 작은 절댓값을 갖는 것이 바람직하다. 고등학교 때 배운 다음과 같은 절대 부등식으로부터

$$-1 + |G(j\omega)C(j\omega)| \leq |1 + G(j\omega)C(j\omega)| \leq 1 + |G(j\omega)C(j\omega)| \tag{4.41}$$

$|G(j\omega)C(j\omega)| > 1$인 경우에 다음과 같은 부등식을 얻을 수 있다.

$$\frac{1}{1 + |G(j\omega)C(j\omega)|} \leq |S(j\omega)| \leq \frac{1}{|G(j\omega)C(j\omega)| - 1} \tag{4.42}$$

이 부등식으로부터 $|S(j\omega)| \ll 1$이기 위해서는 $|G(j\omega)C(j\omega)| \gg 1$이어야 함을 알 수 있다. 만약 $|G(j\omega)C(j\omega)| \gg 1$이면 다음과 같은 근사식을 얻을 수 있다.

$$
\begin{aligned}
|S(j\omega)G(j\omega)| &= |(I + G(j\omega)C(j\omega))^{-1}G(j\omega)| \approx |C(j\omega)^{-1}| = \left| \frac{1}{C(j\omega)} \right| \\
|C(j\omega)S(j\omega)| &= |(I + G(j\omega)C(j\omega))^{-1}C(j\omega)| \approx |G(j\omega)^{-1}| = \left| \frac{1}{G(j\omega)} \right|
\end{aligned} \tag{4.43}
$$

출력 Y가 기준 신호 R을 잘 추종하기 위해서는, 출력단의 외란이 주로 분포하는 주파수 대역에서 $|G(j\omega)C(j\omega)| \gg 1$이고, 입력단의 외란이 주로 분포하는 주파수 대역에서는 $|C(j\omega)| \gg 1$이어야 한다. 비슷하게 $U_p(j\omega)$가 외란에 대한 영향을 덜 받기 위해서는 입력단 외란의 주파수 대역에서 $|G(j\omega)C(j\omega)| \gg 1$이고 출력단 외란의 주파수 대역에서 $|G(j\omega)| \gg 1$이어야 한다. 물론 시스템은 변경될 수 없기 때문에 $|G(j\omega)| \gg 1$이 아닐지라도 어쩔 수 없는 부분이 있다.

위의 내용을 정리하면 필요한 주파수 대역에서 루프 이득 $|G(j\omega)C(j\omega)|$은 크면 클수록 유리하다. 그러나 한없이 루프 이득을 크게 할 수는 없다. 한 예로 모델과 실제 시스템 간에 오차가 있어서, 실제 시스템이 $(1 + \Delta(j\omega))G(j\omega)$와 같이 표현될 때, 폐로 시스템은 다음과 같이 쓸 수 있다.

$$|1 + (1 + \Delta(j\omega))G(j\omega)C(j\omega)| = |1 + G(j\omega)C(j\omega)||1 + \Delta(j\omega)T(j\omega)| \tag{4.44}$$

견실 안정성을 유지하기 위해서는 $1 + \Delta(j\omega)T(j\omega) = 0$이 되는 ω가 존재하지 않도록 $|\Delta(j\omega)T(j\omega)|$가 1보다 작아야 한다. 따라서 $|\Delta(j\omega)|$가 큰 주파수 대역에서 $|T(j\omega)|$가 작아야 한다. 보통 불확실한 $\Delta(j\omega)$는 잘 모델링 되지 않는 기계 진동과 같은 고주파의 동적인 현상을 표현하므로, 고주파 영역에서 $|T(j\omega)|$의 상한을 설계해주면 된다.

요컨대 [그림 4-15]와 같이 외란 제거를 위해서는 감도 함수의 절댓값 $|S(j\omega)|$가 저주파 대역에서 작아야 하고, 견실 안정성을 획득하기 위해서는 $|T(j\omega)|$가 고주파 대역에서 작아야 한다.

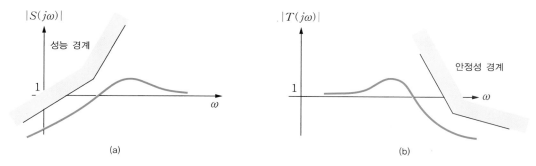

[그림 4-15] **감도 함수와 상보감도 함수의 전형적인 그래프**

외란 제거와 견실 안정성을 위해 $|S(j\omega)|$와 $|T(j\omega)|$가 대역마다 달리 설계되듯이, 센서 잡음 축소를 위해서도 비슷한 설계가 적용된다. 식 (4.40)의 첫 번째 식을 보면, 외란 제거와 잡음 축소 사이에 상충이 있음을 알 수 있다. 넓은 주파수 대역에서 $|G(j\omega)C(j\omega)|$ 값이 크다면, 외란 $D(j\omega)$의 영향을 작게 만들 수 있는 반면, $T(j\omega)$은 거의 1에 가까워져 잡음 $N(j\omega)$은 그대로 시스템에 영향을 미치게 된다. 즉 다음과 같다.

$$Y(j\omega) = T(j\omega)(R(j\omega) - N(j\omega)) + S(j\omega)G(j\omega)D_i(j\omega) + S(j\omega)D_i(j\omega)$$
$$\approx R(j\omega) - N(j\omega) \tag{4.45}$$

또한 $|G(j\omega)|$가 작은 주파수에서 $|G(j\omega)C(j\omega)|$ 값을 크게 하기 위해서는 $|C(j\omega)|$가 큰 값을 가져야 되는데, 이럴 경우에는 제어기의 출력이 큰 값을 가져 시스템의 입력 범위를 넘어설지도 모른다. 즉 다음과 같다.

$$U(j\omega) = C(j\omega)S(j\omega)(R(j\omega) - N(j\omega) - D(j\omega)) - T(j\omega)D_i(j\omega)$$
$$\approx G(j\omega)^{-1}(R(j\omega) - N(j\omega) - D(j\omega)) - D_i(j\omega) \tag{4.46}$$

여기서 입력이 시스템의 대역폭을 넘어서는 주파수, 즉 다음과 같은 주파수 대역에 속할 때, 외란과 잡음이 증폭됨을 알 수 있다.

$$|G^{-1}(j\omega)| = \frac{1}{G(j\omega)} \gg 1 \tag{4.47}$$

고주파 영역까지 루프 이득 $|G(j\omega)C(j\omega)|$을 크게 하는 것은 측정 잡음을 축소하려는 입장에서는 불리함을 알 수 있다. 따라서 고주파 영역에서 $|G(j\omega)C(j\omega)|$을 줄이면, 다음과 같은 근사화가 성립하기 때문에,

$$U(j\omega) = C(j\omega)S(j\omega)(R(j\omega) - N(j\omega) - D(j\omega)) - T(j\omega)D(j\omega)$$
$$\approx C(j\omega)(R(j\omega) - N(j\omega) - D(j\omega)) \tag{4.48}$$

제어기의 전달함수 크기 $|C(j\omega)|$가 입력 범위를 넘지 않도록 하기 위해서는 $|C(j\omega)|$가 그렇게 커서는 안 된다.

이상 소개한 저주파와 고주파에서의 설계 지침을 정리하면 다음과 같다. 저주파 영역($0 \leq \omega \leq \omega_l$) 에서는 추종 능력을 좋게 하기 위해(즉 외란에 대한 영향과 정상상태 오차를 작게 하기 위해서) 다음과 같은 조건을 만족해야 하고,

$$|G(j\omega)C(j\omega)| \geq 1, \quad |C(j\omega)| \gg 1 \tag{4.49}$$

고주파 영역($\omega_h \leq \omega$)에서는 모델 불확실성에 대한 견실성과 측정 잡음 제거를 위해 다음과 같은 조건을 만족해야 한다.

$$|G(j\omega)C(j\omega)| \leq 1, \quad |C(j\omega)| \leq |M(j\omega)| \tag{4.50}$$

여기서 $M(j\omega)$는 설계상에서 주어진다. 이러한 설계에 대한 제약 요소가 [그림 4-16]에 표시되어 있다. 여기서 ω_l과 ω_h는 대상 시스템과 외란, 모델 불확실성, 측정 잡음에 대한 정보를 바탕으로 선정된다.

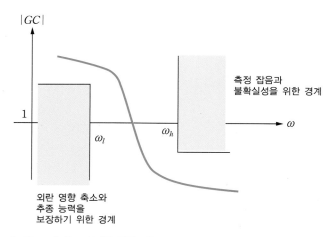

[그림 4-16] **루프 설계를 위한 전형적인 제약 요소**

주파수 응답에 기반한 제어기 설계

지금까지 여러 수식들과 더불어 제어기 설계에 고려해야 할 요소들을 이야기했다. 제어시스템 설계에 대한 핵심적인 지침들을 한 번 정리해보기로 하자.

성능과 견실 안정성을 획득하기 위해서 감도 함수와 상보감도 함수가 갖추어야 할 조건들이 있었다. 명령추종 성능과 외란 제거 목표를 달성하기 위해서는 감도 함수의 절댓값 $|S(j\omega)|$를 작게 해야 하며, 견실 안정성을 확보하면서 잡음 축소 목표를 달성하기 위해서는 $|T(j\omega)|$를 작게 해야 한다는 것이다. 그런데 이 두 설계 지침은 감도 함수 $S(s)$와 상보감도 함수 $T(s)$가 다음과 같은 식을 항상 만족하기 때문에 서로 상충 관계에 있다.

$$S(s) + T(s) = \frac{1}{1 + G(s)C(s)} + \frac{G(s)C(s)}{1 + G(s)C(s)} = 1 \tag{4.51}$$

명령추종 성능과 외란 제거 목표를 위해 $S(s)$를 작게 하면, $T(s)$가 커지게 되어 견실 안정성 확보와 잡음 축소 목표를 이루기가 어려워진다. 반대로 견실 안정성 확보와 잡음 축소를 위해 $T(s)$를 작게 하면, $S(s)$가 커지게 되어 명령추종과 외란 제거 목표 달성이 어려워진다. 즉 어느 한쪽을 달성하려면 다른 쪽을 포기할 수밖에 없다.

이 문제는 기준 신호와 외란의 주파수 성분은 낮고, 모델 불확실성과 잡음의 주파수 성분은 높은 점을 고려하여 주파수 영역을 분할하여 대응하는 게 좋다. 저주파에서는 $S(s)$를 작게, 고주파에서는 $T(s)$를 작게 함으로써 상충 관계를 절충할 수 있다. 따라서 (견실) 안정성을 개선하고, 외란 제거와 잡음 축소를 통해 명령추종 성능을 달성하기 위해서는 주파수 대역별로 루프 이득을 잘 설계하면 된다. 피드백 제어기 설계 문제는 이러한 루프 이득을 잘 반영하는 제어기 $C(s)$를 결정하는 문제라 할 수 있다. 일반적인 제어기 $C(s)$를 구하려면 고급 수학이 요구되기도 하고, 구해야 하는 파라미터가 많아 설계가 어렵기 때문에, 일반적으로 다음과 같은 간단한 형태의 제어기 구조를 고려한다.

❶ $C(s) = K_p$

❷ $C(s) = K_p + K_d s + K_i \dfrac{1}{s}$

❸ $C(s) = K \dfrac{Ts + 1}{\alpha Ts + 1}$

여기서 K_p, K_d, K_i, K, T, α는 설계 파라미터들이다. 이러한 구조는 필요한 파라미터 수가 몇 개 안 되고, 구현도 쉽기 때문에 현장에서 많이 쓰인다. 이 책에서도 주로 이런 형태의 제어기들을 사용해서 안정성과 성능을 획득하는 방법들을 소개할 것이다.

01. 제어 목표

대부분 시스템에서 공통으로 채택되는 제어 목표로는 다음과 같이 안정성, 성능, 견실 안정성, 견실 성능이 있다.

구분	모델 불확실성을 고려하지 않음	모델 불확실성을 고려함
기준 신호가 고정되어 있을 때	안정성	견실 안정성
기준 신호가 시간에 따라 변할 때	(명령추종) 성능	견실 (명령추종) 성능

성능 목표 달성보다 안정성 확보가 비교적 쉽고, 또 안정성이 보장되면 어느 정도 성능도 보장되므로, 제어기 설계에서는 안정성을 우선으로 고려한다.

02. (유한 입출력) 안정성

모든 유한 크기의 입력에 대해 출력의 크기가 유한한 응답을 가지는 시스템을 유한 입출력 안정하다고 말하며, 이러한 성질을 (유한 입출력) 안정성이라고 한다. 안정성을 보장하는 조건은 다음과 같다.

모델 형태	모델식	안정성 조건
임펄스 응답 함수	$g(t)$	$\int_0^\infty |g(\tau)| d\tau < \infty$
전달함수	$G(s) = \mathcal{L}\,[\,g(t)\,]$	전달함수의 모든 극점들이 s평면의 좌반평면에 있어야 한다.
상태방정식	$\dot{x} = Ax + Bu$	A의 모든 고윳값의 실수부가 음이어야 한다.

03. Routh-Hurwitz 안정성 판별법

이 판별법은 전달함수의 분모에 해당하는 특성방정식으로부터 우반평면에 위치하는 극점의 개수를 알아냄으로써 안정성을 판별한다. Routh Table의 첫 번째 열에서 계수들의 부호가 바뀌는 횟수가 불안정한 근의 개수를 의미한다. 이 판별법을 이용하면 안정성이 보장되는 미정 계수(예 피드백 이득 등)의 범위도 쉽게 구할 수 있다.

04. 성능지표

제어 목표 중에서 성능을 정량적으로 표시할 때 사용되는 시간 영역에서의 성능지표와 주파수 영역에서의 성능지표에는 다음과 같은 것들이 있다.

시간 영역에서의 성능지표	상승 시간, 피크 시간, 최대 초과, 정착 시간, 정상상태 오차
주파수 영역에서의 성능지표	대역폭, 공진 최댓값, 공진 주파수, 이득 여유, 위상 여유

4.1 시불변 선형 시스템이 안정하기 위한 조건 중 맞지 않는 것은?

① 전달함수의 모든 극점이 좌반평면에 있어야 한다.
② 임펄스 응답이 0으로 수렴해야 한다.
③ 다중 극점이 없고, 모두 서로 다른 극점을 가져야 한다.
④ 상태방정식에서 시스템 행렬의 모든 고윳값이 음의 실수부를 가져야 한다.

4.2 시스템에 대한 안정성을 설명한 것 중 틀린 것은?

① 전달함수 $G(s) = \dfrac{s}{s^2 + 1}$ 를 가지는 시스템은 유한 입력에 항상 유한한 크기의 응답을 보인다.

② 전달함수 $G(s) = \dfrac{(s+1)}{(s+3)^2(s^2+s+1)}$ 를 가지는 시스템은 안정하다.

③ 전달함수 $G(s) = \dfrac{1}{s}$ 을 가지는 시스템은 입력에 따라 발산할 수도, 그렇지 않을 수도 있다.

④ 전달함수 $G(s) = \dfrac{1}{(s^3 + s^2 + 4s)}$ 을 가지는 시스템은 간단한 상수 이득만으로 단위 피드백을 구성하여 안정화를 이룰 수 있다.

4.3 아래 그림과 같이 단위 피드백 제어를 사용하여 시간 지연 시스템 $G(s) = \dfrac{e^{-s}}{s}$ 을 안정화시킬 수 있는 이득 K는?

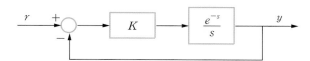

① $K = 1$ ② $K = 2$ ③ $K = 3$ ④ $K = 4$

힌트 다음과 같은 근사를 사용할 수도 있다.

$$e^{-s} \approx \dfrac{1 - \dfrac{s}{2} + \dfrac{s^2}{12}}{1 + \dfrac{s}{2} + \dfrac{s^2}{12}}$$

4.4 바람직한 감도 함수와 상보감도 함수의 모양은?

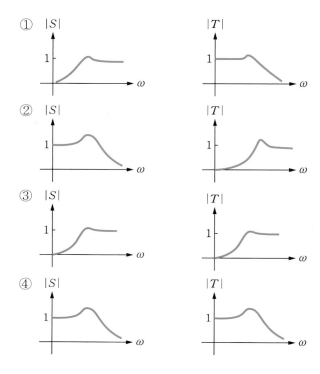

4.5 아래 그림과 같은 제어기를 설계할 때 영역 A 와 B를 설정하여 설계한다. 이에 대한 설명 중 틀린 것은?

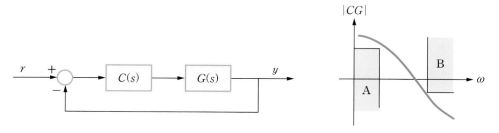

① A 영역은 어느 정도의 정상상태 오차를 보장하기 위해 최소의 저주파 이득을 표시한 것이다.

② B 영역은 고주파 잡음에 대한 영향을 고려한 최대의 고주파 이득을 표시한 것이다.

③ B 영역은 시스템 모델링 오차에 기인한 불안정성을 어느 정도 방지하는 데 필요하다.

④ B 영역은 시스템의 응답 속도를 빠르게 하려고 가급적 작은 고주파 이득을 보장하도록 설정되어야 한다.

4.6 아래 그림과 같이 외란 d와 잡음 n이 존재하고, 제어기 $C(s)$와 플랜트 $G(s)$로 이루어진 단위 피드백 시스템에서 감도 함수와 상보감도 함수에 대한 설명 중 틀린 것은?

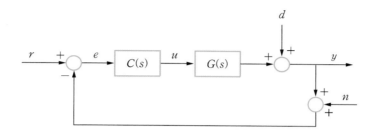

① 감도 함수는 $(1+CG)^{-1}$이고, 상보감도 함수는 $(1+(CG)^{-1})^{-1}$이다.
② 감도 함수는 r에서 e로의 전달함수이고, 상보감도 함수는 r에서 y로의 전달함수이다.
③ 좋은 (명령추종) 성능과 외란 감쇄를 위해 감도 함수는 저주파에서 작은 값을 가져야 한다.
④ 상보감도 함수는 저주파에서 1보다 충분히 큰 값을 갖도록 설계해야 한다.

4.7 위 그림에서 r과 u를 각각 입력과 출력으로 볼 때, 전달함수를 구하라.
(이 전달함수는 보통 제어감도 함수라 불린다.)

4.8 아래 그림에서 ×친 부분을 끊을 때 $\dfrac{(U_i(s)-U_r(s))}{U_i(s)}$를 구하라.

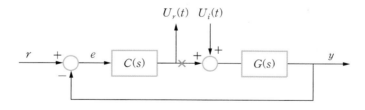

힌트 $\dfrac{(U_i(s)-U_r(s))}{U_i(s)}$를 보통 되돌림차$^{\text{return difference}}$라 부르며, 시스템의 견실성을 결정하는 데 매우 중요한 역할을 한다.

4.9 다음 중 설명이 잘못된 것은?

① 불확실성은 덧셈형과 곱셈형으로 표현할 수 있다.
② 불확실성 하에 안정성을 보장하기 위해서는 상보감도 함수의 크기가 고주파에서 제한되어야 한다.
③ 고주파에서 루프 이득이 매우 작을 경우, 견실 안정성을 보장하기 위해 고주파에서의 루프 이득 자체를 제한하면 된다.
④ 불확실성 하에 안정성을 보장하기 위해서는 감도 함수가 저주파에서 가급적 1에 가까운 값을 가져야 한다.

4.10 다음과 같은 상보감도 함수를 갖는 시스템이 있다고 하자.

$$T(s) = \frac{25(s+2)}{s^3 + 11s^2 + 60s + 100} = \frac{C(s)G(s)}{1 + C(s)G(s)}$$

시스템에서 발생하는 곱셈형 모델 불확실성에 대한 상한이 아래와 같은 $l_o(s)$라고 할 때,

$$l_o(s) = \frac{2s}{s^2 + 12s + 144}$$

폐로 시스템이 안정한지 아닌지를 확인하라. (곱셈형 모델 불확실성은 $C(s)G(s)(1+\Delta(s))$와 같이 표시되고, $\Delta(s)$는 $|\Delta(jw)| \leq |l_o(jw)|$을 항상 만족한다.)

4.11 다음의 특성다항식을 가진 시스템이 안정한지 아닌지를 판별하라.

(a) $s^3 + 4s^2 + 8s + 12$
(b) $s^4 + s^3 - s - 1$
(c) $s^4 + 4s^3 + 8s^2 + 16s + 32$

4.12 다음의 다항식들에서 우반평면 극점의 개수를 구하라.

(a) $s^4 + 2s^3 + 2s^2 + 2s + 1$
(b) $s^4 - s^2 - 2s + 2$
(c) $s^3 + s^2 + s + 6$

4.13 다음의 특성다항식이 안정한 K의 범위를 구하라.

(a) $s^3 + (4+K)s^2 + 6s + 12$

(b) $s^3 + 14s^2 + 56s + K$

(c) $s^3 + (4+K)s^2 + 6s + 16 + 8K$

4.14 삼차 다항식 $a_3 s^3 + a_2 s^2 + a_1 s + a_0$에 대해서 모든 근의 실수 부분이 음이 되도록 하는 조건은? (단 $a_i > 0$, $i = 0, 1, 2, 3$)

① $a_1 a_2 > a_3 a_0$ ② $a_1 a_2 < a_3 a_0$

③ $a_1 a_3 > a_2 a_0$ ④ $a_1 a_3 < a_2 a_0$

4.15 다음과 같은 제어시스템이 안정화되도록 K의 범위를 구하라.

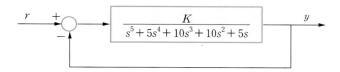

4.16 $G(s) = \dfrac{s^3}{s^4 + s^2 + s + 1}$ 일 때, 아래 그림과 같은 단위 피드백 시스템을 안정시키는 K는?

① 존재하지 않는다.   ② $1 < K < 2$

③ $2 < K < 3$ ④ $3 < K < 4$

4.17 아래 그림과 같은 OP 앰프 회로에서 v_1과 v_2를 상태변수로 정하고 상태방정식을 세운다음, 이 시스템의 안정성에 대하여 논하라.

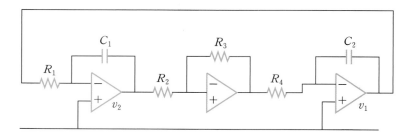

4.18 3.1.6절에서 다루었던 마스터−슬레이브 시스템에서 다음과 같은 주파수 영역에서의 성능지표를 생각해보자.

$$J_p = \int_0^\infty C_p(j\omega)d\omega, \quad J_f = \int_0^\infty C_f(j\omega)d\omega$$

마스터−슬레이브 시스템의 제어 목표를 고려할 때 가장 적절한 $C_p(j\omega)$와 $C_f(j\omega)$를 골라라.

	$C_p(j\omega)$	$C_f(j\omega)$
①	$\lvert G_{mp}(j\omega) - G_{sp}(j\omega) \rvert$	$\lvert G_{mf}(j\omega) - G_{sf}(j\omega) \rvert$
②	$\lvert G_{mp}(j\omega) - G_{sp}(j\omega) \rvert$	$\lvert G_{mp}(j\omega) + G_{sp}(j\omega) \rvert$
③	$\lvert G_{mp}(j\omega)\, G_{sp}(j\omega) \rvert$	$\lvert G_{mf}(j\omega) - G_{sf}(j\omega) \rvert$
④	$\lvert G_{mp}(j\omega) + G_{sp}(j\omega) \rvert$	$\lvert G_{mf}(j\omega) + G_{sf}(j\omega) \rvert$

4.19 심화 Routh−Hurwitz 안정성 판별법을 사용하여 다음 특성방정식

$$8s^3 + 4(6+K)s^2 + 2(5+6K)s + 5K + 1 = 0$$

의 모든 근들이 $-\dfrac{1}{2}$보다 작은 실수부를 갖도록 K의 범위를 구하라.

4.20 심화 폐로 시스템의 특성방정식이 다음과 같이 주어진다고 하자.

$$s^4 + (6 + K_2)s^3 + (116 + K_1)s^2 + (-4K_1 + K_1 K_2 + 105K_2 - 320)s + 11K_1 + 45 = 0$$

시스템이 안정화되도록 하는 (K_1, K_2) 영역을 도시하라.

4.21 심화 그림과 같은 단위 피드백 제어시스템에서 이 시스템이 안정하게 될 (K, τ) 영역을 도시하라.

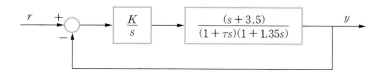

4.22 심화 시간 영역의 신호 $x(t)$에 대한 정량적인 크기를 나타내기 위하여 다음과 같은 두 가지의 노름^{norm}을 많이 사용한다.

$$\|x\|_2 = \left[\frac{1}{2\pi} \int_{-\infty}^{\infty} |X(j\omega)|^2 d\omega \right]^{1/2}$$

$$\|x\|_\infty = \sup_{t \geq 0} |x(t)|$$

여기서 $X(s)$는 $x(t)$의 라플라스 변환이다. 아래 그림과 같은 단위 피드백 시스템에서 단위 계단 입력을 가할 경우, 출력과 기준 신호 간의 오차 e에 대하여 두 가지 노름^{norm}을 각각 계산하라. (T는 주어진 상수이다.)

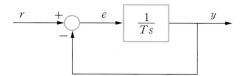

4.23 심화 아래 그림에 있는 단위 피드백 시스템에서 기준 신호에 단위 계단 입력을 가할 경우, 출력과 단위 계단 기준 신호 간의 오차 e에 대하여 $\|e\|_2$을 구하라.

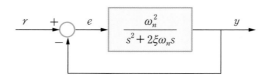

4.24 심화 안정한 특성다항식 $a_0 s^n + a_1 s^{n-1} + \cdots + a_n$으로부터 다음과 같은 Routh Table을 생각해보자.

s^n	$r_{00} = a_0$	$r_{01} = a_2$	$r_{02} = a_4$	$r_{03} = a_6$	$\cdots$
s^{n-1}	$r_{10} = a_1$	$r_{11} = a_3$	$r_{12} = a_5$	$r_{13} = a_7$	$\cdots$
s^{n-2}	r_{20}	r_{21}	r_{22}	r_{23}	$\cdots$
s^{n-3}	r_{30}	r_{31}	r_{32}	r_{33}	$\cdots$
$\vdots$	$\vdots$	$\vdots$	$\vdots$	$\vdots$	
s^2	$r_{(n-2)0}$	$r_{(n-2)1}$			
s^1	$r_{(n-1)0}$				
s^0	r_{n0}				

Routh Table의 각 행으로부터 다음과 같은 다항식을 정의하고,

$$r_1(s) = r_{10}s^{n-1} + r_{11}s^{n-3} + \cdots$$
$$r_2(s) = r_{20}s^{n-2} + r_{21}s^{n-4} + \cdots$$
$$\vdots$$
$$r_{n-1}(s) = r_{(n-1)0}s$$
$$r_n(s) = r_{n0}$$

아래와 같이 α_i와 $X_i(s)$를 정의하면

$$\alpha_i = \frac{r_{(i-1)0}}{r_{i0}}$$

$$X_i(s) = \sqrt{2\alpha_i}\,\frac{r_i(s)}{a(s)}, \quad i = 1,\, 2,\, \cdots,\, n$$

다음과 같은 관계식이 성립함을 증명하라.

$$\langle\, X_i(s),\, X_j(s)\,\rangle = \frac{1}{2\pi}\int_{-\infty}^{\infty} X_i(j\omega)X_j(-j\omega)\,d\omega = \begin{cases} 1, & i = j \\ 0, & i \neq j \end{cases}$$

4.25 심화 실제의 시스템을 다음과 같은 덧셈 형식의 불확실한 시스템으로 묘사할 수 있다고 하자.

$$G_\Delta(s) = G(s) + \Delta_a(s), \quad |\Delta_a(j\omega)| \leq |W_a(j\omega)|$$

여기서 불확실한 전달함수 $\Delta_a(s)$는 안정하고, 주어진 안정한 전달함수 $W_a(s)$의 크기로 그 크기가 제한되어 있다. $G(s)$를 안정화시키는 제어기 $C(s)$가 다음과 같은 조건을 만족하면,

$$\left\|\, \frac{C(j\omega)W_a(j\omega)}{1 + G(j\omega)C(j\omega)}\, \right\|_\infty < 1$$

모든 가능한 불확실성 $\Delta_a(s)$에 대해 시스템 $G_\Delta(s)$도 안정함을 보여라. $\|\cdot\|_\infty$의 정의는 다음과 같다.

$$\|\, G(j\omega)\,\|_\infty = \sup_\omega |\, G(j\omega)|$$

4.26 심화 실제의 시스템을 다음과 같은 곱셈 형식의 불확실한 시스템으로 묘사할 수 있다고 하자.

$$G_\Delta(s) = G(s)(1 + \Delta_m(s)), \quad |\Delta_m(j\omega)| \leq |W_m(j\omega)|$$

여기서 불확실한 전달함수 $\Delta_m(s)$는 안정하고, 주어진 안정한 전달함수 $W_m(s)$의 크기로 그 크기가 제한되어 있다. $G(s)$를 안정화시키는 제어기 $C(s)$가 다음과 같은 조건을 만족하면,

$$\left\|\, \frac{G(j\omega)C(j\omega)W_m(j\omega)}{1 + G(j\omega)C(j\omega)}\, \right\|_\infty < 1$$

모든 가능한 불확실성 $\Delta_m(s)$에 대해 시스템 $G_\Delta(s)$도 안정함을 보여라. $\|\cdot\|_\infty$의 정의는 [연습문제 4.25]를 참조한다.

4.27 심화 다음과 같은 안정한 전달함수 $G(s)$에서

$$G(s) = \frac{b(s)}{a(s)} = \frac{b_1 s^{n-1} + b_2 s^{n-2} + \cdots + b_n}{a_0 s^n + a_1 s^{n-1} + \cdots + a_n}$$

$b(s)$를 다음과 같이 $r_i(s)$의 선형 조합으로 전개하자.

$$b(s) = \beta_1 r_1(s) + \beta_2 r_2(s) + \cdots + \beta_n r_n(s)$$

여기서 $r_i(s)$는 [연습문제 4.24]에 정의되어 있다. 위 식의 β_i를 사용하여 전달함수 $G(s)$가 다음과 같은 상태방정식으로 바꾸어질 수 있음을 보여라.

$$
\begin{bmatrix} \dot{x}_1 \\ \dot{x}_2 \\ \vdots \\ \dot{x}_{n-1} \\ \dot{x}_n \end{bmatrix} =
\begin{bmatrix}
-\dfrac{1}{\alpha_1} & \dfrac{1}{\sqrt{\alpha_1 \alpha_2}} & & & \\
-\dfrac{1}{\sqrt{\alpha_1 \alpha_2}} & 0 & \ddots & & \\
& \ddots & \ddots & \ddots & \\
& & \ddots & 0 & \dfrac{1}{\sqrt{\alpha_{n-1}\alpha_n}} \\
& & & -\dfrac{1}{\sqrt{\alpha_{n-1}\alpha_n}} & 0
\end{bmatrix}
\begin{bmatrix} x_1 \\ x_2 \\ \vdots \\ x_{n-1} \\ x_n \end{bmatrix} +
\begin{bmatrix} \beta_1 \\ \beta_2 \\ \vdots \\ \beta_{n-1} \\ \beta_n \end{bmatrix} u
$$

$$
y = \begin{bmatrix} \dfrac{2}{\alpha_1} & 0 & \cdots & 0 \end{bmatrix}
\begin{bmatrix} x_1 \\ x_2 \\ \vdots \\ x_{n-1} \\ x_n \end{bmatrix}
$$

여기서 α_i는 [연습문제 4.24]에 정의되어 있다.

4.28 심화 어떤 전달함수 $G(s)$가 적분기를 두 개 포함하고 있어서, $G(s) = \dfrac{1}{s^2} G_0(s)$의 형태이다. 단위 피드백 시스템을 구성할 때, 계단 응답에 반드시 오버슈트가 나타남을 증명하라.

4.29 심화 안정하고 $G(0) \neq 0$인 전달함수 $G(s)$가 양의 실수인 영점을 가진다면, 반드시 하향 초과 현상이 일어남을 증명하라.

4.30 심화 그림에서 $r(t)$가 단위 계단 입력일 때, 다음 가격 함수를 최소화시키는 K를 구하라. (단, $y(0) = 0$)

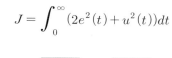

$$J = \int_0^\infty (2e^2(t) + u^2(t))dt$$

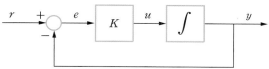

CHAPTER

05

시간 영역 해석 및 설계
Time Domain Analysis & Design

▮ 학습목표

- 단위 임펄스 함수, 단위 계단함수, 단위 경사함수와 같은 간단한 입력 신호에 대한 시스템의 시간 응답을 이해하고, 관련 성능지표를 실제로 계산해본다.
- 간단하면서도 유용한 1차 및 2차 시스템의 시간 응답을 계산해 보고, 과도응답과 관련된 성능지표를 구해 본다.
- 시스템의 과도응답 개선을 위한 극점 배치 설계 방법을 다룬다.
- 시스템의 정상상태 응답을 구하고, 시스템 형(system type)을 정의한다.

▮ 목차

개요

4장에서 제어 목표를 다루면서 시간 영역에서의 몇 가지 성능지표들을 정의하였다. 이때 간단하면서도 실용적인 입력 신호(임펄스 함수, 계단함수, 경사함수)를 사용하여, 시스템의 과도응답에 바탕을 두고 시스템의 성능을 해석하였다. 이 장에서는 구체적인 시스템에서 이러한 성능지표들을 실제로 계산한다. 특히 간단하지만 아주 유용한 1차 및 2차 표준형 시스템에 대한 성능지표들을 계산하고, 이를 제어기 설계에 응용한다. 또한 시스템의 정상상태 응답에서의 추종 능력을 나타내기 위하여 시스템 형을 정의하고, 이를 제어기 설계에 응용한다.

과도응답과 정상상태 응답

시간 영역에서의 응답은 과도응답과 정상상태 응답으로 구분하여 생각할 수 있다. 성능지표도 과도응답과 정상상태 응답 각각에 대해 정의하여 사용한다. 과도응답은 기준 입력이 가해진 후 초기 상태에서 최종 상태로 변화하기까지의 응답을 말하는데, 일반적인 시스템에서는 이를 계산하기가 쉽지 않다. 반면 정상상태 응답은 시간이 무한대로 흐른 후 시스템 출력의 최종 상태를 말한다. 과도응답과 달리 정상상태 응답은 최종값 정리를 사용하여 일반 시스템에 대해서도 비교적 쉽게 계산할 수 있다.

유용한 1, 2차 시스템의 성능지표

시스템의 과도응답을 계산하기 위하여, 간단하면서도 유용한 1차 및 2차 시스템을 다룬다. 1차 및 2차 시스템에 단위 임펄스 함수, 단위 계단함수, 단위 경사함수의 입력을 가할 때의 시간 응답을 구하고, 성능지표들을 계산한다. 이 성능지표들은 시스템의 전달함수 계수들에 의존한다.

극점 배치

1차 및 2차 시스템의 경우, 시스템의 과도응답 개선을 위하여 시간 영역에서 구한 성능지표를 사용한다. 과도응답에 대한 요구 사항이 주어지면, 해당 시스템의 전달함수 계수들이 만족해야 할 조건들을 구할 수 있으며, 이로부터 폐로 시스템의 극점들 위치 정보를 얻을 수 있다. 제어기를 통하여 극점을 적절히 배치하면, 원하는 과도응답을 얻을 수 있다. 또한 원치 않는 극점과 영점은 제어기를 통하여 상쇄할 수 있다.

시스템 형

시스템의 정상상태 응답에 대한 성능지표로 사용되는 추종 오차를 나타내기 위하여 시스템 형을 정의한다. 시스템 형은 주어진 전달함수의 적분기 개수에 해당하며, 시스템 형에 따라 입력 신호에 대한 추종 능력과 추종 오차를 계산한다. 이런 정보는 정상상태 응답 개선을 위한 제어기 설계에 이용될 수 있다. 한편 정상상태 응답과 관련된 시스템 형은 과도응답과 달리 고차의 전달함수에 대해서도 쉽게 구할 수 있고, 최종값 정리를 사용하면 추종 오차도 쉽게 계산할 수 있다.

5.1 시간 응답과 성능지표

제어시스템을 해석하고 설계할 때, 여러 제어시스템의 성능을 비교하는 기준으로, 간단한 기준 입력 신호에 대한 시스템의 시간 응답이 유용하게 쓰인다. 기준 입력 신호로는 임펄스 함수, 계단함수, 경사함수 등이 있으며, 이러한 함수들은 수학적으로나 실험적으로 쉽게 해석할 수 있다. 복잡한 기준 입력 신호도 있지만, 모든 복잡한 함수 응용의 기본이 되는 이러한 단순한 함수들을 잘 알아야 한다. 계단함수, 경사함수 등을 이용해도 [그림 5-1]과 같은 기준 신호를 생성할 수 있기 때문에, 이 함수들도 충분히 실용적이라 할 수 있다.

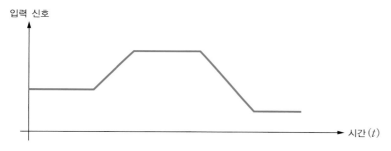

[그림 5-1] **전형적인 기준 입력 신호의 모습**

기준 입력 신호를 가했을 때, 시스템의 응답 $y(t)$는 다음과 같이 나타낼 수 있다.

$$y(t) = y_{tr}(t) + y_{ss}(t) \tag{5.1}$$

우변의 첫 번째 항 $y_{tr}(t)$는 시스템이 초기 상태에서 최종 상태까지 진행하는 도중에 나타나는 일시적인 응답으로, 시간이 무한대로 흘렀을 때에는 다음과 같다.

$$\lim_{t \to \infty} y_{tr}(t) = 0 \tag{5.2}$$

즉 시간이 무한대로 흐르면 $y_{tr}(t)$의 영향은 사라진다. 식 (5.1) 우변의 두 번째 항 $y_{ss}(t)$는 시간이 무한대로 접근할 때의 시스템의 거동을 의미하는 정상상태 응답을 표시한다. 따라서 충분히 시간이 흘렀을 경우, $y_{tr}(\infty) = 0$이 되어 시스템의 응답 $y(t)$는 다음과 같이 표현된다.

$$y(t) \approx y_{ss}(t) \tag{5.3}$$

하지만 초기 시간에는 $y_{tr}(t)$가 무시할 수 없을 정도의 값을 갖기 때문에, $y_{tr}(t)$와 $y_{ss}(t)$를 모두 고려해야 하는데, 이때의 시스템 출력 $y(t)$를 과도응답이라고 한다.

보통 시스템 $G(s)$의 응답 $y(t)$는 기준 입력 신호의 라플라스 변환이 $R(s)$로 주어지는 경우에 다음과 같이 구할 수 있다.

$$y(t) = \mathcal{L}^{-1}\{Y(s)\} = \mathcal{L}^{-1}\{G(s)R(s)\} \tag{5.4}$$

기준 입력 신호 $R(s)$로는 단위 임펄스 신호 $\delta(t)$, 단위 계단 신호 $u_s(t)$, 단위 경사 신호 $tu_s(t)$ 등을 사용한다. 2장에서 배웠듯이, 이러한 기준 신호들에 대한 라플라스 변환은 다음과 같다.

$$R(s) = \begin{cases} 1 & = \mathcal{L}\left[\delta(t)\right] \\ \dfrac{1}{s} & = \mathcal{L}\left[u_s(t)\right] \\ \dfrac{1}{s^2} & = \mathcal{L}\left[tu_s(t)\right] \end{cases} \tag{5.5}$$

식 (5.5)에서 구한 $R(s)$를 식 (5.4)에 대입하면, 시간 응답 $y(t)$는 다음과 같이 계산할 수 있다.

$$y(t) = \mathcal{L}^{-1}\left[G(s)R(s)\right] = \begin{cases} \mathcal{L}^{-1}\left[G(s)\right] \\ \mathcal{L}^{-1}\left[\dfrac{G(s)}{s}\right] \\ \mathcal{L}^{-1}\left[\dfrac{G(s)}{s^2}\right] \end{cases} \tag{5.6}$$

다음과 같은 단위 계단 신호에 대한 응답 $y_s(t)$를 사용하면,

$$y_s(t) = \mathcal{L}^{-1}\left[\frac{G(s)}{s}\right] \tag{5.7}$$

아래와 같이 임펄스 응답은 단위 계단 응답을 미분하여 얻을 수 있고, 경사 응답은 단위 계단 응답을 적분하여 얻을 수 있다.

$$\mathcal{L}^{-1}\left[G(s)\right] = \mathcal{L}^{-1}\left[s\,\frac{G(s)}{s}\right] = \frac{d}{dt}y_s(t)$$

$$\mathcal{L}^{-1}\left[\frac{G(s)}{s^2}\right] = \mathcal{L}^{-1}\left[\frac{1}{s}\,\frac{G(s)}{s}\right] = \int_0^t y_s(\tau)d\tau \tag{5.8}$$

따라서 시간 응답 특성에서는 단위 계단 응답이 가장 많이 사용되고, 또 그만큼 중요하다. 정상상태에서의 단위 계단 응답은 식 (5.7)의 $y_s(t)$로부터 최종값 정리를 사용하여 다음과 같이 구할 수 있다.

$$y_{ss}(t) = \lim_{s \to 0} \mathcal{L}^{-1}\left[s\,G(s)\frac{1}{s}\right] = \lim_{s \to 0} \mathcal{L}^{-1}\left[G(s)\right] \tag{5.9}$$

4장에서 시간 응답에 바탕을 둔 성능지표들을 정의하였는데, 이 장에서는 1차 및 2차 시스템에 대해서 식 (5.6)과 같은 방법으로 시간 응답 $y(t)$를 구한 다음, 과도응답과 정상상태 응답에 대한 성능지표들을 구체적으로 계산할 것이다. 과도응답 성능지표로는 상승 시간^{rise time}, 최대 첨두 시간^{peak time}, 최대 초과^{maximum overshoot} 등을 계산해 볼 것이며, 정상상태 성능지표로는 정착 시간^{settling time}, 정상상태 오차^{steady state error} 등을 계산할 것이다. 이 성능지표들은 대상 시스템의 특성을 해석할 때 시간 영역에서의 시스템의 특성을 나타내는 데 쓰이며, 또한 제어시스템 설계에서는 성능 기준을 나타내는 데도 쓰인다.

5.2 1차 및 2차 시스템의 과도응답

5.2.1 1차 시스템의 과도응답

1장에서 [그림 1-9]와 같은 저항–콘덴서 회로는 다음과 같은 선형 미분방정식으로 나타낼 수 있음을 배웠다.

$$\tau \frac{dy(t)}{dt} + y(t) = u(t) \tag{5.10}$$

여기서 상수 τ는 저항–콘덴서(또는 RC) 회로에서 RC 값을 의미한다. 식 (5.10)과 같이 일차 미분방정식으로 나타낼 수 있는 시스템을 1차 시스템이라고 부른다. 이때 $u(t)$는 시스템의 입력, $y(t)$는 시스템의 출력을 나타낸다. 이러한 1차 시스템의 전달함수는 식 (5.10)을 라플라스 변환함으로써 다음과 같이 나타낼 수 있다.

$$G(s) = \frac{Y(s)}{R(s)} = \frac{1}{1 + \tau s} \tag{5.11}$$

식 (5.11)과 같은 1차 시스템은 폐로 시스템으로 [그림 5-2]와 같이 표현할 수 있다.

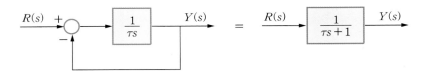

[그림 5-2] **폐로 시스템으로 표현된 1차 시스템**

1차 시스템에 단위 계단함수, 단위 경사함수, 단위 임펄스 함수 등을 가했을 때, 각각의 응답을 알아보자.

단위 계단함수 입력에 대한 응답

1차 시스템에 단위 계단함수를 입력으로 가했을 때, 그 응답을 구해보자. 크기가 1인 계단함수의 라플라스 변환은 $\frac{1}{s}$이므로, 다음과 같이 쓸 수 있다.

$$Y(s) = G(s)U(s) = \frac{1}{1 + \tau s} U(s) = \frac{1}{1 + \tau s} \cdot \frac{1}{s} \tag{5.12}$$

라플라스 역변환을 하면, 다음과 같다.

$$y(t) = \mathcal{L}^{-1}[Y(s)] = \mathcal{L}^{-1}\left[\frac{1}{s(1+\tau s)}\right]$$

$$= \mathcal{L}^{-1}\left[\frac{1}{s} - \frac{1}{(s+1/\tau)}\right] = \mathcal{L}^{-1}\left[\frac{1}{s}\right] - \mathcal{L}^{-1}\left[\frac{1}{(s+1/\tau)}\right] \quad (5.13)$$

$$= 1 - e^{-\frac{1}{\tau}t}$$

여기서 $-e^{-\frac{1}{\tau}t}$ 항은 과도응답에 영향을 주는 항이며, 시간이 지남에 따라 그 영향이 점차 사라지게 된다. 최종적으로 $t \rightarrow \infty$ 일 때의 출력은 1이 된다. 이때 응답 곡선은 [그림 5-3]과 같다. 만일 계단 입력의 크기가 1이 아닌 K일 경우, 시스템 응답은 $y(t) = K\left(1 - e^{-\frac{1}{\tau}t}\right)$가 될 것이다.

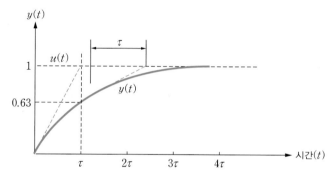

[그림 5-3] 단위 계단 입력 신호에 대한 1차 시스템의 응답

식 (5.13)과 같은 형태의 응답을 특징짓는 상수 τ를 시상수^{time constant}라 한다. 시상수는 몇 가지 물리적인 의미를 지닌다. 시간이 시상수 τ만큼 소요된 후의 응답은 $y(\tau) = 1 - e^{-1} = 0.63$이 되므로, 최종 출력의 63%에 도달하는 데 걸린 시간이 바로 시상수가 된다. 또 식 (5.13)을 시간에 대해 미분하고 초기 시간 0을 대입하면, 시상수의 역수($\frac{1}{\tau}$)가 된다. 즉, 응답 곡선에서 $t = 0$일 때의 접선의 기울기가 시상수와 반비례 관계에 있는 것이다. 이 시상수를 사용하여 1차 시스템의 계단 응답의 성능지표를 정량적으로 표현할 수 있다.

상승 시간 t_r은 최종 출력의 10%에서 90%까지 상승하는 데 걸리는 시간으로 다음과 같이 구할 수 있다.

$$0.1 = 1 - e^{-\frac{1}{\tau}t_1}$$

$$0.9 = 1 - e^{-\frac{1}{\tau}t_2}$$

$$t_r = t_2 - t_1$$

따라서 상승 시간 t_r은 다음과 같다.

$$t_r = \tau\left(-\ln(0.1) + \ln(0.9)\right) = \tau\ln(9) \approx 2.2\tau$$

한편 정상상태 값, 즉 1의 2%(0.98) 또는 5%(0.95) 범위 안에 들기 시작하는 시점인 정착 시간 t_s는 다음과 같이 구할 수 있다.

$$0.98 = 1 - e^{-\frac{1}{\tau}t_s} \; : \; 2\% \;\; 범위$$

$$0.95 = 1 - e^{-\frac{1}{\tau}t_s} \; : \; 5\% \;\; 범위$$

정착 시간 값은 2% 범위와 5% 범위인 경우, 각각 $-\tau\ln 0.02\,(=3.91\tau \approx 4\tau)$와 $-\tau\ln 0.05\,(=3\tau)$가 된다. 즉 $t > 3\tau$, $t > 4\tau$이면, 응답 $y(t)$가 각각 최종값의 95% 이상, 98% 이상 도달한다.

[그림 5-4]의 그래프는 전달함수가 $G(s) = \dfrac{1}{(1+\tau s)}$일 때, τ가 1, 2, 3인 경우에 대한 단위 계단 입력 신호의 시간 응답을 컴퓨터를 사용하여 도시한 것이다. 최종 출력의 63%까지 올라가는 시간, 즉 시상수가 커질수록 반응 속도는 늦어진다.

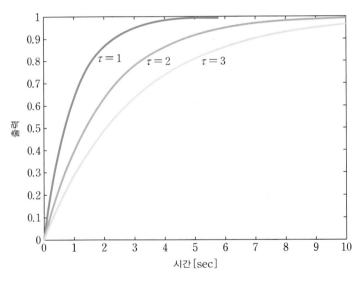

[그림 5-4] 전달함수 $G(s) = \dfrac{1}{(1+\tau s)}$의 τ가 1, 2, 3일 경우, 단위 계단 입력 신호에 대한 응답

단위 경사함수 입력에 대한 응답

1차 시스템의 전달함수 (5.11)에 단위 경사함수를 입력으로 가했을 때, 그 응답을 살펴보자. 기울기가 1인 단위 경사함수의 라플라스 변환은 $\dfrac{1}{s^2}$이므로, 다음과 같이 쓸 수 있다.

$$Y(s) = G(s)U(s) = \frac{1}{1+\tau s}U(s) = \frac{1}{1+\tau s} \cdot \frac{1}{s^2} \tag{5.14}$$

식 (5.14)를 라플라스 역변환하면, 다음과 같이 단위 경사함수를 입력으로 가했을 때의 시간 응답을 구할 수 있다.

$$\begin{aligned}
y(t) = \mathcal{L}^{-1}[Y(s)] &= \mathcal{L}^{-1}\left[\frac{1}{s^2(1+\tau s)}\right] \\
&= \mathcal{L}^{-1}\left[\frac{1}{s^2} - \frac{\tau}{s} + \frac{\tau}{(s+1/\tau)}\right] \\
&= \mathcal{L}^{-1}\left[\frac{1}{s^2}\right] - \mathcal{L}^{-1}\left[\frac{\tau}{s}\right] + \mathcal{L}^{-1}\left[\frac{\tau}{(s+1/\tau)}\right] \\
&= t - \tau + \tau e^{-\frac{1}{\tau}t}
\end{aligned} \tag{5.15}$$

식 (5.15)의 응답 곡선은 [그림 5-5]와 같다. 경사 입력의 기울기가 1이 아닌 K인 경우, 시스템 응답은 $y(t) = K(t-\tau + \tau e^{-\frac{1}{\tau}t})$가 될 것이다.

[그림 5-5] **단위 경사 입력 신호에 대한 1차 시스템의 응답**

한편 이 응답은 단위 계단 응답을 적분함으로써 다음과 같이 구할 수도 있다.

$$y(t) = \int_0^t (1 - e^{-\frac{1}{\tau}\gamma})d\gamma = t - \tau + \tau e^{-\frac{1}{\tau}t}$$

1차 시스템의 단위 경사 응답의 오차는 다음과 같이 계산할 수 있다.

$$|y(t) - t| = \left|t - \tau + \tau e^{-\frac{1}{\tau}t} - t\right| = \tau\left|1 - e^{-\frac{1}{\tau}t}\right|$$

시간이 흐를수록 $e^{-\frac{1}{\tau}t}$은 0으로 수렴하고, 정상상태 오차는 τ만큼 발생한다.

[그림 5-6]의 그래프는 전달함수가 $G(s) = \dfrac{1}{(1+\tau s)}$일 때, τ가 1, 2, 3인 경우에 대한 단위 경사 입력 신호의 시간 응답을 컴퓨터를 사용하여 도시한 것이다. 단위 계단 응답과 같이 시상수 τ가 커질 수록 반응 속도가 늦어짐을 볼 수 있다.

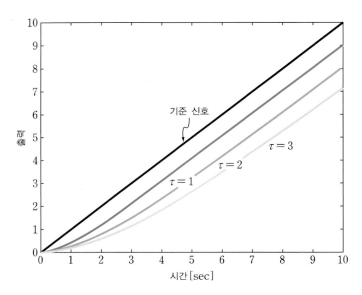

[그림 5-6] 전달함수 $G(s) = \dfrac{1}{(1+\tau s)}$ 의 τ가 1, 2, 3인 경우, 단위 경사 입력 신호에 대한 응답

단위 임펄스 함수 입력에 대한 응답

1차 시스템에 단위 임펄스 함수를 입력으로 가했을 때, 그 응답을 구해보자. 단위 임펄스 함수 $\delta(t)$의 라플라스 변환은 1이므로, 출력 $Y(s)$는 다음과 같이 쓸 수 있다.

$$Y(s) = G(s)U(s) = \frac{1}{1+\tau s} U(s) = \frac{1}{1+\tau s} \cdot 1$$

이 식을 라플라스 역변환하면, 다음과 같이 단위 임펄스 함수를 가했을 때의 시간 응답 함수를 구할 수 있다.

$$y(t) = \mathcal{L}^{-1}[Y(s)] = \mathcal{L}^{-1}\left[\frac{1}{1+\tau s} \right]$$
$$= \mathcal{L}^{-1}\left[\frac{1/\tau}{s+1/\tau} \right] = \frac{1}{\tau} e^{-\frac{1}{\tau}t}$$

(5.16)

전에 언급했듯이 단위 계단 응답을 미분함으로써 다음과 같이 구할 수도 있다.

$$y(t) = \frac{d}{dt}(1 - e^{-\frac{1}{\tau}t}) = \frac{1}{\tau} e^{-\frac{1}{\tau}t}$$

1차 시스템의 단위 임펄스 함수 응답은 다음 [그림 5-7]과 같으며, 시상수가 커질수록 느리게 0으로 수렴함을 알 수 있다. $t = \tau$일 때 $y(\tau) = \frac{1}{\tau}e^{-1} = \frac{1}{\tau}0.37$로, 응답 $y(\tau)$는 초깃값($\frac{1}{\tau}$)의 37%에 도달하며, $t > 4\tau$이면 $y(t) < \frac{1}{\tau}e^{-4} < \frac{1}{\tau}0.018$로 초깃값($\frac{1}{\tau}$)의 1.8% 미만에 도달한다.

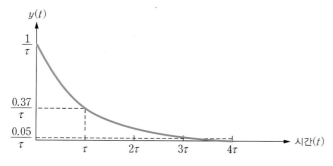

[그림 5-7] 단위 임펄스 입력에 대한 1차 시스템의 응답

[그림 5-8]의 그래프는 전달함수가 $G(s) = \dfrac{1}{(1+\tau s)}$ 일 때, τ가 1, 2, 3인 경우에 대한 단위 임펄스 입력 신호의 시간 응답을 컴퓨터를 사용하여 도시한 것이다. 단위 계단 응답과 단위 경사 응답과 마찬가지로, 시상수 τ가 커질수록 반응 속도가 늦어짐을 볼 수 있다.

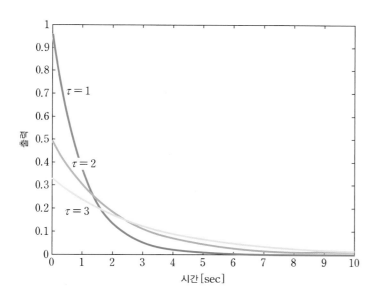

[그림 5-8] 전달함수 $G(s) = \dfrac{1}{(1+\tau s)}$ 의 τ가 1, 2, 3일 경우, 단위 임펄스 입력에 대한 응답

5.2.2 2차 시스템의 과도응답

일반적으로 제어 대상(플랜트)은 고차 시스템으로 모델링되나, 고차 시스템을 직접 해석하기는 매우 어렵다. 다행히도 고차 시스템은 특수한 경우를 제외하고는 대부분 2차 시스템으로 근사할 수 있다. 따라서 2차 시스템의 다양한 특성을 이해함으로써, 고차 시스템의 특성을 미루어 짐작할 수 있다. 이 절에서는 과도응답 특성 해석에 사용되는 여러 입력 신호 중, 단위 계단 신호를 입력으로 사용하

는 경우에 대한 2차 시스템의 응답 특성을 알아보도록 한다. 단위 계단 신호는 신호 발생이 쉽고, 계단 응답으로부터 제어시스템의 대부분의 정보를 얻을 수 있기 때문에, 입력 신호로 가장 많이 사용된다.

RLC 회로, 직선 운동 시스템, 회전 운동 시스템 등은 다음 식과 같은 선형 미분방정식, 즉 2차 시스템의 모델식으로 나타낼 수 있음을 앞에서 설명하였다.

$$\frac{d^2 y(t)}{dt^2} + a_1 \frac{dy(t)}{dt} + a_2 y(t) = ku(t) \tag{5.17}$$

여기서 $u(t)$는 시스템의 입력, $y(t)$는 시스템의 출력을 나타내며, a_1, a_2는 상수 계수들이다. 이러한 2차 시스템의 전달함수는 라플라스 변환을 통해 다음과 같이 나타낼 수 있다.

$$G(s) = \frac{Y(s)}{U(s)} = \frac{k}{s^2 + a_1 s + a_2} \tag{5.18}$$

2차 시스템의 경우, 전달함수 (5.18)을 일반적으로 다음과 같은 2차 시스템의 표준형으로 표현한다.

$$G(s) = \frac{Y(s)}{U(s)} = \frac{\omega_n^2}{s^2 + 2\zeta\omega_n s + \omega_n^2} \tag{5.19}$$

여기서 ζ를 제동비 damping ratio, ω_n을 고유 주파수 undamped natural frequency라 한다. 한편 제동비 ζ는 다음과 같이 표시할 수 있다.

$$\zeta = \frac{\text{제동 상수}\,(\zeta\omega_n)}{\text{고유 주파수}\,(\omega_n)} = \frac{1}{2\pi}\frac{\text{고유 주기}\,(2\pi/\omega_n)}{\text{시상수}\,(1/\zeta\omega_n)} \tag{5.20}$$

식 (5.20)의 물리적인 의미는 다음에 소개될 단위 계단 응답에서 확인할 수 있다.

단위 계단 응답

2차 시스템에 단위 계단함수를 입력으로 가했을 때, 그 응답을 구해보자. 크기가 1인 계단함수의 라플라스 변환은 $\frac{1}{s}$이므로, 2차 시스템의 표준형 전달함수 (5.19)를 이용하여 다음과 같이 계산할 수 있다.

$$Y(s) = G(s)U(s) = \frac{\omega_n^2}{s^2 + 2\zeta\omega_n s + \omega_n^2}\,U(s) = \frac{\omega_n^2}{s^2 + 2\zeta\omega_n s + \omega_n^2}\frac{1}{s} \tag{5.21}$$

라플라스 역변환하면 다음과 같이 쓸 수 있다.

$$y(t) = \mathcal{L}^{-1}[Y(s)] = \mathcal{L}^{-1}\left[\frac{\omega_n^2}{s(s^2 + 2\zeta\omega s + \omega_n^2)}\right]$$

$$= \mathcal{L}^{-1}\left[\frac{1}{s} + \frac{k_1}{s - p_1} + \frac{k_2}{s - p_2}\right]$$

(5.22)

여기서 k_1, k_2는 상수 계수이며, 다음과 같이 구해진다.

$$k_1 = Y(s) \cdot (s - p_1)\big|_{s = p_1}$$

$$k_2 = Y(s) \cdot (s - p_2)\big|_{s = p_2}$$

이때 p_1, p_2는 전달함수 (5.19)의 특성방정식 해로 다음을 만족한다.

$$s^2 + 2\zeta\omega_n s + \omega_n^2 = 0$$

(5.23)

특성방정식 (5.23)으로부터 특성방정식의 해는 다음과 같다.

$$p_1, \ p_2 = -\zeta\omega_n \pm \omega_n\sqrt{\zeta^2 - 1} = -\zeta\omega_n \pm j\omega_n\sqrt{1 - \zeta^2}$$

(5.24)

[그림 5-9]는 ω_n(고유 주파수)을 고정시키고, ζ(제동비)를 0부터 ∞ 까지 변화시켰을 때, 근의 위치 변화(근궤적)를 보여준다.

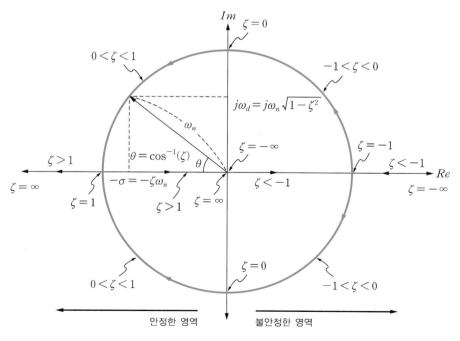

[그림 5-9] ω_n을 고정시키고 ζ를 0에서 ∞로 변화시킬 때, 2차 시스템의 극점 궤적

ζ가 0에서 시작하여 점점 증가함에 따라, 근의 위치는 허수축을 떠나 반지름을 ω_n으로 하는 원을 따라 이동하다가, $\zeta = 1$일 때 $s = -\omega_n$에서 실수축과 만나고, 다시 ζ가 증가하면 실수축을 따라 원점과 무한대 방향으로 분리되어 이동한다. 즉 ζ의 값에 따라 특성방정식 (5.23)의 근의 값 p_1, p_2는, $\zeta > 1$일 때에는 서로 다른 실수 근, $\zeta = 1$일 때 중근, $0 < \zeta < 1$일 때 복소수 근을 갖게 된다. 복소평면에서 p_1, p_2의 위치에 따라 시스템의 응답, 즉 출력 식 (5.22)의 형태가 달라진다.

지금부터는 p_1, p_2의 위치와 시스템 응답과의 관계를 살펴본다.

$$0 < \zeta < 1 \; : \; p_1, \, p_2 = -\zeta\omega_n \pm j\omega_n \sqrt{1-\zeta^2}, \quad (-\zeta\omega_n < 0) \quad : \text{부족 제동}$$
$$\zeta = 1 \; : \; p_1, \, p_2 = \omega_n \qquad\qquad\qquad\qquad\qquad\qquad\quad : \text{임계 제동}$$
$$\zeta > 1 \; : \; p_1, \, p_2 = -\zeta\omega_n \pm \omega_n \sqrt{\zeta^2-1} \qquad\qquad\quad\; : \text{과제동}$$
$$\zeta = 0 \; : \; p_1, \, p_2 = \pm j\omega_n \qquad\qquad\qquad\qquad\qquad\quad : \text{무제동}$$
$$\zeta < 0 \; : \; p_1, \, p_2 = -\zeta\omega_n \pm j\omega_n \sqrt{1-\zeta^2}, \quad (-\zeta\omega_n > 0) \quad : \text{불안정 영역에서의 발산}$$

• $0 < \zeta < 1$일 때(부족 제동)$^{\text{under damped case}}$

$0 < \zeta < 1$인 경우, 두 개의 극점 p_1, p_2는 다음 식과 같은 두 개의 켤레 복소수 근으로 표현된다.

$$p_1, \; p_2 = -\zeta\omega_n \pm j\omega_n \sqrt{1-\zeta^2}$$

두 개의 켤레 복소수의 크기는 ω_n이다. 즉 복소평면에서 반지름이 ω_n인 원 위에 두 개의 극점이 존재한다. 이런 복소수 근을 감안하여, 식 (5.20)을 라플라스 역변환하면, 다음과 같다.

$$
\begin{aligned}
y(t) &= \mathcal{L}^{-1}\left[\frac{\omega_n^2}{s(s^2 + 2\zeta\omega_n s + \omega_n^2)}\right] \\
&= \mathcal{L}^{-1}\left[\frac{s^2 + 2\zeta\omega_n s + \omega_n^2 - s(s + \zeta\omega_n + \zeta\omega_n)}{s(s^2 + 2\zeta\omega_n s + \omega_n^2)}\right] \\
&= \mathcal{L}^{-1}\left[\frac{1}{s} - \frac{s + \zeta\omega_n}{s^2 + 2\zeta\omega_n s + \omega_n^2} - \frac{\zeta\omega_n}{s^2 + 2\zeta\omega_n s + \omega_n^2}\right] \\
&= 1 - e^{-\sigma t}\left(\cos\omega_d t + \frac{\sigma}{\omega_d}\sin\omega_d t\right)
\end{aligned}
\tag{5.25}
$$

여기서 $\sigma = \zeta\omega_n$, $\omega_d = \omega_n \sqrt{1-\zeta^2}$ 이다. 식 (5.25)의 마지막 식에 표현된 두 개의 정현파는 다음과 같이 하나의 정현파로 표현할 수도 있다.

$$y(t) = 1 - \frac{e^{-\sigma t}}{\sqrt{1-\zeta^2}} \sin(\omega_d t + \theta)$$

여기서 $\cos\theta = \zeta$, $\sin\theta = \sqrt{1-\zeta^2}$ 이다. $\zeta > 0$이면 $\tan\theta = \dfrac{\sqrt{1-\zeta^2}}{\zeta}$ 으로 나타낼 수 있으므로, 다음과 같이 쓸 수 있다.

$$y(t) = 1 - \frac{e^{-\sigma t}}{\sqrt{1-\zeta^2}} \sin\left(\omega_d t + \tan^{-1}\frac{\sqrt{1-\zeta^2}}{\zeta}\right) \tag{5.26}$$

식 (5.26)의 응답 형태는 [그림 5-9]의 부족 제동에 해당하는 응답이다. 응답은 $e^{-\sigma t}$에 의해 감쇠하면서 정현파 신호에 의해 진동하게 된다.

- $\zeta = 1$일 때(임계 제동)$^{\text{critical damped case}}$

$\zeta = 1$인 경우, 두 개의 극점 p_1, p_2는 $-\omega_n$으로 같아져 중근이 된다. 이를 감안하여 식 (5.20)을 분해하면 다음과 같다.

$$Y(s) = \frac{\omega_n^2}{s^2 + 2\zeta\omega_n s + \omega_n^2} \cdot \frac{1}{s} = \frac{\omega_n^2}{s(s+\omega_n)^2} = \frac{k_1}{s} + \frac{k_2}{(s+\omega_n)^2} + \frac{k_3}{s+\omega_n} \tag{5.27}$$

여기서 k_1, k_2, k_3는 다음과 같이 계산된다.

$$k_1 = Y(s) \cdot s\big|_{s=0} = \frac{\omega_n^2}{(s+\omega_n)^2}\bigg|_{s=0} = 1$$

$$k_2 = Y(s) \cdot (s+\omega_n)^2\big|_{s=-\omega_n} = \frac{\omega_n^2}{s}\bigg|_{s=-\omega_n} = -\omega_n$$

$$k_3 = \frac{dk_2}{ds}\bigg|_{s=-\omega_n} = \frac{d}{ds}\left(\frac{\omega_n^2}{s}\right)\bigg|_{s=-\omega_n} = \frac{-\omega_n^2}{s^2}\bigg|_{s=-\omega_n} = -1$$

식 (5.27)을 라플라스 역변환하면 다음과 같다.

$$y(t) = 1 - e^{-\omega_n t}(1 + \omega_n t) \tag{5.28}$$

이 결과는 식 (5.26)에 다음과 같은 극한 성질을 적용해도 똑같이 구할 수 있다.

$$\lim_{\zeta \to 1} \frac{\sin\omega_d t}{\omega_d} = \lim_{\zeta \to 1} \frac{\sin\omega_n\sqrt{1-\zeta^2}\,t}{\omega_n\sqrt{1-\zeta^2}} = t$$

식 (5.28)의 응답 형태는 [그림 5-9]에서 임계 제동에 해당하는 응답이다. 임계 응답은 진동에서 비진동으로 이동하는 임계 상태이다. 식 (5.26)과 비교하면, 식 (5.28)에는 진동을 가능하게 하는 정현파 신호가 없다.

- $\zeta > 1$일 때(과제동)over damped case

$\zeta > 1$인 경우, 두 개의 극점 p_1, p_2는 다음 식과 같이 두 개의 실근으로 표현된다.

$$p_1, \ p_2 = -\zeta\omega_n \pm \omega_n\sqrt{\zeta^2 - 1}$$

이를 감안하여, 식 (5.20)을 분해하고 라플라스 역변환하면 다음과 같다.

$$
\begin{aligned}
y(t) &= \mathcal{L}^{-1}\left[\frac{1}{s} + \frac{k_1}{s - p_1} + \frac{k_2}{s - p_2}\right] \\
&= 1 - \frac{\zeta + \sqrt{\zeta^2 - 1}}{2\sqrt{\zeta^2 - 1}}e^{-(\zeta - \sqrt{\zeta^2 - 1})\omega_n t} + \frac{\zeta - \sqrt{\zeta^2 - 1}}{2\sqrt{\zeta^2 - 1}}e^{-(\zeta + \sqrt{\zeta^2 - 1})\omega_n t}
\end{aligned}
\tag{5.29}
$$

식 (5.29)의 응답 형태는 [그림 5-10]과 같이 과제동 응답이다. 응답에 진동적인 요소도 나타나지 않고, 초과 현상도 없다. 출력에 두 개의 지수항이 나타나는데, ζ가 증가할수록 더 빨리 감소하는 지수항 $e^{-(\zeta + \sqrt{\zeta^2 - 1})\omega_n t}$을 무시하면, 식 (5.29)는 다음과 같이 쓸 수 있다.

$$y(t) = 1 - \frac{\zeta + \sqrt{\zeta^2 - 1}}{2\sqrt{\zeta^2 - 1}}e^{-(\zeta - \sqrt{\zeta^2 - 1})\omega_n t} \tag{5.30}$$

ζ가 1보다 충분히 크다고 하면, 식 (5.30)은 다음과 같이 정리할 수 있다.

$$y(t) = 1 - e^{-(\zeta - \sqrt{\zeta^2 - 1})\omega_n t} \tag{5.31}$$

1차 시스템을 나타낸 식 (5.11)의 시상수 τ를 다음과 같이 설정하면,

$$\tau = \frac{1}{(\zeta - \sqrt{\zeta^2 - 1})\omega_n}$$

식 (5.31)은 표준형 1차 시스템으로 볼 수 있다. 식 (5.31)에서 보듯이 지수항의 지수에 포함되는 항 $-(\zeta - \sqrt{\zeta^2 - 1})$은 $\zeta > 1$에서 음이고, 증가함수이므로, ζ가 증가할수록 최종 목표값에 도달하는 데 걸리는 시간은 길어진다.

- $\zeta = 0$일 때(무제동)$^{\text{undamped case}}$

  $\zeta = 0$인 경우, 두 개의 극점 p_1, p_2는 켤레 관계인 두 허수 p_1, $p_2 = \pm j\omega_n$가 된다. 식 (5.25)에 $\zeta = 0$을 대입하면, 출력은 다음과 같다.

  $$y(t) = 1 - e^{-\sigma t}\left(\cos \omega_d t + \frac{\sigma}{\omega_d}\sin \omega_d t\right)\bigg|_{\sigma = 0}$$
  $$= 1 - \cos \omega_n t$$

  따라서 출력은 일정한 진폭을 가지며 무한히 진동한다.

- $\zeta < 0$일 때(발산)^{divergence}

  $\zeta < 0$이면 특성방정식 (5.24)의 두 근은 항상 양의 실수 부분을 갖는다. 이는 시간이 지나면서 발산하는 지수함수가 출력에 포함된다는 것을 의미한다.

지금까지 살펴본 부족 제동($0 < \zeta < 1$), 임계 제동($\zeta = 1$), 과제동($\zeta > 1$), 무제동($\zeta = 0$)인 경우의 단위 계단 응답, 단위 경사 응답, 단위 임펄스 응답을 각각 [그림 5-10], [그림 5-11], [그림 5-12]에 나타내었다. 그림에서는 주파수 ω_n을 3으로 고정하고, 제동비 ζ를 변화시키며 출력을 나타내고 있다.

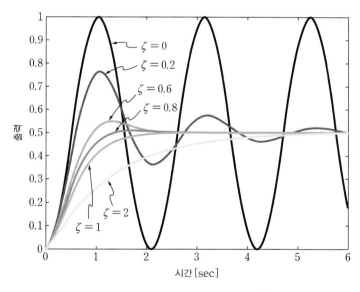

[그림 5-10] 표준형 2차 시스템 $G(s) = \dfrac{Y(s)}{U(s)} = \dfrac{\omega_n^2}{s^2 + 2\zeta\omega_n s + \omega_n^2}$ 에 대한 단위 계단 응답

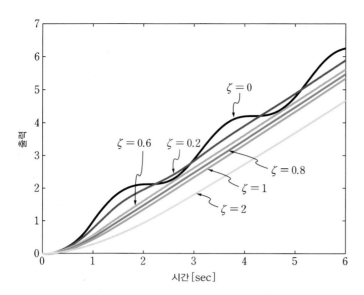

[그림 5-11] 표준형 2차 시스템 $G(s) = \dfrac{Y(s)}{U(s)} = \dfrac{\omega_n^2}{s^2 + 2\zeta\omega_n s + \omega_n^2}$ 에 대한 단위 경사 응답

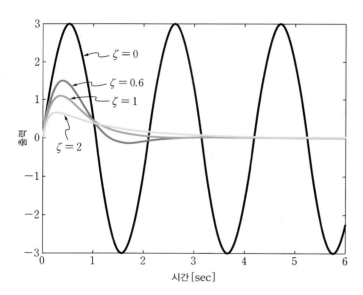

[그림 5-12] 표준형 2차 시스템 $G(s) = \dfrac{Y(s)}{U(s)} = \dfrac{\omega_n^2}{s^2 + 2\zeta\omega_n s + \omega_n^2}$ 에 대한 단위 임펄스 응답

표준형 2차 시스템의 성능지표

표준형 2차 시스템을 나타낸 식 (5.19)의 시간 영역에서의 성능 평가는 고차 시스템에도 응용할 수 있기 때문에 매우 유용하다.

지금부터 표준형 2차 시스템을 나타낸 식 (5.19)에 대하여 4장에서 소개한 성능지표를 직접 구해볼 것이다. 특히 단위 계단 응답에 대하여 집중적으로 알아보자. [그림 5-13]과 [그림 5-14]는 각각 부족 제동과 과제동인 경우에 단위 계단 응답에 대한 성능지표를 그린 그림이다.

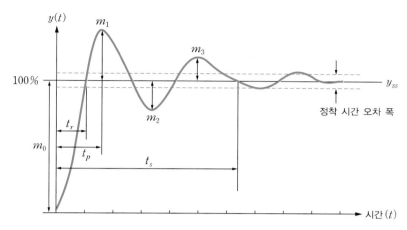

[그림 5-13] **부족 제동인 경우, 단위 계단 응답의 성능지표**

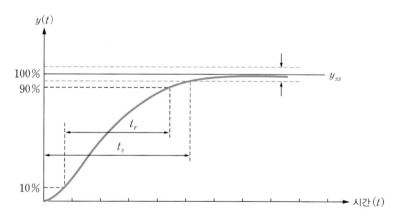

[그림 5-14] **과제동인 경우, 단위 계단 응답의 성능지표**

■ t_p : **최대 첨두 시간**^{time to reach first peak}

$t=0$부터 첫 번째 최대 초과까지 도달하는 시간으로, $0 < \zeta < 1$인 부족 제동인 경우에만 의미가 있는 성능지표이다. 다음과 같이 단위 계단 응답식 (5.25)를 미분했을 때,

$$\frac{d}{dt}y(t) = e^{-\sigma t}\left(\frac{\sigma^2}{\omega_d} + \omega_d\right)\sin\omega_d t$$

최대 첨두 시간은 이 미분값을 0으로 하는 가장 작은 양수 t_p이며, 계산하면 다음과 같다.

$$t_p = \frac{\pi}{\omega_d} = \frac{\pi}{\omega_n \sqrt{1-\zeta^2}} \tag{5.32}$$

ζ가 1에 근접하면, 부족 제동 응답이 임계 제동 응답에 가까워지면서 최대 첨두 시간이 더욱 커진다. 반대로 ζ가 0이면, 부족 제동 응답이 무제동 응답으로 바뀌면서 정현파 출력의 반주기에 해당하는 시간이 얻어진다. $\zeta > 1$인 과제동 응답에서는 초과 현상이 없으므로, 최대 첨두 시간이 의미가 없다.

■ t_r : 상승 시간 Rise time

부족 제동과 과제동의 경우, 계산의 편의상 상승 시간의 정의를 약간 달리하여 구한다.

• 부족 제동의 경우

$t = 0$부터 목표값에 도달하는 시간으로, 식 (5.25)로부터 출력이 1이기 위한 조건을 구하면 다음과 같다.

$$\cos \omega_d t_r + \frac{\sigma}{\omega_d} \sin \omega_d t_r = 0 \tag{5.33}$$

이를 정리하면 다음과 같다.

$$\tan \omega_d t_r = - \frac{\omega_d}{\sigma} = - \frac{\sqrt{1-\zeta^2}}{\zeta} \tag{5.34}$$

$\tan(\cdot)$가 음이므로, $\frac{\pi}{2} < \omega_d t_r < \pi$의 범위에서 t_r을 구해야 한다. $-\frac{\pi}{2}$와 $\frac{\pi}{2}$ 사이에서 정의되는 $\tan^{-1}(\cdot)$와 $\sin^{-1}(\cdot)$을 사용하여 다음과 같이 표현할 수 있다.

$$\tan(\pi - \omega_d t_r) = \frac{\sqrt{1-\zeta^2}}{\zeta} \quad \text{또는} \quad \sin\left(\omega_d t_r - \frac{\pi}{2}\right) = \zeta$$

$$t_r = \frac{\pi - \tan^{-1}\left(\dfrac{\sqrt{1-\zeta^2}}{\zeta}\right)}{\omega_d} = \frac{\sin^{-1}(\zeta) + \dfrac{\pi}{2}}{\omega_d} \tag{5.35}$$

보통 다음과 같은 정규화된 상승 시간 $\omega_n t_r$을 정의하여 사용한다.

$$\omega_n t_r = \omega_n t_2 - \omega_n t_1 \tag{5.36}$$

여기에서 t_1은 상승 시간 측정을 시작하는 시각이고, t_2는 측정을 종료하는 시각이다. 부족 제동의 경우, $t_1 = 0$이고 t_2는 $y(t) = 1$이 되는 시각이다.

식 (5.36)에 표현된 정규화된 상승 시간을 그래프로 그리면 [그림 5-15]와 같다.

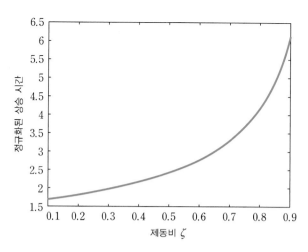

[그림 5-15] **부족 제동인 경우, 제동비 ζ에 따른 정규화된 상승 시간**

• 과제동의 경우

상승 시간을 목표값의 10%에서 90%까지 도달하는 데 걸리는 시간으로 정의한다. 또한 최대 첨두 시간의 절반이 되는 값으로 산정하기도 한다.

$$
1 - \frac{\zeta + \sqrt{\zeta^2 - 1}}{2\sqrt{\zeta^2 - 1}} e^{-(\zeta - \sqrt{\zeta^2 - 1})\omega_n t_1} + \frac{\zeta - \sqrt{\zeta^2 - 1}}{2\sqrt{\zeta^2 - 1}} e^{-(\zeta + \sqrt{\zeta^2 - 1})\omega_n t_1} = 0.1
$$

$$
1 - \frac{\zeta + \sqrt{\zeta^2 - 1}}{2\sqrt{\zeta^2 - 1}} e^{-(\zeta - \sqrt{\zeta^2 - 1})\omega_n t_2} + \frac{\zeta - \sqrt{\zeta^2 - 1}}{2\sqrt{\zeta^2 - 1}} e^{-(\zeta + \sqrt{\zeta^2 - 1})\omega_n t_2} = 0.9
$$

(5.37)

식 (5.37)로부터 식 (5.36)에 정의된 정규화된 상승 시간 $\omega_n t_r$을 직접 손으로 계산하는 일은 쉽지 않으므로, 컴퓨터를 사용하여 구하면 [그림 5-16]과 같은 그래프를 얻을 수 있다.

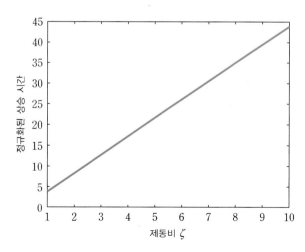

[그림 5-16] **과제동인 경우, 제동비 ζ에 따른 정규화된 상승 시간**

■ t_s : **정착 시간** Settling time

• 부족 제동의 경우

계산의 편의상 감쇠 지수항만을 고려하여, 즉 응답식 (5.26)에서 $\dfrac{e^{-\zeta\omega_n t}}{\sqrt{1-\zeta^2}}$ 항만을 고려하여 정착 시간을 구한다.

❶ 2% 정착 시간 : 응답이 목표값의 2% 허용 오차 내에 도달하는 시간

$$\frac{e^{-\zeta\omega_n t_s}}{\sqrt{1-\zeta^2}} = 0.02 \quad \Rightarrow \quad t_s = \frac{-\ln\left(0.02\sqrt{1-\zeta^2}\,\right)}{\zeta\omega_n} \tag{5.38}$$

❷ 5% 정착 시간 : 응답이 목표값의 5% 허용 오차 내에 도달하는 시간

$$\frac{e^{-\zeta\omega_n t_s}}{\sqrt{1-\zeta^2}} = 0.05 \quad \Rightarrow \quad t_s = \frac{-\ln\left(0.05\sqrt{1-\zeta^2}\,\right)}{\zeta\omega_n} \tag{5.39}$$

ζ가 0.1에서 0.9까지 증가할 때, 식 (5.38)과 식 (5.39)에서 $-\ln\left(0.02\sqrt{1-\zeta^2}\,\right)$와 $-\ln\left(0.05\sqrt{1-\zeta^2}\,\right)$는 각각 3.91~4.73, 3~3.8 범위를 움직이므로, 근사화하여 간단하게 다음과 같이 쓸 수 있다.

$$t_s = \frac{4}{\zeta\omega_n} \tag{5.40}$$

• 과제동의 경우

과제동 시 응답식 (5.29)에서 2% 정착 시간과 5% 정착 시간은 다음과 같다.

$$1 - \frac{\zeta+\sqrt{\zeta^2-1}}{2\sqrt{\zeta^2-1}}e^{-(\zeta-\sqrt{\zeta^2-1})\omega_n t_s} + \frac{\zeta-\sqrt{\zeta^2-1}}{2\sqrt{\zeta^2-1}}e^{-(\zeta+\sqrt{\zeta^2-1})\omega_n t_s} = 0.98$$
$$1 - \frac{\zeta+\sqrt{\zeta^2-1}}{2\sqrt{\zeta^2-1}}e^{-(\zeta-\sqrt{\zeta^2-1})\omega_n t_s} + \frac{\zeta-\sqrt{\zeta^2-1}}{2\sqrt{\zeta^2-1}}e^{-(\zeta+\sqrt{\zeta^2-1})\omega_n t_s} = 0.95 \tag{5.41}$$

식 (5.41)로부터 정착 시간을 손으로 직접 계산하는 일은 쉽지 않으므로, 컴퓨터를 사용하여 구하면 [그림 5-17]과 같은 그래프를 얻을 수 있다.

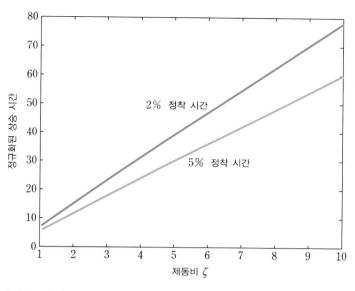

[그림 5-17] 과제동의 경우, 제동비 ζ에 따른 정규화된 정착 시간($\omega_n t_s$)

■ M_p : 최대 초과량

최대 초과량은 부족 제동인 경우에만 의미가 있는 성능지표이다. 최대 초과량은 [그림 5-13]에서 응답이 목표값을 넘어선 후 처음 나타나는 초과량으로 다음과 같이 주어진다.

$$M_p = m_1 = e^{-\zeta\pi/\sqrt{1-\zeta^2}} \tag{5.42}$$

이 결과는 최대 첨두 시간을 나타낸 식 (5.32)를 식 (5.25)에 대입하여 얻을 수 있는 다음 식에서 쉽게 확인할 수 있다.

$$y(t) = 1 - e^{-\frac{\zeta\pi}{\sqrt{1-\zeta^2}}}\left(\cos\pi + \frac{\zeta}{\sqrt{1-\zeta^2}}\sin\pi\right) \tag{5.43}$$

한편 식 (5.25)를 미분한 다음 식에서

$$\frac{d}{dt}y(t) = e^{-\sigma t}\left(\frac{\sigma^2}{\omega_d} + \omega_d\right)\sin\omega_d t \tag{5.44}$$

최대 초과 이후의 미달량 또는 초과량을 다음과 같이 구할 수 있다.

$$m_k = e^{-\zeta\omega_n t_k}\big|_{k=2,\,3,\,\cdots}, \qquad \frac{m_{k+n}}{m_k} = e^{-n\pi\zeta/\sqrt{1-\zeta^2}} \tag{5.45}$$

여기에서 t_k는 다음과 같다.

$$t_k = \frac{k\pi}{\omega_n \sqrt{1-\zeta^2}}$$

응답의 최대 진폭은 목표값과 최대 초과량(m_1)을 더하면 된다. 최대 초과량을 백분율로 표시하여 다음과 같이 쓰기도 한다.

$$\text{백분율 최대 초과량} = \frac{m_1}{\text{목표값}(=1)} \times 100(\%) = 100e^{-\pi\zeta/\sqrt{1-\zeta^2}}(\%) \tag{5.46}$$

응답이 목표값을 넘어선 후 두 번째로 나타나는 제2 최대 초과량은 다음과 같이 정의해서 사용한다.

$$\text{제2 백분율 최대 초과} \equiv \frac{m_3}{\text{목표값}(=1)} \times 100(\%) = 100e^{-3\pi\zeta/\sqrt{1-\zeta^2}}(\%) \tag{5.47}$$

또 초과량 간의 비를 통해 다음과 같이 감쇠비$^{\text{decay ratio}}$를 정의할 수 있다.

$$\text{감쇠비} = \frac{m_{k+2}}{m_k} = e^{-2\pi\zeta/\sqrt{1-\zeta^2}} \tag{5.48}$$

출력이 최종 목표값에 지수함수적으로 수렴할 때, 그 수렴 정도를 식 (5.48)의 감쇠비로 알 수 있다.

예제 5-1

2차 시스템 $G(s) = \dfrac{100}{27(s^2+s+1)}$ 에 대해 위에서 언급한 성능지표를 계산하라.

풀이

2차 시스템을 다음과 같이 다시 쓸 수 있다.

$$G(s) = \frac{100}{27(s^2+s+1)} = \left(\frac{1}{s^2+s+1}\right)3.7 \tag{5.49}$$

우선 제동비 ζ 및 고유 주파수 ω_n을 구해보자. $2\zeta\omega_n = 1$이고, $\zeta = \dfrac{1}{2\omega_n} = 0.5$, $\omega_n^2 = 1$이므로, $\omega_n = 1$이다. 따라서 제동비 ζ가 0.5이므로, 백분율 최대 초과량은 다음과 같다.

$$\text{백분율 최대 초과량} = 100e^{-\pi\zeta/\sqrt{1-\zeta^2}} = 100e^{-\pi0.5/\sqrt{1-0.5^2}} = 16.3\% \tag{5.50}$$

최대 진폭은 백분율 최대 초과량으로부터 다음과 같이 구할 수 있다.

$$3.7 \times 116.3\% = 3.7 \times 1.163 = 4.303 \tag{5.51}$$

최대 첨두 시간 t_p는 식 (5.32)로부터 다음과 같이 구할 수 있다.

$$t_p = \frac{\pi}{\omega_n \sqrt{1-\zeta^2}} = \frac{\pi}{\sqrt{1-0.5^2}} = 3.628 \qquad (5.52)$$

감쇠비는 식 (5.48)에 의해 다음과 같이 구할 수 있다.

$$\frac{m_3}{m_1} = \frac{e^{-3\pi\zeta/\sqrt{1-\zeta^2}}}{e^{-\pi\zeta/\sqrt{1-\zeta^2}}} = e^{-2\pi\zeta/\sqrt{1-\zeta^2}} = 0.0266 \qquad (5.53)$$

정착 시간은 식 (5.38)과 식 (5.39)로부터 각각 2%와 5% 기준으로 구할 수 있다.

$$t_s = \frac{-\ln\left(0.02\sqrt{1-\zeta^2}\right)}{\zeta\omega_n} = \frac{-\ln\left(0.02\sqrt{1-0.5^2}\right)}{0.5} = 8.11$$

$$t_s = \frac{-\ln\left(0.05\sqrt{1-\zeta^2}\right)}{\zeta\omega_n} = \frac{-\ln\left(0.05\sqrt{1-0.5^2}\right)}{0.5} = 6.28$$

$$(5.54)$$

식 (5.40)의 근사화된 식을 사용하면, $t_s = \dfrac{4}{\zeta\omega_n} = \dfrac{4}{0.5} = 8$ 이다. 이 값은 2% 정착 시간에 매우 가까움을 알 수 있다.

5.3 과도응답 개선을 위한 극점 배치 설계

5.2절에서 간단한 입력 신호에 대한 시스템의 응답을 계산하면서, 극점의 위치와 시스템의 특성이 매우 긴밀한 관계임을 알 수 있었다. 이 절에서는 피드백을 통해 극점을 변경함으로써 시스템의 성능을 개선하고자 한다. 이러한 방식을 보통 극점 배치법pole placement이라고 부른다. 이는 극점의 위치와 시스템 성능과의 관계를 고려하여 폐로 전달함수의 극점들 위치를 적절히 지정하고, 지정된 위치에 폐로 극점이 놓이도록 제어기를 설계함으로써, 원하는 제어 목표를 이루는 방식을 말한다. 시스템의 전달함수나 상태방정식을 알고 있는 모든 형태의 제어기에 극점 배치 설계 방식을 적용할 수 있다.

1차 시스템

먼저 1차 시스템에 대한 극점 배치법을 다루기로 한다. 5.2절에서 살펴보았듯이, 1차 시스템의 시간 응답 특성 중에 과도 상태 특성은 시상수에 전적으로 의존하기 때문에, 과도 상태 특성을 바꾸려면 이 시상수를 조절하면 된다. 즉 시스템을 느리게 하고 싶으면 시상수를 크게 하고, 시스템을 빠르게 하고 싶으면 시상수를 작게 하면 된다. 여기서 시상수는 1차 극점의 역수이므로, 시상수를 줄이려면 좌반평면에서 극점의 위치를 시상수의 역수에 해당하는 곳보다 더 왼쪽에 배치하면 된다. 반대로 시상수를 늘리려면 극점의 위치를 시상수의 역수에 해당하는 곳보다 더 오른쪽으로 배치하면 된다.

한편 정상상태 특성은 직류 이득에 의해 결정된다. 직류 이득이 1일 때, 출력은 기준 입력과 같아지면서 정상상태 오차가 0이 된다. 1차 시스템의 경우, 개로 시스템의 정상상태 오차가 0일지라도, 폐로 시스템에서는 정상상태 오차가 발생한다. 따라서 1차 시스템의 제어 문제는 폐로 시스템의 시상수를 줄이면서, 직류 이득을 1로 만드는 방향으로 제어기를 설계하는 문제로 요약할 수 있다. 그러면 간단한 예제를 통해 1차 시스템의 극점 배치법을 익히도록 하자.

예제 5-2

다음과 같은 1차 전달함수를 갖는 플랜트의 시간 응답 특성을 분석하라.

$$G(s) = \frac{1}{5s+1} \tag{5.55}$$

응답 특성을 개선하기 위해 상수 이득 제어기 $C(s) = K$를 써서 [그림 5-18]과 같은 단위 피드백 시스템을 구성할 때, 시상수가 1초 이하가 되도록 폐로 극점을 배치하고, 정상상태 오차가 0.1 이하여야 한다는 성능 기준을 만족하도록 제어기를 설계하라. 그리고 개로 시스템과 폐로 시스템의 단위 계단 응답을 계산하고, 컴퓨터를 사용하여 그래프로 그려서 비교하라.

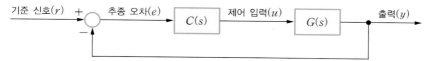

[그림 5-18] [예제 5-2]의 단위 피드백 시스템

풀이

이 플랜트의 개로 극점은 $s = -0.2$로 안정하며, 시상수는 $T_c = 5\,[\mathrm{sec}]$, 직류 이득은 1이다. 이 시간 응답 특성을 개선하기 위해 상수 이득 제어기를 사용할 때, 폐로 전달함수를 구하면 다음과 같다.

$$T(s) = \frac{G(s)\,C(s)}{1 + G(s)\,C(s)} = \frac{\dfrac{K}{5s+1}}{1 + \dfrac{K}{5s+1}} = \frac{K}{5s+1+K} \tag{5.56}$$

여기서 시상수가 1초 이하가 되려면, 시상수 조건에서 다음 식이 성립해야 한다.

$$\frac{5}{1+K} \leq 1 \tag{5.57}$$

또 정상상태 오차가 0.1 이하라는 성능 기준을 만족하려면, 다음을 만족해야 한다.

$$\left| 1 - \frac{K}{1+K} \right| \leq 0.1 \tag{5.58}$$

위의 부등식 조건을 동시에 만족하는 상수 이득 범위를 구하면, $K \geq 9$이다. 이때 $K = 10$으로 정하면, 폐로 시스템의 시상수는 $0.45\,[\mathrm{sec}]$, 정상상태 오차는 0.09로, 성능 기준을 만족한다. 응답을 각각 계산해 보면 다음과 같다.

$$y(t) = 1 - e^{-\frac{1}{5}t} \tag{5.59}$$

$$y(t) = \frac{10}{11}\left(1 - e^{-\frac{11}{5}t}\right) \tag{5.60}$$

폐로 시스템의 단위 계단 응답을 구하여 개로 시스템과 함께 그래프로 나타낸 것이 [그림 5-19]이다. 이 결과를 보면, 폐로 시스템의 성능이 만족스러울 만큼 향상되었음을 알 수 있다.

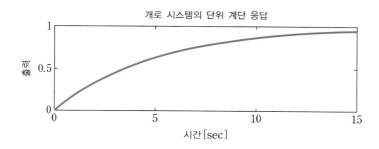

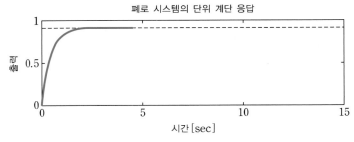

폐로 시스템의 단위 계단 응답

[그림 5-19] **[예제 5-2]의 개로 시스템과 폐로 시스템**

2차 시스템

이제 2차 시스템에서의 극점 배치법을 다루어보자. 먼저 식 (5.19)로 표현되는 표준형 2차 시스템을 대상으로, 성능 기준을 만족시키는 극점을 어떻게 선정하는지를 살펴보겠다. 5.2절에서 언급했듯이, 상승 시간, 최대 초과, 정착 시간은 극점의 위치에 의존한다.

$$
\begin{aligned}
t_r &= \frac{\sin^{-1}(\zeta) + \dfrac{\pi}{2}}{\omega_n \sqrt{1 - \zeta^2}} \approx \frac{2.4}{\omega_n} \; (\zeta = 0.5 \; \text{부근에서}) \\
M_p &= e^{-\pi\zeta/\sqrt{1-\zeta^2}} \\
t_s &\approx \frac{4.0}{\zeta \omega_n}
\end{aligned}
\tag{5.61}
$$

설계의 용이성을 위해, 식 (5.61)에서 상승 시간을 $\zeta = 0.5$ 부근에서 근사화하였다. 이렇게 하면, 상승 시간은 제동비 ζ에 상관없이 고유 진동수에 반비례한다. 고유 진동수가 일정한 극점들은 고유 진동수의 크기를 반지름으로 하는 원을 이루므로, 상승 시간이 설정값 t_r보다 작아지는 극점 영역은 [그림 5-20(a)]와 같이 t_r에 대응하는 고유 진동수 ω_n을 반지름으로 하는 원의 바깥 부분에 해당한다.

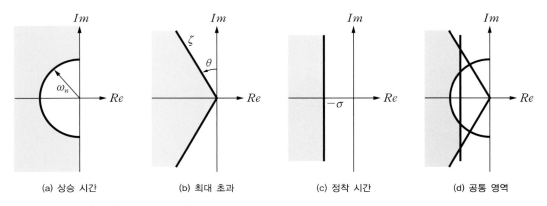

(a) 상승 시간   (b) 최대 초과   (c) 정착 시간   (d) 공통 영역

[그림 5-20] **시간 영역 성능 기준을 만족하는 극점 영역**

최대 초과는 식 (5.61)에서 보듯이 감쇠비에 의해 결정되는데, $\zeta = \sin\theta$의 관계로부터 감쇠비가 일정한 극점들은 허수축과 θ의 각도를 이루는 반직선 상에 있다. 따라서 최대 초과가 설정값 M_p보다 작아지는 극점 영역은 [그림 5-20(b)]처럼 M_p에 대응하는 ζ와 θ로 정해지는 반직선의 아래쪽에 해당한다.

또한 정착 시간은 식 (5.61)과 같이 극점의 실수부에 반비례하므로, 정착 시간이 설정값 t_s보다 작아지는 극점 영역은 [그림 5-20(c)]에서 보듯이 t_s에 대응하는 σ를 실수부로 하는 직선의 왼쪽 영역에 대응한다. 이러한 시간 영역 성능 기준들을 동시에 만족하는 극점 영역은 각각의 성능 기준에 대응하는 극점 영역들의 공통부분으로 구해지며, 그 결과는 [그림 5-20(d)]와 같다.

예제 5-3

식 (5.19)의 표준형 2차 시스템에서 상승 시간이 0.6초 이하, 초과가 16% 이하, 정착 시간이 3초 이하가 되는 성능 기준을 만족하는 극점의 위치를 선정하라.

풀이

식 (5.61)에 의하면, 초과가 16% 이하가 되는 성능 기준을 만족하는 제동비는 $\zeta \geq 0.5$로 표현된다. 따라서 $\theta \geq \sin^{-1}\zeta = \dfrac{\pi}{6}$가 된다. 식 (5.61)에서 상승 시간을 구하면 $t_r = \dfrac{2.4}{\omega_n} \leq 0.6$이므로, 이 성능 기준을 만족하는 고유 진동수의 범위는 $\omega_n \geq 4\,[\mathrm{rad/sec}]$이다. 한편 정착 시간 3초 이하의 성능 기준은 식 (5.11)로부터 $t_s \approx \dfrac{4}{\sigma} \leq 3$이므로, 극점의 실수부가 $\sigma \geq 1.5$의 조건을 만족하면 된다. 이 세 가지 조건을 동시에 만족하는 극점 범위를 그림으로 나타내면 [그림 5-21]과 같다.

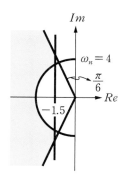

[그림 5-21] [예제 5-3]의 극점 영역

한 예로 위 조건을 모두 만족하도록 $\omega_n = 5$, $\zeta = 0.6$으로 선택하고, 이에 해당하는 단위 계단 응답을 구하면 [그림 5-22]와 같다.

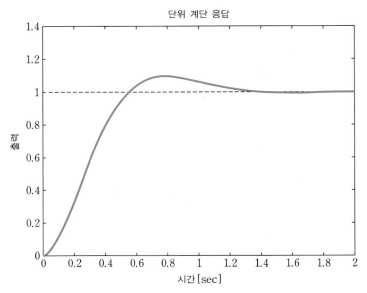

[그림 5-22] $\omega_n = 5$, $\zeta = 0.6$에서의 단위 계단 응답

1차 시스템의 경우에는 한 개의 극점이 존재하며, 상수 이득 제어기를 써서 이 극점을 원하는 위치에 배치시킬 수 있다. 하지만 2차 시스템에서는 상수 이득 제어기만으로는 두 개의 극점을 임의로 배치시킬 수 없다. 이러한 경우에는 제어기를 좀 더 복잡한 형태를 쓰던지, 또는 가능한 극점들의 위치 중에서 원하는 위치를 찾아야 한다. 이 설계법에 대한 자세한 내용은 6장에서 다룰 것이다. 3차 이상의 고차 시스템의 경우에는 1차나 2차의 주 극점으로 근사화한 후, 앞에서 다룬 방식으로 원하는 성능 기준을 만족시키는 극점 위치를 선정할 수 있다.

5.4 정상상태 응답과 시스템 형

[그림 5–23]과 같은 일반적인 단위 피드백 제어시스템을 통해, 정상상태에서 출력이 기준 입력을 얼마나 잘 따라가는지를 정량 분석해보자. 또 범위를 확장하여 일반적인 피드백 제어시스템의 경우도 알아볼 것이다.

[그림 5-23] 정상상태 오차 해석을 위한 시스템 구조

여러 형태의 기준 입력 중에서 다음과 같은 기본 다항식 형태의 기준 입력을 고려해보자.

$$r(t) = \frac{t^k}{k!} u_s(t), \quad k \geq 0 \tag{5.62}$$

식 (5.62) 오른쪽 항의 $\frac{1}{k!}$ 과 같은 계수는 시간 함수 $r(t)$ 의 라플라스 변환을 단순화하기 위해 붙여 놓은 것이다. 그 결과 시간 함수 $r(t)$ 의 라플라스 변환이 $R(s) = \frac{1}{s^{k+1}}$ 과 같이 간단한 형태로 표현된다. 정상상태 오차는 다음의 두 단계로 계산된다.

❶ 시스템 오차system error의 라플라스 변환을 구한다.
❷ 최종값 정리final value theorem를 적용한다.

[그림 5–23]에서 입력 $R(s)$ 로부터 출력 $Y(s)$ 로의 전달함수 $T(s)$ 는 다음과 같다.

$$T(s) = \frac{Y(s)}{R(s)} = \frac{G(s)}{1 + G(s)} \tag{5.63}$$

추종 오차는 $E(s) = R(s) - Y(s) = R(s) - T(s)R(s)$ 이므로, 식 (5.63)의 $T(s)$ 를 대입하여 다음과 같은 추종 오차의 식을 얻을 수 있다.

$$E(s) = \left[1 - \frac{G(s)}{1 + G(s)} \right] R(s) = \frac{1}{1 + G(s)} R(s) \tag{5.64}$$

식 (5.64)에 최종값 정리를 적용하면, 정상상태 오차 e_{ss}는 다음과 같다.

$$e_{ss} = \lim_{t \to \infty} e(t) = \lim_{s \to 0} sE(s) = \lim_{s \to 0} s \left[\frac{1}{1+G(s)} \right] R(s) \tag{5.65}$$

식 (5.65)에서 정상상태 오차는 $s = 0$ 부근의 $G(s)$ 값에 따라 크게 좌우됨을 알 수 있다. 여기서 $G(s)$가 다음과 같이 표시된다고 하자.

$$G(s) = \frac{K(1+sb_1)(1+sb_2)\cdots(1+sb_m)}{s^j(1+sa_1)(1+sa_2)\cdots(1+sa_n)} \tag{5.66}$$

식 (5.66)에서 순수 적분기의 수인 j의 값을 시스템 형^{system type}이라고 부른다. j의 값에 따라 제어시스템 형을 다음과 같이 분류한다.

- 0형^{Type 0} 제어시스템 : $j = 0$인 제어시스템
- 1형^{Type I} 제어시스템 : $j = 1$인 제어시스템
- 2형^{Type II} 제어시스템 : $j = 2$인 제어시스템

그렇다면 시스템 형과 정상상태 오차 사이에는 어떤 관계가 있는지 알아보자. 전달함수 (5.66)을 식 (5.65)에 대입하면 다음과 같은 정상상태 응답을 구할 수 있다.

$$e_{ss} = \lim_{s \to 0} s \left[\frac{1}{1+G(s)} \right] \frac{1}{s^{k+1}} = \lim_{s \to 0} \left[\frac{1}{1+\dfrac{K}{s^j}} \right] \frac{1}{s^k} \tag{5.67}$$

j형 시스템의 경우, $j \geq k+1$을 만족하면 기준 입력에 대한 정상상태 오차가 0이 됨을 알 수 있다. 만약 $j = k$이면 정상상태 오차가 0이 아닌 상수가 되고, $j \leq k-1$이면 정상상태 오차가 발산함을 알 수 있다. 가장 많이 사용되는 0형, 1형, 2형 제어시스템 각각에 단위 계단 입력, 단위 경사 입력, 단위 포물선 입력 등의 시험 입력을 가했을 경우, 각각의 정상상태 오차를 구하기 위해 다음과 같은 상수를 정의한다.

$$\begin{aligned}
K_p &= \lim_{s \to 0} G(s) = G(0) \\
K_v &= \lim_{s \to 0} sG(s) \\
K_a &= \lim_{s \to 0} s^2 G(s)
\end{aligned} \tag{5.68}$$

여기서 K_p, K_v, K_a는 각각 위치 오차 상수, 속도 오차 상수, 가속도 오차 상수라고 부른다. 0이 아닌 유한한 속도(또는 가속도) 오차를 갖는다는 것은 정상상태에서 입력과 출력은 같은 속도(또는

가속도)로 움직이지만, 유한한 위치 편차를 가짐을 의미한다. 이 상수들은 시스템 전달함수 $G(s)$만 주어지면 식 (5.68)의 정의에 의해 간단히 계산될 수 있다. 이 상수들을 이용하면 시스템 형과 기준 입력의 종류에 따라 피드백 시스템의 정상상태 오차를 간단히 구할 수 있으며, 이를 요약하면 [표 5-1]과 같다.

[표 5-1] 시스템 형에 따른 정상상태 오차

기준 입력	정상상태 오차	시스템 형			
		0형	1형	2형	3형
단위 계단	$r(t) = 1$, $R(s) = \dfrac{1}{s}$	$\dfrac{1}{1+K_p}$	0	0	0
단위 경사	$r(t) = t$, $R(s) = \dfrac{1}{s^2}$	∞	$\dfrac{1}{K_v}$	0	0
단위 포물선	$r(t) = \dfrac{t^2}{2}$, $R(s) = \dfrac{1}{s^3}$	∞	∞	$\dfrac{1}{K_a}$	0

[표 5-2]에서는 입력의 종류에 따른 형별 정상상태 응답을 그림으로 보여주고 있다.

[표 5-2] 형별 입력 종류에 따른 정상상태 응답

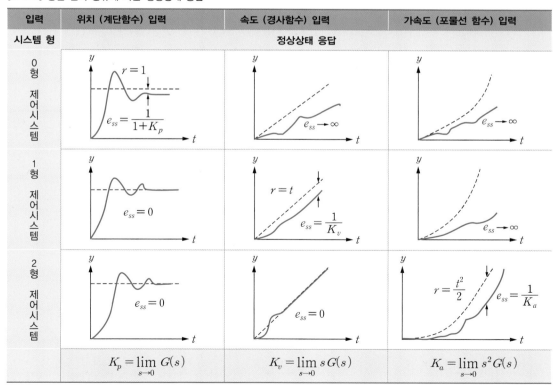

정상상태 오차를 줄이기 위해서는 오차 상수 K_p, K_v, K_a를 되도록 크게 설정하고, 시스템 형을 증가시키면 된다. 하지만 오차 상수 K_p, K_v, K_a를 너무 크게 설정하면, 과도응답에 영향을 미치므로 주의해야 한다. 한편 시스템 형을 증가시키면, 정상상태 오차는 줄일 수 있어도 안정성이 약화된다. 즉 제어기를 설계할 때는 정상상태 오차와 상대 안정도 사이에 타협점을 잘 찾아야 한다.

지금까지 기준 신호에 대한 시스템 형을 알아보았다. 시스템의 외란 입력에 대해서도 시스템 형을 정의할 수 있다. 외란 $w(t)$로부터 출력 $y(t)$로의 전달함수 $T_w(s)$를 다음과 같이 정의하자.

$$\frac{Y(s)}{W(s)} = T_w(s) \tag{5.69}$$

외란으로 계단함수가 인가될 때 0이 아닌 일정한 출력이 발생하면 0형 시스템, 계단함수가 인가될 때 출력이 발생하지 않고 0인 경우를 1형 시스템이라고 부른다. 1형 시스템인 경우,

$$\lim_{s \to 0} s\, T_w(s)\frac{1}{s^2} = 상수 \tag{5.70}$$

이며, 이는 다음을 의미한다.

$$y_{ss} = \lim_{s \to 0} s\, T_w(s)\frac{1}{s} = 0 \tag{5.71}$$

식 (5.71)은 외란이 계단함수로 인가될 때 정상상태 출력이 0이 됨을 보여준다. 외란에 대해 1형 시스템이 되기 위해서는 최소한 $T_w(0) = 0$이어야 한다.

예제 5-4

[그림 5-24]와 같은 피드백 시스템을 생각해보자. 기준 신호와 외란에 대하여 각각의 시스템 형을 구하라.

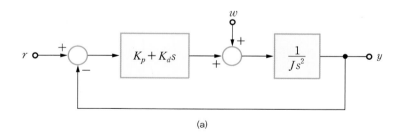

(a)

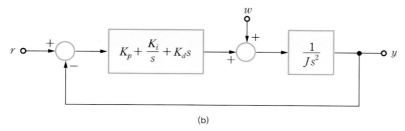

(b)

[그림 5-24] [예제 5-4]의 두 개 입력을 가지는 피드백 시스템

풀이

[그림 5-24(a)]의 경우, 시스템의 분모에 0 극점이 두 개 있으므로, 기준 신호에 대한 시스템 형은 2이다. 외란에 대한 출력의 전달함수는 다음과 같으므로,

$$T_w(s) = \frac{1}{Js^2 + K_p + K_d s} \tag{5.72}$$

외란에 대한 시스템 형은 0이다. 즉 일정한 크기의 외란이 인가되면, 다음과 같은 일정한 출력이 발생한다.

$$\lim_{s \to 0} s \frac{1}{Js^2 + K_p + K_d s} \frac{1}{s} = \frac{1}{K_p} \tag{5.73}$$

[그림 5-24(b)]의 경우, 시스템의 분모에 0 극점이 두 개 있고, 제어기에도 하나 있으므로, 기준 신호에 대한 시스템 형은 3이다. 외란에 대한 출력의 전달함수는 다음과 같으므로,

$$T_w(s) = \frac{s}{Js^3 + K_p s + K_d s^2 + K_i} \tag{5.74}$$

외란에 대한 시스템 형은 1이다. 즉 일정한 크기의 외란이 인가되면, 다음과 같이 출력이 발생하지 않는다. 즉 출력이 외란에 영향을 받지 않는다.

$$\lim_{s \to 0} T_w(s) = s \frac{s}{Js^3 + K_p s + K_d s^2 + K_i} \frac{1}{s} = 0 \tag{5.75}$$

01. 시간 응답

제어시스템을 해석하고 설계할 때, 여러 제어시스템의 성능을 비교하는 기준으로, 간단한 기준 입력 신호에 대한 시스템의 시간 응답이 유용하게 쓰인다. 기준 입력 신호로는 임펄스 함수, 계단 함수, 경사함수 등이 있다.

02. 성능지표

- 시간 영역에서의 성능지표 : 단위 계단 응답을 많이 사용한다.
- 1차, 2차 시스템 : 다음과 같은 성능지표들을 사용한다.

성능지표		1차 시스템 $G(s) = \dfrac{1}{\tau s + 1}$	2차 시스템 $G(s) = \dfrac{\omega_n^2}{s^2 + 2\zeta\omega_n s + \omega_n^2}$
과도응답 특성	상승 시간	$\tau \ln 9 \approx 2.2\tau$	$\dfrac{1}{\omega_d}\tan^{-1}\left(-\dfrac{\omega_d}{\sigma}\right),$ $\omega_d = \omega_n\sqrt{1-\zeta^2}$ $\sigma = \zeta\omega_n$
	최대 초과	0	$e^{-\pi\zeta/\sqrt{1-\zeta^2}}$
	최대 첨두 시간	정의 안 됨	$\dfrac{\pi}{\omega_n\sqrt{1-\zeta^2}} = \dfrac{\pi}{\omega_d}$
정상상태 특성	정착 시간	$-\tau\ln 0.02 \approx 3.91\tau$	$-\dfrac{\ln 0.02}{\sigma} \approx \dfrac{4}{\sigma}$ (2% 기준) $-\dfrac{\ln 0.05}{\sigma} \approx \dfrac{3}{\sigma}$ (5% 기준)
	정상상태 오차*	$\dfrac{1}{1+K}$	$\dfrac{1}{1+K}$

* 정상상태 오차는 이득 K를 사용한 단위 피드백을 사용할 때의 값이다.

03. 극점 배치법

극점이 응답 특성에 좋지 않은 영향을 주는 경우에는 피드백 제어를 통하여 폐로 극점을 이동시켜 시스템의 특성을 바람직한 방향으로 바꿀 수 있다. 극점의 위치와 시스템 성능과의 관계를 고려하여 폐로 함수의 극점들의 위치를 적절히 지정하고, 지정된 위치에 폐로 극점이 놓이도록 제어기를 설계함으로써 원하는 제어 목표를 이루는 방식을 극점 배치법$^{pole\ placement}$이라고 한다.

04. 시스템 형

정상상태에서 출력이 기준 신호를 얼마나 잘 따라가는지를 정량적으로 나타내기 위해 시스템 형을 정의한다. 시스템 형은 시스템이 원점에서 갖는 다중 극점 개수로 정의한다. m형 시스템의 경우, 기준 입력 $r(t) = t^k u_s(t)$에 대해 다음과 같은 정상상태 오차가 발생한다.

〈시스템 형에 따른 정상상태 오차〉

기준 입력 신호	수식 표현	시스템 형		
		0형	1형	2형
단위 계단 신호	$r(t) = 1$	$\dfrac{1}{1+K_p}$	0	0
단위 경사 신호	$r(t) = t$	∞	$\dfrac{1}{K_v}$	0
단위 포물선 신호	$r(t) = \dfrac{t^2}{2}$	∞	∞	$\dfrac{1}{K_a}$

여기서 $K_p = \lim\limits_{s \to 0} G(s) = G(0)$, $K_v = \lim\limits_{s \to 0} s\,G(s)$, $K_a = \lim\limits_{s \to 0} s^2 G(s)$이다.

〈기준 입력 신호에 따른 정상상태 오차〉

$h(t)$를 폐로 시스템의 임펄스 응답함수라고 하면, 각 기준 입력 신호에 대한 정상상태 오차는 다음과 같이 표시할 수 있다.

기준 입력 신호	함수	정상상태 오차
단위 계단 신호	$r(t) = 1$	$\lim\limits_{t \to \infty}\left(1 - \int_0^t h(\tau)\,d\tau\right) = \lim\limits_{s \to 0} s\left[\dfrac{1}{1+G(s)}\right]\dfrac{1}{s}$
단위 경사 신호	$r(t) = t$	$\lim\limits_{t \to \infty}\left(t - \int_0^t h(\tau)(t-\tau)\,d\tau\right) = \lim\limits_{s \to 0} s\left[\dfrac{1}{1+G(s)}\right]\dfrac{1}{s^2}$
단위 포물선 신호	$r(t) = \dfrac{t^2}{2}$	$\lim\limits_{t \to \infty}\left(t^2 - \int_0^t h(\tau)(t-\tau)^2\,d\tau\right) = \lim\limits_{s \to 0} s\left[\dfrac{1}{1+G(s)}\right]\dfrac{1}{s^3}$

5.1 전달함수 $G(s)$인 시스템에 다음 그림과 같은 입력을 가할 때, 시간 응답으로 바르게 표현한 것은?

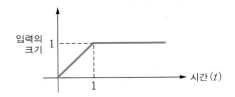

① $\mathcal{L}^{-1}\left[\dfrac{G(s)}{s^2}(1-e^{-s})\right]$ ② $\mathcal{L}^{-1}\left[\dfrac{G(s)}{s}(1+s)\right]$

③ $\mathcal{L}^{-1}\left[\dfrac{G(s)}{s}(1+s^2)\right]$ ④ $\mathcal{L}^{-1}\left[\dfrac{G(s)}{s^2}(1+s)\right]$

5.2 다음 중 설명이 틀린 것은?

① 단위 계단 입력의 응답은 단위 임펄스 입력의 응답을 적분하면 얻을 수 있다.
② 과도응답 해석을 위한 시험 입력으로 계단 입력, 경사 입력 등을 많이 사용한다.
③ 어떤 시스템에서 단위 임펄스 응답이 $\sin \omega t$이면, 이 시스템의 전달함수는 $\dfrac{\omega}{s^2+\omega^2}$ 이다.
④ 어떤 시스템에서 단위 계단 응답이 $1-e^{-2t}$이면, 이 시스템의 전달함수는 $\dfrac{1}{s+2}$이다.

5.3 다음과 같은 전달함수는 어디에 해당되는가?

$$G(s) = \frac{1}{5s^2+3s+1}$$

① 과제동   ② 부족 제동   ③ 임계 제동   ④ 무제동

5.4 $0 < \zeta < 1$인 경우, 다음의 표준형 2차 시스템에 대한 설명 중 잘못된 것은?

$$G(s) = \frac{Y(s)}{U(s)} = \frac{\omega_n^2}{s^2+2\zeta\omega_n s+\omega_n^2}$$

① 단위 계단 입력을 가할 경우, 감쇠 진동 현상을 보인다.

② 최대 초과가 발생하는 시간은 $\dfrac{\pi}{\omega_n\sqrt{1-\zeta^2}}$ 이다.

③ 최대 초과는 $e^{-\pi\zeta/\sqrt{1-\zeta^2}}$ 이다.

④ 정착 시간은 $\zeta\omega_n$ 에 비례한다.

5.5 다음 그림에서 입력 전압 $v_i(t)$와 출력 전압 $v_0(t)$ 사이의 전달함수 $\dfrac{V_2(s)}{V_1(s)}$ 를 구하라. 또 저항이 $R=40[\Omega]$일 때, 오버슈트가 25% 미만이 되는 L과 C가 만족해야 할 조건식을 구하라.

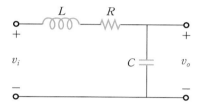

5.6 다음 그림과 같은 단위 피드백 시스템에서 최대 첨두 시간 $t_p=3$ 미만, 최대 초과 $M_p=15\%$ 미만을 만족하는 K를 구하라.

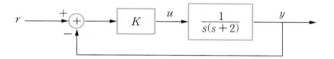

5.7 표준형 2차 시스템에서 최대 첨두 시간이 어떤 주어진 시간 $t^\star$ 보다 작다고 할 때, 극점의 영역을 복소평면에 도시하라.

5.8 아래 그림에서 r에서 y로의 전달함수와, w에서 y로의 전달함수를 각각 구하라. 또한 r과 w에 대해서 각각 시스템 형을 결정하라.

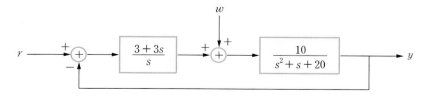

5.9 심화 2형 시스템에서 다음이 만족함을 증명하라.

$$\frac{1}{K_a} = \frac{1}{2}\left(\sum_{i=1}^{m}\frac{1}{z_i^2} - \sum_{i=1}^{n}\frac{1}{p_i^2}\right)$$

여기서 z_i와 p_i는 폐로 시스템의 영점과 극점을 의미한다.

5.10 심화 속도 오차 상수와 가속도 오차 상수가 임펄스 응답함수에 대하여 다음과 같은 관계에 있음을 증명하라.

$$\frac{1}{K_v} = \int_0^\infty t h(t)dt \qquad \text{(1형 시스템 가정)}$$

$$\frac{1}{K_a} = -\frac{1}{2}\int_0^\infty t^2 h(t)dt \quad \text{(2형 시스템 가정)}$$

5.11 심화 안정한 전달함수 $G(s)$를 생각하자. 단위 계단 입력($u(t)=1$), 단위 경사 입력 ($u(t)=t$), 단위 포물선 입력($u(t)=\frac{t^2}{2}$)을 가한 경우의 정상상태 출력을 $G(0)$, $G'(0)$, $G''(0)$를 사용하여 표현하라.

5.12 심화 다음과 같은 3차 시스템에 단위 계단 입력을 가할 경우, 출력을 계산하라.

$$G(s) = \frac{\omega_n^2 \alpha}{(s+\alpha)(s^2 + 2\zeta\omega_n s + \omega_n^2)}$$

그리고 양수 α가 0에서 ∞까지 변할 때, 출력이 어떻게 변하는지 설명하라. 컴퓨터를 사용하여 몇 가지 양수 α 값에 대하여 단위 계단 응답을 도시하라.

5.13 심화 본문에서 많이 다룬 부족 제동($0 < \zeta < 1$) 경우의 표준형 2차 시스템에 임펄스를 가할 때 얻을 수 있는 응답을 구하라. 이 응답에서 최대 첨두 시간을 구하고, 그 시간에서의 최대 초과를 구하라. 응답을 시작 시간부터 첫 번째로 0이 되는 시간까지 적분한 값을 단위 계단 응답의 최대 초과 M_p로 나타내어라.

5.14 심화 다음 그림의 폐로 전달함수가 안정하고, 다음과 같다고 할 때,

$$\frac{G(s)}{1+G(s)} = \frac{(\beta_1 s + 1) \cdots (\beta_m s + 1)}{(\alpha_1 s + 1) \cdots (\alpha_n s + 1)}, \quad m \leq n$$

다음의 적분을 계산하라.

$$\int_0^\infty (1 - y(t))dt = \int_0^\infty e(t)dt$$

여기서 $y(t)$는 $r(t) = 1$인 경우의 출력으로, $1 - y(t)$는 추종 오차 $e(t)$가 된다. 또한 개로 시스템 $G(s)$는 최소 1형 이상의 시스템임을 보이고, $G(s)$의 속도 상수 K_v를 $\alpha_1, \cdots,$ $\alpha_n, \beta_1, \cdots, \beta_m$으로 나타내어라.

5.15 심화 다음과 같은 영점이 있는 시스템을 생각해보자.

$$G(s) = \frac{\omega_n^2 \left(s/(\alpha \zeta \omega_n) + 1\right)}{s^2 + 2\zeta \omega_n s + \omega_n^2}$$

상승 시간을 컴퓨터를 사용하여 도시하라. 영점이 상승 시간에 어떤 영향을 미치는지 설명하라.

5.16 심화 다음과 같은 간단한 개로 시스템을 생각해보자.

$$G(s) = \frac{Y(s)}{U(s)} = \frac{1}{s+1}$$

다음 그림과 같은 단위 피드백 시스템에서 이득을 변화시킴으로써 극점의 위치를 변경하여 성능을 향상시킬 수 있음을 배웠다.

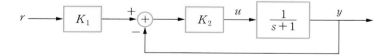

그렇다면 단위 계단 입력을 가할 때, 다음의 가격함수

$$\int_0^\infty ((1-y(t))^2 + (1-u(t))^2)dt$$

가 최소가 되도록 K_1과 K_2를 정하여 극점을 이동시켜라. 적분식 내부의 $1-y(t)$는 오차에 해당하는 값이다.

5.17 심화 다음 그림과 같은 단위 피드백 시스템에서 단위 계단 입력을 가할 경우, 최대 초과 20% 미만, 2% 정착 시간 0.05초 미만이 되도록 제어기의 α와 β를 결정하라. 계산한 파라미터를 사용하여 컴퓨터로 성능지표가 만족되는지 확인하라.

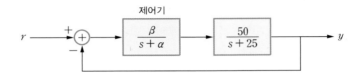

5.18 심화 다음 그림에서 ω_1, ω_2에 대해 각각 시스템 형을 결정하라.

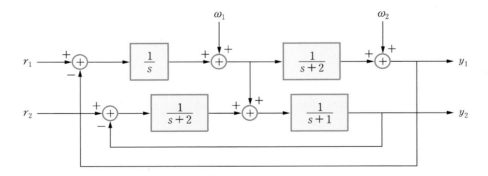

CHAPTER

06

근궤적 및 PID 제어기 설계
Root Locus & PID Control Design

❚ **학습목표**

- 근궤적의 기본 성질을 이해하고, 복잡한 시스템에 대한 개략적인 근궤적 작성법을 익힌다.
- 근궤적을 이용하여 하나의 제어기 파라미터만 조절하는 P(비례) 제어기 설계 방법을 배운다.
- 근궤적에 영향을 덜 주면서 정상상태 응답을 개선하기 위한 PI(비례 적분) 제어기 설계 방법을 배운다.
- 폐로 시스템에서 근궤적이 지정된 극점을 지나도록 하는 PD(비례 미분) 제어기 설계 방법을 배운다.
- PD와 PI 제어기의 장점을 동시에 갖춘 PID 제어기를 배우고, 구동기의 포화 현상을 해소할 수 있는 적분 누적 방지법을 이해한다.

❚ **목차**

개요

5장에서 시스템의 시간 영역 특성들을 살펴보았다. 이런 특성들은 시스템의 극점과 매우 긴밀한 관계에 있었다. 결국 시스템에서 우리가 원하는 성질을 얻기 위해서는 제어를 통해 폐로 시스템의 극점들을 적절한 위치로 옮겨야 한다. 이를 위해서는 우리가 설계하려는 제어기로 인해 폐로 시스템의 극점이 어떻게 바뀌는지를 확인해 보아야 한다. 현재의 제어기 형태로는 우리가 원하는 위치로 극점을 옮기는 게 불가능할 수도 있기 때문이다. 근궤적은 하나의 파라미터가 0에서 ∞까지 변할 동안 폐로 시스템의 극점들이 움직인 자취를 그려놓은 것으로, 하나의 파라미터만을 다루는 제어기 설계에서 매우 유용하게 쓰인다. 두 개 이상의 파라미터를 고려할 경우, 한 파라미터는 고정한 상태에서 다른 파라미터만 변화시키면서 근궤적을 그려야 한다.

근궤적

폐로 시스템의 안정성과 성능은 극점의 위치와 매우 밀접하게 연관되어 있다. 따라서 시스템의 특정 파라미터의 변화에 따른 극점의 변화 추이를 그래프를 통해 시각적으로 볼 수 있다면, 제어기 설계에 매우 큰 도움이 될 것이다. 그것이 바로 근궤적이다. 특히 해당 파라미터가 제어기의 계수에 해당할 경우, 제어기 설계 시 근궤적이 더욱 유용하게 쓰인다. 간단한 경우에는 근궤적을 직접 계산하여 그리기도 하지만, 복잡한 경우에는 근궤적의 여러 가지 성질을 사용하여 근사화하여 그려야 한다. 물론 컴퓨터를 사용하면 복잡한 경우에도 정확하게 근궤적을 그릴 수 있다.

근궤적을 이용한 극점 선정

근궤적은 제어기 설계에 아주 유용하게 사용될 수 있다. 우선 안정성 확보를 위해 폐로 시스템의 극점을 좌반평면에 놓고, 성능 목표 달성에 좋은 과도응답 특성이 나타나도록 극점들의 상세 위치를 선정해야 한다. 선정된 극점들의 위치로부터 각 극점에 해당하는 제어기 계수를 찾을 수 있다.

PI 및 PD 제어기 설계

근궤적은 시간 영역에서의 과도응답에 대한 정보를 담고 있다. 따라서 현재의 과도응답이 만족스럽다면, 근궤적에 영향을 주지 않는 것이 좋다. 그러나 더 좋은 응답을 원한다면 근궤적 경로에 변화를 가해야 한다. 이때 전자는 PI 제어기 설계와, 후자는 PD 제어기 설계와 관련이 있다. PI 제어기와 PD 제어기의 기본적인 역할에 대해 근궤적을 바탕으로 이해해 본다. 또 PI 제어기와 PD 제어기의 장점을 통합하여, 최종적으로 PID 제어기를 설계할 수 있다.

적분 누적 방지법

대부분의 제어시스템에서는 제어 입력 크기가 제한되어 있다. 간혹 입력이 그 한계값을 넘어버릴 때가 있는데, 이런 현상은 과도응답에 해로운 영향을 미친다. 나중에 정상으로 되돌아올 때까지 시간이 지연되어 시스템의 응답 속도를 느리게 하기 때문이다. 이러한 현상을 방지하기 위해 적분 누적 방지법integration antiwindup을 사용한다.

6.1 근궤적의 기본 성질과 작성법

먼저 5장에서 배운 [그림 5-2]와 같은 단순한 1차 시스템을 생각해보자. [그림 6-1(a)]와 같이 간단한 이득 제어기와 단위 피드백을 사용하여, 1차 시스템의 극점을 우리가 원하는 대로 위치시킬 것이다. 이 폐로 시스템의 전달함수는 다음과 같다.

$$\frac{K}{\tau s + 1 + K} \tag{6.1}$$

우리가 원하는 극점이 $-p$라면, $K = \tau p - 1$로 정할 수 있다. 이와 같이 1차 시스템에서는 K를 적절히 선택함으로써, 폐로 시스템의 극점을 우리가 원하는 대로 설계할 수 있다.

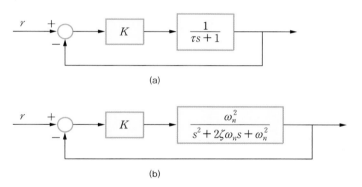

(a)

(b)

[그림 6-1] 1차 및 2차 단위 피드백 시스템

그러나 안타깝게도 [그림 6-1(b)]와 같은 2차 시스템의 경우에는 우리가 원하는 대로 아무 위치에나 극점을 정할 수 없다. K를 조절함으로써 가능한 극점들의 위치가 따로 정해져 있기 때문이다. 자동차가 차로로만 다닐 수 있듯이, 복소평면에도 극점들의 길이 있어서, 이 길 위에 있는 점만을 극점으로 선택할 수 있다. 이제부터 이러한 극점들의 길, 즉 근이 이루는 궤적인 근궤적에 대해 알아보자. [그림 6-2]를 참고하라.

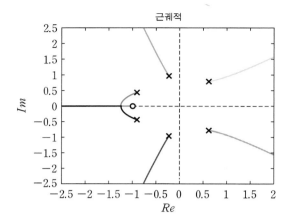

[그림 6-2] 차가 다닐 수 있는 길과 극점들이 다닐 수 있는 근궤적

6.1.1 근궤적이란?

근궤적에서 다루는 기본 폐로 시스템은 [그림 6-3]과 같다. 이 시스템은 $G(s)$와 아주 간단한 P 제어기 K의 직렬 조합으로 이루어진 단위 피드백 시스템이다. 이 폐로 시스템의 전달함수는 다음과 같이 표현된다.

$$\frac{Y(s)}{R(s)} = \frac{KG(s)}{1+KG(s)} \tag{6.2}$$

식 (6.2)의 극점은 분모를 0으로 하는 다음의 특성방정식으로부터 구할 수 있다.

$$1+KG(s) = 0 \tag{6.3}$$

즉 주어진 K에 대해 폐로 시스템의 극점을 식 (6.3)에서 계산할 수 있다. 이때 K가 바뀌면 폐로 시스템의 극점도 바뀌게 된다. 근궤적은 K가 0부터 ∞ 까지 변할 때 특성방정식 (6.3)의 해가 변화하는 궤적을 복소평면 상에 연속적으로 그려놓은 그림이다.

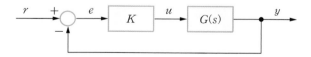

[그림 6-3] 근궤적에서 다루는 기본 폐로 시스템

근궤적에 대한 개념을 좀 더 구체적으로 이야기하기 위해 몇 가지 예제를 풀어보자.

다음과 같은 개로 전달함수를 갖는 시스템에서 근궤적을 그려라.

$$KG(s) = \frac{K}{s(s+1)} \tag{6.4}$$

풀이

식 (6.4)의 특성방정식을 다음과 같이 쓸 수 있다.

$$1 + \frac{K}{s(s+1)} = 0 \tag{6.5}$$

식 (6.5)의 양변에 $s(s+1)$을 곱하면 $s^2 + s + K = 0$을 얻는데, 이 s에 관한 2차 방정식의 해를 구하면 다음과 같다.

$$p_1, \ p_2 = -\frac{1}{2} \pm \frac{\sqrt{1-4K}}{2} \tag{6.6}$$

식 (6.6)으로부터 K가 변함에 따라 특성방정식의 해인 시스템의 극점도 변함을 알 수 있다. 이 극점들은 $0 < K \le 0.25$에서는 실근이고, $K > 0.25$에서는 켤레 관계인 두 개의 허근이기 때문에, 이 극점들의 궤적을 그리면 [그림 6-4]와 같다.

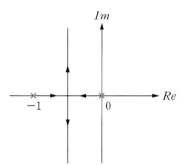

[그림 6-4] [예제 6-1]의 근궤적

두 극점은 -1과 0에서 출발하여, K가 증가함에 따라 반대 방향으로 이동하다가 -0.5에서 마주치고, 그 이후로는 켤레복소수가 되어 각각 위아래로 움직인다. 따라서 최종적으로 위아래로 뻗은 형태의 근궤적 [그림 6-4]를 얻을 수 있다. [그림 6-4]의 근궤적을 보면, $K > 0$에서 모든 극점들이 좌반평면에 있음을 알 수 있다. 따라서 식 (6.4)를 단위 피드백 시스템으로 사용할 때, 모든 양의 K에 대해 시스템이 안정하다고 말할 수 있다.

안정성은 [예제 6-1]처럼 일단 보장되었으니, 이번에는 성능을 생각해 볼 차례이다. 성능을 고려한 제어기 설계를 위해 [그림 6-4]의 근궤적을 이용하여, 최대 초과가 17% 이하가 되도록 제어기 K를 구하는 문제를 생각해보자. 우선 5장에서 배웠던 최대 초과를 구하는 공식에서 다음과 같이 계산해 보면,

$$e^{-\pi\zeta/\sqrt{1-\zeta^2}} < 0.17 \qquad\qquad (6.7)$$

$\zeta > 0.4913$ 임을 알 수 있다. 따라서 $\zeta = 0.5$로 정하면, $\theta = \sin^{-1}\zeta = 30°$이므로, [그림 6-5]처럼 두 극점의 위치를 쉽게 찾을 수 있다. 두 극점은 $\dfrac{(-1\pm j\sqrt{3})}{2}$ 가 되어야 하므로 다음을 만족해야 한다.

$$\frac{\sqrt{4K-1}}{2} = \frac{\sqrt{3}}{2} \qquad\qquad (6.8)$$

따라서 $K = 1$을 구할 수 있다. 즉 $K = 1$로 선정하여 최대 초과가 17% 이하가 되는 제어기를 설계할 수 있다.

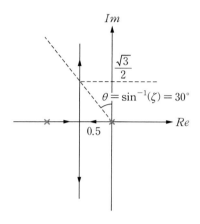

[그림 6-5] 특성방정식 (6.5)를 갖는 시스템에서 오버슈트 17% 이하를 만족하는 극점

이와 같이 근궤적을 이용한 제어기 설계에 대해서는 앞으로 많이 다룰 것이다. 근궤적은 [그림 6-3]과 식 (6.3)과 같은 정형화된 형태의 폐로 시스템에서 제어기 계수를 정하는 문제뿐만 아니라, 제어기 계수가 아닌 다른 파라미터들을 정하는 문제에도 유용하게 활용될 수 있다. 이와 관련하여 다음의 몇 가지 예제를 풀어보자.

예제 6-2

다음과 같은 개로 전달함수를 생각하자. α가 0부터 ∞까지 변할 때 폐로 시스템의 극점이 변화하는 근궤적을 그려라.

$$\frac{2}{s(s+\alpha)} \qquad\qquad (6.9)$$

풀이

개로 전달함수 (6.9)를 사용하여 폐로 시스템을 구성하면, 특성방정식은 다음과 같이 쓸 수 있다.

$$s^2 + \alpha s + 2 = 0 \tag{6.10}$$

식 (6.10)의 양변을 $s^2 + 2$로 나누면, $1 + \alpha \dfrac{s}{s^2 + 2}$가 되어 근궤적의 기본 형태인 식 (6.3)과 같이 된다. 따라서 α를 K처럼 생각하면 된다. 식 (6.10)의 두 근을 p_1, p_2라 하면,

$$p_1, \ p_2 = \frac{-\alpha \pm \sqrt{\alpha^2 - 8}}{2} \tag{6.11}$$

이고 $\alpha \geqq 2\sqrt{2}$에서 실근이 된다. $\alpha = 2\sqrt{2}$일 때 중근은 $-\sqrt{2}$인데, α를 $2\sqrt{2}$로부터 증가시키면 이 중근에서 한 극점은 음의 방향으로 발산하고, 다른 한 극점은 양의 방향으로 증가하면서 원점으로 수렴한다. 원점 수렴은 고등학교 때 배운 극한을 이용하여 독자들이 직접 증명해보도록 한다. 한편 특성방정식은 $0 < \alpha < 2\sqrt{2}$에서 두 개의 허근을 갖는데, 이 두 허근이 서로 켤레이기 때문에 다음과 같은 관계식이 성립한다.

$$p_1 + \overline{p_1} = -\alpha$$
$$p_1 \overline{p_1} = 2 \tag{6.12}$$

식 (6.12)로부터 $|p_1| = \sqrt{2}$이므로, 근궤적이 원점을 중심으로 하는 반지름 $\sqrt{2}$의 반원임을 쉽게 알 수 있다. $\alpha = 0$이면 p_1의 실수부가 0이므로, 시작점은 $\pm\sqrt{2}\,j$가 될 것이다. 또한 α가 증가할수록 p_1의 실숫값이 작아지므로 근궤적의 회전 방향도 알 수 있다. 최종적으로 근궤적을 그리면 [그림 6-6]과 같다.

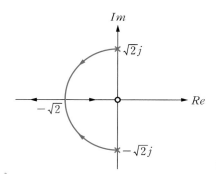

[그림 6-6] [예제 6-2]의 극점

[예제 6-2]에서 다룬 시스템도 [예제 6-1]처럼 모든 양의 α에 대하여 폐로 시스템의 극점이 좌반평면에 있으므로, 모든 $\alpha > 0$에 대해 이 시스템이 안정함을 알 수 있다. 그렇다면 [예제 6-1]과 같이 최대 초과가 17% 이하가 되도록 α를 정해보자. [예제 6-1]에서와 같이 $\theta = \sin^{-1}\zeta = 30°$이므로, [그림 6-7]과 같이 두 극점을 얻을 수 있으며, 두 극점은 다음과 같다.

$$\sqrt{2}\left(\frac{-1 \pm j\sqrt{3}}{2} \right)$$

따라서 식 (6.11)과 비교하면 $\alpha = \sqrt{2}$임을 알 수 있다. [그림 6-7]을 참고하라.

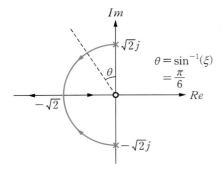

[그림 6-7] 특성방정식 (6.10)을 갖는 시스템에서 오버슈트 17% 이하를 만족하는 극점

예제 6-3

다음과 같은 개로 전달함수를 갖는 비최소 위상 시스템에서 근궤적을 그려라.

$$K\frac{1-T_2 s}{s(T_1 s+1)} \tag{6.13}$$

이때 $T_1 > 0$, $T_2 > 0$이다.

풀이

폐로 시스템의 특성방정식은 다음과 같다.

$$T_1 s^2 + (1 - KT_2)s + K = 0 \tag{6.14}$$

판별식 D를 구해보면 다음과 같다.

$$D = (1 - T_2 K)^2 - 4KT_1 = T_2^2 K^2 - 2(T_2 + 2T_1)K + 1 \tag{6.15}$$

판별식이 K에 대한 이차식이다. 이 이차식의 판별식은 $4((T_2 + 2T_1)^2 - T_2^2)$이므로, 항상 양의 값임을 알 수 있고 두 근의 합과 곱도 양수이다. 따라서 판별식 D는 서로 다른 두 양근을 갖는다. 이 두 양근을 α, $\beta(\alpha > \beta)$라 하면, α, β는 다음과 같다.

$$\begin{aligned} \alpha &= \frac{T_2 + 2T_1 + 2\sqrt{T_2 T_1 + T_1^2}}{T_2^2} \\ \beta &= \frac{T_2 + 2T_1 - 2\sqrt{T_2 T_1 + T_1^2}}{T_2^2} \end{aligned} \tag{6.16}$$

식 (6.16)의 α와 β를 이용하면, 식 (6.15)는 $D = T_2^2 K^2 - 2(T_2 + 2T_1)K + 1 = T_2^2(K - \alpha)(K - \beta)$가 되어 K 값에 따라 양의 값이나 음의 값, 또는 0의 값을 가진다. 즉 K의 범위에 따라 서로 다른 근의 형태가 나타남을 알 수 있다.

먼저 $0 \le K \le \beta$인 경우에는 판별식 $D \ge 0$이 되어 특성방정식의 근이 실근임을 알 수 있으며, $\beta < K < \alpha$ 영역에서는 판별식 $D < 0$이 되어 특성방정식의 근이 켤레복소수로 표현되는 허근임을 알 수

있다. 또한, $K \geq \alpha$에서는 판별식 $D \geq 0$이 되어 실근임을 알 수 있다. 이와 같이 판별식 (6.15)가 서로 다른 두 양근을 갖고 있기 때문에, 특성방정식 (6.14)에서 얻어지는 폐로 시스템의 극점도 K가 0부터 증가함에 따라 차례대로 실근, 허근, 실근을 갖게 된다. 따라서 K를 다음과 같이 세 영역으로 나누어 생각해볼 수 있다.

❶ $0 \leq K \leq \beta$

우선 특성방정식 (6.14)를 다음과 같이 표현해보자.

$$T_1 s^2 + s = K(T_2 s - 1) \tag{6.17}$$

K가 $0 \leq K \leq \beta$ 범위에 있을 때 판별식이 0 이상의 값을 가지기 때문에 특성방정식이 실근을 갖게 된다. 따라서 이 특성방정식의 해는 이차식 $T_1 s^2 + s$와 일차식 $K(T_2 s - 1)$의 교점으로 생각할 수 있다. [그림 6-8]에서 보듯이, $K = 0$에서 두 실근은 $\dfrac{-1}{T_1}$, 0이고, K가 증가하면서 한 근은 $\dfrac{-1}{T_1}$에서 증가하는 방향으로, 다른 한 근은 0에서 감소하는 방향으로 움직임을 볼 수 있다. $K = \beta$가 되어 중근이 될 때까지 이런 식으로 특성방정식의 해, 즉 폐로 시스템의 극점이 이동한다.

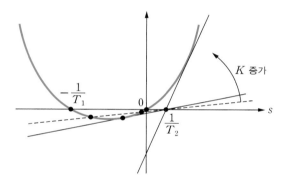

[그림 6-8] **특성방정식이 실근을 가질 경우**

❷ $\beta < K < \alpha$

K가 이 범위일 때에는 판별식이 음의 값을 가지기 때문에 특성방정식이 허근을 갖게 된다. 따라서 위에서 소개한 실수 범위에서 그려지는 그래프적인 방법을 쓸 수가 없다. 따라서 다음과 같은 수식적인 방법을 통해 근의 자취를 알아보자. 실계수 특성방정식은 서로 켤레 관계인 두 허근을 갖기 때문에 다음과 같이 표현할 수 있다.

$$p + \bar{p} = -\frac{1 - KT_2}{T_1}$$
$$p\bar{p} = \frac{K}{T_1} \tag{6.18}$$

식 (6.18)의 두 식에서 K를 소거하여 정리하면 다음과 같다.

$$T_2 p\bar{p} - p - \bar{p} = \frac{1}{T_1}$$
$$\left(p - \frac{1}{T_2}\right)\left(\bar{p} - \frac{1}{T_2}\right) = \left|p - \frac{1}{T_2}\right|^2 = \frac{1}{T_2^2}\left(1 + \frac{T_2}{T_1}\right) \tag{6.19}$$

따라서 폐로 시스템의 두 극점은 복소평면에서 $(0, \frac{1}{T_2})$을 중심으로 반지름 $\frac{\sqrt{1+T_2/T_1}}{T_2}$인 원을 따라 움직인다. 식 (6.18)에 의해 K가 증가할수록 극점의 실수부가 증가하므로, 극점은 [그림 6-9]와 같이 K가 증가함에 따라 실수부가 커지는 방향으로 이동한다. $K = \frac{1}{T_2}$이면, 실수부가 0이 되어 극점이 허수축에 존재하게 된다. 따라서 시스템의 안정성을 보장하기 위해서는 K가 $\frac{1}{T_2}$보다 작아야 할 것이다.

❸ $\alpha \leq K < \infty$

[그림 6-8]에서도 확인되듯이, K가 이 범위일 때에는 특성방정식이 다시 실근을 갖게 된다. $K = \alpha$에 해당하는 중근에서 시작하여 한 근은 감소하는 방향으로, 다른 한 근은 증가하는 방향으로 이동할 것이다. K가 무한대로 커진다면, 즉 직선이 실수축과 거의 직교가 된다고 한다면, 감소하던 근은 $\frac{1}{T_2}$에 수렴하고, 증가하던 근은 무한대로 발산할 것이다.

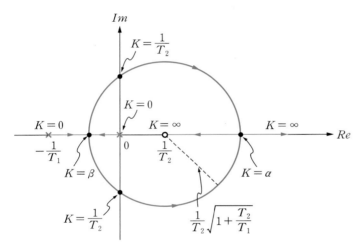

[그림 6-9] 특성방정식 (6.14)의 최종적인 근궤적

지금까지 세 개의 예제를 풀어보았다. 어떤가? [예제 6-3]은 조금 복잡했지만, 다른 두 예제는 풀 만했을 것이다. 지금까지는 2차 시스템만 다루었기 때문에, 중학교 때 배운 2차 방정식의 근의 공식을 사용하여, 근궤적을 수학적으로 정확히 계산할 수 있었다. 하지만 3차 시스템부터는 너무 복잡하기 때문에 정확히 계산할 수 없다. 사실 컴퓨터를 이용하여 계산하면 되는데, 군이 직접 계산으로 정확한 근궤적을 얻으려는 시도는 너무 소모적이다. 따라서 지금부터는 근궤적에 대한 기본 성질들을 살펴보고, 이 성질들을 바탕으로 복잡한 시스템에 대하여 개략적으로 근궤적을 작성하는 방법을 소개한다.

6.1.2 근궤적의 기본 성질

전달함수 $G(s)$가 주어졌을 때 근사화된 근궤적을 얻기 위한 기본 형태는 다음과 같다.

$$1 + KG(s) = 0 \qquad (6.20)$$

식 (6.20)은 폐로 시스템의 특성방정식이다. 전에도 언급했듯이 K가 0부터 ∞까지 변할 때 이 특성 방정식의 해를 연속적으로 복소평면에 그리면 이 그래프가 근궤적이 된다. 만약 특성방정식이 식 (6.20)과 같은 정형화된 형태가 아니라면, 간단한 변형을 통해 식 (6.20)과 같은 형태로 만들 수 있다. 예를 들면 [예제 6-2]에서 다룬 시스템의 식 (6.9)는 다음과 같이 나타낼 수 있다.

$$1 + \alpha \frac{s}{s^2 + 2} = 0 \qquad (6.21)$$

여기서 α는 식 (6.20)의 K와 같은 역할을 수행한다.

본격적으로 근궤적에 대한 기본 성질을 알아보기 위해, 다음과 같은 개로 전달함수를 갖는 시스템을 생각해보자.

$$1 + KG(s) = 1 + \frac{K(s + z_1)(s + z_2) \cdots (s + z_m)}{(s + p_1)(s + p_2) \cdots (s + p_n)} \qquad (6.22)$$

여기서 n은 극점의 개수, m은 영점의 개수이다. 근궤적은 결국 다음을 만족하는 해를 찾는 것이다.

$$KG(s) = -1 \qquad (6.23)$$

이는 다음 식이 성립한다는 뜻이다.

$$
\begin{aligned}
&|KG(s)| = 1 \\
&\angle KG(s) = (2k+1)\pi, \quad k = 0,\ \pm 1,\ \pm 2,\ \cdots
\end{aligned} \qquad (6.24)
$$

식 (6.24)를 만족하는 해의 성질을 살펴보자.

■ 근궤적의 출발점

$K = 0$일 때의 극점이다. K가 무한소일 때, 식 (6.22)의 특성방정식을 0으로 만들기 위해서는 $G(s)$가 무한대가 되어야 한다. $G(s)$가 무한대이기 위해서는 s가 극점이어야 하기 때문에, 근궤적은 항상 $G(s)$의 모든 극점으로부터 출발한다.

■ 근궤적의 도착점

$K = \infty$일 때의 극점이다. K가 무한대일 때, 식 (6.22)의 특성방정식을 0으로 만들기 위해서는

$G(s)$가 무한소가 되어야 한다. $G(s)$가 무한소이기 위해서는 s가 영점이거나, 또는 무한대여야 한다. 단 후자는 극점의 개수가 영점의 개수보다 많은 경우에만 적용된다. 따라서 모든 극점에서 출발한 근궤적 중 일부는 $G(s)$의 영점에 도착하고, 나머지는 발산한다.

■ 근궤적의 대칭성

특성방정식의 근은 항상 실근 또는 켤레복소근이므로, 근궤적은 실수축에 대해 항상 대칭이다.

■ 실수축상의 근궤적

$KG(s)$의 실극점과 실영점으로부터 실수축이 분할될 때, 특정 구간에서 그 구간의 오른쪽(실수축의 양의 방향)으로 실수축상의 영점과 극점의 총 합계 수가 홀수이면, 그 구간에 근궤적이 존재하고, 짝수이면 존재하지 않는다.

예를 들어, 다음과 같은 개로 전달함수에 대해

$$G(s) = \frac{K(s+z_1)(s+z_2)}{(s+p_1)(s+p_2)(s+p_3)} \tag{6.25}$$

실수축상의 근궤적을 그리면 [그림 6-10]과 같다. 여기서 $-p_3 < -z_2 < -p_2 < -z_1 < -p_1$이다.

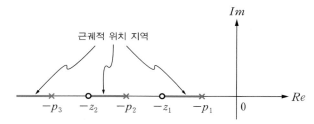

[그림 6-10] **실수축상의 근궤적**

[그림 6-10]에서 구간 $[-z_1, -p_1]$에 있는 임의의 점 s_1에서의 개로 전달함수 $G(s_1)$의 위상을 구하면 다음과 같다.

$$\begin{aligned}\angle G(s_1) &= \angle(s_1 + z_1) + \angle(s_1 + z_2) - \angle(s_1 + p_1) - \angle(s_1 + p_2) - \angle(s_1 + p_3)\\ &= 0° + 0° - 180° - 0° - 0°\\ &= -180°\end{aligned}$$

위 식은 위상 조건식 (6.24)를 만족하므로, 이 구간에서는 근궤적이 존재한다. 즉 이 구간에 극점이 생기게끔 하는 K가 존재한다는 뜻이다. 또 구간 $[-p_2, -z_1]$ 사이에 있는 임의의 점 s_2에서의 개로 전달함수 $G(s_2)$의 위상을 구하면 다음과 같다.

$$\angle G(s_2) = \angle (s_2 + z_1) + \angle (s_2 + z_2) - \angle (s_2 + p_1) - \angle (s_2 + p_2) - \angle (s_2 + p_3)$$
$$= 180° + 0° - 180° - 0° - 0°$$
$$= 0°$$

위 식은 위상 조건식 (6.24)를 만족시키지 못하므로, 이 구간에는 근궤적이 존재하지 않는다. 즉 극점이 존재할 수 없다. 같은 방법으로 다른 구간에서 $G(s)$의 위상을 조사해 보면, 구간 $[-z_2, -p_2]$에서, 그리고 $-p_3$보다 작은 실수 구간에서 근궤적이 존재한다.

■ **근궤적의 점근선**

고등학교 시절 쌍곡선을 배울 때 점근선이라는 용어를 들어보았을 것이다. 무한히 큰 값을 다룰 때 곡선의 방정식이 어떤 직선의 방정식으로 수렴하는데, 이런 직선들을 점근선이라 한다. 근궤적도 이득 K가 커질수록 점근선에 수렴하게 된다. 이런 점근선들의 특징들을 살펴보면 다음과 같다.

❶ 점근선의 개수

점근선의 개수 = $G(s)$의 극점 개수 − $G(s)$의 영점 개수 = $n - m$

❷ 점근선의 교차점

점근선은 실수축상에서만 교차하며, 교차점은 다음과 같다.

$$점근선의\ 교차점 = \frac{모든\ G(s)의\ 극점의\ 합 - 모든\ G(s)의\ 영점의\ 합}{극점의\ 개수 - 영점의\ 개수}$$
$$= \frac{-\Sigma p_i + \Sigma z_i}{n - m} \tag{6.26}$$

❸ 점근선의 각도

양의 실수축에 대한 근궤적의 점근선 각도는 다음과 같다.

$$\phi_k = \left. \frac{(2k+1)180°}{n - m} \right|_{k = 0,\, 1,\, \cdots,\, n-m-1} \tag{6.27}$$

점근선의 각도는 ❶의 점근선 수$(n - m)$만큼 발생한다.

위에 소개된 점근선의 특징들은 다음과 같이 근사화된 전달함수에서 쉽게 증명될 수 있다.

$$\frac{(s+z_1)(s+z_2)\cdots(s+z_m)}{(s+p_1)(s+p_2)\cdots(s+p_n)} = \frac{s^m + (z_1 + z_2 + \cdots)s^{n-1} +}{s^n + (p_1 + p_2 + \cdots)s^{n-1} +}$$

$$\approx \frac{1}{s^{n-m} + (p_1 + p_2 + \cdots - z_1 - z_2 - \cdots)s^{n-m-1} + \cdots} \quad (6.28)$$

$$= \frac{1}{\left(s - \dfrac{\sum z_i - \sum p_i}{n-m}\right)^{n-m}}$$

식 (6.28)에 사용된 근사식은 최고차항과 그 다음 최고차항의 계수를 일치시킴으로써 얻어진다. 식 (6.28)의 마지막 전달함수에서 식 (6.24)의 크기 및 위상 조건을 만족하는 s는 다음과 같다.

$$s = \frac{\sum z_i - \sum p_i}{n-m} + K^{\frac{1}{n-m}}\left[\cos\left(\frac{(2k+1)180°}{n-m}\right) + j\sin\left(\frac{(2k+1)180°}{n-m}\right)\right] \quad (6.29)$$

여기서 $k = 0, 1, \cdots, n-m-1$이다. K가 0부터 ∞까지 변한다고 할 때, 식 (6.29)의 복소평면에서의 자취가 점근선이 된다.

예제 6-4

개로 전달함수가 $KG(s) = \dfrac{K}{s(s+3)(s^2+2s+2)}$로 주어지는 시스템에 대한 근궤적의 점근선을 구하라.

풀이

점근선의 개수, 교차점, 각도는 다음과 같다.

❶ 영점은 없고, 극점은 $0, -3, -1 \pm j$로 4개 있다. 따라서 점근선은 총 4개이다.

❷ 점근선의 교차점은 식 (6.26)에 의해 다음과 같다.

$$\frac{-\Sigma p_i + \Sigma z_i}{n-m} = \frac{(0-3-1+j-1-j)-(0)}{4-0} = \frac{-5}{4} = -1.25$$

❸ 점근선의 각도는 식 (6.27)에 의해 다음과 같다.

$$\phi_k = \frac{(2k+1)180°}{n-m} = \frac{(2k+1)180°}{4-0}\bigg|_{k=0,\,1,\,2,\,3}$$

$$\phi_0 = \frac{(2k+1)180°}{4-0}\bigg|_{k=0} = \frac{180°}{4} = 45°$$

$$\phi_1 = \frac{(2k+1)180°}{4-0}\bigg|_{k=1} = \frac{(2\times1+1)\times180°}{4} = 135°$$

$$\phi_2 = \frac{(2k+1)180°}{4-0}\bigg|_{k=2} = \frac{(2\times2+1)\times180°}{4} = 225°$$

$$\phi_3 = \frac{(2k+1)180°}{4-0}\bigg|_{k=3} = \frac{(2\times3+1)\times180°}{4} = 315°$$

[그림 6-11]에서 점근선의 개수, 교차점, 각도를 확인할 수 있다.

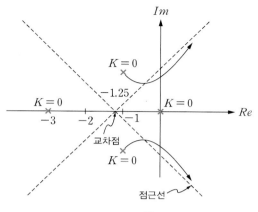

[그림 6-11] $KG(s) = \dfrac{K}{s(s+3)(s^2+2s+2)}$ 에 대한 근궤적의 교차점과 점근선

■ **출발점의 각도와 도착점의 접근 각도**

출발점과 도착점의 각도는 근궤적의 위상 조건식 (6.24)로부터 구할 수 있다. 즉 출발점과 도착점의 각도는 다음을 만족하도록 결정된다.

$$\text{영점들의 각도} - \text{극점들의 각도} = (2k+1)180°|_{k=0,\ \pm1,\ \pm2,\ \cdots} \tag{6.30}$$

앞에서 다룬 [예제 6-4]의 극점 $-1+j$에서 출발하는 궤적의 각도를 구해보자.

점 s_1을 극점 $-1+j$에 매우 가까운 근궤적의 점으로 가정하고, 각 극점과 영점으로부터 점 s_1까지 그은 벡터의 각을 각각 θ_{p1}, θ_{p2}, θ_{p3}, θ_{p4}라고 하면, 점 s_1이 근궤적의 점이 되기 위해서는 다음 조건이 성립되어야 한다.

$$-(\theta_{p1} + \theta_{p2} + \theta_{p3} + \theta_{p4}) = (2k+1)180°|_{k=0,\ \pm1,\ \pm2,\ \cdots} \tag{6.31}$$

여기에서 점 s_1은 극점 $-1+j$에 매우 가까운 점이므로 θ_{p1}, θ_{p2}, θ_{p3}를 계산할 때는 $s_1 = -1+j$라고 간주하고 계산해도 무방하다. θ_{p4}는 $-1+j$와 점 s_1를 잇는 미소 직선이 이루는 각도에 해당한다. 따라서 $KG(s) = \dfrac{K}{s(s+3)(s^2+2s+2)}$의 극점 $-1+j$로부터의 출발각은 다음과 같다.

$$-135° - 90° - 26.6° - \theta_{p4} = (2k+1)180°$$
$$\therefore \ \theta_{p4} = -251.6° - (2k+1)180° = -71.6° \tag{6.32}$$

이를 그래프로 표현하면 [그림 6-12]와 같다.

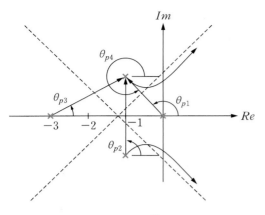

[그림 6-12] $KG(s) = \dfrac{K}{s(s+3)(s^2+2s+2)}$ 에 대한 근궤적의 출발각

다른 극점 $-1-j$, -3, 0에서도 이와 같은 방법으로 극점에서의 출발각을 구할 수 있다.

■ 근궤적의 분기점

특성방정식의 다중근으로 존재하는 복소평면상의 점을 분기점$^{\text{breakaway point}}$이라 한다. 분기점에서는 두 개 이상의 근궤적이 만났다가 분리된다.

이제 근궤적에서 분기점을 구하는 방법에 대하여 알아보자. 개로 전달함수 $G(s) = \dfrac{N(s)}{D(s)}$에 대하여 우리가 관심 있는 특성다항식은 식 (6.20)으로부터 다음과 같다.

$$D(s) + KN(s) = 0 \qquad (6.33)$$

특성다항식 (6.33)이 다음과 같이 점 s_1에서 r 중근을 갖는다고 하면,

$$D(s) + KN(s) = (s - s_1)^r (s - s_2) \cdots\cdots \qquad (6.34)$$

다음의 식을 만족한다.

$$\left.\frac{d}{ds}(D(s) + KN(s))\right|_{s=s_1} = \frac{d}{ds}D(s) + K\frac{d}{ds}N(s)\Big|_{s=s_1} = 0 \qquad (6.35)$$

식 (6.35)를 만족하는 K를 구하면 다음과 같다.

$$K = -\frac{\dfrac{d}{ds}D(s)}{\dfrac{d}{ds}N(s)} \qquad (6.36)$$

식 (6.36)의 K를 식 (6.33)에 다시 대입하면 다음과 같은 조건식을 얻는다.

$$\left. D(s) - \frac{\frac{d}{ds}D(s)}{\frac{d}{ds}N(s)} N(s) \right|_{s=s_1} = 0 \tag{6.37}$$

즉 다음과 같이 정리할 수 있다.

$$\left. \left[\frac{d}{ds}N(s)\right]D(s) - \left[\frac{d}{ds}D(s)\right]N(s) \right|_{s=s_1} = 0 \tag{6.38}$$

식 (6.38)의 해를 구하면, 다중근이 생기는 점을 구할 수 있다. 좀 더 간편한 공식으로 정리하기 위해 다음과 같이 표시할 수도 있다.

$$\frac{dK}{ds} = \frac{d}{ds}\left[-\frac{D(s)}{N(s)}\right] = -\frac{\left[\frac{d}{ds}D(s)\right]N(s) - D(s)\left[\frac{d}{ds}N(s)\right]}{N^2(s)} = 0 \tag{6.39}$$

식 (6.39)로부터 알 수 있듯이, 즉 $\frac{dK}{ds}=0$의 해를 구함으로써 분기점을 구할 수 있다. 여기에서 주의할 점은 식 (6.39)의 조건이 필요조건이라는 것이다. 따라서 $\frac{dK}{ds}=0$의 해 중에는 분기점에 해당되지 않는 점들도 있다. 해 중에서 K에 해당하는 값이 실수이며, 양수인 경우에만 그 해가 분기점이 된다.

[예제 6-4]의 시스템에서 폐로 전달함수의 특성방정식은 다음과 같다.

$$1 + KG(s) = s(s+3)(s^2+2s+2) + K = 0 \tag{6.40}$$

K에 대하여 정리하고 s에 관하여 미분하면 다음과 같다.

$$\frac{dK}{ds} = -(4s^3 + 15s^2 + 16s + 6) = 0 \tag{6.41}$$

식 (6.41)을 만족하는 근은 -2.3, $-0.73 \pm j0.35$이다. 각 근에 해당하는 K값은 다음과 같다.

$$\begin{aligned} s = -2.3 \qquad &\Rightarrow \qquad K = 4.33 > 0 \\ s = -0.73 \pm j0.35 \quad &\Rightarrow \qquad K = 1.79 \mp j0.18 \end{aligned} \tag{6.42}$$

따라서 양의 K에 해당하는 $s = -2.3$만이 분기점이 된다. [그림 6-13]에 분기점이 표시되어 있다.

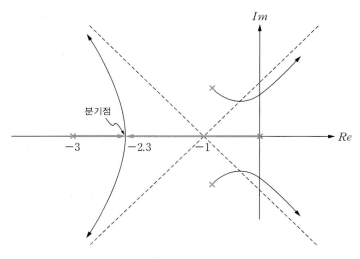

[그림 6-13] $KG(s) = \dfrac{K}{s(s+3)(s^2+2s+2)}$ 의 분기점

[그림 6-13]의 $[-3,\ -2.3]$ 구간에서는 K가 0부터 4.33까지 증가하면서 극점의 좌표가 -3에서 -2.3으로 증가하고 있기 때문에 다음과 같은 식이 성립함을 알 수 있다.

$$\frac{dK}{ds} > 0 \qquad (6.43)$$

또한 $[-2.3,\ 0]$ 구간에서는 K가 0부터 4.33까지 증가하면서 극점의 좌표가 0에서 -2.3으로 감소하고 있기 때문에 다음과 같은 식이 성립함을 알 수 있다.

$$\frac{dK}{ds} < 0 \qquad (6.44)$$

식 (6.43)과 식 (6.44)로부터도 식 (6.39)가 성립함을 알 수 있다.

이번에는 분기점에서의 출발각과 도착각을 알아보자. [예제 6-4]의 시스템의 경우 두 개의 근궤적이 만나 이중근을 생성하기 때문에 다음을 만족한다.

$$2\theta = (2k+1)180°\big|_{k=0,\ \pm1,\ \pm2,\ \cdots} \qquad (6.45)$$

여기서 θ는 분기점에서의 출발점과 도착점을 의미한다. 해당 중근 외의 극점과 영점은 이미 식 (6.30)을 만족하기 때문에 해당 중근만 식 (6.45)를 만족하면 된다. 따라서 [그림 6-13]에 보이는 분기점의 출발각은 $90°$와 $-90°$이다.

■ 근궤적과 허수축의 교차점

근궤적이 K의 변화에 따라 허수축을 지나 s평면의 우반평면으로 들어가는 순간은 시스템의 안정성이 파괴되는 임계점이다. 이 점에 대응하는 K값은 Routh-Hurwitz 안정성 판별법으로 구할 수 있으며, 이로부터 시스템의 안정성을 보장하는 K의 범위도 알 수 있다. 또한 Routh table의 보조 방정식을 이용하여 근궤적이 허수축을 지나는 점의 주파수를 구할 수 있으므로, 근궤적과 허수축의 교차점을 알 수 있다.

예제 6-5

[예제 6-4]와 같은 시스템에서 근궤적이 허수축과 교차할 때의 K값과 그 교차점을 구하라.

풀이

다음과 같은 특성방정식

$$1 + KG(s) = 1 + \frac{K}{s(s+3)(s^2+2s+2)} = 0 \tag{6.46}$$

을 정리하면 다음과 같은 특성방정식을 얻게 된다.

$$s^4 + 5s^3 + 8s^2 + 6s + K = 0 \tag{6.47}$$

특성방정식 (6.47)에 대한 Routh table은 다음과 같이 구할 수 있다.

s^4	1	8	K
s^3	5	6	
s^2	$34/5$	K	
s^1	$\dfrac{204/5 - 5K}{34/5}$		
s^0	K		

$$\tag{6.48}$$

극점이 모두 복소평면의 좌반평면에 있으려면 Routh table의 첫 번째 열이 모두 양수이어야 하므로, s^0와 s^1에 해당하는 두 값이 각각 $K > 0$, $\dfrac{204/5 - 5K}{34/5} > 0$인 조건을 만족해야 한다. 즉 $0 < K < \dfrac{204}{25} = 8.15$이다. 따라서 $K = 8.15$일 때 근궤적과 허수축의 교차가 일어나며, 해당 주파수는 보조 방정식으로부터 다음과 같이 구할 수 있다.

$$\frac{34}{5}s^2 + K = \frac{34}{5}s^2 + 8.15 = 0$$
$$\therefore \ s = \pm j1.095 \tag{6.49}$$

따라서 주파수 $1.095\,[\mathrm{rad/sec}]$에서 근궤적이 허수축과 교차하게 된다. [그림 6-14]에 근궤적과 허수축과의 교점이 표시되어 있다.

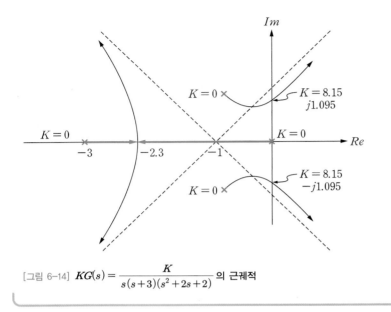

[그림 6-14] $KG(s) = \dfrac{K}{s(s+3)(s^2+2s+2)}$ 의 근궤적

지금까지 주어진 시스템의 특성방정식의 근이 K가 0에서 ∞까지 변함에 따라 어떻게 변하는지를 복소평면에 그리는 방법을 소개했으며, 이때 근궤적의 기본 성질들을 이용했다.

6.1.3 근궤적의 활용법

이제 마지막으로 근궤적을 활용하는 방법을 알아보자. 근궤적은 극점들의 가능한 위치를 그려놓은 것으로, 이 중에서 우리가 원하는 극점을 선정하면 그 극점에 해당하는 K를 계산할 수 있다. 근궤적의 한 점 s_1에 해당하는 K값은 식 (6.23)으로부터 다음과 같이 구할 수 있다.

$$K = \frac{1}{|G(s_1)|} \tag{6.50}$$

식 (6.50)이 근궤적에서 어떤 의미를 갖는지 알아보기 위해 [예제 6-4]의 시스템을 생각해보자. [그림 6-15]를 보면 다음과 같이 표현할 수 있다.

$$K = \frac{1}{|G(s_1)|} = A \cdot B \cdot C \cdot D \tag{6.51}$$

여기서 A, B, C, D는 $G(s)$의 극점으로부터 s_1까지의 거리이다.

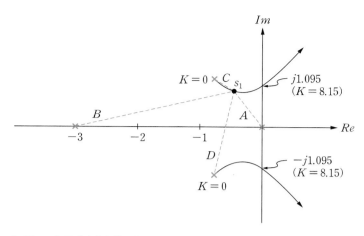

[그림 6-15] 근궤적상의 한 점 s_1으로부터 K값 계산

최근의 CACSD^{Computer Aided Control System Design} 프로그램에는 근궤적을 자동으로 그려주고, 원하는 극점을 클릭하면 자동으로 해당 이득 K를 생성해주는 기능들이 있어서 편리하게 근궤적을 활용할 수 있다. 그러므로 우리가 여기서 근궤적을 배우는 이유는 컴퓨터로 계산할 때처럼 정확한 근궤적을 얻고자 함이 아니라, 근궤적의 성질을 파악함으로써 시스템의 특성을 좀 더 정성적으로 잘 이해하는 데 있다.

예제 6-6

다음과 같은 개로 전달함수를 갖는 시스템의 근궤적을 그려라.

$$KG(s) = \frac{K}{s(s+1)(s+4)} \tag{6.52}$$

풀이

위에서 소개한 근궤적의 기본 성질 순으로 식 (6.52)에 대한 근궤적을 그려보자.

❶ 근궤적의 출발점 : 근궤적은 개로 전달함수의 극점 0, -1, -4에서 출발한다. 이 극점들에 해당하는 K는 0이다.

❷ 근궤적의 도착점 : $K = \infty$일 때, 근궤적은 개로 전달함수의 영점으로 수렴하거나, 또는 무한대로 발산한다. 식 (6.52)에 있는 $KG(s)$는 영점을 가지고 있지 않으므로, 근궤적은 모두 무한대로 발산한다.

❸ 근궤적의 대칭성 : 근궤적은 실수축에 대하여 대칭이다.

❹ 실수축상에서의 근궤적 : $[-1, 0]$, $(-\infty, -4]$ 구간은 근궤적에 포함된다.

❺ 근궤적의 점근선 : 점근선의 개수, 교차점, 각도는 다음과 같다.

• 점근선의 개수

$$G(s)\text{의 극점 개수} - G(s)\text{의 영점 개수} = 3 - 0 = 3$$

• 점근선의 교차점

$$= \frac{\text{모든 } G(s)\text{의 극점의 합} - \text{모든 } G(s)\text{의 영점의 합}}{\text{극점의 개수} - \text{영점의 개수}}$$

$$= \frac{-\Sigma p_i + \Sigma z_i}{n - m} = \frac{0 - 1 - 4}{3 - 0} = -1.67$$

• 점근선의 각도

$$\phi_k = \frac{(2k+1)180°}{n - m}\bigg|_{k = 0,\, 1,\, \cdots,\, n - m - 1} = \frac{(2k+1)180°}{3 - 0}\bigg|_{k = 0,\, 1,\, 2}$$

따라서 점근선이 실수축과 $60°$, $180°$, $300°$의 각으로 만남을 알 수 있다.

❻ 출발점의 각도와 도착점의 접근 각도 : 식 (6.30)에 의해 출발점 -1은 양의 방향으로, 출발점 -4와 0은 음의 방향으로 출발한다.

❼ 근궤적의 분기점 : 특성방정식 $K = -s(s+1)(s+4)$에서

$$\frac{dK}{ds} = -(3s^2 + 10s + 4)$$

이므로 $\dfrac{dK}{ds} = 0$이 되는 분기점의 후보는 -0.465와 -2.87이다. 두 값을 특성방정식에 대입해서 다시 K를 구해보면 각각 0.879, -6.06이 된다. 따라서 양의 K에 해당하는 -0.465에서 분기점이 발생한다. -0.465는 이중근을 갖기 때문에 분기점에서의 출발각은 $\pm 90°$이다.

❽ 근궤적과 허수축의 교차점 : 특성방정식 $K = -s(s+1)(s+4)$에서 다음과 같은 Routh table을 구성해보자.

s^3	1	4
s^2	5	K
s^1	$(20 - K)/5$	0
s^0	K	

(6.53)

따라서 이 폐로 제어시스템에서는 $20 - K = 0$, 즉 $K = 20$일 때 임계 안정도가 나타나며, 근궤적은 허수축과 교차하게 된다. 이때 보조 방정식은 $5s^2 + K = 5s^2 + 20 = 0$이므로 근궤적과 허수축의 교차점은 $s = \pm 2j$, 즉 $\omega = \pm 2\,[\text{rad/sec}]$에서 발생한다.

❶에서 ❽까지의 내용을 종합하면, [그림 6-16]과 같은 근궤적을 그릴 수 있다. [그림 6-16]에서 $K > 20$이면 폐로 제어시스템이 우반평면상에 극점을 갖게 되어 불안정해진다.

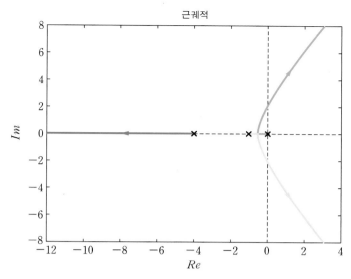

[그림 6-16] $KG(s) = \dfrac{K}{s(s+1)(s+4)}$ 의 근궤적

예제 6-7

[그림 6-17]과 같이 제어기 K가 있는 폐로 제어시스템의 근궤적을 그려라.

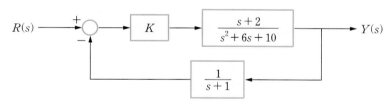

[그림 6-17] **[예제 6-7]의 폐로 제어시스템**

풀이

[그림 6-17]을 보면, 개로 전달함수는 다음과 같다.

$$KG(s)H(s) = \frac{(s+2)}{(s^2+6s+10)} \cdot \frac{K}{(s+1)} = \frac{K(s+2)}{(s+1)(s+3+j)(s+3-j)} \tag{6.54}$$

개로 전달함수 (6.54)의 극점은 $-p_1 = -1$, $-p_2 = -3-j$, $-p_3 = -3+j$이며, 영점은 $-z_1 = -2$이고, 극점의 수는 $n = 3$, 영점의 수는 $m = 1$이다. 이로부터 다음과 같이 근궤적을 그릴 수 있다.

❶ 근궤적의 출발점 : 근궤적은 개로 전달함수의 극점 $-p_1 = -1$, $-p_2 = -3-j$, $-p_3 = -3+j$에서 출발한다. 이 극점들에 해당하는 K는 0이다.

❷ 근궤적의 도착점 : 식 (6.54)에 있는 $KG(s)$는 영점을 하나 가지고 있으므로, $K = \infty$일 때 근궤적 중 하나는 개로 전달함수의 영점 $z_1 = -2$로 수렴하고, 나머지 두 개는 무한대로 발산한다.

❸ 근궤적의 대칭성 : 근궤적은 실수축에 대하여 대칭이다.

❹ 실수축상에서의 근궤적 : 실수축상에 근궤적이 존재하는 부분은 $[-2, -1]$ 구간이다.

❺ 근궤적의 점근선 : 점근선의 개수, 교차점, 각도는 다음과 같다.
 • 점근선의 개수

$$G(s)\text{의 극점 개수} - G(s)\text{의 영점 개수} = 3 - 1 = 2$$

 • 점근선의 교차점

$$= \frac{\text{모든 } G(s)\text{의 극점의 합} - \text{모든 } G(s)\text{의 영점의 합}}{\text{극점의 개수} - \text{영점의 개수}}$$

$$= \frac{-\Sigma p_i + \Sigma z_i}{n - m} = \frac{-p_1 - p_2 - p_3 + z_1}{3 - 1} = -2.5$$

 • 점근선의 각도

$$\phi_k = \frac{(2k+1)180°}{n-m}\bigg|_{k=0, 1, \cdots, n-m-1} = \frac{(2k+1)180°}{3-1}\bigg|_{k=0, 1}$$

 따라서 점근선이 실수축과 90°, 270°의 각으로 만남을 알 수 있다.

❻ 출발점의 각도와 도착점의 접근 각도 : 식 (6.30)에 의해 극점에서의 출발각과 영점에서의 접근각을 다음과 같이 구할 수 있다.
 • 극점 $s = -1$의 출발각

$$\angle\left[\lim_{s \to -1} \frac{K(s+2)}{(s^2+6s+10)}\right] = 0°\text{이므로, } \theta_{p1} = 180°\text{이어야 한다.}$$

 • 극점 $s = -3-j$의 출발각 : 다음 식을 고려하면

$$\angle\left[\lim_{s \to -3-j} \frac{K(s+2)}{(s+1)(s+3-j)} = \frac{K(-1-j)}{(-2-j)(-2j)}\right] = 180° - \tan^{-1}3 \simeq 108°$$

 출발각은 다음과 같다.

$$108° - \theta_{p2} = 180°$$
$$\theta_{p2} = 288° = -72°$$

 • 극점 $s = -3+j$의 출발각 : 다음 식을 고려하면

$$\angle\left[\lim_{s \to -3+j} \frac{K(s+2)}{(s+1)(s+3+j)} = \frac{K(-1+j)}{(-2+j)(2j)}\right] = 180° + \tan^{-1}3$$
$$= -180° + \tan^{-1}3 \simeq -108°$$

출발각은 다음과 같다.

$$-108° - \theta_{p3} = -180°$$
$$\theta_{p3} = 72°$$

• 영점 $s = -2$에 대한 접근각 : 다음 식을 고려하면

$$\angle \left[\lim_{s \to -2} \frac{K}{(s^2 + 6s + 10)} \right] = 180°$$

접근각은 다음과 같다.

$$180° + \theta_z = 180°$$
$$\theta_z = 0°$$

❼ 근궤적의 분기점 : 식 (6.54)에서 K를 s에 대한 함수로 다음과 같이 표시하고

$$K = -\frac{(s^2 + 6s + 10)(s + 1)}{(s + 2)} \tag{6.55}$$

$\frac{dK}{ds} = 0$이 되는 s를 모두 구한 다음, 해당하는 K가 양인지 확인하면 된다. 좀 복잡하지만 직접 계산해 보면, $\frac{dK}{ds} = 0$을 만족하면서 K가 양이 되게 하는 s는 존재하지 않음을 알 수 있다. 따라서 식 (6.54) 의 근궤적에는 분기점이 존재하지 않는다.

❽ 근궤적과 허수축의 교차점 : 특성방정식 (6.55)에서 다음과 같은 Routh table을 구성해보자.

s^3	1	$16 + K$
s^2	7	$10 + 2K$
s^1	$\frac{(5K + 102)}{7}$	0
s^0	$10 + 2K$	

Routh table의 첫 번째 열이 양의 K에 대하여 항상 양수이므로, 모든 양의 K에 대하여 폐로 제어시스 템이 안정함을 알 수 있다. 즉 근궤적과 허수축의 교차점은 존재하지 않는다.

❶에서 ❽까지의 내용을 종합하면 [그림 6-18]과 같은 근궤적을 그릴 수 있다. [그림 6-18]에서 폐로 제어시스템은 양의 K에 대하여 항상 안정함을 알 수 있다.

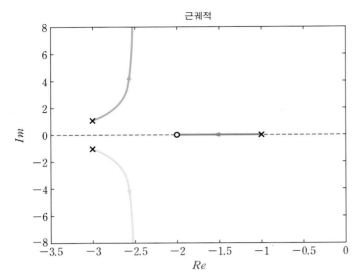

근궤적

[그림 6-18] $KG(s) = \dfrac{K(s+2)}{(s+1)(s^2+6s+10)}$ 인 폐로 제어시스템의 근궤적

예제 6-8

[그림 6-19]와 같은 단위 피드백 제어시스템의 근궤적을 그려라.

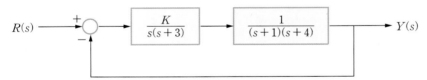

[그림 6-19] [예제 6-8]의 단위 피드백 제어시스템

풀이

[그림 6-19]를 보면 개로 전달함수는 다음과 같다.

$$KG(s) = \frac{K}{s(s+1)(s+3)(s+4)} \tag{6.56}$$

개로 전달함수 (6.56)의 극점은 $-p_1 = 0$, $-p_2 = -1$, $-p_3 = -3$, $-p_4 = -4$이며, 영점은 없다. 따라서 극점의 수는 $n = 4$, 영점의 수는 $m = 0$이다. 이로부터 다음과 같이 근궤적을 그릴 수 있다.

❶ 근궤적의 출발점 : 근궤적은 개로 전달함수의 극점 $-p_1 = 0$, $-p_2 = -1$, $-p_3 = -3$, $-p_4 = -4$에서 출발한다. 이 극점들에 해당하는 K는 0이다.

❷ 근궤적의 도착점 : 식 (6.56)에 있는 $KG(s)$는 영점을 갖고 있지 않으므로, $K = \infty$일 때 근궤적은 모두 무한대로 발산한다.

❸ 근궤적의 대칭성 : 근궤적은 실수축에 대하여 대칭이다.

❹ 실수축상에서의 근궤적 : 실수축상에 근궤적이 존재하는 부분은 $[-4, -3]$과 $[-1, 0]$ 구간이다.

❺ 근궤적의 점근선 : 점근선의 개수, 교차점, 각도는 다음과 같다.

- 점근선의 개수

$$G(s)의\ 극점\ 개수 - G(s)의\ 영점\ 개수 = 4 - 0 = 4$$

- 점근선의 교차점

$$= \frac{모든\ G(s)의\ 극점의\ 합 - 모든\ G(s)의\ 영점의\ 합}{극점의\ 개수 - 영점의\ 개수}$$

$$= \frac{-\Sigma p_i + \Sigma z_i}{n - m} = \frac{-p_1 - p_2 - p_3 - p_4}{4 - 0} = -2$$

- 점근선의 각도

$$\phi_k = \left.\frac{(2k+1)180°}{n-m}\right|_{k=0, 1, \cdots, n-m-1} = \left.\frac{(2k+1)180°}{4-0}\right|_{k=0, 1, 2, 3}$$

따라서 점근선이 실수축과 $45°$, $135°$, $225°$, $315°$의 각으로 만남을 알 수 있다.

❻ 출발점의 각도와 도착점의 접근 각도 : 식 (6.30)에 의해 출발점 -4와 -1은 양의 방향으로, 출발점 -3과 0은 음의 방향으로 출발한다.

❼ 근궤적의 분기점 : 특성방정식 $K = -s(s+1)(s+3)(s+4)$에서

$$\frac{dK}{ds} = -4s^3 - 24s^2 - 38s - 12$$

이므로, $\frac{dK}{ds} = 0$이 되는 분기점 후보는 -3.581, -2, -0.419이다. 이 세 값을 특성방정식에 대입해서 다시 K를 구해보면, 각각 2.25, -4, 2.25이다. 따라서 양의 K에 해당하는 -3.581과 -0.419에서 분기점이 발생한다. 두 분기점 모두 이중근을 갖기 때문에 분기점에서의 출발각은 $\pm 90°$이다.

❽ 근궤적과 허수축의 교차점 : 특성방정식 $K = -s(s+1)(s+3)(s+4)$에서 다음과 같은 Routh table을 구성해보자.

s^4	1	19	K
s^3	8	12	
s^2	140/8	K	
s^1	$\frac{210-8K}{140/8}$		
s^0	K		

(6.57)

이 시스템은 $210-8K=0$, 즉 $K=\dfrac{210}{8}=26.25$일 때 임계 안정도를 가지며, 근궤적은 허수축과 교차하게 된다. 이때 보조 방정식 $\dfrac{140}{8}s^2+K=\dfrac{140}{8}s^2+\dfrac{210}{8}=0$이므로, 근궤적과 허수축의 교차점은 $s=\pm\sqrt{1.5}\,j$, 즉 $\omega=\pm\sqrt{1.5}\,[\text{rad/sec}]$에서 발생한다.

❶에서 ❽까지의 내용을 종합하면 [그림 6-20]과 같은 근궤적을 그릴 수 있다. [그림 6-20]에서 $K>26.25$이면 폐로 제어시스템이 우반평면상에 극점을 갖게 되어 불안정해진다.

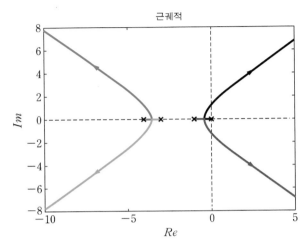

[그림 6-20] $KG(s)H(s)=\dfrac{K}{s(s+1)(s+3)(s+4)}$ 인 제어시스템의 근궤적

[그림 6-21]은 $K=1,\ 2,\ 3,\ 10,\ 20$인 경우의 단위 계단 입력 신호에 대한 응답이다.

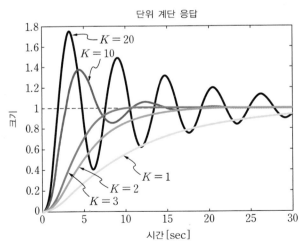

[그림 6-21] $KG(s)H(s)=\dfrac{K}{s(s+1)(s+3)(s+4)}$ 인 피드백 제어시스템에서
K의 변화에 따른 단위 계단 입력 신호에 대한 응답

6.2 근궤적을 이용한 P 제어기 설계

[그림 6-22]처럼 비례 이득만을 사용한 간단한 제어기에서 근궤적을 통하여 폐로 시스템의 극점 경로를 알 수 있었다. 또 이러한 극점 경로들을 바탕으로 제어 목표를 달성하는 제어기도 설계할 수 있었다. 이처럼 비례 이득만을 사용한 제어기를 P^{proportional} 제어기라 부른다.

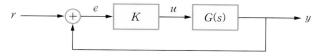

[그림 6-22] **근궤적에서 다루는 기본 폐로 시스템**

P 제어기의 역할을 좀 더 알아보기 위해 다음과 같은 개로 시스템을 생각해보자.

$$G(s) = \frac{0.1}{s^2 + 2s + 0.1} \tag{6.58}$$

우선 식 (6.58)에 계단 입력을 가하면 [그림 6-23]과 같은 응답을 얻는다. 정상상태 오차는 0이지만, 상승 시간이 60초 정도로, 느린 특성을 가지고 있음을 알 수 있다. 이런 특성을 [그림 6-22]와 같은 단위 피드백 시스템을 사용하여 개선해보자. 적절한 K를 사용해서 이 느린 특성을 좀 빠르게 해볼 것이다.

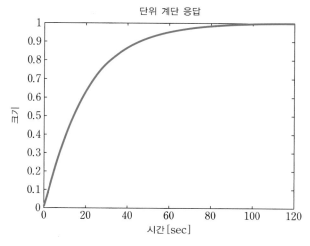

[그림 6-23] **식 (6.58)의 단위 계단 응답**

앞 절(6.1절)에서 배운 절차에 따라 그려진 근궤적 [그림 6-24]를 보면, K 값이 커짐에 따라 한 개의 극점은 원점에서 멀어지고, 다른 한 개의 극점은 원점쪽으로 다가옴을 알 수 있다. 그러다가 -1 지점에서 두 극점은 각각 수직 상승 또는 하강한다.

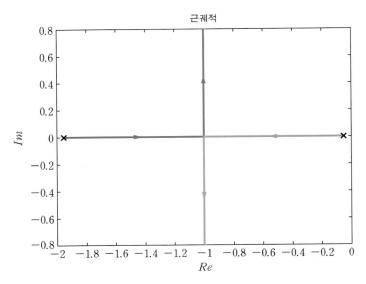

[그림 6-24] 개로 시스템 식 (6.58)에 대한 근궤적

이탈점에 해당하는 $K = 9$ 에서 K가 더 커지면, 극점의 실수부는 고정되어 정착 시간은 일정하게 되고, 허수부 절댓값은 커져 최대 초과가 증가하게 된다. 다음의 공식에서 이런 현상들을 확인할 수 있다.

성능지표	공식	물리적인 의미
정착 시간	$t_s = \dfrac{4}{\zeta \omega_n}$	$K \geq 9$ 이후로 극점 실수부가 고정되어 정착 시간이 일정해진다.
최대 초과	$M_p = e^{-\zeta \pi / \sqrt{1-\zeta^2}}$	$K \geq 9$ 이후로 K가 증가함에 따라 ζ가 작아져 최대 초과는 증가하게 된다.
상승 시간	$t_r = \dfrac{\sin^{-1}(\zeta) + \pi/2}{\omega_d}$	부족 제동인 경우로, K가 증가함에 따라 상승 시간은 감소한다.
정상상태 오차	$e_{ss} = \dfrac{1}{1+K}$	K가 증가함에 따라 정상상태 오차는 감소한다.

$K = 2$, 10, 50, 80, 200인 경우의 폐로 시스템에 대한 계단 응답은 [그림 6-25]에서 볼 수 있다. K가 증가함에 따라 상승 시간과 정상상태 오차가 획기적으로 감소함을 확인할 수 있다. K가 일정 정도 이상($K \geq 9$)이 되면, 정착 시간은 고정되나, 최대 초과는 커지는 현상도 볼 수 있다.

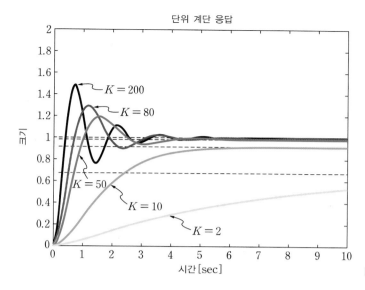

단위 계단 응답

$K = 200$

$K = 80$

$K = 50$

$K = 10$

$K = 2$

크기

시간[sec]

[그림 6-25] **폐로 시스템의 계단 응답**

정리하면, 비례 이득을 사용한 [그림 6-22]의 제어시스템의 경우, 지나치게 이득을 높이면 상승 시간과 정상상태 오차는 개선되나, 최대 초과가 커지는 등 시스템의 과도응답 특성이 매우 나빠질 수 있다. 식 (6.58)과 같은 폐로 제어시스템의 경우에는 아무리 이득을 크게 하여도 시스템이 불안정하지 않지만, 지나치게 이득을 높이면 불안정해지는 시스템도 있다. 한 예로 [그림 6-26]에 나타나 있듯이 다음과 같은 시스템의 근궤적을 살펴보면,

$$G(s) = \frac{K}{s(s+2)(s+4)}$$

특정 K값 이상에서는 극점이 우반평면으로 이동하는 현상을 볼 수 있다.

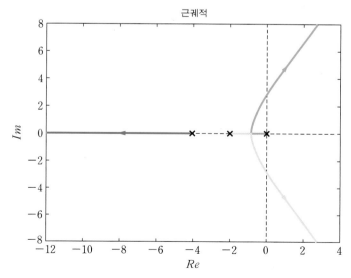

근궤적

Im

Re

[그림 6-26] **큰 이득 K에 대하여 불안정해지는 경우**

최종으로 P 제어의 약점을 다음과 같이 정리할 수 있다.

- 큰 이득에 대하여 시스템의 과도응답 특성이 나빠질 수 있으므로, 정상상태 오차를 줄이는 데에는 한계가 있다.
- 상승 시간과 최대 초과를 동시에 개선하는 일은 힘들다.

이러한 약점들은 P 제어기에 적분이나 미분 연산을 추가하여 개선할 수 있다. P 제어에 적분 연산을 추가한 제어 방법을 PI(비례 적분) 제어라고 하며, 미분 연산을 추가한 제어 방법을 PD(비례 미분) 제어라고 한다. 정상상태 오차를 줄이는 방법으로 다음 절(6.3절)에서 PI 제어를 소개한다. 또한 상승 시간과 최대 초과 등의 과도응답을 개선하는 방법으로 6.4절에서 PD 제어를 소개한다. 기본적으로 PI 제어기는 과도응답에 영향을 주지 않으면서 정상상태 오차를 줄이기 위하여, 근궤적을 가급적 변화시키지 않도록 설계된다. 반대로 PD 제어기를 설계할 때에는 과도응답에 영향을 주어 바람직한 성능을 얻기 위해 근궤적이 변하도록 설계한다.

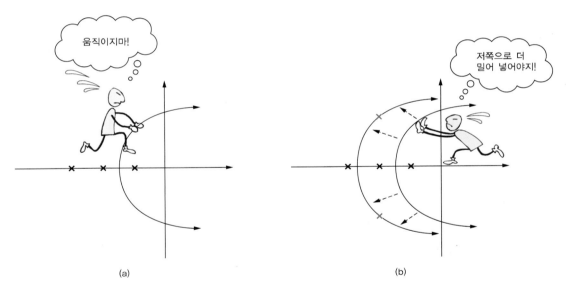

(a)   (b)

[그림 6-27] 근궤적을 고정시키려는 PI 제어와 움직이려는 PD 제어

6.3 정상상태 응답 개선을 위한 PI 제어기 설계

앞 절에서 설명한 단순 P(비례) 제어에 적분 연산을 추가한 제어 방법을 PI(비례 적분) 제어라 한다. 이를 블록선도로 표시하면 [그림 6-28]과 같다.

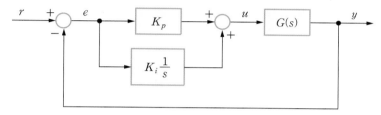

[그림 6-28] PI 제어기

제어기 부분만 전달함수로 나타내면 다음과 같다.

$$C(s) = K_p + \frac{K_i}{s} = \frac{K_p s + K_i}{s} \tag{6.59}$$

여기서 K_p와 K_i는 원하는 폐로 시스템의 성능을 얻기 위해 적당히 정해주어야 할 설계 계수로, 각각 비례 계수, 적분 계수라고 한다. PI 제어기를 시간 영역에서 나타내면 다음과 같다.

$$u(t) = K_p e(t) + K_i \int_0^t e(\tau)\, d\tau \tag{6.60}$$

PI 제어의 역할을 좀 더 구체적으로 살펴보기 위해, 다음과 같이 원점에 극점을 갖는 2차 시스템을 생각해보자.

$$G(s) = \frac{\omega_n^2}{s(s + 2\zeta\omega_n)} \tag{6.61}$$

PI 제어기를 결합한 전체 시스템의 개로 전달함수는 다음과 같이 주어진다.

$$\frac{\omega_n^2(K_p s + K_i)}{s^2(s + 2\zeta\omega_n)} \tag{6.62}$$

이 개로 전달함수에서 볼 수 있듯이, PI 제어기는 $s = -\dfrac{K_i}{K_p}$ 에는 영점을, 원점 $s = 0$ 에는 극점을 개로 전달함수에 추가한다. 특히 원점 $s = 0$ 에 있는 극점은 시스템 형을 1차 증가시킴으로써, 정상상태 오차를 한 차수만큼 개선시킨다. 예를 들면, 시스템 형이 0형인 시스템은 계단 입력에 대해서 정상상태 오차가 0이 된다. 기존의 P 제어만 사용할 경우, 시스템 형이 0형인 시스템은 0이 아닌 상수만큼의 정상상태 오차가 발생한다. 정상상태 오차는 추가된 적분 제어에 의해 보상되며, 이득 K_p 는 정상상태 오차에 영향을 미치지 않으므로, 이 계수를 조절하여 다른 특성을 개선하는 데 활용할 수 있다.

다시 말하지만 PI 제어에서는 정상상태 오차 개선이 가장 큰 목적이다. 하지만 정상상태 오차 개선 때문에 과도응답에 바람직하지 않은 영향을 주어서는 안 된다. 이를 위해서 PI 제어기를 설계할 때, 새로 생긴 영점을 극점인 원점에 가깝게 위치시켜야 한다. 즉 다음 식이 만족하도록 K_p 와 K_i 를 정해주어야 한다.

$$\frac{K_i}{K_p} \ll 1 \tag{6.63}$$

예제 6-9

다음과 같은 개로 전달함수에 대해

$$G(s) = \frac{1}{(s+1)(s+2)(s+10)} \tag{6.64}$$

비례 이득 계수는 160으로 고정하고, PI 제어기를 설계하라.

풀이

식 (6.63)에 따라 $K_i = 0.1 * K_p$ 로 정하고, P 제어기를 사용할 때와 PI 제어기를 사용할 때 각각의 근궤적을 비교한 게 [그림 6-29]이다. 두 그림은 거의 차이가 없다. 즉 적분 제어를 추가해도, 그것이 과도응답에 별로 영향을 미치지 않음을 의미한다.

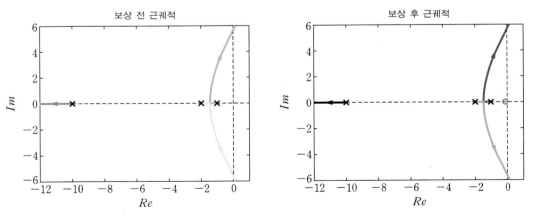

[그림 6-29] 보상 전후의 근궤적

P 제어기와 PI 제어기를 사용할 때 단위 계단 응답은 [그림 6-30]과 같다. 두 경우에 거의 비슷한 과도응답을 보이며, 특히 PI 제어기를 사용했을 때 정상상태 오차가 0이 됨을 볼 수 있다.

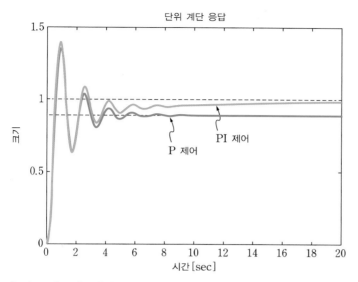

[그림 6-30] **보상 전후의 단위 계단 응답**

보상 전후의 단위 계단 응답을 보면, 3초까지는 서로 매우 유사하나, 3초 이후에는 PI 제어가 정상상태 오차를 0으로 만들기 위해 천천히 보상함을 알 수 있다.

6.4 과도응답 개선을 위한 PD 제어기 설계

앞 절에서는 제어기 설계에 적분 연산을 사용하여 정상상태 오차를 줄였다. 이번에는 적분대신 미분을 고려해보자. 사람 성격에 비유하자면, 적분은 매우 반응이 느리고 갑작스런 큰 변화에 의연히 대처하는 반면, 미분은 변화에 매우 민감하게 반응하고, 과거에 대한 집착이 전혀 없다고 표현할 수 있다. 즉 미분은 성격이 아주 날카롭지만, 뒤 끝 없는 그런 특징을 지니고 있는 것이다. 그렇다면 이와 같은 미분의 속성을 제어기 설계에 이용해보자.

단순 비례 제어에 미분 연산을 추가한 제어 방법을 PD(비례 미분) 제어라 한다. 이러한 PD 제어기는 다음과 같이 오차 신호와 제어 신호 사이의 전달함수로 나타낼 수 있다.

$$C(s) = K_p + K_d s = K_d \left(\frac{K_p}{K_d} + s \right) \tag{6.65}$$

여기서 K_p와 K_d는 원하는 폐로 시스템의 성능을 얻기 위해 적당히 정해주어야 할 설계 계수로, 각각 비례 계수, 미분 계수라고 한다. PD 제어기를 시간 영역에서 나타내면 다음과 같다.

$$u(t) = K_p e(t) + K_d \frac{d}{dt} e(t) \tag{6.66}$$

PD 제어기를 결합한 전체 시스템의 개로 전달함수는 다음과 같이 주어진다.

$$\frac{\omega_n^2 (K_p + K_d s)}{s(s + 2\zeta \omega_n)} \tag{6.67}$$

이 식에서 알 수 있듯이, PD 제어기는 개로 전달함수에 $s = \dfrac{-K_p}{K_d}$ 인 영점을 추가하는 역할을 한다. 미분 제어는 오차 신호의 미분값에 비례하는 제어 신호를 피드백함으로써, 오차 신호의 변화를 억제하는 역할을 하므로, 감쇠비를 증가시키고 최대 초과를 줄이는 데 효과적이다. 이러한 미분 제어의 효과를 고려하여 PD 제어기를 적절히 설계하면 시스템의 과도응답 특성을 개선할 수 있다. 그러나 PD 제어기는 시스템 형을 증가시키지 않기 때문에 정상상태 응답 특성 개선에는 효과가 없다.

다음과 같은 개로 전달함수에 대해

$$G(s) = \frac{1}{s(s+4)(s+6)} \tag{6.68}$$

최대 초과 16% 이하, 정착 시간이 $\frac{1}{3}$로 줄도록 PD 제어기를 설계하라.

풀이

최대 초과가 16% 이하가 되려면 식 (5.42)의 공식에 따라 $\zeta > 0.5039$이어야 한다. $\zeta = 0.504$라고 하면, 이 ζ에 해당하는 직선과 보상 전 근궤적의 교차점은 [그림 6–31]과 같이 $-1.205 \pm j2.064$이다.

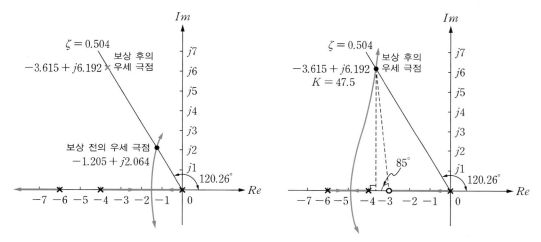

[그림 6–31] **보상 전후의 근궤적 선도**

따라서 보상 전의 정착 시간은 다음과 같다.

$$T_s = \frac{4}{\zeta\omega_n} = \frac{4}{1.205} = 3.32 \tag{6.69}$$

식 (6.69)로부터 알 수 있듯이 정착 시간을 줄이기 위해서는 극점의 실수 부분 $\zeta\omega_n$이 커져야 한다. 최대 초과 16% 이하 조건을 유지하면서 정착 시간을 $\frac{1}{3}$로 줄이려면, 극점 $-1.205 \pm j2.064$가 $3(-1.205 \pm j2.064)$으로 변경되어야 한다.

근궤적이 새로운 극점 $3(-1.205 \pm j2.064)$을 지나도록 PD 제어기의 새로운 영점 $-z$를 구해보자. 개로 전달함수와 PD 제어기가 연결된 전체 전달함수의 위상이 새로운 극점에서 $180°$가 되어야 한다. 새로운 극점 $3(-1.205 \pm j2.064)$에서 개로 전달함수 (6.68)의 위상은 다음과 같다.

$$\angle G(s)\big|_{s=-3.615+j6.192} = \angle \frac{1}{s(s+4)(s+6)}\big|_{s=-3.615+j6.192}$$
$$= 85° \tag{6.70}$$

PD 제어기에 의해 새로 생기는 영점을 $-z$라고 한다면, 이 영점으로부터 새로운 극점 방향의 각도가 $(180-85)°$가 되어야 한다. 따라서 [그림 6-31]의 오른쪽 그림에서 확인할 수 있듯이 기하학적으로 다음과 같은 식을 만족해야 한다.

$$\frac{6.192}{3.615-z} = \tan(85°) \tag{6.71}$$

식 (6.71)을 풀면 $z = 3.07$이다. 개로 전달함수와 PD 제어기를 합친 다음과 같은 전달함수

$$\frac{K(s+3.07)}{s(s+4)(s+6)} \tag{6.72}$$

에, 새로운 폐로 전달함수의 극점 $3(-1.205 \pm j2.064)$을 대입하여, 조건식 (6.23)을 만족하는 K를 구하면, $K = 47.5$이다. 보상 전의 P 제어기와 보상 후의 PD 제어기를 사용했을 때의 단위 계단 응답이 [그림 6-32]에 나타나 있다.

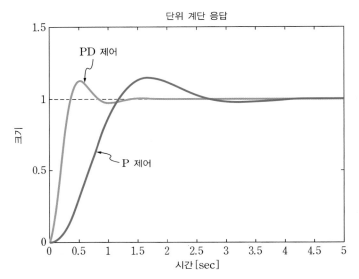

[그림 6-32] 보상 전후의 단위 계단 응답

6.5 PID 제어기 설계

앞에서 정상상태 응답과 과도응답을 개선하기 위해 각각 PI 제어와 PD 제어를 소개하였다. 지금부터는 정상상태 응답과 과도응답을 동시에 개선하기 위해 PI 제어와 PD 제어를 합친 PID 제어를 소개하겠다.

P 제어에 적분과 미분 연산이 모두 추가된 PID 제어기를 전달함수로 표시하면 다음과 같다.

$$C(s) = K_p + K_d s + \frac{K_i}{s} = \left(1 + \overline{K_d}s\right)\left(\overline{K_p} + \frac{\overline{K_i}}{s}\right) \tag{6.73}$$

식 (6.73)은 PID 제어기가 PI 제어기와 PD 제어기를 직렬로 연결하여 사용할 수 있음을 보여주고 있다. 즉 독립적으로 PI 제어기와 PD 제어기를 각각 설계한 후 연결하여 사용할 수 있음을 의미하는 것이다.

시간 영역에서 PID 제어기는 다음과 같이 나타낼 수 있다.

$$u(t) = K_p e(t) + K_d \frac{d}{dt}e(t) + K_i \int_0^t e(\tau)d\tau \tag{6.74}$$

다음 예제를 통하여 PID 제어기를 설계하는 방법을 살펴보자.

예제 6-11

[그림 6-33]과 같은 시스템에서 최대 초과 20%를 유지하면서, 정착 시간은 2배 빨라지고, 정상상태 오차는 0이 되도록 PID 제어기를 설계하라.

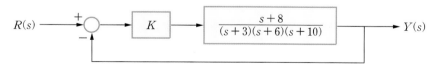

[그림 6-33] $G(s) = \dfrac{K(s+8)}{(s+3)(s+6)(s+10)}$ 의 단위 피드백 제어시스템

풀이

우선 간단한 P 제어로만 구성된 개로 전달함수의 근궤적은 [그림 6-34]와 같다.

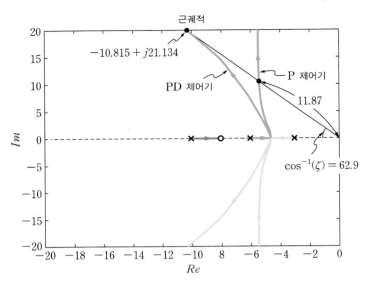

[그림 6-34] $G(s) = \dfrac{K(s+8)}{(s+3)(s+6)(s+10)}$ 인 시스템의 보상 전과 PD 보상 후의 근궤적

최대 초과 20%를 만족하려면, 최대 초과를 구하는 공식($e^{-\pi\zeta/\sqrt{1-\zeta^2}}$)으로부터 제동비가 $\zeta = 0.456$임을 알 수 있다. [그림 6-34]의 근궤적을 보면 $\zeta = 0.456$일 때의 이득은 $K = 122$이고, 해당 자연 주파수는 $\omega_n = 11.87$(원점에서 해당 극점까지의 거리)이다. 따라서 정착 시간은 다음과 같다.

$$t_s = \frac{4}{\zeta\omega_n} = \frac{4}{0.456 \times 11.87} = 0.739 \tag{6.75}$$

극점과 원점 사이의 직선이 허수축과 이루는 각 θ는 $\sin^{-1} 0.456 = 27.1°$이다.

❶ 과도응답을 개선하기 위한 PD 제어기 설계

지금부터는 과도응답을 개선하기 위한 PD 제어기를 설계해 보도록 하자. 설계 목표에 따라 정착 시간이 2배 빨라지도록 해야 하므로, 요구 정착 시간은 $t_s = \dfrac{0.739}{2} = 0.3695$초이며, $\omega_n = \dfrac{4}{\zeta t_s}$ $= \dfrac{4}{0.456 \times 0.3695} = 23.74$가 되므로 새로운 극점의 실숫값 $-\sigma_d$는 다음 식을 만족해야 한다.

$$-\sigma_d = -\omega_n \times \sin\theta = -23.74 \times \sin 27.1 = -10.815 \tag{6.76}$$

새로운 극점의 허수 부분 ω_d는 다음과 같이 계산된다.

$$\omega_d = \omega_n \times \cos\theta = 23.74 \times \cos 27.1 = 21.134 \tag{6.77}$$

[그림 6-34]에 새로운 극점의 위치가 표시되어 있다. 폐로 시스템이 이 새로운 극점을 갖도록 하기 위해 미분 제어기의 영점은 다음과 같이 정해져야 한다.

$$\theta_z - \left(180° - \tan^{-1}\left(\frac{21.134}{10.815 - 10}\right)\right) + \left(180° - \tan^{-1}\left(\frac{21.134}{10.815 - 8}\right)\right)$$
$$- \left(180° - \tan^{-1}\left(\frac{21.134}{10.815 - 6}\right)\right) - \left(180° - \tan^{-1}\left(\frac{21.134}{10.815 - 3}\right)\right) \tag{6.78}$$

$$= \theta_z - 92.21° + 97.59° - 102.83° - 110.29°$$

$$= \theta_z - 207.74° = (2k+1)180°$$

여기서, θ_z는 영점으로부터 새로운 극점 방향의 각도이며, 식 (6.78)로부터 $\theta_z = 27.74$이다. 따라서 미분기의 영점 위치 $-z$는 다음과 같다.

$$z = \frac{\omega_d}{\tan \theta_z} + \sigma_d = \frac{21.134}{\tan 27.74°} + 10.815 = 51.0 \tag{6.79}$$

따라서 최종적인 PD 제어기는 다음과 같이 표시될 수 있다.

$$s + 51.0 \tag{6.80}$$

PD 제어기가 추가된 시스템의 근궤적은 [그림 6-34]와 같다. 이 근궤적이 $-\sigma_d + j\omega_d = -10.815 + j21.134$인 점을 지날 때의 이득을 구해보면 $K = 10.7$임을 알 수 있다.

또한 PD 제어기 보상 전후의 단위 계단 응답은 [그림 6-35]와 같다.

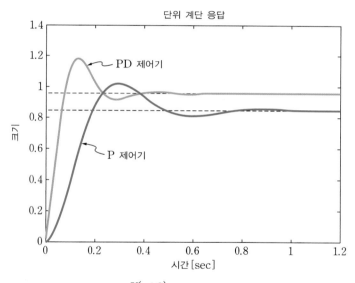

[그림 6-35] $G(s) = \dfrac{K(s+8)}{(s+3)(s+6)(s+10)}$ 인 시스템의 보상 전과 PD 보상 후의 단위 계단 응답

❷ 정상상태 응답을 개선하기 위한 PI 제어기 설계

지금부터는 PI 제어기를 적용하기 위해 정상상태 오차를 생각해보자. PD 보상 후의 오차 상수는 $\dfrac{10.7 \times 8 \times 51}{3 \times 6 \times 10} = 24.25$로, 보상 전의 오차 상수 $\dfrac{122 \times 8}{3 \times 6 \times 10} = 5.42$보다 증가했음을 알 수 있다. 이에 따라 정상상태 오차는 보상 전의 $\dfrac{1}{1+5.42} = 0.156$에서 $\dfrac{1}{1+24.25} = 0.0396$으로 감소하였다.

[그림 6-35]의 시스템 응답을 보면 PD 보상기를 추가하였을 때, 정상상태 오차와 정착 시간이 모두 감소한 것을 볼 수 있다. 과도응답 특성은 설계 사양을 만족하였으나, 정상상태 오차는 여전히 존재하

고 있다. 따라서 설계 사양의 정상상태 오차 0을 충족하려면, PD 제어기를 갖춘 시스템에 PI 제어기를 추가해야 한다.

PI 제어기의 극점은 원점에 고정되어 있으므로, 영점의 위치만 설계하면 된다. 6.4절에 언급되었듯이 과도응답에 영향을 미치지 않도록 영점을 원점에 가깝게 선택하기만 하면, 영점으로 어느 값이나 가능하다. 그러나 영점에 가까울수록 적분기의 영향이 작아지므로, 정상상태 오차가 0으로 되는데 더 많은 시간이 걸리게 된다. 보통은 반복적인 선택으로 영점을 적당히 정하게 된다. 여기서는 -0.6으로 선택하며, 이때 PI 제어기의 전달함수는 다음과 같다.

$$C(s) = \frac{s+0.6}{s} \tag{6.81}$$

❸ PID 제어기 설계

위에서 각각 설계한 PI 제어기와 PD 제어기를 연결하면 최종적인 PID 제어기는 다음과 같다.

$$C(s) = K\left(\frac{s+0.6}{s}\right)(s+51.0) = \frac{K(s^2+51.6s+30.6)}{s} \tag{6.82}$$

설계된 PID 제어기를 추가하였을 때의 근궤적은 [그림 6-36]과 같다.

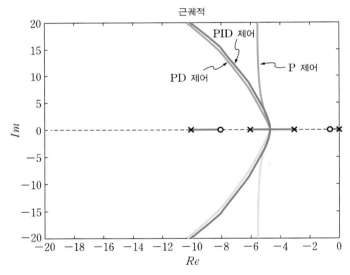

[그림 6-36] $G(s) = \dfrac{K(s+8)}{(s+3)(s+6)(s+10)}$ 인 시스템의 보상 전과 PD 및 PID 보상 후의 근궤적

PID 제어기를 추가한 후, 근궤적으로부터 K를 다시 구해보면, $K \approx 6.2$이다. 이와 같이 K를 다시 계산하는 이유는 PI 제어기를 설계하면서 PD 제어기를 설계할 때 근궤적에 약간의 변화가 발생했기 때문이다. 그러므로 식 (6.73)과 비교하면 다음과 같다.

$$K_d = 6.2, \quad K_p = 319.92, \quad K_i = 189.72$$

[그림 6-37]에 P 제어기, PD 제어기, PID 제어기에 대한 단위 계단 응답이 도시되어 있다.

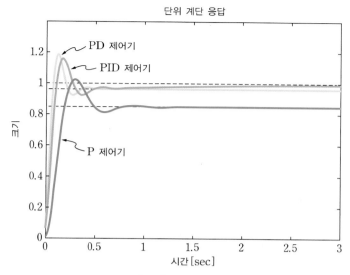

[그림 6-37] $G(s) = \dfrac{K(s+8)}{(s+3)(s+6)(s+10)}$ 인 시스템의 보상 전과 PD 및 PID 보상 후의 단위 계단 응답

6.5.1 PID 계수 동조법

먼저 동조^{turning}란 제어기 계수들을 조정하는 것으로 PID 계수기 동조법은 원하는 제어 목표를 달성하기 위해 비례, 적분, 미분 계수를 설정하는 방법을 말한다. 위에서 설명한 대로 수학적인 모델을 기반으로 계수를 설정하는 방법을 모델 기반 동조법이라고 하며, 수학적 모델 없이 계수를 설정하는 방법을 무모델 동조법이라고 한다.

지금까지는 주어진 전달함수에 대해 설계 목표를 만족하도록 해석적으로 PID 계수를 구하는 모델 기반 동조법을 알아보았다. 하지만 실제 제어 대상이 되는 시스템을 모델링하여 전달함수를 구하기란 쉽지 않기 때문에 시스템의 입출력 정보에만 의존하여 PID 계수를 정해야 하는 경우가 많다. 이러한 경우 시스템의 동특성을 매우 잘 파악하고 있지 않은 이상 많은 시행착오를 거치며 계수를 설정해야 한다. 따라서 제어 대상 시스템의 수학적인 모델을 모르는 경우에 대해서도 PID 계수를 잘 설정할 수 있는 몇 가지 PID 계수 동조 방법을 소개한다.

지글러–니콜스 PID 동조법

1942년에 지글러^{Ziegler}와 니콜스^{Nichols}는 주어진 시스템의 응답 특성을 바탕으로 PID 제어기의 계수들을 정하는 방법을 제시하였다. 지글러-니콜스 동조법이라 불리는 이 방법은 다음과 같은 형태의 PID 제어기를 고려한다.

$$C(s) = K_p + K_i \frac{1}{s} + K_d s = K_p \left(1 + \frac{1}{T_i s} + T_d s \right) \qquad (6.83)$$

지글러-니콜스 동조법으로 계단 응답 방법과 주파수 응답 방법을 소개한다.

■ 계단 응답 방법

주어진 시스템에 단위 계단 입력을 가한 후, 그 출력 응답과 관련된 계수로부터 PID 계수를 정한다. 이 방법은 모든 근이 좌반평면에 있는 안정한 시스템의 경우에만 적용할 수 있다. 출력 응답이 지연 시간 $L = t_d$, 시상수 τ, 직류 이득 K로 다음과 같이 표현된다고 할 때,

$$G(s) = \frac{K e^{-t_d s}}{\tau s + 1} \qquad (6.84)$$

권장되는 PID 계수는 [표 6-1]과 같다. 이 표에서 $R = \dfrac{K}{\tau}$로 기울기를 의미한다.

[표 6-1] 지글러-니콜스의 계단 응답 방법

제어기의 종류	K_p	$T_i = \dfrac{K_p}{K_i}$	$T_d = \dfrac{K_d}{K_p}$
P 제어기	$\dfrac{1}{RL}$	∞	0
PI 제어기	$\dfrac{0.9}{RL}$	$\dfrac{L}{0.3}$	0
PID 제어기	$\dfrac{1.2}{RL}$	$2L$	$0.5L$

[그림 6-38]에 전달함수 (6.84)의 라플라스 역변환 함수인 $g(t)$가 도시되어 있다.

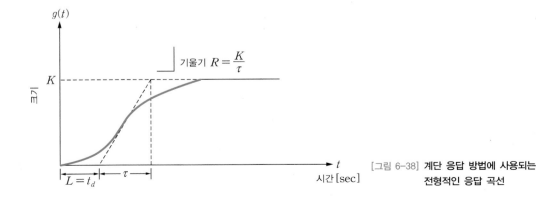

[그림 6-38] 계단 응답 방법에 사용되는 전형적인 응답 곡선

■ 주파수 응답 방법

지글러-니콜스의 주파수 응답 방법은 제어 대상 시스템에 진동을 일으켜 PID 계수를 동조시키는 방법이다. [그림 6-39]와 같이 시스템에 P(비례) 이득만을 증가시키면서, 진동이 일어나기 시작하는 이득 K_u와 그 진동의 주기 P_u에 관한 정보를 사용하여, [표 6-2]와 같이 PID 계수를 정한다. 출력에 진동이 나타나는 이득을 임계 이득[ultimate gain], 그 진동의 주기를 임계 주기[ultimate period]라고 한다.

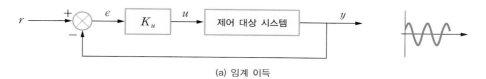

(a) 임계 이득

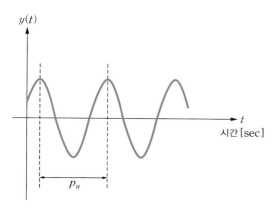

(b) 임계 주기

[그림 6-39] 임계 이득과 임계 주기의 결정

[표 6-2] 지글러-니콜스의 주파수 응답 방법

제어기의 종류	K_p	$T_i = \dfrac{K_p}{K_i}$	$T_d = \dfrac{K_d}{K_p}$
P 제어기	$0.5K_u$	∞	0
PI 제어기	$0.45K_u$	$0.8P_u$	0
PID 제어기	$0.6K_u$	$0.5P_u$	$0.125P_u$

예제 6-12

시스템이 식 (6.85)와 같이 주어질 때, 근궤적을 이용하여 지글러-니콜스의 주파수 응답 방법에 따른 PID 제어기를 설계하라.

$$G(s) = \frac{400}{s(s^2 + 30s + 200)} \tag{6.85}$$

풀이

K_u(비례 시스템이 진동할 때의 임계 이득)과 ω_u(진동 임계 주파수)를 구하는 데 근궤적을 이용하자. 근궤적이 허수축과 교차할 때의 이득이 K_u이고, 허수축에서의 주파수는 ω_u에 해당한다. 시스템 식 (6.85)의 근궤적은 [그림 6-40]과 같다.

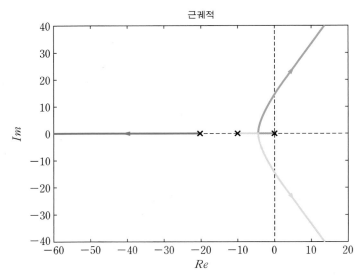

[그림 6-40] 시스템 식 (6.85)의 근궤적

K_u와 ω_u는 다음과 같이 해석적으로 구할 수도 있다.

$$1 + K_u \frac{400}{j\omega_u((j\omega_u)^2 + 30(j\omega_u) + 200)} = 0 \tag{6.86}$$

식 (6.86)으로부터 다음이 성립한다.

$$j\omega_u^3 + 200j\omega_u = 0$$
$$-30\omega_u^2 + 400K_u = 0 \tag{6.87}$$

식 (6.87)로부터 $K_u = 15$, $\omega_u = 14.1\,[\text{rad/sec}]$이다. 이제 지글러-니콜스 주파수 응답 방법을 통해 제어 계수들을 설정해보자. $P_u = \frac{2\pi}{\omega_u}$임을 이용하고, [표 6-2]를 참조하면, K_p, K_d, K_i는 다음과 같이 계산된다.

$$K_p = 0.6K_u = 0.6 \times 15 = 9$$

$$K_d = K_pT_d = K_p 0.125P_u = K_p\frac{\pi}{4\omega_u} = 9\frac{\pi}{4 \times 14.1} = 0.5$$

$$K_i = \frac{K_p}{T_i} = \frac{K_p}{0.5P_u} = K_p\frac{\omega_u}{\pi} = 9 \times \frac{14.1}{\pi} = 40.4 \tag{6.88}$$

$$G(s) = \frac{K_ds^2 + K_ps + K_i}{s} = \frac{0.5s^2 + 9s + 40.4}{s}$$

최적화 이용 동조법

최적화 기법을 사용하여 PID 제어기를 설계하는 방법은 제어기를 시스템에 연결하였을 때, 다음과 같이 정의되는 적분 절대 오차(IAE)[Integrated Absolute Error], 적분 시간 절대 오차(ITAE)[Integrated Time Absolute Error], 적분 제곱 오차(ISE)[Integrated Square Error] 등의 성능지수가 최소화되도록 PID 제어기의 계수를 동조하는 방식을 말한다.

- 적분 절대 오차 : $\text{IAE} = \int |e| \, dt$
- 적분 시간 절대 오차 : $\text{ITAE} = \int t|e| \, dt$
- 적분 제곱 오차 : $\text{ISE} = \int e^2 \, dt$

여기서 e는 출력과 기준 신호와의 차이를 의미한다. ISE 지수는 오차의 제곱으로, 오차가 클수록 가중치가 커진다. 따라서 ISE가 최소가 되도록 제어기의 계수를 동조시키면, IAE와 비교하여 큰 오차를 줄이려는 경향이 더 커진다. ITAE는 시간에 따른 가중치를 두고 있으므로, 이를 최소화시키면 시간이 지남에 따라 진동과 같은 현상이 줄어들면서 수렴이 훨씬 쉽게 이루어질 수 있을 것이다. 식 (6.84)의 계단 응답에 대한 동조 규칙은 [표 6-3]에 정리되어 있다.

[표 6-3] IAE, ITAE, ISE에 근거한 동조 규칙

성능지수	K_p	T_i	T_d
IAE	$\dfrac{0.65}{K}\left(\dfrac{L}{T}\right)^{-1.04432}$	$\dfrac{T}{0.9895 + 0.09539 L/T}$	$0.50814\,T\left(\dfrac{L}{T}\right)^{1.08433}$
ITAE	$\dfrac{1.12762}{K}\left(\dfrac{L}{T}\right)^{-0.80368}$	$\dfrac{T}{0.99783 + 0.02860\, L/T}$	$0.42844\,T\left(\dfrac{L}{T}\right)^{1.0081}$
ISE	$\dfrac{0.71959}{K}\left(\dfrac{L}{T}\right)^{-1.03092}$	$\dfrac{T}{1.12666 - 0.18145\, L/T}$	$0.54568\,T\left(\dfrac{L}{T}\right)^{0.86411}$

* T는 시상수 τ를 의미한다.

6.5.2 적분 누적 방지법

대부분의 시스템에서 구동기의 입력값에는 한계가 존재한다. 예를 들어 모터는 인가할 수 있는 전류의 범위가 정격으로 정해져 있으며, 그 이상의 전류는 흐르지 않도록 되어 있다. 이렇게 시스템의 제어 입력에 한계가 있음에도 불구하고 제어를 위해 한계값 이상의 값이 입력으로 요구되어 포화가 될 때가 있는데, 이런 경우에는 적분 제어를 멈춰야 한다. 그렇지 않으면 계속 적분 과정이 수행되기 때문에, 누적된 적분값을 소진하는 데 많은 시간이 걸리면서 과도응답이 느려지는 현상이 발생한다.

[그림 6-41]과 같은 피드백 시스템을 생각해보자. 제어 신호 u_c가 제한된 범위 내에 있을 경우에는 제어 신호가 구동기의 실제 신호 u와 일치하기 때문에 누적 방지를 위한 피드백이 작동되지 않는다. 그러나 제어 신호 u_c가 구동기 제어 신호 범위를 벗어나면 $u_c \neq u$가 되는데, 이 경우에는 두 신호의 차이가 피드백되어 적분기의 포화를 방지한다.

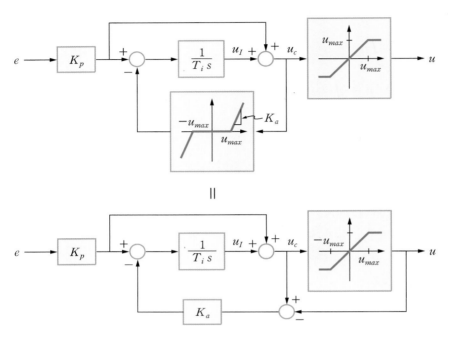

[그림 6-41] **적분 누적 방지를 위한 제어기**

[그림 6-41]의 피드백 시스템은 다음과 같이 표현할 수 있다.

$$u_c - u = \frac{s T_i (u_c - eK_p) - eK_p}{-K_a} \tag{6.89}$$

식 (6.89)에서 K_a가 클수록 u_c와 u의 차이가 작음을 알 수 있다. 따라서 피드백 이득 K_a가 클수록 적분 누적 방지 효과가 크다. 식 (6.89)로부터 u_c는 다음과 같이 표시된다.

$$u_c = -\frac{K_a}{s T_i}(u_c - u) + \left(1 + \frac{1}{s T_i}\right)K_p e \tag{6.90}$$

식 (6.90)에 의하면 u_c는 PI 제어를 수행하면서, $u_c \neq u$인 경우 $u_c - u$를 적분하여 그 값을 u_c에 반영함을 알 수 있다.

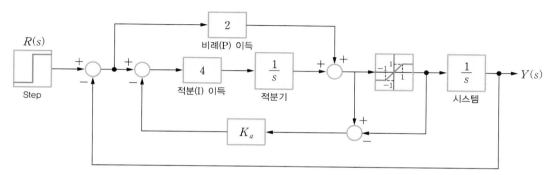

적분기 시스템($G(s) = \dfrac{1}{s}$)에 대하여 적분 누적 방지를 위한 피드백을 설계하라.

__풀이__

[그림 6-42]와 같이 PI 제어기와 함께 적분 누적 방지를 위한 피드백을 설계하였다.

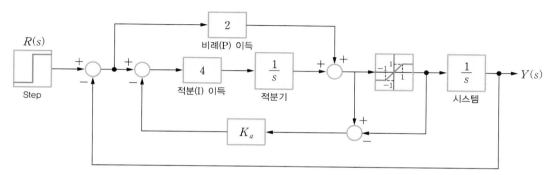

[그림 6-42] **적분 누적 방지법을 사용한 PI 제어기**

피드백 이득 K_a에 따른 적분 누적 방지 효과를 [그림 6-43]과 [그림 6-44]에 도시하였다. [그림 6-43]에서 볼 수 있듯이 K_a가 클수록 최대 초과는 줄어들고, 반응 속도는 빨라짐을 알 수 있다. [그림 6-44]에서는 K_a가 클수록 포화되는 시간이 줄어듦을 볼 수 있다.

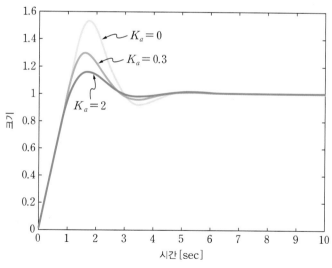

[그림 6-43] **계단 응답에 나타난 적분 누적 방지 효과**

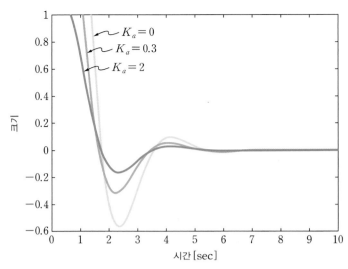

[그림 6-44] 제어 입력에 나타난 적분 누적 방지 효과

6.5.3 변형된 형태의 PID 제어

기본 PID 제어시스템에 계단 입력이 가해지거나, 또는 센서에서 측정되는 출력값에 잡음이 섞이게 되면, 미분 연산으로 인하여 순간적으로 큰 값의 제어 입력이 발생하게 된다. 이런 폭주 현상을 피하고자 변형된 형태의 PID 제어인 PI-D 제어와 I-PD 제어가 사용된다. 이런 제어를 일반화한 제어 방식을 2 자유도 제어라 한다.

PI-D 제어

피드백 신호에 대해서만 미분 동작을 수행하고, 기준 신호에 대해서는 미분 동작을 수행하지 않도록 하면, 미분 폭주를 피할 수 있다. 이렇게 피드백 신호에만 미분 동작을 수행하도록 PID 제어기를 변형한 제어 방법을 PI-D 제어라고 한다. 출력에 섞인 잡음을 제거하기 위해 미분기 앞에 다음과 같은 저주파 필터를 사용할 수 있다.

$$\frac{N}{s\,T_d + N} \tag{6.91}$$

여기서 N을 조절함으로써 필터링의 대역폭을 결정할 수 있다. 보통 N의 값은 $0 \le N \le 10$ 범위에서 정한다. 필터까지 고려한 PI-D 제어기는 다음과 같이 나타낼 수 있다.

$$u(t) = K_p \left[e(t) + \frac{1}{T_i} \int e(t)dt - T_d \frac{d}{dt} y_f(t) \right]$$

$$e(t) = r(t) - y(t) \tag{6.92}$$

$$\frac{d}{dt} y_f(t) = \frac{N}{T_d} \left[y(t) - y_f(t) \right]$$

식 (6.92)에서 $e(t)$에 포함되어 있는 기준 신호에 β만큼 가중치를 두어 다음과 같이 사용할 수도 있다.

$$u(t) = K_p \left[\beta r(t) - y(t) + \frac{1}{T_i} \int e(t) dt - T_d \frac{d}{dt} y_f(t) \right] \tag{6.93}$$

식 (6.93)과 같은 제어기 구조는 출력의 최대 초과를 줄이는 데 효과가 있다. PID 제어기 계수를 조정할 때, 외란 제거 성능을 개선하여 부하 외란 반응을 빨리 없애는 동조 방식은 종종 출력에 최대 초과가 심하게 나타나는 응답을 일으킨다. 반면 최대 초과를 줄여서 좋은 기준 응답을 제공하는 동조 방식은 종종 부하 외란 반응을 느리게 하여 외란 제거 성능을 악화시킨다. 따라서 이 두 가지 특성 간의 절충에 유의해야 한다. 가중치 β는 이러한 절충 관계를 조절하는 역할을 한다. 가중치 β를 1보다 작게 지정하면, 부하 외란 반응에 영향을 주지 않으면서 기준 응답의 최대 초과를 줄일 수 있다. 극단적인 예로 가중치 β를 0으로 하면 다음에 소개할 I-PD 제어가 된다. 최종적인 PI-D 제어기의 구조는 [그림 6-45]와 같다. [그림 6-45]의 $N(s)$는 측정 잡음을 의미한다.

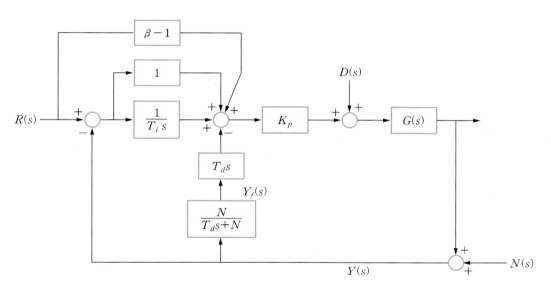

[그림 6-45] PI-D 제어

PI-D 제어기의 적용 예로, 다음과 같은 시스템에 PI-D 제어기를 설계하고,

$$G(s) = \frac{1}{25s^2 + 10s + 1} \tag{6.94}$$

단위 계단 응답을 [그림 6-46], [그림 6-47]에 나타내었다. 먼저 잡음 제거 필터를 사용한 경우의 단위 계단 응답은 [그림 6-46(b)]와 같다. [그림 6-46]으로부터 알 수 있듯이 잡음 제거 필터를 사용한 경우가 보다 좋은 성능을 보임을 알 수 있다.

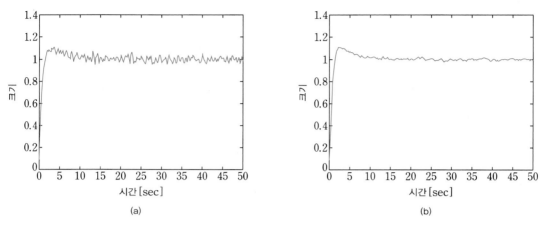

(a)   (b)

[그림 6-46] **잡음 제거 필터를 사용하지 않은 경우와 사용한 경우**

다음으로 기준 신호에 가중치 $\beta = 0.8$을 적용한 단위 계단 응답은 [그림 6-47]과 같다. 이 그림으로부터 가중치를 적용하면 기준 응답의 최대 초과를 줄일 수 있음을 확인할 수 있다.

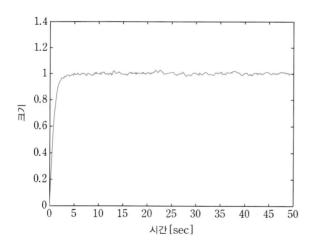

[그림 6-47] **가중치 $\beta = 0.8$인 경우의 계단 응답**

I-PD 제어

기준 신호에 대해서 비례 동작과 미분 동작을 수행하지 않도록, [그림 6-48]과 같이 구현할 수 있다. 이런 제어를 I-PD 제어라 한다.

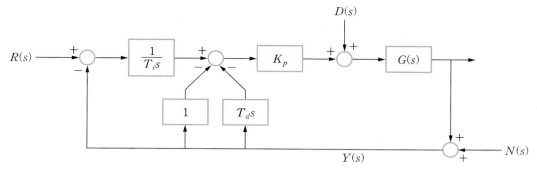

[그림 6-48] I-PD 제어

이 제어 방식은 피드백 신호에 대한 적분 제어만 하므로, 시스템이 느려질 가능성이 크다. I-PD 제어를 사용하는 경우의 전달함수 $\dfrac{Y(s)}{D(s)}$ 는 PI-D 제어를 사용하는 경우와 동일하다.

2 자유도 제어

일반적인 PID 제어는 [그림 6-49]와 같은 형태의 1 자유도 제어시스템이다.

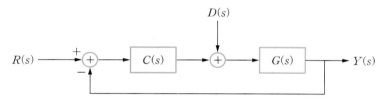

[그림 6-49] 1 자유도 제어시스템

앞에서 설명한 PI-D 제어와 I-PD 제어는 [그림 6-50]과 같은 2 자유도 제어시스템의 일종이다. 2 자유도 제어시스템의 경우, 기준 신호와 외란에 대해 독립적인 제어기 설계가 가능하다.

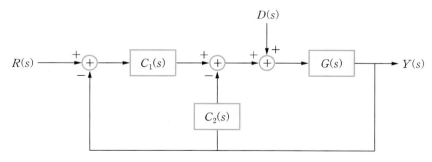

[그림 6-50] 2 자유도 제어시스템

한편 [그림 6-51]과 같이 앞먹임 제어가 있는 2 자유도 제어시스템도 있다. 앞먹임 제어는 추종 오차($R(s) - Y(s)$)를 사용하지 않고, 기준 신호가 바로 $C_2(s)$를 거쳐 시스템에 영향을 주는 제어이다. 보통 신속한 반응을 원할 때 사용한다.

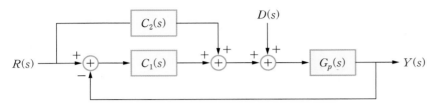

[그림 6-51] 앞먹임 제어가 있는 2 자유도 제어시스템

01. 근궤적이란?

근궤적을 이용하면 특정 파라미터가 0부터 ∞ 까지 변하는 동안의 극점의 자취를 복소평면에서 볼 수 있다. 이 극점들의 자취 중에서 시스템이 주어진 조건을 만족하는 극점을 가지도록 제어기를 설계할 수 있다. 극점의 자취를 구하는 데에는 보통 다음과 같은 간단한 이득 제어기를 사용한 단위 피드백 시스템이 흔히 사용된다.

$$\frac{Y(s)}{R(s)} = \frac{KG(s)}{1 + KG(s)}$$

이때 근궤적은 분모를 0으로 하는 특성방정식, 즉 $1 + KG(s) = 0$에서 K 값이 0부터 ∞ 까지 변하는 동안의 근의 자취를 그린 것이다. 근궤적은 제어기 계수가 아닌 다른 파라미터에도 적용할 수 있다.

02. 근궤적의 기본 성질

근궤적은 극점에서 시작하여 영점이나 ∞ 에서 끝나는데, 다음과 같은 성질을 이용하면 손으로 직접 간단하게 그릴 수 있다.

- 근궤적은 실수축에 대하여 항상 대칭적이다.

- 실극점과 실영점에 의해 실수축이 분할될 때, 특정 구간에서 그 구간의 오른쪽으로 실수 축상의 영점과 극점의 총 합계 수가 홀수이면 그 구간에 근궤적이 존재하고, 짝수이면 존재하지 않는다.

- 출발 각도와 도착점의 접근 각도는 아래 관계식으로부터 계산될 수 있다.

$$\text{영점들의 각도} - \text{극점들의 각도} = (2k+1)180^\circ \big|_{k=0,\ \pm 1,\ \pm 2,\ \cdots}$$

- 점근선은 개로 전달함수의 극점 개수에서 영점 개수를 뺀 수만큼 발생한다.

- 점근선의 교차점은 다음과 같이 구할 수 있다.

$$\text{점근선의 교차점} = \frac{\text{극점들의 합} - \text{영점들의 합}}{\text{극점의 개수} - \text{영점의 개수}}$$

• 점근선의 각도는 다음과 같이 구할 수 있다.

$$\phi_k = \frac{(2k+1)180°}{n-m}\Big|_{k=0, 1, \cdots, n-m-1}$$

• 분기점은 다음과 같은 조건에서 구할 수 있다.

$$\frac{d}{ds}K = 0$$

• 근궤적의 허수축 교차점은 Routh−Hurwitz 안정성 판별법 등을 사용하여 알 수 있다.

03. 정상상태 응답 개선을 위한 PI 제어기 설계

정상상태 오차 개선을 위해 PI(비례 적분) 제어를 적용할 때, 과도응답에 바람직하지 않은 영향을 주지 않기 위해서는, PI 설계로 새로 생긴 영점을 극점인 원점에 가깝게 위치시켜야 한다. PI 제어는 새로운 영점과 원점 $s=0$에 있는 극점을 개로 전달함수에 추가한다. 특히 원점 $s=0$에 있는 극점은 시스템 형을 1차 증가시키기 때문에, 정상상태 오차를 한 차수만큼 개선시킨다.

04. 과도응답 개선을 위한 PD 제어기 설계

단순 비례 제어에 미분 연산을 추가한 제어 방법을 PD(비례 미분) 제어라 한다. PD 제어기는 개로 전달함수에 극점은 추가하지 않고 영점만 추가한다. 미분 제어는 오차 신호의 미분값에 비례하는 제어 신호를 피드백함으로써, 오차 신호의 변화를 억제하는 역할을 하기 때문에, 감쇠비를 증가시키고 최대 초과를 줄이는 데 효과적이다. 그러나 PD 제어기는 시스템 형을 증가시키지 않기 때문에 정상상태 응답 특성 개선에는 효과가 없다.

05. PID 제어기 설계

과도응답을 개선하는 PD 제어기와 정상상태 응답을 개선하는 PI 제어기의 장점을 조합한 PID 제어기가 현장에서 가장 많이, 또 효과적으로 활용되고 있다. PID 계수를 정해주는 동조법으로는 지글러−니콜스 동조법(계단 응답 방법, 주파수 응답 방법), 계전기 동조법, 극점 배치 이용 동조법, 극영점 상쇄 이용 동조법, 최적화 이용 동조법 등이 있다.

06. 적분 누적 방지법

대부분의 시스템에서 구동기의 입력값에는 한계가 존재한다. 제어에 PI 또는 PID 제어기와 같은 적분 연산이 들어가 있는 경우에서 기준 신호가 상당히 크게 바뀔 때, 구동기의 입력 한계값을 넘어서는 제어 입력이 발생하면서, 제어 입력과 구동기 입력의 한계값 사이의 오차가 계속 커지는 적분 누적 현상이 발생한다. 적분 누적 현상이 발생하면 시스템의 정착 시간이 늘어나면서 성능이 저하된다. 따라서 구동기의 포화 순간에 더 이상의 적분 연산이 이루어지지 않도록 **적분 누적 방지법**을 사용한다.

07. 2 자유도 제어

순간적으로 큰 값의 제어 입력이 발생하는 폭주 현상을 피하고자 PI-D 제어와 I-PD 제어를 사용한다. 이런 형태의 제어기를 일반화하여 전향 경로와 피드백 경로에 각각 제어기를 두는 형태를 2 자유도 제어기라 한다.

6.1 근궤적의 기본 성질에 대하여 잘못 설명한 것은?

① 근궤적은 실수축에 대해 항상 대칭이다.

② 분기점을 계산하는 공식 $\dfrac{dK}{ds} = 0$은 필요조건이다.

③ 근궤적은 항상 개로 시스템의 극점에서 시작된다.

④ $K = \infty$일 때 근궤적의 도착점은 항상 영점이다.

6.2 다음 특성방정식 중 괄호 안의 변수에 대하여 본문에서 배웠던 근궤적의 작성법으로 그릴 수 없는 것은?

① $s + \dfrac{1}{\tau}$ $(\ \tau\ )$ ② $s^3 + \alpha s^2 + s + \alpha$ $(\ \alpha\ )$

③ $(s+3)^2 + \beta(s^2 + s + 1)$ $(\ \beta\ )$ ④ $(s+a)^3 + 2$ $(\ a\ )$

6.3 다음과 같은 전달함수

$$K\frac{(s-1)}{(s-2)(s-3)}$$

에서 근궤적을 그리면 근궤적의 일부가 $(0,\ 1)$을 중심으로 하는 원으로 그려지는데, 이 원의 반지름은 얼마인가?

① $\sqrt{2}$ ② $\sqrt{3}$ ③ 2   ④ 3

6.4 다음과 같은 전달함수

$$G(s) = \frac{1}{s^2 + s + 1 + \alpha(s+2)}$$

에서 α가 $-\infty$에서 ∞로 변할 때의 근궤적을 그려라. 또한 시스템이 안정화되는, 즉 극점이 좌반평면에 있게 되는 α의 범위를 구하라.

6.5 다음과 같은 전달함수

$$G(s) = K \frac{s}{s^3 + 5s^2 + 4s + 20}$$

의 근궤적에 대한 설명 중 옳지 않은 것은?

① 점근선의 각도는 $\pm 90°$이다.
② 점근선과 실수축의 교점은 -1이다.
③ 극점 $s = 2j$에서의 출발 각도는 $158.2°$이다.
④ 근궤적 중 한 가지는 극점 $s = -5$에서 출발하여 영점 $s = 0$에서 끝난다.

6.6 다음 그림과 같은 단위 피드백 시스템에서 α가 0에서 ∞까지 움직인다고 할 때,

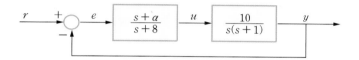

근궤적이 허수축을 지날 때의 양수 α값은?

① 16.2   ② 15.2   ③ 14.2   ④ 13.2

6.7 PI 제어기에 대한 설명 중 잘못된 것은?

① 시스템 형을 증가시킨다.
② 정상상태 오차를 줄인다.
③ 외부 전력의 공급 없이 수동 소자만을 사용하여 근사적으로 구현할 수 있다.
④ 정상상태 응답보다는 과도응답을 개선시키는 것이 주목적이다.

6.8 다음과 같은 제어기에 대한 설명 중 잘못된 것은? (단 $z_c > 0$, $p_c > 0$)

$$K \frac{s + z_c}{s + p_c}$$

① 제어기의 영점과 극점이 시스템에 가급적 영향을 미치지 않도록 하기 위해서는 영점과 극점을 서로 가깝게 위치시키는 것이 바람직하다.

② $\dfrac{z_c}{p_c}$ 가 1보다 충분히 크도록 결정하면, 이 제어기는 PI 제어기와 유사하게 동작한다.

③ 이 제어기는 외부 전력의 공급 없이 능동 소자만을 사용하여 구현할 수 있다.

④ $\dfrac{z_c}{p_c}$ 를 1보다 크게 설계했을 경우, 이런 제어기를 '앞섬^{lead} 보상기'라 부른다.

6.9 PD 제어기에 대한 설명 중 잘못된 것은?

① PD 제어는 시스템에 영점을 하나 추가하는 역할을 한다.
② PI 제어기가 근궤적 선도를 가급적 변화시키지 않도록 하는 것이 바람직하지만, PD 제어기는 과도응답을 개선하기 위해 원하는 극점이 근궤적 선도를 지나가도록 근궤적을 재조정한다.
③ PD 제어기는 시스템의 반응을 빠르게 한다.
④ PD 제어기는 PI 제어기보다 잡음에 대해 매우 강건하다.

6.10 다음의 전달함수에 대한 근궤적을 그려라.

$$KG(s) = \frac{K(s+5)}{s(s-1)(s^2+12s+36)}$$

$$KG(s) = \frac{K}{(s-2)(s^2+4s+7)}$$

6.11 다음 그림과 같은 시스템에 대해 α 가 0에서 ∞ 로 움직일 때 근궤적을 그려라.

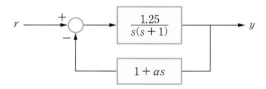

6.12 심화 이탈점 α 가 다음을 만족함을 증명하라.

$$\sum_{i=1}^{n} \frac{1}{\alpha + p_i} = \sum_{i=1}^{m} \frac{1}{\alpha + z_i}$$

단 $-p_i$, $-z_i$는 시스템의 극점과 영점을 나타낸다.

6.13 [심화] 다음과 같은 전달함수는 모든 양수 K에 대하여 불안정함을 증명하라.

$$G(s) = \frac{K}{s^2(s+8)}$$

그리고 이를 근궤적을 그려 확인하라. 한편 다음과 같이 영점을 추가하면, 모든 양수 K에 대하여 안정성을 확보할 수 있음을 근궤적을 그려 확인하라.

$$G(s) = \frac{K(s+\alpha)}{s^2(s+8)}$$

여기서 $0 < \alpha < 8$이다.

6.14 [심화] 다음 그림과 같은 피드백 시스템에서 주어진 양수 β에 대해 α가 0부터 ∞까지 움직인다고 할 때 근궤적을 그려라. 이 근궤적을 이용하여 시스템의 제동비 ζ가 0.7이고, 비감쇠 고유 진동수 ω_n이 0.5[rad/sec]가 되도록 α와 β를 구하라.

6.15 [심화] 다음 그림의 시스템에서 K가 0에서 ∞까지 변할 때, 폐로 극점의 제동비가 0.7이 되도록 하는 K를 구하라.

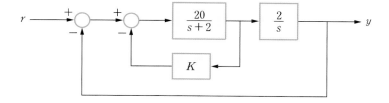

6.16 심화 Routh–Hurwitz 안정성 판별법을 사용하여 다음 그림과 같은 시스템을 안정화시키는 (K_1, K_2) 영역을 구하고, 근궤적을 그려 확인하라.

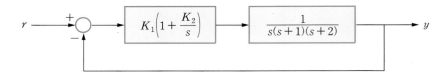

6.17 심화 다음 그림과 같은 시스템에 대하여 근궤적을 그리고, 시스템을 안정화시키는 K의 범위를 구하라.

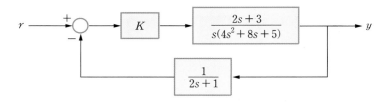

6.18 심화 다음과 같은 전달함수에서 $\alpha = 1, 3, 18, 20, 100$인 경우에 대하여 근궤적을 그려라. 극단적으로 $\alpha \to \infty$이면 근궤적이 어떤 모양으로 되겠는가?

$$G(s) = K \frac{s+2}{s^2(s+\alpha)}$$

C H A P T E R

07

주파수 영역 해석 및 설계
Frequency Domain Analysis & Design

학습목표

- 시스템의 주파수 응답을 이해하고, 시간 응답과 안정성과의 관계를 파악한다.
- 주파수 응답을 그래프에 도시하는 세 가지 방법을 배운다.
- 주파수 응답을 도시한 그래프로부터 시스템의 안정성과 성능을 파악한다.
- 주파수 응답을 도시한 그래프를 바탕으로 제어기를 설계하는 방법을 배운다.

목차

개요

지금까지는 전달함수의 극점과 영점을 사용하여 시스템을 시간 영역에서 해석하고 설계하였다. 또 시스템의 과도응답과 정상상태 응답 등을 개선하기 위하여 시간 영역에서의 극점 배치, 근궤적을 이용한 설계와 PID 제어 기법들을 배웠다. 이 장에서는 시스템의 분석과 제어기 설계에 유용한 또 다른 도구인 주파수 영역에 대한 해석 및 설계 방법을 소개한다. 주파수 영역에서 제어시스템을 설계하면, 안정성과 성능뿐만 아니라 불확실성에 대한 견실 안정성robust stability 까지 고려할 수 있기 때문에 시간 영역에서 설계할 때에 비해 견실한 제어시스템을 구성할 수 있다. 특히 주파수 영역에서는 불확실성을 비교적 간단히 표시할 수 있으므로, 불확실성을 정량화하여 다루기가 쉽다.

이 장에서는 우선 시스템에 대한 주파수 응답을 정의하고, 이를 시각적으로 표현하는 그래프 그리는 방법을 배운 다음, 이 그래프로부터 얻을 수 있는 여러 가지 유용한 정보를 바탕으로 제어기를 설계하는 방법을 소개한다.

주파수 응답

이 책에서 주로 다루는 선형 시스템의 경우, 특정 주파수를 가진 정현파 신호를 입력으로 가하면, 출력에서 크기와 위상은 다르지만 동일한 주파수를 갖는 정현파 신호가 나타난다. 이때 입력과 출력 정현파 사이의 크기 비와 위상차는 전달함수의 크기와 위상에 의해 결정된다. 따라서 이 전달함수의 크기와 위상을 각 주파수에 대한 함수들로 표시하여 분석하면, 시스템에 대한 여러 성질을 확인할 수 있어 제어기 설계에도 유용하게 사용할 수 있다. 이 함수들을 그래프로 표시하는 방법으로 나이키스트 선도, 보데 선도, 니콜스 선도가 있다.

안정성 여유

안정성 여유는 개로 시스템 모델의 이득 및 위상에 대한 불확실성에 대해 폐로 시스템이 안정한 정도를 나타내는 상대적 지표로, 상대 안정성relative stability이라고도 부른다. 개로 시스템 모델에서 위상은 변하지 않고 이득만 변할 때, 폐로 안정성을 유지할 수 있는 최대 이득 변화를 이득 여유gain margin라

한다. 반면 이득은 변하지 않고 위상만 변할 때 폐로 안정성을 유지할 수 있는 최대 위상 변화를 위상 여유라고 한다. 바람직한 안정성 여유로 이득 여유가 $6[\text{dB}]$ 이상, 위상 여유는 $30 \sim 60°$이다.

나이키스트 선도

나이키스트 선도Nyquist diagram는 개로 시스템의 주파수 응답을 복소평면에 나타낸 것으로, 저주파에서 고주파까지 전달함수의 크기와 위상에 대한 전체적인 추이를 쉽게 보여준다. 또 나이키스트 선도를 통해 폐로 시스템의 안정성을 쉽게 판별할 수 있다. 그러나 각 주파수에 대한 크기 응답과 위상 응답을 바로 알 수 없다는 단점이 있다.

보데 선도

보데 선도Bode's diagram는 주파수 응답을 크기 응답과 위상 응답으로 분리하여 각각을 주파수에 대한 함수로 표시한 것이다. 나이키스트 선도에 비해 보데 선도에서는 특정 주파수에 대한 크기 응답과 위상 응답을 바로 알 수 있어 편리하나, 그래프가 항상 두 개가 있어야 한다는 점은 불편하다.

니콜스 선도

앞서 말한 나이키스트 선도와 보데 선도에서는 개로 시스템의 주파수 응답으로부터 폐로 시스템의 주파수 응답 특성을 유추할 수 있다. 이에 비해 니콜스 선도Nichols diagram의 경우에는 폐로 전달함수의 주파수 응답을 복소평면에 그린 다음, 이 선도가 일정 크기 궤적과 일정 위상 궤적과 만나는 점으로부터 폐로 시스템의 주파수 응답을 직접 확인할 수 있다.

앞섬 및 뒤짐 보상기

앞섬 보상기는 일반적으로 위상 여유를 크게 하여 안정도 여유를 향상시키며, 또한 대역폭을 증가시켜 시스템의 반응 속도를 빠르게 하고, 과도응답 특성을 개선시킨다. 하지만 큰 대역폭이 고주파 잡음의 영향을 증대시키므로 대역폭 선택에 주의가 필요하다.

한편 뒤짐 보상기는 저주파수 영역의 시스템 이득을 감소시키지 않으면서 고주파 영역의 시스템 이득만을 감소시킨다. 따라서 고주파 이득의 감소로 인하여 저주파 이득뿐 아니라 전체 시스템의 이득을 증가시킬 여지가 생긴다. 이에 따라 시스템의 정상상태 오차가 감소하여 정상상태의 응답 특성이 개선되고, 고주파 잡음도 줄일 수 있지만, 상승 시간이나 정착 시간은 느려진다.

앞섬 및 뒤짐 보상기는 과도응답과 정상상태 응답 특성을 동시에 개선시키기 위해 사용된다. 이를 통해 저주파 이득을 증가시킴과 동시에 시스템의 대역폭과 안정도 여유를 증가시킬 수 있다. 나이키스트 선도와 보데 선도를 보면, 앞섬 보상기는 작은 주파수 영역에서 PD(비례 미분) 제어기와 유사하고, 뒤짐 보상기는 큰 주파수 영역에서 PI(비례 적분) 제어기와 유사하다.

7.1 주파수 응답과 성능지표

7.1.1 주파수 응답

우선 다음과 같은 입력 $u(t)$가 있는 비제차 미분방정식을 생각해보자.

$$\frac{d^2x(t)}{dt^2} + 2\frac{dx(t)}{dt} + 4x(t) = u(t) \tag{7.1}$$

공학수학, 회로이론, 동역학 등에서 이미 배웠겠지만, 식 (7.1)과 같은 미분방정식은 [그림 7-1]의 RLC 회로나 기계 시스템에서 흔히 볼 수 있다. 미분방정식 (7.1)의 우변에 있는 $u(t)$는 RLC 회로에서의 입력 전압 $v(t)$나 기계 시스템에서의 질량 m에 가하는 외력 $f(t)$에 해당한다.

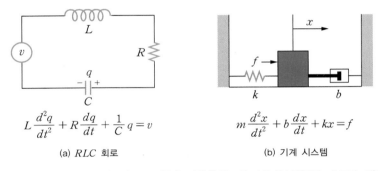

$$L\frac{d^2q}{dt^2} + R\frac{dq}{dt} + \frac{1}{C}q = v$$

$$m\frac{d^2x}{dt^2} + b\frac{dx}{dt} + kx = f$$

(a) RLC 회로   (b) 기계 시스템

[그림 7-1] **2차 상미분방정식으로 표현되는 RLC 회로와 기계 시스템(질량·스프링·댐퍼 시스템)**

입력 전압 또는 외력에 해당하는 $u(t)$에 $3\sin\omega t$를 가한다고 하면, 미분방정식 (7.1)은 다음과 같이 쓸 수 있다.

$$\frac{d^2x(t)}{dt^2} + 2\frac{dx(t)}{dt} + 4x(t) = 3\sin\omega t \tag{7.2}$$

2장에서 배운 미분방정식의 해법을 상기하면, 미분방정식 (7.2)의 해는 다음과 같이 제차해(또는 일반해)와 특수해로 쉽게 얻을 수 있다.

$$
\begin{aligned}
x(t) &= x_h(t) + x_p(t) \\
&= \underbrace{c_1 e^{-t}\sin\sqrt{3}\,t + c_2 e^{-t}\cos\sqrt{3}\,t}_{\text{제차해(또는 일반해)}} + \underbrace{\frac{3}{\sqrt{(4-\omega^2)^2 + 4\omega^2}}\sin(\omega t + \theta)}_{\text{특수해}}
\end{aligned} \tag{7.3}
$$

여기서 θ는 다음과 같이 얻어진다.

$$\sin\theta = \frac{-2\omega}{\sqrt{(4-\omega^2)^2 + 4\omega^2}}, \quad \cos\theta = \frac{4-\omega^2}{\sqrt{(4-\omega^2)^2 + 4\omega^2}} \tag{7.4}$$

이때 제차해 $c_1 e^{-t}\sin\sqrt{3}\,t + c_2 e^{-t}\cos\sqrt{3}\,t$는 입력 $3\sin\omega t$가 없을 경우의 제차 미분방정식의 해로, c_1과 c_2는 초깃값에 의해 최종 결정된다. 다시 말하면, 제차해는 입력 $3\sin\omega t$와 전혀 무관한 해이다. 반면 특수해는 초깃값과 상관없이 입력 $3\sin\omega t$에만 관련 있음을 알 수 있다. 한편 시간이 지남에 따라 제차해 $c_1 e^{-t}\sin\sqrt{3}\,t + c_2 e^{-t}\cos\sqrt{3}\,t$는 0으로 수렴하고, 입력과 관련된 특수해만 남게 된다.

따라서 [그림 7-1]의 RLC 회로와 기계 시스템(질량·스프링·댐퍼 시스템)에서 콘덴서의 초기 전하량과 초기 전류, 또는 물체의 초기 위치와 초기 속도가 출력(여기서는 콘덴서의 전하량 또는 질량 m인 물체의 위치)에 미치는 영향력은 시간이 지남에 따라 사라지고, 결국 출력은 오로지 입력에만 영향을 받게 됨을 알 수 있다. 따라서 입력이 출력에 끼치는 영향을 잘 이해할 필요가 있다.

더 나아가 식 (7.3)에서 미분방정식의 특수해는 입력에 적당한 함수를 곱하고, 적당한 위상을 더한 형태임을 알 수 있는데, 이는 앞으로 편리하게 쓰일 수 있는 특성이다. 예를 들어 다음과 같이 다양한 주파수의 사인 입력이 있다 하더라도

$$\frac{d^2 x(t)}{dt^2} + 2\frac{dx(t)}{dt} + 4x(t) = 3\sin\omega_1 t + 2\sin\omega_2 t + \sin\omega_3 t \tag{7.5}$$

식 (7.3)의 특수해를 사용하면, 식 (7.5)의 특수해도 다음과 같이 매우 쉽게 구할 수 있다.

$$\frac{3}{\sqrt{(4-\omega_1^2)^2 + 4\omega_1^2}}\sin(\omega_1 t + \theta_1) + \frac{2}{\sqrt{(4-\omega_2^2)^2 + 4\omega_2^2}}\sin(\omega_2 t + \theta_2)$$
$$+ \frac{1}{\sqrt{(4-\omega_3^2)^2 + 4\omega_3^2}}\sin(\omega_3 t + \theta_3) \tag{7.6}$$

위상 θ_1, θ_2, θ_3는 식 (7.4)에 ω_1, ω_2, ω_3를 각각 대입하여 구할 수 있다. 이처럼 출력에서 입력에 곱해진 값과 더해진 위상은 시스템의 특징을 분석하는 데 아주 유용하게 사용된다.

지금까지의 내용을 좀 더 일반적이고 체계적으로 정리해보자. '부록 A.2'를 보면 선형 시스템과 신호의 분해 및 합성을 행렬 기반으로 설명할 수 있음을 알 수 있다. 그 기본 아이디어는 선형 시스템에서 임의의 입력을, 아주 쉽게 출력을 구할 수 있는 입력 형태들의 합으로 변환하고, 각 입력 형태들의 출력을 구해서 그 값들을 더해주면 원래의 출력을 쉽게 구할 수 있다는 것이다. 이 장에서는 전달함수의 출력을 쉽게 구할 수 있는 입력의 형태로 다음과 같은 정현파를 생각해보자.

$$u(t) = A \cos \omega t + B \sin \omega t \tag{7.7}$$

과연 임의의 입력이 식 (7.7)과 같은 형태의 입력들의 선형 조합으로 쉽게 표시될 수 있을까? 우선 이 점을 확인해보도록 하자.

임의의 함수 $u(t)$를 여러 주파수 성분으로 나누어 위와 같은 정현파의 합으로 나타내보자. 우선 공학수학 시간에 배운 다음과 같은 푸리에^{Fourier} 변환을 생각해보자.

$$U(w) = \int_{-\infty}^{\infty} u(t)e^{-j\omega t}dt$$
$$u(t) = \frac{1}{2\pi}\int_{-\infty}^{\infty} U(\omega)e^{j\omega t}d\omega \tag{7.8}$$

시간에 대한 임의의 함수 $u(t)$는 다음과 같이 우함수 $e(t)$와 기함수 $o(t)$의 합으로 나타낼 수 있다.

$$u(t) = \frac{1}{2}\left[u(t)+u(-t)\right] + \frac{1}{2}\left[u(t)-u(-t)\right] = e(t)+o(t) \tag{7.9}$$

우함수 $e(t)$와 기함수 $o(t)$을 사용하여 $u(t)$의 푸리에 변환을 다시 구해보면 다음과 같다.

$$\begin{aligned}U(\omega) &= \int_{-\infty}^{\infty} (e(t)+o(t))e^{-j\omega t}\,dt \\ &= \int_{-\infty}^{\infty} \left(e(t)\cos(\omega t) - jo(t)\sin(\omega t)\right)dt \\ &= 2\int_{0}^{\infty} \left(e(t)\cos(\omega t) - jo(t)\sin(\omega t)\right)dt \\ &= 2U_c((\omega) - jU_s(\omega))\end{aligned} \tag{7.10}$$

여기서 $U_s(\omega)$와 $U_c(\omega)$는 각각 다음과 같이 정의된다.

$$U_c(\omega) = \int_{0}^{\infty} e(t)\cos(\omega t)dt$$
$$U_s(\omega) = \int_{0}^{\infty} o(t)\sin(\omega t)dt \tag{7.11}$$

$U_c(\omega)$와 $U_s(\omega)$는 각각 $e(t)$에 대한 푸리에 코사인^{cosine}변환과 $o(t)$에 대한 푸리에 사인^{sine}변환으로 $e(t)$와 $o(t)$를 다음과 같이 구할 수 있다.

$$e(t) = \frac{2}{\pi}\int_{0}^{\infty} U_c(\omega)\cos(\omega t)dw \tag{7.12}$$

$$o(t) = \frac{2}{\pi} \int_0^\infty U_s(\omega) \sin(\omega t) d\omega$$

식 (7.12)를 사용하면 최종적으로 $u(t)$는 다음과 같이 나타낼 수 있다.

$$u(t) = e(t) + o(t) = \int_0^\infty \left[\frac{2}{\pi} U_c(\omega) \cos(\omega t) + \frac{2}{\pi} U_s(\omega) \sin(\omega t) \right] d\omega \qquad (7.13)$$

따라서 임의의 시간 함수 $u(t)$는 무한대의 정현파 신호 $A\cos\omega t + B\sin\omega t$ 항들의 합(적분)으로 나타낼 수 있음을 알 수 있다. 일단 특정 주파수 신호 $A\cos\omega t + B\sin\omega t$를 전달함수 $G(s)$에 입력했을 때 그 출력값을 계산할 수 있다면, 식 (7.13)에 의해 임의의 시간 함수 입력 $u(t)$에 의한 최종 출력도 쉽게 얻을 수 있다.

임의의 시간 함수 $u(t)$가 정현파 신호 $A\cos\omega t + B\sin\omega t$로 어떻게 표현될 수 있는지 알았으니, 이제 $A\cos\omega t + B\sin\omega t$를 전달함수 $G(s)$에 입력할 때의 출력값을 계산해보도록 하자. 우선 입력 $A\cos\omega t + B\sin\omega t$를 다음과 같이 표시하자.

$$A\cos\omega t + B\sin\omega t = \sqrt{A^2 + B^2} \cos(\omega t - \theta) \qquad (7.14)$$

여기서 θ는 다음과 같이 정의된다.

$$\sin\theta = \frac{B}{\sqrt{A^2 + B^2}}, \quad \cos\theta = \frac{A}{\sqrt{A^2 + B^2}} \qquad (7.15)$$

식 (7.15)로부터 다음과 같은 관계식도 구할 수 있다.

$$\begin{aligned} A + jB &= \sqrt{A^2 + B^2} \left[\frac{A}{\sqrt{A^2 + B^2}} + j\frac{B}{\sqrt{A^2 + B^2}} \right] \\ &= \sqrt{A^2 + B^2} \left[\cos\theta + j\sin\theta \right] = \sqrt{A^2 + B^2} \, e^{j\theta} \end{aligned} \qquad (7.16)$$

식 (7.16)의 마지막 등식은 오일러 공식에 의해 성립하는데, 자세한 내용은 '부록 A.7'을 참고하기 바란다.

이제 입력 $A\cos\omega t + B\sin\omega t$의 라플라스 변환을 구하고, 이를 시스템의 전달함수에 곱하면 다음과 같은 출력을 구할 수 있다.

$$Y(s) = \frac{As + B\omega}{s^2 + \omega^2} G(s) \qquad (7.17)$$

이 식은 다음과 같이 부분분수 형태로 표시할 수 있다.

$$Y(s) = \frac{As + B\omega}{(s + j\omega)(s - j\omega)} G(s)$$

$$= \frac{K_1}{s + j\omega} + \frac{K_2}{s - j\omega} + \text{'}G(s)\text{ 관련 항들'} \tag{7.18}$$

여기서 계수 K_1과 K_2는 다음과 같다.

$$K_1 = \frac{As + B\omega}{s - j\omega} G(s) \bigg|_{s \to -j\omega} = \frac{-Aj\omega + B\omega}{-2j\omega} G(-j\omega) = \frac{1}{2}(A + jB)G(-j\omega)$$

$$K_2 = \frac{As + B\omega}{s + j\omega} G(s) \bigg|_{s \to j\omega} = \frac{Aj\omega + B\omega}{2j\omega} G(j\omega) = \frac{1}{2}(A - jB)G(j\omega) \tag{7.19}$$

시스템 $G(s)$가 안정한 상태라고 가정하면, 정상상태의 출력 $Y_{ss}(s)$는 다음과 같다.

$$Y_{ss}(s) = \frac{K_1}{s + j\omega} + \frac{K_2}{s - j\omega} \tag{7.20}$$

식 (7.20)에 라플라스 역변환을 취하고, 식 (7.19)의 K_1과 K_2를 대입한 후, 식 (7.16)을 활용하면, 시간 영역에서의 출력은 다음과 같이 쓸 수 있다.

$$y_{ss}(t) = K_1 e^{-j\omega t} + K_2 e^{j\omega t}$$

$$= \frac{1}{2}\sqrt{A^2 + B^2}\, e^{j\theta} G(-j\omega) e^{-j\omega t} + \frac{1}{2}\sqrt{A^2 + B^2}\, e^{-j\theta} G(j\omega) e^{j\omega t}$$

$$= \sqrt{A^2 + B^2}\, \frac{e^{-j\omega t + j\theta} G(-j\omega) + e^{j\omega t - j\theta} G(j\omega)}{2} \tag{7.21}$$

$$= \sqrt{A^2 + B^2}\, Re\left[e^{j\omega t - j\theta} G(j\omega) \right]$$

$G(j\omega)$의 크기 $|G(j\omega)|$와 위상 $\phi(\omega)$를 사용하면, 위 식은 다음과 같이 쓸 수 있다.

$$y_{ss}(t) = \sqrt{A^2 + B^2}\, |G(j\omega)| \cos(\omega t - \theta + \phi(\omega)) \tag{7.22}$$

[그림 7–2]에 전기 및 기계 시스템에 대한 정현파의 입출력 관계가 도시되어 있다. $u(t)$가 식 (7.13)과 같이 표현될 때, 최종 출력은 식 (7.22)를 사용하여 다음과 같이 쓸 수 있다.

$$u(t) = \int_0^\infty \left[\frac{2}{\pi} U_c(\omega) \cos(\omega t) + \frac{2}{\pi} U_s(\omega) \sin(\omega t) \right] d\omega$$

$$y(t) = \int_0^\infty |G(j\omega)| \left[\frac{2}{\pi} U_c(\omega) \cos(\omega t + \phi(\omega)) + \frac{2}{\pi} U_s(\omega) \sin(\omega t + \phi(\omega)) \right] d\omega \tag{7.23}$$

따라서 전달함수의 크기와 위상만 알면, 정현파 입력에 대한 출력을 쉽게 구할 수 있음을 알 수 있다.

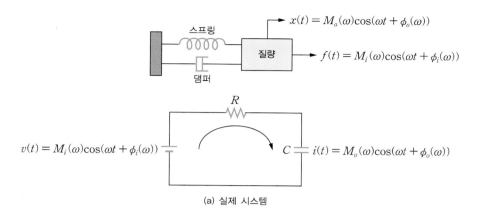

(a) 실제 시스템

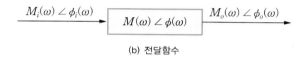

(b) 전달함수

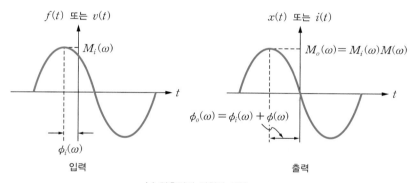

(c) 입출력의 정현파 모양

[그림 7-2] **전기 시스템과 기계 시스템의 정현파 입출력 관계**

예제 **7-1**

다음 전달함수에 대한 크기와 위상을 구하고, 이를 도시하라.

$$G(s) = \frac{1}{s+1} \tag{7.24}$$

풀이

$G(j\omega)$는 다음과 같이 쓸 수 있으므로,

$$G(j\omega) = \frac{1}{j\omega+1} = \frac{1}{\sqrt{1+\omega^2}} e^{j\phi(\omega)}$$

$|G(j\omega)|$와 $\phi(\omega)$는 다음과 같다.

$$|G(j\omega)| = \frac{1}{\sqrt{1+\omega^2}}, \quad \phi(\omega) = -\tan^{-1}(\omega) \tag{7.25}$$

전달함수 (7.24)에 대한 크기와 위상을 나타낸 식 (7.25)를 그래프로 그리면 [그림 7-3]과 같다. 특히 크기는 $|G(j\omega)|$ 대신 $20\log|G(j\omega)|$를 그렸는데, 이에 대해서는 다음 페이지에서 설명한다.

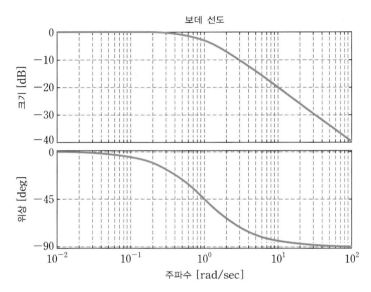

[그림 7-3] **전달함수 (7.24)에 대한 크기와 위상**

[그림 7-3]으로부터 알 수 있듯이, [예제 7-1]의 전달함수 (7.24)에 정현파 입력을 가하면, 주파수가 커질수록 출력 신호의 진폭은 작아지고, 위상차는 커진다. 특히 주파수가 무한대로 커지면 출력의 위상이 입력의 위상에 비해 90° 늦어지게 되는데, 이런 시스템을 뒤짐 시스템이라고 한다. 뒤짐 시스템은 나중에 또 설명할 것이다.

주파수에 따른 위상 차이에 대해 분명히 알아야 할 사실은 위상 차이와 절대적인 시간 지연이 서로 무관하다는 것이다. 위상 차이가 많이 난다고 해서 절대적인 시간 지연이 크다고 말할 수는 없다. 예를 들어, [그림 7-4]의 (a) 그래프와 (b) 그래프에서 입출력 신호 간의 시간 지연은 비슷해 보이나, 주파수 차이에 의해 위상 차이는 거의 2배 정도 발생하고 있다.

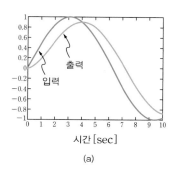

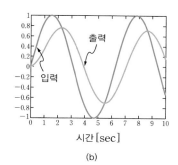

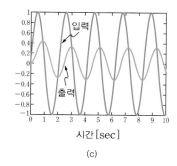

| (a) | (b) | (c) |

[그림 7-4] 주파수에 따른 입출력의 위상 차이

예제 7-2

다음 전달함수의 크기와 위상을 구하라.

$$G(s) = \frac{s+b}{s+a} \tag{7.26}$$

풀이

$G(j\omega)$는 다음과 같이 쓸 수 있으므로,

$$G(j\omega) = \frac{j\omega+b}{j\omega+a} = \frac{\sqrt{b^2+\omega^2}}{\sqrt{a^2+\omega^2}} e^{j\phi(\omega)} \tag{7.27}$$

$|G(j\omega)|$와 $\phi(\omega)$는 다음과 같다.

$$|G(j\omega)| = \frac{\sqrt{b^2+\omega^2}}{\sqrt{a^2+\omega^2}}, \quad \phi(\omega) = \tan^{-1}\left(\frac{\omega}{b}\right) - \tan^{-1}\left(\frac{\omega}{a}\right) \tag{7.28}$$

위와 같이 전달함수로 표시되는 선형 시스템의 경우, 입출력 신호가 모두 동일한 주파수의 정현파이기 때문에 굳이 주파수를 따로 표기할 필요가 없다. 따라서 크기와 위상만을 표시하기 위하여 페이저^{Phaser}라는 표기를 흔히 사용한다. 예를 들면, $A\cos(\omega t + \theta)$라는 신호는 페이저를 이용하여 $A \angle \theta$로 표시한다. $G(j\omega)$의 위상각을 ϕ라고 하면, $A \angle \theta$의 신호가 전달함수 $G(s)$에 인가되었을 때, 후의 출력은 $A|G(j\omega)| \angle (\theta + \phi)$로 표시할 수 있다.

전달함수의 크기 $|G(j\omega)|$를 나타낼 때에는 보통 로그를 취하여 사용한다. 로그의 특징은 아주 작은 스케일도, 또 아주 큰 스케일도 구분하기 쉽게 표시할 수 있다는 것이다. 예를 들어 10^{-10}과 10^{-9}의 차이는 아주 미미하지만, 로그를 취하면 -10과 -9로 표시되어 서로 분명하게 구분된다. 한편 10^{10}과 10^9은 10과 9로 표시되어 적당한 크기의 숫자로 나타낼 수 있다. 이렇게 전달함수 $G(s)$의 절댓값에 로그를 취한 값을 데시벨^{decibel}이라 하며, [dB]로 표기한다. 그 정의는 다음과 같다.

$$G_{dB} = 10\log|G(j\omega)|^2 = 20\log|G(j\omega)|\,[\mathrm{dB}] \tag{7.29}$$

앞에 붙은 10과 20은 관습적으로 곱해지는 수이므로, 정의대로 받아들이기로 하자.

7.1.2 주파수 영역에서의 성능지표

4.4절에서 주파수 영역에서 흔히 쓰이는 몇 가지 성능지표에 대하여 알아보았다. 여기서는 주어진 전달함수, 특히 표준형 2차 시스템에 대하여 주파수 영역의 성능지표들을 구체적으로 계산해볼 것이다. 다음과 같은 표준형 2차 시스템을 고려해보자.

$$T(s) = \frac{\omega_n^2}{s^2 + 2\zeta\omega_n + \omega_n^2} \tag{7.30}$$

이 시스템은 [그림 7-5]와 같이 다음과 같은 개로 전달함수

$$G(s) = \frac{\omega_n^2}{s(s + 2\zeta\omega_n)} \tag{7.31}$$

를 단위 피드백한 폐로 시스템으로 볼 수 있다.

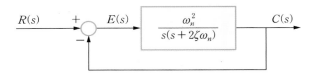

[그림 7-5] **표준형 2차 폐로 시스템**

■ 대역 이득(DC 이득)

우선 간단하게 폐로 전달함수 (7.30)의 DC 이득을 계산해보자. DC 이득은 극단적으로 주파수가 0인 신호, 즉 시간에 따라 값의 변동이 없는 신호가 인가될 때의 이득을 말한다. 따라서 다음과 같이 쉽게 계산할 수 있다.

$$T(j\omega)|_{\omega = 0} = \left.\frac{\omega_n^2}{(j\omega)^2 + 2\zeta\omega_n(j\omega) + \omega_n^2}\right|_{\omega = 0} = 1 \tag{7.32}$$

즉 DC 이득은 1이며, 이는 정상상태일 때 입력값과 출력값이 정확히 일치함을 의미한다. 물론 과도 응답에서는 입출력 값이 서로 다를 수 있다.

■ 공진 주파수와 공진 최댓값

이번에는 폐로 전달함수 $T(j\omega)$의 크기를 최대화하는 공진 주파수와 공진 최댓값을 계산해보자. 우선 다음과 같이 폐로 전달함수 $T(j\omega)$의 분모 및 분자를 ω_n^2으로 나눈 후,

$$T(j\omega) = \cfrac{1}{1 + 2\zeta\left(j\dfrac{\omega}{\omega_n}\right) + \left(j\dfrac{\omega}{\omega_n}\right)^2} \tag{7.33}$$

$|T(j\omega)|$을 데시벨로 구하면 다음과 같다.

$$|T(j\omega)| = -20\log\sqrt{\left(1 - \frac{\omega^2}{\omega_n^2}\right)^2 + \left(2\zeta\frac{\omega}{\omega_n}\right)^2} \tag{7.34}$$

여기서 $T(j\omega)$의 위상을 구하면 다음과 같다.

$$\frac{\omega}{\omega_n} < 1 \quad : \quad \phi = -\tan^{-1}\cfrac{2\zeta\dfrac{\omega}{\omega_n}}{1 - \left(\dfrac{\omega}{\omega_n}\right)^2}$$

$$\frac{\omega}{\omega_n} > 1 \quad : \quad \phi = -\pi + \tan^{-1}\cfrac{2\zeta\dfrac{\omega}{\omega_n}}{\left(\dfrac{\omega}{\omega_n}\right)^2 - 1} \tag{7.35}$$

식 (7.35)에서 $\tan$의 역함수 $\tan^{-1}$이 가질 수 있는 범위는 $\left[-\dfrac{\pi}{2}, \dfrac{\pi}{2}\right]$임을 상기하도록 하자. 식 (7.35)로부터 위상의 크기가 0에 가까운 ω에서는 ϕ가 0, $\omega = \omega_n$에서는 ϕ가 $-\dfrac{\pi}{2}$, 큰 ω에서는 ϕ가 $-\pi$로 수렴함을 알 수 있다.

이제 $T(j\omega)$의 크기를 나타낸 식 (7.34)와 위상을 나타낸 식 (7.35)를 사용하여, $T(j\omega)$의 크기를 최대화하는 공진 주파수와 이때의 공진 최댓값을 계산하자. $T(j\omega)$의 크기를 최대화하기 위해서는 식 (7.34)의 로그 내부의 함수를 최소화하면 된다.

$$\left(1 - \frac{\omega^2}{\omega_n^2}\right)^2 + \left(2\zeta\frac{\omega}{\omega_n}\right)^2 \tag{7.36}$$

식 (7.36)은 다음과 같이 $\dfrac{\omega^2}{\omega_n^2}$에 대한 이차 함수 형식으로 표시할 수 있다.

$$\left(\frac{\omega^2}{\omega_n^2}\right)^2 + \left(\frac{\omega^2}{\omega_n^2}\right)(4\zeta^2 - 2) + 1 \tag{7.37}$$

따라서 이 식은 $\zeta > \dfrac{1}{\sqrt{2}} = 0.707$ 에서 $\dfrac{\omega^2}{\omega_n^2}$ 에 대한 단조증가함수이고, $0 < \zeta \leq 0.707$ 에서 최솟값이 발생함을 알 수 있다. 이 최솟값이 발생할 때 $T(j\omega)$ 의 크기가 최대가 되면서, 그 순간 공진이 일어난다. 따라서 식 (7.37)에서 $0 < \zeta \leq 0.707$ 일 때 $\dfrac{\omega^2}{\omega_n^2} = 1 - 2\zeta^2$ 에서 공진이 발생하며, 공진 주파수는 $\omega = \sqrt{1 - 2\zeta^2}\,\omega_n$ 이다. 다시 이 값을 $T(j\omega)$ 에 대입하면 다음과 같은 공진 최댓값을 얻을 수 있다.

$$M_r = |T(j\omega)|_{\max} = 20\log \frac{1}{2\zeta\sqrt{1-\zeta^2}} \tag{7.38}$$

공진 주파수 $\omega_r = \sqrt{1 - 2\zeta^2}\,\omega_n$ 일 때의 위상은 식 (7.35)로부터 다음과 같이 계산할 수 있다.

$$\phi(T(j\omega_r)) = -\tan^{-1}\frac{\sqrt{1-2\zeta^2}}{\zeta} \tag{7.39}$$

■ 차단 주파수, 대역폭, 차단율

차단 주파수[1] 및 대역폭[2]은 $20\log|T(j\omega)| = -3$ (또는 $|T(j\omega)| = \dfrac{1}{\sqrt{2}} = 0.707$)으로부터 다음과 같이 계산된다.

$$\omega_c = \omega_B = \omega_n\left(1 - 2\zeta^2 + \sqrt{4\zeta^4 - 4\zeta^2 + 2}\right)^{1/2} \tag{7.40}$$

[그림 7-6]에서 지금까지 구한 공진 주파수, 공진 최댓값, 차단 주파수 등이 감쇠비 ζ 에 따라 어떻게 변하는지를 확인할 수 있다. 식 (7.40)의 차단 주파수 부근의 차단율을 구하기 위해 식 (7.34)를 미분하여 절댓값을 구해보자.

$$\begin{aligned} \left|\frac{d}{d\omega}|T(j\omega)|_{\omega=\omega_B}\right| &= \left|\frac{d}{d\omega}20\log\sqrt{\left(1 - \frac{\omega^2}{\omega_n^2}\right)^2 + \left(2\zeta\frac{\omega}{\omega_n}\right)^2}\,\right|_{\omega=\omega_B} \\ &= \frac{80}{\log 10}\frac{1}{\omega_c}\sqrt{4\zeta^4 - 4\zeta^2 + 2}\left(1 - 2\zeta^2 + \sqrt{4\zeta^4 - 4\zeta^2 + 2}\,\right) \end{aligned} \tag{7.41}$$

식 (7.41)에서 차단율의 절댓값은 제동비 ζ 에 대한 감소함수임을 알 수 있다. 식 (7.38)에서 공진 최댓값은 제동비 ζ 에 대해 감소함수이므로, 제동비 ζ 가 작을수록 공진 최댓값은 커지고, 가파른 차단율의 특성을 갖게 된다. 가파른 기울기의 차단율 특성을 갖는 폐로 주파수 응답 곡선의 공진 최댓값이 크다는 것은, 시스템의 안정도 여유가 상대적으로 작음을 의미한다. 시스템의 안정도 여유는 추후에 더 자세히 다룰 것이다.

---

1 보통 차단 주파수는 ω_c 로 표기한다.
2 보통 대역폭은 ω_B 로 표기한다.

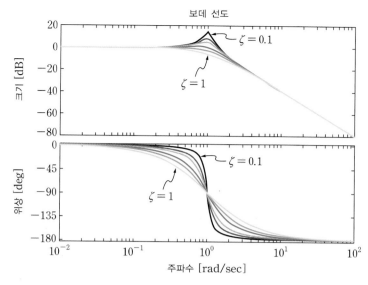

[그림 7–6] **제동비** $\zeta = 0.1$, 0.2, 0.3, 0.5, 0.7, 1에 따른 주파수 응답

7.1.3 1, 2차 시스템의 주파수 응답과 시간 응답과의 관계

주파수 응답의 성능지표인 대역폭과 시간 영역에서의 성능지표(정착 시간, 최대 첨두 시간, 상승 시간)를 비교해보자. 앞에서 배웠듯이 표준형 2차 시스템의 정착 시간(T_s), 최대 첨두 시간(T_p), 상승 시간(T_r)은 다음과 같다.

$$T_s = \frac{4}{\omega_n \zeta}$$

$$T_p = \frac{\pi}{\omega_n \sqrt{1-\zeta^2}} \tag{7.42}$$

$$T_r = \frac{\pi - \sin^{-1}\left(\sqrt{1-\zeta^2}\right)}{\omega_n \sqrt{1-\zeta^2}}$$

여기서 상승 시간은 0%에서 100%까지 상승하는 시간을 고려하였다. 식 (7.42)의 정착 시간(T_s), 최대 첨두 시간(T_p), 상승 시간(T_r)으로 대역폭을 표시하면 다음과 같다.

$$\begin{aligned}
\omega_c = \omega_B &= \omega_n \left(1 - 2\zeta^2 + \sqrt{4\zeta^4 - 4\zeta^2 + 2} \right)^{1/2} \\
&= \frac{4}{T_s \zeta} \left(1 - 2\zeta^2 + \sqrt{4\zeta^4 - 4\zeta^2 + 2} \right)^{1/2} \\
&= \frac{\pi}{T_p \sqrt{1-\zeta^2}} \left(1 - 2\zeta^2 + \sqrt{4\zeta^4 - 4\zeta^2 + 2} \right)^{1/2}
\end{aligned} \tag{7.43}$$

$$= \frac{\pi - \sin^{-1}\left(\sqrt{1-\zeta^2}\right)}{T_r\sqrt{1-\zeta^2}}\left(1 - 2\zeta^2 + \sqrt{4\zeta^4 - 4\zeta^2 + 2}\right)^{1/2}$$

식 (7.43)을 보면 제동비가 일정할 때, 대역폭은 정착 시간, 최대 첨두 시간, 상승 시간 모두 반비례함을 알 수 있다. 또한 식 (7.42)와 식 (7.43)에 의해 공진 주파수가 증가함에 따라 대역폭은 증가하나, 상승 시간은 줄어든다. 따라서, 시스템에서 요구하는 성능 목표로 상승 시간이 짧을수록, 요구되는 공진 주파수와 대역폭은 커진다. 대역폭에 의해 정규화된 정착 시간, 최대 첨두 시간, 상승 시간과 제동비와의 관계는 각각 [그림 7-7], [그림 7-8], [그림 7-9]에 나타나 있다.

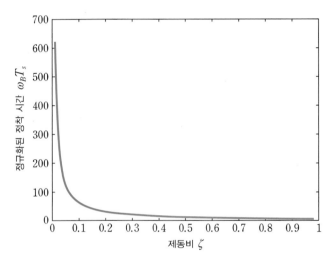

[그림 7-7] **제동비 ζ와 정착 시간과의 관계**

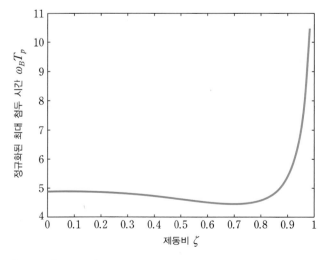

[그림 7-8] **제동비 ζ와 최대 첨두 시간과의 관계**

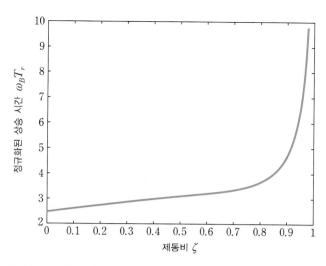

[그림 7-9] 제동비 ζ와 상승 시간과의 관계

이번에는 시간 영역의 성능지표인 최대 초과와 주파수 영역의 성능지표인 공진 최댓값을 비교해보자. 우선 앞에서 배웠던 최대 초과와 공진 최댓값의 식을 다시 써보면 다음과 같다.

$$M_p = e^{-\frac{\pi\zeta}{\sqrt{1-\zeta^2}}}, \quad 0 \le \zeta \le 1$$
$$M_r = \frac{1}{2\zeta\sqrt{1-\zeta^2}}, \quad 0 \le \zeta \le 0.707 \tag{7.44}$$

다음의 관계식

$$\log M_p = \frac{-\pi/2}{1-\zeta^2}, \quad M_r = \frac{1}{2}\left(\frac{\zeta}{\sqrt{1-\zeta^2}} + \frac{\sqrt{1-\zeta^2}}{\zeta}\right) \tag{7.45}$$

을 이용하면, 공진 최댓값과 최대 초과와의 관계식을 다음과 같이 얻을 수 있다.

$$M_r = -\frac{1}{2\pi}\left(\log M_p + \frac{\pi^2}{\log M_p}\right) \tag{7.46}$$

식 (7.46)의 최대 초과와 공진 최댓값 사이의 함수를 그래프로 도시하면 [그림 7-10]과 같으며, 이 그래프로부터 이 함수가 단조증가함수임을 알 수 있다. 즉 M_p가 크면 M_r도 커진다. 예를 들어 성능 기준으로 초과가 10% 이하로 주어질 때 $M_p \le 0.1$인데, 이에 대응하는 M_r은 $M_r \le 1.05$임을 알 수 있다.

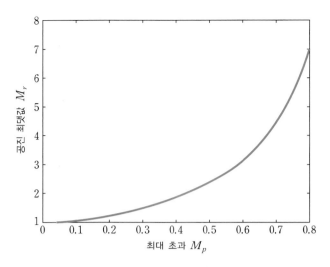

[그림 7-10] 최대 초과(M_p)와 공진 최댓값(M_r)과의 관계

7.1.4 견실 안정성을 위한 안정성 여유

5장에서 배웠던 안정성 판별법은 단지 시스템이 안정한지 또는 불안정한지만을 판단하는 **절대 안정성**absolute stability을 다룬 것이었다. 여기서는 더 나아가 안정하다면 얼마나 안정한지에 대한 이야기를 하려고 한다.

실제 제어시스템을 설계해보면, 대상 플랜트의 모델 속에 불확실성이 존재하게 된다. 작은 불확실성에도 시스템이 불안정하게 되는 경우가 있는 반면, 꽤나 큰 불확실성에도 시스템이 여전히 안정한 상태를 유지하는 경우도 있다. 이러한 특성을 견실 안정성이라고 한다. 좀 더 정량적으로 설명하자면, **견실 안정성**이란 기준 모델 $G(s)$에 불확실성을 나타내는 성분 $\Delta G(s)$가 추가되어 실제 플랜트의 전달함수가 $G_T(s) = G(s) + \Delta G(s)$인 경우에도 폐로 전달함수 $\dfrac{(G+\Delta G(s))C(s)}{1+(G+\Delta G(s))C(s)}$가 안정한지를 나타내는 성질이며, **상대 안정성**이라고 부르기도 한다. 견실 안정성을 나타내는 지표로 흔히 사용되는 개념에는 안정성 여유인 이득 여유와 위상 여유가 있다.

시스템에 불확실성이 있을 경우에는 앞에서와 같이 전달함수를 $G(s) + \Delta G(s)$라고 표시할 수도 있지만, $G(s)(1 + \Delta G(s))$로 표시하기도 한다. $L(s) = 1 + \Delta G(s)$라고 정의하면, 전달함수를 $G(s)L(s)$로 간단히 표시할 수 있다. 모델 오차가 없을 경우, $\Delta G(s)$는 0, 또는 $L(s) = 1$이 되어야 한다. 일반적인 모델 불확실성 $L(s)$의 주파수 특성인 $L(j\omega)$는 크기와 위상 모두가 주파수 함수이기 때문에 다루기 힘들다. 일단 기본적이고 간단한 $L(j\omega) = Ke^{-j\theta}$를 살펴보자.

[그림 7-11]에서 대상 시스템의 루프 전달함수는 모델 오차가 없으면 $C(s)G(s)$이고, 모델오차가 있으면 다음과 같다.

$$C(s)G(s)Ke^{-j\theta} \tag{7.47}$$

이때 편의상 $C(s)=1$이라고 하거나, $G(s)$에 이미 $C(s)$가 포함되어 있다고 생각해도 된다. $Ke^{-j\theta}$ 항은 전달함수 모델의 불확실성을 나타내는 부분으로, K는 이득의 불확실성을, θ는 위상의 불확실성을 나타낸다. $K=1$이고 $\theta=0$일 때는 모델 $G(s)$에 불확실성이 없는 경우이다. K가 1과, 또는 θ가 0과 큰 차이가 날 때는 모델 $G(s)$에 불확실한 성분이 큰 경우를 나타낸다. K와 θ는 실제로 입력 주파수의 함수이지만, 해석을 쉽게 하기 위해서 편의상 주파수와 무관한 상수로 가정한다. 이때 **안정성 여유**란 루프 전달함수 모델 $G(s)$에 불확실성이 존재하여 실제는 $G(s)Ke^{-j\theta}$와 같다고 할 때, 단위 피드백에 의해 폐로 시스템의 안정성이 보장되는 K와 θ의 범위로 다음과 같이 정의된다.

정의 7-1

식 (7.47)과 같은 불확실성을 갖는 불확정 시스템에 [그림 7-11]과 같은 단위 피드백 시스템을 구성할 때, $\theta=0$인 경우에 폐로 시스템의 안정성이 보장되는 K의 최댓값을 $G(s)$의 **이득 여유** gain margin라 하며, $K=1$인 경우에 폐로 안정성이 보장되는 θ의 최댓값을 $G(s)$의 **위상 여유** phase margin라 부른다.

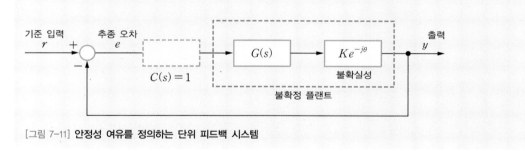

[그림 7-11] 안정성 여유를 정의하는 단위 피드백 시스템

[정의 7-1]에서 유의할 점은 이득과 위상이 동시에 바뀌지는 않는다고 가정하고 있다는 점이다. 그런데 실제로는 이득과 위상이 동시에 바뀔 수 있으며, 이 경우에는 안정성 여유가 [정의 7-1]의 값보다 대체로 줄어들게 된다. 일반적으로 시스템의 안정성이 보장되는 K와 θ의 영역은 [그림 7-12]와 같이 도시될 수 있다. $\theta=0$인 경우에 폐로 시스템의 안정성이 보장되는 최대 K는 [그림 7-12]의 그래프에서 y 절편에 해당하고, $K=1$인 경우에 폐로 안정성이 보장되는 최대 θ는 x 절편에 해당한다. x와 y 절편에 해당하는 점을 각각 위상 여유와 이득 여유라고 한다. 영역을 구하기보다는 절편에 해당하는 값을 계산하는 것이 용이하기 때문에 [정의 7-1]과 같이 안정성 여유를 정의하여 사용한다.

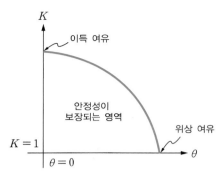

[그림 7-12] **안정성이 보장되는 영역**

[그림 7-13]과 같이 이득 여유와 위상 여유만큼의 불확실성이 발생하면, $G(j\omega) = -1$이 되는 주파수가 발생하여 폐로 전달함수가 해당 주파수에서 발산하게 되어, 결국 시스템이 불안정해진다.

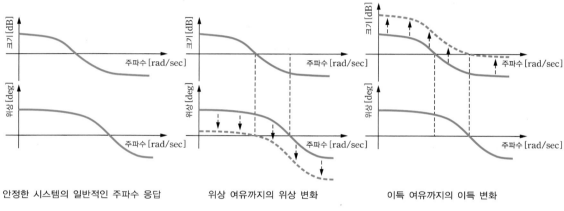

안정한 시스템의 일반적인 주파수 응답　　위상 여유까지의 위상 변화　　이득 여유까지의 이득 변화

[그림 7-13] **위상 여유와 이득 여유만큼의 불확실성이 발생할 때의 주파수 응답**

[정의 7-1]에 의하면 위상 여유는 시스템을 이득 교차 주파수(개로 전달함수의 이득값이 1인 주파수)에서 불안정 경계점에 오도록 하는 데 필요한 추가적인 위상 지연의 양으로부터 계산할 수 있다. 한편 이득 여유는 위상 교차 주파수(개로 전달함수의 위상값이 $-180°$인 주파수)에서 크기 $|G(j\omega)|$의 역수로부터 계산할 수 있다. 또한 다양한 스케일을 표현하기 위해 앞서 설명한 데시벨을 보통 사용한다. 즉 위상 교차 주파수 ω에서 이득 여유 K_g는 다음과 같이 표현된다.

$$K_g = \frac{1}{|G(j\omega)|} \tag{7.48}$$

이를 데시벨로 표현하면 다음과 같다.

$$K_g = 20\log K_g = -20\log|G(j\omega)| \tag{7.49}$$

양의 이득 여유는 시스템이 안정함을 의미하며, 음의 이득 여유는 시스템이 불안정함을 의미한다. 안정한 시스템의 이득 여유는 시스템이 불안정해지기까지 이득을 얼마만큼 증가시킬 수 있는가를 나타낸다. 불안정한 시스템의 경우, 이득 여유는 시스템을 안정시키기 위하여 이득을 얼마나 감소시켜야 하는지를 나타낸다.

이번에는 표준형 2차 개로 전달함수 (7.31)에 대한 이득 여유와 위상 여유를 구해보자. 우선 위상 여유를 구하기 위해 $|G(j\omega)|$의 크기가 1일 때의 주파수를 구해보면 다음과 같다.

$$\omega = \omega_n \sqrt{\sqrt{1+4\zeta^4}-2\zeta^2} \tag{7.50}$$

이 주파수에서의 $G(j\omega)$의 위상각은 다음과 같다.

$$\angle G(j\omega) = -\angle j\omega - \angle(j\omega + 2\zeta\omega_n) = -90 - \tan^{-1}\left(\frac{\sqrt{\sqrt{1+4\zeta^4}-2\zeta^2}}{2\zeta}\right) \tag{7.51}$$

따라서 위상 여유는 다음과 같이 계산될 수 있다.

$$
\begin{aligned}
\phi &= 180 - 90 - \tan^{-1}\left(\frac{\sqrt{\sqrt{1+4\zeta^4}-2\zeta^2}}{2\zeta}\right) \\
&= \tan^{-1}\frac{2\zeta}{\sqrt{\sqrt{1+4\zeta^4}-2\zeta^2}}
\end{aligned}
\tag{7.52}
$$

2차 개로 시스템 식 (7.31)에서는 위상이 $-180°$ 이하로 내려가지 않으므로, 이득 여유는 무한대가 된다. 이는 이득과 관련된 불확실성만을 가지고서는 시스템을 불안정하게 만들 수 없음을 의미한다.

예제 7-3

다음 [그림 7-14]와 같은 단위 피드백 시스템에서 [그림 7-12]와 같이 안정성이 보장되는 영역을 도시하라.

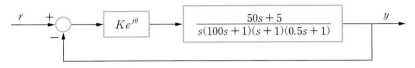

[그림 7-14] [예제 7-3]의 단위 피드백 시스템

풀이

K를 증가시키면서 각각의 K에 대한 위상 여유를 구하고, K와 해당 위상 여유를 도시하면 [그림 7-15]와 같다. 이는 안정성이 보장되는 K와 θ의 영역을 그린 그래프이다.

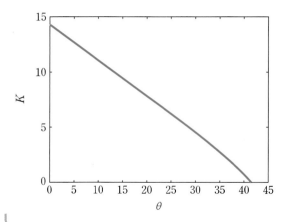

[그림 7-15] [그림 7-14]의 단위 피드백 시스템에서
안정성이 보장되는 영역

다음 전달함수의 크기와 위상을 도시하고, 위상 여유와 이득 여유를 구하라.

$$G(s) = \frac{100}{(s+2)(s+4)(s+5)} \tag{7.53}$$

풀이

CACSD$^{\text{Computer Aided Control System Design}}$ 툴로 주파수 응답을 도시하면 [그림 7-16]과 같다. 위상각이 $-180°$인 주파수($6.16\,[\text{rad/sec}]$)에서 $|G(j\omega)|$의 크기는 $-11.5\,[\text{dB}]$이므로, 이득 여유는 $11.5\,[\text{dB}]$이다. 이득 교차 주파수($2.89\,[\text{rad/sec}]$)에서는 위상각이 $122.1°$이므로, 위상 여유는 58.9이다.

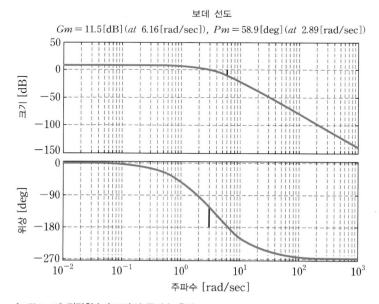

[그림 7-16] **전달함수 (7.53)의 주파수 응답**

7.2 나이키스트 선도

7.2.1 나이키스트 선도 작성법

전달함수에 정현파 신호를 입력으로 가할 경우, 그 응답은 해당 전달함수의 s 에 $j\omega$ 를 대입했을 때의 크기와 위상에 의해 결정됨을 배웠다. 따라서 전달함수의 s 에 $j\omega$ 를 대입하고, ω 의 변화에 따른 자취를 그려보는 것은 시스템 해석에서 매우 의미 있고 유용하다. 주어진 전달함수를 복소평면에 ω 의 변화에 따라 그린 것을 나이키스트 선도라 한다. 이 선도로부터 절대 안정성과 상대 안정성을 모두 확인할 수 있다.

주어진 전달함수 $G(s)$ 의 계수는 모두 실수이므로, $G(-j\omega) = \overline{G(j\omega)}$ 를 만족하며, $G(j\omega)$ 와 $\overline{G(j\omega)}$ 는 복소평면에서 실수축에 대해 대칭이다. 따라서 $G(j\omega)$ 와 $G(-j\omega)$ 도 실수축에 대해서 대칭이 된다. 그러므로 나이키스트 선도를 그릴 때 0에서 ∞ 까지 ω 에 대해 전달함수를 그린 후, 나머지는 실수축에 대해서 대칭으로 그리면 된다.

우선 몇 가지 간단한 전달함수에 대하여 나이키스트 선도를 그려보자.

예제 7-5

다음 전달함수에 대한 나이키스트 선도를 그려라. (단, $b > 0$ 이다.)

$$G(s) = \frac{b}{s+a} \tag{7.54}$$

풀이

$z = G(j\omega)$ 라 하고, 양변에 켤레를 취하면 다음과 같은 식을 얻을 수 있다.

$$\begin{aligned} b &= z(j\omega + a) \\ b &= \bar{z}(-j\omega + a) \end{aligned} \tag{7.55}$$

식 (7.55)의 두 식에서 $j\omega$ 를 소거하면 다음과 같은 식을 얻을 수 있다.

$$\frac{b-za}{b-\bar{z}a} = -\frac{z}{\bar{z}} \tag{7.56}$$

식 (7.56)을 전개하여 제곱꼴 형태로 나타내면 다음과 같다.

$$\left(z - \frac{b}{2a}\right)\left(\bar{z} - \frac{b}{2a}\right) = \frac{b^2}{4a^2}$$

$$\left| z - \frac{b}{2a} \right| = \left| \frac{b}{2a} \right|$$

(7.57)

식 (7.57)로부터 전달함수 (7.54)의 나이키스트 선도는 원임을 알 수 있다. [그림 7-17]에 a가 양인 경우와 음인 경우에 대한 나이키스트 선도가 도시되어 있다.

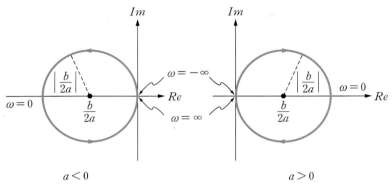

[그림 7-17] 전달함수 (7.54)의 나이키스트 선도

예제 7-6

다음 전달함수에 대한 나이키스트 선도를 그려라.

$$G(s) = \frac{s + \dfrac{1}{T}}{s + \dfrac{1}{\alpha T}}$$

(7.58)

여기서 $T > 0$이다. $0 < \alpha < 1$일 때와 $\alpha > 1$일 때로 나누어 그려라.

풀이

$z = G(j\omega)$라 하고, 양변에 켤레를 취하면 다음과 같은 식을 얻을 수 있다.

$$\alpha\,(Tj\omega + 1) = z(\alpha\,Tj\omega + 1)$$
$$\alpha(-Tj\omega + 1) = z(-\alpha\,Tj\omega + 1)$$

(7.59)

식 (7.59)의 두 식에서 $j\omega$를 소거하면 다음과 같은 식을 얻을 수 있다.

$$\frac{1 - z}{-1 + \bar{z}} = \frac{z - \alpha}{\bar{z} - \alpha}$$

(7.60)

식 (7.60)을 전개하여 제곱꼴 형태로 나타내면 다음과 같다.

$$\left(z - \frac{\alpha+1}{2}\right)\left(\bar{z} - \frac{\alpha+1}{2}\right) = \left(\frac{\alpha-1}{2}\right)^2$$

$$\left|z - \frac{\alpha+1}{2}\right| = \left|\frac{1-\alpha}{2}\right|$$

(7.61)

따라서 이 식으로부터 전달함수 (7.58)의 나이키스트 선도는 원임을 알 수 있다. $0 < \alpha < 1$일 경우와 $\alpha > 1$일 경우에 대한 나이키스트 선도가 [그림 7-18]에 도시되어 있다. 이 그림에서는 $0 < \omega < \infty$에 대해서만 도시되어 있는데, 음의 부분에 대해서는 대칭으로 그리면 된다.

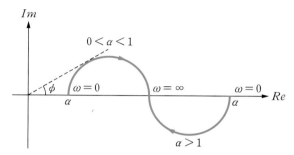

[그림 7-18] **전달함수 (7.58)의 나이키스트 선도**

$0 < \alpha < 1$일 경우에 최대 위상은 $\tan^{-1}(T\omega) - \tan^{-1}(\alpha T\omega)$을 최대로 하는 ω에서 발생한다. 이때 $x = \tan^{-1}(T\omega)$, $y = \tan^{-1}(\alpha T\omega)$라 놓고, $x - y$가 최대가 되는 ω를 찾아보자. 다음과 같은 식이 성립하므로,

$$\tan(x - y) = \frac{\tan x - \tan y}{1 + \tan x \tan y}$$

(7.62)

다음과 같은 식을 얻을 수 있다.

$$\tan(x - y) = \frac{T\omega - \alpha T\omega}{1 + T\omega \alpha T\omega}$$

$$= \frac{(1-\alpha)T}{\dfrac{1}{\omega} + \alpha T^2 \omega}$$

(7.63)

$x - y$를 최대로 만들기 위해, 식 (7.63)의 분모를 최소로 하는 ω를 찾아보자. 산술기하 부등식을 사용하면

$$\frac{1}{\omega} + \alpha T^2 \omega \geq 2\sqrt{\frac{1}{\omega}\alpha T^2 \omega} = 2\sqrt{\alpha}\,T$$

(7.64)

이고, 등호는 $\omega = \dfrac{1}{T\sqrt{\alpha}}$에서 발생한다. 이 ω를 $\tan^{-1}(T\omega) - \tan^{-1}(\alpha T\omega)$에 대입하거나, [그림 7-18]을 이용하여 기하학적으로 ϕ를 구해보면 다음과 같다.

$$\phi = \sin^{-1}\left(\frac{1-\alpha}{1+\alpha}\right)$$

(7.65)

식 (7.65)은 앞으로 제어기 설계에 유용하게 사용될 관계식이다.

다음 전달함수에 대한 나이키스트 선도를 그려라.

$$G(s) = \left(\frac{s + \dfrac{1}{T_1}}{s + \dfrac{\gamma}{T_1}} \right) \left(\frac{s + \dfrac{1}{T_2}}{s + \dfrac{1}{\gamma T_2}} \right) \tag{7.66}$$

여기서 $\gamma > 1$ 이고, $T_2 > T_1$ 이다.

풀이

$z = G(j\omega)$ 라 하면, 식 (7.66)은 다음과 같이 쓸 수 있다.

$$z = \left(\frac{j\omega + \dfrac{1}{T_1}}{j\omega + \dfrac{\gamma}{T_1}} \right) \left(\frac{j\omega + \dfrac{1}{T_2}}{j\omega + \dfrac{1}{\gamma T_2}} \right) \tag{7.67}$$

이 식을 정리하고, 양변에 컬레를 취하면 다음과 같은 두 식을 얻을 수 있으며,

$$\left(\frac{\omega}{T_1} + \frac{\omega}{T_2} \right)j + \frac{1}{T_1 T_2} - \omega^2 = z \left(\left(\frac{\gamma}{T_1} + \frac{1}{\gamma T_2} \right)\omega j + \frac{1}{T_1 T_2} - \omega^2 \right)$$

$$-\left(\frac{\omega}{T_1} + \frac{\omega}{T_2} \right)j + \frac{1}{T_1 T_2} - \omega^2 = \bar{z} \left(-\left(\frac{\gamma}{T_1} + \frac{1}{\gamma T_2} \right)\omega j + \frac{1}{T_1 T_2} - \omega^2 \right) \tag{7.68}$$

정리하면 다음과 같다.

$$\left[\left(\frac{1}{T_1} + \frac{1}{T_2} \right) - z\left(\frac{\gamma}{T_1} + \frac{1}{\gamma T_2} \right) \right]\omega j = (1-z)\left(\omega^2 - \frac{1}{T_1 T_2} \right)$$

$$\left[-\left(\frac{1}{T_1} + \frac{1}{T_2} \right) + \bar{z}\left(\frac{\gamma}{T_1} + \frac{1}{\gamma T_2} \right) \right]\omega j = (1-\bar{z})\left(\omega^2 - \frac{1}{T_1 T_2} \right) \tag{7.69}$$

식 (7.69)의 양변을 나누면, 최종적으로 다음과 같은 식을 얻을 수 있다.

$$\left| z - \left(\frac{1}{2} + \frac{\dfrac{1}{T_1} + \dfrac{1}{T_2}}{2\left(\dfrac{\gamma}{T_1} + \dfrac{1}{\gamma T_2} \right)} \right) \right| = \left| \frac{1}{2} - \frac{\dfrac{1}{T_1} + \dfrac{1}{T_2}}{2\left(\dfrac{\gamma}{T_1} + \dfrac{1}{\gamma T_2} \right)} \right| \tag{7.70}$$

식 (7.70)은 복소평면 상에서 반지름이 $\dfrac{1}{2} - \dfrac{1}{2}\left(\dfrac{1}{T_1} + \dfrac{1}{T_2} \right) \bigg/ \left(\dfrac{\gamma}{T_1} + \dfrac{1}{\gamma T_2} \right)$ 이고, 중심은 실수축 $\dfrac{1}{2} + \dfrac{1}{2}\left(\dfrac{1}{T_1} + \dfrac{1}{T_2} \right) \bigg/ \left(\dfrac{\gamma}{T_1} + \dfrac{1}{\gamma T_2} \right)$ 에 위치한 원을 나타낸다. 따라서 이 원은 실수축의 1 값을 항상 지나게 된다. 또한 복소평면에서 $\omega = 0$ 에 해당하는 점이 바로 1이고, ω 가 증가함에 따라 시계 방향으로 회전한다.

시계 방향으로 회전하여 위상이 0이 되는 주파수를 찾아보자.

$$\phi(\omega) = \tan^{-1}(\omega T_1) + \tan^{-1}(\omega T_2) - \tan^{-1}\left(\frac{\omega T_1}{\gamma}\right) - \tan^{-1}(\gamma \omega T_2) \tag{7.71}$$

$x = \tan^{-1}(\omega T_1)$, $y = \tan^{-1}(\omega T_2)$, $a = \tan^{-1}\left(\dfrac{\omega T_1}{\gamma}\right)$, $b = \tan^{-1}(\omega T_2 \gamma)$ 라 놓으면, 다음과 같은 관계식이 성립한다.

$$\begin{aligned}
\tan(x+y) &= \frac{(T_1 + T_2)\omega}{1 - \omega^2 T_1 T_2} \\[2mm]
\tan(a+b) &= \frac{(T_1 + T_2 \gamma^2)\omega}{\gamma(1 - \omega^2 T_1 T_2)}
\end{aligned} \tag{7.72}$$

$\omega = \dfrac{1}{\sqrt{T_1 T_2}}$ 이면, 식 (7.72)의 두 식의 값이 ∞가 되어 $x+y = \dfrac{\pi}{2}$, $a+b = \dfrac{\pi}{2}$가 된다. 따라서 $\omega = \dfrac{1}{\sqrt{T_1 T_2}}$ 일 때, 식 (7.71)의 위상 $x+y-a-b$의 값은 0이 된다.

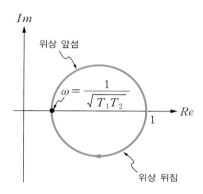

[그림 7-19] **전달함수 (7.66)의 나이키스트 선도**

전달함수 $G(s)$에 대한 나이키스트 선도는 [그림 7-19]와 같이 나타나며 다음과 같은 관계식을 이용하면, 주파수가 증가함에 따라 나이키스트 선도가 왜 시계 방향으로 회전하는지를 식 (7.72)로부터 알 수 있다.

$$\frac{T_1}{\gamma} + \gamma T_2 > T_1 + T_2 \tag{7.73}$$

지금까지 예제를 통하여 몇 개의 나이키스트 선도를 해석적으로 그려보았다. 하지만 전달함수가 복잡해지고 차수가 올라가면 위와 같이 나이키스트 선도를 그리는 것은 거의 불가능하다. 최근 대부분의 CACSD 툴은 나이키스트 선도를 그리는 함수를 제공하고 있다. 이 함수들을 사용하면 명령어 하나로 쉽게 나이키스트 선도를 그릴 수 있다.

지금까지 그린 나이키스트 선도는 나중에 제어기 설계에 매우 유용하게 사용되기 때문에, 그려보는 것 자체가 나름 의미가 있다. 이 부분은 7.5절에서 다시 자세히 다룰 것이다.

7.2.2 나이키스트 안정성 판별법

지금부터는 개로 시스템의 나이키스트 선도를 사용하여 폐로 시스템의 안정성을 판별하는 나이키스트 안정성 판별법을 소개한다. 이 방법을 통하여 시스템의 절대 안정성뿐만 아니라 상대 안정성과 관련된 지표도 알 수 있다. 나이키스트 안정성 판별법을 엄밀히 증명하려면 수준 높은 수학 지식이 요구되나, 여기서는 직관에 의존하여 주요 내용을 이해하고, 주로 그 활용에 관심을 둘 것이다.

[그림 7-20]과 같은 피드백 시스템을 대상으로 개로 시스템 $G(s)$의 주파수 특성을 이용하여 시스템의 안정성을 판별하는 문제를 살펴보자. 이 폐로 전달함수는 다음과 같다.

$$\frac{Y(s)}{R(s)} = \frac{G(s)}{1 + G(s)H(s)} \tag{7.74}$$

따라서 폐로 시스템의 특성방정식을 다음과 같이 쓸 수 있다.

$$1 + G(s)H(s) = 0 \tag{7.75}$$

나이키스트 안정성 판별법은 개로 전달함수 $G(s)H(s)$에 대한 정보를 이용하여, 폐로 시스템의 특성방정식 (7.75)가 s 평면의 우반평면에 갖는 불안정한 근의 수를 구함으로써 폐로 시스템의 안정성을 판별하는 방법이다. 여기에서는 $H(s) = 1$이라고 가정한다. $H(s) \neq 1$인 경우에도 쉽게 확장이 가능하므로, 계산의 편의를 위해 $H(s) = 1$이라고 가정해도 상관없다.

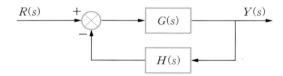

[그림 7-20] **나이키스트 안정성 판별법을 적용하기 위한 폐로 시스템의 기본형**

나이키스트 안정성 판별법의 엄밀한 수학적인 증명은 '부록 A.7'에서 하고, 여기서는 간단한 예를 통해 직관적으로 이를 이해해보도록 하자. 우선 다음과 같은 개로 전달함수를 생각하자.

$$G(s) = \frac{K(s - z_1)}{(s - p_1)(s - p_2)} \tag{7.76}$$

[그림 7-21]에서 보는 바와 같이 복소 s 평면에서 폐궤적을 Λ_s라고 하자. Λ_s 위의 한 점을 s라고 하면, $s - p_1$, $s - p_2$, $s - z_1$은 각각 $\overrightarrow{p_1 s}$, $\overrightarrow{p_2 s}$, $\overrightarrow{z_1 s}$와 같은 2차원 벡터로 생각할 수 있다. 여기서 $\overrightarrow{p_1 s}$는 p_1에서 시작하여 s에서 끝나는 벡터이다.

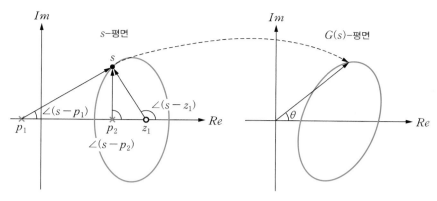

[그림 7-21] **개로 전달함수 (7.76)의 복소평면 궤적**

복소 s-평면의 Λ_s 궤적 위에서 s가 움직일 때, $G(s)$-평면에 대응하여 그려지는 폐곡선을 Λ_G라고 하면, $G(s)$를 다음과 같이 나타낼 수 있다.

$$
\begin{aligned}
G(s) &= \frac{K(s-z_1)}{(s-p_1)(s-p_2)} \\
&= \frac{K|s-z_1|}{|s-p_1||s-p_2|}\left[\angle(s-z_1)-\angle(s-p_1)-\angle(s-p_2)\right] = \frac{K|s-z_1|}{|s-p_1||s-p_2|}e^{j\theta}
\end{aligned}
\tag{7.77}
$$

이때 점 s가 Λ_s에서 한 바퀴 돌면, Λ_s 밖에 있는 $\overrightarrow{p_2 s}$, $\overrightarrow{z_1 s}$의 편각 변화율은 2π가 되고, $\overrightarrow{p_1 s}$의 편각은 2π만큼 움직이지 않고 중간에 제자리로 되돌아온다. 이를 그림으로 나타내면 [그림 7-22]와 같다.

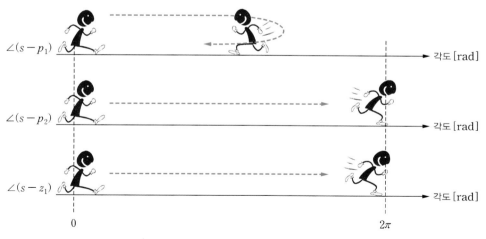

[그림 7-22] **각 항들의 편각 변화**

[표 7-1]에 간단한 전달함수에 대한 폐궤적을 소개하였다.

[표 7-1] 여러 복소함수들의 사상^{mapping}

s-영역	복소함수	$G(s)$-영역	특이사항
(Im, Re 좌표평면, 폐궤적 Λ_s, V, θ, z_1)	$G(s) = s - z_1$	(Im, Re 좌표평면, 폐궤적 Λ_G, R, θ, $R = V$)	s-영역에서 폐궤적 외부에 영점 z_1이 있으면, $G(s)$ 영역에서 폐곡선 외부에 0이 있다.
(Im, Re 좌표평면, 폐궤적 Λ_s, V, θ, z_1)	$G(s) = s - z_1$	(Im, Re 좌표평면, 폐궤적 Λ_G, R, θ, $R = V$)	s-영역에서 폐궤적 내부에 영점 z_1이 있으면, $G(s)$ 영역에서 폐곡선 내부에 0이 있다. 두 폐곡선의 회전 방향은 동일하다.
(Im, Re 좌표평면, 폐궤적 Λ_s, V, θ, p_1)	$G(s) = \dfrac{1}{s - p_1}$	(Im, Re 좌표평면, 폐궤적 Λ_G, $R = \dfrac{1}{V}$, θ, R)	s-영역에서 폐궤적 외부에 극점 p_1이 있으면, $G(s)$ 영역에서 폐곡선 외부에 0이 있다.
(Im, Re 좌표평면, 폐궤적 Λ_s, V, θ, p_1)	$G(s) = \dfrac{1}{s - p_1}$	(Im, Re 좌표평면, 폐궤적 Λ_G, θ, R, $R = \dfrac{1}{V}$)	s-영역에서 폐궤적 내부에 극점 p_1이 있으면, $G(s)$ 영역에서 폐곡선 내부에 0이 있다. 두 폐곡선의 회전 방향은 반대이다.
(Im, Re 좌표평면, 폐궤적 Λ_s, V_1, V_2, z_1, p_1)	$G(s) = \dfrac{s - z_1}{s - p_1}$	(Im, Re 좌표평면, 폐궤적 Λ_G, R, $R = \dfrac{V_1}{V_2}$)	s-영역에서 폐궤적 내부에 극점 p_1과 영점 z_1이 있으면 $G(s)$ 영역에서 폐곡선 외부에 0이 있다.

이를 바탕으로 식 (7.75)와 같은 폐로 전달함수에 대한 폐궤적을 추론하여 그린 예를 [표 7-2]에 나타내었다.

[표 7-2] 폐로 전달함수와 관련된 $1+G(s)$의 사상

s-영역	복소함수	$1+G(s)$ 또는 $G(s)$	특이사항
	$1+G(s)$		$1+G(s)$의 영점 개수와 극점 개수의 차이만큼 0 주변을 회전한다.
	$G(s)$		기준으로 삼던 0을 -1로 이동시켜 $1+G(s)$ 대신 $G(s)$를 사용한다.

이때 다음과 같은 원리가 성립함을 알 수 있다.

정리 7-1

전달함수 $G(s)$의 나이키스트 선도는 다음과 같은 식을 만족한다.

$$Z = N + P \tag{7.78}$$

여기서 각 변수의 의미는 다음과 같다.

- Z : 우반평면에 있는 $1+G(s)$의 영점들의 개수(불안정한 폐로 극점의 수)
- N : $G(s)$의 나이키스트 선도가 $(-1, 0)$을 시계 방향으로 감싸는 횟수
  (반시계 방향은 $-$로 처리)
- P : 우반평면에 있는 $G(s)$의 극점의 개수(불안정한 개로 극점의 수)

4장에서 설명한 [정리 4-2]에 의하면, 폐로 시스템이 안정하기 위한 필요충분조건은 폐로 극점이 모두 복소평면의 좌반평면에 위치하는 것이다. 따라서 폐로 시스템이 안정하기 위해서는 [정리 7-1]의 Z는 0이 되어야 하며, 이를 위해서는 $N = -P$가 반드시 성립해야 한다. 이렇듯 나이키스트 선도와 [정리 7-1]을 이용하여 시스템의 안정도를 판별할 수 있는데, 이를 나이키스트 안정도 판별법이라고 한다. 예를 들어 $G(s)$의 불안정한 극점이 2개, 즉 $P = 2$라면, $N = -2$가 되어 나이키스트 선도에서 반시계 방향으로 $(-1, 0)$을 2번 감아야 한다. 반면 이미 개로 시스템이 안정하다면, $P = 0$이므로 나이키스트 선도가 복소평면 상에서 $(-1, 0)$을 감싸지 말아야 할 것이다. [정리 7-1]의 자세한 증명은 '부록 A.7'을 참고하기 바란다.

다음과 같은 간단한 전달함수에 대해 나이키스트 선도를 그리고, 폐로 시스템이 안정하도록 K의 범위를 구하라.

$$G(s) = \frac{K}{s-2} \tag{7.79}$$

풀이

전달함수 (7.79)의 나이키스트 선도는 전달함수 (7.54)에서 $a = -2$, $b = K$에 해당하는 그림이다. 식 (7.57)에 $a = -2$, $b = K$를 대입하면 [그림 7-23]과 같은 나이키스트 선도를 얻는다.

불안정한 개로 시스템의 극점이 한 개이므로 $P = 1$이며, $(-1, 0)$을 감싸지 않는다면 $N = 0$이고, [정리 7-1]에 의하여 $Z = N + P = 0 + 1 = 1$이다. 즉 폐로 시스템의 불안정한 극점이 1개 있다. 만약 $(-1, 0)$을 반시계 방향으로 한 번 감는다면, $N = -1$이고, [정리 7-1]에 의하여 $Z = N + P = -1 + 1 = 0$이다. 즉 폐로 시스템은 안정하게 된다. [그림 7-23]에서 알 수 있듯이, $(-1, 0)$을 반시계 방향으로 한 번 감기 위해서는 $K > 2$이면 된다.

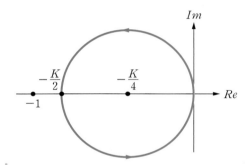

[그림 7-23] **전달함수 (7.79)의 나이키스트 선도**

다음과 같은 전달함수에 대해 나이키스트 선도를 그리고, 폐로 시스템의 안정성을 판별하라.

$$G(s) = \frac{1}{(T_1 s + 1)(T_2 s + 1)} \tag{7.80}$$

여기서 $T_1 > 0$, $T_2 > 0$이다.

풀이

$G(j\omega)$를 다음과 같이 쓸 수 있다.

$$\begin{aligned} G(j\omega) &= \frac{1}{(T_1 j\omega + 1)(T_2 j\omega + 1)} \\ &= \frac{1}{\sqrt{(1 + T_1^2 \omega^2)(1 + T_2^2 \omega^2)}} \angle (-\tan^{-1}(T_1 \omega) - \tan^{-1}(T_2 \omega)) \end{aligned} \tag{7.81}$$

식 (7.81)에서 알 수 있듯이 $G(j\omega)$의 크기는 주파수 ω에 대해 감소함수이고, 위상도 역시 감소함수이다. 주파수 ω가 커질수록 크기는 0으로 수렴하고, 위상은 $-\pi$로 수렴함을 알 수 있다. 이상의 결과를 통해 나이키스트 선도를 그리면 [그림 7-24]와 같다.

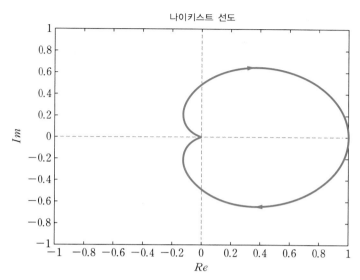

나이키스트 선도

[그림 7-24] **전달함수 (7.80)에서 $T_1 = 2$, $T_2 = 3$인 경우의 나이키스트 선도**

우반평면에 $G(s)$의 극점이 없으므로 $P = 0$이고, [그림 7-24]에서 보듯이 -1을 감싸지 않으므로 $N = 0$이다. 나이키스트 안정성 판별법에 의해 $Z = N + P = 0$이므로, 이 전달함수를 가지는 폐로 시스템은 안정하다.

앞에서 언급했듯이, 대부분의 경우 나이키스트 선도를 정확히 그리는 것은 매우 어렵다. 하지만 약간의 직관을 이용하면 안정성을 판별하는 데 문제가 없을 정도로 나이키스트 선도를 그릴 수 있다. [그림 7-24]의 경우도 수식으로 깔끔하게 표현할 수는 없었지만, 대강의 그림을 그리는 데는 큰 어려움이 없었다.

다음 [표 7-3]에서 나이키스트 선도를 그리는 데 알아두면 편리한 몇 가지 방법을 소개한다.

[표 7–3] 나이키스트 선도에서 $\omega = 0$과 $\omega = \infty$에 해당하는 사상

❶ 극점이 원점에 없는 경우

예 $G(s) = \dfrac{1}{(T_1 s + 1)(T_2 s + 1)}$

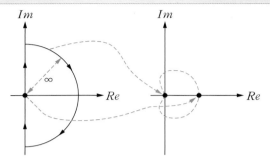

나이키스트 선도에서 $\omega = 0$과 $\omega = \infty$는 어떤 한 점과 원점으로 사상된다.

❷ 극점 한 개가 원점에 있고, 나머지는 좌반평면에 있는 경우

예 $G(s) = \dfrac{1}{s(T_1 s + 1)}$

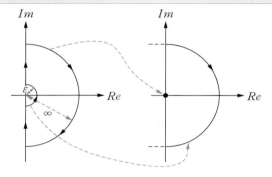

나이키스트 선도에서 $\omega = 0$ 부근은 무한대 반지름을 갖는 반원으로, $\omega = \infty$는 원점으로 사상된다. 무한대 반지름의 경로 방향은 시계 방향이다.

❸ 극점 중 한 개가 원점에 있고, 또 한 개가 우반평면에 있는 경우(나머지는 좌반평면에 있다.)

예 $G(s) = \dfrac{1}{s(T_1 s - 1)}$

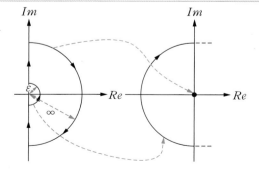

나이키스트 선도에서 $\omega = 0$ 부근은 무한대 반지름을 갖는 반원으로, $\omega = \infty$는 원점으로 사상된다. 나이키스트 선도의 무한대 반지름의 경로 방향은 시계 방향이고, 위치는 허수축을 기준으로 s-영역과 반대이다.

❹ **극점 두 개가 원점에 있고, 나머지는 좌반평면에 있는 경우**

예 $G(s) = \dfrac{1}{s^2(T_1s+1)}$

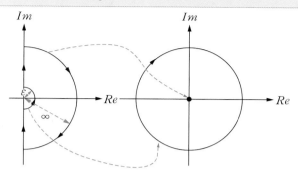

나이키스트 선도에서 $\omega = 0$ 부근은 무한대 반지름을 갖는 원으로, $\omega = \infty$는 원점으로 사상된다. $-\varepsilon j$에서 εj으로 가는 반시계 방향의 경로는 -1에서 자신(-1)으로 오는 시계 방향의 경로로 사상된다.

[표 7-3]에서 ❶의 경우는 [예제 7-9]와 같이 $G(s)$가 원점을 극점으로 갖고 있지 않을 때로, 나이키스트 선도에서 $\omega = 0$과 $\omega = \infty$는 어떤 한 점과 원점으로 사상된다. s 평면의 무한대 반원 궤적은 원점 하나에 사상된다. 또 $\omega = \infty$와 $\omega = -\infty$는 같은 점으로 사상된다.

[표 7-3]에서 ❷의 경우는 극점으로 원점을 하나 포함한 경우에 대한 나이키스트 선도를 그리고 있다. 나이키스트 안정성 판별법에서 s-영역의 경로에 극점과 영점이 존재하지 않아야 하므로, s-영역의 경로를 수정해야 한다. s-영역의 원점 근처의 경로를 미소 반지름 ε을 갖는 반원으로 대체하여 원점을 s-영역의 경로 외부에 둔다. 이렇게 할 경우, 나이키스트 선도에서는 $\omega = 0$ 부근이 무한대 반지름을 갖는 반원으로, $\omega = \infty$는 원점으로 사상된다. 무한대 반지름의 경로 방향이 시계 방향임을 주의해야 한다. 원점 부근에서의 전달함수는 다음과 같이 근사화할 수 있다.

$$\lim_{s \to \varepsilon e^{j\theta}} G(s) = \frac{c}{\varepsilon e^{j\theta}} = \frac{c}{\varepsilon} e^{-j\theta} \tag{7.82}$$

여기서 c는 $sG(s)$의 $s = 0$에서의 극한값이다. θ가 $-90°$에서 $90°$로 증가할 때, 즉 반시계 방향으로 회전할 때, $G(s)$의 궤적은 $90°$에서 $-90°$로 시계 방향으로 회전함을 알 수 있다.

[표 7-3]에서 ❸의 경우는 ❷의 경우처럼 원점에 극점을 갖지만, 이에 더하여 우반평면에도 극점을 하나 갖는 상황이다. 이런 경우, 원점 부근에서의 전달함수는 식 (7.82)처럼 근사화할 수 있으며, 우반평면에 있는 극점에 의해 c에 해당하는 값이 음수가 된다. 따라서 θ가 $-90°$에서 $90°$로 증가할 때, 즉 반시계 방향으로 회전할 때 $G(s)$의 궤적은 $-90°$에서 $90°$로 시계 방향으로 회전한다.

[표 7-3]에서 ❹의 경우는 원점에 이중 극점을 가지는 경우인데, 원점 부근에서 전달함수는 다음과 같이 근사화된다.

$$\lim_{s \to \varepsilon e^{j\theta}} G(s) = \frac{d}{\varepsilon^2 e^{2j\theta}} = \frac{d}{\varepsilon^2} e^{-2j\theta} \tag{7.83}$$

여기서 d는 $s^2 G(s)$의 $s = 0$에서의 극한값이다. θ가 $-90°$에서 $90°$로 증가할 때, 즉 반시계 방향으로 회전할 때, $G(s)$의 궤적은 $180°$에서 $-180°$로 시계 방향으로 한 바퀴 회전함을 알 수 있다.

[표 7-3]의 나이키스트 선도 작성법을 사용하여 몇 가지 예제를 풀어보도록 하자.

예제 7-10

다음과 같은 개로 전달함수를 갖는 시스템을 고려해보자.

$$G(s) = \frac{K}{s(T_1 s + 1)(T_2 s + 1)} \tag{7.84}$$

나이키스트 안정성 판별법을 사용하여 폐로 시스템이 안정화될 수 있도록 양수 K의 범위를 정하라.

풀이

$G(j\omega)$는 다음과 같이 쓸 수 있다.

$$\begin{aligned}
G(j\omega) &= \frac{K}{j\omega(T_1 j\omega + 1)(T_2 j\omega + 1)} \\
&= \frac{K}{\omega\sqrt{(1 + T_1^2\omega^2)(1 + T_2^2\omega^2)}} \angle \left(-\frac{\pi}{2} - \tan^{-1}(T_1\omega) - \tan^{-1}(T_2\omega)\right)
\end{aligned} \tag{7.85}$$

이 식을 보면, 주파수가 증가함에 따라 $G(j\omega)$의 크기와 위상이 감소하다가, 결국 크기는 0으로 수렴하고, 위상은 $-90°$에서 시작하여 $-270°(90°)$로 수렴한다. 또한 극점 1개가 원점에 있어 [표 7-3]의 두 번째 경우에 해당하므로, 이를 바탕으로 [그림 7-25]와 같이 나이키스트 선도를 그릴 수 있다.

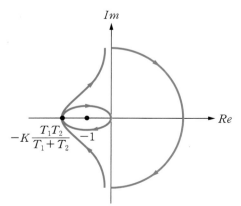

[그림 7-25] 전달함수 (7.84)의 나이키스트 선도

개로 전달함수 (7.84)가 우반평면에 극점을 갖지 않기 때문에 $P = 0$이므로, 시스템이 안정하기 위해서는 나이키스트 안정성 판별법에 의하여 점 -1을 감싸지 말아야 한다. 따라서 나이키스트 선도가 실수축과 만날 때의 K를 $\overline{K}$라 하면, K는 $\overline{K}$보다 작게 정해져야 한다. $\overline{K}$ 값은 다음과 같은 $G(j\omega)$의 허수부를 0으로 만든다.

$$\begin{aligned} G(j\omega) &= \frac{\overline{K}}{j\omega(T_1 j\omega + 1)(T_2 j\omega + 1)} \\ &= \frac{\overline{K}}{-\omega^2(T_1 + T_2) + j\omega(1 - T_1 T_2 \omega^2)} \end{aligned} \tag{7.86}$$

$\omega = \dfrac{1}{\sqrt{T_1 T_2}}$ 일 때 $G(j\omega)$의 허수부가 0이 되고, $\omega = \dfrac{1}{\sqrt{T_1 T_2}}$을 $G(j\omega)$에 대입하면 다음과 같다.

$$G\left(j\frac{1}{\sqrt{T_1 T_2}}\right) = \frac{\overline{K}\, T_1 T_2}{-(T_1 + T_2)} = -1 \tag{7.87}$$

따라서 $\overline{K}$ 값은 다음과 같다.

$$\overline{K} = \frac{1}{T_1} + \frac{1}{T_2} \tag{7.88}$$

따라서 K가 식 (7.88)의 $\overline{K}$ 값보다 작으면 안정성이 보장된다.

원점을 극점으로 가진 경우에는, 무한대의 반지름을 가지는 나이키스트 선도를 개념적으로 그려야 하므로 컴퓨터로 계산하기가 쉽지 않다. 이는 무한의 개념을 컴퓨터에서 표현하지 못하기 때문이다. 예를 들어 CACSD 툴을 사용하면 전달함수 (7.84)의 나이키스트 선도는 [그림 7-26]과 같이 일부만 그려진다.

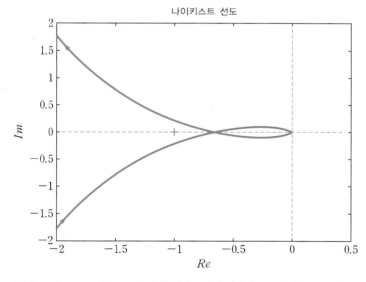

[그림 7-26] CACSD 툴로 그린 전달함수 (7.84)의 나이키스트 선도($T_1 = 1$, $T_2 = 2$, $K = 1$)

다음과 같은 개로 전달함수에 대해, 폐로 시스템에 대한 안정성을 보장하는 양수 K의 범위를 구하라.

$$G(s) = \frac{Ke^{-\frac{2}{9}\sqrt{3}\pi s}}{s+1} \tag{7.89}$$

풀이

$G(j\omega)$는 다음과 같이 쓸 수 있다.

$$
\begin{aligned}
G(j\omega) &= \frac{Ke^{-\frac{2}{9}\sqrt{3}\pi j\omega}}{j\omega+1} \\
&= \frac{K}{\sqrt{\omega^2+1}} \angle -\frac{2}{9}\sqrt{3}\pi\omega - \tan^{-1}\omega
\end{aligned}
\tag{7.90}
$$

따라서 주파수 ω가 증가할수록 $G(j\omega)$의 크기와 위상이 감소함을 알 수 있다. 결국 $G(j\omega)$의 크기는 0으로 감소하고, 위상은 $-\frac{2}{9}\sqrt{3}\pi\omega$ 항 때문에 음수 방향으로 계속 발산하게 된다. 따라서 [그림 7-27]과 같이 나선형의 나이키스트 선도를 얻게 된다.

[그림 7-27]은 양의 주파수 부분만 그린 것으로 실수축에 대해 대칭 이동한 그래프가 추가되면 음의 주파수 부분까지 포함된 완전한 나이키스트 선도가 된다. 여기에서는 가시적인 혼동을 줄이기 위해 양의 주파수 부분만 그렸다.

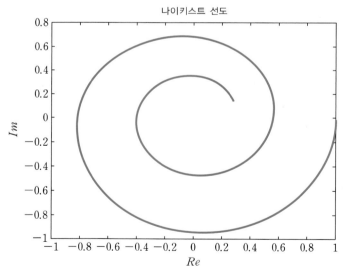

[그림 7-27] **전달함수 (7.89)의 나이키스트 선도**

한편 전달함수 (7.89)에는 불안정한 극점이 존재하지 않아서 $P=0$이므로, 안정성을 보장하기 위해서는 점 -1을 감싸면 안 된다. 따라서 나이키스트 선도가 점 -1을 지나는 임계 K 값보다 K가 작아야 안정성이 보장된다. 임계 K 값은 다음과 같은 $G(j\omega)$의 허수부가 0일 때 구할 수 있다.

$$G(j\omega) = \frac{Ke^{-\frac{2}{9}\sqrt{3}\,\pi j\omega}}{j\omega+1}$$

$$= \frac{K\left(\cos\frac{2}{9}\sqrt{3}\,\pi\omega - j\sin\frac{2}{9}\sqrt{3}\,\pi\omega\right)(1-j\omega)}{1+\omega^2} \tag{7.91}$$

$$= \frac{K}{1+\omega^2}\left[\left(\cos\left(\frac{2}{9}\sqrt{3}\,\pi\omega\right) - \omega\sin\left(\frac{2}{9}\sqrt{3}\,\pi\omega\right)\right) - j\left(\sin\left(\frac{2}{9}\sqrt{3}\,\pi\omega\right) + \omega\cos\left(\frac{2}{9}\sqrt{3}\,\pi\omega\right)\right)\right]$$

$G(j\omega)$의 허수 부분은 다음을 만족할 때 0이 된다.

$$\sin\left(\frac{2}{9}\sqrt{3}\,\pi\omega\right) + \omega\cos\left(\frac{2}{9}\sqrt{3}\,\pi\omega\right) = 0 \tag{7.92}$$

정리하면 다음과 같다.

$$\omega = -\tan\left(\frac{2}{9}\sqrt{3}\,\pi\omega\right)$$

이 방정식에서 가장 작은 양의 해를 구하면 다음과 같다.

$$\omega = \sqrt{3}$$

이 ω 값을 $G(j\omega)$에 대입하면 다음과 같다.

$$G(j\sqrt{3}) = \frac{K}{4}\left[\cos\left(\frac{2}{3}\pi\right) - \sqrt{3}\sin\left(\frac{2}{3}\pi\right)\right]$$

$$= \frac{K}{4}\left[-\frac{1}{2} - \sqrt{3}\,\frac{\sqrt{3}}{2}\right] = -\frac{K}{2} \tag{7.93}$$

식 (7.93)의 값이 -1이 되도록 K를 정하면 $K = 2$이다. 따라서 $0 < K < 2$에서 폐로 시스템의 안정도가 보장됨을 알 수 있다.

예제 7-12

다음과 같은 개로 전달함수에 대하여 폐로 시스템의 안정성을 판별하라.

$$G(s) = \frac{T_2 s + 1}{s^2(T_1 s + 1)} \tag{7.94}$$

여기서 T_1과 T_2는 양의 상수이다.

풀이

$G(j\omega)$는 다음과 같이 쓸 수 있다.

$$G(j\omega) = -\frac{T_2 j\omega + 1}{\omega^2(T_1 j\omega + 1)} = \frac{\sqrt{1 + T_2^2\omega^2}}{\omega^2\sqrt{1 + T_1^2\omega^2}} \angle \pi + \tan^{-1}T_2\omega - \tan^{-1}T_1\omega \tag{7.95}$$

전달함수 $G(s)$는 원점에서 이중 극점을 가지므로, [표 7-3]의 네 번째 경우에 해당한다. s 평면의 원점 주변이 사상된 $G(s)$의 궤적은 시계 방향으로 $180°$에서 $-180°$까지 한 바퀴 회전함을 알 수 있다. T_1과 T_2의 대소 관계에 따라 $\tan^{-1} T_2\omega - \tan^{-1} T_1\omega$이 양이 될 수도, 음이 될 수도 있으므로, 나이키스트 선도는 [그림 7-28]과 같이 두 가지로 나올 수 있다.

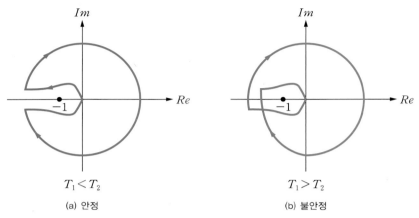

[그림 7-28] **전달함수 (7.94)의 나이키스트 선도**

[예제 7-12]에서 다룬 전달함수 (7.94)에서 $T_1 > T_2$인 경우는 [그림 7-28]에서 보듯이 불안정하며, 다음과 같은 단순 이득 K만으로는 안정화시킬 수 없다.

$$G(s) = K\frac{T_2 s + 1}{s^2(T_1 s + 1)}$$

그 이유는 [그림 7-28(b)]에서 알 수 있듯이, 이득 K를 조절하면서 -1을 감싸지 않도록 할 수 있는 방법이 없기 때문이다. 이 경우에는 6장에서 배운 PID 제어와 같은 두 개 이상의 파라미터를 갖는 제어기를 사용하여 안정화시켜야 한다.

예제 7-13

다음과 같은 개로 전달함수에서 폐로 시스템에 대한 안정도를 보장하는 양수 K의 범위를 구하라.

$$G(s) = \frac{K(T_2 s + 3)}{s(T_1 s - 1)} \qquad (7.96)$$

여기서 $T_1 > 0,\ \ T_2 > 0$이다.

풀이

$G(j\omega)$는 다음과 같이 쓸 수 있다.

$$G(j\omega) = \frac{K(T_2 j\omega + 3)}{j\omega(T_1 j\omega - 1)}$$

$$= \frac{K\sqrt{(9 + T_2^2 \omega^2)}}{\omega\sqrt{(1 + T_1^2 \omega^2)}} \angle \left(-\frac{\pi}{2} + \tan^{-1}\left(\frac{T_2}{3}\omega\right) - \pi + \tan^{-1}(T_1 \omega)\right) \qquad (7.97)$$

식 (7.97)에서 $G(j\omega)$의 크기를 주파수 w에 대해서 미분해보면, 주파수가 증가함에 따라 단조 감소함을 알 수 있다. $G(j\omega)$의 위상은 주파수 증가에 따라 $90°(-270°)$에서 $270°$까지 단조 증가한다. 극점이 원점에 하나 존재하므로 [표 7-3]의 세 번째 경우에 해당하며, 이를 바탕으로 나이키스트 선도를 그리면 [그림 7-29]와 같다.

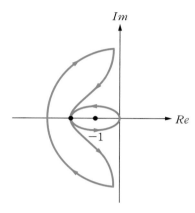

[그림 7-29] 전달함수 (7.96)의 나이키스트 선도

개로 전달함수 (7.96)은 우반평면에 극점을 하나 갖고 있기 때문에 $P = 1$이므로, 안정하기 위해서는 나이키스트 안정성 판별법에 의하여 점 -1을 한 번 반시계 방향으로 감싸야 한다. 즉 $N = Z - P = 0 - 1 = -1$이어야 한다. 따라서 나이키스트 선도가 실수축과 만날 때의 K를 $\overline{K}$라 하면, K는 $\overline{K}$보다 크게 정해져야 한다. $\overline{K}$ 값은 아래와 같은 $G(j\omega)$의 허수부가 0이 될 때 구할 수 있다.

$$G(j\omega) = \frac{\overline{K}(T_2 j\omega + 3)}{j\omega(T_1 j\omega - 1)} \qquad (7.98)$$

$\omega = \sqrt{\dfrac{3}{T_1 T_2}}$ 일 때 $G(j\omega)$의 허수부가 0이 되므로, $\omega = \sqrt{\dfrac{3}{T_1 T_2}}$ 을 $G(j\omega)$에 대입하면 다음과 같다.

$$G\left(j\sqrt{\frac{3}{T_1 T_2}}\right) = \frac{\overline{K}(-3 T_1 - T_2)}{3 T_1 / T_2 + 1} = -1 \qquad (7.99)$$

따라서 $\overline{K}$ 값은 다음과 같다.

$$\overline{K} = \frac{1}{T_2} \qquad (7.100)$$

식 (7.100)의 $\overline{K}$ 값보다 K가 커야 안정도가 보장된다.

7.3 보데 선도

7.1절에서 주파수 응답을 배우면서, 크기 응답과 위상 응답을 주파수에 대한 함수로 그래프에 표현해보았다. 선형 시스템의 경우(전달함수로 표현되는 경우), 특정 주파수의 정현파 응답은 그 주파수에서의 전달함수에 대한 크기와 위상에 의해 정해지기 때문에, 이 두 정보(크기와 위상)가 매우 중요하다. 이렇게 주파수 응답을 크기 응답과 위상 응답으로 나누어 그린 두 개의 그래프를 보데 선도라고 하며, 1942년 보데[H. W. Bode]에 의해 개발되었다. 두 개의 그래프 모두 가로축에는 주파수가 대수적(로그 스케일)으로 표시되고, 세로축에는 크기 응답이 대수적으로, 위상 응답의 경우에는 위상각이 선형적으로 표시된다. 특히 크기응답의 경우에는 전에 언급했던 dB$(20\log(\,\cdot\,))$을 사용한다.

이제 보데 선도를 그리는 방법과 활용법을 소개해보자.

7.3.1 보데 선도 작성법

보데 선도를 그리는 방법은 다른 과목에서 다루기도 하므로, 이미 보데 선도를 그리는 방법을 어느 정도 알고 있는 독자도 있으리라 생각한다. 보데 선도는 컴퓨터가 발전하지 못한 시대에 개발되었으며, 사람들은 인간이 할 수 있는 단순한 계산만으로 대략적인 그래프를 어떻게 얻어낼 것인가에 관심이 많았다. 하지만 현대에는 컴퓨터와 관련된 CACSD 툴들이 많아지면서, 보데 선도를 그리는 일이 너무 쉬워졌다. 그렇다면 사실 보데 선도를 힘들게 손으로 그리는 것이 무의미할 수도 있다.

여기서는 보데 선도를 그리는 방법을 배운다기보다는, 전달함수에 대한 대략적인 보데 선도를 구하여 제어기 설계 시에 유용한 직관을 얻는 데 초점을 맞추도록 한다. 실제 보데 선도는 제어기 설계 시 제어공학자들에게 유용한 설계 개념을 제시하고, 성능을 확인하는 중요한 지표가 된다.

1차 시스템

다음과 같은 1차 시스템을 생각하자.

$$G(s) = \frac{1}{Ts+1} \tag{7.101}$$

s 대신 $j\omega$를 대입한 $G(j\omega)$의 크기는 $-10\log(\omega^2 T^2 + 1)\,[\mathrm{dB}]$이므로, 차단 주파수에서의 $G(j\omega)$의 크기는 $-3(\approx -10\log 2)\,[\mathrm{dB}]$, 대역폭은 $\omega_c = \omega_B = \dfrac{1}{T}$, 대역 이득은 $0\,[\mathrm{dB}]$이 된다.

앞서 설명하였듯이 보데 선도는 주파수에 대한 전달함수의 크기 응답과 위상 응답의 두 그래프로 구성되어 있다. 먼저 전달함수의 크기 응답에 대한 그래프를 작성해보자. 보데 선도를 그릴 때, 각 주파수에서 크기 값을 구하여 정밀하게 그리기보다는, 대략적인 주파수 특성과 특정 주파수의 값이 중요하므로 근사화하여 작성하는 것이 일반적이다. 먼저 $\omega T \leq 0.1$ 범위의 주파수 영역에서는 다음과 같은 근사식이 만족된다고 가정하여

$$-10\log\left(\omega^2 T^2 + 1\right) \approx -10\log\left(1\right) \approx 0$$

$0[\mathrm{dB}]$로 보데 선도를 그린다. 다음으로 $\omega T > 10$일 때에는 다음과 같은 근사식을 사용하여,

$$-10\log\left(\omega^2 T^2 + 1\right) \approx -10\log\left(\omega^2 T^2\right) \approx -20\log\left(\omega T\right)$$

주파수 ω가 10배 증가할 때마다, $-20[\mathrm{dB}]$의 비율로 감소하도록 보데 선도를 그린다. 실제 보데 선도와 대략적인 보데 선도 간에는 차단 주파수에서 가장 큰 오차가 발생하는데, 그 오차의 크기는 $-3[\mathrm{dB}]$이다.

이번에는 전달함수의 위상을 근사하여 그려보자. $\phi(\omega) = -\tan^{-1}(\omega T)$이므로, 차단 주파수 ω_c에서 $\phi(\omega_c) = -45°$, $\omega T \leq 0.1$일 때 $\phi(\omega) \approx 0$, $\omega T \geq 10$일 때 $\phi(\omega) \approx -90°$로 근사된다. $0.1 \leq \omega T \leq 10$에서는 대수적으로 선형화하여 근사한다. 최대 오차는 $0.1 \leq \omega T \leq 10$ 범위 내에서 다음의 값이 최대가 되는 지점에서 발생한다.

$$\left| -\tan^{-1}(\omega T) + \frac{\pi}{4}\left(\log(\omega T) + 1\right) \right|$$

최대 오차 및 최대 오차가 발생되는 주파수를 구하려면 위 식을 미분하여 0이 되는 주파수와 양쪽 경계 주파수에서의 값을 비교하면 된다. 따라서 위 식에 대한 미분 결과가 0이 되는 두 지점을 구하면 각각 $\omega T = 2.5376$, $\omega T = 0.3941$로 구할 수 있으며, 최대 오차를 구하기 위해 아래 네 개의 값을 비교하면 된다.

$$\left| -\tan^{-1}(10^{-1}) - 0° \right| = 5.7°$$
$$\left| -\tan^{-1}(10^{1}) + 90° \right| = 5.7°$$
$$\left| -\tan^{-1}(2.5376) + 45°(\log(2.5376) + 1) \right| = 5.29°$$
$$\left| -\tan^{-1}(0.3941) + 45°(\log(0.3941) + 1) \right| = 5.29°$$

따라서 최대 오차는 $\omega T = 10^{-1}$과 $\omega T = 10^{1}$에서 발생하고, 최대 오차는 $5.7°$임을 알 수 있다. 자세한 계산 과정은 독자 여러분에게 맡긴다.

[그림 7-30]은 1차 시스템 (7.101)에서 $T = 1$인 경우에 대한 보데 선도를 보여주고 있다. 앞서 대략적으로 계산하여 그린 그래프와, CACSD 툴로 정확히 계산한 그래프를 비교하여 보여주고 있다. 앞에서 $\omega T \leq 0.1$일 때와 $\omega T \geq 10$일 때의 선형화된 근사식으로 그래프를 그렸는데, 이 선형화된 식이 만나는 주파수 $\omega = \dfrac{1}{T}(\omega T = 1)$을 절점 주파수라고 부른다.

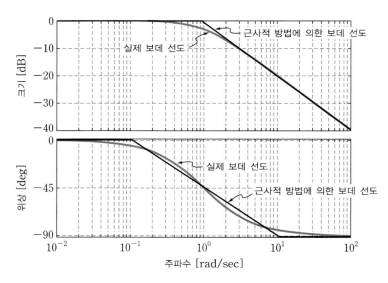

[그림 7-30] 1차 시스템 $G(j\omega) = \dfrac{1}{j\omega+1}(T=1)$의 보데 선도

[그림 7-31]은 식 (7.101)의 역수 $G(s) = Ts + 1$에 대한 보데 선도이다. 이는 [그림 7-30]의 크기 및 위상 결과를 $0[\mathrm{dB}]$과 $0°$를 기준으로 대칭 이동시킨 것이다.

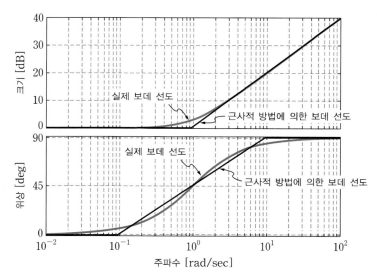

[그림 7-31] $G(j\omega) = j\omega+1$의 보데 선도

2차 시스템

다음과 같은 표준형 2차 시스템을 생각하자.

$$G(s) = \frac{\omega_n^2}{s^2 + 2\omega_n \zeta s + \omega_n^2} \tag{7.102}$$

식 (7.102)에서 s 대신 $j\omega$를 대입한 $G(j\omega)$의 크기는 다음과 같이 나타낼 수 있다.

$$|G(j\omega)|^2 = 20\log \frac{1}{\left(1 - \dfrac{\omega^2}{\omega_n^2}\right)^2 + \left(2\zeta \dfrac{\omega}{\omega_n}\right)^2} \tag{7.103}$$

저주파 대역($\frac{\omega}{\omega_n} \le 0.1$ 정도)에서는 크기를 $20\log(1) = 0$으로 근사하고, 고주파 대역($\frac{\omega}{\omega_n} > 10$ 정도)에서는 다음과 같은 근사식을 사용한다.

$$|G(j\omega)|^2 \approx -40\log \frac{\omega}{\omega_n} \tag{7.104}$$

식 (7.104)에서 알 수 있듯이, 주파수 ω가 10배 증가할 때마다, $-40[\text{dB}]$의 비율로 감소하도록 보데 선도를 그리면 된다. $\omega = \omega_n$일 때, 저주파 대역에서의 점근선과 고주파 대역에서의 점근선이 교차하게 된다.

이제 전달함수의 위상 응답에 대한 그래프를 그려보자. 위상의 경우, 저주파 대역($\frac{\omega}{\omega_n} \le 0.1$ 정도)에서는 $\phi(\omega) \approx 0°$, 고주파 대역($\frac{\omega}{\omega_n} > 10$ 정도)에서는 $\phi(\omega) \approx -180°$이 된다. 그 사이($0.1 \le \frac{\omega}{\omega_n} \le 10$)에서의 위상은 대수적으로 선형이 되도록 정하면 된다. 보다 정확한 그래프를 그리고자 한다면, 다음과 같이 앞서 학습한 공진 주파수와 공진 최댓값을 반영하면 된다.

$$\omega_r = \omega_n \sqrt{1 - 2\zeta^2}, \quad 0 \le \zeta \le 0.707$$

$$M_r = |G(j\omega_r)| = \frac{1}{2\zeta\sqrt{1 - 2\zeta^2}}$$

보데 선도를 그릴 때 이를 반영하면 훨씬 정확한 그래프를 얻을 수 있을 것이다. 점근선과 실제 보데 선도 간의 오차는 ζ 값에 따라 다르나, $\zeta = 0.5$일 때 가장 잘 맞는다. [그림 7-32]는 ζ가 0.1, 0.2, 0.3, 0.5, 0.7, 1일 때, 표준형 2차 시스템 (7.102)의 보데 선도이다.

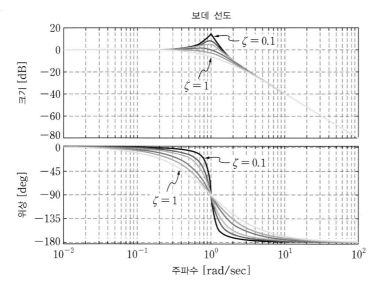

[그림 7-32] 전달함수 (7.102)의 보데 선도

고차 시스템

여러 인자의 곱으로 나타난 전달함수의 보데 선도는 각 인자의 보데 선도의 합으로 구할 수 있다.
이는 보데 선도의 고유 성질로, 만약 우리가 복잡한 전달함수를 간단한 인자들의 곱으로 나타낼 수
있다면, 복잡한 시스템의 보데 선도 또한 간단한 보데 선도로부터 쉽게 구할 수 있음을 의미한다.
따라서 고차 시스템의 보데 선도는 시스템의 전달함수를 간단한 형태의 여러 인자들의 곱으로 분리
하여 쉽게 작성할 수 있다.

앞서 설명하였듯이 우리가 다루는 선형 시스템은 전달함수로 표시될 수 있으며, 그러한 선형 시스템은
이득, 미분, 적분, 1차 시스템, 2차 시스템으로 분리할 수 있다. 따라서 선형 시스템의 보데 선도는
이러한 기본 시스템의 보데 선도로부터 완성될 수 있다. 예를 들어 다음과 같은 시스템을 고려하자.

$$G(s) = \frac{5(1+0.1s)}{s(1+0.5s)\left(1 + \dfrac{0.6}{50}s + \dfrac{1}{50^2}s^2\right)} \tag{7.105}$$

이는 다음과 같은 기본 시스템의 곱으로 구성됨을 알 수 있다.

$$G(s) = 5 \times (1+0.1s) \times \frac{1}{s} \times \frac{1}{1+0.5s} \times \frac{1}{1 + \dfrac{0.6}{50}s + \dfrac{1}{50^2}s^2} \tag{7.106}$$

3차 이상의 고차 시스템의 보데 선도는 1차 및 2차 시스템의 보데 선도를 그리는 방법을 응용하여
각 기본 시스템의 보데 선도를 결합하여 완성할 수 있다. 그 순서는 다음과 같다.

❶ 이득(비례) 시스템은 $K = 5$이므로 $20 \log 5 = 14\,[\mathrm{dB}]$로 일정하다.

❷ 적분 시스템 $\dfrac{1}{j\omega}$은 $\omega = 1$에서 $0\,[\mathrm{dB}]$과 교차하고, $-20\,[\mathrm{dB/dec}]^{\text{3}}$의 기울기를 갖는 직선 으로 근사화한다.

❸ 1차 시스템 $\dfrac{1}{1 + j0.5\omega}$은 절점 주파수가 $\omega_c = 2$일 때, $\omega < \omega_c$에서는 $0\,[\mathrm{dB}]$, $\omega > \omega_c$에서는 $-20\,[\mathrm{dB/dec}]$의 기울기를 갖는 직선으로 근사화한다.

❹ 1차 미분 시스템 $1 + j0.1\omega$는 절점 주파수가 $\omega_c = 10$일 때, $\omega < \omega_c$에서는 $0\,[\mathrm{dB}]$, $\omega > \omega_c$에서는 $20\,[\mathrm{dB/dec}]$의 기울기를 갖는 직선으로 근사화한다.

❺ 2차 시스템 $\dfrac{1}{1 + j\dfrac{0.6}{50}\omega + \left(j\dfrac{1}{50}\omega\right)^2}$은 절점 주파수가 $\omega_c = 50$일 때,

$\omega < \omega_c$에서는 $0\,[\mathrm{dB}]$, $\omega > \omega_c$에서는 $-40\,[\mathrm{dB/dec}]$의 기울기를 갖는 직선으로 근사화한다.

이상의 각 시스템별 크기 응답을 CACSD 툴을 이용하여 [그림 7–33]에 나타내었다.

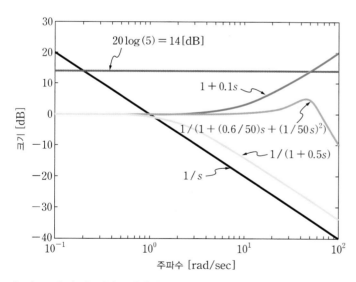

[그림 7–33] 각 시스템별 크기 응답

---

3 dec은 decade(디케이드)의 약자로, 1 decade란 임의의 주파수 ω에서 10ω까지의 주파수 대역을 의미한다. 로그 눈금을 사용하는 경우 1 decade는 동일한 간격으로 표현된다. 즉 $\omega = 1$에서 $\omega = 10$까지의 간격은 $\omega = 10$에서 $\omega = 100$까지의 간격과 동일하다.

각각의 기본 시스템에 대한 위상 특성 곡선은 다음과 같다.

- 이득(비례) 시스템 $K = 5$의 위상은 $0°$로서 일정하다.
- 적분 시스템 $\dfrac{1}{j\omega}$의 위상은 $-90°$로 일정하다.
- 1차 미분 시스템 $1 + j0.1\omega$의 경우, 절점 주파수가 $\omega_c = 10$이고, 절점 주파수에서의 위상은 $45°$이다.
- 1차 시스템 $\dfrac{1}{1 + j\dfrac{0.6}{50}\omega + \left(j\dfrac{1}{50}\omega\right)^2}$의 경우, 절점 주파수가 $\omega_c = 50$이고, 이때의 위상 그림 은 2차 시스템의 위상 그림 그리는 방법을 이용하여 그릴 수 있다.

CACSD 툴을 이용하여 이상의 각 시스템별 위상 응답을 [그림 7-34]에 나타내었다.

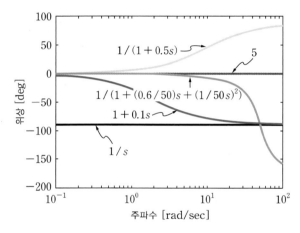

[그림 7-34] **각 시스템별 위상 응답**

[그림 7-35]에서는 이러한 여러 시스템을 합한 고차 시스템의 크기와 위상을 나타내었다.

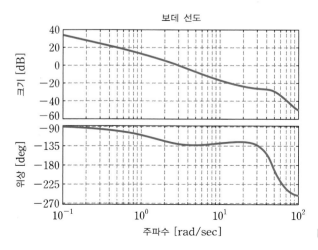

[그림 7-35] **전체 시스템의 보데 선도**

7.3.2 보데 선도의 활용

나이키스트 선도는 주파수 응답을 극좌표 형식의 하나의 그래프로 표현하기 때문에 보기는 편하나, 이를 활용하여 주파수 정보를 얻기에는 매우 불편하다. 반면에 보데 선도는 크기와 위상 모두 주파수 의 함수로 표시하기 때문에, 특정 주파수에서의 크기와 위상을 쉽게 알 수 있다.

[그림 7-36]에서 안정한 시스템과 불안정한 시스템의 보데 선도와 나이키스트 선도를 살펴 보자.

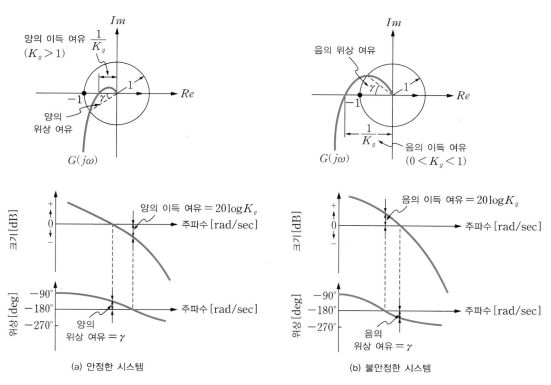

[그림 7-36] **안정한 시스템과 불안정한 시스템**

위 그림에서 볼 수 있듯이 나이키스트 선도를 이용해 이득 여유나 위상 여유를 알아내려면, 실수축과 의 교점이나 단위원과의 교점을 찾아야 하는 등의 상당히 번거로운 작업들이 필요하게 된다. 그러나 보데 선도를 활용하면 이득 여유와 위상 여유 등을 쉽고 빠르게 파악할 수 있으며, 이러한 성능지표 를 개선하는 데에도 편리하게 사용된다. [그림 7-37]에 성능을 개선하기 위한 두 가지 방법이 제시 되어 있다.

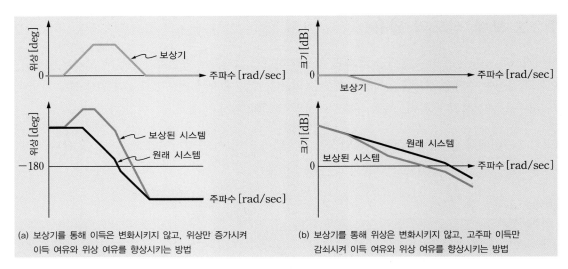

(a) 보상기를 통해 이득은 변화시키지 않고, 위상만 증가시켜 이득 여유와 위상 여유를 향상시키는 방법

(b) 보상기를 통해 위상은 변화시키지 않고, 고주파 이득만 감쇠시켜 이득 여유와 위상 여유를 향상시키는 방법

[그림 7-37] 보데 선도의 크기와 위상을 변화시켜 이득 여유와 위상 여유를 증가시키는 두 가지 방법

7.5절에서 [그림 7-37]에 설명한 위상 앞섬과 고주파 감쇠를 위한 제어기를 설계해 볼 것이다. 이 제어기들이 바로 앞섬 보상기와 뒤짐 보상기를 구현한 것이다.

7.4 니콜스 선도

앞에서 배운 나이키스트 선도와 보데 선도는 개로 시스템의 주파수 응답 특성을 나타내며, 이 응답 특성으로부터 폐로 시스템의 주파수 응답 특성을 간접적으로 알 수 있다. 예를 들어 [그림 7-38]과 같이 개로 전달함수 $G(s)$의 나이키스트 선도가 주어진다면, 폐로 전달함수는 다음과 같이 나타낼 수 있다.

$$\frac{G(j\omega)}{1+G(j\omega)} = \frac{G(j\omega)-0}{G(j\omega)-(-1)} = \frac{\overrightarrow{OA}}{\overrightarrow{PA}} = \frac{|\overrightarrow{OA}|}{|\overrightarrow{PA}|} \angle (\phi-\theta) \tag{7.107}$$

여기서 $\overrightarrow{PA}$와 $\overrightarrow{OA}$는 복소평면에서 각각 P와 O를 시작점으로 하고 A를 끝점으로 하는 이차원 벡터로 볼 수 있고, 복소수로는 각각 $1+G(j\omega)$와 $G(j\omega)$에 대응한다. ϕ와 θ는 각각 $G(j\omega)$와 $1+G(j\omega)$의 편각에 해당하는 각도이다. ω를 0에서 ∞로 움직이면서 $|\overrightarrow{PA}|$, $|\overrightarrow{OA}|$, $\phi-\theta$의 변화를 살펴보면, 폐로 시스템의 주파수 응답 곡선을 구할 수 있다.

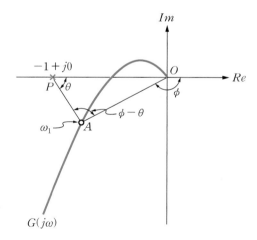

[그림 7-38] 개로 시스템의 주파수 응답을 사용한 폐로 시스템의 주파수 응답 계산

이제 폐로 시스템의 주파수 응답 특성을 직접적으로 표시할 수 있는 니콜스 선도 작성법을 알아보자.

7.4.1 니콜스 선도 작성법

M원^{M circle}

먼저 폐로 시스템의 주파수 응답이 일정한 크기를 가지는 자취를 구해보자. 이러한 예로 [그림 7-38]에서 $\dfrac{|\overrightarrow{OA}|}{|\overrightarrow{PA}|}$ 가 일정한 자취를 구해볼 수 있다. 우선 폐로 전달함수가 다음과 같이 표시된다고 하자.

$$\frac{G(j\omega)}{1+G(j\omega)} = Me^{j\alpha} \tag{7.108}$$

여기서 M과 α는 각각 폐로 전달함수의 크기와 위상을 나타낸다. 이때 주어진 상수 M에 대해서 $G(j\omega)$의 자취를 구하고자 한다. 개로 전달함수를 실수 부분 X와 허수 부분 Y로 나누어 표시하면 다음과 같다.

$$G(j\omega) = X + jY$$

따라서 폐로 전달함수의 크기 M은 다음과 같이 나타낼 수 있다.

$$M = \frac{|X+jY|}{|1+X+jY|} = \sqrt{\frac{X^2+Y^2}{(1+X)^2+Y^2}} \tag{7.109}$$

이 식을 제곱하여 정리하면, 다음과 같이 쓸 수 있다.

$$X^2(1-M^2) - 2M^2X - M^2 + (1-M^2)Y^2 = 0 \tag{7.110}$$

이때 $M=1$이면 $X=-\dfrac{1}{2}$이 되어 Y축(허수축)에 평행하면서 점 $\left(-\dfrac{1}{2},\,0\right)$을 통과하는 직선이 된다. 한편 $M \neq 1$이면 다음과 같이 쓸 수 있다.

$$\left(X + \frac{M^2}{M^2-1}\right)^2 + Y^2 = \frac{M^2}{(M^2-1)^2} \tag{7.111}$$

식 (7.111)은 중심이 $\left(-\dfrac{M^2}{M^2-1},\,0\right)$이고, 반지름이 $\left|\dfrac{M}{M^2-1}\right|$인 원의 방정식이다. 따라서 $M \neq 1$이고, M이 일정할 경우, $G(j\omega)=X+jY$의 궤적이 원으로 표시됨을 알 수 있다. 이러한 원들을 보통 M원이라 부른다. $M>1$인 경우, M이 커질수록 M원은 작아져서, M이 무한대로 커지면 결국 M원은 점 -1로 수렴한다. $M<1$인 경우, M이 작아질수록 M원도 작아지므로, M이 무한소로 작아지면 결국 M원은 원점으로 수렴한다. 여기서 M 값을 매개변수로 하며 M원을 그리면 [그림 7-39]와 같다.

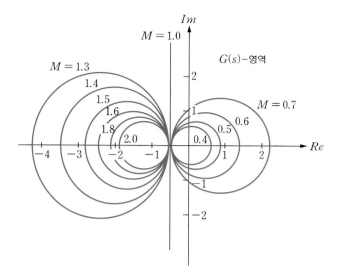

[그림 7-39] **여러 M 값에 해당하는 M 원들**

앞의 유도 과정이 새삼스럽게 느껴질지 모르지만, 사실 우리는 이미 고등학교 때 이와 유사한 것을 배웠다. [그림 7-40]과 같이 서로 다른 두 점 A, B에 대해 선분 AP, BP를 $2:1$로 내분하는 P의 자취를 계산해본 적이 있을 것이다. 바로 아폴로니우스^{Apollonius}의 원이다.

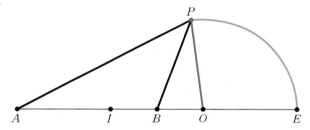

[그림 7-40] **아폴로니우스의 원**

우리가 앞에서 구했던 자취는 사실 복소평면에서 점 -1과 원점으로부터의 거리가 일정한 비가 되는 자취였던 것이다. 이런 자취는 원이 되었으며, 이 원의 중심과 반지름은 거리 비에 의해 결정된다. 두 점의 내분점과 외분점을 지나는 원을 생각하면 더 쉽게 중심과 반지름을 구할 수 있다.

N원^{N circle}

이번에는 폐로 시스템의 주파수 응답이 일정 위상을 가지는 자취를 구해보자. 폐로 전달함수의 위상이 α라면 다음과 같이 쓸 수 있다.

$$\angle e^{j\alpha} = \angle \frac{X+jY}{1+X+jY} \tag{7.112}$$

식 (7.112)의 분모를 유리화하여 다음과 같이 나타낼 수 있다.

$$\frac{X+jY}{1+X+jY} = \frac{(X+jY)(1+X-jY)}{(1+X)^2+Y^2}$$

$$= \frac{X(1+X)+Y^2+jY}{(1+X)^2+Y^2} \tag{7.113}$$

또한 위상각 α를 사용하여 식 (7.113)의 실수부와 허수부를 다음과 같이 쓸 수 있다.

$$\frac{X(1+X)+Y^2}{(1+X)^2+Y^2} = k\cos\alpha$$

$$\frac{Y}{(1+X)^2+Y^2} = k\sin\alpha \tag{7.114}$$

여기서 k는 폐로 전달함수의 크기를 나타내는 값으로 양수이다. $\tan\alpha = N$이라 하면 다음과 같은 식을 얻을 수 있다.

$$N = \tan\alpha = \frac{k\sin\alpha}{k\cos\alpha} = \frac{Y}{X(1+X)+Y^2} \tag{7.115}$$

이 식을 정리하면 다음과 같이 쓸 수 있다.

$$\left(X+\frac{1}{2}\right)^2 + \left(Y-\frac{1}{2N}\right)^2 = \frac{1}{4} + \left(\frac{1}{2N}\right)^2 \tag{7.116}$$

식 (7.116)은 중심이 $\left(\dfrac{-1}{2}, \dfrac{1}{2N}\right)$, 반지름이 $\sqrt{\dfrac{1}{4}+\dfrac{1}{(2N)^2}}$ 인 원의 방정식이다. 즉 α가 일정한 경우, $G(j\omega) = X+jY$의 궤적이 원으로 표시됨을 알 수 있다. 이러한 원들을 보통 N 원이라 부른다. 여기서 α를 매개변수로 하며 N 원을 그리면 [그림 7-41]과 같다.

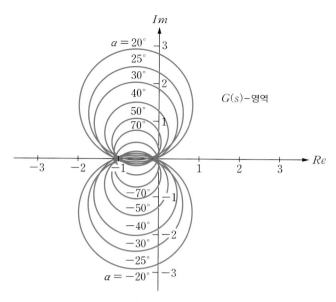

[그림 7-41] 여러 N 값에 해당하는 N원들

주어진 α 값에 대하여 N원은 실제로 완전한 원이 아니라 단지 호라는 점을 유의해야 한다. 예를 들어 $\alpha = 30°$와 $\alpha = -150°$인 호는 각각 같은 원 위에 있는 서로 다른 두 호이다. 이는 두 경우에서 식 (7.116)에 의해 각도의 tan 값은 같지만, 식 (7.114)에 의해 Y의 부호는 서로 다르기 때문이다. 따라서 하나의 원에서 $\alpha = 30°$는 $Y > 0$인 부분을, $\alpha = -150°$는 $Y < 0$인 부분을 나타낸다.

N원도 M원과 마찬가지로 중학교 시절에 이미 원주각이라는 성질을 통해 공부한 바 있다. 두 정점에서 일정한 사잇각을 갖는 점들의 자취는 원주각 성질에 의해 원이 된다.

7.4.2 니콜스 선도의 활용

일반적으로 전달함수는 로그 스케일에서 보는 것이 편하고, 위상은 선형적인 스케일에서 보는 것이 편하다. 따라서 설계 문제를 다룰 때, 로그 크기와 위상을 두 축으로 하는 2차원 평면에서 M과 N의 궤적을 그리는 것이 편리하다. 이렇게 로그 크기 대 위상 평면에 폐로 시스템의 크기와 위상각이 일정한 선들을 포함하고 있는 선도를 니콜스 선도라 한다. 이 선도를 사용하면, 폐로 시스템의 위상 여유, 이득 여유, 공진 피크 크기, 공진 주파수 및 대역폭을 도해적으로 결정할 수 있다.

N원 및 M원을 로그 크기[dB]−위상 평면상에 함께 나타내면 [그림 7−42]와 같다.

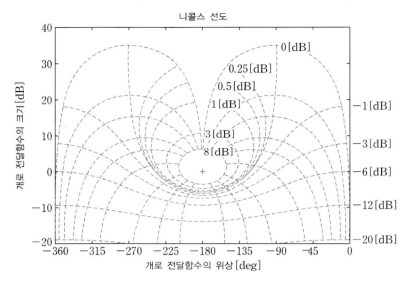

[그림 7-42] **니콜스 선도**

니콜스 선도를 사용하면, 각 주파수에서의 폐로 전달함수의 크기와 위상을 계산하지 않더라도 개로 시스템의 주파수 응답 $G(j\omega)$로부터 폐로 시스템의 주파수 응답을 알 수 있다. 니콜스 선도 상에 $G(j\omega)$의 주파수 응답을 크기-위상 궤적으로 나타내면, 이 궤적과 만나는 N원 및 M원의 값이 바로 $G(j\omega)$ 궤적의 해당 주파수에서의 폐로 시스템의 크기와 위상을 나타낸다. 이러한 관계를 이용하면 니콜스 선도로부터 주파수 응답 특성을 찾아낼 수 있다. 예를 들면, $G(j\omega)$ 궤적과 M원의 교점은 $G(j\omega)$ 궤적 위에 표시된 주파수에서의 M 값을 나타내므로, $G(j\omega)$ 궤적이 접하는 가장 짧은 반지름을 갖는 M원에 해당하는 크기가 공진 최댓값 M_r이며, 이때의 주파수가 공진 주파수 ω_r이 된다. 만일 공진 최댓값을 어느 값 이하로 유지하고 싶다면, 이 값에 해당하는 M원보다 반지름이 큰 원에서 $G(j\omega)$ 궤적과 접해야 한다.

한편 니콜스 선도로부터 안정성도 판별할 수 있다. $G(j\omega)$의 궤적이 니콜스 선도상에서 중심점 $(0[\mathrm{dB}], -180°)$의 오른쪽 아래에 있으면 폐로 시스템이 안정하고, 그렇지 않으면 불안정하다. 또한 $G(j\omega)$ 궤적이 중심점의 $0[\mathrm{dB}]$ 가로축과 만나는 점에서의 주파수가 이득 교차 주파수이며, 이 점의 개로 위상값에 $180°$를 더한 것이 위상 여유가 된다. $G(j\omega)$ 궤적이 중심점의 $180°$ 세로축과 만나는 점에서의 주파수가 위상 교차 주파수이고, 이 점의 개로 이득값의 부호를 바꾼 것이 이득 여유가 된다. 이를 그림으로 나타내면 [그림 7-43]과 같다.

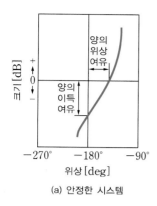

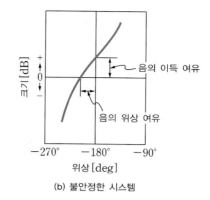

(a) 안정한 시스템   (b) 불안정한 시스템

[그림 7-43] 니콜스 선도에서의 이득 여유와 위상 여유

예제 7-14

개로 전달함수가 다음 식과 같은 단위 피드백 제어시스템을 생각하자.

$$G(s) = \frac{K}{s(s+1)(s+2)} \tag{7.117}$$

공진 최댓값 M_r이 6[dB]이 되도록 양수 K를 정하라.

풀이

$M_r = 6$을 만족하기 위해서는 [그림 7-44]에서 보듯이 전달함수 $G(j\omega)$의 니콜스 선도가 6[dB]의 M 원과 접해야 한다. 따라서 니콜스 선도가 6.9[dB] 정도 위로 움직여야 한다. 6.9[dB]에 해당하는 이득값은 2.2가 된다. 따라서 $K = 2.2$로 정하면 된다.

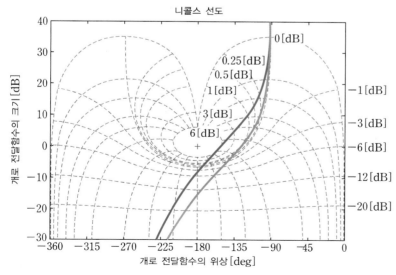

[그림 7-44] 전달함수 (7.117)의 니콜스 선도($K = 1$, $K = 2.2$)

7.5 앞섬 및 뒤짐 보상기 설계

과유불급이라는 말이 있듯이, 보약도 너무 많이 먹으면 독약이 될 수 있다. 앞서 배웠던 PI, PD 제어는 우리에게 유용한 측면도 많지만, 그에 따른 부작용도 존재한다.

우선 다음과 같은 PD 제어기를 생각해보자.

$$C(s) = K(Ts + 1) \tag{7.118}$$

이 PD 제어기는 $\frac{1}{T}$ 이상의 주파수에서 위상을 증가시킴으로써 위상 여유를 키운다. 하지만 고주파에서 식 (7.118)의 전달함수 크기 역시 증가되어 잡음 증폭의 원인이 될 수 있다. 따라서 [그림 7-45(b)]와 같이 고주파 증폭은 누그러뜨리는 대신 위상 증가는 좀 손해를 보는 보완된 형태의 제어기를 생각해볼 수 있다. 장점은 적당히 취하면서도 부작용도 어느 정도 줄이자는 의도이다. [그림 7-45(b)]와 같이 보완된 제어기를 앞섬 보상기라 부른다. 앞섬 보상기에서는 [그림 7-45(b)]에 표시된 최대 위상각 $\phi_{\max}$ 를 최대한 활용할 것이다. 고주파 영역에서의 절점 주파수에 사용된 $\alpha(<1)$는 설계 변수로 추후에 설명할 것이다. 여기에서는 $\alpha = 0.1$로 정하였다.

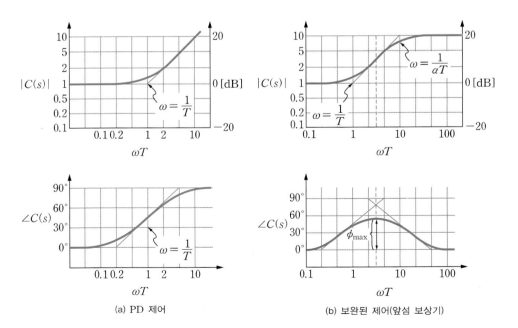

(a) PD 제어   (b) 보완된 제어(앞섬 보상기)

[그림 7-45] PD 제어의 고주파 증폭은 누그러뜨리고 위상 증가는 약화시키는 제어($K = 1$, $\alpha = 0.1$이라고 가정)

이번에는 다음과 같은 PI 제어기를 생각해보자.

$$C(s) = \frac{K}{s}\left(s + \frac{1}{T}\right) \qquad (7.119)$$

이 PI 제어기는 주파수 0에서 무한대의 이득을 갖는다. 즉 시스템의 정상상태 오차를 0으로 만들수 있다. 하지만 부작용으로 위상 감소가 발생하여, 위상 여유가 감소될 가능성이 커진다. 따라서 [그림 7-46]과 같이 저주파수에서의 큰 이득은 조금 손해 보는 대신 바람직하지 않은 위상 감소를 완화할 수 있는 개선된 형태의 보상기를 생각해 볼 수 있다. 이런 종류의 보상기를 뒤짐 보상기라 부른다. 저주파 영역에서의 절점 주파수에 사용된 $\alpha(>1)$은 설계 변수로 추후에 설명할 것이다. 여기서는 $\alpha = 10$으로 정하였다.

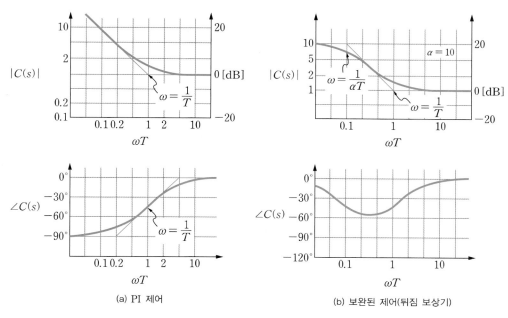

(a) PI 제어   (b) 보완된 제어(뒤짐 보상기)

[그림 7-46] PI 제어의 저주파 이득을 줄이는 대신 위상 감소를 완화시키는 제어($K=1$, $\alpha=10$이라고 가정)

지금까지 살펴본 두 가지 형태의 보완된 제어기(앞섬 보상기, 뒤짐 보상기)는 각각 PD 제어기와 PI 제어기의 장점을 조금씩 손해 보는 대신 단점을 보완한다. 이러한 제어기들은 직접적으로 미분과 적분 연산을 사용하지 않기 때문에 연산 증폭기와 같은 능동 소자가 아닌 수동 소자로도 구현할 수 있다.

7.3절의 보데 선도를 사용하여 앞섬 및 뒤짐 보상기의 목적과 성질을 가시적으로 확인하였다. [그림 7-45]와 [그림 7-46]의 보데 선도를 보며 정리하면, 앞섬 보상기는 위상 앞섬을 통하여 안정도 여유를 증가시키고, 뒤짐 보상기는 저주파에서 이득을 증가시켜 정상상태 오차를 줄인다. 또한 앞섬 보상기와 뒤짐 보상기는 PD 제어기의 고주파 증폭과 PI 제어기의 위상 지연 문제를 각각 완화한다.

7.5.1 앞섬 보상기의 설계

앞섬 보상기의 특성

다음과 같은 전달함수를 갖는 앞섬 보상기를 생각해보자.

$$C(s) = K \frac{Ts+1}{\alpha Ts+1} \tag{7.120}$$

여기서 $0 < \alpha < 1$이고, K는 정상상태 기준에 따라 정해진다. 이 전달함수는 $s = \dfrac{1}{T}$에서 영점을, $s = \dfrac{1}{(\alpha T)}$에서 극점을 갖는다. $0 < \alpha < 1$이므로 영점은 복소평면에서 극점의 오른쪽에 위치한다. 또한, α 값이 작을수록 극점이 복소평면 상에서 왼쪽으로 멀리 위치하게 된다. 따라서 영점이 극점보다 허수축에 더 가까이 있기 때문에, 앞섬 보상기의 위상은 항상 0보다 큰 값을 갖는다. 설계 초기에 K는 정상상태 기준에 따라 정해지므로, K를 플랜트의 전달함수에 포함시키고, $K = 1$인 경우에 관한 앞섬 보상기 식만 생각하는 게 편하다. 따라서 이후에 나올 앞섬 보상기에 대한 분석에서는 $K = 1$이라 가정한다.

[그림 7–47]은 앞섬 보상기의 나이키스트 선도와 보데 선도를 보여주고 있다. [그림 7–47]의 나이키스트 선도를 수학적으로 정확히 표현하는 방법은 [예제 7–6]에서 다루었다.

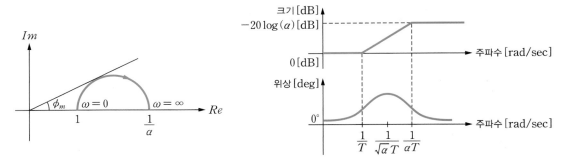

[그림 7-47] **앞섬 보상기의 나이키스트 선도와 보데 선도**

[예제 7–6]에서 구했듯이 최대 위상 앞섬각 ϕ_m은 다음 식을 만족한다.

$$\sin\phi_m = \frac{1-\alpha}{1+\alpha} \tag{7.121}$$

또 보상기의 위상이 최대가 되는 주파수 ω_m은

$$\omega_m = \frac{1}{T\sqrt{\alpha}} \tag{7.122}$$

이며, 앞섬 보상기의 영점과 극점을 z와 p라고 하면, $\omega_m = \sqrt{zp}$ 라고도 쓸 수 있다. ω_m에서의 보상기 전달함수의 크기는 다음과 같다.

$$|C(j\omega_m)| = \frac{1}{\sqrt{\alpha}} \tag{7.123}$$

식 (7.122)의 ω_m은 앞섬 보상기의 두 절점 주파수 $\dfrac{1}{T}$ 과 $\dfrac{1}{(\alpha T)}$ 의 기하학적 평균이다. 식 (7.121) 과 식 (7.122)는 앞섬 보상기 설계 시 유용한 식이므로 기억해두길 바란다. 식 (7.123)에 의하면, $0 < \alpha < 1$이므로 $|C(j\omega_m)|$은 항상 1보다 큰 값을 갖는다. 위상을 보상할 때 $|C(j\omega_m)|$만큼의 이득 변경이 발생하므로, 이를 고려하여 설계해야 한다. [그림 7-48]에 α에 따른 최대 위상 앞섬각 ϕ_m을 도시하였다. α에 따른 앞섬 보상기 식 (7.120)의 보데 선도는 [그림 7-49]에 도시하였다.

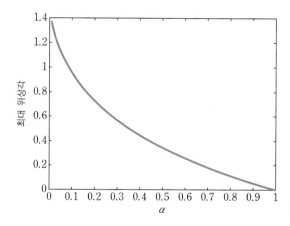

[그림 7-48] **앞섬 보상기의 최대 위상각과 α와의 관계**

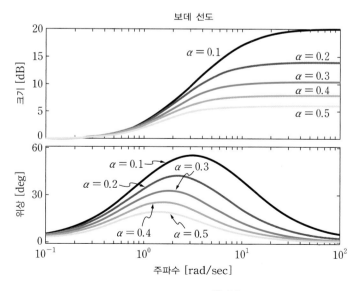

[그림 7-49] **α에 따른 앞섬 보상기**($C(s) = K\dfrac{Ts+1}{\alpha Ts+1}$, $0 < \alpha < 1$)**의 보데 선도**($K=1$, $T=1$인 경우)

이러한 앞섬 보상기는 PD(비례 미분) 제어기 형태의 보상기라 할 수 있다. 극점이 영점에서 멀리 떨어져 있을 때, 즉 $\frac{1}{T} \ll \frac{1}{(\alpha T)}$ 인 경우, 앞섬 보상기의 전달함수는

$$C(s) \approx 1 + Ts \tag{7.124}$$

로 근사된다. 이 근사 전달함수는 비례항(비례계수 1)과 미분항(미분계수 T)으로 이루어지는 PD 제어기의 전달함수와 같은 형태가 된다.

정리하면, 앞섬 보상기는 전체 시스템의 위상 여유를 크게 하여 안정성 여유를 증가시키며, 또한 대역폭을 함께 증가시켜서 응답 속도를 빠르게 하는 효과가 있다. 대역폭이 넓어질수록 출력에 나타나는 잡음의 영향이 커질 수 있음에 유의해야 한다.

지금까지 앞섬 보상기의 특성을 알아보았다. 다음은 주어진 위상 여유를 확보하여 앞섬 보상기의 특성이 시스템에 반영될 수 있도록 앞섬 보상기를 설계하는 절차에 대해 알아보자.

앞섬 보상기의 설계 절차

앞섬 보상기의 설계 절차는 다음과 같다.

❶ 단계 1
정적 오차 상수와 같은 정상상태 성능 기준을 만족시키는 보상기 직류 이득 K를 구한다.

❷ 단계 2
직류 이득만 사용하고 다른 보상을 하지 않는 경우의 보데 선도를 구하여 위상 여유를 확인하고, 제어 목표 달성에 필요한 위상 앞섬각 ϕ_m을 계산한다. 이득 교차 주파수의 변화를 고려하여 약간의 여유를 두어 ϕ_m을 선정한다.

❸ 단계 3
식 (7.121)로부터 다음과 같이 α를 계산한다.

$$\alpha = \frac{1 - \sin \phi_m}{1 + \sin \phi_m} \tag{7.125}$$

❹ 단계 4
단계 ❷에서의 비보상 보데 선도에서 이득이 $10 \log \alpha$가 되는 주파수를 찾고, 이를 새로운 이득 교차 주파수로 만들기 위해 보상기에서 최대 위상이 발생하는 주파수와 일치시킨다. 이로부터 T를 다음과 같이 계산할 수 있다.

$$T = \frac{1}{\omega_m \sqrt{\alpha}} \qquad (7.126)$$

비보상 보데 선도에서 이득이 $10 \log \alpha$ 가 되는 주파수를 찾는 이유는 ω_m 에서 앞섬 보상기의 전달함수가 식 (7.123)과 같은 크기를 갖기 때문이다.

❺ 단계 5

설계된 앞섬 보상기를 포함하는 보데 선도를 그린 다음 위상 여유를 조사한다. 이 보데 선도에서 위상 여유가 만족되도록 K, ϕ_m 을 조절하고, 필요하면 위 단계를 반복한다.

❻ 단계 6

마지막으로 모의실험으로 시간 응답 성능을 확인한다. 성능이 만족되지 않으면, 필요한 설계 과정을 반복한다.

제어기 설계 목표가 시간 영역 지표로 주어진 경우에는 그 지표들로부터 단계 2에서 필요한 위상 여유를 계산해야 한다. 예를 들면, 5장에서 배운 최대 초과 $M_p = e^{-\pi \zeta / \sqrt{1 - \zeta^2}}$ 로부터 제동비 ζ 의 범위를 구하고, 식 (7.52)로부터 필요한 위상 여유를 구하면 된다.

예제 7-15

다음과 같은 전달함수에서

$$G(s) = \frac{100}{s(s+5)(s+10)} \qquad (7.127)$$

정상상태 속도 오차가 20% 이하, 위상 여유가 50° 이상 되도록 앞섬 보상기를 설계하라.

풀이

앞에서 설명한 절차에 따라 앞섬 보상기를 설계한다.

❶ 단계 1

정상상태 오차 성능 기준을 만족하기 위해 다음의 부등식이 성립해야 한다.

$$K_v = \lim_{s \to 0} s KG(s) = K \frac{100}{5 \times 10} = \frac{1}{E_s} \geq 5$$

여기서 K_v 는 정적 속도 오차 상수이며, E_s 는 정상상태 오차이다. 따라서 상수 이득이 $K \geq 2.5$ 조건을 만족해야 정상상태 속도 오차가 20% 이하가 된다. 따라서 이 예제에서는 $K = 3$ 으로 선정하기로 한다.

❷ 단계 2

$K = 3$ 일 때 $KG(s)$ 의 보데 선도는 [그림 7–50]과 같다. 여기서 위상 여유는 26.9°이다. 요구되는 위상 여유가 50°이므로 보상해야 할 위상 앞섬각 ϕ_m 은 여유를 두고 70°로 정한다. 좀 과하다는 생각이

들 수도 있지만, 이 예제에서는 이 정도의 여유 위상각이 있어야만 주어진 설계 조건을 만족할 수 있다.

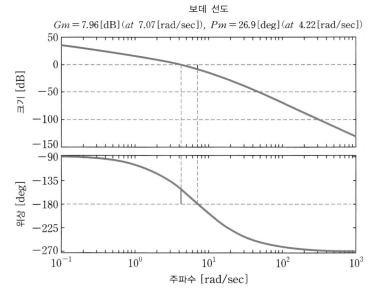

[그림 7-50] **이득 조정만 된 시스템의 보데 선도**

❸ 단계 3

식 (7.125)에 의해 위상 앞섬각으로부터 α를 다음과 같이 계산할 수 있다.

$$\alpha = \frac{1 - \sin(70 \times \pi/180)}{1 + \sin(70 \times \pi/180)} = 0.0311$$

❹ 단계 4

이득이 $10 \log \alpha$가 되는 주파수를 찾으면, $\omega_m = 10.5 \,[\text{rad/sec}]$이다.

따라서 $T = \dfrac{1}{(10.5 * \sqrt{0.0311})} = 0.5401$이다. 따라서 최종적인 앞섬 보상기는 다음과 같다.

$$C(s) = K \frac{Ts + 1}{\alpha Ts + 1} = 3 \frac{0.5401s + 1}{0.0168s + 1}$$

❺ 단계 5

설계된 보상기를 적용한 시스템의 보데 선도를 그리면 [그림 7-51]과 같다. 위상 여유가 51.2°로 성능 기준 50° 이상을 만족함을 알 수 있다.

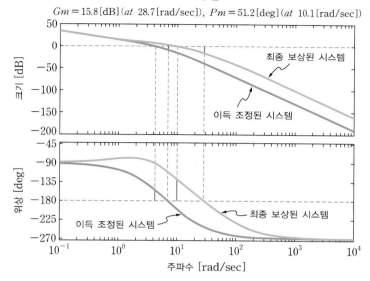

보데 선도

$Gm = 15.8 \, [\text{dB}] \, (at \ 28.7 \, [\text{rad/sec}])$, $Pm = 51.2 \, [\text{deg}] \, (at \ 10.1 \, [\text{rad/sec}])$

크기 [dB]

최종 보상된 시스템

이득 조정된 시스템

위상 [deg]

이득 조정된 시스템

최종 보상된 시스템

주파수 [rad/sec]

[그림 7-51] 앞섬 보상기를 사용할 때, 이득 조정된 시스템과 최종 보상된 시스템의 보데 선도

7.5.2 뒤짐 보상기의 설계

뒤짐 보상기의 특성

다음과 같은 전달함수를 갖는 뒤짐 보상기를 생각해보자.

$$C(s) = K \frac{Ts + 1}{\alpha Ts + 1} \tag{7.128}$$

여기서 $\alpha > 1$이다. 이 전달함수는 $s = \dfrac{-1}{T}$ 에서 영점을, $s = \dfrac{-1}{(\alpha T)}$ 에서 극점을 갖는다. 극점이 영점보다 허수축에 더 가까이 있기 때문에 위상이 항상 0보다 작게 된다. 설계 초기에 K는 정상상태 기준에 따라 정해지므로, K를 플랜트의 전달함수에 포함시키고, $K = 1$인 경우에 관한 뒤짐 보상기 식만 생각하는 게 편하다. 따라서 이후에 나올 뒤짐 보상기의 분석에서는 $K = 1$이라 가정한다. [그림 7-52]는 뒤짐 보상기의 나이키스트 선도와 보데 선도를 보여주고 있다. 특히 보데 선도에서는 극점과 영점에 해당하는 $\dfrac{1}{(\alpha T)}$ 과 $\dfrac{1}{T}$ 에서 절점 주파수를 갖는다.

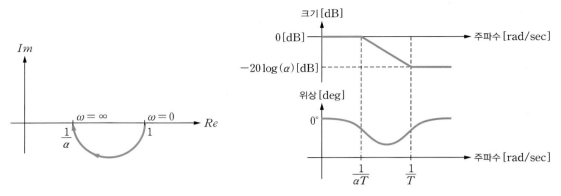

[그림 7-52] 뒤짐 보상기의 나이키스트 선도와 보데 선도

이러한 뒤짐 보상기는 PI(비례 적분) 제어기 형태의 보상기라 할 수 있다. 이는 영점이 극점에서 멀리 떨어져 있을 때, 즉 $\dfrac{1}{T} \gg \dfrac{1}{(\alpha T)}$ 인 경우, 다음과 같이 PI 제어기로 근사화된다.

$$C(s) \approx \frac{1}{\alpha} + \frac{1}{\alpha T s} \tag{7.129}$$

뒤짐 보상기는 고주파 감쇠 특성에 의해 폐로 시스템의 대역폭을 줄이는 효과를 갖고 있기 때문에 시스템 출력에서 고주파 잡음의 영향이 줄어든다. 또한 저주파 영역에서 시스템의 이득을 증가시키기 때문에 출력의 정상상태 오차를 아주 작게 만드는 특성을 갖고 있다. 따라서 이 보상기는 정상상태에서 추적 오차가 거의 0이 될 정도의 높은 정밀도가 요구될 때 적용할 수 있다.

지금까지 뒤짐 보상기의 특성을 알아보았다. 다음은 주어진 위상 여유를 확보하여 뒤짐 보상기의 특성이 시스템에 반영될 수 있도록 뒤짐 보상기를 설계하는 절차에 대해 알아보자.

뒤짐 보상기의 설계 절차

뒤짐 보상기의 설계 절차는 다음과 같다.

❶ 단계 1
정적 오차 상수와 같은 정상상태 성능 기준을 만족시키는 보상기 직류 이득 K를 구한다.

❷ 단계 2
직류 이득만 사용하고 다른 보상을 하지 않는 경우의 보데 선도를 그린다.

❸ 단계 3
성능 기준을 만족시키기 위해 필요한 위상 여유를 구하고, 보상하지 않은 보데 선도에서 이러한 위상 여유를 갖도록 새로운 이득 교차 주파수 $\omega_c{'}$을 구한다. 이 주파수를 보상된 보데

선도의 크기 응답 곡선이 0[dB] 점을 지날 때의 주파수로 잡는다.

❹ 단계 4

새로운 이득 교차 주파수 $\omega_c{}'$에서 크기 곡선이 0[dB]가 되도록 만드는 데 필요한 이득 감쇠를 구한다. 이 값은 바로 $\omega_c{}'$에서 보상하지 않은 보데 선도의 크기와 같다. 뒤짐 보상기에서 얻을 수 있는 크기 감쇠는 $20\log\alpha$이므로, 보상해야 할 이득이 M[dB]이라면, α는 다음과 같은 관계식으로부터 구할 수 있다.

$$\alpha = 10^{M/20}$$

❺ 단계 5

뒤짐 보상기에서는 $\dfrac{1}{(\alpha T)}$과 $\dfrac{1}{T}$ 사이에서 이득의 감쇠가 일어나는 동시에 위상 뒤짐도 일어난다. 따라서 $\omega_c{}'$ 근방에서 위상 곡선이 크게 영향을 받지 않도록 하기 위하여 다음의 조건을 만족하도록 시상수 T를 결정한다.

$$\frac{10}{T} = \omega_c{}'$$

즉 절점 주파수 $\dfrac{1}{T}$을 이득 교차 주파수 $\omega_c{}'$보다 1 디케이드 작게 선정한다($\dfrac{1}{T} = 10^{-1}\omega_c{}'$).

❻ 단계 6

뒤짐비 α와 시상수 T를 갖도록 설계된 보상기가 성능 기준을 만족하는지 확인한다.

예제 7-16

[예제 7-15]에 다룬 전달함수 (7.127)에서 정상상태 속도 오차가 20% 이하, 위상 여유가 50° 이상이 되도록 뒤짐 보상기를 설계하라.

풀이

앞에서 설명한 절차에 따라 뒤짐 보상기를 설계한다.

❶ 단계 1

정상상태 오차 성능 기준을 만족시키기 위해 앞섬 보상기와 같이 $K = 3$으로 선정한다.

❷ 단계 2

직류 이득만 사용하고 다른 보상을 하지 않는 경우의 보데 선도를 그려보면, K 값이 앞섬 보상기의 경우와 같기 때문에 앞섬 보상기와 동일한 보데 선도, 즉 [그림 7-50]과 같은 보데 선도를 얻는다.

❸ 단계 3

문제에서 주어진 위상 여유가 50°이므로 여유분 10°를 생각하여 [그림 7-50]의 비보상 보데 선도에서 −120°의 위상값에 해당하는 주파수를 찾는다. CACSD 툴의 좌표 추적 기능을 사용하면, 이득 교차 주파수는 $\omega_c' = 1.8\,[\mathrm{rad/sec}]$이다.

❹ 단계 4

단계 3에서 구한 $\omega_c' = 1.8\,[\mathrm{rad/sec}]$에 해당하는 이득을 [그림 7-50]에서 구하면 $14.3\,[\mathrm{dB}]$이다.

$$\alpha = 10^{14.3/20} = 5.18 \tag{7.130}$$

❺ 단계 5

T를 결정한다.

$$T = \frac{10}{\omega_c'} = \frac{10}{1.8} = 5.5556 \tag{7.131}$$

❻ 단계 6

최종으로 설계된 뒤짐 보상기는 다음과 같이 주어진다.

$$C(s) = K\frac{Ts+1}{\alpha\,Ts+1} = 3\frac{5.5556s+1}{28.78s+1} \tag{7.132}$$

설계된 뒤짐 보상기 식 (7.132)를 사용한 최종 보상된 시스템의 보데 선도는 [그림 7-53]과 같다. 위상 여유가 63.5°가 되어 문제에서 주어진 50°를 만족함을 알 수 있다.

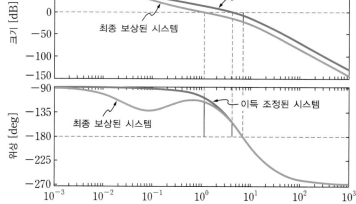

[그림 7-53] 뒤짐 보상기를 사용할 때, 이득 조정된 시스템과 최종 보상된 시스템의 보데 선도

7.5.3 앞섬 및 뒤짐 보상기의 설계

지금까지 주파수 영역에서 보데 선도를 이용하여 앞섬 보상기와 뒤짐 보상기를 설계하는 방법을 다루었다. 기본적으로 앞섬 보상기는 위상 앞섬 기여와 대역폭 증가라는 이점을 통하여 과도응답을 개선한다. 뒤짐 보상기는 고주파 감쇠의 특징을 통하여 정상상태 성능 기준을 만족시키는 데 유용하게 사용된다. 따라서 과도 상태와 정상상태 성능을 함께 개선시키려면 앞섬 보상기와 뒤짐 보상기가 직렬로 연결된 앞섬 및 뒤짐 보상기를 사용해야 한다. 앞섬 및 뒤짐 보상기의 형태는 다음과 같다.

$$C(s) = \left(\frac{s + \dfrac{1}{T_1}}{s + \dfrac{\gamma}{T_1}} \right) \left(\frac{s + \dfrac{1}{T_2}}{s + \dfrac{1}{\beta T_2}} \right) \tag{7.133}$$

여기서 $\gamma > 1$, $\beta > 1$이다. 이 보상기 중 첫 번째 항

$$\frac{s + \dfrac{1}{T_1}}{s + \dfrac{\gamma}{T_1}}$$

은 앞섬 보상기의 역할을 담당하며, 두 번째 항

$$\frac{s + \dfrac{1}{T_2}}{s + \dfrac{1}{\beta T_2}}$$

은 뒤짐 보상기의 역할을 담당한다. 앞섬 및 뒤짐 보상기를 설계할 때에는 편의상 종종 $\gamma = \beta$라고 설정한다. 앞섬 및 뒤짐 보상기의 성질을 보다 가시적으로 보기 위해서 나이키스트 선도와 보데 선도를 그리면 [그림 7-54]와 같다.

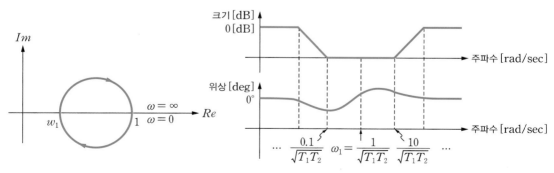

[그림 7-54] 앞섬 및 뒤짐 보상기의 나이키스트 선도와 보데 선도

γ에 따른 앞섬 및 뒤짐 보상기 식 (7.133)의 실제 보데 선도는 [그림 7-55]와 같다.

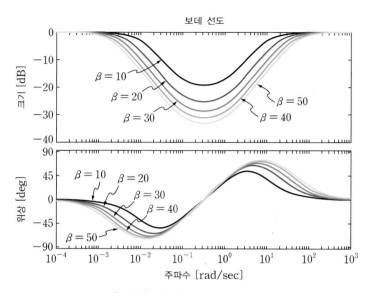

[그림 7-55] $C(s) = \dfrac{(s+1)(s+0.1)}{(s+\beta)(s+0.1/\beta)}$ 의 **보데 선도**

이 앞섬 및 뒤짐 보상기는 $0 < \omega < \omega_1$인 주파수 영역에서는 뒤짐 보상기로 작동하고, $\omega_1 < \omega < \infty$인 주파수 영역에서는 앞섬 보상기로 작동한다. 주파수 ω_1은 위상각이 0인 주파수로, 다음과 같이 주어진다.

$$\omega_1 = \frac{1}{\sqrt{T_1 T_2}} \tag{7.134}$$

앞섬 및 뒤짐 보상기의 위상 앞섬 부분(T_1을 포함하는 항)은 이득 교차 주파수에 위상 앞섬각을 추가한다. 이로 인해 위상 여유와 대역폭이 증가되어 응답 속도가 증가한다. 위상 뒤짐 부분(T_2을 포함하는 항)은 이득 교차 주파수 근처 및 그 위쪽에서 감쇠 작용을 하며, 그로 인해 정상상태 성능이 향상되도록 저주파수에서의 이득을 증가시킨다.

앞섬 및 뒤짐 보상기의 설계 절차를 살펴보고, 예제를 통하여 이를 적용해보자.

❶ 단계 1
정적 오차 상수와 같은 정상상태 성능 기준을 만족시키는 보상기 직류 이득 K를 구한다.

❷ 단계 2
직류 이득만 사용하고 다른 보상을 하지 않는 경우의 보데 선도를 그린다.

❸ 단계 3

단계 ❷에서 그린 보데 선도에서 위상이 $180°$인 주파수를 찾는다. 이 주파수를 새로운 이득 교차 주파수 ω_c'로 잡는다. 이 주파수에서 원하는 위상 여유 값을 갖도록 설계할 것이다.

❹ 단계 4

뒤짐 보상기의 오른편 절점 주파수 $\dfrac{1}{T_2}$을 새로운 이득 교차 주파수 ω_c'의 $\dfrac{1}{10}$이 되도록, 즉 1[dec] 작게 잡는다. 여기서 최대 위상 앞섬각은 다음을 통해 계산한다.

$$\sin\phi = \frac{1 - 1/\beta}{1 + 1/\beta} = \frac{\beta - 1}{\beta + 1} \tag{7.135}$$

이 값을 통해 뒤짐 보상기가 최종 결정된다.

❺ 단계 5

ω_c'에서 보상할 이득으로 앞섬 보상기를 계산한다.

❻ 단계 6

최종 설계된 앞섬 및 뒤짐 보상기가 성능 기준을 만족하는지 확인한다.

예제 7-17

[예제 7-15]에 다룬 전달함수 (7.127)에서 정상상태 속도 오차가 20% 이하, 위상 여유가 $50°$ 이상이 되도록 앞섬 및 뒤짐 보상기를 설계하라.

풀이

앞에서 설명한 절차에 따라 앞섬 및 뒤짐 보상기를 설계한다.

❶ 단계 1

정상상태 오차 성능 기준을 만족하기 위해 이전의 앞섬 및 뒤짐 보상기와 같이 $K = 3$으로 선정한다.

❷ 단계 2

직류 이득만 사용하고 다른 보상을 하지 않는 경우의 보데 선도를 그린다. 앞섬 및 뒤짐 보상기와 동일하게 $K = 3$으로 선정했기 때문에, [그림 7-50]과 동일한 보데 선도를 얻는다.

❸ 단계 3

단계 ❷에서 그린 보데 선도에서 위상이 $180°$인 주파수를 찾으면 7.07[rad/sec]이다. 이 주파수를 새로운 이득 교차 주파수 ω_c'로 잡는다.

❹ 단계 4

뒤짐 보상기의 오른편 절점 주파수 $\dfrac{1}{T_2}$를 새로운 이득 교차 주파수 ω_c'보다 1[dec] 작게 잡아

$\dfrac{1}{T_2} = 0.1 \times \omega_c{}'$ 가 되도록 한다. 따라서

$$T_2 = \frac{10}{\omega_c{}'} = \frac{10}{7.07} = 1.41 \qquad (7.136)$$

이다. 이득 교차 주파수 여유분을 생각하여 최대 위상 앞섬각을 60°로 잡으면, 식 (7.135)에 의해 $\beta = 13.92$가 된다. 이상 계산된 T_2와 β 값을 통해 뒤짐 보상기는 다음과 같이 최종 결정된다.

$$\frac{s + \dfrac{1}{T_2}}{s + \dfrac{1}{\beta T_2}} = \frac{s + \dfrac{1}{T_2}}{s + \dfrac{1}{\beta T_2}} = \frac{s + 0.707}{s + 0.0508}$$

❺ 단계 5

$\omega_c{}'$ 에서 보상할 이득은 $-3.52\,[\mathrm{dB}]$이므로 $(7.07\,[\mathrm{rad/sec}],\ -3.52)$를 지나도록 앞섬 보상기 부분의 T_1을 정하면, 최종 앞섬 보상기는 다음과 같다.

$$\frac{s + 0.7}{s + 10}$$

❻ 단계 6

최종 설계된 앞섬 및 뒤짐 보상기가 성능 기준을 만족하는지 확인한다. 설계된 보상기를 사용한 최종 보상된 시스템의 보데 선도는 [그림 7–56]과 같다. 위상 여유가 84°가 되어 문제에서 주어진 50°를 충분히 만족함을 알 수 있다.

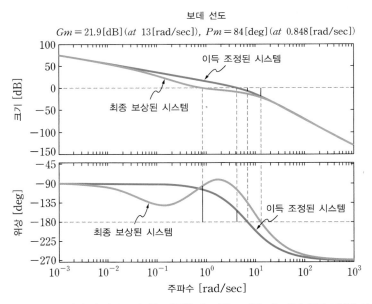

[그림 7–56] 앞섬 및 뒤짐 보상기를 사용할 때, 이득 조정된 시스템과 최종 보상된 시스템의 보데 선도

앞섬 보상기, 뒤짐 보상기, 앞섬 및 뒤짐 보상기는 [그림 7-57]과 같은 연산 증폭 회로를 사용하여 구현할 수 있다.

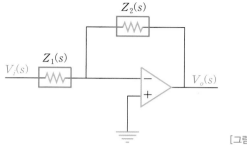

[그림 7-57] 연산 증폭 회로

[표 7-4] 능동 소자를 사용한 보상기의 구현

기능	$Z_1(s)$	$Z_2(s)$	전달함수, $\dfrac{V_o(s)}{V_i(s)} = -\dfrac{Z_2(s)}{Z_1(s)}$
이득	R_1	R_2	$-\dfrac{R_2}{R_1}$
적분	R	C	$-\dfrac{1}{RCs}$
미분	C	R	$-RCs$
PI 제어기	R_1	$R_2 \quad C$	$-\dfrac{R_2}{R_1}\left(1+\dfrac{1}{R_2Cs}\right)$
PD 제어기	C, R_1	R_2	$-R_2C\left(s+\dfrac{1}{R_1C}\right)$
뒤짐 보상	C_1, R_1	C_2, R_2	$-\dfrac{C_1}{C_2}\dfrac{\left(s+\dfrac{1}{R_1C_1}\right)}{\left(s+\dfrac{1}{R_2C_2}\right)}$ (단, $R_2C_2 > R_1C_1$)
앞섬 보상	C_1, R_1	C_2, R_2	$-\dfrac{C_1}{C_2}\dfrac{\left(s+\dfrac{1}{R_1C_1}\right)}{\left(s+\dfrac{1}{R_2C_2}\right)}$ (단, $R_1C_1 > R_2C_2$)

또한 [표 7-5]와 같이 수동 소자만을 이용한 구현도 가능하다. 전에 배운 PID 제어는 수동 소자만으로는 구현할 수 없었다.

[표 7-5] 수동 소자를 사용한 보상기의 구현

기능	회로망	전달함수, $\dfrac{V_o(s)}{V_i(s)}$
뒤짐 보상		$\dfrac{R_2}{R_1+R_2}\dfrac{s+\dfrac{1}{R_2 C}}{s+\dfrac{1}{(R_1+R_2)C}}$
앞섬 보상		$\dfrac{s+\dfrac{1}{R_1 C}}{s+\dfrac{1}{R_1 C}+\dfrac{1}{R_2 C}}$
앞섬 및 뒤짐 보상		$\dfrac{\left(s+\dfrac{1}{R_1 C_1}\right)\left(s+\dfrac{1}{R_2 C_2}\right)}{s^2+\left(\dfrac{1}{R_1 C_1}+\dfrac{1}{R_2 C_2}+\dfrac{1}{R_2 C_1}\right)s+\dfrac{1}{R_1 R_2 C_1 C_2}}$

앞섬 보상기, 뒤짐 보상기, 앞섬 및 뒤짐 보상기를 모두 정리하면 [표 7-6]과 같다.

[표 7-6] 앞섬 보상기, 뒤짐 보상기, 앞섬 및 뒤짐 보상기

	앞섬 보상기	뒤짐 보상기	앞섬 및 뒤짐 보상기
기본 형태	$C(s) = K\dfrac{1+Ts}{1+\alpha Ts},$ $0 < \alpha < 1$	$C(s) = K\dfrac{1+Ts}{1+\alpha Ts},$ $\alpha > 1$	$\left(\dfrac{s+\dfrac{1}{T_1}}{s+\dfrac{\beta}{T_1}}\right)\left(\dfrac{s+\dfrac{1}{T_2}}{s+\dfrac{1}{\beta T_2}}\right),$ $\beta > 1$
보데 선도			
나이키스트 선도			
주요 공식	$\omega_m = \dfrac{1}{T\sqrt{\alpha}}$ $\phi_m = \sin^{-1}\left(\dfrac{1-\alpha}{\alpha+1}\right)$	$\left|KG(j\omega_c')\right| = 20\log(\alpha)[\mathrm{dB}]$ $\dfrac{1}{T} \ll \omega_c'$	$\omega_1 = \dfrac{1}{\sqrt{T_1 T_2}}$ $\phi_m = \sin^{-1}\left(\dfrac{\beta-1}{\beta+1}\right)$
시스템에 주는 영향 (시각적 표시)			
설계 절차	1. 정상상태 오차 고려한 K 결정 2. 필요한 위상 앞섬각 ϕ_m 계산 3. α 계산 4. 최대 위상 주파수 $\omega_m = 1/(\sqrt{\alpha}\,T)$ 결정 5. T 계산	1. 정상상태 오차 고려한 K 결정 2. 새로운 이득 교차 주파수 ω_c' 정함 3. 감쇠 크기 $20\log(\alpha)$에서 α 구함 4. $T = \dfrac{10}{\omega_c'}$ 되도록 T 결정	1. 뒤짐 보상기 설계 2. 앞섬 보상기 설계
특징	• 위상 앞섬을 사용하여 위상 여유 증가 • 대역폭을 증가시켜 응답 속도를 빠르게 함 • 설계 시 고주파 잡음 영향 조심	• 고주파 감쇠(상대적으로 저주파수에서 이득 증가) • 저주파 통과 필터와 같은 역할	$0 < \omega < \dfrac{1}{\sqrt{T_1 T_2}}$ 에서는 뒤짐 보상기로 작동(정상상태 성능 향상), $\dfrac{1}{\sqrt{T_1 T_2}} < \omega$에서는 앞섬 보상기로 작동(위상 여유 증가)

01. 주파수 영역 해석

시스템의 분석과 제어기 설계에서 주파수 영역에 대한 해석은 매우 유용하다. 주파수 영역에서 제어 시스템을 설계하면 안정성과 성능뿐만 아니라 불확실성에 대한 견실 안정성까지 고려할 수 있으므로, 시간 영역에서의 설계에 비해 견실한 제어 시스템을 구성할 수 있다. 또한 주파수 영역에서는 불확실성을 비교적 간단히 표시할 수 있어서 다루기 쉽고, 불확실성의 정량화도 가능하다.

02. 나이키스트 선도

나이키스트 선도는 개로 시스템의 주파수 응답을 복소평면에 나타낸 것으로, 저주파에서 고주파까지 전달함수의 크기와 위상에 대한 전체적인 추이와 안정성 판별을 하나의 그래프 위에서 쉽게 알 수 있다. 나이키스트 선도에서 폐로 시스템의 안정성을 보장하기 위해서는 개로 전달함수의 나이키스트 선도가 $(-1, 0)$을 반시계 방향으로 감싸는 횟수와 우반평면에 있는 개로 전달함수의 극점 수(불안정한 개로 극점의 수)가 동일해야 한다.

03. 보데 선도

나이키스트 선도는 하나의 그래프에 개로 전달함수의 주파수 특성을 표시하지만, 보데 선도는 주파수 응답을 크기 응답과 위상 응답으로 분리하여 각각의 주파수에 대한 함수를 그래프로 표시한 것이다. 나이키스트 선도와 비교하여 보데 선도는 특정 주파수에 대한 크기 응답과 위상 응답을 바로 알 수 있다는 점이 편리하나, 그래프가 항상 두 개가 있어야 한다는 불편함도 있다. 보데 선도의 두 그래프 모두 가로축은 주파수에 대한 대수적 눈금을 사용하고, 크기 응답에 대하여는 데시벨^{dB}을 사용하는데, 이는 보다 현실적인 스케일을 제공하기 위함이다. 보데 선도와 달리 대수적 스케일을 쓰지 않는 나이키스트 선도에서는 저주파와 고주파에서의 크기와 위상에 대한 자세한 정보를 얻기가 쉽지 않다.

04. 이득 여유와 위상 여유

$Ke^{j\theta}$와 같은 불확실성이 개로 전달함수에 곱셈 형식으로 작용한다고 할 때, $\theta = 0$인 경우에 폐로 시스템의 안정성이 보장되는 K의 최댓값을 이득 여유라 하며, $K = 1$인 경우에 폐로 시스템의 안정성이 보장되는 θ의 최대 변화값을 위상 여유라 부른다. 이득 여유는 표기의 편의상 안정성이 보장되는 K의 최댓값에 대한 데시벨 값으로 표시한다. 다시 말하면 이득 여유는 위상 각이 $-180°$인 주파수에서 개로 전달함수의 크기에 대한 역수로 표현된다. 이득과 위상 여유는 이득과 위상 가운데 각각 하나만 변환할 때의 안정성 여유이며, 둘이 동시에 바뀌는 경우에는 여유가 줄어들 수 있다.

05. 니콜스 선도

나이키스트 선도와 보데 선도로 나타낸 개로 시스템의 주파수 응답을 통하여, 폐로 시스템의 주파수 응답 특성을 간접적으로 알아낼 수 있다. 이에 비해 니콜스 선도를 이용할 경우, 폐로 전달함수의 주파수 응답을 복소평면 상에 그린 다음, 이 선도가 일정 크기 궤적(M원)과 일정 위상 궤적(N원)과 만나는 점으로부터 폐로 시스템의 주파수 응답을 직접 확인할 수 있다. 니콜스 선도를 사용하면 폐로 시스템의 위상 여유, 이득 여유, 공진 피크 크기, 공진 주파수 및 대역폭을 도해적으로 결정할 수 있다.

06. 앞섬 보상기, 뒤짐 보상기, 앞섬 및 뒤짐 보상기

앞섬 보상기, 뒤짐 보상기, 앞섬 및 뒤짐 보상기를 모두 정리하면 [표 7-6]과 같다.

7.1 전달함수 $G(j\omega) = \dfrac{1}{1 + j2\omega T}$ 의 크기와 위상각은?

① $G(j\omega) = \dfrac{1}{\sqrt{1 + 4\omega^2 T}}$, $\angle G(j\omega) = -\tan^{-1}(2\omega T)$

② $G(j\omega) = \dfrac{1}{\sqrt{1 + 4\omega^2 T}}$, $\angle G(j\omega) = \tan^{-1}(2\omega T)$

③ $G(j\omega) = \dfrac{1}{\sqrt{1 + \omega^2 T}}$, $\angle G(j\omega) = -\tan^{-1}(2\omega T)$

④ $G(j\omega) = \dfrac{1}{\sqrt{1 + 4\omega^2 T}}$, $\angle G(j\omega) = -\tan(2\omega T)$

7.2 다음과 같은 회로의 전달함수에 해당하는 나이키스트 선도로 올바른 것은?

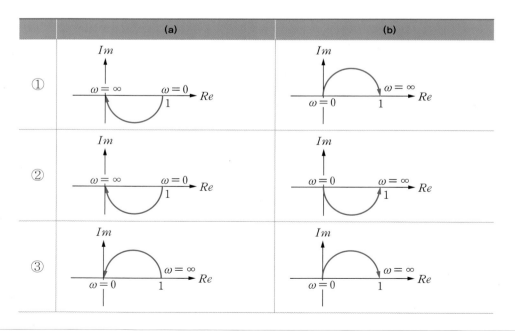

④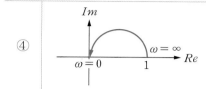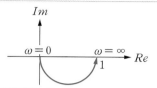

7.3 다음과 같은 나이키스트 선도를 갖는 시스템의 전달함수로 올바른 것은?

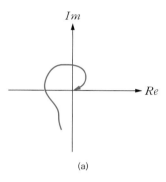

(a)

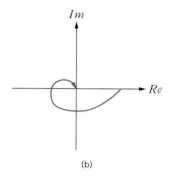

(b)

1) $\dfrac{1}{1+s}$

2) $\dfrac{1}{s\,(1+s)}$

3) $\dfrac{1}{s\,(1+s)(1+2s)}$

4) $\dfrac{1}{s\,(1+s)(1+2s)(1+3s)}$

5) $\dfrac{1}{(1+s)(1+2s)(1+3s)}$

	(a)	(b)
①	1)	1)
②	2)	5)
③	2)	3)
④	4)	5)

7.4 $G(s) = \dfrac{1}{s(1+2s)}$ 의 나이키스트 선도가 지나는 영역은?

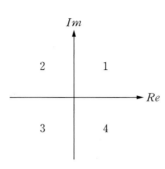

① 2, 3   ② 1, 2   ③ 1, 4   ④ 3, 4

7.5 나이키스트 선도가 다음과 같은 시스템에 입력을 가할 때 출력은 어떻게 되는가?

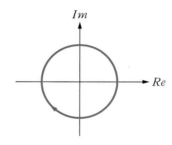

① 입력을 시간 지연시켜 출력한다.   ② 저주파 성분의 신호를 제거한다.
③ 신호를 증폭한다.   ④ 고주파 성분의 신호를 제거한다.

7.6 다음은 앞섬 보상기에 대한 보데 선도이다. 적합한 전달함수와 아날로그 회로는?

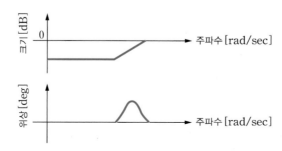

	전달함수	아날로그 회로
①	$\dfrac{\alpha}{\beta}\dfrac{1+\beta s}{1+\alpha s},\ \beta > \alpha$	
②	$\dfrac{\beta}{\alpha}\dfrac{1+\beta s}{1+\alpha s},\ \beta > \alpha$	
③	$\dfrac{\beta}{\alpha}\dfrac{1+\beta s}{1+\alpha s},\ \beta < \alpha$	
④	$\dfrac{\beta}{\alpha}\dfrac{1+\beta s}{1+\alpha s},\ \beta < \alpha$	

7.7 앞섬 보상기에 대한 설명 중 맞는 것은?

① 큰 대역폭과 빠른 응답을 기대할 수 있다.
② 일종의 저주파 통과 필터 역할을 한다.
③ 정상상태 정확도를 향상시킬 수 있다.
④ 고주파 잡음을 줄일 수 있다.

7.8 다음의 전달함수가 단위 피드백 시스템으로 안정화되기 위한 K의 범위는?

$$G(s) = K\frac{e^{-s}}{s}$$

① $0 < K < \dfrac{\pi}{2}$ ② $0 < K < \pi$ ③ $\dfrac{\pi}{2} < K < \pi$ ④ $\pi < K < 2\pi$

7.9 안정한 개로 시스템이 단위 피드백 시스템을 이룰 경우, 마찬가지로 안정하게 되는 나이키스트 선도는 무엇인가? (나이키스트 선도는 $\omega = 0$에서 $\omega = \infty$까지에 해당하는 부분만 그렸다.)

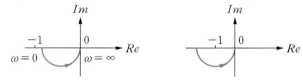
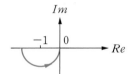
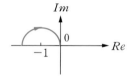
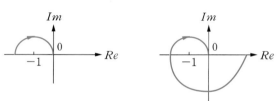

7.10 다음과 같이 주어진 시스템이 있다.

$$G(s) = \frac{2K}{(1+s)(1+2s)(1+4s)}$$

이득 여유가 $20[\mathrm{dB}]$이라면, 이때 K 값은?

① $\dfrac{1}{2}$ ② $\dfrac{9}{16}$ ③ $\dfrac{1}{3}$ ④ $\dfrac{2}{3}$

7.11 니콜스 선도에서 $G(j\omega)$의 궤적이 어떤 M원과도 접하지 않았다면 무엇을 의미하는가?

① 시스템이 불안정하다.   ② 폐로 시스템에 공진이 없다.
③ 정상상태 오차가 0이 된다.   ④ 무한대의 이득 여유를 갖는다.

7.12 보데 선도에 대한 다음 설명 중 틀린 것은?

① 개로 시스템의 전달함수가 $\dfrac{2}{(s+1)(s+2)}$로 주어질 때 이득 여유는 $\infty\,[\mathrm{dB}]$이다.

② $\dfrac{1}{5s+1}$의 보데 선도에서 절점 주파수는 $0.2\,[\mathrm{rad/sec}]$이다.

③ $G(j\omega) = (j\omega)^3$의 보데 선도는 $60\,[\mathrm{dB/dec}]$의 기울기를 갖는다.

④ $\dfrac{1}{Ts+1}$에서 T는 주어진 상수일 때, 절점 주파수에서의 이득은 약 $-2\,[\mathrm{dB}]$이다.

7.13 다음과 같은 시스템에서 외란 D가 단위 계단함수인 경우 외란에 의한 출력은?

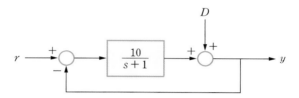

7.14 오른쪽 그림과 같은 나이키스트 선도를 갖는 전달함수는? (단, $a < b$)

① $a\,\dfrac{1+bs}{1+as}$ ② $a\,\dfrac{1+as}{1+bs}$

③ $b\,\dfrac{1+bs}{1+as}$ ④ $b\,\dfrac{1+as}{1+bs}$

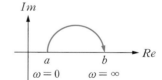

7.15 개로 시스템의 전달함수가 s-평면의 우반평면에 A 개의 극점과 B 개의 영점을 갖고 있다. 다음 중 어떤 나이키스트 선도에서 폐로 시스템이 안정한가?

① $(-1,\,0)$ 점을 반시계 방향으로 A 번 감쌌다.

② $(-1,\,0)$ 점을 반시계 방향으로 B 번 감쌌다.

③ $(-1,\,0)$ 점을 시계 방향으로 B 번 감쌌다.

④ $(-1,\,0)$ 점을 시계 방향으로 B 번 감쌌다.

7.16 다음과 같은 회로는 앞섬 보상기로 사용 가능한가, 또는 뒤짐 보상기로 사용 가능한가? 앞섬 보상기로 사용 가능하다면 최대 위상각을, 뒤짐 보상기로 사용 가능하다면 최소 위상각을 구하라.

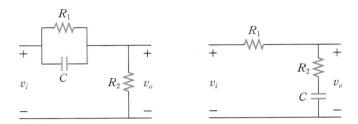

7.17 다음 위상 여유에 대한 설명 중 틀린 것은?

① 이득 교차 주파수에서의 위상각에 $180°$를 더한 값이다.
② 나이키스트 선도에서는, 단위원과 만나는 점과 원점을 이은 직선이 음의 실수축을 기준으로 이루는 각이다.
③ 뒤짐 보상기는 위상을 증가시킴으로써 위상 여유를 개선시킨다.
④ 위상 여유는 시스템을 불안정하게 하는 데 필요한 추가적인 위상 지연을 의미한다.

7.18 뒤짐 보상기에 대한 설명 중 맞는 것은?

① 저주파수에서의 이득을 증가시켜 정상상태 성능을 향상시킨다.
② 뒤짐 보상기의 역할은 미분기와 유사하다.
③ 복소평면에서 뒤짐 보상기의 영점은 극점의 오른쪽에 위치한다.
④ 뒤짐 보상기의 영점과 극점에 해당하는 주파수는 위상 여유 개선에 도움이 되도록 충분히 크게 선정해야 한다.

7.19 개로 시스템의 전달함수가 다음과 같을 때

$$G(s) = \frac{\alpha s + 2}{s^2}$$

위상 여유가 $45°$가 되도록 α를 계산하라.

7.20 다음 니콜스 선도 중 위상 여유가 가장 큰 것은?

① A
② B
③ C
④ D

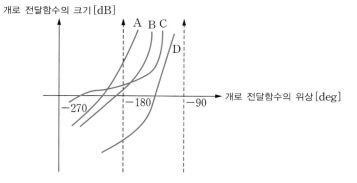

7.21 [심화] 다음과 같은 개로 전달함수들에 대해서, 폐로 시스템의 안정도를 보장하는 양수 K의 범위를 구하라.

(a) $G(s) = K\dfrac{s+1}{s(s-3)}$

(b) $G(s) = K\dfrac{1}{s(Ts+1)^2}$, 여기서 $T > 0$이다.

(c) $G(s) = K\dfrac{(Ts+1)^2}{s^3}$, 여기서 $T > 0$이다.

7.22 [심화] 다음과 같은 개로 전달함수에 대해서

$$G(s) = \frac{K}{s(s+5)(s+50)}$$

단위 경사 응답에 대한 정상상태 오차가 0.011보다 작아야 하며, 위상 여유는 $40°$가 되도록 뒤짐 보상기를 설계하라.

7.23 [심화] 다음과 같은 개로 시스템이 단위 피드백 시스템을 이룰 때 안정화되도록 K의 범위를 구하라.

(a) $G(s) = K\dfrac{2e^{-2s}}{s}$

(b) $G(s) = K\dfrac{e^{-s}}{s\left(s + \dfrac{\pi}{4}\right)}$

7.24 심화 영점보다 두 개 이상 많은 극점을 가진 다음과 같은 전달함수 $G(s)$를 생각해보자.

$$G(s) = K \frac{\prod_{i=1}^{m}(s - z_i)}{\prod_{i=1}^{n}(s - p_i)}, \quad n \geq m + 2$$

$G(s)$의 n개의 극점 중에서 M개가 불안정한(우반평면에 있는) 극점이고, p_i, $i = 1, \cdots, M$ 으로 표시한다. 이 $G(s)$를 사용하여 구성한 단위 피드백 시스템은 안정하다고 가정한다. 다음과 같은 단위 피드백 시스템에서의 감도함수

$$S(s) = \frac{1}{1 + G(s)}$$

은 다음 식을 만족함을 증명하라.

$$\int_0^\infty \ln|S(j\omega)| d\omega = \pi \sum_{i=1}^{M} Re\{p_i\}$$

7.25 심화 다음과 같은 개로 시스템의 전달함수에서

$$G(s) = \frac{K}{s(2s+1)}$$

속도 오차 상수가 $K_v = 12\,[\sec^{-1}]$을 만족하고, 위상 여유가 $40°$ 이상 되도록 앞섬 보상기를 설계하라.

7.26 심화 다음과 같은 개로 전달함수에 대해서

$$G(s) = \frac{K}{s(4s+1)(s+1)}$$

다음을 만족하도록 앞섬 보상기 혹은 뒤짐 보상기를 설계하라. 단위 경사 응답에 대한 정상상태 오차가 0.01보다 작아야 하며, 위상 여유는 $45° \pm 3°$가 되도록 한다.

7.27 심화 다음과 같은 개로 전달함수에 대해서

$$G(s) = \frac{s+10}{s(s+3)(s+20)}$$

다음을 만족하도록 앞섬 보상기 혹은 뒤짐 보상기를 설계하라. 단위 경사 응답에 대한 정상상태 오차가 0.06보다 작아야 하며, 단위 계단 입력 시 최대 초과가 20% 이하로 되어야 한다. 2% 내 정착 시간은 10초 이내로 해야 한다.

7.28 심화 다음과 같은 시간 지연이 있는 1차 시스템을 생각해보자.

$$G(s) = \frac{Ke^{-t_d s}}{\tau s + 1}$$

6장에서 배운 지글러–니콜스의 PID 동조법에 의하면 다음과 같은 P 제어기를 권장한다.

$$C(s) = \frac{\tau}{K t_d}$$

이 P 제어기를 사용할 때, 위상 여유가 32° 이상 확보됨을 보여라.

7.29 심화 [연습문제 7.28]의 시간 지연이 있는 1차 시스템에 다음과 같은 PI 제어기를

$$C(s) = K_p + \frac{K_i}{s} = \frac{K_p s + K_i}{s}$$

사용하면, 위상 여유가 38° 이상 확보됨을 보여라. (PI 계수는 지글러–니콜스의 PID 동조법에 의해 선정하고, $\frac{\tau}{t_d} \leq \frac{10}{3}$ 을 만족한다고 한다.)

7.30 심화 다음과 같은 n-중 앞섬 보상기를 고려해보자.

$$C(s) = K\left(\frac{1+Ts}{1+\alpha^{\frac{1}{n}}Ts}\right)^n, \quad 0 < \alpha < 1$$

이 경우의 최대 위상 앞섬각이 ϕ라고 할 때 α 값을 계산하라. 또한 n이 무한대로 커질 때 α는 어느 값에 수렴하는가?

CHAPTER

08

상태 공간 해석 및 설계
State Space Analysis & Design

▌학습목표

• 주어진 시스템을 상태 공간 모델로 표현하고 해석하는 방법을 배운다.

• 상태 공간 모델로 주어진 시스템에 대하여 안정성을 논하고, 시스템을 안정화하는 상태 피드백 제어의 설계 방법을 배운다.

• 모든 상태 정보를 얻을 수 없을 경우, 주어진 입출력 정보를 바탕으로 상태를 추정하는 관측기 설계 방법을 배운다.

• 주어진 가격함수에 대해 최적으로 설계된 최적 제어기와 최적 관측기를 소개한다.

• 기준 신호를 시스템의 출력이 잘 따라가도록 하는 명령 추종기 설계 방법을 배운다.

개요

지금까지는 전달함수의 극점과 영점을 사용하여 시스템을 시간 영역과 주파수 영역에서 해석하는 방법을 배웠다. 이는 입출력 신호에 바탕을 둔 전달함수를 통해 원하는 출력이 나오도록 적절한 입력을 생성하는 제어기를 설계하는 방법을 다룬 것이다. 그러나 시스템에는 우리가 이제까지 다루었던 입출력 변수 외에도 수많은 변수들이 관련되어 있다. 1장에서 언급했던 상태변수가 바로 이 모든 변수를 담고 있으며, 이 상태변수를 알게 되면 시스템을 완벽히 알 수 있게 된다. 따라서 기존의 입출력 변수와 상태변수를 상태 공간에서 나타내면, 전달함수에 비해 시스템을 좀 더 자세히 분석할 수 있고, 제어기 설계에도 이를 매우 유용하게 활용할 수 있다. 하지만 상태 공간 모델은 기존 전달함수 모델보다 더 정교하게 시스템을 표현할 수 있는 반면, 시스템에 대해 필요한 정보가 증가하여 모델링을 하는 데 어려움을 겪을 수 있다.

이 장에서는 상태 공간 모델을 바탕으로 한 여러 해석 방법과 안정성을 보장하는 제어기 및 상태를 추정하는 관측기의 설계 방법, 주어진 가격함수에 대해 최적의 성능을 가지는 최적 제어기와 최적 관측기 설계 방법, 그리고 명령 추종기 설계 방법 등을 소개한다.

상태 공간 모델의 시간 응답

전달함수를 상태 공간 모델로 나타내는 방법에 대해서는 이미 2장에서 소개하였다. 이 장에서는 더 나아가 전달함수와 상태 공간 모델의 연관성을 파악한다. 또한 상태 공간 모델에서의 극점과 영점을 알아보고, 시간 응답을 구해본다. 이 과정에 행렬과 벡터를 동원한 계산이 많은데, 필요한 부분은 관련 도서를 참고하기 바란다. 특히 행렬 지수함수와 행렬의 판별식 등의 계산법에는 반드시 익숙해져야 한다. 더불어 행렬의 고윳값과 고유벡터에 대한 물리적인 개념 이해도 꼭 필요하다. '부록 A.2'의 선형 시스템과 신호의 분해 및 합성이 수식 유도나 개념 이해에 큰 도움이 될 것이다.

상태 공간 모델의 안정성과 상태 피드백 제어기 설계

상태 공간 모델의 시간 영역 해석을 기반으로 안정성을 보장하는 제어기 설계 방법을 소개한다. 전달함수에서는 모든 극점이 복소평면의 좌반부에 있을 때 안정하였다. 상태 공간 모델에서도 이에 해당하는 안정성 조건을 구한다. 이 안정성 조건을 바탕으로 불안정한 시스템을 안정화시킬 수 있는 상태 피드백 제어기 설계 방법을 소개한다. 그러나 이 방법으로 실제 모든 불안정한 시스템을 안정화시킬 수 있는 것은 아니다. 시스템의 구조에 따라 상태 피드백 제어기가 설계 가능할 수도, 그렇지 않을 수도 있다. 따라서 이러한 제어기 설계 가능 유무를 판단하는 제어 가능성에 대해서도 학습한다.

상태 관측기 설계

상태 피드백 제어는 시스템의 모든 상태 정보를 알아야만 사용할 수 있다. 시스템의 모든 상태 정보를 알아내기 위해서는 상태를 직접 측정해야 하지만, 물리적인 한계나 비용 문제 등 여러 가지 이유로 모든 상태를 측정하기 어려울 수 있다. 이런 경우에는 알고 있는 상태 공간 모델과 시스템에서 측정 가능한 입출력 정보를 바탕으로 상태변수를 추측하는 방법을 사용해야 하며, 이를 상태 추정이라고 한다. 이와 같이 상태변수를 추정하는 관측기 설계 방법을 학습한다.

성능지수에 바탕을 둔 최적 제어기와 최적 관측기 설계

제어기 또는 관측기를 설계하더라도 시스템이 원하는 최적의 성능을 가진다고 장담할 수는 없다. 따라서 원하는 성능 조건을 최적으로 만족하는 최적 제어기와 관측기 설계 방법이 필요하다. 이를 위해 2차 선형 제어와 칼만 필터$^{Kalman\ Filter}$로 알려진 최적 제어기 및 최적 관측기의 설계 방법 및 특성을 학습한다. 설계 과정에서 엄밀한 유도 과정은 학부 수준을 넘어서기 때문에 최적성의 의미를 음미해볼 수 있을 정도의 간단한 수식 유도만을 사용하여 설명한다.

명령 추종기

출력이 시간에 따라 변하지 않는 일정한 값이 되도록 하는 제어기를 조정기^{regulator}라 한다. 반면 출력 신호가 시간에 따라서 변하는 기준 신호를 따라가도록 하는 제어기를 명령 추종기^{command} $^{tracking\ controller}$라고 한다. 이 장에서는 적분기를 추가하여 명령추종 성능을 향상시키는 방법을 학습한다.

8.1 상태 공간 모델의 시간 응답

입력이 p개, 출력이 q개, 상태변수가 n개인 상태 공간 모델은 다음과 같이 나타낼 수 있다.

$$\dot{x}(t) = A\,x(t) + B\,u(t)$$
$$y(t) = C\,x(t) + D\,u(t)$$

(8.1)

여기서 $x(t) \in R^n$, $u(t) \in R^p$, $y(t) \in R^q$는 각각 상태변수, 입력 변수, 출력 변수의 열벡터이고, $A \in R^{n \times n}$, $B \in R^{n \times p}$, $C \in R^{q \times n}$, $D \in R^{q \times p}$는 상수 행렬이다. 여기서 R^i는 i차원 벡터, $R^{i \times j}$는 $i \times j$ 행렬들의 집합을 나타낸다. 혼동의 여지가 없을 경우, 식 (8.1)에서 시간 변수 t를 표시하지 않고 $\dot{x} = Ax + Bu$, $y = Cx + Du$로 쓰기도 한다.

식 (8.1)과 같이 상태 공간 모델로 표시되는 시스템을 블록선도로 나타내면 [그림 8-1]과 같다. 이 그림은 식 (8.1)을 가시적으로 표시한 것이지만, 컴퓨터를 이용한 블록 기반의 프로그램을 할 때 모델 계수가 시간에 따라 변하는 경우와 같은 여러 시스템에서 매우 유용하게 사용될 수 있다. A, B, C, D 등이 시간에 대해 변하지 않고 상수인 경우는 상태 공간 모델을 위한 블록 하나로 해결되지만, $A(t)$, $B(t)$, $C(t)$, $D(t)$와 같이 행렬이 시간 함수로 표현될 때에는 [그림 8-1]과 같은 형태의 블록선도로 구현해야 한다.

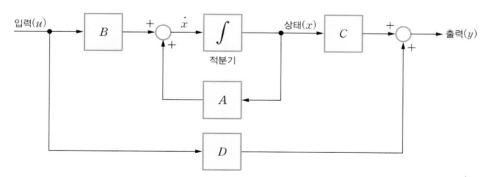

[그림 8-1] 상태 공간 모델의 블록선도

상태 공간 모델식 (8.1)은 입력이나 출력이 여러 개인 다중 입출력의 경우도 포함할 수 있는 일반적인 형태를 나타내고 있지만, 학부 과정을 대상으로 하는 이 책에서는 보다 쉬운 설명과 이해를 위해 입력과 출력이 한 개씩인 단일 입출력 시스템만을 다루도록 한다. 즉, $p = q = 1$인 시스템만 다루고,

모델 계수 B, C, D도 $n \times 1$, $1 \times n$, 1×1로 한정한다.

이제 식 (8.1)의 상태 공간 모델식을 살펴보자. 이 식은 시간에 대한 미분방정식의 형태로 나타나기 때문에 다루기가 어렵다. 따라서 해석의 용이성과 주파수 영역 해석을 위해 식 (8.1)을 라플라스 변환해보자.

$$sX(s) - x(0) = A\,X(s) + B\,U(s)$$
$$Y(s) = CX(s) + D\,U(s) \tag{8.2}$$

식 (8.2)의 첫 번째 수식을 $X(s)$에 대해 정리하여 두 번째 수식에 대입하면 다음과 같은 수식을 얻을 수 있다.

$$Y(s) = \left[C(sI - A)^{-1}B + D \right] U(s) + C(sI - A)^{-1}x(0) \tag{8.3}$$

식 (8.3)을 살펴보면 출력의 변화는 입력에 의한 영향과 초기 상태에 의한 영향으로 구분됨을 알 수 있다. 이 중 우변 첫째 항은 입력에 의한 출력의 변화를, 그리고 둘째 항은 초기 상태에 의한 출력의 변화를 나타낸다.

이제 시스템의 특성을 파악하기 위하여 전달함수를 구해보자. 시스템의 전달함수는 시스템의 모든 초기 조건을 0으로 둔 경우의 입력과 출력의 관계를 나타내므로, 상태 공간 모델식 (8.1)의 전달함수는 다음과 같다.

$$G(s) = \frac{Y(s)}{U(s)} = C(sI - A)^{-1}B + D \tag{8.4}$$

따라서 식 (8.4)의 전달함수는 다음과 같은 과정으로 정리할 수 있다.

$$\begin{aligned}
G(s) &= C(sI - A)^{-1}B + D \\
&= \det\left[C(sI - A)^{-1}B + D \right] \\
&= \det\left[(sI - A)^{-1}\right]\det(sI - A)\det\left[C(sI - A)^{-1}B + D\right] \\
&= \det\left[(sI - A)^{-1}\right]\det\begin{bmatrix} sI - A & -B \\ C & D \end{bmatrix}
\end{aligned} \tag{8.5}$$

이때 det는 행렬식을 의미한다. 행렬식의 정의에 의해 임의의 행렬 P, Q에 대해서 $\det(PQ) = \det(P)\det(Q)$가 항상 성립하므로, 식 (8.5)의 전달함수는 다음과 같은 분수함수로 나타낼 수 있다.

$$G(s) = \frac{\det\begin{bmatrix} sI - A & -B \\ C & D \end{bmatrix}}{\det(sI - A)} \tag{8.6}$$

식 (8.6)으로부터 시스템 전달함수의 극점 p와 영점 z는 다음 두 방정식을 만족하는 해가 됨을 알 수 있다.

$$\det(pI - A) = 0 \tag{8.7}$$

$$\det \begin{bmatrix} zI - A & -B \\ C & D \end{bmatrix} = 0 \tag{8.8}$$

특히 전달함수의 분모를 0으로 하는 방정식 (8.7)을 시스템의 특성방정식이라고 하며, 이 방정식의 해를 시스템의 극점 $p_i(i = 1, 2, \cdots, n)$라고 한다. 극점 p_i는 행렬 $p_i I - A$가 특이행렬이 되도록 하는 값이므로 시스템 행렬 A의 고윳값과 같다.

다음으로 전달함수의 분자를 0으로 하는 방정식 (8.8)의 해를 시스템의 영점 z라고 한다. 이 방정식은 다음과 같은 식을 성립하게 하는 0이 아닌 $[\alpha \quad \beta]$가 존재함을 의미하기도 한다.

$$\begin{bmatrix} zI - A & -B \\ C & D \end{bmatrix} \begin{bmatrix} \alpha \\ \beta \end{bmatrix} = 0 \tag{8.9}$$

시스템의 영점은 전달함수를 0으로 만들어주는 값으로, 적절한 초깃값과 영점에 해당하는 모드의 입력을 가하면 출력을 0으로 만들 수 있다. 한 예로, 만약 시스템의 영점 z를 이용하여 초기 조건 $x(0)$과 입력 $u(t)$를 각각 $x(0) = (zI - A)^{-1} Bu(0)$, $u(t) = u(0)e^{zt}$와 같이 정하면, 다음과 같이 수식을 전개할 수 있다.

$$\begin{aligned} Y(s) &= \left[C(sI - A)^{-1} B + D \right] U(s) + C(sI - A)^{-1} x(0) \\ &= C(sI - A)^{-1} \left(x(0) - (zI - A)^{-1} Bu(0) \right) \\ &\quad + \left(C(zI - A)^{-1} B + D \right) u(0)(s - z)^{-1} = G(z)u(0)(s - z)^{-1} = 0 \end{aligned} \tag{8.10}$$

여기에서 $u(0)$는 상수 벡터이다. 위의 유도 과정 중에 다음의 관계식이 사용되었는데, 이 식은 단순한 대수적 계산으로 증명할 수 있다.

$$-(sI - A)^{-1}(zI - A)^{-1}(s - z) + (zI - A)^{-1} = (sI - A)^{-1}$$

식 (8.10)을 통해 적절한 초깃값과 영점에 해당하는 모드 입력을 가했을 때 출력이 0이 됨을 알 수 있다.

이제 상태 공간 모델의 시간 응답에 대해 알아보자. 시간 응답은 다음 식과 같이 입출력 신호에 대한 라플라스 변환식 (8.3)을 라플라스 역변환하여 구할 수 있다.

$$y(t) = \mathcal{L}^{-1} \left\{ \left[C(sI - A)^{-1} B + D \right] U(s) + C(sI - A)^{-1} x(0) \right\} \tag{8.11}$$

만약 식 (8.11)의 라플라스 역변환을 직접 구하기 어려우면, 시간 영역에서 $y(t)$를 직접 계산할 수 있다. 그 방법은 다음과 같다.

먼저 초깃값 $x(0)$가 주어지면, $\dot{x}(t) = Ax(t) + Bu(t)$로부터 상태변수 $x(t)$가 다음과 같이 표현된다.

$$x(t) = e^{At}x(0) + \int_0^t e^{A(t-\tau)}Bu(\tau)d\tau \tag{8.12}$$

식 (8.12)가 의심스러운 독자는 이 해를 직접 $\dot{x}(t) = Ax(t) + Bu(t)$에 대입하여 확인해보기 바란다. 최종적으로 식 (8.12)를 식 (8.1)의 두 번째 수식인 출력 방정식에 대입하면 다음과 같은 $y(t)$를 구할 수 있다.

$$y(t) = Ce^{At}x(0) + \int_0^t Ce^{A(t-\tau)}Bu(\tau)d\tau + Du(t) \tag{8.13}$$

식 (8.13)에는 다소 복잡하게 보이는 행렬 지수함수 e^{At}가 포함되어 있는데, 이를 연산할 수 있어야 시간에 따른 출력 변화를 해석할 수 있다. 따라서 행렬 지수함수 e^{At}를 쉽게 구할 수 있는 방법을 알아야 한다. 이를 제대로 설명하기 위해서는 선형대수학의 많은 지식이 동원되어야 하지만, 여기서는 앞으로 필요한 몇 가지 결과만 알아보기로 한다.

먼저 지수함수는 무한 번 미분이 가능하므로, 행렬 지수함수 e^{At}는 다음과 같이 테일러급수를 이용하여 표현할 수 있다.

$$e^{At} = I + At + \frac{(At)^2}{2!} + \cdots + \frac{(At)^k}{k!} + \cdots \tag{8.14}$$

식 (8.14)를 이용하면 다음과 같은 관계식을 얻을 수 있는데, 이 식들은 앞으로 매우 유용하게 사용되므로 잘 기억하기 바란다.

$$
\begin{aligned}
&\frac{d}{dt}e^{At} = Ae^{At} \\
\Rightarrow \quad & \mathcal{L}\left(\frac{d}{dt}e^{At}\right) = \mathcal{L}\left(Ae^{At}\right) \\
\Rightarrow \quad & s\mathcal{L}\left(e^{At}\right) - e^{A \times 0} = A\mathcal{L}\left(e^{At}\right) \\
\Rightarrow \quad & (sI - A)\mathcal{L}\left(e^{At}\right) = I \\
\Rightarrow \quad & \mathcal{L}\left(e^{At}\right) = (sI - A)^{-1} \\
\therefore \quad & e^{At} = \mathcal{L}^{-1}\{(sI - A)^{-1}\}
\end{aligned}
\tag{8.15}
$$

또한 식 (8.15)의 결과와 중합적분을 통해 다음과 같은 관계식도 얻을 수 있다.

$$\int_0^t Ce^{A(t-\tau)}Bu(\tau)d\tau = \mathcal{L}^{-1}\{C(sI - A)^{-1}BU(s)\} \tag{8.16}$$

이 식에서 $g(t) = Ce^{At}B$로 놓으면, 다음과 같은 관계식을 구할 수도 있다.

$$\int_0^t Ce^{A(t-\tau)}Bu(\tau)d\tau = \int_0^t g(t-\tau)u(\tau)d\tau$$

$$C(sI-A)^{-1}B = \mathcal{L}\{g(t)\}$$

여기서 함수 $g(t)$는 임펄스 응답함수이다. 이미 3장에서 학습한 바와 같이 임펄스 응답함수가 수렴해야만 시스템의 안정성이 보장된다. 따라서 주어진 시스템이 안정하기 위해서는 상태 공간 모델의 임펄스 응답함수 $g(t) = Ce^{At}B$가 수렴해야 한다. B와 C는 상수 행렬이므로 결국 임펄스 응답함수의 수렴성은 e^{At}에 의존함을 알 수 있으며, 이에 대해서는 다음 절에서 구체적으로 다루도록 한다.

예제 8-1

상태 공간 모델식 (8.1)에 계단 입력을 가할 경우, 시간 t에서의, 그리고 시간이 무한대로 흘렀을 때의 상태변수 값을 각각 구하라. 단 시스템 행렬 A의 모든 고윳값들이 복소평면의 좌반평면에 있다고 가정한다.

풀이

계단 입력인 경우 $u(t) = 1\,(t \geqq 0)$이므로, 식 (8.12)를 다음과 같이 쓸 수 있다.

$$x(t) = e^{At}x(0) + \int_0^t e^{A(t-\tau)}Bd\tau$$

$$= e^{At}x(0) + \left[A^{-1}e^{A\tau}\right]_0^t B$$

$$= e^{At}x(0) + A^{-1}\left[e^{At} - I\right]B$$

이 계산 과정 중의 적분은 식 (8.14)의 적분 결과를 사용하면 쉽게 계산할 수 있다. 한편 행렬 A는 고윳값으로 0을 가지고 있지 않으므로, 역행렬이 존재한다. 시스템 행렬의 모든 고윳값들이 좌반평면에 있다고 했으므로, e^{At}는 영행렬로 수렴하고, 정상상태의 응답 x_{ss}는 다음과 같이 구할 수 있다.

$$x_{ss} = -A^{-1}B$$

8.2 상태 공간 모델의 안정성

이전 절에서 전달함수와 상태 공간 모델의 비교를 통해 전달함수의 극점과 시스템 행렬 A의 고윳값이 일치함을 알았다. 또한 3장에서는 전달함수의 안정성 조건으로 모든 극점이 좌반 평면에 있어야함을 배웠다.

이 논리를 근거로 상태 공간 모델의 안정성 조건을 생각해 보면, 전달함수의 극점인 시스템 행렬 A의 모든 고윳값이 복소평면의 좌반평면에 있어야 시스템이 안정하다는 결론을 얻을 수 있다. 하지만 상태 공간 모델에서는 출력 이외에 상태변수까지 고려해야 하므로, 기존 전달함수의 안정성을살펴볼 때와는 다른, 좀 더 체계적인 접근법이 필요하다.

이를 위해 4장에서 학습한 유한 입출력 안정성을 다시 한 번 상기해보자. 유한 입출력 관점에서 안정성이 보장되려면, 모든 유한한 크기의 입력에 대해 출력의 크기 또한 유한해야 한다. 이 안정성의정의를 상태 공간 모델로 확장하면, 유한한 입력에 대해 출력만 유한해야 하는 게 아니라 상태변수도유한해야 한다. 우리가 다루는 시불변 시스템에서는 상태변수가 유한하면 당연히 출력도 유한하므로, 입력과 초기 상태가 관련된 식 (8.12)만 고려해도 충분할 것이다. 어떠한 유한 입력과 어떠한유한 초기 조건에서도 유한한 크기의 상태변수를 가지기 위해서는 다음과 같이 시스템이 항상 0으로수렴해야 한다.

$$\dot{x}(t) = A x(t) \tag{8.17}$$

만약 이 미분방정식의 해가 항상 0으로 수렴하면, 식 (8.12)의 상태변수도 유한한 모든 입력과 초기상태에 대해서 유한한 값으로 수렴함을 쉽게 보일 수 있다. (그 반대 과정의 증명이 쉽지는 않으나, 독자들이 직접 나머지 증명을 해 보는 것도 학습에 많은 도움이 될 것이다.)

이제부터 식 (8.17)의 수렴성에 대해 살펴보고, 유한 입출력 관점에서 시스템의 안정성을 판별해보도록 하자. 먼저 입력이 사라진 시스템 방정식 (8.17)의 해는 다음과 같이 주어진다.

$$x(t) = e^{At} x(0) \tag{8.18}$$

시스템 행렬 A의 고윳값이 p_1, p_2, $\cdots$, p_n으로 주어지는 경우(중첩 허용), 행렬 A는 Jordan 행렬 Jordan matrix J와 변형 행렬 P를 사용하여 $A = PJP^{-1}$으로 쓸 수 있다. 그 결과 행렬 지수함수 e^{At}는 다음과 같이 나타낼 수 있다.

$$e^{At} = e^{PJP^{-1}t} = I + PJP^{-1}t + \frac{(PJP^{-1}t)^2}{2!} + \cdots + \frac{(PJP^{-1}t)^n}{n!} + \cdots$$

$$= P\left[I + Jt + \frac{(Jt)^2}{2!} + \cdots + \frac{(Jt)^n}{n!} + \cdots\right]P^{-1}$$

$$= Pe^{Jt}P^{-1} \tag{8.19}$$

$$= e^{At} = P\begin{bmatrix} e^{p_1 t} & * & \cdots & * \\ 0 & e^{p_2 t} & \cdots & * \\ \vdots & \vdots & \ddots & \vdots \\ 0 & 0 & \cdots & e^{p_n t} \end{bmatrix}P^{-1}$$

여기서 *로 표시된 부분은 0 또는 $e^{p_i t}$와 t에 대한 다항식의 곱으로 표현된 함수들이다. 식 (8.17)이 모든 초기 상태에 대해 0으로 수렴하기 위해서는 식 (8.19)에 나타난 모든 지수함수들이 0으로 수렴해야 하며, 이를 위해서는 고윳값의 실수부가 음의 값을 가져야 한다. 여기서 *로 표시된 부분이 $e^{p_i t}$와 t의 다항식의 곱의 형태일 때, t의 다항식이 시간이 흐름에 따라 그 값이 점점 커지기 때문에, 발산하지는 않는지 우려할 수 있다. 그러나 지수함수 $e^{p_i t}$의 수렴 속도가 t의 다항식의 발산 속도보다 더 빠르기 때문에 이 또한 0으로 수렴하게 된다. 따라서 시스템 행렬 A의 모든 고윳값 p_i가 복소평면의 좌반평면에 위치하면, 상태 공간 모델 (8.1)이 안정함을 알 수 있다. 만약 A의 고윳값 중 하나라도 좌반평면이 아닌 다른 곳에 있을 경우에는, 다음에 소개할 제어기를 통해 안정화시켜야 한다. 앞에서 언급되었던 Jordan 행렬에 대한 자세한 내용은 '부록 A.8'을 참고하길 바란다.

예제 8-2

상태 공간 모델식 (8.1)에서 시스템 행렬 A가 다음과 같이 주어지는 경우,

$$A = \begin{bmatrix} 0 & 1 \\ -2 & \alpha \end{bmatrix}$$

시스템이 안정하기 위한 α의 조건을 구하라. 단 이 시스템의 입력은 0으로 가정한다.

풀이

상태 공간 모델에서 유한한 입력이 시스템에 인가될 때 모든 상태가 유한한 경우, 이 시스템은 '안정하다'고 한다. 이러한 조건은 식 (8.19)의 모든 지수함수들이 0으로 수렴해야 만족되며, 이는 시스템 행렬 A의 모든 고윳값이 복소평면의 좌반평면에 있어야 함을 의미한다. 따라서 시스템 행렬 A의 고윳값을 α에 관한 식으로 먼저 구해보자.

시스템 행렬 A의 고윳값은 식 (8.7)의 특성방정식을 만족하는 해이므로, 다음과 같은 방정식을 구할 수 있다.

$$\det(pI - A) = \det\begin{vmatrix} p & -1 \\ 2 & p - \alpha \end{vmatrix} = p^2 - \alpha p + 2 = 0$$

이 식을 만족하는 해는 다음과 같다.

$$p = \frac{\alpha \pm \sqrt{\alpha^2 - 8}}{2}$$

시스템이 안정하기 위해서는 고윳값이 복소평면의 좌반평면에 위치해야 하므로, 극점의 실수부인 α가 0 보다 작아야($\alpha < 0$) 한다. $\alpha > 0$과 $\alpha = 0$, 그리고 $\alpha < 0$인 각각의 경우에 대한 시스템의 첫 번째 상태의 값은 [그림 8-2]와 같다. 이 결과로부터 $\alpha < 0$인 경우에 안정성이 보장됨을 확인할 수 있다.

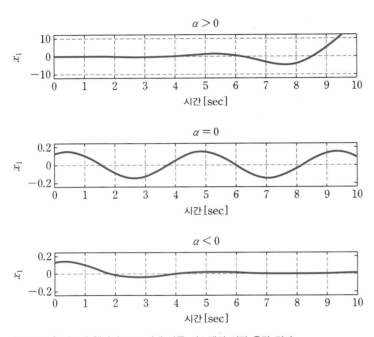

[그림 8-2] 시스템 행렬의 α 조건에 따른 시스템의 시간 응답 결과

8.3 상태 피드백 제어기 설계

시스템에서 특정 정보를 피드백 받는 제어기를 설계할 때, 출력을 피드백 받는지, 아니면 상태를 피드백 받는지에 따라 출력 피드백 제어 설계와 상태 피드백 제어 설계로 나눌 수 있다. 일반적인 제어 대상 시스템은 복잡한 형태로 표현되기 때문에, 상태를 모두 측정하는 일이 불가능한 경우가 많다. 따라서 출력을 시스템으로부터 피드백 받아 제어기를 설계하는 출력 피드백 제어 방법이 일반적으로 많이 사용된다. 하지만 출력 피드백 제어기는 상태 피드백 제어기에 비해 다소 복잡한 형태로 표현되기 때문에 이해하기가 어렵다. 따라서 입출력 신호를 바탕으로 상태를 추정하고, 추정된 상태 변수 정보와 상태 피드백 제어기를 사용하여 출력 피드백 제어기를 설계할 수도 있다.

이 절에서는 일단 모든 상태변수를 시스템으로부터 측정할 수 있다고 가정하여 상태 피드백 제어기의 설계를 살펴볼 것이다. 이후 상태변수의 추정 방법을 학습하여, 이를 이용한 출력 피드백 제어기의 설계 방법을 다루도록 한다. 실제로 상태 피드백 제어기의 설계 및 이해는 비교적 쉬운 편이며, 제어기의 성능 또한 우수하다.

8.3.1 극점 배치 제어

상태변수는 시스템을 완전히 표현할 수 있는 최소한의 정보로 정의된다. 따라서 주어진 시스템에서 상태변수를 안다는 것은 그 시스템의 모든 정보를 안다는 뜻이다. 상태 피드백 제어기는 상태변수를 모두 알고 설계한 제어기이므로, 영어로 full information 제어기라고도 한다. 이러한 의미에서 상태 피드백 제어기는 그 어떤 제어기보다 자유롭게 설계할 수 있다. 예를 들면 6장에서 배운 근궤적이나 PID 제어에서는 제어기를 포함한 폐로 시스템의 극점을 우리가 원하는 대로 설계하는 것이 불가능하였다. 이는 가능한 극점들의 위치는 미리 제공되며, 이 극점들 중에서 우리가 원하는 특정 극점을 선택하는 방법으로 제어기를 설계해야 했기 때문이다. 즉 처음부터 임의로 제어기의 극점을 정하는 것은 불가능하다. 반면 상태 피드백 제어기에서는 제어기가 포함된 폐로 시스템의 극점을 우리가 원하는 대로 정할 수 있다. 이렇게 우리가 원하는 대로 극점을 배치하여 상태 피드백 제어기를 설계하는 방식을 극점 배치 제어Pole placement control라고 한다.

극점 배치 제어에서는 극점의 위치와 시스템 성능과의 관계를 고려하여 폐로 시스템 전달함수의 극점들 위치를 적절히 지정하고, 이 위치에 폐로 시스템의 극점이 놓이도록 제어기를 설계함으로써 원하는 제어 목표를 이룬다.

상태 공간 모델식 (8.1)에서 상태 피드백 제어기는 다음과 같이 표현할 수 있다.

$$u(t) = -Kx(t) \tag{8.20}$$

식 (8.20)과 같은 선형 제어기를 사용하여 [그림 8-3]과 같은 제어시스템을 구성할 수 있다. 상태변수 $x(t)$를 안다고 할 때, 처음부터 식 (8.20)과 같은 선형 제어기를 가정할 필요는 없다. 일반적인 벡터 함수 형태를 가정해서 제어 목표를 달성하도록 정하면 된다. 여기서는 설계를 쉽게 하기 위해 식 (8.20)과 같은 선형 제어기를 다룰 것이다. 사실 우리가 다루는 식 (8.1)과 같은 선형 시스템에서는 식 (8.20)의 선형 제어기면 충분하다. 물론 비선형 시스템의 경우에는 제어기도 상태에 대해 비선형적으로 표현될 수 있다. 한편 식 (8.20)의 $-$ 부호는 이득 행렬 K에 포함시킬 수도 있으나, 제어기의 음의 피드백을 나타내기 위한 관습적인 표현 방법이다.

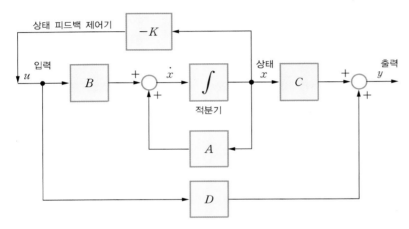

[그림 8-3] **상태 피드백 제어의 블록선도**

이 책에서는 입출력 변수가 각각 하나씩인 시스템을 다루므로, 선형 제어기 (8.20)의 K는 한 행으로 구성된 행벡터로 표현되고, 제어 입력 $u(t)$는 스칼라 값으로 계산된다. 상태 피드백 제어기를 표현한 식 (8.20)을 상태 공간 모델식 (8.1)에 대입하면 다음과 같이 쓸 수 있다.

$$\begin{aligned} \dot{x}(t) &= Ax(t) + Bu(t) = (A - BK)x(t) \\ y(t) &= Cx(t) + Du(t) = (C - DK)x(t) \end{aligned} \tag{8.21}$$

제어기가 구성된 폐로 시스템 (8.21)의 특성방정식 $\alpha_c(s)$는 식 (8.7)로부터 다음과 같이 표현된다.

$$\alpha_c(s) = \det[sI - (A - BK)] \tag{8.22}$$

개로 시스템의 극점은 다항식 $\det(sI - A)$로부터 결정되지만, 제어기 $u(t) = -Kx(t)$를 포함한 폐로 시스템의 극점은 다항식 $\det(sI - A + BK)$로 결정됨을 알 수 있다. 만약 원하는 극점 p_i

$(i = 1,\ 2,\ \cdots,\ n)$들로 구성된 특성다항식이 다음과 같이 주어지면, 이 다항식과 식 (8.22)가 일치하도록 K를 정해주면 된다.

$$(s - p_1)(s - p_2) \cdots (s - p_n) = s^n + a_1 s^{n-1} + a_2 s^{n-1} + \cdots + a_n \tag{8.23}$$

이제 다음과 같이 두 가지 의문이 들 것이다. 첫 번째는 과연 식 (8.23)과 같이 표현되는 임의의 다항식이 항상 식 (8.22)와 일치하도록 하는 K를 찾을 수 있을까하는 의문이다. 두 번째는 그러한 K를 찾을 수 있다면, 좀 더 쉽게 찾는 방법이 없을까하는 문제이다. 이제부터 이 두 사항에 대해 알아보도록 하자.

예제 8-3

다음과 같은 상태 공간 모델로 표현되는 시스템을 고려한다.

$$\dot{x}(t) = \begin{bmatrix} 0 & 1 & 0 \\ 0 & 0 & 1 \\ -1 & -5 & -6 \end{bmatrix} x(t) + \begin{bmatrix} 0 \\ 0 \\ 1 \end{bmatrix} u(t)$$

$$y(t) = \begin{bmatrix} 0 & 0 & 1 \end{bmatrix} x(t)$$

이 시스템에서 $s = -2$, $s = -1 \pm j$에서 극점을 갖도록 극점 배치 제어 방법을 통해 상태 피드백 제어기를 설계하라.

풀이

먼저 상태변수 $x(t)$가 3×1 행렬이므로, 극점 배치 제어 방법에 의한 상태 피드백 제어기의 이득 K를 1×3 행렬로 다음과 같이 정의하자.

$$K = \begin{bmatrix} k_1 & k_2 & k_3 \end{bmatrix}$$

상태 피드백 제어기가 포함된 폐로 시스템의 특성방정식은 다음과 같으며

$$\alpha_c(s) = \det\left[sI - (A - BK)\right] = \left| \begin{bmatrix} s & 0 & 0 \\ 0 & s & 0 \\ 0 & 0 & s \end{bmatrix} - \begin{bmatrix} 0 & 1 & 0 \\ 0 & 0 & 1 \\ -1 & -5 & -6 \end{bmatrix} + \begin{bmatrix} 0 \\ 0 \\ 1 \end{bmatrix} \begin{bmatrix} k_1 & k_2 & k_3 \end{bmatrix} \right| = 0$$

이를 정리하면 다음과 같은 특성방정식을 얻을 수 있다.

$$\alpha_c(s) = \begin{vmatrix} s & -1 & 0 \\ 0 & s & -1 \\ 1+k_1 & 5+k_2 & s+6+k_3 \end{vmatrix} = s^3 + (6+k_3)s^2 + (5+k_2)s + (1+k_1) = 0$$

다음으로 문제의 조건에 따라 극점 배치 제어 방법을 통해 원하는 특성방정식을 다음과 같이 구할 수 있다.

$$(s+2)(s+1-j)(s+1+j) = s^3 + 4s^2 + 6s + 4 = 0$$

이 두 특성방정식의 계수가 서로 같아야 하므로

$$6 + k_3 = 4, \quad 5 + k_2 = 6, \quad 1 + k_1 = 4$$

의 세 방정식을 구할 수 있다. 이를 풀면 상태 피드백 제어기 계수 K를 다음과 같이 구할 수 있다.

$$K = [3 \ 1 \ -2]$$

극점 배치 제어 방법에 의해 설계된 상태 피드백 제어기를 사용한 시스템의 시간 응답은 다음 그래프와 같다. 각 그래프는 상태변수 $x = \begin{bmatrix} x_1 & x_2 & x_3 \end{bmatrix}^T$의 세 개 변수를 그린 것이다.

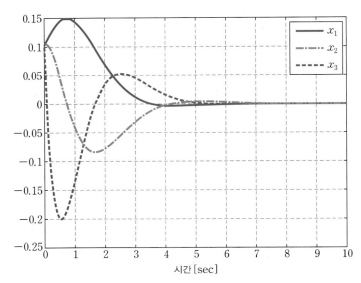

[그림 8-4] 극점 배치 제어 방법에 의해 설계된
상태 피드백 제어기를 사용한 시스템의 시간 응답

8.3.2 제어 가능성

앞의 첫 번째 질문에 답하기 위해 시스템을 좀 더 분석해보기로 하자. 여기서는 행렬의 고윳값과 고유벡터들이 아주 유용하게 쓰이며, 시스템적으로 이들이 어떻게 해석되는가를 살펴보는 것이 중요하다. 표기와 개념 이해를 쉽게 하기 위해 시스템 행렬 A에 대한 지수함수 e^{At}를 다음과 같이 나타내자.

$$e^{At} = \sum_{i=1}^{n} e^{\lambda_i t} v_i \omega_i^T \tag{8.24}$$

여기서 벡터 v_i와 ω_i는 각각 다음과 같은 우측 고유벡터와 좌측 고유벡터를 말한다.

$$Av_i = \lambda_i v_i, \quad i = 1, 2, \cdots, n$$

$$\omega_i^T A = \lambda_i \omega_i^T, \quad i = 1, 2, \cdots, n$$

이때 λ_i는 해당 고윳값이며, 하나의 λ_i에 우측 고유벡터 v_i와 좌측 고유벡터 ω_i가 대응된다. 우측 고유벡터는 물리적으로 시스템의 특성을 나타내는 모드라고도 불리며, 후에 가제어성, 가관측성을 설명할 때 좌측 고유벡터와 함께 중요하게 사용된다. 만약 A가 서로 다른 고윳값들을 가진다면 항상 식 (8.24)처럼 나타낼 수 있지만, 중첩된 고윳값을 가지면 식 (8.24)처럼 나타내기 어려운 경우가 발생할 수 있다. 이런 경우에는 행렬의 Jordan form(부록 A.8 참조)을 활용하여 해결한다. 여기서는 편의상 식 (8.24)와 같은 형태만 다루기로 한다.

식 (8.24)를 보면 n개의 지수함수의 선형 조합으로 e^{At}가 구성되어 있음을 알 수 있다. 각각의 $e^{\lambda_i} v_i$를 하나의 모드로 생각하면, 식 (8.24)를 n개 모드의 선형 조합으로 볼 수 있다. 식 (8.12)에 식 (8.24)를 대입하면, 상태변수 $x(t)$는 좌우측 고유벡터를 통해 다음과 같이 나타낼 수 있다.

$$x(t) = \sum_{i=1}^{n} (\omega_i^T x(0)) v_i e^{\lambda_i t} + \sum_{i=1}^{n} v_i (\omega_i^T B) \int_0^t e^{\lambda_i(t-\tau)} u(\tau) d\tau \tag{8.25}$$

여기서 $v_i e^{\lambda_i t}$는 i번째 모드를 나타내고, $\omega_i^T x(0)$는 초기 상태 $x(0)$가 i번째 모드에 영향을 미치는 정도를 나타낸다. 또한 $\omega_i^T B$는 제어 입력이 i번째 모드에 영향을 주는 정도를 나타낸다. 시간 t에서 상태변수를 시스템 모드 $v_i e^{\lambda_i t}$와 각 모드에 대한 가중치 계수로 구분하여 정리하면 다음과 같다.

$$x(t) = \sum_{i=1}^{n} v_i e^{\lambda_i t} \left\{ \omega_i^T x(0) + (\omega_i^T B) \int_0^t e^{-\lambda_i \tau} u(\tau) d\tau \right\} \tag{8.26}$$

우변의 첫째 항 $\omega_i^T x(0)$는 제어 입력 $u(t)$와 무관하고 초기 상태에 의하여 결정된다. 또한 $\omega_i^T B = 0$이면, 상태변수의 i번째 모드는 제어 입력 $u(t)$에 전혀 영향을 받지 못한다.

모든 모드에 대하여 $\omega_i^T B \neq 0$이면 제어 입력이 상태변수를 변화시킬 수 있기 때문에 제어가 가능하며, 이를 **가제어성**이라고 말한다. 즉 적절한 입력을 사용하여 각 모드에 영향을 미칠 수 있다는 뜻이다. 특히 극점이 우측 평면에 존재하여 시스템이 불안정한 모드, 즉 $Re(\lambda_i) \geq 0$인 모드에서만 $\omega_i^T B \neq 0$인 경우를 **가안정성**이라고 한다. 모드 중 안정한 모드, 즉 $Re(\lambda_i) < 0$인 모드는 이미 안정화되어 있기 때문에 제어할 수 있든 없든 전체 안정도에 영향을 미치지 않는다. 하지만 불안정한 모드는 제어가 가능해야만 제어 입력을 통해 안정화시킬 수 있으며, 이를 통해 전체 시스템을 안정화시킬 수 있게 된다. 따라서 가제어성을 가진 시스템은 모든 모드에 대해 제어가 가능하므로, 제어 입력을 통해 모든 모드를 안정화시킬 수 있고, 가안정성이 자동으로 보장된다. 그러나 가안정성이 보장된다고 해서 가제어성이 보장되지는 않는다. 이는 제어가 불가능한 안정한 모드가 있을 수 있기 때문이다. 실제 가안정성은 불안정한 모드에 국한된 가제어성에 해당되는데, 개념 전달에 혼동을

줄 소지도 있어서 여기까지만 설명하고, 지금부터는 가제어성에 대해서만 좀 더 알아보기로 한다.

앞서 이야기한 가제어성의 조건을 다시 살펴보자. 모든 모드에 대하여 $\omega_i^T B \neq 0$인 경우 제어가 가능하다고 했는데, 이 조건은 다음과 같은 수식으로 간단히 표현할 수 있다.

$$\text{rank}[\lambda I - A \; \vdots \; B] = n \tag{8.27}$$

모든 복소수 λ에 대하여 식 (8.27)이 만족하면, 시스템이 가제어성을 지닌다고 말할 수 있다. ω_i가 시스템 행렬 A의 좌측 고유벡터임을 상기하고, 계수^{rank}의 수학적 의미를 따져보면, 식 (8.27)과 같은 관계식이 자연스럽게 성립함을 쉽게 파악할 수 있을 것이다. 이와 관련된 자세한 내용은 연습문제로 남기도록 한다.

지금까지 가제어성에 대한 물리적인 의미를 살펴보았다. 이런 물리적인 의미를 통한 학습은 직관적으로 개념을 이해하는 데 많은 도움이 된다. 하지만 보다 엄밀한 학문적인 이해를 위해서는 좀 더 정형적인 형태로 가제어성을 정의해 볼 필요가 있다.

정의 8-1 제어 가능성

$t = t_0$에서 어떠한 상탯값 $x(t_0)$를 갖더라도 $t_1 > t_0$인 임의의 유한 시간 t_1 내에 임의의 상탯값 $x(t_1)$으로 만드는 제어 입력 $u(t)$가 항상 존재하면, 이 시스템을 제어 가능하다고 한다. 다시 말하면 모든 상태에서 임의의 원하는 상태로 갈 수 있는 제어 입력이 존재하면 '제어 가능'이라고 한다.

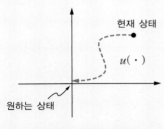

[그림 8-5] 제어 가능성의 개념도

이 정의에 따르면, 상태 $x(t)$를 임의의 초기 상태에서 임의의 유한 시간 안에 임의의 상태로 이동시킬 수 있는 입력이 항상 존재하느냐의 여부에 따라 제어 가능성을 판별한다. 즉 [그림 8-5]와 같이 임의의 현재 상태를 임의의 원하는 상태로 끌고 갈 수 있는 입력이 항상 존재하는지의 여부가 관심사이다. 여기서 존재하는 입력은 유일하지 않으며, 원하는 상태를 만드는 입력이라면 어느 것이든 포함된다. [정의 8-1]이 우리가 이제까지 이야기했던 바와는 다른 정의라고 생각할 수도 있지만, 앞에서 언급했던 모든 모드에 대한 $\omega_i^T B \neq 0$ 조건이 바로 [정의 8-1]의 내용대로 상태의 유한 시간 내 이동을 가능하게 하는 것이다. 모든 모드에 입력의 영향이 미치면, 어떠한 임의의 초기 상태에서도 유한 시간 내에 원하는 상태로 이동시킬 수 있다. 반대로 특정 모드에 입력의 영향이 미치지 않을 경우, 유한 시간 내에 도달할 수 없는 상태가 반드시 존재하게 된다.

이를 간단하게 보이기 위해 초깃값이 $x(0) = 0$이고, $n = 2$인 간단한 이차 시스템을 생각해보자. 식 (8.25)로부터 이 시스템의 상태변수를 다음과 같이 표현할 수 있다.

$$x(t) = v_1 e^{\lambda_1 t} (\omega_1^T B) \int_0^t e^{-\lambda_1 \tau} u(\tau) d\tau + v_2 e^{\lambda_2 t} (\omega_2^T B) \int_0^t e^{-\lambda_2 \tau} u(\tau) d\tau$$

이제 임의의 원하는 최종 상태변수가 $x(t) = v_2$이고, $\omega_2^T B = 0$인 경우를 생각해보자. 정의에 의해 상태변수가 $x(t) = v_2$가 되는 다음 수식을 만족하는 입력 신호 $u(t)$가 항상 존재해야만 제어할 수 있다.

$$x(t) = v_2 = v_1 e^{\lambda_1 t} (\omega_1^T B) \int_0^t e^{-\lambda_1 \tau} u(\tau) d\tau$$

이 수식은 고유벡터 v_2를 v_1으로 표현할 수 있음을 의미하는데, 이렇게 되면 두 고유벡터 v_1과 v_2가 서로 독립이라는 조건에 위배되기 때문에 성립할 수 없는 식이 된다. 이 예는 어떤 모드에 대하여 입력의 영향이 미치지 않을 경우($\omega_2^T B = 0$), 유한 시간 내에 도달할 수 없는 상태($x(t) = v_2$)가 존재함을 보여준다. 따라서 유한 시간 내에 현재 상태에서 임의의 원하는 상태로 이동시키기 위해서는 $\omega_1^T B \neq 0$, $\omega_2^T B \neq 0$ 조건이 만족되어야만 함을 알 수 있다

[정의 8–1]을 바탕으로 조건식 (8.27)보다 다루기 쉬운 조건을 구해보자. 결과를 먼저 밝히자면 다음과 같은 조건이다.

$$\text{rank} \begin{bmatrix} B & AB & \cdots & A^{n-1}B \end{bmatrix} = n \tag{8.28}$$

이는 조건식 (8.27)과 동치이다. 동치에 대한 증명은 두 조건이 서로 필요충분조건임을 밝히는 것이다. 이를 위해 먼저 조건식 (8.28)이 성립하면 조건식 (8.27)이 성립함을 증명해보자. 이 증명은 조건식 (8.27)이 성립하지 않으면, 조건식 (8.28)도 성립되지 않는다는 대우명제를 사용한다. 조건식 (8.27)이 성립하지 않는 경우, 다음과 같은 0이 아닌 벡터 α가 존재하여

$$\alpha \begin{bmatrix} \lambda I - A & \vdots & B \end{bmatrix} = 0$$

또는

$$\alpha \lambda = \alpha A, \quad \alpha B = 0$$

이 성립한다. 정리하면 $\alpha A^i = \lambda^i \alpha \, (i = 1, 2, \cdots)$가 존재하고

$$\alpha \begin{bmatrix} B & AB & \cdots & A^{n-1}B \end{bmatrix} = \begin{bmatrix} \alpha B & \lambda \alpha B & \cdots & \lambda^{n-1} \alpha B \end{bmatrix} = 0$$

이 된다. 이는 조건식 (8.28)을 위배한다. 따라서 조건식 (8.27)을 만족하지 않으면 조건식 (8.28)이 성립되지 않음을 증명한 것이다.

다음으로 조건식 (8.27)을 만족하면 조건식 (8.28)이 성립함을 증명하여 보자. 즉 제어를 통해 어떤 초기 상태에서도 모든 상태로 이동이 가능하면, 조건식 (8.28)이 성립함을 증명하라는 말인데, 이 또한 대우 명제를 사용하여 증명할 수 있다. 조건식 (8.28)이 성립하지 않는다고 하면

$$\beta^T \begin{bmatrix} B & AB & \cdots & A^{n-1}B \end{bmatrix} = 0$$

을 만족하는 0이 아닌 벡터 β가 존재한다. 따라서 모든 t에 대해 행렬 지수함수 e^{At}의 테일러급수와 케일리–해밀턴 정리[1]를 통해

$$\beta^T e^{At} B = 0$$

임을 알 수 있다. 만약 초기 상태를 $e^{-At}\beta$로 하면, 식 (8.12)로부터 다음 식을 얻을 수 있다.

$$x(t) = \beta + \int_0^t e^{A(t-\tau)} Bu(\tau) d\tau$$

이 식의 양변에 β^T를 곱하면, $\beta^T x(t) = \beta^T \beta = |\beta|^2$을 얻을 수 있다. β는 0이 아니라는 가정이 있으므로, 상태변수 $x(t)$ 또한 0이 될 수 없다. 따라서 임의의 초기 상태에서 $x(t) = 0$으로의 이동이 불가능하므로, 모든 상태로 이동 가능하다는 가제어성을 만족시키지 못하게 된다. 즉 시스템이 가제어성을 지닐 경우에 조건식 (8.28)은 필요충분조건이 된다. 특히 식 (8.28)에서 제어 가능성을 판별하기 위해 사용되는 다음 행렬은 제어 가능성 행렬이라고 불린다.

$$W_c = \begin{bmatrix} B & AB & \cdots & A^{n-1}B \end{bmatrix} \tag{8.29}$$

이 식은 제어 가능성 판별 외에도 유용하게 쓰이는 행렬이므로 잘 익혀 두어야 한다. 참고로 식 (8.27) 또는 식 (8.28)과 같은 조건이 만족되면, 다음과 같은 제어 입력 $u(t)$가 $[t_0, t_1]$ 구간에 존재하며

$$u(t) = -B^T e^{A^T(t_0-t)} \left[\int_{t_0}^{t_1} e^{A(t_0-\tau)} BB^T e^{A^T(t_0-\tau)} d\tau \right]^{-1} \left(x(t_0) - e^{A(t_0-t_1)} x(t_1) \right) \tag{8.30}$$

이 제어 입력은 시간 t_0에서 임의의 상태 $x(t_0)$를 시간 t_1의 임의의 상태 $x(t_1)$으로 옮길 수 있다. 또한 식 (8.29)의 제어 가능성 행렬의 계수rank가 n이면, 식 (8.30)에 나타나는 역행렬의 존재가 항상 보장되는데, 관심 있는 독자들은 이를 증명해보기 바란다.

---

1 어떤 행렬 A가 $n \times n$이고, I_n가 $n \times n$ 단위행렬일 때, A의 특성방정식은 $p(\lambda) = \det(\lambda I_n - A)$와 같이 주어진다. 이때 $p(A) = 0$이 항상 성립하는데, 이를 케일리–해밀턴 정리라고 한다.

다음과 같은 상태 공간 모델에서 가제어성을 판별하라.

$$\begin{bmatrix} \dot{x}_1(t) \\ \dot{x}_2(t) \end{bmatrix} = \begin{bmatrix} -0.5 & 0 \\ 0 & -1 \end{bmatrix} \begin{bmatrix} x_1(t) \\ x_2(t) \end{bmatrix} + \begin{bmatrix} 0.25 \\ 0.5 \end{bmatrix} u(t)$$

풀이

시스템 행렬 A와 입력 행렬 B의 곱은

$$AB = \begin{bmatrix} -0.5 & 0 \\ 0 & -1 \end{bmatrix} \begin{bmatrix} 0.25 \\ 0.5 \end{bmatrix} = \begin{bmatrix} -0.125 \\ -0.5 \end{bmatrix}$$

이므로, 제어 가능성 행렬 W_c는 다음과 같이 구할 수 있다.

$$W_c = \begin{bmatrix} B & AB \end{bmatrix}$$
$$= \begin{bmatrix} 0.25 & -0.125 \\ 0.5 & -0.5 \end{bmatrix}$$

가제어성 판별을 위해 제어 가능성 행렬 W_c의 계수^{rank}를 구해보면, 다음과 같다.

$$\mathrm{rank} \begin{bmatrix} 0.25 & -0.125 \\ 0.5 & -0.5 \end{bmatrix} = 2$$

따라서 주어진 시스템은 제어 가능하다.

예제 8-5

[예제 8-4]와 동일한 상태 공간 모델에서 가제어성을 판별하고, 식 (8.30)을 이용하여 초기 상태 $x_1(0) = 10$, $x_2(0) = -1$을 2초 후에 정확히 $x_1(2) = 0$, $x_2(2) = 0$으로 옮기는 제어 신호를 구하라.

풀이

2초 후에 원점으로 보내는 제어 신호는 식 (8.30)에 의하여 다음과 같다.

$$u(t) = -\begin{bmatrix} 0.25 & 0.5 \end{bmatrix} \begin{bmatrix} e^{0.5t} & 0 \\ 0 & e^t \end{bmatrix} W^{-1}(0,\, 2) \begin{bmatrix} 10 \\ -1 \end{bmatrix}$$

여기서 $W(0,\, 2)$는 다음과 같이 계산된다.

$$W(0,\, 2) = \int_0^2 \begin{bmatrix} e^{0.5\tau} & 0 \\ 0 & e^\tau \end{bmatrix} \begin{bmatrix} 0.25 \\ 0.5 \end{bmatrix} \begin{bmatrix} 0.25 & 0.5 \end{bmatrix} \begin{bmatrix} e^{0.5\tau} & 0 \\ 0 & e^\tau \end{bmatrix} d\tau = \begin{bmatrix} 0.4 & 1.58 \\ 1.58 & 6.75 \end{bmatrix}$$

8.3.3 제어 이득 계산

이제 8.3.1절 마지막 부분에 있는 두 가지 의문 중 제어기 이득 K를 쉽게 찾을 수 있는 방법에 대해 살펴보기로 하자. $u(t) = -Kx(t)$와 같은 선형 제어기를 통해 형성된 폐로 시스템의 극점을 우리가 원하는 대로 배치하기 위해 K를 어떻게 정해야 할까?

먼저 상태 피드백 제어 $u(t) = -Kx(t)$를 사용할 경우, 특성방정식은 다음과 같다.

$$\det(sI - A + BK) = 0$$

이 특성방정식이 다음과 같이 우리가 원하는 특성다항식 $\phi(s)$가 되도록 K를 정하면 된다.

$$\phi(s) = s^n + \alpha_1 s^{n-1} + \cdots + \alpha_n$$

결국 제어기를 포함한 폐로 시스템의 특성방정식과 우리가 원하는 특성다항식이 같아야 하므로 다음과 같은 등식을 얻을 수 있다.

$$\det(sI - A + BK) = s^n + \alpha_1 s^{n-1} + \cdots + \alpha_n = \phi(s) = 0 \tag{8.31}$$

만약 A의 차원이 낮으면 식 (8.31)을 직접 풀어서 바로 K를 구할 수도 있다. 하지만 차원이 낮은 시스템만 다루는 것이 아니므로, 수치적 해석이 용이한 형태로 K를 $\phi(s)$에 대해 표현해 보자. 식 (8.31)은 케일리–해밀턴 방정식에 의해 다음과 같이 표현된다.

$$(A - BK)^n + \alpha_1(A - BK)^{n-1} + \cdots + \alpha_n = 0 \tag{8.32}$$

이 수식은 식 (8.29)의 제어 가능성 행렬을 사용해서 다음과 같이 나타낼 수 있다.

$$\phi(A) - \begin{bmatrix} B & AB & \cdots & A^{n-1}B \end{bmatrix} \begin{bmatrix} \vdots \\ \vdots \\ \vdots \\ K \end{bmatrix} = 0$$

여기서 : 부분은 앞으로의 계산에 영향을 미치지 않는 부분이기에 표현을 생략하였다. 위 수식을 정리하면 제어기 이득 K는 제어 가능성 행렬의 역행렬을 이용하여 다음과 같이 표현할 수 있다.

$$\begin{bmatrix} \vdots \\ \vdots \\ \vdots \\ K \end{bmatrix} = \begin{bmatrix} B & AB & \cdots & A^{n-1}B \end{bmatrix}^{-1} \phi(A)$$

따라서 양변에 $\begin{bmatrix} 0 & \cdots & 0 & 1 \end{bmatrix}$을 곱하여 K를 다음과 같이 얻을 수 있다.

$$K = \begin{bmatrix} 0 & \cdots & 0 & 1 \end{bmatrix} \begin{bmatrix} B & AB & \cdots & A^{n-1}B \end{bmatrix}^{-1} \phi(A)$$
$$= \begin{bmatrix} 0 & \cdots & 0 & 1 \end{bmatrix} W_c^{-1} \phi(A) \tag{8.33}$$

즉 원하는 특성다항식과 제어 가능성 행렬의 역행렬을 알고 있으면, 제어기 이득 K를 구할 수 있다. 이러한 공식을 아커만^{Ackermann}의 공식이라고 한다. 식 (8.33)을 사용하면, A의 차원이 높아 계산이 복잡할 때에도 프로그래밍을 통해 쉽게 제어기 이득 K를 구할 수 있다.

예제 8-6

앞서 [예제 8-3]에서 다룬 상태 피드백 제어기 설계 문제를 다시 고려해보자.

$$\dot{x}(t) = \begin{bmatrix} 0 & 1 & 0 \\ 0 & 0 & 1 \\ -1 & -5 & -6 \end{bmatrix} x(t) + \begin{bmatrix} 0 \\ 0 \\ 1 \end{bmatrix} u(t)$$
$$y(t) = \begin{bmatrix} 0 & 0 & 1 \end{bmatrix} x(t)$$

이 시스템이 $s = -2$, $s = -1 \pm j$에서 극점을 갖도록 아커만의 공식 (8.33)을 이용하여 상태 피드백 제어기를 설계하고, [예제 8-3]의 결과와 비교하라.

풀이

먼저 시스템의 제어 가능성을 판별해보자. 제어 가능성 행렬 W_c는 다음과 같다.

$$W_c = \begin{bmatrix} B & AB & A^2B \end{bmatrix} = \begin{bmatrix} 0 & 0 & 1 \\ 0 & 1 & -6 \\ 1 & -6 & 31 \end{bmatrix}$$

제어 가능성 행렬의 계수^{rank}를 계산하면 다음과 같다.

$$\text{rank} \begin{bmatrix} 0 & 0 & 1 \\ 0 & 1 & -6 \\ 1 & -6 & 31 \end{bmatrix} = 3$$

따라서 주어진 시스템은 제어 가능하기 때문에 극점 배치 제어 방법으로 상태 피드백 제어기를 구성할 수 있다.

이제 아커만의 공식 (8.33)을 이용하여 상태 피드백 제어기의 이득 K를 구해보자. 식 (8.33)으로부터 제어기 계수 K는 다음과 같이 구할 수 있다.

$$K = \begin{bmatrix} 0 & 0 & 1 \end{bmatrix} W_c^{-1} \phi(A)$$

여기서 $\phi(A)$는 원하는 특성다항식 $\phi(s)$에서 s 대신 시스템 행렬 A를 대입한 것이므로

$$\Phi(s) = (s+2)(s+1-j)(s+1+j) = s^3 + 4s^2 + 6s + 4$$

로부터 다음과 같이 계산할 수 있다.

$$\Phi(A) = A^3 + 4A^2 + 6A + 4I$$

$$= \begin{bmatrix} 0 & 1 & 0 \\ 0 & 0 & 1 \\ -1 & -5 & -6 \end{bmatrix}^3 + 4 \begin{bmatrix} 0 & 1 & 0 \\ 0 & 0 & 1 \\ -1 & -5 & -6 \end{bmatrix}^2$$

$$+ 6 \begin{bmatrix} 0 & 1 & 0 \\ 0 & 0 & 1 \\ -1 & -5 & -6 \end{bmatrix} + 4 \begin{bmatrix} 1 & 0 & 0 \\ 0 & 1 & 0 \\ 0 & 0 & 1 \end{bmatrix}$$

$$= \begin{bmatrix} 3 & 1 & -2 \\ 2 & 13 & 13 \\ -13 & -63 & -65 \end{bmatrix}$$

또한 제어 가능성 행렬의 역행렬은 다음과 같다.

$$W_c^{-1} = \begin{bmatrix} 0 & 0 & 1 \\ 0 & 1 & -6 \\ 1 & -6 & 31 \end{bmatrix}^{-1} = \begin{bmatrix} 5 & 6 & 1 \\ 6 & 1 & 0 \\ 1 & 0 & 0 \end{bmatrix}$$

따라서 상태 피드백 제어기의 이득 행렬 K는 다음과 같이 구할 수 있다.

$$K = \begin{bmatrix} 0 & 0 & 1 \end{bmatrix} \begin{bmatrix} 5 & 6 & 1 \\ 6 & 1 & 0 \\ 1 & 0 & 0 \end{bmatrix} \begin{bmatrix} 3 & 1 & -2 \\ 2 & 13 & 13 \\ -13 & -63 & -65 \end{bmatrix}$$

$$= \begin{bmatrix} 3 & 1 & -2 \end{bmatrix}$$

이 결과는 [예제 8-3]의 결과와 동일하다. 이처럼 직접 계수를 비교하여 계산하는 것보다 아커만의 공식을 통해 계산하는 것이 보다 편리함을 알 수 있다.

8.4 상태 관측기 설계

앞 절에서 상태 피드백 제어와 출력 피드백 제어에 대하여 잠깐 설명하였다. 상태 피드백 제어의 경우, 우수한 제어 성능을 발휘할 수 있는 제어기 설계가 가능하나, 모든 상태를 알아야 한다는 조건이 필요하였다. 하지만 대부분 시스템에서 직접 측정을 통해 상태변수를 모두 알아내기는 어려우므로, 상태 피드백 제어 방법을 사용하기 위해서는 시스템에서 우리가 알 수 있는 정보를 이용하여 내부 상태변수를 추측하는 방법이 필요하다. 즉 우리가 알고 있는 시스템 모델 정보와, 측정이 가능한 입출력 정보를 통해 상태변수를 추측해야 하는데, 이를 가능하게 하는 장치를 상태 관측기라고 부른다. 상태 관측기는 줄여서 관측기 또는 추정기라고도 부른다.

다음 [그림 8-6]은 시스템의 일부 정보인 입출력 신호를 기반으로 하여, 전체 정보인 상태변수를 찾아내는 상태 관측기의 개념을 나타내고 있다.

[그림 8-6] **상태 관측기의 개념도**

관측기는 시스템 내부의 실제 상태 $x(t)$에 최대한으로 가까운 추정 상태 $\hat{x}(t)$를 생성한다. 또한 시간이 지남에 따라 추정 상태 $\hat{x}(t)$는 실제 상태 $x(t)$에 수렴해야 할 것이다. 이는 이전에 학습한 제어기가 상태 $x(t)$를 0으로 수렴시키는 것과 매우 유사하다. 게다가 이 둘 사이에는 실제 쌍대 duality라고 불릴 만큼 매우 큰 유사성이 있는데, 이는 추후에 자세히 설명한다.

8.4.1 상태 관측기

먼저 상태 공간 모델식 (8.1)에서 입출력 변수 $u(t)$와 $y(t)$로부터 상태변수 $x(t)$를 얻어내는 상태 관측기는 다음과 같이 표현된다.

$$\dot{\hat{x}}(t) = A\hat{x}(t) + Bu(t) + L\Big(y(t) - C\hat{x}(t)\Big)$$
(8.34)

상태 관측기의 입력은 시스템의 제어 입력 $u(t)$와 출력 $y(t)$이므로, 이 두 항을 묶어 다음과 같이 표현할 수 있다.

$$\dot{\hat{x}}(t) = (A - LC)\hat{x}(t) + \begin{bmatrix} B & L \end{bmatrix} \begin{bmatrix} u(t) \\ y(t) \end{bmatrix}$$
(8.35)

상태방정식 형태인 이 식은 컴퓨터를 이용한 블록 기반의 프로그래밍에서 매우 유용하게 사용될 수 있다. 하지만 모델 계수 A, C 등이 $A(t)$, $C(t)$와 같이 시간의 함수인 경우에는 [그림 8-7]과 같이 적분기 등을 사용해서 블록선도로 표현한다.

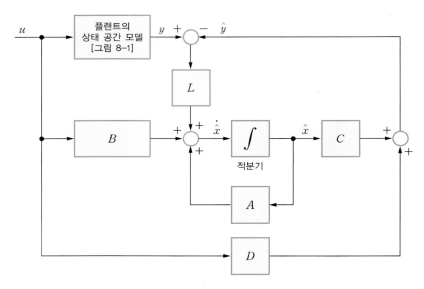

[그림 8-7] **상태 관측기의 구조**

상태 관측기를 나타내는 식 (8.34)는 상태 공간 모델식 (8.1)과 유사하면서도 $L\big(y(t) - C\hat{x}(t)\big)$ 부분이 다르다. 여기서 $y(t) - C\hat{x}(t)$는

$$y(t) - C\hat{x}(t) = C\big(x(t) - \hat{x}(t)\big)$$

로 나타낼 수 있으므로, 관측 오차 $x(t) - \hat{x}(t)$와 관련된 항으로 생각할 수 있다.

상태 관측기에 대한 동작은 다음과 같이 설명할 수 있다. 먼저 관측 오차가 큰 경우, $y(t) - C\hat{x}(t)$ 가 상태 관측기 식 (8.34)에 많은 영향을 주기 때문에, 다음 단계에서 큰 변동을 통해 오차를 많이 줄인 추정 상태를 만들 것이다. 반대로 관측 오차가 작으면 $y(t) - C\hat{x}(t)$도 함께 줄어들기 때문에, 상태 관측기 식 (8.34)가 상태 공간 모델식 (8.1)과 매우 유사하게 동작하게 된다. 이처럼 상태 관측기 식 (8.34)가 실제 모델을 흉내 내면서 발생하는 오차를 보상하는 구조로 되어 있음을 알 수 있다.

이제 식 (8.34)처럼 설계된 상태 관측기에 의해 추정 상태 $\hat{x}(t)$가 실제 상태 $x(t)$로 수렴하는지 알아보도록 하자. 상태 관측기 식 (8.34)에서 시스템 모델식 (8.1)을 빼면, 다음과 같은 수식을 얻을 수 있다.

$$\dot{\hat{x}}(t) - \dot{x}(t) = A\left(\hat{x}(t) - x(t)\right) + L\left(y(t) - C\hat{x}(t)\right)$$
$$= (A - LC)\left(\hat{x}(t) - x(t)\right) \tag{8.36}$$

여기서 상태 관측 오차를 $e(t) = \hat{x}(t) - x(t)$로 정의하면 식 (8.36)은 다음과 같이 표현할 수 있다.

$$\dot{e}(t) = (A - LC)e(t) \tag{8.37}$$

식 (8.37)은 제어기 설계 중 나타난 식 (8.21)의 $\dot{x}(t) = (A - BK)x(t)$와 매우 유사하다. 더구나 제어기 설계에서 $x(t)$를 0으로 수렴시키는 K를 찾듯이, 상태 관측기에서도 관측 오차 $e(t)$를 0으로 수렴시키는 L을 찾으려는 점도 비슷하다. 이러한 유사성에 기반하여 식 (8.21)과 식 (8.37)을 비교하면, 다음과 같은 대응 관계가 있음을 알 수 있다.

$$\begin{aligned} A &\leftrightarrow A^T \\ B &\leftrightarrow C^T \\ K &\leftrightarrow L^T \end{aligned} \tag{8.38}$$

이런 유사성으로 인해 제어기 설계 시의 개념들이 거의 일대일 대응으로 상태 관측기 설계 시의 개념에도 나타나게 된다. [그림 8-8]은 제어기와 상태 관측기 설계의 유사성을 보여준다.

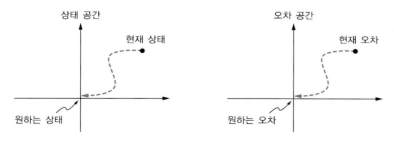

[그림 8-8] **제어기와 상태 관측기의 설계 목적**

상태 관측기의 설계 목적은 상태 관측 오차 $e(t)$를 0으로 수렴시키는 상태 관측기 이득 L을 구하는 것으로, 이는 앞의 쌍대성에 의해 상태 피드백 제어기의 이득 K를 구하는 것과 같은 문제임을 알 수 있다. 따라서 8.2절의 안정성 이론에 의하여 $A - LC$의 모든 고유벡터들이 복소평면의 좌반평면에 존재하도록 L을 선택하면 된다. 따라서 상태 관측기에 의해 생성된 관측 오차 상태방정식의 특성 방정식

$$\det(sI - A + LC) = 0 \tag{8.39}$$

의 모든 해가 좌반평면에 위치하도록 L을 선정해보자. 우리가 원하는 특성방정식의 해가 $p_1, \cdots, p_n$이라고 하면, 다음과 같이 식이 성립되도록 L을 계산하면 된다.

$$\alpha_0(s) = (s - p_1) \cdots (s - p_n) = \det(sI - A + LC) \tag{8.40}$$

전달함수를 이용한 제어기 설계에서는 단순히 제어기로 결정되는 극점만을 고려하면 되었다. 하지만 상태 공간 모델에 대한 출력 피드백 제어기 설계에서는 제어기뿐만 아니라 관측기와 관련한 극점도 고려해야 한다. 훨씬 복잡해진 것 같지만, 그리 어렵지는 않다. 왜냐하면 전달함수를 통한 제어기 설계처럼, 상태 공간 모델에서도 상태 관측기에 대한 고려 없이 모든 상태를 우리가 안다는 가정에서 상태 피드백 제어기를 설계하면 되기 때문이다. 단지 주의할 점은 상태 관측기가 제어기에 영향을 주지 않도록 상태 관측기의 극점을 제어기의 극점보다 2배에서 5배 정도 빠르게 설정해야 한다. 즉 복소평면에서 상태 관측기의 극점을 제어기의 극점보다 2배에서 5배 더 안쪽으로 좌반평면에 자리잡도록 해야 한다. 이는 상태 관측기의 추정 오차 수렴 속도가 상태변수의 수렴 속도보다 2배에서 5배 정도 빠름을 의미하는데, 이렇게 되면 시스템의 동역학적 특성은 제어기의 극점에 의해 주로 영향을 받게 된다.

이제 상태 관측기에 대해 보다 자세히 살펴보도록 하자. 식 (8.34)와 같은 상태 관측기를 설계할 때에도 제어기 설계에서와 같은 다음의 두 질문을 해 볼 수 있다. "과연 식 (8.39)처럼 표현되는 임의의 다항식에 대해서도 항상 L을 찾을 수 있을까?"하는 의문과 "찾을 수 있다면, 좀 더 쉽게 찾는 방법이 없을까?"하는 것이다. 이제 이 두 질문에 대해 생각해보자.

예제 8-7

다음과 같은 상태방정식 모델로 표현되는 시스템을 고려하자.

$$\begin{bmatrix} \dot{x}_1(t) \\ \dot{x}_2(t) \end{bmatrix} = \begin{bmatrix} 0 & 20 \\ 1 & 0 \end{bmatrix} \begin{bmatrix} x_1(t) \\ x_2(t) \end{bmatrix} + \begin{bmatrix} 0 \\ 1 \end{bmatrix} u(t)$$

$$y(t) = \begin{bmatrix} 1 & 0 \end{bmatrix} \begin{bmatrix} x_1(t) \\ x_2(t) \end{bmatrix}$$

이 시스템에서 상태 관측기 행렬 $A - LC$의 고윳값이 각각 $p_1 = -2$, $p_2 = -10$이 되도록 상태 관측기를 설계하라.

풀이

먼저 상태 관측기의 이득 L을 다음과 같이 정의하면

$$L = \begin{bmatrix} l_1 \\ l_2 \end{bmatrix}$$

상태 관측기 행렬의 특성방정식은 다음과 같다.

$$\alpha_c(s) = \det\left[\,sI - (A - LC)\,\right] = \left| \begin{bmatrix} s & 0 \\ 0 & s \end{bmatrix} - \begin{bmatrix} 0 & 20 \\ 1 & 0 \end{bmatrix} + \begin{bmatrix} l_1 \\ l_2 \end{bmatrix} \begin{bmatrix} 1 & 0 \end{bmatrix} \right| = 0$$

이를 정리하면 다음과 같은 특성방정식을 얻을 수 있다.

$$\alpha_c(s) = \begin{vmatrix} s + l_1 & -20 \\ -1 + l_2 & s \end{vmatrix} = s^2 + l_1 s + 20(l_2 - 1) = 0$$

다음으로, 문제의 조건에 따라 상태 관측기 행렬의 원하는 특성방정식은 다음과 같다.

$$(s + 2)(s + 10) = s^2 + 12s + 20 = 0$$

앞의 두 특성방정식의 계수가 서로 같아야 하므로, 다음과 같은 두 개의 방정식을 얻을 수 있다.

$$l_1 = 12, \quad 20(l_2 - 1) = 20$$

따라서 관측기의 이득 L을 다음과 같이 구할 수 있다.

$$L = \begin{bmatrix} 12 \\ 2 \end{bmatrix}$$

8.4.2 관측 가능성

먼저 식 (8.39)와 같이 표현되는 임의의 다항식에 대해서도 항상 상태 관측기 이득 L을 찾을 수 있는지의 여부에 대해 생각해보자. 제어기 설계와 상태 관측기 설계를 위해서는 각각 이득 K와 L을 구해야 하며, 관측기와 제어기 설계에 많은 유사성이 있음을 소개하였다. 따라서 8.3.2절의 제어 가능성 결과를 이용하여, 상태 관측기에 대한 관측 가능성을 판단할 수 있으리라 짐작할 수 있을 것이다. 가제어성과 마찬가지로 가관측성에 대한 물리적인 개념을 익히기 위해 식 (8.24)처럼 나타낼 수 있는 시스템 행렬 A를 생각해보자. 가관측성은 입력에 대한 영향과 무관하기 때문에 $B = 0$이라고 하면, 다음과 같은 시스템을 생각할 수 있다.

$$\begin{aligned} \dot{x}(t) &= Ax(t) \\ y(t) &= Cx(t) \end{aligned}$$

$$(8.41)$$

$B = 0$이므로 식 (8.13)과 식 (8.24)로부터 다음과 같은 식을 얻을 수 있다.

$$y(t) = C v_i e^{\lambda_i t} \sum_{i=1}^{n} (\omega_i^T x(0)) \tag{8.42}$$

여기서 $C v_i$는 i번째 모드가 출력에 기여하는 정도를 나타낸다. 만약 $C v_i = 0$이면 i번째 모드가 관측 불가능함을 의미한다. 즉, $C v_i = 0$이면, i번째 모드에서 출력 정보와 상태 정보 사이의 관계가 사라진다. 모든 모드에 대하여 $C v_i \neq 0$이면, 모든 모드에서 상태변수와 출력 사이의 관계를 알 수 있으며, 모든 모드가 출력에 나타난다. 즉 가관측성을 지니는 것이다.

한편 시스템 행렬의 고윳값이 우반평면에 있는 불안정한 모드, 즉 $Re(\lambda_i) \geq 0$인 모드에서만 $C v_i \neq 0$인 경우, 가검출성이 있다고 말한다. 또는 불안정한 모드에서는 관측이 불가능하더라도 안정한 모드에서 관측이 가능한 경우에도 가검출성이 있다고 말한다. 정리하면, 가관측성을 가진 시스템은 가검출성이 자동으로 보장되나, 그 반대는 성립되지 않는다. 가검출성은 불안정한 모드에 국한된 가관측성에 해당되는데, 개념 전달에 혼동을 줄 소지가 있어 여기까지만 설명한다.

앞서 이야기한 가관측성의 조건을 다시 살펴보자. 모든 모드에 대하여 $C v_i \neq 0$이어야만 관측이 가능하다고 했는데, 이 조건에 대해 수학적으로 간결하게 표시할 필요가 있다. 모든 복소수 λ에 대하여 다음을 만족하기만 하면, 시스템이 가관측성을 지닌다고 말할 수 있다.

$$\mathrm{rank} \begin{bmatrix} \lambda I - A \\ C \end{bmatrix} = n \tag{8.43}$$

식 (8.43)은 가제어성을 판별하기 위한 조건식 (8.27)과 대응한다. 식 (8.27)에서 A와 B를 각각 A^T와 C^T으로 치환하면, 식 (8.43)을 얻을 수 있다.

지금까지 가관측성에 대한 물리적인 의미를 알아보았으나, 학문적인 엄밀성을 위해 좀 더 정형적인 형태로 가관측성을 정의해보자.

정의 8-2 가관측성

초기 시점 t_0부터 임의의 유한 시점 $t_1 > t_0$까지의 입력 신호 $u_{[t_0, t_1]}$와 출력 신호 $y_{[t_0, t_1]}$를 사용하여 초기 상탯값 x_{t_0}를 유일하게 정할 수 있으면, 대상 시스템은 관측 가능하다고 한다. 그렇지 않으면 관측 불가능하다고 한다.

[정의 8-2]에 따르면, 임의 시간 구간에서의 주어진 입출력 신호로부터 초깃값을 유일하게 정하고, 이로부터 그 구간에서의 전체 상태 정보를 정확히 알 수 있으면, 시스템이 관측 가능하다고 한다.

이를 기하학적으로 이해하기 위해서 [그림 8-9]를 참고하면, 관측이 가능한, 즉 측정이 가능한 입출력 정보를 바탕으로, 내부의 알지 못하는 상태변수의 궤적을 찾을 수 있으면, 시스템이 관측 가능하다고 말할 수 있다.

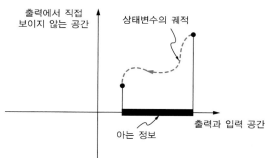

[그림 8-9] **가관측성의 개념도**

[정의 8-2]를 바탕으로 조건식 (8.43)보다 다루기 쉬운 조건을 구해보면 다음과 같다.

$$\text{rank} \begin{bmatrix} C \\ CA \\ \vdots \\ CA^{n-1} \end{bmatrix} = n \tag{8.44}$$

유도 과정은 가제어성 조건을 구할 때와 동일하므로 생략한다. 이때 관측 가능성을 판별하는 다음과 같은 행렬을 관측 가능성 행렬이라고 한다.

$$W_o = \begin{bmatrix} C \\ CA \\ \vdots \\ CA^{n-1} \end{bmatrix}$$

이 행렬은 관측 가능성 판별 외에도 유용하게 쓰이므로, 잘 알아두도록 하자.

참고로 식 (8.43) 또는 식 (8.44)의 조건이 만족되면, 다음과 같이 $[t_0, t_1]$ 구간의 출력 정보를 바탕으로 초깃값을 정확히 찾을 수 있다.

$$\hat{x}(t_0) = \left[\int_{t_0}^{t_1} e^{A^T(\tau - t_0)} C^T C e^{A(\tau - t_0)} \, d\tau \right]^{-1} \int_{t_0}^{t_1} e^{A^T(\tau - t_0)} C^T y(\tau) \, d\tau \tag{8.45}$$

초깃값 (8.45)와 모델식 (8.41)을 바탕으로 하면, $[t_0, t_1]$ 구간에서 상태변수를 완벽히 복원할 수 있다. 가제어성 행렬 (8.44)의 계수rank가 n이면, 식 (8.45)에서 나타나는 역행렬의 존재가 항상 보장되는데, 관심 있는 독자들은 이를 증명해보기 바란다.

식 (8.45)를 이용하여 $[t_0,\ t_1]$ 구간의 출력 정보를 바탕으로 추정된 초기 상태와 실제 초기 상태가 같음을 보여라.

풀이

먼저 출력 $y(t) = Cx(t)$이므로 식 (8.18)로부터 다음과 같은 관계식을 구할 수 있다.

$$y(t) = Cx(t) = Ce^{At}x(t_0)$$

이 식을 식 (8.45)에 대입하면, 다음과 같은 관계식을 유도할 수 있다.

$$
\begin{aligned}
\hat{x}(t_0) &= \left[\int_{t_0}^{t_1} e^{A^T(\tau - t_0)} C^T C e^{A(\tau - t_0)}\, d\tau \right]^{-1} \int_{t_0}^{t_1} e^{A^T(\tau - t_0)} C^T y(\tau)\, d\tau \\
&= \left[\int_{t_0}^{t_1} e^{A^T(\tau - t_0)} C^T C e^{A(\tau - t_0)}\, d\tau \right]^{-1} \int_{t_0}^{t_1} e^{A^T(\tau - t_0)} C^T C e^{A\tau} x(t_0)\, d\tau \\
&= \left[\int_{t_0}^{t_1} e^{A^T(\tau - t_0)} C^T C e^{A(\tau - t_0)}\, d\tau \right]^{-1} \int_{t_0}^{t_1} e^{A^T(\tau - t_0)} C^T C e^{A(\tau - t_0)} e^{At_0} x(t_0)\, d\tau \\
&= \left[\int_{t_0}^{t_1} e^{A^T(\tau - t_0)} C^T C e^{A(\tau - t_0)}\, d\tau \right]^{-1} \left[\int_{t_0}^{t_1} e^{A^T(\tau - t_0)} C^T C e^{A(\tau - t_0)} d\tau \right] \times e^{At_0} x(t_0) \\
&= e^{At_0} x(t_0)
\end{aligned}
$$

여기서 $t_0 = 0$이라고 하면, 다음과 같이 추정된 초기 상태와 실제 초기 상태가 같음을 알 수 있다.

$$\hat{x}(0) = e^{A\,\cdot\,0} x(0) = x(0)$$

8.4.3 상태 관측기 이득 계산

"상태 관측기의 극점을 우리가 원하는 대로 얻으려면 L을 어떻게 정할까?"에 대해 생각해보자. 먼저 식 (8.39)와 같은 상태 관측기의 특성방정식이 우리가 원하는 다음과 같은 특성다항식

$$\phi(s) = s^n + \alpha_1 s^{n-1} + \cdots + \alpha_n$$

이 되도록 하기 위해서는, 다음의 식이 만족되어야 한다.

$$\det(sI - A + LC) = s^n + \alpha_1 s^{n-1} + \cdots + \alpha_n = \phi(s) = 0 \tag{8.46}$$

행렬식의 성질을 이용하면, 다음과 같이 나타낼 수 있다.

$$\det(sI - A^T + C^TL^T) = s^n + \alpha_1 s^{n-1} + \cdots + \alpha_n = \phi(s) = 0 \qquad (8.47)$$

이제 식 (8.47)을 만족시키는 상태 관측기 이득 L을 구하면 된다. 이는 제어기와 상태 관측기 사이의 대응 관계에 따라 제어기 설계에서 K를 찾는 문제와 동일하다. 따라서 제어기 이득 K를 구하는 식 (8.33)의 결과에 식 (8.38)의 제어기-상태 관측기 사이의 대응 관계를 적용하면, 다음과 같이 상태 관측기 이득 L을 구할 수 있다.

$$\begin{aligned}
L^T &= [\,0 \;\cdots\; 0 \;\; 1\,]\,[\,C^T \;\; A^TC^T \;\cdots\; (A^T)^{n-1}C^T\,]^{-1}\phi(A^T) \\
&= [\,0 \;\cdots\; 0 \;\; 1\,]\,W_o^{-T}\phi(A^T)
\end{aligned} \qquad (8.48)$$

식 (8.48)을 보다 간결하게 표현하면 다음과 같이 표현할 수 있다.

$$L = \phi(A)\,W_o^{-1}\begin{bmatrix} 0 \\ 0 \\ \vdots \\ 1 \end{bmatrix} \qquad (8.49)$$

예제 **8-9**

[예제 8-7]에서 다룬 다음과 같은 시스템 모델에 대해 상태 관측기를 다시 설계해보자.

$$\begin{bmatrix} \dot{x}_1(t) \\ \dot{x}_2(t) \end{bmatrix} = \begin{bmatrix} 0 & 20 \\ 1 & 0 \end{bmatrix}\begin{bmatrix} x_1(t) \\ x_2(t) \end{bmatrix} + \begin{bmatrix} 0 \\ 1 \end{bmatrix}u(t)$$

$$y(t) = [\,1 \;\; 0\,]\begin{bmatrix} x_1(t) \\ x_2(t) \end{bmatrix}$$

이 시스템에서 상태 관측기 행렬 $A - LC$의 고윳값이 각각 $p_1 = -2$, $p_2 = -10$이 되도록 아커만의 공식을 이용하여 상태 관측기를 설계하고, 이를 [예제 8-7]의 결과와 비교하라.

풀이

먼저 시스템의 관측 가능성을 분석해보자. 관측 가능성 행렬 W_o는 다음과 같다.

$$W_o = \begin{bmatrix} C \\ CA \end{bmatrix} = \begin{bmatrix} 1 & 0 \\ 0 & 20 \end{bmatrix}$$

관측 가능성 행렬의 계수^{rank}를 계산하면 다음과 같다.

$$\mathrm{rank}\begin{bmatrix} 1 & 0 \\ 0 & 20 \end{bmatrix} = 2$$

따라서 주어진 시스템은 관측 가능하므로, 상태 관측기를 설계할 수 있다.

이제 아커만의 공식을 이용하여 상태 관측기의 이득 L을 구해보자. 아커만의 공식으로부터 상태 관측기의 이득 L은 다음과 같이 구할 수 있다.

$$L = \phi(A)\, W_o^{-1} \begin{bmatrix} 0 \\ 0 \\ \vdots \\ 1 \end{bmatrix}$$

여기서 $\phi(A)$는 원하는 특성다항식 $\phi(s)$에서 s 대신 시스템 행렬 A를 대입한 것이므로

$$\phi(s) = (s+2)(s+10) = s^2 + 12s + 20$$

으로부터 다음과 같이 계산할 수 있다.

$$\begin{aligned}
\Phi(A) &= A^2 + 12A + 20I \\
&= \begin{bmatrix} 0 & 20 \\ 1 & 0 \end{bmatrix}^2 + 12\begin{bmatrix} 0 & 20 \\ 1 & 0 \end{bmatrix} + 20\begin{bmatrix} 1 & 0 \\ 0 & 1 \end{bmatrix} \\
&= \begin{bmatrix} 40 & 240 \\ 12 & 40 \end{bmatrix}
\end{aligned}$$

또한 관측 가능성 행렬의 역행렬은 다음과 같이 구할 수 있다.

$$W_o^{-1} = \begin{bmatrix} 1 & 0 \\ 0 & 20 \end{bmatrix}^{-1} = \begin{bmatrix} 1 & 0 \\ 0 & 0.05 \end{bmatrix}$$

따라서 상태 관측기의 이득 행렬 L을 다음과 같이 구할 수 있다.

$$\begin{aligned}
L &= \begin{bmatrix} 40 & 240 \\ 12 & 40 \end{bmatrix}\begin{bmatrix} 1 & 0 \\ 0 & 0.05 \end{bmatrix}\begin{bmatrix} 0 \\ 1 \end{bmatrix} \\
&= \begin{bmatrix} 12 \\ 2 \end{bmatrix}
\end{aligned}$$

이 결과는 [예제 8-7]의 결과와 동일하다. 이처럼 직접 계수를 비교하는 경우보다 아커만의 공식을 통해 해를 구하는 방식이 보다 편리함을 알 수 있다.

8.4.4 축소 차수 상태 관측기

앞서 8.4.1절에서 출력을 사용하여 모든 상태 정보를 추정하는 상태 관측기를 소개했다. 하지만 출력은 상태 정보의 일부이므로, 출력으로부터 바로 알 수 있는 상태 정보가 있을 수 있다. 따라서 이를 제외하고 나머지 부분에 대해서만 추정을 한다면, 좀 더 계산량이 적은 상태 관측기를 설계할 수 있을 것이다. 이처럼 출력의 차원만큼 축소된 차원을 가지는 상태 관측기 설계 방법에 대해 알아보자.

먼저 일반적인 상태방정식을 변환하여 다음과 같은 형태로 나타내보자.

$$\begin{bmatrix} \dot{x}_a \\ \dot{x}_b \end{bmatrix} = \begin{bmatrix} A_{11} & A_{12} \\ A_{21} & A_{22} \end{bmatrix} \begin{bmatrix} x_a \\ x_b \end{bmatrix} + \begin{bmatrix} B_1 \\ B_2 \end{bmatrix} u$$

$$y = \begin{bmatrix} 1 & 0 \end{bmatrix} \begin{bmatrix} x_a \\ x_b \end{bmatrix}$$

(8.50)

일반적으로 C에 해당하는 행렬의 모든 행은 독립이므로 식 (8.50)과 같이 표시할 수 있다. 측정 방정식에서 x_a와 x_b로 이루어진 전체 상태변수 중에서 x_a는 출력에서 바로 알 수 있다. 따라서 이 경우에는 x_b만 추정할 수 있는 상태 관측기를 설계하면 된다.

앞의 상태방정식에서 x_b만으로 이루어진 동역학 식을 추출하면, 다음과 같이 정리할 수 있다.

$$\dot{x}_b = A_{22}x_b + \underbrace{A_{21}x_a + B_2u}_{\text{아는 항들}}$$

(8.51)

식 (8.51)의 우변에 있는 마지막 두 항은 우리가 알 수 있는 입출력 정보를 바탕으로 한다. 따라서 $A_{21}x_a + B_2u$를 하나의 입력 항으로 간주하면, 식 (8.51)은 기존의 $\dot{x} = Ax + Bu$ 형태로 생각할 수 있다. 측정값 y와 관련된 항을 식 (8.50)에서 추출하면 다음과 같이 쓸 수 있다.

$$\dot{x}_a = \dot{y} = A_{11}y + A_{12}x_b + B_1u$$

(8.52)

알고 있는 정보를 가진 항들을 좌변으로 옮기면, $y = Cx$와 같은 형태로 아래와 같이 쓸 수 있다.

$$\underbrace{\dot{y} - A_{11}y - B_1u}_{\text{아는 항들}} = A_{12}x_b$$

(8.53)

식 (8.53)의 좌변에 있는 항들은 입출력 정보를 바탕으로 알 수 있는 값들이다. 기존의 상태 관측기 설계 방법을 적용시키기 위해 다음과 같은 대응 관계를 생각해보자.

전 차수 상태 관측기	축소 차수 상태 관측기
$\dot{x} = Ax + Bu$ $y = Cx$	$\dot{x}_b = A_{22}x_b + A_{21}x_a + B_2u$ $\dot{y} - A_{11}y - B_1u = A_{12}x_b$
x	x_b
A	A_{22}
Bu	$A_{21}x_a + B_2u$
y	$\dot{y} - A_{11}y - B_1u$
C	A_{12}

이 관계를 통해 기존의 전 차수 상태 관측기 설계 방법을 축소 차수 상태 관측기 설계에 다음과 같이 적용할 수 있다.

$$\dot{\widehat{x_b}} = A_{22}\widehat{x_b} + A_{21}y + B_2u + L(\dot{y} - A_{11}y - B_1u - A_{12}\widehat{x_b}) \tag{8.54}$$

위에서 언급한 대응 관계를 생각하면 추정 오차($e_b = x_b - \widehat{x_b}$)에 대한 동역학 식도 $\dot{e} = (A - LC)e$ 에 대응하여 다음과 같이 표현할 수 있다.

$$\dot{e_b} = (A_{22} - LA_{12})e_b \tag{8.55}$$

추정 오차에 대한 상태 공간 모델의 특성방정식은 다음과 같이 쓸 수 있고,

$$\det[sI - (A_{22} - LA_{12})] = 0 \tag{8.56}$$

이 특성방정식을 우리가 원하는 식이 되도록 L을 선택하면 된다. 여기까지 오면 이론상으로 축소 차수 상태 관측기의 설계가 끝난다. 하지만 축소 차수 상태 관측기 (8.54)에는 측정되는 출력 y에 대한 미분값이 포함되어 있어, 구현 시 잡음에 대해 매우 민감해질 가능성이 있다. 따라서 가급적 미분 연산을 사용하지 않기 위해, 새로운 상태변수 $x_c = \widehat{x_b} - Ly$를 정의하면, 식 (8.54)를 다음과 같이 쓸 수 있다.

$$\dot{x_c} = (A_{22} - LA_{12})\widehat{x_b} + (A_{21} - LA_{11})y + (B_2 - LB_1)u \tag{8.57}$$

이로써 출력에 대한 미분 연산을 피하여 상태 관측기를 설계할 수 있다. [그림 8-10]에 축소 차수 상태 관측기가 블록선도로 나타나 있다.

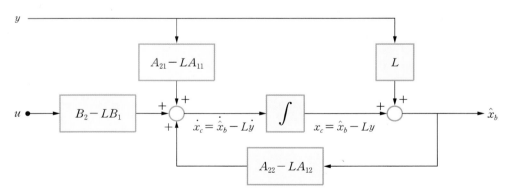

[그림 8-10] **축소 차수 상태 관측기의 구조**

다음과 같은 상태방정식으로 표현되는 시스템을 고려하자.

$$\dot{x}(t) = \begin{bmatrix} 0 & 1 & 0 \\ 0 & 0 & 1 \\ -6 & -11 & -6 \end{bmatrix} x(t) + \begin{bmatrix} 0 \\ 0 \\ 1 \end{bmatrix} u(t)$$

$$y(t) = \begin{bmatrix} 1 & 0 & 0 \end{bmatrix} x(t)$$

이 시스템에서 축소 차수 상태 관측기에 원하는 고윳값이 $s = -2, \, -10$이 되도록 축소 차수 상태 관측기를 설계하라.

풀이

출력 방정식으로부터 상태변수 $x_1(t)$가 출력 $y(t)$와 동일함을 알 수 있기 때문에, 상태변수 $x_2(t)$와 $x_3(t)$를 구하는 상태 관측기를 설계하면 된다. 즉 2차의 축소 차수 상태 관측기를 고윳값이 $s = -2, \, -10$이 되도록 설계하면 된다. 이는 미지의 상태변수로 이루어진 상태방정식에서 아커만의 공식을 활용하면 쉽게 구할 수 있다.

먼저 쉽게 알 수 있는 상태변수와 미지의 상태변수를 기준으로 시스템 행렬 및 입력 행렬을 분해하면 다음과 같다.

$$A_{11} = 0, \quad A_{12} = \begin{bmatrix} 1 & 0 \end{bmatrix}, \quad A_{21} = \begin{bmatrix} 0 \\ -6 \end{bmatrix}, \quad A_{22} = \begin{bmatrix} 0 & 1 \\ -11 & -6 \end{bmatrix}$$

$$B_1 = 0, \quad B_2 = \begin{bmatrix} 0 \\ 1 \end{bmatrix}$$

이러한 분리를 통해 다음과 같이 미지의 상태변수로만 이루어진 시스템 방정식을 구할 수 있다.

$$\begin{bmatrix} \dot{x}_2(t) \\ \dot{x}_3(t) \end{bmatrix} = A_{22} \begin{bmatrix} x_2(t) \\ x_3(t) \end{bmatrix} + A_{21} x_1(t) + B_2 u(t)$$

$$= \begin{bmatrix} 0 & 1 \\ -11 & -6 \end{bmatrix} \begin{bmatrix} x_2(t) \\ x_3(t) \end{bmatrix} + \underbrace{\begin{bmatrix} 0 \\ -6 \end{bmatrix} x_1(t) + \begin{bmatrix} 0 \\ 1 \end{bmatrix} u(t)}_{\text{아는 항들}}$$

여기서 $A_{21} x_1 + B_2 u$는 쉽게 알 수 있는 항이므로, 입력으로 간주할 수 있다. 또한 측정 방정식은 다음과 같다.

$$\dot{y}(t) - A_{11} y(t) - B_1 u(t) = A_{12} \begin{bmatrix} x_2(t) \\ x_3(t) \end{bmatrix} \quad \Rightarrow \quad \dot{y}(t) = \begin{bmatrix} 1 & 0 \end{bmatrix} \begin{bmatrix} x_2(t) \\ x_3(t) \end{bmatrix}$$

따라서 앞에서 구한 새로운 시스템 방정식과 측정 방정식을 상태방정식으로 하는 시스템에 대해 고윳값이 $s = -2, \, -10$이 되도록 상태 관측기를 설계하면, 이것이 곧 축소 차수 상태 관측기가 된다.

관측 가능성 행렬 W_o는 다음과 같다.

$$W_o = \begin{bmatrix} C \\ CA \end{bmatrix} = \begin{bmatrix} 1 & 0 \\ 0 & 1 \end{bmatrix}$$

관측 가능성 행렬의 계수^{rank}는

$$\text{rank} \begin{bmatrix} 1 & 0 \\ 0 & 1 \end{bmatrix} = 2$$

이므로, 축소된 시스템이 관측 가능함을 알 수 있으며, 이를 위한 상태 관측기를 설계할 수 있다.

이제 아커만의 공식을 이용하여 상태 관측기의 이득 L을 구해보자. 아커만의 공식으로부터 상태 관측기의 이득 L은 다음과 같이 구할 수 있다.

$$L = \phi(A) \, W_o^{-1} \begin{bmatrix} 0 \\ 0 \\ \vdots \\ 1 \end{bmatrix}$$

여기서 $\phi(A)$는 원하는 특성다항식 $\phi(s)$에서 s 대신 시스템 행렬 A를 대입한 것이므로

$$\phi(s) = (s+2)(s+10) = s^2 + 12s + 20$$

으로부터 다음과 같이 계산할 수 있다.

$$\begin{aligned}
\Phi(A) &= A^2 + 12A + 20I \\
&= \begin{bmatrix} 0 & 1 \\ -11 & -6 \end{bmatrix}^2 + 12 \begin{bmatrix} 0 & 1 \\ -11 & -6 \end{bmatrix} + 20 \begin{bmatrix} 1 & 0 \\ 0 & 1 \end{bmatrix} \\
&= \begin{bmatrix} 9 & 6 \\ -66 & -27 \end{bmatrix}
\end{aligned}$$

또한 관측 가능성 행렬의 역행렬은 다음과 같이 구할 수 있다.

$$W_o^{-1} = \begin{bmatrix} 1 & 0 \\ 0 & 1 \end{bmatrix}^{-1} = \begin{bmatrix} 1 & 0 \\ 0 & 1 \end{bmatrix}$$

따라서 상태 관측기의 이득 행렬 L은 다음과 같이 구할 수 있다.

$$\begin{aligned}
L &= \begin{bmatrix} 9 & 6 \\ -66 & -27 \end{bmatrix} \begin{bmatrix} 1 & 0 \\ 0 & 1 \end{bmatrix} \begin{bmatrix} 0 \\ 1 \end{bmatrix} \\
&= \begin{bmatrix} 6 \\ -27 \end{bmatrix}
\end{aligned}$$

8.4.5 출력 피드백 제어기

8.3절에서 설명한 제어기와 지금까지 설명한 상태 관측기를 [그림 8-11]과 같이 통합하면, 출력 피드백 제어시스템을 구성할 수 있다.

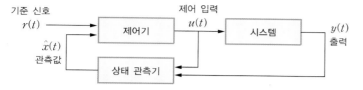

[그림 8-11] 출력 피드백 제어 시스템

출력 피드백 제어시스템은 상태 피드백 제어기와 상태 관측기를 각각 설계한 후, 제어기에서 피드백 되는 상태변수를 상태 관측기에서 추정한 상태변수로 대신하여 입력을 결정하는 제어 방법을 말한 다. 좀 더 쉬운 이해를 위해 기준 신호를 0으로 두면, 제어 입력 $u(t)$는 다음과 같이 결정된다.

$$u(t) = -K\hat{x}(t)$$

이 식에서 $\hat{x}(t)$가 바로 상태 관측기를 통해 추정된 상태변수의 추정값이며, 이 값에 제어기 이득을 곱하는 형태로 제어기를 설계할 수 있다. 여기서 상태 관측기에 의해 추정된 상태변수는 시스템의 입력과 출력 정보를 바탕으로 계산되기 때문에, 제어 입력 $u(t)$도 결국 이전 단계의 입력과 출력을 피드백 받아 결정된다. 이러한 이유로 이 제어기가 출력 피드백 제어기로 불리는 것이다. 그러나 주어진 시스템에 인위적인 제어기와 상태 관측기 시스템이 첨가되었으므로, 전체적인 폐로 시스템의 특성을 다시 검토해 볼 필요가 있다.

먼저 제어기 입력이 인가된 폐로 시스템과 상태 관측기 추정 오차 $e(t) = x(t) - \hat{x}(t)$에 대한 식은 다음 두 식과 같이 나타낼 수 있다.

$$\begin{aligned}
\dot{x}(t) &= Ax(t) + Bu(t) \\
&= Ax(t) - BK\hat{x}(t) \\
&= Ax(t) - BK(x(t) - e(t)) \\
&= (A - BK)x(t) - BKe(t) \\
\dot{e}(t) &= (A - LC)e(t)
\end{aligned} \tag{8.58}$$

여기서 새로운 상태변수를 $[x(t)\,e(t)]^T$로 정의하면, 다음과 같은 상태방정식을 얻을 수 있다.

$$\begin{bmatrix} \dot{x}(t) \\ \dot{e}(t) \end{bmatrix} = \begin{bmatrix} A - BK & BK \\ 0 & A - LC \end{bmatrix} \begin{bmatrix} x(t) \\ e(t) \end{bmatrix} \tag{8.59}$$

이는 제어기와 상태 관측기가 모두 포함된 폐로 시스템의 상태방정식으로, 특성방정식을 구하면 다음과 같다.

$$\det \begin{bmatrix} sI - A + BK & -BK \\ 0 & sI - A + LC \end{bmatrix} = 0 \tag{8.60}$$

식 (8.60)의 행렬은 블록 상삼각행렬이므로 행렬식의 성질을 이용하여 다음과 같이 표현할 수 있다.

$$\det(sI - A + BK)\det(sI - A + LC) = \alpha_c(s)\alpha_e(s) = 0 \tag{8.61}$$

이 폐로 시스템의 특성방정식에서 볼 수 있듯이 제어기 부분과 상태 관측기 부분이 완전히 분리됨을 볼 수 있다. 이는 제어기 설계와 상태 관측기 설계가 각기 독립적으로 이루어질 수 있음을 의미하는 것이다.

이제 기준 신호 $r(t)$가 0이 아닌 경우를 살펴보자. 이 경우 제어 입력 $u(t)$는 다음과 같이 결정된다.

$$u(t) = -K\hat{x}(t) + Nr(t) \tag{8.62}$$

제어기와 상태 관측기를 통합한 시스템 모델식을 다음과 같이 얻을 수 있다.

$$\begin{bmatrix} \dot{x}(t) \\ \dot{e}(t) \end{bmatrix} = \begin{bmatrix} A - BK & BK \\ 0 & A - LC \end{bmatrix} \begin{bmatrix} x(t) \\ e(t) \end{bmatrix} + \begin{bmatrix} BN \\ 0 \end{bmatrix} r(t) \tag{8.63}$$

이 폐로 시스템의 특성방정식도 기준 신호 $r(t)$가 0인 경우와 동일하게 제어기 부분과 관측기 부분이 완전히 분리된다. 따라서 기준 신호가 있는 경우에도 제어기 설계와 상태 관측기 설계가 각기 독립적으로 이루어질 수 있음을 알 수 있다.

이제 제어기 부분을 좀 더 자세히 살펴보자. 입력을 기존의 출력과 기준 신호로, 출력을 입력 자체로 생각하면, 제어기는 다음과 같은 상태방정식으로 표시할 수 있다.

$$\dot{\hat{x}}(t) = (A - BK - LC)\hat{x}(t) + [\, L \quad BN \,]\begin{bmatrix} y(t) \\ r(t) \end{bmatrix}$$
$$u(t) = -K\hat{x}(t) + [\, 0 \quad N \,]\begin{bmatrix} y(t) \\ r(t) \end{bmatrix} \tag{8.64}$$

제어기 시스템에 대한 전달함수는 두 가지가 있을 수 있으며, 각각 다음과 같다.

$$\frac{U(s)}{Y(s)} = -K(sI - A + BK + LC)^{-1}L$$
$$\frac{U(s)}{R(s)} = -K(sI - A + BK + LC)^{-1}BN + N \tag{8.65}$$

이 두 식에 해당하는 특성방정식은 $\det(sI - A + BK + LC) = 0$과 같다. 이 식을 살펴보면, 제어기와 상태 관측기가 각각 안정하게 설계되어 있다 하더라도, 이 둘이 통합된 경우에 극점이 모두 좌반평면에 존재하리라는 보장이 없다. 즉 통합된 시스템은 우반평면에 극점을 가질 가능성을 내포하고 있다. 이는 후에 예제를 통해 살펴보도록 하자.

이번에는 기준 신호에 대해 좀 더 유연하게 설계하기 위해 다음과 같은 상태 관측기 구조를 생각해 보자.

$$\dot{\hat{x}}(t) = (A - BK - LC)\hat{x}(t) + Ly(t) + Mr(t) \qquad (8.66)$$

식 (8.64)의 첫 번째 식과 비교하면, 식 (8.66)은 BN 행렬을 하나의 자유로운 독립변수 M으로 바꾸어 놓은 셈이다. 이 M을 제어기의 N과 같이 적절히 정함으로써 다양한 설계가 가능하다. 이를 좀 더 자세히 살펴보자.

먼저 시스템 $\dot{x}(t) = Ax(t) + Bu(t)$와 식 (8.62)를 이용하면, 다음과 같은 추정 오차에 관한 방정식을 얻을 수 있다.

$$\dot{e}(t) = (A - LC)e(t) + BNr(t) - Mr(t) \qquad (8.67)$$

여기서 가장 먼저 생각할 수 있는 선택은 다음과 같다.

$$M = BN \qquad (8.68)$$

그 결과, 오차와 관련된 방정식에 기준 신호가 전혀 포함되지 않으며, 추정 오차 $e(t)$가 0으로 수렴함을 알 수 있다.

또 다른 선택으로는 $N = 0$, $M = -L$로 정한 다음과 같은 상태 관측기를 생각할 수 있다.

$$\dot{\hat{x}}(t) = (A - BK - LC)\hat{x}(t) + L(y(t) - r(t)) \qquad (8.69)$$

센서가 절댓값이 아닌 기준값과의 차이만 알려줄 경우에는 이와 같은 형태의 상태 관측기 설계가 적당할 것이다.

마지막으로 식 (8.66)의 형태에서 제어기의 영점을 원하는 위치로 옮길 수 있도록 M과 N을 정할 수 있다. 상태 관측기가 없는 경우에는 영점이 고정되나, 상태 관측기가 있는 경우에는 영점을 할당할 수 있다. 이 방법을 통하여 시스템의 과도 응답과 정상상태 응답을 개선할 수도 있다. 식 (8.64)와 같은 상태 관측기의 영점 z는 다음 식을 만족한다.

$$\det \begin{bmatrix} zI - A + BK + LC & -M \\ -K & N \end{bmatrix} = 0 \qquad (8.70)$$

식 (8.70)의 2열을 스칼라 N으로 나누고, 다시 2열에 K를 곱하여 1열에 더해주면

$$\det \begin{bmatrix} sI - A + BK + LC - \dfrac{M}{N}K & -\dfrac{M}{N} \\ 0 & 1 \end{bmatrix} = 0 \qquad (8.71)$$

또는 다음과 같다.

$$\det\left(sI - A + BK + LC - \frac{M}{N}K\right) = \gamma(s) = 0 \qquad (8.72)$$

여기서 원하는 상태 관측기의 영점을 얻기 위해서 $\frac{M}{N}$ 값을 정해주면 n개의 영점을 임의적으로 할당할 수 있다.

예제 8-11

다음과 같은 상태방정식을 가지는 시스템에 대해

$$\dot{x}(t) = \begin{bmatrix} 0 & 1 & 0 \\ 0 & 0 & 1 \\ 0 & -24 & -10 \end{bmatrix} x(t) + \begin{bmatrix} 0 \\ 10 \\ -80 \end{bmatrix} u(t)$$

$$y(t) = \begin{bmatrix} 1 & 0 & 0 \end{bmatrix} x(t)$$

극점 배치 제어기에서 원하는 폐로 극점을 $s = -6$, $-1 \pm 3j$로 하고, 축소 차수 상태 관측기에서 원하는 극점을 $s = -8$, -10으로 하는 출력 피드백 제어기를 설계하라. 또한 제어기의 극점은 동일하게 선정하고 축소 차수 상태 관측기의 원하는 극점을 $s = -2$, -3으로 한 출력 피드백 제어기를 설계하고, 그 결과를 비교하라.

풀이

출력 피드백 제어기 설계에서는 분리 법칙separation principle이 성립하므로, 극점 배치 제어 방법을 이용한 상태 피드백 제어기와 관측기로 나누어 설계한 후, 둘을 결합시키면 최적의 출력 피드백 제어기를 설계할 수 있다. 따라서 주어진 시스템에 대해 상태 피드백 제어기의 이득 K와 상태 관측기의 이득 L을 각각 구하여 제어시스템을 설계한다. 다만 상태 관측기와 제어기가 통합된 시스템의 극점을 조사하기 위해 전체 제어시스템의 특성방정식의 해를 구해 본다.

먼저 극점 배치 제어 방법을 이용하여 상태 피드백 제어기를 설계해보자. 설계 과정은 이미 학습하였으므로 자세히 다루지는 않겠다. 제어기 이득 K는 다음과 같이 아커만의 공식을 이용하여 구할 수 있다.

$$K = \begin{bmatrix} 0 & 0 & 1 \end{bmatrix} \begin{bmatrix} 1.2 & 0.5 & 0.05 \\ 0.5 & 0.4 & 0.05 \\ 0.05 & 0.05 & 0.063 \end{bmatrix} \begin{bmatrix} 60 & -2 & -2 \\ 0 & 108 & 18 \\ 0 & -432 & -72 \end{bmatrix}$$

$$= \begin{bmatrix} 3 & 2.6 & 0.35 \end{bmatrix}$$

또한 시스템의 축소 차수 상태 관측기의 이득 L도 다음과 같이 아커만의 공식을 통해 구할 수 있다.

$$L = \begin{bmatrix} 56 & 8 \\ -192 & -24 \end{bmatrix} \begin{bmatrix} 1 & 0 \\ 0 & 1 \end{bmatrix} \begin{bmatrix} 0 \\ 1 \end{bmatrix}$$

$$= \begin{bmatrix} 8 \\ -24 \end{bmatrix}$$

따라서 출력 피드백 제어기의 제어 신호 $u(t)$는 다음과 같이 결정할 수 있다.

$$u(t) = -\begin{bmatrix} 3 & 2.6 & 0.35 \end{bmatrix} \hat{x}(t)$$

여기서 $\hat{x}(t)$는 상태 관측기에 의해 추정된 상태변수를 의미한다.

다음으로 상태 관측기를 설계해보자. 상태 관측기와 제어기가 통합된 시스템에 대한 개로 특성방정식을 구하면 다음과 같으며

$$\phi(s) = s^2 + 16s - 92 = (s - 4.49)(s + 4.49) = 0$$

이 방정식의 해는 $s = \pm 4.49$이다. 이는 통합된 시스템의 개로 특성방정식이 우반평면에 극점을 가짐을 의미한다. 상태 관측기와 제어기가 모두 안정하므로 전체 폐로 시스템의 안정성도 성립되었으나, 제어기–상태 관측기가 통합된 개로 시스템은 불안정하게 된 것이다. 이 경우는 시스템의 직류 이득이 작아질 경우 불안정해 질 수 있으므로 제어기로 활용할 수 없다. 따라서 새로운 출력 피드백 제어기를 설계해야 한다.

문제의 조건과 같이, 제어기는 그대로 두고 상태 관측기만 다시 설계해보자. 축소 차수 상태 관측기의 극점이 $s = -2$, -3으로 바뀌었으므로, 새로운 상태 관측기의 이득 L을 계산해야 한다. 상태 관측기 이득 L은 기존의 과정과 동일하게 아커만의 공식을 통해 구할 수 있으며, 그 결과는 다음과 같다.

$$L = \begin{bmatrix} -5 & 32 \end{bmatrix}$$

이제 이 결과를 바탕으로 제어기–상태 관측기가 통합된 새로운 출력 피드백 제어기의 개로 특성방정식과 해를 구하여 보자. 먼저 새로운 출력 피드백 제어기의 개로 특성방정식은

$$s^2 + 3s + 2 = (s + 1)(s + 2) = 0$$

이며, $s = -1$, -2의 해를 가진다. 개로 시스템의 극점이 모두 좌반평면에 존재하므로, 출력 피드백 제어기의 폐로 및 개로 안정성이 모두 만족된다. 한편 출력 피드백 제어기에서 상태 관측기의 극점을 좌반평면 쪽으로 멀리 떨어진 곳에 배치하면, 출력 피드백 제어기가 불안정해질 수 있다. 따라서 상태 관측기의 극점을 우측으로 이동하여 설계하면 안정된 제어기를 설계할 수 있다. 안정하게 설계된 출력 피드백 제어기에 의한 제어 결과($x = \begin{bmatrix} x_1 & x_2 & x_3 \end{bmatrix}^T$) 및 추정 오차($e = \begin{bmatrix} e_1 & e_2 \end{bmatrix}^T$)는 다음 [그림 8–12]와 같다.

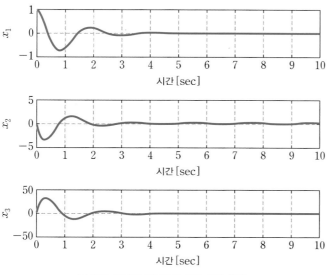

(a) 출력 피드백 제어기에 의한 시간 응답

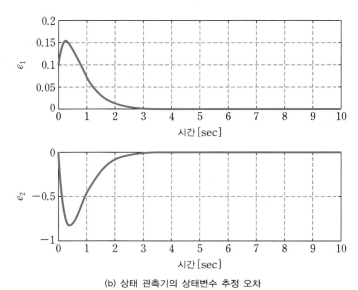

(b) 상태 관측기의 상태변수 추정 오차

[그림 8–12] 출력 피드백 제어기에 의한 제어 결과 및 추정 오차

8.5 최적 제어기와 최적 관측기 설계

지금까지는 극점 배치를 통해 제어기와 상태 관측기를 설계하였다. 이 절에서는 가격함수를 바탕으로 한 최적 제어기와 최적 관측기 설계에 관한 내용을 다룬다. 최적화에 대한 내용을 담고 있기 때문에 유도 과정이 학부 과정을 넘어서므로, 결과를 자세히 유도하지는 않고, 결과의 물리적 의미와 사용 방법에 초점을 맞출 것이다.

8.5.1 최적 제어기 설계

출력 변수는 상태변수의 일부로 볼 수 있기 때문에, 제어기 설계에서 상태변수와 제어 변수가 주로 고려된다. 제어기 설계 시 상태변수는 되도록 빨리 원하는 값이 되도록, 또 제어 변수는 최대한 적게 쓰도록 노력해야 한다. 이를 위해 다음과 같이 상태변수에 대한 가중치 행렬 Q와 제어 입력에 대한 가중치 행렬 R로 표현된 가격함수를 사용하여

$$J = \int_0^\infty \left[x^T(\tau)Qx(\tau) + u^T(\tau)Ru(\tau) \right] d\tau \tag{8.73}$$

J를 최소화하는 제어기를 설계함으로써 그러한 설계 의도를 반영할 수 있다. 여기서 J를 최소화하는 것은 상태변수 $x(t)$와 제어 입력 $u(t)$를 최대한 빨리 0으로 수렴시키는 제어기를 구하겠다는 의미이다. 가중치 행렬 Q와 R을 어떻게 설정하느냐에 따라 상태변수와 입력 변수에 가중치를 각기 다르게 적용할 수 있다. 입력 변수는 얼마든지 쓸 수 있으므로, 상태변수가 0으로 빨리 수렴하길 원하면 Q를 크게 해야 한다. 반대로 상태변수의 빠른 수렴보다는 제어 입력의 소모를 방지하는 방향을 택하고 싶다면, R을 크게 설정하면 된다. 따라서 제어시스템의 설계 목표에 따라 가중치 행렬 Q와 R을 적당히 정해야 한다.

다음과 같은 상태방정식 모델에서

$$\dot{x}(t) = Ax(t) + Bu(t) \tag{8.74}$$

가격함수 식 (8.73)을 최소로 하는 최적 제어기는 다음과 같이 설계된다.

$$u(t) = -R^{-1}B^T P x(t) \tag{8.75}$$

여기서 상수 행렬 P는 다음과 같은 방정식을 풀어서 구할 수 있다.

$$A^TP + PA - PBR^{-1}B^TP + Q = 0 \qquad (8.76)$$

이 방정식의 복잡함에 압도당하는 독자가 있으리라 생각된다. 사실 고차원 행렬인 경우, 대수방정식 (8.76)의 해를 구하려면, 수많은 변수와 고차 연립 방정식을 만나게 된다. 하지만 이미 컴퓨터에 A, B, Q, R만 대입하면 방정식 (8.76)을 해결해주는 수치 해석 프로그램들이 많이 있기 때문에 크게 걱정할 필요는 없다. 다만 "식 (8.76)을 만족하는 상수 행렬 P가 항상 존재하는가?", "그리고 존재한다면 유일하게 존재하는가?"라는 의문과 그에 대한 답은 대학원 과정의 최적 제어 관련 책을 참고하기 바란다.

관측 가능성과 제어 가능성을 사용해서 결론만 이야기하면 다음과 같다.

$\left(A,\ Q^{\frac{1}{2}}\right)$이 관측 가능하고, $(A,\ B)$가 제어 가능하면, 식 (8.76)을 만족하는 상수 행렬 P가 항상 존재한다. 여기서 $Q^{\frac{1}{2}}$은 제곱해서 Q가 되는 행렬을 나타낸다.

가격함수 식 (8.73)은 대수방정식 (8.76)을 사용해서 다음과 같이 완전제곱 형태로 표현할 수 있다.

$$J = x^T(0)Px(0) + \int_0^\infty \left(u(\tau) + R^{-1}B^TPx(\tau)\right)^T R\left(u(\tau) + R^{-1}B^TPx(\tau)\right)d\tau \qquad (8.77)$$

이 식을 통해 식 (8.75)와 같은 제어 입력이 왜 최적 제어 입력이 되는지를 쉽게 알 수 있다. 식 (8.75)의 제어 입력이 완전제곱 형태의 가격함수 식 (8.77)을 0으로 만들기 때문에 가격함수가 최소가 된다. 여기에서 설명한 최적 제어는 '부록 A.6'에 있는 대칭 근궤적으로 구할 수 있으므로 관심 있는 독자는 해당 부록을 참고하기 바란다.

예제 8-12

다음과 같은 시스템을 고려하자.

$$\dot{x}(t) = \begin{bmatrix} 0 & 1 \\ 0 & -1 \end{bmatrix} x(t) + \begin{bmatrix} 0 \\ 1 \end{bmatrix} u(t)$$

이 시스템에서 다음과 같은 가격함수 J를 최소화하는 최적 제어기를 설계하려고 한다.

$$J = \int_0^\infty \left[x^T(\tau)Qx(\tau) + u^T(\tau)Ru(\tau) \right] d\tau$$

(a) 제어기 설계 변수가 $Q = \begin{bmatrix} 1 & 0 \\ 0 & 1 \end{bmatrix}$, $R = 1$인 경우, 최적 제어기의 이득 행렬 K와 제어 입력 $u(t)$를 각각 구하라.

(b) 제어기 설계 변수가 $Q = \begin{bmatrix} 1 & 0 \\ 0 & 1 \end{bmatrix}$, $R = 2$인 경우와 $Q = \begin{bmatrix} 4 & 0 \\ 0 & 4 \end{bmatrix}$, $R = 1$인 경우, 최적 제어기의 이득 행렬과 제어 입력 $u(t)$, 그리고 제어 결과를 비교하라.

풀이

(a) 먼저 제어기 설계 변수가 $Q = \begin{bmatrix} 1 & 0 \\ 0 & 1 \end{bmatrix}$, $R = 1$로 설정된 경우를 생각해보자. 상수 행렬 P는 수치 해석 프로그램을 통해 다음과 같이 구할 수 있다.

$$P = \begin{bmatrix} 2 & 1 \\ 1 & 1 \end{bmatrix}$$

이를 제어기 이득 행렬을 구하는 식에 대입하면, 다음과 같은 최적 제어기의 이득 행렬 K를 구할 수 있다.

$$K = R^{-1} B^T P$$
$$= 1 \times [\,0 \ \ 1\,] \times \begin{bmatrix} 2 & 1 \\ 1 & 1 \end{bmatrix} = [\,1 \ \ 1\,]$$

따라서 제어 입력은 $u(t) = -[\,1 \ \ 1\,] x(t)$이다.

(b) 제어기 설계 변수가 $Q = \begin{bmatrix} 1 & 0 \\ 0 & 1 \end{bmatrix}$, $R = 2$로 설정된 경우를 생각해보자. 상수 행렬 P는 제어기 설계 변수 Q에만 영향을 받으므로, 앞의 경우와 동일한 값을 가질 것이다. 하지만 최적 제어기의 이득 행렬 K는 제어기 설계 변수 R의 영향을 받으므로 다음과 같이 구할 수 있다.

$$K = R^{-1} B^T P$$
$$= \frac{1}{2} \times [\,0 \ \ 1\,] \times \begin{bmatrix} 2 & 1 \\ 1 & 1 \end{bmatrix} = [\,0.5 \ \ 0.5\,]$$

이 경우 제어 입력은 $u(t) = -[\,0.5 \ \ 0.5\,] x(t)$이다.

앞의 두 제어기 설계 변수를 비교해보면, Q는 동일하나 R이 두 배로 증가되었다. R이 두 배로 증가되자, 최적 제어기의 이득은 증가 전보다 $\frac{1}{2}$배로 줄어들었으며, 이는 결국 제어 입력의 감소를 의미하게 된다. 따라서 제어 입력을 줄이면서 최적 제어기를 설계하고자 할 때에는 R 값을 크게 설정해야 한다. 다만 제어 입력의 감소로 인해 상태변수는 느리게 0으로 수렴할 것이다.

마지막으로 제어기 설계 변수가 $Q = \begin{bmatrix} 4 & 0 \\ 0 & 4 \end{bmatrix}$, $R = 1$로 설정된 경우를 생각해보자. 먼저 수치 해석 프로그램으로 구한 상수 행렬 P는

$$P = \begin{bmatrix} 6 & 2 \\ 2 & 2 \end{bmatrix}$$

이며, 이를 통해 최적 제어기의 이득 행렬 K는 다음과 같이 구할 수 있다.

$$K = R^{-1}B^T P$$
$$= 1 \times [0 \ 1] \times \begin{bmatrix} 6 & 2 \\ 2 & 2 \end{bmatrix} = [2 \ 2]$$

따라서 제어 입력은 $u(t) = -[2 \ 2]x(t)$로 구해진다. 이 제어기 설계 변수의 경우, 기준 설계 변수와 비교할 때 R은 동일하나 Q는 4배로 증가되었다. Q가 증가하자, 최적 제어기의 이득이 2배 증가했고, 이는 제어 입력을 2배 증가시켰다. 따라서 제어 입력을 많이 사용하더라도 빨리 수렴하는 최적 제어기를 설계하려면, Q의 값을 크게 설정해야 함을 알 수 있다.

이 예제에서 살펴본 바와 같이 제어기 설계 변수 Q와 R은 제어 목표에 맞게 적절하게 선택해야 함을 알 수 있으며, 각 경우에 대한 제어 결과는 [그림 8-13]과 같다. 그림은 $x = [x_1 \ x_2]^T$에서 x_1을 도시하였다.

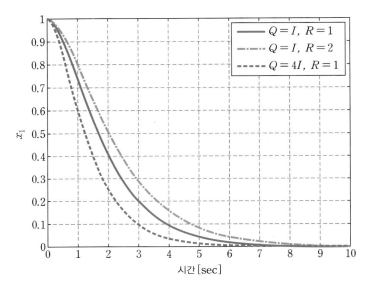

[그림 8-13] **Q, R 변화에 따른 제어 결과 비교**

8.5.2 최적 관측기 설계

앞에서 상태 관측기를 설계할 때에는 시스템 모델에서 발생할 수 있는 시스템 잡음과 측정 잡음을 전혀 고려하지 않았다. 현실적으로 어떤 물리량을 측정할 때에는 항상 예상치 못한 신호가 들어와 잡음을 형성하므로, 좀 더 향상된 상태 관측기를 설계하기 위해서는 이런 잡음의 특징들을 잘 활용할 필요가 있다. 일반적으로 잡음은 확률 변수로 표현된다. 확률 변수의 개념과 여러 가지 성질들을 공부하는 데에만 학부 1학기 정도의 과목이 개설되기도 하지만, 여기에서는 고등학교 수준의 확률 변수 개념 정도로도 이해할 수 있도록 최적 관측기를 살펴볼 것이다.

우선 잡음을 평균이 0이고, 그 강도는 분산으로 표시되는 확률 변수로 생각한다. 분산이 크면 잡음 강도도 크고, 분산이 작으면 그만큼 강도도 작다. 분산이 커서 잡음의 강도가 커지면, 관측할 때 여러 측정값이 부정확하게 될 가능성이 커진다. 우리는 이런 특징을 가진 잡음을 적당히 모델에 적용하여 실제 시스템에 보다 가까운 수학적 모델을 얻고자 한다. 일단 기존 상태방정식 모델에 다음과 같은 시스템 잡음 $\omega(t)$와 측정 잡음 $v(t)$의 두 가지 잡음원을 추가해서 표현해보자.

$$\dot{x}(t) = Ax(t) + Bu(t) + G\omega(t)$$
$$y(t) = Cx(t) + v(t)$$
(8.78)

여기서 $\omega(t)$는 시스템에 의도적으로 인가한 입력 $u(t)$ 외에 예상치 못한 외부 잡음 입력을 말하며, $v(t)$는 측정 시 발생한 잡음을 의미한다. 이런 잡음의 강도는 다음과 같은 분산 행렬을 통해 표현된다.

$$E\left[\omega(t)\omega^T(t)\right] = \overline{Q}, \quad E\left[v(t)v^T(t)\right] = \overline{R}$$
(8.79)

앞에서도 설명하였듯이 이 두 분산 행렬이 크면 잡음의 강도가 큼을 의미한다.

이제 최적 관측기를 설계해보자. 최적 관측기도 앞에서 배운 일반적인 상태 관측기와 동일하게 다음과 같은 형태를 보인다.

$$\dot{\hat{x}}(t) = A\hat{x}(t) + Bu(t) + L(y(t) - C\hat{x}(t))$$
(8.80)

일반적인 상태 관측기의 경우, 이득 L을 $A - LC$의 고웃값이 복소평면의 좌반평면에 위치하도록 정하기만 하면 된다고 하였는데, 최적 관측기의 설계에서는 다음과 같은 가격함수를 최소로 하는 L을 구해야 한다.

$$E\left[\left(x(t) - \hat{x}(t)\right)\left(x(t) - \hat{x}(t)\right)^T\right]$$
(8.81)

즉 추정 오차 $x(t) - \hat{x}(t)$에 대한 분산을 최소화하는 관측기 이득 L을 구하는 것으로, 확률적으로 가장 실제 상태 $x(t)$에 가깝게 추정 상태 $\hat{x}(t)$를 정하겠다는 의미이다. 결론부터 말하면, 식 (8.80)의 최적 관측기의 이득 L은 다음과 같이 계산된다.

$$L = PC^T\overline{R}^{-1}$$
(8.82)

여기서 P는 다음과 같은 대수방정식을 통해 얻을 수 있다.

$$AP + PA^T + C\overline{Q}C^T - PC^T\overline{R}^{-1}CP = 0$$
(8.83)

이 식은 매우 복잡해 보이지만, 컴퓨터에 A, C, $\overline{Q}$, $\overline{R}$만 대입하면 방정식 (8.83)을 해결해 주는 여러 수치 해석 프로그램들이 많이 존재한다.

앞에서 설명한 과정으로 설계된 최적 관측기는 이 방법을 최초로 고안한 사람의 이름을 따라 칼만 필터$^{\text{Kalman Filter}}$라고도 불린다.

칼만 필터는 두 가지 잡음 강도에 관한 정보를 바탕으로, 최적의 가중치를 결정하는 장치라 말할 수 있다. 칼만 필터의 동작을 설명해보자. 우선 극단적으로 $\overline{R}$이 매우 크다면, 측정값 $y(t)$에 대한 신뢰도가 매우 낮을 것이다. 이 경우에는 식 (8.82)에서 출력 피드백에 대한 이득 L을 작은 값으로 설정하여 가능한 측정값에 대한 오차 정보를 작게 사용하려고 할 것이다. 반대로 시스템 잡음에 대한 $\overline{Q}$가 매우 크다면, 시스템 동역학 식에 대한 신뢰도가 매우 낮을 것이므로, 출력 피드백 정보에 더 의지해야 좋은 추정 결과를 구할 수 있을 것이다. 따라서 이 경우에는 큰 이득 L을 사용하여 측정값에 대한 정보를 더 많이 사용해야 한다. 이러한 칼만 필터의 추정에 대한 기본 개념이 [그림 8-14]에 나타나 있다.

[그림 8-14] **칼만 필터의 개념도**

예제 8-13

다음과 같은 시스템에 대해 상태변수 추정을 위한 칼만 필터를 설계하자.

$$\dot{x}(t) = \begin{bmatrix} -0.4 & 0 & -0.01 \\ 1 & 0 & 0 \\ -1.4 & 9.8 & -0.02 \end{bmatrix} x(t) + \begin{bmatrix} 6.3 \\ 0 \\ 9.8 \end{bmatrix} u(t) + \begin{bmatrix} 1 \\ 0 \\ 0 \end{bmatrix} w(t)$$

$$y(t) = \begin{bmatrix} 0 & 0 & 1 \end{bmatrix} x(t) + v(t)$$

(a) $\overline{Q} = 1$, $\overline{R} = 1$로 주어지는 경우, 칼만 필터의 이득을 구하라.

(b) $\overline{Q} = 1$, $\overline{R} = 10$과 $\overline{Q} = 10$, $\overline{R} = 1$의 각 경우에 대한 칼만 필터의 이득을 구하고 서로 비교하라.

풀이

(a) 먼저 $\overline{Q} = 1$, $\overline{R} = 1$인 경우에 대해 생각해보자. 칼만 필터의 이득을 구하려면 상수 행렬 P를 먼저 구해야 한다. 수치 해석 프로그램으로 상수 행렬 P를 다음과 같이 구할 수 있다.

$$P = \begin{bmatrix} 0.727 & 0.389 & 0.637 \\ 0.389 & 0.346 & 0.883 \\ 0.637 & 0.883 & 3.920 \end{bmatrix}$$

이 결과로부터 칼만 필터의 이득 L은 다음과 같다.

$$L = PC^T \overline{R}^{-1}$$
$$= \begin{bmatrix} 0.727 & 0.389 & 0.637 \\ 0.389 & 0.346 & 0.883 \\ 0.637 & 0.883 & 3.920 \end{bmatrix} \begin{bmatrix} 0 \\ 0 \\ 1 \end{bmatrix} = \begin{bmatrix} 0.637 \\ 0.883 \\ 3.920 \end{bmatrix}$$

(b) $\overline{Q} = 1$, $\overline{R} = 10$인 경우도 위와 같은 과정으로 상수 행렬 P와 필터 이득 L을 다음과 같이 구할 수 있다.

$$P = \begin{bmatrix} 0.878 & 0.644 & 1.628 \\ 0.644 & 0.865 & 3.589 \\ 1.628 & 3.589 & 25.149 \end{bmatrix}, \quad L = \begin{bmatrix} 0.163 \\ 0.359 \\ 2.515 \end{bmatrix}$$

이 결과를 $\overline{Q} = 1$, $\overline{R} = 1$일 때의 결과와 비교해 보면, 칼만 필터의 이득이 줄었음을 확인할 수 있다. 이는 측정 오차의 분산 $\overline{R}$이 커서 측정값에 대한 신뢰가 떨어졌기 때문에, 칼만 필터의 이득 L을 줄여서 상태 추정에서 측정값에 대한 오차의 영향을 줄이려는 것이다.

$\overline{Q} = 10$, $\overline{R} = 1$인 경우도 위와 같은 과정으로 상수 행렬 P와 필터 이득 L을 다음과 같이 구할 수 있다.

$$P = \begin{bmatrix} 5.909 & 2.344 & 2.286 \\ 2.344 & 1.428 & 2.165 \\ 2.286 & 2.165 & 5.983 \end{bmatrix}, \quad L = \begin{bmatrix} 2.286 \\ 2.165 \\ 5.983 \end{bmatrix}$$

이 결과를 $\overline{Q} = 1$, $\overline{R} = 1$일 때의 결과와 비교해 보면 칼만 필터의 이득이 커졌음을 확인할 수 있다. 이는 동역학 식에 대한 신뢰가 떨어졌기 때문에, 출력 피드백 정보에 더 의지하여 상태 추정을 수행함을 의미한다.

8.5.3 최적 출력 피드백 제어기 설계

최적 관측기 설계에서 고려되었던 잡음이 있는 시스템에 대해 제어기 설계를 시도해보자. 잡음을 표현하기 위해 확률 변수를 도입했으므로, 상태변수도 역시 확률 변수가 된다. 따라서 가격함수 식 (8.73)은 다음과 같이 기댓값으로 바뀌어야 한다.

$$J = \lim_{T \to \infty} \frac{1}{T} E\left[\int_0^T \left(x^T(\tau) Q x(\tau) + u^T(\tau) R u(\tau) \right) d\tau \right] \tag{8.84}$$

가격함수가 수렴하도록 평균 기댓값 형식으로 표현했다. 최적 출력 피드백 제어기는 가격함수 (8.84)

를 최소화하도록 설계된다. 최적 제어기 및 최적 관측기의 설계 과정과 같이 이 문제에 대한 유도 과정도 매우 복잡하고 고급 수학을 많이 요구한다. 따라서 여기에서는 최적 해의 결과만을 제시하고, 그 의미를 파악하는 정도로 소개한다.

가격함수 (8.84)를 최소화하는 최적 출력 피드백 제어기를 설계하는 일은 매우 어려워 보이나, 신기하게도 앞에서 구한 최적 제어기와 최적 관측기를 조합하는 형태로 이를 해결할 수 있다. 최적 제어기와 최적 관측기를 따로 구한 후 이 둘을 결합하는 방식은, 제어기와 상태 관측기를 동시에 최적으로 설계하는 방식과 같다. 게다가 최적 제어기와 최적 관측기가 결합해도 최적성이 유지되는 대단한 특성을 보여준다. 이를 분리 법칙^{separation principle}이라 부르는데, 앞에서 배웠던 출력 피드백 제어기에서 제어기와 상태 관측기를 따로 설계하여 결합한 것과 같은 원리이다.

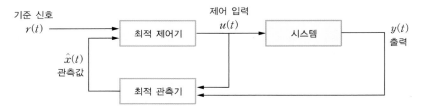

[그림 8-15] **최적 출력 피드백 제어기의 구조**

다음 시스템에 대해 최적 출력 피드백 제어기를 설계하라.

$$\dot{x}(t) = \begin{bmatrix} -0.4 & 0 & -0.01 \\ 1 & 0 & 0 \\ -1.4 & 9.8 & -0.02 \end{bmatrix} x(t) + \begin{bmatrix} 6.3 \\ 0 \\ 9.8 \end{bmatrix} u(t) + \begin{bmatrix} 1 \\ 0 \\ 0 \end{bmatrix} \omega(t)$$

$$y(t) = \begin{bmatrix} 0 & 0 & 1 \end{bmatrix} x(t) + v(t)$$

여기서 제어기 설계 변수는 $Q = I$, $R = 1$로 각각 설정하며, 잡음에 대한 분산 행렬은 각각 $\overline{Q} = 1$, $\overline{R} = 1$로 주어진다.

<u>풀이</u>

분리 법칙이 성립하므로, 최적 출력 피드백 제어기는 최적 제어기와 칼만 필터를 각각 설계하여 결합하면 된다. 즉 최적 제어기 문제를 풀어 제어기 이득을 구하고, 칼만 필터 문제를 풀어 최적의 상태 추정값을 계산한 후, 최적 제어기의 상태변수 대신 칼만 필터에 의해 추정된 값을 대입하여 사용하면 된다. 따라서 최적 출력 피드백 제어기의 설계 파라미터는 제어기 설계 변수 Q, R과 잡음에 대한 분산 행렬 $\overline{Q}$, $\overline{R}$가 된다.

먼저 최적 제어기를 설계해보자. 최적 제어기의 이득 K를 구하기 위해서는 상수 행렬 P를 계산해야 하며, 이는 수치 해석 프로그램으로 다음과 같이 구할 수 있다.

$$P = \begin{bmatrix} 0.917 & -0.749 & -0.537 \\ -0.749 & 8.540 & 0.928 \\ -0.537 & 0.928 & 0.447 \end{bmatrix}$$

따라서 제어기의 이득 K를 다음 수식을 통해 구할 수 있다.

$$K = R^{-1}B^T P$$

$$= 1 \times \begin{bmatrix} 6.3 & 0 & 9.8 \end{bmatrix} \times \begin{bmatrix} 0.917 & -0.749 & -0.537 \\ -0.749 & 8.540 & 0.928 \\ -0.537 & 0.928 & 0.447 \end{bmatrix}$$

$$= \begin{bmatrix} 0.521 & 4.380 & 0.996 \end{bmatrix}$$

다음으로 칼만 필터의 이득 L을 구해보자. 이 예제에서 다루는 시스템은 [예제 8-13]의 대상 시스템과 동일하므로 과정은 생략하고 결과만 활용하기로 한다. [예제 8-13]에서 칼만 필터의 이득 L은 다음과 같이 계산되었다.

$$L = \begin{bmatrix} 0.637 \\ 0.883 \\ 3.920 \end{bmatrix}$$

따라서 최적 출력 피드백 제어기의 제어 입력 $u(t)$를 다음과 같이 결정할 수 있다.

$$u(t) = -\begin{bmatrix} 0.521 & 4.380 & 0.996 \end{bmatrix}\hat{x}(t)$$

여기서 $\hat{x}(t)$는 칼만 필터에 의해 추정된 상태변수를 의미한다. 이는 앞에서 구한 칼만 필터의 이득을 이용하여 구할 수 있다.

앞에서 설계된 최적 출력 피드백 제어기에 의한 시간 응답($x = \begin{bmatrix} x_1 & x_2 & x_3 \end{bmatrix}^T$)과 추정 오차 ($e = \begin{bmatrix} e_1 & e_2 & e_3 \end{bmatrix}^T$)는 [그림 8-16]과 같다.

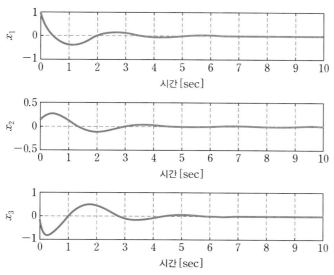

(a) 최적 출력 피드백 제어기에 의한 시간 응답

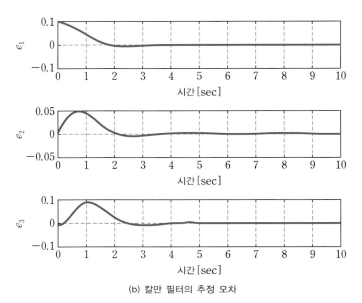

(b) 칼만 필터의 추정 오차

[그림 8-16] 최적 출력 피드백 제어기에 의한 제어 결과 및 추정 오차

8.6 명령 추종기

8.4.5절의 출력 피드백 제어기 설계에서는 기준 신호의 이득 행렬인 N을 적절히 선택하여 출력이 기준 신호와 일치하도록 하였다. 이는 모델에 대한 정보를 정확히 안다고 가정하였기 때문에 가능한 것이었다. 그러나 만약 모델에 불확실성이 존재하는 경우에는 이러한 방법으로 출력과 기준 신호를 일치시킬 수 없다. 따라서 기준 신호에 대해 보다 견실한 추종을 이루는 방법이 필요하며, 이는 적분 제어를 통해 해결할 수 있다. 적분 제어는 6장의 PID 제어에서 살펴본 바가 있으며, 적분 제어가 정상상태 오차를 없애주는 역할을 한다는 사실을 알 수 있었다. 이 절에서는 이러한 적분 제어 방법을 활용하여 상태방정식에서 추종 오차를 0으로 하는 방법을 소개한다.

먼저 다음과 같은 시스템을 고려해보자.

$$\dot{x}(t) = A\,x(t) + B\,u(t)$$
$$y(t) = C\,x(t) \tag{8.85}$$

이때 원래 시스템의 상태변수 $x(t)$ 외에 다음과 같은 상태를 새롭게 정의하자.

$$\dot{x}_I(t) = C\,x(t) - r(t) \quad (= e(t)) \tag{8.86}$$

새롭게 정의된 상태 $x_I(t)$가 다음과 같이 추종 오차에 대한 적분값이 됨을 확인할 수 있다.

$$x_I(t) = \int_0^t e(\tau)\,d\tau \tag{8.87}$$

새롭게 정의된 상태 $x_I(t)$와 기존 시스템의 상태 $x(t)$를 합쳐서 다음과 같은 상태방정식을 나타낼 수 있다.

$$\begin{bmatrix} \dot{x}_I(t) \\ \dot{x}(t) \end{bmatrix} = \begin{bmatrix} 0 & C \\ 0 & A \end{bmatrix} \begin{bmatrix} x_I(t) \\ x(t) \end{bmatrix} + \begin{bmatrix} 0 \\ B \end{bmatrix} u(t) - \begin{bmatrix} 1 \\ 0 \end{bmatrix} r(t) \tag{8.88}$$

이 시스템에 대해 다음과 같은 상태 피드백 제어기를 설계하면, 추종 오차의 적분값과 실제 시스템의 상태변수를 모두 0으로 수렴시킬 수 있다.

$$u(t) = -\begin{bmatrix} K_0 & K_1 \end{bmatrix} \begin{bmatrix} x_I(t) \\ x(t) \end{bmatrix} \tag{8.89}$$

여기서 제어기의 이득 K_0와 K_1은 기존의 상태 피드백 제어기 설계 방법을 적용하면 구할 수 있다.

이 설계 방법을 8.4.5절에서 다루었던 기준 신호의 가중치 행렬 N을 결정하는 방법과 비교해 보면, 매우 쉽게 추종 오차를 0으로 만드는 제어기를 설계할 수 있음을 확인할 수 있다. 또한 모델에 불확실성이 있다 하더라도 발산하지 않는 $x_I(t)$만 보장되면 여전히 추종 오차를 0으로 만들 수 있기 때문에, 매우 견실한 추종 제어가 가능함도 확인할 수 있다.

예제 8-15

다음과 같은 시스템을 고려해보자.

$$\dot{x}(t) = -3x(t) + u(t)$$
$$y(t) = x(t)$$

적분 제어를 사용하여 $s = -5$, -10에 두 개의 극점을 가지도록 상태 피드백 제어기를 설계하라.

풀이

먼저 적분 제어를 위해 정의된 상태 x_I와 기존 시스템의 상태 x를 합쳐서 다음과 같은 상태방정식을 나타낸다.

$$\begin{bmatrix} \dot{x}_I(t) \\ \dot{x}(t) \end{bmatrix} = \begin{bmatrix} 0 & 1 \\ 0 & -3 \end{bmatrix} \begin{bmatrix} x_I(t) \\ x(t) \end{bmatrix} + \begin{bmatrix} 0 \\ 1 \end{bmatrix} u(t) - \begin{bmatrix} 1 \\ 0 \end{bmatrix} r(t)$$

적분 제어를 위한 새로운 상태 x_I가 포함된 새로운 상태방정식이 만들어졌으므로, 앞에서 배웠던 극점 배치 제어 방법을 이용하여 $s = -5$, -10에 두 개의 극점을 가지는 상태 피드백 제어기를 설계해보자.

먼저 시스템의 제어 가능성을 판별해보자. 제어 가능성 행렬 W_c는 다음과 같다.

$$W_c = [\, B \ AB \,] = \begin{bmatrix} 0 & 1 \\ 1 & -3 \end{bmatrix}$$

제어 가능성 행렬의 계수^{rank}를 계산하면 다음과 같다.

$$\text{rank} \begin{bmatrix} 0 & 1 \\ 1 & -3 \end{bmatrix} = 2$$

따라서 주어진 시스템은 제어 가능하기 때문에 극점 배치 제어 방법을 통한 상태 피드백 제어기를 구성할 수 있다.

이제 아커만의 공식을 이용하여, 상태 피드백 제어기의 이득 K를 다음과 같이 구할 수 있다.

$$K = [\, 0 \ 1 \,] W_c^{-1} \phi(A)$$

여기서 $\phi(A)$는 원하는 특성다항식 $\phi(s)$에서 s 대신 시스템 행렬 A를 대입한 것이므로

$$\varPhi(s) = (s+5)(s+10) = s^2 + 15s + 50$$

으로부터 다음과 같이 계산할 수 있다.

$$\Phi(A) = A^2 + 7A + 10I$$
$$= \begin{bmatrix} 0 & 1 \\ 0 & -3 \end{bmatrix}^2 + 15\begin{bmatrix} 0 & 1 \\ 0 & -3 \end{bmatrix} + 50\begin{bmatrix} 1 & 0 \\ 0 & 1 \end{bmatrix}$$
$$= \begin{bmatrix} 50 & 12 \\ 0 & 14 \end{bmatrix}$$

또한 제어 가능성 행렬의 역행렬은 다음과 같이 구할 수 있다.

$$W_c^{-1} = \begin{bmatrix} 0 & 1 \\ 1 & -3 \end{bmatrix}^{-1} = \begin{bmatrix} 3 & 1 \\ 1 & 0 \end{bmatrix}$$

상태 피드백 제어기의 이득 행렬 K는 다음과 같이 구할 수 있다.

$$K = \begin{bmatrix} 0 & 1 \end{bmatrix}\begin{bmatrix} 3 & 1 \\ 1 & 0 \end{bmatrix}\begin{bmatrix} 50 & 12 \\ 0 & 14 \end{bmatrix}$$
$$= \begin{bmatrix} 50 & 12 \end{bmatrix}$$

따라서 다음과 같이 제어 입력을 결정할 수 있다.

$$u(t) = -\begin{bmatrix} 50 & 12 \end{bmatrix}\begin{bmatrix} x_I(t) \\ x(t) \end{bmatrix}$$

시스템 차수를 하나 더 늘려 상태 피드백 제어를 함으로써 계단 입력의 기준 신호와 외란에 대해서는 추종 오차가 0이 됨을 알 수 있다.

01. 상태 공간 모델과 전달함수

입출력 정보만을 다루는 전달함수에 비해, 시스템을 상태라는 변수로 더욱 정교하게 묘사한 상태 공간 모델은 시스템 분석 및 제어기 설계에 아주 유용하게 사용된다.

상태 공간 모델과 전달함수 사이에는 다음과 같은 관계가 있다.

모델	상태 공간 모델	전달함수 모델
모델식	$\dot{x}(t) = Ax(t) + Bu(t)$ $y(t) = Cx(t) + Du(t)$	$G(s) = C(sI-A)^{-1}B + D$ $= \dfrac{\det \begin{bmatrix} sI-A & -B \\ C & D \end{bmatrix}}{\det(sI-A)}$
출력	$y(t) = Ce^{At}x(0)$ $\quad + \displaystyle\int_0^t Ce^{A(t-\tau)}Bu(\tau)d\tau + Du(t)$	$y(t) = \mathcal{L}^{-1}[\,G(s)U(s)\,]$ $= \mathcal{L}^{-1}[\,(C(sI-A)^{-1}B+D)\,U(s)\,]$
초기 상태 고려 여부	초기 상태는 $x(0)$로 쉽게 고려할 수 있다.	초기 상태는 0이라고 가정한다.
관련 변수	입력 변수, 출력 변수, 상태변수	입력 변수, 출력 변수
안정성	시스템 행렬 A의 고윳값이 모두 복소평면의 좌반평면에 있어야 한다.	극점이 모두 복소평면의 좌반평면에 있어야 한다.

02. 상태 공간 모델의 안정성

전달함수의 극점은 상태 공간 모델에서 시스템 행렬 A에 대한 고윳값과 동일하다. 따라서 위 표의 안정성 부분에서 보듯이, 안정성에 대한 조건이 전달함수의 극점과 시스템 행렬 A의 고윳값에 대하여 동일하다. 출력 기반 제어를 통해 전달함수의 극점이 제한된 범위에서만 이동이 가능한 데 비해, 제어 가능한 상태 공간 모델에서는 상태 피드백 제어를 하면 임의의 위치로 극점을 이동시킬 수 있다. 상태 공간 모델이 제어 가능한지는 다음의 두 조건 중 하나만 확인하면 된다.

❶ 모든 복소수 λ에 대하여 $\mathrm{rank}\,[\,\lambda I - A \;\vdots\; B\,] = n$
❷ $\mathrm{rank}\,[\,B \quad AB \quad \cdots \quad A^{n-1}B\,] = n$

03. 상태 관측기

상태 피드백 제어는 시스템의 모든 상태 정보를 알아야만 사용할 수 있다. 그러나 현실적인 이유로 모든 상태를 측정하기 어려운 경우에는 알려진 상태 공간 모델과 시스템에서 측정 가능한 입출력 정보를 바탕으로 시스템 내부의 상태변수를 추정하는 방법을 사용해야 하는데, 이를 상태 추정이라고 한다. 상태 추정을 하는 시스템을 상태 관측기라고 하며, 다음과 같은 형태를 보인다.

$$\dot{\hat{x}}(t) = A\,\hat{x}(t) + Bu(t) + L\Big(y(t) - C\hat{x}(t)\Big)$$

여기서 L은 상태 관측기의 이득으로, 상태 관측기의 극점이 제어기의 극점보다 허수축에서 2배에서 5배 정도 더 멀리 있도록 한다. 이는 상태 관측기의 극점이 상태 피드백 제어기의 성능에 미칠 영향을 줄이기 위해서이다. 관측 가능 조건은 제어 가능 조건으로부터 다음과 같은 쌍대적 관계를 사용하여 구할 수 있다.

$$A \leftrightarrow A^{T}$$
$$B \leftrightarrow C^{T}$$
$$K \leftrightarrow L^{T}$$

04. 최적 제어기와 최적 관측기

제어기와 상태 관측기의 성능지수를 정의하고, 이 성능지수를 최적화하는 제어기와 상태 관측기의 이득 K와 L을 각각 구할 수 있다. 이렇게 구한 최적 제어기와 최적 관측기는 각각 2차 선형 제어기와 칼만 필터로 불린다.

	2차 선형 제어기	칼만 필터
성능 지수	$\displaystyle\int_{0}^{\infty}[x^{T}(\tau)Qx(\tau)+u^{T}(\tau)Ru(\tau)]\,d\tau$	$E\Big[\big(x(t)-\hat{x}(t)\big)\big(x(t)-\hat{x}(t)\big)^{T}\Big]$
최적 이득	$u(t) = -Kx(t)$ $K = R^{-1}B^{T}P$ $A^{T}P + PA^{T} - PBR^{-1}B^{T}P + Q = 0$	$\dot{\hat{x}}(t) = A\hat{x}(t) + Bu(t) + L(y(t) - C\hat{x}(t))$ $L = PC^{T}\overline{R}^{-1}$ $AP + PA^{T} + C\overline{Q}C^{T} - PC^{T}\overline{R}^{-1}CP = 0$

05. 명령 추종기

기준 신호가 시간에 따라 변하지 않는 경우의 제어기를 조정기^{regulator}라 한다. 반면 기준 신호가 시간에 따라 변하고, 출력이 그 변하는 기준 신호를 계속 잘 따라가도록 하는 제어기를 명령 추종기라고 한다. 명령 추종기는 추종 오차의 적분을 새로운 상태로 취함으로써 간단히 구현할 수 있다.

8.1 단일 입력 상태방정식 $\dot{x}(t) = Ax(t) + Bu(t)$에서 입력 $u(t)$에 단위 계단함수를 가했을 때, 즉 $u(t) = 1$, 상태 $x(t)$의 시간 응답으로 맞는 것은?

① $x(t) = e^{At}x(0) + A^{-1}(e^{At} - I)B$ ② $x(t) = e^{At}x(0) + (e^{At} - I)B$

③ $x(t) = e^{At}x(0) + A^{-1}e^{At}B$ ④ $x(t) = e^{At}x(0) + A^{-1}B$

8.2 단일 입력 상태방정식 $\dot{x}(t) = Ax(t) + Bu(t)$에서 입력 $u(t)$에 단위 경사함수를 가했을 때, 즉 $u(t) = t$, 상태 $x(t)$의 시간 응답으로 맞는 것은?

① $x(t) = e^{At}x(0) + \left[A^{-2}(e^{At} - I) - A^{-1}t \right] B$

② $x(t) = e^{At}x(0) + A^{-2}(e^{At} - I)B$

③ $x(t) = e^{At}x(0) + (A^{-2}e^{At} - A^{-1}t)B$

④ $x(t) = e^{At}x(0) + \left[(e^{At} - I) - A^{-1}t \right] B$

8.3 영이 아닌 c_1과 c_2에 대하여, 아래 시스템이 가관측성일 조건은?

$$\dot{x}(t) = \begin{bmatrix} -2 & -1 \\ 0 & -1 \end{bmatrix} x(t) + \begin{bmatrix} 1 \\ 1 \end{bmatrix} u(t)$$
$$y(t) = \begin{bmatrix} c_1 & c_2 \end{bmatrix} x(t)$$

① $c_1 \neq c_2$ ② $c_1 + c_2 = 0$

③ $c_1 + c_2 \neq 1$ ④ $c_1 + c_2 = 1$

8.4 A 행렬이 다음과 같이 주어졌을 때 e^{At}을 구하라. 단, $\beta \neq 0$이다.

$$A = \begin{bmatrix} 0 & \alpha \\ 0 & -\beta \end{bmatrix}$$

① $e^{At} = \begin{bmatrix} 1 & \dfrac{\alpha}{\beta}(1 - e^{-\beta t}) \\ 0 & e^{-\beta t} \end{bmatrix}$ ② $e^{At} = \begin{bmatrix} 1 & \alpha(1 - e^{-\beta t}) \\ 0 & e^{-\beta t} \end{bmatrix}$

③ $e^{At} = \begin{bmatrix} 1 & \beta(1 - e^{-\beta t}) \\ 0 & e^{-\beta t} \end{bmatrix}$ ④ $e^{At} = \begin{bmatrix} 1 & \alpha(1 - e^{-\beta t}) \\ 0 & 1 \end{bmatrix}$

8.5 다음과 같은 입출력 미분방정식을 상태방정식으로 변환할 때, 가능하지 않은 시스템 행렬은?

$$\frac{d^2y(t)}{dt^2} + 3\frac{dy(t)}{dt} + 2y(t) = u(t)$$

① $A = \begin{bmatrix} -2 & 1 \\ 0 & -1 \end{bmatrix}$

② $A = \begin{bmatrix} -1.5 & 0.25 \\ 1 & -1.5 \end{bmatrix}$

③ $A = \begin{bmatrix} -1 & 0 \\ 1 & -2 \end{bmatrix}$

④ $A = \begin{bmatrix} -1 & 1 \\ 1 & -2 \end{bmatrix}$

8.6 다음 상태방정식에 대한 가제어성과 가관측성 판별 중 옳은 것은?

$$\dot{x}(t) = \begin{bmatrix} -1 & 1 & 0 \\ 0 & -1 & 0 \\ 0 & 0 & -2 \end{bmatrix} x(t) + \begin{bmatrix} 0 \\ 1 \\ 1 \end{bmatrix} u(t)$$

$$y(t) = \begin{bmatrix} 1 & 0 & 0 \end{bmatrix} x(t)$$

	가제어성	가관측성
①	예	예
②	예	아니오
③	아니오	예
④	아니오	아니오

8.7 다음 그림과 같은 블록선도에 표시된 상태변수를 사용하여 상태방정식을 만들어라.

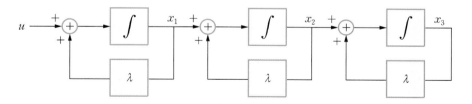

또 상태방정식을 $\dot{x}(t) = Ax(t) + Bu(t)$와 같이 만들었을 때, $\frac{e^{At}}{e^{\lambda t}}$을 구하라. 또한 λ에 따른 시스템의 안정성을 논하라.

8.8 다음의 두 미분방정식

$$m\ddot{q}_1(t) = -2kq_1(t) - c\dot{q}_1(t) + kq_2(t)$$
$$m\ddot{q}_2(t) = kq_1(t) - c\dot{q}_2(t) - 2kq_2(t)$$

을 다음과 같은 상태방정식 형태로 변환하였다.

$$\frac{dx(t)}{dt} = \begin{bmatrix} 0 & 1 & 0 & 0 \\ -\dfrac{k}{m} & -\dfrac{c}{m} & 0 & 0 \\ 0 & 0 & 0 & 1 \\ 0 & 0 & -\dfrac{3k}{m} & -\dfrac{c}{m} \end{bmatrix} x(t)$$

$x(t)$를 구성하는 네 개의 상태변수를 $q_1(t)$, $q_2(t)$, $\dot{q}_1(t)$, $\dot{q}_2(t)$의 함수로 표시하라.

8.9 다음과 같은 표준형 2차 시스템의 전달함수를

$$G(s) = \frac{\omega_n^2}{s^2 + 2\zeta\omega_n s + \omega_n^2}, \quad 0 < \zeta < 1$$

다음과 같은 상태방정식으로 바꾼다고 할 때

$$\dot{x}(t) = \begin{bmatrix} -\zeta\omega_n & \omega_d \\ -\omega_d & -\zeta\omega_n \end{bmatrix} x(t) + \begin{bmatrix} 0 \\ \beta \end{bmatrix} u(t)$$
$$y(t) = \begin{bmatrix} \alpha & 0 \end{bmatrix} x(t)$$

$\alpha\beta$ 값을 구하라. (단, 여기서 $\omega_d = \omega_n\sqrt{1-\zeta^2}$ 이다.)

8.10 다음과 같이 상태 공간으로 표시된 시스템에서

$$\dot{x}(t) = \begin{bmatrix} 0 & 1 \\ -3 & -2 \end{bmatrix} x(t) + \begin{bmatrix} 0 \\ 2 \end{bmatrix} u(t)$$

다음의 설계 목표를 만족하는 상태 피드백 제어기를 설계하라.

- 폐로 극점의 제동비가 $\zeta = \dfrac{1}{\sqrt{2}}$ 이다.
- 단위 계단 응답에서 최대 첨두 시간이 $t_p \le \pi[\sec]$ 이다.

8.11 다음과 같은 상태방정식에서

$$\dot{x}(t) = \begin{bmatrix} 0 & 1 \\ -2 & a \end{bmatrix} x(t) + \begin{bmatrix} 1 \\ b \end{bmatrix} u(t)$$

시스템이 가제어성을 지니도록 $(a,\ b)$에 대한 조건을 구하라.

8.12 다음과 같은 상태방정식에서

$$\dot{x}(t) = \begin{bmatrix} 0 & 1 \\ -2 & 3 \end{bmatrix} x(t) + \begin{bmatrix} 1 \\ 2 \end{bmatrix} u(t)$$

$$y(t) = \begin{bmatrix} 1 & 1 \end{bmatrix} x(t)$$

가제어성과 가관측성을 판별하라. 또한 상태 피드백 제어 $u(t) = -Kx(t) + r$을 사용할 경우, 가제어성과 가관측성에 어떤 영향을 주는지도 논하라.

8.13 다음과 같은 전달함수가 있다고 하자.

$$G(s) = \frac{s+\alpha}{s^3 + 7s^2 + 14s + 8}$$

이 전달함수를 3개의 상태변수로 구성한 상태방정식으로 변환하였을 때, 가관측성 또는 가제어성을 잃는 α 값을 찾아라. 이런 α 값에 대하여 가제어성은 있으나 가관측성은 없는 상태방정식을 만들어라. 반대로 가관측성은 있으나 가제어성은 없는 상태방정식을 만들어라.

8.14 다음과 같은 전달함수가 있다고 하자.

$$G(s) = \frac{5}{(s+1)(s+2)(s+3)}$$

$x_1(t) = y(t)$, $x_2(t) = \dot{x}_1(t)$, $x_3(t) = \dot{x}_2(t)$와 같이 상태변수를 정하여 단일 입력 상태방정식 모델을 구하라. 구한 상태방정식 모델에서 상태 피드백 제어 $u(t) = -Kx(t) + r$을 사용하여 극점이 $-2 \pm j2$, -10이 되도록 하라.

8.15 다음과 같은 전달함수를 적당한 상태방정식으로 변환하라.

$$G(s) = \frac{e^{-5s}}{(s+1)(6s+1)}$$

8.16 다음과 같이 정의된 시스템을 고려해보자.

$$\begin{bmatrix} \dot{x}_1(t) \\ \dot{x}_2(t) \end{bmatrix} = \begin{bmatrix} 1 & 1 \\ -2 & -1 \end{bmatrix} \begin{bmatrix} x_1(t) \\ x_2(t) \end{bmatrix} + \begin{bmatrix} 0 \\ 1 \end{bmatrix} u(t)$$

$$y(t) = \begin{bmatrix} 1 & 0 \end{bmatrix} \begin{bmatrix} x_1(t) \\ x_2(t) \end{bmatrix}$$

가제어성과 가관측성을 판별하라. 또한 주어진 상태방정식을 다음과 같이 변환한다고 할 때, 적당한 a 값을 구하라. 즉 위 시스템과 아래 시스템이 입력 $u(t)$와 출력 $y(t)$ 관점에서 등가일 때 a 값을 계산하라.

$$\begin{bmatrix} \dot{x}_1(t) \\ \dot{x}_2(t) \end{bmatrix} = \begin{bmatrix} 0 & 1 \\ a & 0 \end{bmatrix} \begin{bmatrix} x_1(t) \\ x_2(t) \end{bmatrix} + \begin{bmatrix} 0 \\ 1 \end{bmatrix} u(t)$$

$$y(t) = \begin{bmatrix} 1 & 0 \end{bmatrix} \begin{bmatrix} x_1(t) \\ x_2(t) \end{bmatrix}$$

앞의 상태방정식에서 제어기와 상태 관측기가 모두 $-10\sqrt{|a|}$ 에 이중 극점을 갖도록 설계하라.

8.17 다음과 같은 시스템에서 축소 차수 상태 관측기를 설계하라.

$$\begin{bmatrix} \dot{x}_1(t) \\ \dot{x}_2(t) \end{bmatrix} = \begin{bmatrix} 0 & 1 \\ 0 & -1 \end{bmatrix} \begin{bmatrix} x_1(t) \\ x_2(t) \end{bmatrix} + \begin{bmatrix} 1 \\ 1 \end{bmatrix} u(t)$$

$$y(t) = \begin{bmatrix} 2 & 1 \end{bmatrix} \begin{bmatrix} x_1(t) \\ x_2(t) \end{bmatrix}$$

8.18 [연습문제 8.17]의 모델에서 최적 제어기와 최적 관측기를 설계하라. 최적 관측기 설계 시 본문 식 (8.78) 및 식 (8.79)의 G, $\overline{Q}$, $\overline{R}$ 는 아래와 같이 설정한다.

$$G = \begin{bmatrix} 2 \\ 1 \end{bmatrix}, \quad \overline{Q} = \begin{bmatrix} 1 & 0 \\ 0 & 1 \end{bmatrix}, \quad \overline{R} = 2$$

8.19 심화 본문에서 언급했듯이 가제어성이 성립하면 다음이 성립함을 증명하라.

$$\mathrm{rank}\left[\,\lambda I - A \;\vdots\; B\,\right] = n$$

8.20 심화 본문에서는 독립적인 고유벡터의 경우만 다루었다. 종속적인 고유벡터들이 발생하는 경우에 대하여 본문의 가제어성에 관한 정리를 확장하라.

8.21 심화 4개의 바퀴를 갖고 있는 자동차는 일궤 모델(일명 자전거 모델)로 아래 그림과 같이 모델링된다.

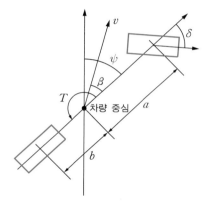

여기서 v는 차량 중심의 속도, ψ는 요잉각, δ는 조향각, β는 미끄럼각(차량의 실제 속도와 차량 몸체가 이루는 거리), b는 뒷바퀴 중심과 무게 중심까지의 거리, a는 앞바퀴 중심과 무게 중심까지의 거리이다. 요잉각 ψ의 시간에 대한 변화량을 $\gamma = \dot{\psi}$라 하면 일궤 모델은 아래와 같이 표현된다.

$$\dot{\beta}(t) = a_{11}\beta(t) + a_{12}\gamma(t) + b_1\delta(t)$$

$$\dot{\gamma}(t) = a_{21}\beta(t) + a_{22}\gamma(t) + b_2\delta(t) + \frac{T(t)}{\Theta}$$

여기서 a_{11}, a_{12}, a_{21}, a_{22}, b_1, b_2는 아래와 같다.

$$a_{11} = -\frac{k_v + k_h}{mv}, \qquad a_{12} = -\left(\frac{k_h b - k_v a}{mv^2} - 1\right)$$

$$a_{21} = -\frac{k_h b - k_v a}{\Theta}, \quad a_{22} = -\frac{k_h b^2 + k_v a^2}{\Theta v}$$

$$b_1 = -\frac{k_v}{mv}, \qquad b_2 = \frac{a k_v}{\Theta v}$$

m은 차량 무게, k_v와 k_h는 각각 앞바퀴와 뒷바퀴의 측력계수, Θ는 차량의 관성모멘트이다. 각각의 변수는 아래와 같이 주어진다고 하자.

$$m = 870\,[\mathrm{kg}], \qquad \Theta = 1146\,[\mathrm{kg\,m^2}]$$
$$a = 0.8\,[\mathrm{m}], \qquad b = 1.5\,[\mathrm{m}]$$
$$v = 35\,[\mathrm{m/s}] = 126\,[\mathrm{km/h}]$$
$$k_v = 5.6 \times 10^4\,[\mathrm{N/rad}]$$
$$k_h = 6.6 \times 10^4\,[\mathrm{N/rad}]$$

인휠 모터$^{\text{In-wheel Motor}}$를 장착한 전기자동차의 경우는 양 바퀴의 모멘트가 서로 다르게 가해짐으로써 위 그림에 보듯이 차량 몸체에 모멘트 T를 줄 수 있다. 이 모멘트를 제어 입력으로 해서 원하는 요잉각 비 γ를 얻고, 미끄럼각 β를 0으로 수렴하게 하는 제어기를 설계하려 한다. 조향각(δ)과 속도(v)는 일정하다고 가정하고, 아래의 가격함수를 최소로 하는 제어 입력 모멘트 T를 구해 시뮬레이션을 수행하라.

$$\int_0^\infty \left[\left(\gamma(\tau) - \frac{v\,\delta}{(a+b)(1+v^2)} \right)^2 + T^2(\tau) \right] d\tau$$

아래와 같은 가격함수도 고려할 수 있는가?

$$\int_0^\infty \left[\beta^2(\tau) + \left(\gamma(\tau) - \frac{v\,\delta}{(a+b)(1+v^2)} \right)^2 + T^2(\tau) \right] d\tau$$

고려할 수 없다면, 이유를 설명하라.

8.22 심화 [연습문제 8.21]의 차량 모델에서는 보통의 차와 같이 조향각은 주어져 있다고 가정했다. 하지만 한층 진보된 기술의 Steer-By-Wire(SBW)라는 조향 장치는 운전자가 준 조향각 δ^*와 실제 차량의 조향각 δ를 서로 틀리게 해 조향 성능을 높인다. 이 경우에는 제어 입력이 모멘트 T, 조향각 δ가 되는데, 아래 가격함수를 최소화하는 T와 δ를 계산하라.

$$\int_0^\infty \left[\beta^2(\tau) + \left(\gamma(\tau) - \frac{v\,\delta^*}{(a+b)(1+v^2)} \right)^2 + (\overline{\delta} - \delta(\tau))^2 + (\overline{T} - T(\tau))^2 \right] d\tau$$

시뮬레이션을 수행하고 [연습문제 8.21]의 제어기와 성능을 비교하라.
($\overline{\delta}$와 $\overline{T}$는 정상상태에서 β와 γ가 원하는 값을 가질 때의 δ와 T의 값이다. 즉

$$0 = \dot{\beta} = a_{11} \cdot 0 + a_{12} \frac{v\delta^*}{(a+b)(1+v^2)} + b_1 \overline{\delta}, \ \ 0 = \dot{\gamma} = a_{21} \cdot 0 + a_{22} \frac{v\delta^*}{(a+b)(1+v^2)} + b_2 \overline{\delta} + \frac{\overline{T}}{\Theta})$$

8.23 심화 다음과 같은 시스템을 가정하고

$$\dot{x}(t) = Ax(t) + Bu(t)$$
$$y(t) = Cx(t)$$

기준 신호 $r(t)$이 $\ddot{r}(t) + 2r(t) = 0$을 만족하면서 시간에 대해 변한다고 할 때, 상태를 다음과 같이 선정하고 새로운 상태방정식을 세워라.

$$\overline{x}(t) = \begin{bmatrix} e(t) \\ \dot{e}(t) \\ \zeta(t) \end{bmatrix}$$

여기서 $e(t) = y(t) - r(t)$, $\zeta(t) = \ddot{x}(t) + 2x(t)$이며, 새로운 상태방정식의 입력은 $\ddot{u}(t) + 2u(t)$로 정한다.

8.24 심화 다음과 같은 시스템에서

$$\begin{bmatrix} \dot{x}_1 \\ \dot{x}_2 \end{bmatrix} = \begin{bmatrix} -2 & 1 \\ 0 & -2 \end{bmatrix} \begin{bmatrix} x_1 \\ x_2 \end{bmatrix} + \begin{bmatrix} 1 \\ 1 \end{bmatrix} u$$

$$y = \begin{bmatrix} 1 & 1 \end{bmatrix} \begin{bmatrix} x_1 \\ x_2 \end{bmatrix}$$

극점이 $-2 \pm 2j$가 되도록 $u(t) = -Kx(t) + Nr(t)$ 형태의 제어기를 설계하라($r(t)$는 기준 신호). 또한 $r(t) - y(t)$의 적분치를 새로운 상태로 선정하여, 명령을 추종하는 제어기를 설계하라.

한편 시스템이 다음과 같이 변경될 때

$$\begin{bmatrix} \dot{x}_1 \\ \dot{x}_2 \end{bmatrix} = \begin{bmatrix} -2+0.1 & 1 \\ 0 & -1-0.1 \end{bmatrix} \begin{bmatrix} x_1 \\ x_2 \end{bmatrix} + \begin{bmatrix} 1 \\ 1 \end{bmatrix} u$$

$$y = \begin{bmatrix} 1 & 1 \end{bmatrix} \begin{bmatrix} x_1 \\ x_2 \end{bmatrix}$$

위에서 설계된 두 제어기의 명령추종 성능을 비교하라.

8.25 심화 다음과 같은 시간 지연이 있는 단일 입력, 단일 출력(SISO) 시스템을 생각해보자.

$$\dot{x}(t) = Ax(t) + Bu(t-h), \quad y(t) = Cx(t)$$

아래 그림 (a)와 같이 제어기에 피드백을 하나 더 추가하여 그림 (b)와 같은 시스템을 구현하려 한다. (단, $x(0) = 0$이고, $[-h, \ 0]$ 구간에서 $u(\ \cdot\ ) = 0$이다.)

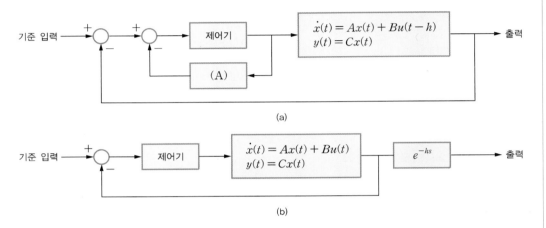

(a)

(b)

빈 공란 (A)에서 어떤 작용을 해야 하는가?

8.26 심화 다음과 같은 시간 지연이 있는 입력을 가지는 상태방정식을 생각해보자.

$$\dot{x}(t) = Ax(t) + B_0 u(t) + B_1 u(t-h)$$

다음과 같은 변수 $z(t)$를 이용하여 위의 상태방정식을 $z(t)$로 표현하라.

$$z(t) = x(t) + \int_{t-h}^{t} e^{A(t-\alpha-h)} B_1 u(\alpha) d\alpha$$

A, B_0, B_1, h가 다음과 같이 주어질 때

$$A = \begin{bmatrix} 1 & 0 \\ 1 & 1 \end{bmatrix}, \quad B_0 = \begin{bmatrix} 1 \\ 1 \end{bmatrix}, \quad B_1 = \begin{bmatrix} 0 \\ 1 \end{bmatrix}, \quad h = 1$$

$z(t)$를 0으로 수렴하게 하는 $u(t) = -Kz(t)$ 형태의 제어기를 설계하라. 이 제어기를 사용하여 $z(t)$가 0으로 수렴하면 $x(t)$ 역시 수렴함을 설명하라. (단, $x(0) = [1 \ 0]^T$이고, $[-h, \ 0]$ 구간에서 $u(\ \cdot\ ) = 0$이다.)

장별 부가내용

A.1 인코더와 리졸버

제어를 위해서는 센서를 통해 다양한 물리량들을 측정해야 한다. 온도, 압력, 속도, 가속도 등의 물리량을 전압이나 저항 등의 다루기 쉬운 전기 신호로 바꾸는 센서들이 많이 사용되는데, 여기에서는 전동기의 회전 속도와 위치를 측정하는 인코더^{encoder}와 리졸버^{resolver}를 소개한다.

인코더

인코더는 회전자의 회전각 변동을 펄스열로 출력하는 장치이다. 따라서 회전 속도에 비례하여 출력 펄스의 주파수가 달라진다. 많이 쓰이는 광학식 증분형 인코더는 [그림 A-1]과 같이 균등한 크기의 슬릿이 같은 간격으로 배치된 회전판과 빛을 발생하는 LED, 그리고 이 빛을 받아 전기 신호를 출력하는 광 센서로 구성되어 있다. 인코더의 회전판은 측정하고자 하는 회전체의 축에 고정되어 있기 때문에 회전체와 같이 회전하지만, LED와 광 센서는 특정 위치에 고정 배치된다. 회전판이 회전하면 회전판의 슬릿을 통과하는 LED 빛의 양이 변하게 되며, 광 센서는 이 빛의 양을 전기 신호로 바꾸어 출력한다. 그림에서 보듯이 이 신호는 정현파 모양을 갖는데, 이 신호를 구형파로 변형하는 회로를 통과시켜 펄스폭이 50%인 구형파 펄스를 생성하게 된다.

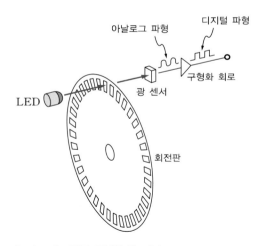

[그림 A-1] 광학식 증분형 인코더의 구조

이와 같은 구조의 광학식 증분형 인코더는 상대 위치 검출기로서, 회전에 따라 A, B, Z의 세 종류의 펄스를 발생한다. 1회전당 일정한 수의 펄스가 발생하는데, 이러한 펄스 개수로 회전각의 증가분을 검출하여 속도를 계산할 수 있다. [그림 A-2]는 광학식 증분형 인코더의 회전판 모양과 LED 및 광 센서의 배치의 한 예를 보여주고 있다.

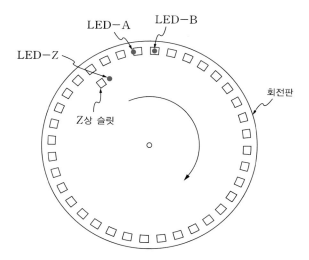

[그림 A-2] 광학식 증분형 인코더의 회전판과 LED 배치

그림에 나타나 있지는 않지만, 광 센서는 LED 바로 아래쪽에 배치된다. LED와 광 센서는 [그림 A-3]과 같이 A, B 펄스가 90°의 위상차를 갖도록 배치되는데, 이는 회전 방향을 판별하기 위함이다. 회전 방향에 따라 A, B 펄스의 위상이 달라지는데, 시계 반대 방향으로 회전 시에는 A 펄스의 위상이 B 펄스보다 90도 앞서지만, 시계 방향으로 회전 시에는 B 펄스의 위상이 앞서게 된다. 따라서 A, B 펄스의 위상을 이용하여 회전 방향을 판별할 수 있다.

인코더는 A, B 펄스 외에도 Z 펄스를 출력한다. [그림 A-2]와 같이 Z 펄스는 한 회전당 1개만 발생하므로, 회전자의 기준 위치를 설정하기 위한 신호로 사용된다. Z 펄스에 해당하는 회전자의 위치를 미리 알 수 있어야 하지만, 시스템에 전원이 투입된 직후에는 Z 펄스가 발생하지 않으므로 회전자의 절대 위치를 알 수 없다. 이러한 문제를 해결하기 위해 회전자 자극의 위치를 측정하기 위한 별도의 홀 센서를 설치하거나, U, V, W 펄스도 같이 제공한다. U, V, W 펄스는 전기적으로 120°의 위상차를 가지고 있으므로, 60°의 정밀도, 즉 최대 $\pm 30°$의 위치 오차로 회전자의 절대 위치를 측정할 수 있다. 최근에는 출력되는 신호를 구형파 변환 회로를 거치지 않고 아날로그 상태로 직접 수신한 후, 이를 고성능 제어기에서 보간 처리하는 방식의 고분해능화를 추구하는 방식도 사용되고 있다.

회전판에 뚫려있는 슬릿 수에 따라 인코더의 분해능이 결정되는데, 일반적으로 인코더의 성능 명세에서 'pulse/rev'를 통해 분해능을 확인할 수 있다. 만약 회전판에 1000개의 슬릿이 뚫려 있다면, 이 인코더의 분해능은 1000[pulse/rev]이 되며, 이는 360°를 1000 등분한 분해능을 나타낸다.

이 인코더를 사용할 경우에는 $\frac{360}{1000} = 0.36°$ 의 회전 변위가 최소 검출 단위가 된다. 따라서 정밀 제어를 하고자 할 경우에는 분해능이 높은 인코더를 사용해야 한다.

증분형 인코더를 사용하여 회전 변위나 회전 속도를 측정할 경우에는 단순히 펄스를 세는 방식이 아닌 4체배 기법을 많이 사용한다. [그림 A-3]은 광학식 증분형 인코더에서 발생하는 A 펄스와 B 펄스의 배열을 나타내고 있다. 각 펄스의 한 주기는 ❶, ❷, ❸, ❹의 4개의 작은 구간으로 나누어 진다. 각각의 구간에서 A 펄스와 B 펄스가 가지는 2진수(0 또는 1)를 살펴보면, ❶→(0, 0), ❷ →(1, 0), ❸→(1, 1), ❹→(0, 1)이 된다. 이러한 2진수에 변화가 감지될 때 회전이 발생했다 고 볼 수 있으므로, 단순히 펄스만을 세어서 회전 변위를 계산하는 방식보다 4배 높은 분해능을 갖게끔 인코더를 사용할 수가 있다.

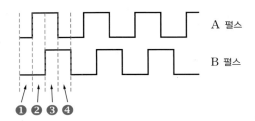

[그림 A-3] 펄스 한 주기의 4개 구간

인코더는 회전체와의 조립을 고려하여 다양한 형태로 제조되어 판매된다. [그림 A-4]는 흔히 사용 되는 3가지 형태의 인코더들을 나타내고 있다. 실축형 인코더는 인코더의 회전판과 결합된 축이 인코더의 하우징 바깥으로 나와 있는 형태로, 회전체와 커플링으로 결합시켜 사용한다. 실축형은 보통 회전체의 회전축이 매우 짧아 중공축형을 사용하기 힘든 경우에 사용한다. 중공축형 인코더는 인코더 하우징의 중앙에 회전체의 축을 삽입하기 위한 구멍이 뚫려 있는 형태로서, 볼트를 이용하여 회전축을 고정하여 사용하는 방식이다. 이 형태는 회전체의 축이 길게 나와 있을 때 사용하기 좋다. 한편 협소한 공간에 인코더를 설치할 경우에는 회전판, LED 모듈, 하우징 등이 별도로 조립 가능한 모듈형 인코더를 사용하기도 한다.

실축형   중공축형   모듈형

[그림 A-4] 다양한 형태의 인코더

리졸버

리졸버는 입력으로 일정한 크기와 주파수를 가진 정현파 전압을 인가하고, 서로 직교하는 위치에 설치된 두 개의 검출 코일로부터 출력 신호를 받아 회전자의 절대 위치를 검출하는 장치이다.

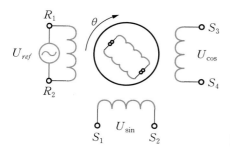

[그림 A-5] **리졸버의 구조**

[그림 A-5]에서 보듯이, 리졸버의 입력 R_1과 R_2 사이에 다음과 같은 전압

$$U_{ref} = U_{amp}\sin(w_{ref}t)$$

을 가하면, 두 개의 출력 단자에서 아래와 같은 전압을 얻을 수 있다.

$$U_{\sin} = KU_{ref}\sin(\theta)$$
$$U_{\cos} = KU_{ref}\cos(\theta)$$

여기서 K는 변압비를 의미한다. 위 식에서 알 수 있듯이 리졸버 출력 전압들은 회전자의 위치 정보에 의존하며, 변조를 통해 회전자의 절대 위치 θ를 알 수 있다. [그림 A-6]에 회전자의 위치 추정 알고리즘이 블록선도로 나타나 있다. 이 알고리즘의 전달함수는 2장 [예제 2-17]을 참고하기 바란다.

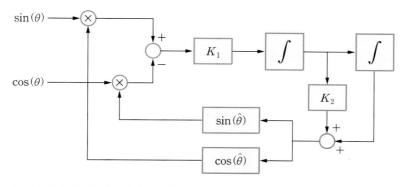

[그림 A-6] **회전자의 위치 추정 알고리즘**

리졸버는 인코더보다 충격이나 진동, 온도 변화에 견실하며, 소형화가 가능하다는 장점이 있다. 그러나 회전자의 위치를 계산해주는 별도의 소자(RDC)^{Resolver to digital converter}와 여자시키는 회로가 필요하다는 점과 함께, 회전자의 불균일성 또는 여자 회로로 인한 속도 측정상의 오차 발생 가능성 등의 단점이 있다. 특히 리졸버는 인코더보다 값이 비싼 편이다.

A.2 선형 시스템과 신호의 분해 및 합성

이 절에서는 제어공학에서 유용하게 쓰이는 선형 시스템을 소개하고, 시스템 이론에서 광범위하게 이용되는 신호의 분해 및 합성이라는 개념을 설명한다. 선형 시스템의 유용성이 신호의 분해 및 합성이라는 관점에서 가장 잘 나타나므로, 이 개념을 잘 익혀둘 필요가 있다. 라플라스 변환, 푸리에 변환 등과 같은 각종 변환이 시간상으로 주어졌을 때, 이 신호들을 분해하거나 합성하면 계산 및 분석을 쉽게 할 수 있다. 그 개념들을 초등학교 때 배운 기초적인 수학부터 시작하여, 중학교 과정의 일차 함수, 고등학교 과정의 행렬, 대학교 과정의 고유벡터와 고윳값을 사용하여 이해해 보도록 하자.

선형 시스템

초등학교 때 [그림 A-7]과 같은 수학 문제를 본 적이 있을 것이다. 곱하기 2를 하는 박스 안에 수를 넣으면 2배가 되어서 밖으로 나오는데, 구구단의 2단 정도만 알면 오른쪽의 빈 공란에 바로 답을 써넣을 수 있다.

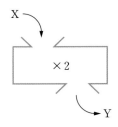

X	2	3	4	5	6	7
Y	4		8	10		

[그림 A-7] 간단한 관계식

중학교 때에는 이런 기본 개념을 좀 더 체계화시켜서 다음과 같이 일차 함수 형태를 배웠을 것이다.

$$y = ax, \quad (a \neq 0) \tag{1}$$

$a = 2$이면 [그림 A–7]에 해당하는 일차 함수가 된다. 간단한 형태의 함수이긴 하지만, 여기에는 아주 중요한 개념이 담겨 있다. 바로 선형 함수이다. 어떤 함수 $f(\cdot)$가 임의의 p, q, u, v에 대해서 다음 조건을 만족하면,

$$f(pu + qv) = pf(u) + qf(v) \tag{2}$$

이 함수를 선형 함수라고 한다. 조건식 (2)를 만족하면 자동으로 $f(0) = 0$과 $f(au) = af(u)$를 만족한다. 식 (1)은 가장 간단한 선형 함수로, $x - y$ 그래프상에서 원점을 지나는 기울기 a의 직선으로 표시된다.

고등학교에 들어가면 두 개 이상의 변수를 가지는 선형 함수를 다루는데, 바로 다음과 같은 벡터 함수이다.

$$\begin{bmatrix} y_1 \\ y_2 \end{bmatrix} = f\left(\begin{bmatrix} x_1 \\ x_2 \end{bmatrix} \right) \tag{3}$$

[그림 A–8]에서 보듯이 f는 이차원 좌표축의 한 점을 다른 이차원 좌표축의 한 점으로 대응시킨다.

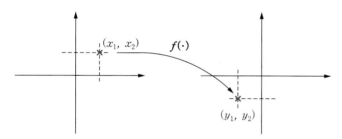

[그림 A–8] **이변수의 선형 함수**

함수 f가 식 (2)와 같은 선형 함수가 되기 위해서는 모든 p, q, $\begin{bmatrix} u_1 & u_2 \end{bmatrix}^T$, $\begin{bmatrix} v_1 & v_2 \end{bmatrix}^T$에 대하여 항상 다음을 만족해야 한다.

$$f\left(p\begin{bmatrix} u_1 \\ u_2 \end{bmatrix} + q\begin{bmatrix} v_1 \\ v_2 \end{bmatrix} \right) = pf\left(\begin{bmatrix} u_1 \\ u_2 \end{bmatrix} \right) + qf\left(\begin{bmatrix} v_1 \\ v_2 \end{bmatrix} \right) \tag{4}$$

따라서 반드시 식 (3)의 x_1, x_2, y_1, y_2는 아래와 같은 형태가 되어야 한다.

$$\begin{aligned} y_1 &= ax_1 + bx_2 \\ y_2 &= cx_1 + dx_2 \end{aligned} \tag{5}$$

이 형태를 좀 더 단순하게 표현하기 위해 아래와 같은 행렬을 도입하자.

$$\begin{bmatrix} y_1 \\ y_2 \end{bmatrix} = \begin{bmatrix} a & b \\ c & d \end{bmatrix} \begin{bmatrix} x_1 \\ x_2 \end{bmatrix} \tag{6}$$

식 (1)과 같이 간단한 형태로 쓰기 위해서 다음과 같이 표현할 수 있다.

$$x = \begin{bmatrix} x_1 \\ x_2 \end{bmatrix}, \quad y = \begin{bmatrix} y_1 \\ y_2 \end{bmatrix}, \quad A = \begin{bmatrix} a & b \\ c & d \end{bmatrix} \quad \Rightarrow \quad y = Ax \tag{7}$$

두 변수를 확장하여 일반적인 n개의 변수로 이루어진 벡터 x와 y를 다룰 수도 있는데, 이 때 A는 $n \times n$ 행렬이 될 것이다. 행렬을 사용하면 아무리 큰 n이라도 간단하게 식 (1)의 $y = ax\,(a \neq 0)$와 비슷한 일차 함수 형태 $y = Ax$로 표시할 수 있다.

단일 변수에 대한 두 일차 함수 $y = f_1(x) = ax\,(a \neq 0)$, $y = f_2(x) = bx\,(b \neq 0)$의 합성함수 $f_1 \circ f_2(x)$는 abx와 같이 매우 쉽게 계산된다. 한편 이변수 함수

$$f_1(x) = f_1\!\left(\begin{bmatrix} x_1 \\ x_2 \end{bmatrix}\right) = \begin{bmatrix} ax_1 + bx_2 \\ cx_1 + dx_2 \end{bmatrix}, \quad f_2(x) = f_2\!\left(\begin{bmatrix} x_1 \\ x_2 \end{bmatrix}\right) = \begin{bmatrix} Ax_1 + Bx_2 \\ Cx_1 + Dx_2 \end{bmatrix} \tag{8}$$

의 경우에는 $f_1 \circ f_2(x)$는 다음과 같이 계산된다.

$$f_1 \circ f_2(x) = f_1(f_2(x)) = f_1\!\left(\begin{bmatrix} Ax_1 + Bx_2 \\ Cx_1 + Dx_2 \end{bmatrix}\right) = \begin{pmatrix} (aA + bC)x_1 + (aB + bD)x_2 \\ (cA + dC)x_1 + (cB + dD)x_2 \end{pmatrix}$$

다음과 같이 행렬을 정의하면

$$F_1 = \begin{bmatrix} a & b \\ c & d \end{bmatrix}, \quad F_2 = \begin{bmatrix} A & B \\ C & D \end{bmatrix}$$

$f_1(x) = F_1 x$, $f_2(x) = F_2 x$와 같이 쓸 수 있고, 다음이 만족하므로

$$\begin{bmatrix} a & b \\ c & d \end{bmatrix}\begin{bmatrix} A & B \\ C & D \end{bmatrix} = \begin{bmatrix} aA + bC & aB + bD \\ cA + dC & cB + dD \end{bmatrix}$$

$f_1 \circ f_2(x)$를 $F_1 F_2$와 같이 쓸 수 있다. 다시 말하면, 두 선형 함수의 합성은 두 행렬의 곱으로 나타낼 수 있다.

이렇게 모든 선형 함수는 행렬과 벡터로 간단하게 표시될 수 있다. 다변수와 관련된 복잡한 통계 및 최적화 문제 등의 많은 경우에서도 행렬과 벡터를 사용하여 매우 간결하게 표기할 수 있다. 그러나 실제 계산량은 보기보다 그렇게 간결하지 않다. 역행렬 A^{-1}을 구하거나 거듭제곱 A^n을 구할 때 이를 순진하게 직접 계산한다면 너무 많은 시간과 지적 노동을 투자해야 할 것이다. 따라서 이와는 다른 특별한 방법이 모색되어야 할 필요가 있다.

신호의 분해와 합성

선형 함수의 경우, 계산상의 아주 유용한 특성이 있다. 바로 신호의 분해와 합성이 가능하다는 것이다. 예를 들면 함수 $f(x)$를 계산하고 싶을 때, 쉽게 함숫값이 계산되는 u와 v가 있고, $f(u)$와 $f(v)$도 미리 알고 있다고 하자. x를 u와 v를 사용하여 $pu+qv$와 같이 표현할 수 있다면 $f(x)=f(pu+qv)=pf(u)+qf(v)$와 같이 $f(u)$와 $f(v)$를 이용하여 $f(x)$를 쉽게 계산할 수 있을 것이다. 가장 간단한 선형 함수인 단일 변수의 함수에서는 이러한 신호의 분해 및 합성의 유용성을 파악하기 힘들지만, 두 개 이상의 변수로 이루어진 경우부터는 계산의 효율성이 매우 크게 드러난다.

우선 $n \times n$ 행렬 A와 $n \times 1$ 벡터 x의 곱인 Ax의 계산을 살펴보자. 이 계산이 매우 쉽게 이루어질 수 있는 경우로 Ax가 자기 자신의 상수 배가 되는 경우, 즉 $Ax = \lambda x$가 되는 예를 생각해보자. 이 경우 거듭제곱을 계산할 때, $A^n x = \lambda^n x$이므로 특히 편리하다. 일반적으로 $n \times n$ 행렬 A에 대하여 $Ax = \lambda x$를 만족하는 λ와 이에 대응하는 x의 쌍은 n개 존재한다. 각각 n개의 λ와 x를 구분하기 위해 아래첨자를 사용하여 λ_i와 x_i로 표시한다. 즉 λ_i와 x_i는 $Ax_i = \lambda_i x_i$를 만족한다. 임의의 x를 n개의 x_i로

$$x = \alpha_1 x_1 + \alpha_2 x_2 + \cdots + \alpha_n x_n \tag{9}$$

와 같이 표현할 수 있다면, 다음과 같이 나타낼 수 있다.

$$A^n x = A^n(\alpha_1 x_1 + \alpha_2 x_2 + \cdots + \alpha_n x_n) = \alpha_1 \lambda_1^n x_1 + \alpha_2 \lambda_2^n x_2 + \cdots \alpha_n \lambda_n^n x_n \tag{10}$$

이러한 방식이 계산의 용이성을 위해 x를 분해하고, 계산 후에 다시 합성하는 방법이다. 이 개념을 [그림 A-9]에 나타내었다.

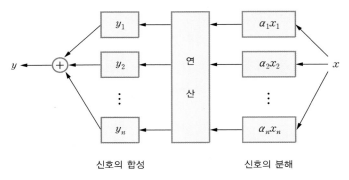

[그림 A-9] **신호의 분해와 합성**

고유벡터와 고윳값

역행렬을 구할 때에도 벡터를 분해하는 방식은 매우 유용하다. 만약 $y = Ax$에서 $x = A^{-1}y$를 계산하기 위해 y를

$$y = \alpha_1 x_1 + \alpha_2 x_2 + \cdots + \alpha_n x_n \tag{11}$$

와 같이 분해하면, 다음과 같이 계산할 수 있다.

$$A^{-1}y = A^{-1}(\beta_1 x_1 + \beta_2 x_2 + \cdots + \beta_n x_n) = \beta_1 \frac{1}{\lambda_1}x_1 + \beta_2 \frac{1}{\lambda_2}x_2 + \cdots + \beta_n \frac{1}{\lambda_n}x_n \tag{12}$$

이렇듯 다변수 선형 함수를 표현하는 효율적인 도구인 행렬에서 $Ax = \lambda x$를 만족하는 x_1, x_2, $\cdots$ 와 λ_1, λ_1, $\cdots$을 각각 고유벡터와 고윳값이라 부른다. 고유벡터와 고윳값이 유용하게 쓰이는 예를 몇 가지 들어본다.

■ $y = \dfrac{ax+b}{cx+d}$ 의 역함수 및 합성함수 계산

유리함수 $y = \dfrac{ax+b}{cx+d}$ 는 주어진 x에 대하여 $ax + b$와 $cx + d$를 계산하고, 그 비를 계산한다고 볼 수 있다. 만약 $t = cx + d$라면 다음과 같이 행렬로 표시할 수 있다.

$$\begin{bmatrix} ty \\ t \end{bmatrix} = \begin{bmatrix} a & b \\ c & d \end{bmatrix} \begin{bmatrix} x \\ 1 \end{bmatrix} \tag{13}$$

아래와 같이 역행렬을 이용하면 역함수, 즉 x를 구할 수 있다.

$$\begin{bmatrix} x \\ 1 \end{bmatrix} = \begin{bmatrix} a & b \\ c & d \end{bmatrix}^{-1} \begin{bmatrix} ty \\ t \end{bmatrix} \tag{14}$$

이를 x에 대해 풀면, x가 t에 의존하지 않도록 나타낼 수 있다. 합성함수의 경우,

$$\begin{bmatrix} t'y \\ t' \end{bmatrix} = \begin{bmatrix} a & b \\ c & d \end{bmatrix}^n \begin{bmatrix} x \\ 1 \end{bmatrix} \tag{15}$$

와 같이 행렬의 거듭제곱을 이용하여 표시할 수 있다. 두 개 이상의 변수를 가지는 선형함수는 합성함수를 해당 행렬의 곱으로 표현할 수 있음을 이전에 배웠다. 식 (15)가 의미하는 것은 해당 행렬로 표현된 선형함수를 n번 합성했다는 것이다.

식 (14)와 식 (15)의 역행렬과 거듭제곱은 고유벡터와 고윳값들을 이용하면 쉽게 구할 수 있다. 역행렬은 식 (12)에서와 같이 구하면 되고, 거듭제곱은 식 (10)과 같이 구하면 된다. 물론 역행렬의 경우, 고유벡터와 고윳값을 이용하기보다 2×2 역행렬 공식을 쓸 수도 있다.

■ 점화식 계산

고등학교 때 배운 점화식도 행렬을 이용하여 매우 손쉽게 풀 수 있다. 다음과 같은 점화식을 생각해 보자.

$$a_{n+2} = a_{n+1} + a_n + u_n \tag{16}$$

$a_1 = 1$, $a_2 = 2$이고 u_n은 주어져 있다고 하자. 식 (16)은 아래와 같이 행렬로 표시할 수 있다.

$$\begin{bmatrix} a_{n+2} \\ a_{n+1} \end{bmatrix} = \begin{bmatrix} 1 & 1 \\ 1 & 0 \end{bmatrix} \begin{bmatrix} a_{n+1} \\ a_n \end{bmatrix} + \begin{bmatrix} 1 \\ 0 \end{bmatrix} u_n \tag{17}$$

u_n이 0인 경우, 다음과 같이 나타낼 수 있다.

$$\begin{bmatrix} a_{n+2} \\ a_{n+1} \end{bmatrix} = \begin{bmatrix} 1 & 1 \\ 1 & 0 \end{bmatrix}^n \begin{bmatrix} a_2 \\ a_1 \end{bmatrix} \tag{18}$$

여기서 고윳값과 고유벡터를 사용하여 a_{n+2}, a_{n+1}을 구할 수 있다. 또한 $n \to \infty$에 따라 발산하는지 수렴하는지, 그리고 수렴한다면 수렴값은 얼마인지를 확인할 수 있다. 고등학교에서 배운 수학 내용으로도 충분히 해결할 수 있으므로, 구체적인 증명은 독자에게 맡긴다.

사실 식 (16)과 같은 형태는 이산 시스템을 나타내는 식으로, 이산 제어기를 설계할 때 많이 등장한다. $n \to \infty$일 때 a_n이 발산한다면, u_n을 잘 설계하여 수렴하도록 만들 수도 있을 것이다. 이러한 내용은 이 책의 범위를 벗어나므로 관심 있는 독자는 '부록 B'의 참고 문헌 [14]를 보기 바란다.

■ 모델링

수학적 모델링에서도 행렬은 매우 용이하게 사용된다. 다음과 같은 문제를 생각해보자. 현재 도시와 시골에서 거주하고 있는 우리나라의 인구를 각각 C_0, R_0 라고 하고, C_k, R_k는 각각 k년 후의 도시와 시골의 인구라고 하자. 매년 시골에서 도시로 10%의 인구가 이주하고, 도시에서 시골로 5%의 인구가 이주한다고 하면, 오랜 시간이 흐른 후 우리나라의 도시 및 시골의 인구 분포는 어떻게 되겠는지 알아보자.

k년 후의 도시와 시골의 인구는 각각 다음과 같다.

$$C_k = 0.95\,C_{k-1} + 0.1R_{k-1}$$
$$R_k = 0.05\,C_{k-1} + 0.9R_{k-1}$$

(19)

다음과 같이 벡터와 행렬을 정의하면

$$x_k = \begin{bmatrix} C_k \\ R_k \end{bmatrix}, \quad A = \begin{bmatrix} 0.95 & 0.1 \\ 0.05 & 0.9 \end{bmatrix}$$

(20)

식 (19)는 $x_k = A x_{k-1}$로 표시할 수 있다. 계산해보면 행렬 A의 고윳값이 $\lambda = 1,\ \dfrac{17}{20}$ 이고, 이에 대응하는 일차 독립인 A의 고유벡터

$$v = \begin{bmatrix} 2 \\ 1 \end{bmatrix}, \quad v = \begin{bmatrix} -1 \\ 1 \end{bmatrix}$$

(21)

를 얻을 수 있다. 따라서 A는 다음과 같이 분해될 수 있다.

$$A = \begin{bmatrix} 2 & -1 \\ 1 & 1 \end{bmatrix} \begin{bmatrix} 1 & 0 \\ 0 & \dfrac{17}{20} \end{bmatrix} \begin{bmatrix} \dfrac{1}{3} & \dfrac{1}{3} \\ -\dfrac{1}{3} & \dfrac{2}{3} \end{bmatrix}$$

(22)

k년 후의 도시 및 시골의 인구는 $x_k = A x_{k-1} = A^k x_0$로부터 알 수 있으며, 식 (22)의 분해된 A를 사용하면 A^k는 다음과 같다.

$$A^k = \begin{bmatrix} 2 & -1 \\ 1 & 1 \end{bmatrix} \begin{bmatrix} 1 & 0 \\ 0 & \left(\dfrac{17}{20}\right)^k \end{bmatrix} \begin{bmatrix} \dfrac{1}{3} & \dfrac{1}{3} \\ -\dfrac{1}{3} & \dfrac{2}{3} \end{bmatrix}$$

(23)

시간이 오래 지나면 A^k는 아래와 같이 수렴하고

$$\lim_{k \to \infty} A^k = \begin{bmatrix} 2 & -1 \\ 1 & 1 \end{bmatrix} \begin{bmatrix} 1 & 0 \\ 0 & 0 \end{bmatrix} \begin{bmatrix} \frac{1}{3} & \frac{1}{3} \\ -\frac{1}{3} & \frac{2}{3} \end{bmatrix} = \begin{bmatrix} \frac{2}{3} & \frac{2}{3} \\ \frac{1}{3} & \frac{1}{3} \end{bmatrix} \tag{24}$$

도시와 시골의 인구는 다음의 값으로 수렴한다.

$$x_k = \begin{bmatrix} \frac{2}{3} & \frac{2}{3} \\ \frac{1}{3} & \frac{1}{3} \end{bmatrix} \begin{bmatrix} C_0 \\ R_0 \end{bmatrix} = (C_0 + R_0) \begin{bmatrix} \frac{2}{3} \\ \frac{1}{3} \end{bmatrix} \tag{25}$$

그러므로 초기 인구 분포에 상관없이 오랜 기간 후에는 전 인구의 $\frac{2}{3}$는 도시에, $\frac{1}{3}$은 시골에 거주하게 된다.

여기에서 소개된 행렬의 분해 및 합성에 대해 더 알고 싶은 독자는 '부록 B'의 참고 문헌 [16]을 참고하기 바란다.

■ 연속형 미분방정식

다음과 같은 일차 벡터 미분방정식을 생각해보자.

$$\dot{x} = \begin{bmatrix} -3 & 1 \\ 1 & -3 \end{bmatrix} x \triangleq Ax \tag{26}$$

스칼라인 경우는 지수함수로 해를 쉽게 구할 수 있겠지만, x가 벡터인 경우에는 표기는 단순해도 행렬 지수함수를 계산해야하기 때문에 계산이 복잡하다. 하지만 고웃값과 고유벡터를 사용하여 신호를 분해하고 나중에 합성하면 아주 쉽게 계산할 수 있다. 식 (26) 행렬의 고웃값은 $\lambda = -2, -4$이고, 이에 대응하는 일차 독립인 고유벡터들은 다음과 같다.

$$v_1 = \begin{bmatrix} 1 \\ 1 \end{bmatrix}, \quad v_2 = \begin{bmatrix} 1 \\ -1 \end{bmatrix} \tag{27}$$

초깃값이 고유벡터 v_1과 v_2의 상수 배인 경우, 고유벡터의 성질로 인해 다음과 같이 쉽게 해를 구할 수 있다.

$$\dot{x} = Ax = \lambda x \tag{28}$$

즉 $x(0) = v_1$이면 $x(t) = e^{\lambda_1 t} v_1$이고, $x(0) = v_2$이면 $x(t) = e^{\lambda_2 t} v_2$가 된다. 즉 초깃값이 v_1 또는 v_2이면 미분방정식 (26)의 해는 v_1 또는 v_2 방향으로만 해를 가지므로 벡터 미분방정식이 스칼라 미분방정식처럼 된다. 따라서 초깃값 $x(0)$를 $\alpha_1 v_1 + \alpha_2 v_2$ 식으로 분해한다면, 식 (26)의 해를 매우 쉽게 구할 수 있을 것이다. 지금까지의 절차를 [그림 A-10]에 개념적으로 표현했다.

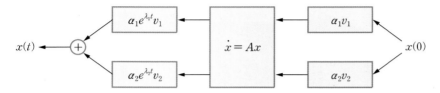

[그림 A-10] 초깃값 분해를 통한 미분방정식의 쉬운 풀이

A.3 라그랑주 역학을 이용한 모델 유도

3장에서 제어 대상이 되는 몇 가지 물리 시스템의 수학적 모델을 유도해 보았다. 고등학교 수준의 물리 지식만으로도 간단한 계산을 통해 쉽게 모델을 얻는 경우도 있었지만, 너무 복잡해서 모델식만 소개한 예도 있었다. 여기에서는 물리적인 시스템의 모델을 좀 더 쉽게 구할 방법을 하나 소개한다. 이론적인 배경에 비해 사용 방법이 매우 간단하므로, 활용에 초점을 맞추어 설명하기로 한다.

인간의 행위가 항상 경제성에 바탕을 두고, 주어진 목적을 이루는 데 최소한의 노력을 들이길 원하는 것처럼, 자연도 무엇인가를 가장 최소화하려는 쪽으로 움직인다. 한 예로 일반 물리학 시간에 배운 페르마의 원리Fermat's principle를 생각해보자. 페르마는 빛이 공간의 두 지점 사이를 진행할 때, 무수히 많은 여러 경로 중에 최소의 시간이 걸리는 경로를 따른다고 제안하였다. 이를 통해 경험적으로 아는 빛의 일반적인 성질, 즉 직진성, 반사성, 굴절성 등을 모두 검증할 수 있으며, 연속적으로 굴절률[1]이 변하는 상황에서도 빛의 경로를 예측할 수 있다. 간단한 계산을 통하여 굴절률이 서로 다른 매질을 통과하는 빛의 경로를 구해보자. [그림 A-11]과 같이 빛이 S 위치에서 P 위치로 진행하는 여러 경로 중에서 어떤 것이 실제 경로가 될까?

---

1) 빛의 속도 c가 줄어드는 비율이다. 굴절률이 n이면 매질 내에서 빛의 속도는 $\dfrac{c}{n}$이다.

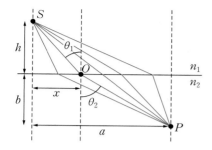

[그림 A-11] 페르마의 제안

빛이 S에서 P로 진행하는 시간을 다음과 같이 계산하고

$$t = \frac{\overline{SO}}{v_1} + \frac{\overline{OP}}{v_2} = \frac{n_1\sqrt{h^2+x^2}}{c} + \frac{n_2\sqrt{b^2+(a-x)^2}}{c}$$

최단 거리를 계산하기 위해 이를 미분하면 다음과 같다.

$$\frac{dt}{dx} = \frac{xn_1}{c\sqrt{h^2+x^2}} + \frac{-(a-x)n_2}{c\sqrt{b^2+(a-x)^2}} = 0$$

따라서 다음 조건을 얻을 수 있다.

$$\frac{x}{SO}n_1 = \frac{(a-x)}{OP}n_2$$

O에서 접촉면에 대한 법선을 세웠을 때, 입사각과 굴절각을 생각하면 다음과 쓸 수 있다.

$$\frac{\sin(\theta_1)}{\sin(\theta_2)} = \frac{n_2}{n_1} \tag{29}$$

식 (29)는 우리가 물리 시간에 스넬의 법칙$^{Snell's\ law}$이라고 배웠던 그 공식이다. 즉 빛이 S에서 P로 빨리 가고 싶다면, 속도가 느린 매질(즉 굴절률이 큰 쪽)에서 머무는 시간을 줄이는 것이 효과적이라는 것이다. 물론 너무 줄이면 전체 시간에 영향을 주므로, 식 (29)를 만족하도록 빛의 방향이 결정될 것이다.

이처럼 빛과 같은 물리 시스템이 무언가를 최소화하는 방향으로 움직인다는 생각을 일반적으로 최소화의 원리$^{Minimal\ principle}$라고 부르는데, 이러한 개념은 물리학에서는 오랜 역사를 지니고 있다. 물리학자들은 항상 자연 현상이 어떤 중요한 물리량을 최소화하도록 발생한다는 강한 믿음을 가지고 있었다. 그 첫 번째 발견이 앞에서 설명한 빛의 굴절 경로로, 최소로 하는 물리량은 통과 시간이었다. 17세기 후반에 이르러 뉴턴, 라이프니츠, 베르누이 등에 의해 변분법이 개발되고, 최소 강하선 문제[2]와 늘어지는 체인의 모양 계산 등이 가능해지면서, 일반 역학에서도 빛과 같은 최소화의 원리를 찾을 수 있는 수학적인 기반이 다져졌다.

1747년에 모페튀Maupertuis는 에너지와 시간의 곱, 또는 거리와 운동량의 곱으로 정의되는 작용 action 이라는 양을 제안하며, 현명한 신은 이 작용이라는 양이 최소화하도록 자연을 움직인다고 하였다. 비록 모호한 개념이었지만, 훗날 라그랑주, 가우스, 해밀턴에 의해 더욱 다듬어져 최종적으로 다음과 같은 이른바 최소 작용의 원리가 밝혀진다.

> 동적 시스템이 한 지점에서 다른 지점으로 주어진 시간에 움직일 때, 시스템은 운동 에너지와 위치 에너지의 차에 대한 시간 적분을 가장 최소화하는 경로를 택한다.

쉽게 말하면, 자연도 경제성의 원리에 따라 움직인다는 것이다. 이 철학적인 결과는 물리학자와 수학자들의 수많은 관심을 끌었으며, 우리 공학자들에게도 매우 유용한 도구를 제공한다. 이 원리를 사용하면 복잡다단한 계산을 획기적으로 줄일 수 있기 때문이다. 위에서 설명된 원리를 수학적으로 표현해보자. 운동 에너지를 T, 위치 에너지를 U라고 하면, 시간 t_1에서 t_2까지의 운동은 다음의 양

$$\int_{t_1}^{t_2} (T - U)\, dt \tag{30}$$

을 최소로 하도록 결정된다. 사실 적분도 어려운데, 식 (30)과 같은 적분값을 최소화하는 것은 더 어려워 보인다. 여기서 최소화 과정을 장황하게 설명하기는 곤란하고, 그 결과만 소개하기로 한다. 적분식 (30)을 최소화하기 위해서는 아래의 방정식을 만족하면 된다.

$$\frac{d}{dt}\left(\frac{\partial L}{\partial \dot{q}_j}\right) - \frac{\partial L}{\partial q_j} + \frac{\partial D}{\partial \dot{q}_j} = Q_j \tag{31}$$

여기서 각 기호는 다음을 의미한다.

L : $T - U$(라그랑지안이라 부른다.)
q_j : 좌표 변수(위치를 나타낼 경우에는 x, 각도일 경우에는 θ, 전기일 경우에는 q)

---

2) 한 지점에서 다른 지점으로 공이 굴러갈 때 최단 시간이 걸리는 경로를 선택하는 문제이다.

D : 감쇠 에너지

Q_j : q_j에 대응하는 외부 힘

식 (31)은 **라그랑주 방정식**이라고 불린다. 우리는 이를 활용하여 복잡한 계산을 피하고, 효율적으로 물리적인 모델을 유도할 수 있다. 보통 감쇠 에너지는 마찰력을 말하므로, 외부 힘으로 인식해 Q_j로 편입시킬 수 있다.

예제 A-1

라그랑주 방정식을 사용하여 3.1.5절에 있는 진자 시스템에 대한 모델식을 유도하라.

풀이

진자 시스템의 운동 에너지 T와 위치 에너지 U는 다음과 같이 쓸 수 있다.

$$T = \frac{1}{2}M\dot{x}^2 + \frac{1}{2}mv^2 + \frac{1}{2}Iw^2$$
$$U = mgl(1+\cos\theta) \tag{32}$$

진자의 무게 중심 위치는 $(x+l\sin\theta,\ l\cos\theta)$이므로, 진자 무게 중심의 속도의 제곱은 다음과 같이 나타낼 수 있다.

$$v^2 = (\dot{x} + l(\cos\theta)\dot{\theta})^2 + (-l(\sin\theta)\dot{\theta})^2 \tag{33}$$

식 (33)을 식 (32)에 대입하여 최종적인 라그랑지안 $L = T - U$을 구하고, 외부 힘 $F - b\dot{x}$을 고려하면, 다음과 같이 라그랑주 방정식을 세울 수 있다.

$$\frac{d}{dt}\left(\frac{\partial L}{\partial \dot{x}}\right) - \frac{\partial L}{\partial x} = (M+m)\ddot{x} - ml(\sin\theta)\dot{\theta}^2 + ml(\cos\theta)\ddot{\theta} = F - b\dot{x}$$
$$\frac{d}{dt}\left(\frac{\partial L}{\partial \dot{\theta}}\right) - \frac{\partial L}{\partial \theta} = (I + ml^2)\ddot{\theta} + m\ddot{x}l(\cos\theta) - mgl(\sin\theta) = 0 \tag{34}$$

이 결과는 힘을 기반으로 한 뉴턴 역학을 이용하여 유도한 모델식과 동일하면서도, 훨씬 계산이 간결함을 알 수 있다.

예제 A-2

[그림 A-12]와 같이 피봇이 일정한 각속도 ω로 돌고 있는 진자 시스템에 대한 동역학 모델식을 구하라. 초기에 피봇은 $(a, 0)$에 있다고 가정한다.

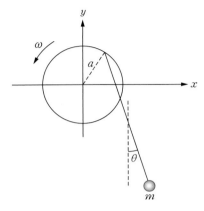

[그림 A-12] **피봇이 회전하는 진자 시스템**

풀이

진자의 위치 (x, y)는 다음과 같이 나타낼 수 있고

$$x = a\cos\omega t + b\sin\theta$$
$$y = a\sin\omega t - b\cos\theta$$

운동 에너지 T와 위치 에너지 L은 다음과 같이 구할 수 있다.

$$T = \frac{1}{2}m(\dot{x}^2 + \dot{y}^2)$$
$$U = mgy$$

라그랑지안 $L = T - U$에 대해 다음이 성립하므로

$$\frac{d}{dt}\left(\frac{\partial L}{\partial\dot{\theta}}\right) - \frac{\partial L}{\partial\theta} = 0$$

최종적인 동역학 모델식은 다음과 같이 쓸 수 있다.

$$\ddot{\theta} = \frac{w^2 a}{b}\cos(\theta - \omega t) - \frac{g}{b}\sin\theta$$

여기서 $w = 0$이면 기존의 진자 시스템과 동일한 식이 얻어짐을 알 수 있다.

라그랑주 방정식 (31)은 기계 시스템뿐만 아니라 전기 시스템 경우에도 활용될 수 있다. 3.1절에서 기계적인 물리량과 전기적인 물리량 사이의 유사성을 살펴보았는데, 이 사실을 이용하면 전기 시스템의 모델링에서도 라그랑주 방정식 (31)을 활용할 수 있다. 전기 시스템에서는 라그랑지안은 다음과 같이 정의하여 사용한다.

$$L = T - V + W_m - W_e \tag{35}$$

여기에서 W_m은 자계 에너지, W_e는 전계 에너지를 의미한다.

예제 A-3

[그림 A-13]과 같은 나비 커패시터를 생각해보자. 일정한 전압 E_0를 걸고, 회전축에 $\tau(t)$라는 토크를 가할 경우에 회전각 θ에 관한 동역학 모델식을 구하라. 회전축에 부착되어 회전하는 회전자의 관성모멘트는 I_0라고 하고, θ에 따른 축전기의 용량은 $C(\theta) = C_0 + C_1 \cos 2\theta$ (C_0, C_1은 양수)라고 하자.

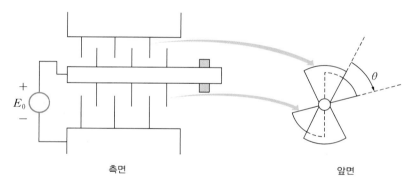

측면   앞면

[그림 A-13] **나비 커패시터의 측면과 옆면 모습**

풀이

이 시스템에는 축의 회전에 의한 운동 에너지와 축전기에 저장되는 전계 에너지가 있다. 따라서 라그랑지안은 다음과 같이 설정할 수 있다.

$$L = T - V + W_m - W_e = \frac{1}{2} I_0 \dot{\theta}^2 - 0 + 0 - \frac{q^2}{2C(\theta)} \tag{36}$$

θ와 q에 대해 다음과 같이 라그랑주 방정식을 풀면

$$\frac{d}{dt}\left(\frac{\partial L}{\partial \dot{\theta}}\right) - \frac{\partial L}{\partial \theta} = \tau(t)$$

$$\frac{d}{dt}\left(\frac{\partial L}{\partial \dot{q}}\right) - \frac{\partial L}{\partial q} = E_0 \tag{37}$$

θ와 q에 대한 모델식이 나온다.

$$I_0\ddot{\theta} - \frac{q^2}{2}C(\theta)^{-2}\frac{dC(\theta)}{d\theta} = 0$$

$$\frac{q}{C(\theta)} = E_0 \tag{38}$$

$C(\theta) = C_0 + C_1\cos 2\theta\,(C_0,\ C_1$은 양수)를 대입하고 위 식을 정리하면, θ에 관한 모델식은 다음과 같이 쓸 수 있다.

$$I_0\ddot{\theta} + E_0^2 C_1\sin 2\theta = \tau(t) \tag{39}$$

라그랑주 방정식 (31)은 역학의 본질적인 면을 추상화, 일반화하여 나타낸 것으로, 반복적이고 지루한 계산을 피하게 하여 계산을 쉽게 해줄 뿐만 아니라, 여러 가지 직관적인 사고를 가능하게 하는 아주 고마운 식이다. 일반적으로 복잡한 동적 시스템의 운동 방정식을 유도하고자 할 때에는 뉴턴식의 힘 접근법보다는, 간편하고 정확하게 운동 방정식을 유도할 수 있는 에너지 기반의 라그랑주 접근법을 이용하는 것이 바람직하다.

A.4 Routh−Hurwitz 안정성 판별법의 증명

Routh−Hurwitz 안정성 판별법은 증명하기 쉽지 않으나, 사용 방법이 매우 기계적이어서 대부분의 학부 제어공학 교과서에서는 증명 없이 소개되고 있다. 하지만 모든 공대생이 수강하는 공학수학 정도의 내용과 3장에서 소개한 전달함수의 개념을 안다면, 그리 어려운 증명은 아니라고 생각하여 부록으로 소개한다.

다음과 같은 다항식을 생각해보자.

$$D(s) = a_0 s^n + a_1 s^{n-1} + a_2 s^{n-2} + \cdots + a_n,\quad a_0 > 0 \tag{40}$$

만약 a_0가 음이면 모든 계수에 -1을 곱해서 a_0가 항상 양이 되도록 만든다. 만약 $D(s)$가 어떤 시스템의 전달함수의 분모에 해당하는 다항식이라면 모든 근의 실수 부분이 음이 되는 조건이 안정하기 위한 조건이 될 것이다. 따라서 이 다항식에 대해서 모든 근의 실수 부분이 음이 되도록 하는 조건을 생각해보자. 우선 모든 근의 실수 부분이 음이 된다고 가정하고, $D(s)$가 k개의 실수근과 m쌍의 켤레복소수근을 가지는 경우, 다음과 같이 인수분해가 가능할 것이다.

$$D(s) = a_0 \prod_k (s + p_k) \prod_m (s + q_m + jr_m)(s + q_m - jr_m)$$

$$= a_0 \prod_k (s + p_k) \prod_m (s^2 + 2q_m s + q_m^2 + r_m^2)$$

$\qquad\qquad\qquad\qquad\qquad\qquad\qquad\qquad\qquad\qquad\qquad\qquad$ (41)

여기서 $p_k > 0$, $q_m > 0$이다. 식 (41)을 모두 전개하면 $D(s)$의 모든 계수들이 양이 됨을 쉽게 알 수 있다. 따라서 모든 근의 실수 부분이 음이 되도록 하기 위해서는 최소한 모든 계수들이 양수가 되어야 한다. 즉 식 (40)에서 계수 a_i가 모두 양수여야 한다.

그렇다면 양의 계수를 갖는 $D(s)$에 대해서 모든 근의 실수 부분이 음이 되도록 하는 조건을 생각해 보자. 우선 다항식 $D(s)$로부터 다음과 같이 두 다항식을 만든다.

$$D_0(s) = a_0 s^n + a_2 s^{n-2} + \cdots$$

$$D_1(s) = a_1 s^{n-1} + a_3 s^{n-3} + \cdots$$

$\qquad\qquad\qquad\qquad\qquad\qquad\qquad\qquad\qquad\qquad\qquad\qquad$ (42)

만약 n이 짝수이면 $D_0(s)$는 $D(s)$의 짝수 차 항으로 구성된 다항식, $D_1(s)$는 $D(s)$의 홀수 차 항으로 구성된 다항식이 될 것이다. n이 홀수이면 당연히 $D_0(s)$는 $D(s)$의 홀수 차 항으로 구성된 다항식, $D_1(s)$는 $D(s)$의 짝수 차 항으로 구성된 다항식이 된다. n이 짝수든 홀수든 상관없이, $D_0(s)$의 차수는 $D_1(s)$의 차수보다 항상 한 차수 높음을 알 수 있다. 주어진 $D(s)$에 대해서 앞에서 배웠던 Routh Table을 다음과 같이 작성한다.

s^n	$a_0^{(0)}$	$a_1^{(0)}$	$a_2^{(0)}$	$\cdots$		$a_{n-1}^{(0)}$	$a_n^{(0)}$
s^{n-1}	$a_0^{(1)}$	$a_1^{(1)}$	$a_2^{(1)}$	$\cdots$		$a_{n-1}^{(1)}$	
s^{n-2}	$a_0^{(2)}$	$a_1^{(2)}$	$a_2^{(2)}$	$\cdots$		$a_{n-1}^{(2)}$	
s^{n-3}	$a_0^{(3)}$	$a_1^{(3)}$	$a_2^{(3)}$	$\cdots$	$a_{n-2}^{(3)}$		
$\vdots$	$\vdots$	$\vdots$	$\vdots$	$\vdots$			
s^2	$a_0^{(n-2)}$	$a_1^{(n-2)}$					
s^1	$a_0^{(n-1)}$						

$\qquad\qquad\qquad\qquad\qquad\qquad\qquad\qquad\qquad\qquad\qquad\qquad$ (43)

본문에서 설명했듯이 Routh Table의 첫 번째 행과 두 번째 행은 $D_0(s)$와 $D_1(s)$의 계수대로 작성된다. 즉 $a_0 = a_0^{(0)}$, $a_2 = a_1^{(0)}$, $a_4 = a_2^{(0)}$, $a_1 = a_0^{(1)}$, $a_3 = a_1^{(2)}$, $a_5 = a_2^{(3)}$이다. 그 다음 행들은 다음과 같은 공식으로 계산했다.

$$a_i^{(k+2)} = \frac{a_0^{(k+1)} a_{i+1}^{(k)} - a_0^{(k)} a_{i+1}^{(k+1)}}{a_0^{(k+1)}}$$

$$= \frac{\begin{vmatrix} a_0^{(k)} & a_{i+1}^{(k)} \\ a_0^{(k+1)} & a_{i+1}^{(k+1)} \end{vmatrix}}{a_0^{(k+1)}} \tag{44}$$

$$= a_{i+1}^{(k)} - \alpha_{k+1} a_{i+1}^{(k+1)}$$

여기서 α_{k+1}은 다음과 같다.

$$\alpha_{k+1} = \frac{a_0^{(k)}}{a_0^{(k+1)}} \tag{45}$$

식 (44)는 인덱스를 사용해서 좀 복잡하게 보일 뿐, Routh Table의 계산은 매우 단순하다. α_{k+1}은 테이블의 첫 번째 열에 있는 원소들끼리의 비를 나타내는데, Routh-Hurwitz 안정성 판별에 아주 중요한 역할을 한다.

식 (45)의 α_i에 대해서 좀 더 알아보기 위해, 다음과 같은 다항식 $D_k(s)$를 정의하자.

$$D_k(s) = a_0^{(k)} s^{n-k} + a_1^{(k)} s^{n-k-2} + \cdots + a_{k'}^{(k)} s^{n-2k'} \tag{46}$$

여기서 k'은 다음과 같이 주어진다.

$$k' = \begin{cases} \dfrac{n-k}{2}, & n-k \text{가 짝수인 경우} \\ \dfrac{n-k-1}{2}, & n-k \text{가 홀수인 경우} \end{cases} \tag{47}$$

식 (44)와 식 (45)로부터 다음과 같은 식을 얻을 수 있고

$$D_{k+2}(s) = D_k(s) - \alpha_{k+1} s D_{k+1}(s) \tag{48}$$

이 식은 다음과 같이 바꾸어 쓸 수 있다.

$$\frac{D_k(s)}{D_{k+1}(s)} = \alpha_{k+1} s + \frac{D_{k+2}(s)}{D_{k+1}(s)} = \alpha_{k+1} s + \frac{1}{\dfrac{D_{k+1}(s)}{D_{k+2}(s)}} \tag{49}$$

k에 관한 점화식을 풀게 되면 $\dfrac{D_0(s)}{D_1(s)}$는 다음과 같이 표현될 수 있다.

$$\frac{D_0(s)}{D_1(s)} = \alpha_1 s + \cfrac{1}{\alpha_2 s + \cfrac{1}{\alpha_3 s + \cfrac{1}{\ddots + \cfrac{1}{\alpha_{n-1}s + \cfrac{1}{\alpha_n s}}}}} \tag{50}$$

한 예로 $D(s) = s^4 + 2s^3 + 6s^2 + 4s + 1$의 경우, $D_0(s) = s^4 + 6s^2 + 1$, $D_1(s) = 2s^3 + 4s$로 다음과 같이 표현될 수 있다.

$$\frac{D_0(s)}{D_1(s)} = \frac{1}{2}s + \cfrac{1}{\cfrac{2s^3+4s}{4s^2+1}} = \frac{1}{2}s + \cfrac{1}{\cfrac{1}{2}s + \cfrac{1}{\cfrac{8}{7}s + \cfrac{1}{\cfrac{7}{2}s}}} \tag{51}$$

즉 $\alpha_1 = \dfrac{1}{2}$, $\alpha_2 = \dfrac{1}{2}$, $\alpha_3 = \dfrac{8}{7}$, $\alpha_4 = \dfrac{7}{2}$ 이다.

α_i는 식 (45)의 관계식에서도 얻을 수 있지만, 식 (50)과 같이 직접 얻을 수도 있다. 이때 중요한 점은 이 α_i들을 사용해서 다음과 같은 전달함수

$$g(s) = \frac{D_1(s)}{D(s)} = \frac{D_1(s)}{D_0(s)+D_1(s)} = \frac{1}{1+D_0(s)/D_1(s)} \tag{52}$$

을 블록으로 [그림 A-14]와 같이 표시할 수 있다는 것이다.

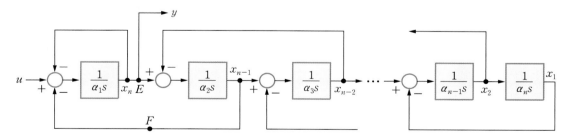

[그림 A-14] $g(s)$에 대한 블록선도

[그림 A-14]의 각 적분기 출력을 상태변수로 정의하면, 다음과 같은 상태방정식으로 쓸 수 있다.

$$
\begin{bmatrix} \dot{x}_1 \\ \dot{x}_2 \\ \dot{x}_3 \\ \vdots \\ \dot{x}_{n-1} \\ \dot{x}_n \end{bmatrix} = \begin{bmatrix} 0 & \dfrac{1}{\alpha_n} & 0 & \cdots & 0 & 0 & 0 \\ \dfrac{-1}{\alpha_{n-1}} & 0 & \dfrac{1}{\alpha_{n-1}} & \cdots & 0 & 0 & 0 \\ 0 & \dfrac{-1}{\alpha_{n-2}} & 0 & \cdots & 0 & 0 & 0 \\ \vdots & \vdots & \vdots & & \vdots & \vdots & \vdots \\ 0 & 0 & 0 & \cdots & \dfrac{-1}{\alpha_2} & 0 & \dfrac{1}{\alpha_2} \\ 0 & 0 & 0 & \cdots & 0 & \dfrac{-1}{\alpha_1} & \dfrac{-1}{\alpha_1} \end{bmatrix} \begin{bmatrix} x_1 \\ x_2 \\ x_3 \\ \vdots \\ x_{n-1} \\ x_n \end{bmatrix} + \begin{bmatrix} 0 \\ \vdots \\ 0 \\ 1 \end{bmatrix} u \quad (53)
$$

$$
y = \begin{bmatrix} 0 & 0 & 0 & \cdots & 0 & 0 & 1 \end{bmatrix} x
$$

식 (53)에서 시스템 행렬을 A라고 하면 다음과 같이 쓸 수 있다.

$$
A^T M + MA = -N \tag{54}
$$

여기서 M과 N은 다음과 같다.

$$
M = \begin{bmatrix} \alpha_n & 0 & \cdots & 0 & 0 \\ 0 & \alpha_{n-1} & \cdots & 0 & 0 \\ \vdots & \vdots & & \vdots & \vdots \\ 0 & 0 & \cdots & \alpha_2 & 0 \\ 0 & 0 & \cdots & 0 & \alpha_1 \end{bmatrix}, \quad N = \begin{bmatrix} 0 & 0 & 0 & \cdots & 0 & 0 \\ 0 & 0 & 0 & \cdots & 0 & 0 \\ 0 & 0 & 0 & \cdots & 0 & 0 \\ \vdots & \vdots & \vdots & & \vdots & \vdots \\ 0 & 0 & 0 & \cdots & 0 & 0 \\ 0 & 0 & 0 & \cdots & 0 & 2 \end{bmatrix} \tag{55}
$$

지금부터의 설명에는 8장의 상태방정식에서의 가관측성과 안정성 이론에 대한 약간의 지식이 필요하다. 관련 지식이 부족하다고 생각하는 독자는 8장에서 가관측성과 안정성 이론에 대한 공부를 먼저 하기를 권한다.

α_1, α_2, $\cdots$, α_n이 양수이면 (A, N)이 가관측하다. 또한 식 (55)의 N은 양의 반한정 행렬이고, M은 양의 한정 행렬로, 안정성 이론에 의하면 시스템 행렬 A의 모든 고윳값에 대한 실수 부분이 음이 된다. 즉 $D(s) = 0$의 모든 근들이 좌반평면에 위치함을 의미한다. 정리하면, α_1, α_2, $\cdots$, α_n이 양수이면 전달함수 식 (40)의 모든 극점들이 좌반평면에 있음을 알 수 있다.

만약 어떤 α_i가 0이라면 어떻게 될까? 예를 들어, $a_0^{(2)} = 0$이라고 하자. 더 나아가 Routh Table의 s^{n-2}열에 있는 모든 계수가 0이라고 하면, $D_0(s)$와 $D_1(s)$는 우함수나 기함수 형태인 공통인자를 갖는다. 우함수와 기함수 형태의 다항식은 모든 근에 대하여 실수 부분이 음이 되는 것이 불가능하기 때문에, $D(s) = 0$의 근중 좌반평면에 위치하지 않는 근이 반드시 존재해야 한다.

만약 모든 계수가 0이 아닌 경우, 즉 몇 개의 계수가 0이 아닌 경우, $a_0^{(2)}$를 작은 양의 상수 ϵ으로 대체하고 Routh Table을 작성한다. $\epsilon \to 0$의 극한을 취함으로써, 적어도 $D(s)$의 한 근이 양 또는 0의 실수 부분을 갖게 됨을 알 수 있다.

α_1, α_2, $\cdots$, α_n이 모두 0이 아닐 경우, 시스템 행렬 A의 고윳값 중에서 복소평면의 우반평면에 위치한 고윳값의 수만큼 $\{\alpha_1, \alpha_2, \cdots, \alpha_n\}$에서 부호 변화가 발생한다. 이는 다음과 같은 행렬의 성질에서 간단히 유도할 수 있다.

아래와 같은 행렬 Λ에서 $\beta_1\beta_2 \cdots \beta_n \neq 0$이면, Λ의 고윳값 중 좌반평면에 있는 고윳값의 개수는 아래 값 중 양수인 것들의 개수와 같다.

$$\beta_1, \ \beta_1\beta_2, \ \beta_1\beta_2\beta_3, \ \cdots, \ \beta_1\beta_2 \cdots \beta_n \tag{56}$$

식 (53)에서 시스템 행렬 A를 변환하여 아래의 Λ와 같은 모양의 행렬을 만들 수 있는데, 위의 성질을 사용하면 쉽게 유도할 수 있다.

$$\Lambda = \begin{bmatrix} 0 & 1 & 0 & \cdots & 0 & 0 \\ -\beta_n & 0 & 1 & \cdots & 0 & 0 \\ 0 & -\beta_{n-1} & 0 & \cdots & 0 & 0 \\ \vdots & \vdots & \vdots & & \vdots & \vdots \\ 0 & 0 & 0 & \cdots & 0 & 1 \\ 0 & 0 & 0 & \cdots & -\beta_2 & -\beta_1 \end{bmatrix} \tag{57}$$

자세한 유도는 행렬과 선형 대수에 관심이 있는 독자들에게 맡긴다. 식 (45)에 의하여, $\{\alpha_1, \alpha_2, \cdots, \alpha_n\}$의 부호 변화는 $\{a_0^{(1)}, a_0^{(2)}, \cdots, a_0^{(n)}\}$의 부호 변화를 의미한다. 따라서 Routh Table의 첫 번째 열의 계수들로부터 불안정한 극점의 개수를 알 수 있다.

A.5 영점과 과도응답의 관계

5장에서는 주로 극점이 시스템에 미치는 영향에 대해 알아보았다. 극점은 시스템의 과도응답뿐만 아니라 안정성과 같은 정상상태 응답까지 영향을 미친다. 즉 상승 시간, 최대 초과와 같은 과도응답 성능지표와 안정성이 극점의 위치와 밀접한 관계가 있다. 이에 반해 영점은 안정성을 포함하는 정상상태 응답에는 영향을 미치지 않고, 과도응답에만 영향을 준다. 그러나 폐로 시스템을 구성한 경우, 시스템의 영점이 전체 시스템의 극점 결정에 영향을 주기도 한다.

이 절에서는 5장에서 잘 다루지 않았던 영점이 시스템에 미치는 영향에 대해 알아보도록 한다. 다음과 같이 영점을 지닌 시스템을 생각해보자.

$$G(s) = \frac{\omega_n^2 \left(s/(\alpha \zeta \omega_n) + 1 \right)}{s^2 + 2\zeta \omega_n s + \omega_n^2} \tag{58}$$

이 시스템의 영점은 $s = -\alpha \zeta \omega_n = -\alpha \sigma$ 이다. 만약 양수 α 가 커지면, 영점은 극점으로부터 멀리 떨어지게 되어 시스템의 반응에 미미한 영향만을 미치게 된다. 극단적인 예로 α 가 ∞ 가 되면, 식 (58)은 5장에서 많이 다루었던 표준형 2차 시스템이 된다. 한편 양수 α 가 1에 가까우면, 영점이 극점들의 실수 부분에 가까워지면서 시스템의 응답에 큰 영향을 미치게 될 것이다. 좀 더 해석적으로 영점에 대한 영향을 알아보기 위해, 식 (58)의 $G(s)$ 에 단위 계단 입력을 가해보면 다음과 같다.

$$
\begin{aligned}
y(t) &= \mathcal{L}^{-1} \left[\frac{\omega_n^2 \left(s/(\alpha \zeta \omega_n) + 1 \right)}{s^2 + 2\zeta \omega_n s + \omega_n^2} \frac{1}{s} \right] \\
&= \mathcal{L}^{-1} \left[\frac{\omega_n^2}{s^2 + 2\zeta \omega_n s + \omega_n^2} \frac{1}{s} + \frac{\omega_n}{\alpha \zeta} \frac{s}{s^2 + 2\zeta \omega_n s + \omega_n^2} \right] \\
&= y_s(t) + \frac{1}{\alpha \sigma} \frac{d}{dt} y_s(t)
\end{aligned}
\tag{59}
$$

여기서 $y_s(t)$ 는 표준형 2차 시스템에 대한 출력식으로 식 (5.25)에 주어져 있다. 출력은 표준형 2차 시스템의 계단 응답과 계단 응답의 미분으로 구성되어 있어서, 구하기는 매우 쉬워 보인다. 미분값은 5장에서 첨두 시간을 구할 때 계산했다. 정리하면 최종적인 출력은 다음과 같다.

$$y(t) = 1 - e^{-\sigma t} \left(\cos \omega_d t + \frac{\sigma}{\omega_d} \sin \omega_d t - \frac{1}{\alpha} \left(\frac{\sigma}{\omega_d} + \frac{\omega_d}{\sigma} \right) \sin \omega_d t \right) \tag{60}$$

지수함수에 붙어 있는 항 중 세 번째 항이 영점과 관련이 있는 값이다. 시간이 무한대로 흘러가면 $e^{-\sigma t}$ 가 0으로 수렴하므로, 영점의 영향이 출력에 나타나지 않는다. $|\alpha|$ 가 1보다 충분히 크면 과도상태에서 영점의 영향이 별로 없지만, $|\alpha|$ 가 1보다 작으면 $\sin \omega_d t$ 가 과도 상태에서 출력에 큰 영향을 미친다. 영점이 출력에 어떻게 영향을 미치는지를 살펴보기 위해, 다음과 같이 미분을 구한다.

$$\frac{d}{dt}y(t) = e^{-\sigma t}\left(\sigma\cos\omega_d t + \frac{\sigma^2}{\omega_d}\sin\omega_d t - \frac{\sigma}{\alpha}\left(\frac{\sigma}{\omega_d} + \frac{\omega_d}{\sigma}\right)\sin\omega_d t\right.$$

$$\left. + \omega_d\sin\omega_d t - \sigma\cos\omega_d t + \frac{1}{\alpha}\left(\frac{\sigma}{\omega_d} + \frac{\omega_d}{\sigma}\right)\omega_d\cos\omega_d t\right) \tag{61}$$

$$= e^{-\sigma t}\left(\frac{\sigma^2}{\omega_d}\sin\omega_d t - \frac{\sigma}{\alpha}\left(\frac{\sigma}{\omega_d} + \frac{\omega_d}{\sigma}\right)\sin\omega_d t + \omega_d\sin\omega_d t + \frac{1}{\alpha}\left(\frac{\sigma}{\omega_d} + \frac{\omega_d}{\sigma}\right)\omega_d\cos\omega_d t\right)$$

이 미분을 0으로 하는 시간 t_p가 최대 첨두 시간이 되는데, 이를 컴퓨터로 도시하면 [그림 A-15]와 같다. [그림 A-16]은 시간 t_p에서 최대 초과를 구하여 도시한 것이다. 한편 [그림 A-17]을 보면, 영점이 있을 때, 영점이 없는 경우에 비해 상승 시간이 빨라지고 초과가 커짐을 볼 수 있다. α값에 따른 응답을 보면, α값이 클수록 영점의 영향이 줄기 때문에, 이런 현상이 현저히 줄어듦을 알 수 있다. $\alpha > 3$이면 영점은 그다지 큰 영향을 주지 못한다.

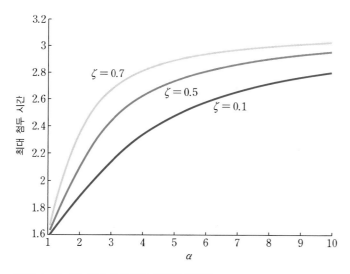

[그림 A-15] ζ에 따른 최대 첨두 시간의 변화량

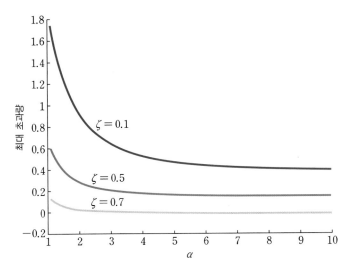

[그림 A-16] ζ 값에 따른 최대 초과량 M_p의 변화

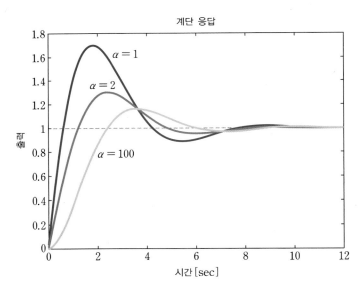

[그림 A-17] $\zeta = 0.5$일 때의 계단 응답

만약 $\alpha < 0$이면, 식 (59)와 같이 영점의 영향이 반대 부호 방향으로 발생한다. 이렇게 영점이 우반 평면에 있게 되면, 과도응답에 하향 초과가 발생하게 되고, 상승 시간도 느려진다. [그림 A-18]에서 볼 수 있듯이 $|\alpha|$ 값이 작아지면, 하향 초과와 상승 시간의 지연 현상이 강하게 나타난다.

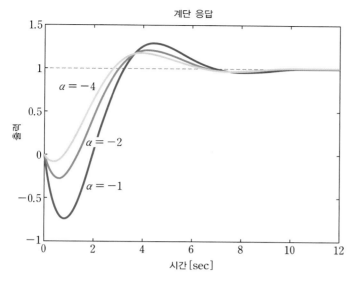

[그림 A-18] **비최소 위상 시스템의 계단 응답**

지금까지 알아본 것처럼 영점은 시스템에 상향 초과($\alpha > 0$), 또는 하향 초과 및 상승 시간 지연 ($\alpha < 0$)과 같은 바람직하지 않은 영향을 준다. 그런데도 영점은 극점처럼 피드백을 통해 이동시킬 수 없어서, 제어시스템의 성능 향상에 매우 큰 장애 요소가 된다. 그러나 이런 영점의 영향을 극점 조절로 어느 정도는 극복할 수 있다. 다음 예제는 고차 시스템에서 극점에 의한 영점의 상쇄 효과를 나타내고 있다.

예제 **A-4**

$s = -\alpha \pm j\beta$에 영점을 갖는 다음과 같은 3차 시스템을 생각해보자.

$$G(s) = \frac{0.3^2 + 4}{\alpha^2 + \beta^2} \frac{(s+\alpha)^2 + \beta^2}{(s+1)\left[(s+0.3)^2 + 4\right]}$$

$(\alpha, \beta) = (0.3, 2.0)$, $(\alpha, \beta) = (0.5, 2.0)$, $(\alpha, \beta) = (0.8, 2.0)$에 대하여 각각 계단 입력을 도시하면 [그림 A-19]와 같다. $(\alpha, \beta) = (0.3, 2.0)$인 경우는 영점이 극점과 정확히 소거되어, 진동이 없는 1차 시스템의 응답을 볼 수 있다. 실제로 이렇게 정확히 소거되는 경우는 없지만, 영점을 극점 가까이에 위치시키면, 극점의 영향을 훨씬 줄일 수 있다. $(\alpha, \beta) = (0.5, 2.0)$가 $(\alpha, \beta) = (0.8, 2.0)$보다 영점의 영향이 훨씬 적음을 볼 수 있다.

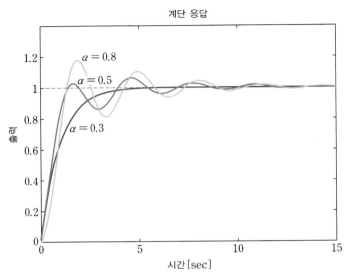

[그림 A-19] $\alpha = 0.3$, $\alpha = 0.5$, $\alpha = 0.8$인 경우, 영점에 대한 영향

[그림 A-20]에 영점의 위치가 시스템 응답에 영향을 미치는 정도를 도시하였다.

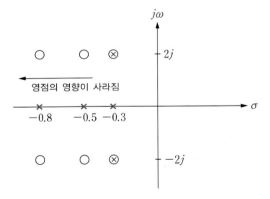

[그림 A-20] $\alpha = 0.3$, $\alpha = 0.5$, $\alpha = 0.8$에 대한 영점의 위치

A.6 대칭 근궤적

우리는 6장에서 전달함수로 표현된 시스템에 대하여 하나의 변수를 0에서 ∞까지 변화시키며 폐로 시스템의 극점들 자취를 그려보았다. 또한 이런 극점들의 자취에서 주어진 조건을 만족하는 위치를

선정하고 해당하는 계수를 찾아 제어기를 설계하는 방법을 배웠다. 여기에서는 8장에서 주로 다룬 상태 공간 모델에서 최적 제어기 설계에 근궤적이 유용하게 사용되는 경우를 소개한다. 유도 과정은 어렵지만 그 사용 방법과 의미는 매우 단순해서, 알아두면 제어기 설계에 두루 적용할 수 있으리라 생각한다.

8장에서 주로 다루었던, 다음과 같은 상태 공간 모델에 대해 생각해보자.

$$\dot{x}(t) = Ax(t) + Bu(t)$$
$$z(t) = Cx(t)$$

(62)

다음과 같은 가격함수를 최소화시키는 최적 상태 피드백 제어 $u(t) = -Kx(t)$를 찾아보자.

$$J = \int_0^\infty \left[\rho z^2(t) + u^2(t) \right] dt$$

(63)

간단한 일차 시스템에 대해 K를 찾는 문제는 1장의 [연습문제 1.16]에서 다루고 있다. 여기에서는 일반적인 시스템에 대하여 최적의 K를 찾고자 한다. 어려운 수학적인 유도 과정을 거치면, 최적 상태 피드백 제어 $u(t) = -Kx(t)$를 사용할 경우의 근궤적을, 다음과 같은 특성방정식의 해를 구해서 그릴 수 있음을 알 수 있다.

$$1 + \rho G_0(-s) G_0(s) = 0$$

(64)

여기에서 $G_0(s)$는 다음 식으로 정의되어 계산된다.

$$G_0(s) = \frac{Z(s)}{U(s)} = C(sI - A)^{-1} B = \frac{N(s)}{D(s)}$$

(65)

특성방정식 (64)에서 s_0가 근이면 $-s_0$도 근이므로, 근궤적은 허수축에 대칭적임을 알 수 있다. 식 (64)에 해당하는 근궤적에서 안정한 극점, 즉 좌반평면에 있는 극점들을 선택한 후, 해당하는 K를 계산하면 된다. 자세한 유도 과정은 이 책의 범위를 벗어나기 때문에 소개하지는 않겠지만, 결론이 매우 간단하므로 쉽게 적용할 수 있을 것이다.

간단한 예제를 통해 사용법을 구체적으로 알아보자. 다음과 같은 상태방정식을 생각해보자.

$$\dot{x}(t) = \begin{bmatrix} 0 & 1 \\ 2 & 0 \end{bmatrix} x(t) + \begin{bmatrix} 0 \\ -1 \end{bmatrix} u(t)$$
$$z(t) = \begin{bmatrix} 2 & 1 \end{bmatrix} x(t)$$

(66)

$G_0(s)$에 해당하는 전달함수는 다음과 같이 구할 수 있다.

$$G_0(s) = -\frac{s+2}{s^2-2} \qquad (67)$$

[그림 A-21]과 같은 대칭 근궤적에서 원하는 성능지수를 만족할만한 안정한 두 극점을 선택한다. 이 극점에 해당하는 K를 찾으면 된다.

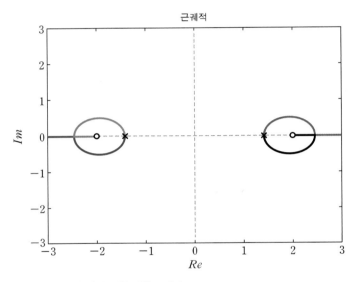

[그림 A-21] 식 (66)에 대한 대칭 근궤적

대칭 근궤적은 가중치 ρ를 사용하여, 빠른 응답과 경제적인 제어 입력 사이에서 적절한 절충이 이루어지도록 하고 있다. 만약 극단적인 ρ를 사용하면 어떻게 될까? $\rho \to 0$인 경우, 식 (63)으로부터 알 수 있듯이 가격함수는 제어 입력에 대해서만 최소화된다. 이런 식으로 제어 입력에만 가중치를 두는 경우, 즉 $\rho \to 0$인 경우는 6장의 근궤적에서 배웠듯이, 식 (64)에 해당하는 근궤적의 출발점 근처에서 폐로 시스템의 극점을 갖는다. 출발점은 $G_0(-s)G_0(s)$의 극점이 된다. 우리는 안정한 극점만 고려하므로, 이미 있는 안정한 극점은 그대로 두고, 불안정한 극점은 허수축에 대칭 이동한 안정한 극점을 ($G_0(-s)$로부터) 취하면 된다. 따라서 최적 제어는 우반평면 외의 어떤 극점도 옮기지 않으려 하고, 우반평면의 극점들만 허수축에 대칭인 위치로 옮기려는 경향이 있음을 알 수 있다. $\rho \to 0$인 경우는 오로지 제어 입력에만 관심이 있기 때문에 시스템의 반응을 빠르게 해서 성능을 개선하는 역할은 하지 못한다.

반대로 $\rho \to \infty$ 인 경우를 생각해보자. 제어 입력에 가중치가 없기 때문에 임의적으로 큰 제어 입력을 사용할 수 있다. $\rho \to \infty$ 인 경우는 6장의 근궤적에서 배웠듯이, 식 (63)에 해당하는 근궤적의 도착점 근처에서 극점을 갖는다. 도착점은 $G_0(-s)G_0(s)$의 영점이 되거나, 점근선을 따라 발산한다. 따라서 최적 제어는 극점을 영점 개수만큼 좌반평면에 있는 영점 위치로 옮기고, 나머지는 점근선을 따라 무한대로 옮기려는 경향이 있음을 알 수 있다. 시스템이 비최소 위상 시스템인 경우는, 우반평면 영점들을 허수축 대칭으로 옮긴 영점 위치를 고려하면 된다. $\rho \to \infty$ 의 경우는 피드백 이득 K를 무한히 증가시키기도 한다. 따라서 실제 시스템에서는 적당한 크기의 ρ를 사용해야 한다.

A.7 오일러 공식과 나이키스트 안정성 판별법

오일러 공식의 물리적인 의미

주파수 영역 해석에 유용하게 사용되었던 오일러 공식 $e^{j\theta} = \cos\theta + j\sin\theta$에 대해 알아보자. 이 공식은 대부분의 이공계 학생들이 전공과목에 입문하면서 처음 접하는데, 다양한 분야에서 자유롭게 응용할 수 있는 공식이다. 특히 $\theta = \pi$인 경우 $e^{j\pi} = -1$이 되는데, 수학에서 중요한 두 개의 무리수 e와 π가 조합되어 간단하게 -1이 되는 이 식은 정말 경이롭다 할 수 있다. 이 절에서는 매우 소박하고 가시적인 방법으로 오일러 공식 $e^{j\theta} = \cos\theta + j\sin\theta$에 대한 직관적인 상을 그려본다.

고등학교 때, 자연로그의 밑이 되는 e는 다음과 같이 정의된다고 배웠다.

$$e = \lim_{n \to \infty} \left(1 + \frac{1}{n}\right)^n \tag{68}$$

이 정의를 사용하면 e^x를 다음과 같이 표현할 수 있다.

$$e^x = \lim_{n \to \infty} \left(1 + \frac{x}{n}\right)^n \tag{69}$$

x 대신 복소수 $j\theta$를 대입하면 다음과 같이 쓸 수 있다.

$$e^{j\theta} = \lim_{n \to \infty} \left(1 + \frac{j\theta}{n}\right)^n \tag{70}$$

[그림 A-22]와 같이 충분히 큰 n에 대해 $1 + \dfrac{j\theta}{n}$의 근사식을 다음과 같이 생각할 수 있다.

$$1 + j\frac{\theta}{n} \approx \cos\left(\frac{\theta}{n}\right) + j\sin\left(\frac{\theta}{n}\right) \tag{71}$$

근사식을 대입하고 드무아브르의 정리^{De Moivre's theorem}를 사용하면, 다음과 같이 오일러 공식을 얻을 수 있다.

$$e^{j\theta} = \lim_{n\to\infty}\left(1 + \frac{\theta}{n}\right)^n \approx \left[\cos\left(\frac{\theta}{n}\right) + j\sin\left(\frac{\theta}{n}\right)\right]^n = \cos\theta + j\sin\theta \tag{72}$$

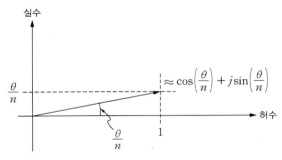

[그림 A-22] $1 + j\dfrac{\theta}{n}$의 근사식

좀 더 직관적인 이해를 위해 다른 방법으로 오일러 공식을 증명해보자. $e^{j\theta}$를 복소평면에서 2차원 벡터로 생각하고, θ를 시간변수 t라고 생각해보자. 다음과 같은 $\dfrac{d}{dt}e^{jt}$는 변위 e^{jt}에 대한 속도를 의미한다.

$$\frac{d}{dt}e^{jt} = je^{jt} = \left(\cos\left(\frac{\pi}{2}\right) + j\sin\left(\frac{\pi}{2}\right)\right)e^{jt} \tag{73}$$

식 (73)에 의하면 $\dfrac{d}{dt}e^{jt}$는 위치 벡터 e^{jt}를 시계 반대 방향으로 $\dfrac{\pi}{2}$만큼 회전한 것이기 때문에, e^{jt}는 초깃값 $e^{j0} = 1$에서 t가 증가함에 따라 단위원을 그리면 이동한다. 변위 e^{jt}의 속도가 1로 계속 유지되기 때문에, 0에서 t까지 변화하는 동안에 이동한 거리는 역시 t가 되고, e^{jt}의 위치는 $\cos(t) + j\sin(t)$가 된다. 즉 오일러 공식이 성립한다. t 변화에 대한 e^{jt}의 자취는 [그림 A-23]을 보면 쉽게 이해할 수 있을 것이다.

좀 더 수학적으로 명확히 이해하기 위해서는 $e^{jt} = x(t) + jy(t)$라 하고 식 (73)을 사용하여 $x(t)$

와 $y(t)$에 대한 미분방정식을 구하여 풀어본다. $\dot{x}(t) = -y(t)$, $\dot{y}(t) = x(t)$이므로 $\ddot{x}(t) + x(t) = 0$, $\ddot{y}(t) + y(t) = 0$과 같은 미분방정식을 얻을 수 있고, 초깃값 조건을 사용하면 $x(t) = \cos t$, $y(t) = \sin t$임을 알 수 있다.

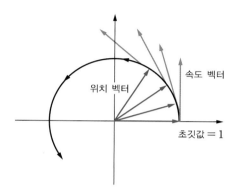

[그림 A-23] e^{jt}의 t 변화에 따른 자취

이외에도 테일러급수$^{\text{Taylor series}}$를 이용한 증명 방법도 있다.

$$e^{j\theta} = 1 + j\theta + \frac{(j\theta)^2}{2!} + \frac{(j\theta)^3}{3!} + \cdots$$
$$= C(\theta) + j\,S(\theta)$$

(74)

이때 $C(\theta)$와 $S(\theta)$는 다음과 같다.

$$C(\theta) = 1 - \frac{\theta^2}{2!} + \frac{\theta^4}{4!} - \cdots$$
$$S(\theta) = \theta - \frac{\theta^3}{3!} + \frac{\theta^5}{5!} - \cdots$$

(75)

[그림 A-24]는 $e^{j\theta}$와 e^{θ}가 어떻게 수렴하는지를 보여주고 있다. 테일러급수의 항들이 계속 $\frac{\pi}{2}$씩 회전하면서 더해지는 경우와 한 방향으로 계속 더해지는 경우가 각각 $e^{j\theta}$와 e^{θ}로 수렴함을 볼 수 있다. $e^{j\theta}$의 테일러급수 항 중에서 실수 성분[3]만 모두 더하면 그 값은 $\cos(\theta)$로 수렴하고, 허수 성분[4]만 모두 더하면 그 값은 $\sin(\theta)$로 수렴하게 된다. 따라서 $e^{j\theta} = \cos(\theta) + j\sin(\theta)$가 된다.

---

[3] 즉 수평 방향으로 더해지는 부분이다.
[4] 즉 수직 방향으로 더해지는 부분이다.

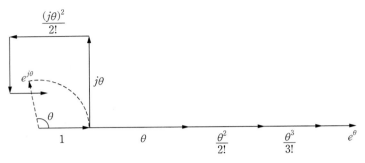

[그림 A-24] 테일러급수에 의한 $e^{j\theta}$와 e^{θ}의 비교

나이키스트 안정성 판별법의 증명

7장에서는 나이키스트 안정성 판별법에 대해 개략적으로만 설명하고, 판별법을 바로 활용했다. 이 절에서는 좀 더 수학적으로 나이키스트 안정성 판별법을 증명해보기로 한다. 공학수학 정도의 지식만이 요구되므로 큰 부담 없이 이해할 수 있으리라 생각한다.

다음과 같은 $G(s)$를 생각하자.

$$G(s) = \frac{(s+z_1)^{k_1}(s+z_2)^{k_2}\cdots}{(s+p_1)^{m_1}(s+p_2)^{m_2}\cdots} \tag{76}$$

양변에 자연로그를 취하고, 미분을 하면 다음과 같이 쓸 수 있다.

$$\frac{d}{ds}ln\,G(s) = \frac{dG(s)/ds}{G(s)} = \left(\frac{k_1}{s+z_1} + \frac{k_2}{s+z_2} + \cdots\right) - \left(\frac{m_1}{s+p_1} + \frac{m_2}{s+p_2} + \cdots\right) \tag{77}$$

공학수학에서 복소 해석 부분에서 배웠을 유수 정리$^{\text{Residue theorem}}$를 사용하면, 극점과 영점을 모두 포함하는 시계 방향의 폐경로 Γ에 대해서 다음이 만족한다.

$$\oint_{\Gamma} \frac{dG(s)/ds}{G(s)}ds = -2\pi j\left(\sum_i k_i - \sum_i m_i\right) \tag{78}$$

여기서 $Z = \sum_i k_i$, $P = \sum_i m_i$라 놓으면, Z와 P는 폐경로에 둘러싸인 $G(s)$의 전체 영점 개수와 극점 개수를 의미한다. 식 (78)의 좌변은 다음과 같이 쓸 수 있으며

$$\oint_{\Gamma} \frac{dG(s)/ds}{G(s)}ds = \oint_{\Gamma} \frac{dln\,G(s)}{ds}ds \tag{79}$$

$ln\,G(s) = ln\,|\,G(s)\,| + j\angle\,G(s)$이므로 다음을 얻을 수 있다.

$$\oint_{\Gamma} \frac{dG(s)/ds}{G(s)} ds = j\angle\,G(s)\bigg|_{\Gamma} = (\theta_f - \theta_i)j \tag{80}$$

$\theta_f - \theta_i$는 0이거나, 2π의 배수가 된다. 따라서 $\dfrac{(\theta_f - \theta_i)}{(2\pi)} = N$이라 놓으면, 최종적으로 다음의 관계식을 얻는다.

$$N = Z - P \tag{81}$$

실제 나이키스트 선도에서는 $G(s)$ 대신 폐로 전달함수의 특성방정식에 해당하는 $1 + G(s)$를 다루므로, 원점을 감싸는 조건 대신 -1을 감싸는 조건으로 대체한다.

A.8 Jordan form

A.2절에서 선형 시스템의 신호를 분해하고 합성하는 방법을 소개하였다. 이런 방법을 사용하면 복잡한 계산을 매우 효율적으로 처리할 수 있다. 특히 행렬 계산에서는 고유벡터와 고윳값이 중요한 역할을 수행했다. 임의의 벡터를 고유벡터의 선형 조합으로 나타내면, 고윳값을 사용하여 매우 쉽게 계산할 수 있었다. $n \times n$ 행렬은 중첩을 허용하여 n개의 고윳값과 각 고윳값에 대응하는 고유벡터를 가지는데, 어떤 경우에는 고유벡터가 n개보다 적게 존재하여 임의의 $n \times 1$ 벡터를 나타내는 데 문제가 발생하는 경우가 있다. 이런 경우에는 기존의 고유벡터 개념을 확장하여 일반화된 고유벡터로 부족한 고유벡터를 보충한다. 이 절에서는 일반화된 고유벡터를 소개하고, 이를 사용하여 구성된 Jordan form을 설명한다.

어떤 정사각 행렬 A에 대해 다음을 만족하는 k와 λ가 존재하면

$$(A - \lambda I)^k v = 0 \\ (A - \lambda I)^{k-1} v \neq 0 \tag{82}$$

벡터 v를 일반화된 고유벡터라 부른다. $k = 1$이면 그대로 기존의 고유벡터에 관한 정의와 일치한다. 편의상 다음과 같이 표기하자.

$$v_k = v \\ v_{k-1} = (A - \lambda I)v_k$$

$$v_{k-2} = (A - \lambda I)v_{k-1} \tag{83}$$

$$\cdots\cdots\cdots\cdots$$

$$v_1 = (A - \lambda I)v_2$$

$v_{k-2} = (A - \lambda I)v_{k-1}$ 로부터 $Av_{k-1} = \lambda v_{k-1} + v_{k-2}$ 임을 알 수 있는데, 고유벡터와 비슷하면서도 추가적인 항(여기에서는 v_{k-2})이 나타남을 볼 수 있다. 정확히는 고유벡터가 아니지만, 이 정도의 성질만 있어도 어느 정도 유용할 수 있으므로, 이름을 일반화된 고유벡터라 붙였다.

좀 더 실제적으로 행렬 A가 8×8이며, $\{u_1, u_2, u_3, u_4, v_1, v_2, w_1, w_2\}$와 같은 8개의 일반화된 고유벡터를 갖는다고 하자. 고유벡터들의 아래첨자들은 정의식 (83)을 따른다. 고유벡터들을 열로 가지는 아래와 같은 행렬 P를 생각하면

$$P = [\, u_1, \ u_2, \ u_3, \ u_4, \ v_1, \ v_2, \ w_1, \ w_2 \,] \tag{84}$$

다음과 같은 관계식을 얻을 수 있다.

$$Au_1 = \lambda u_1 = P[\lambda \ 0 \ 0 \ 0 \ 0 \ 0 \ 0 \ 0]^T$$

$$Au_2 = u_1 + \lambda u_2 = P[1 \ \lambda \ 0 \ 0 \ 0 \ 0 \ 0 \ 0]^T$$

$$Au_3 = u_2 + \lambda u_3 = P[0 \ 1 \ \lambda \ 0 \ 0 \ 0 \ 0 \ 0]^T \tag{85}$$

$$Au_4 = u_3 + \lambda u_4 = P[0 \ 0 \ 1 \ \lambda \ 0 \ 0 \ 0 \ 0]^T$$

$$\cdots\cdots\cdots\cdots$$

식 (85)의 모든 식을 하나로 합치면 다음과 같이 나타낼 수 있다.

$$A[u_1, u_2, u_3, u_4, v_1, v_2, w_1, w_2]$$

$$= [\, u_1, \ u_2, \ u_3, \ u_4, \ v_1, \ v_2, \ w_1, \ w_2 \,] \times \begin{bmatrix} \lambda & 1 & 0 & 0 & 0 & 0 & 0 & 0 \\ 0 & \lambda & 1 & 0 & 0 & 0 & 0 & 0 \\ 0 & 0 & \lambda & 1 & 0 & 0 & 0 & 0 \\ 0 & 0 & 0 & \lambda & 0 & 0 & 0 & 0 \\ 0 & 0 & 0 & 0 & \lambda & 1 & 0 & 0 \\ 0 & 0 & 0 & 0 & 0 & \lambda & 0 & 0 \\ 0 & 0 & 0 & 0 & 0 & 0 & \lambda & 1 \\ 0 & 0 & 0 & 0 & 0 & 0 & 0 & \lambda \end{bmatrix} \tag{86}$$

이와 같이 대각의 위치에 λ가 놓여 있는 행렬을 Jordan form이라 하며 J로 표기한다. 원래 행렬 A를 Jordan form을 이용하여 표시하면 다음과 같이 쓸 수 있다.

$$A = PJP^{-1} \tag{87}$$

원래 행렬 A를 완전히 대각화하여 J의 대각 원소 외에는 모두가 0이면 좋겠지만, 그렇게까지는 안 되더라도 이 정도의 형태만 갖추어도 손쉬운 계산이 가능하다. 특히 전달함수에서 유용하게 쓰이는 $(sI - A)^{-1}$와 같은 계산도 다음과 같이 기계적으로 손쉽게 구할 수 있다.

$$P \begin{bmatrix} \dfrac{1}{s-\lambda_1} & \dfrac{1}{(s-\lambda_1)^2} & \dfrac{1}{(s-\lambda_1)^3} & \dfrac{1}{(s-\lambda_1)^4} & 0 & 0 & 0 & 0 \\ 0 & \dfrac{1}{s-\lambda_1} & \dfrac{1}{(s-\lambda_1)^2} & \dfrac{1}{(s-\lambda_1)^3} & 0 & 0 & 0 & 0 \\ 0 & 0 & \dfrac{1}{s-\lambda_1} & \dfrac{1}{(s-\lambda_1)^2} & 0 & 0 & 0 & 0 \\ 0 & 0 & 0 & \dfrac{1}{s-\lambda_1} & 0 & 0 & 0 & 0 \\ 0 & 0 & 0 & 0 & \dfrac{1}{s-\lambda_1} & \dfrac{1}{(s-\lambda_1)^2} & 0 & 0 \\ 0 & 0 & 0 & 0 & 0 & \dfrac{1}{s-\lambda_1} & 0 & 0 \\ 0 & 0 & 0 & 0 & 0 & 0 & \dfrac{1}{s-\lambda_1} & \dfrac{1}{(s-\lambda_1)^2} \\ 0 & 0 & 0 & 0 & 0 & 0 & 0 & \dfrac{1}{s-\lambda_1} \end{bmatrix} P^{-1} \tag{88}$$

이를 바탕으로 행렬 지수함수 e^{At}도 $\mathcal{L}^{-1}[(sI-A)^{-1}]$를 통해 다음과 같이 쉽게 계산할 수 있다.

$$P \begin{bmatrix} e^{\lambda t} & te^{\lambda t} & \dfrac{t^2 e^{\lambda t}}{2!} & \dfrac{t^3 e^{\lambda t}}{3!} & 0 & 0 & 0 & 0 \\ 0 & e^{\lambda t} & te^{\lambda t} & \dfrac{t^2 e^{\lambda t}}{2!} & 0 & 0 & 0 & 0 \\ 0 & 0 & e^{\lambda t} & te^{\lambda t} & 0 & 0 & 0 & 0 \\ 0 & 0 & 0 & e^{\lambda t} & 0 & 0 & 0 & 0 \\ 0 & 0 & 0 & 0 & e^{\lambda t} & te^{\lambda t} & 0 & 0 \\ 0 & 0 & 0 & 0 & 0 & e^{\lambda t} & 0 & 0 \\ 0 & 0 & 0 & 0 & 0 & 0 & e^{\lambda t} & te^{\lambda t} \\ 0 & 0 & 0 & 0 & 0 & 0 & 0 & e^{\lambda t} \end{bmatrix} P^{-1} \tag{89}$$

어떤 행렬에 대해 필요한 개수의 고유벡터를 구하지 못한 경우, 일반화된 고유벡터를 찾아낸다면 아주 유용할 것이다. 그렇다면 어떻게 $\{u_1,\ u_2,\ u_3,\ u_4,\ v_1,\ v_2,\ w_1,\ w_2\}$와 같은 일반화된 고유벡터들을 찾을 수 있을까? 이에 대한 체계화된 방법은 '부록 B'의 참고 문헌 [16]을 보기 바란다.

이 절에서는 일반화된 고유벡터들이 우리에게 어떤 식으로 계산상의 이점을 제공하는지를 이해하는 데 주안점을 두었다. 또한 Jordan form은 시스템의 안정성을 설명하는 데 아주 유용하게 사용되므로 참고하기 바란다.

어떤 주어진 행렬 A에 대해서 다음과 같을 때

$$\det(\lambda I - A) = \lambda^n + \alpha_1 \lambda^{n-1} + \cdots + \alpha_n \tag{90}$$

다음의 행렬

$$A^n + \alpha_1 A^{n-1} + \cdots + \alpha_n I = 0 \tag{91}$$

이 성립한다는 정리가 케일리–해밀턴 정리인데, 앞에서 설명한 Jordan form을 사용하면 아주 쉽게 증명될 수 있다. 특성 다항식은 고윳값을 근으로 다음과 같이 인수분해될 수 있다.

$$\det(\lambda I - A) = (\lambda - \lambda_1)(\lambda - \lambda_2) \cdots (\lambda - \lambda_n) \tag{92}$$

따라서 다음과 같은 연산을 생각하면, 케일리–해밀턴 정리가 성립함을 쉽게 알 수 있다.

$$\begin{aligned} \det(\lambda I - PJP^{-1}) &= \det(P)\det(\lambda I - J)\det(P^{-1}) \\ &= (J - \lambda_1)(J - \lambda_2) \cdots (J - \lambda_n) = 0 \end{aligned} \tag{93}$$

B

참고 문헌

B.1 국내 문헌
B.2 해외 문헌

B.1 국내 문헌

[1] 권욱현, 권오규, 『자동제어공학』, 청문각, 2003

[2] 강철구, 박장현, 박종구, 『현대제어공학』, Pearson Education Korea, 2010

[3] H. P. Willumeit, 박보용, 『차량동력학』, 동명사, 1997

[4] 김상훈, 『DC, AC, BLDC 모터제어』, 복두출판사, 2012

[5] 송길영, 『신편 전력계통공학』, 동일출판사, 1998

[6] 안진우, 신판석, 우경일, 『전기기기』, McGraw-Hill Korea, 2004

[7] 설승기, 『전기기기 제어론』, 브레인코리아, 2002

[8] 이주장, 김대은, 박승규, 백주훈, 심귀보, 이춘영, 정명진, 한수희, 『자동제어』, 그린출판사, 2011

[9] 이장우, 『미분방정식』, 경문사, 1993

[10] 김종식, 『선형 제어시스템 공학』, 청문각, 1988

[11] 방효창, 이상근, 『CDMA 무선기술』, 세화출판사, 2000

[12] 한득영, 『전자기학』, 인터비전, 2000

[13] 강향수, 『물리수학의 직관적 방법』, 청음사, 1994

B.2 해외 문헌

[14] Franklin, G. F., Powell, J. D., & Emami-Naeini, A. (1994). *Feedback control of dynamic systems*. Addison-Wesley Publishing Company.

[15] Williams, J. H., Jr. (1996). *Fundamentals of applied dynamics*. John Wiley & Sons, Inc.

[16] Chen, C.-T. (1984). *Linear system theory and design*. Saunders College Publishing.

[17] Li, Q., Zhou, K. (2009). *Introduction to feedback control*. Prentice Hall

[18] Astrom, K. J. and Murray, R. M. (2008). *Feedback Systems: An Introduction for Scientists and Engineers*. Princeton University Press.

[19] Gross, C. A. (1986). *Power System Analysis*. John Wiley & Sons, Inc.

[20] Khalil, H. K. (2002). *Nonlinear Systems*. Prentice Hall.

[21] Palm III, W. J. (2010). *System Dynamics*. McGraw-Hill.

[22] Dorf, R. C. (2010). *Modern Control System*. Pearson Higher Education

[23] Ogata, K. (2009). *Modern Control Engineering*. Prentice Hall

[24] Ryu, J. H., Kwon, D. S., and Hannaford, B. (2004) *Stable Teleoperation with Time Domain Passivity Control*, " *IEEE Trans*. on Robotics and Automation, Vol. 20, No. 2, pp. 365-373.

[25] Meyer, C. D. (2000). *Matrix Analysis and Applied Linear Algebra*. SIAM.

[26] Needha,, T. (1997). *Visual Complex Analysis*. Oxford University Press.

[27] Lewis, F. L., Vrabie, D. L., and Syrmos, V. L. (2012). *Optimal Control*. John Wiley & Sons, Inc.

[28] Lewis, F. L. (1986). *Optimal Estimation*. Wiley-Interscience.

[29] Burl, J. B. (1999). *Linear Optimal Control*. Addison Wesley Longman, Inc.

[30] Distefano Ⅲ, J. J., Stubberud, A. R., and Williams, I. J. (1995). *Feedback and control systems*. McGraw-Hill, Inc.

[31] Kelly, S. G. (1996). *Mechanical vibrations*. McGraw-Hill, Inc.

[32] Ogata, K. (2003). *System dynamics*. Prentice Hall.

[33] Nise, N. S. (2004). *Control systems engineering*. 4th edition. John Wiley & Sons.

[34] Kreyszig, E. (1993). *Advanced engineering mathematics*. 7th edition. John Wiley & Sons.

찾아보기 Index